“十三五”国家重点出版物出版规划项目
现代机械工程系列精品教材
“十二五”普通高等教育本科国家级规划教材
普通高等教育“十一五”国家级规划教材

机械制造装备设计

第5版

主　编　关慧贞
副主编　于同敏
参　编　孙玉文　刘　冬　沈宏书
主　审　王先逵　丛　明

机 械 工 业 出 版 社

本书是“十三五”国家重点出版物出版规划项目——现代机械工程系列精品教材、“十二五”普通高等教育本科国家级规划教材、普通高等教育“十一五”国家级规划教材，曾荣获2002年全国普通高等学校优秀教材二等奖。

本书第5版是根据“十三五”国家重点出版物出版规划项目的要求组织编写的。该书是机械工程学科的专业设计课程用书，将机床设计、工业机器人设计、机械加工生产线总体设计、注射模具设计等内容合并为一门专业设计课程，构成了一个新的课程体系。本书着重介绍机械制造装备设计的基本原理和方法，并力求反映国内外的先进技术和发展趋势。本书内容与生产实际紧密相连，取材精炼，深入浅出。

本书共分六章：第一章机械制造及装备设计、第二章金属切削机床设计、第三章典型部件设计、第四章工业机器人设计、第五章机械加工生产线总体设计、第六章注射模具设计。为便于教学，本书配有多媒体课件和各章习题解答。

本书可作为高等院校“机械设计制造及其自动化”专业以及相关专业的教材，也可供从事机械制造装备设计和研究的工程技术人员和研究生参考。

图书在版编目（CIP）数据

机械制造装备设计/关慧贞主编. —5版. —北京：机械工业出版社，2020.8（2024.12重印）
“十三五”国家重点出版物出版规划项目 现代机械工程系列精品教材 “十二五”普通高等教育本科国家级规划教材 普通高等教育“十一五”国家级规划教材
ISBN 978-7-111-64857-4

Ⅰ.①机… Ⅱ.①关… Ⅲ.①机械制造-工艺装备-设计-高等学校-教材 Ⅳ.①TH16

中国版本图书馆CIP数据核字（2020）第033837号

机械工业出版社（北京市百万庄大街22号 邮政编码100037）
策划编辑：刘小慧 责任编辑：刘小慧 王勇哲 任正一
责任校对：李 杉 封面设计：张 静
责任印制：邓 博
河北鑫兆源印刷有限公司印刷
2024年12月第5版第10次印刷
184mm×260mm · 24.25印张 · 599千字
标准书号：ISBN 978-7-111-64857-4
定价：59.80元

电话服务
客服电话：010-88361066
010-88379833
010-68326294

网络服务
机 工 官 网：www.cmpbook.com
机 工 官 博：weibo.com/cmp1952
金 书 网：www.golden-book.com
机工教育服务网：www.cmpedu.com

前　言

本书作为国家级普通高等教育本科规划教材，已出版了4版，使用了20多年，读者普遍反映良好，期间曾获得教育部2002年全国普通高等学校优秀教材二等奖。为进一步提高教材质量，反映近几年来科技发展的新成就，根据“十三五”国家重点出版物出版规划项目的编写要求，以及近几年本科教学的实际情况，编者对第4版教材进行了全面修订。此次修订将第4版书中的第五章夹具设计并入专业基础课中；为适应工业生产发展的需要，及时了解新技术的发展，培养模具设计人才，新增加了第六章注射模具设计。第5版基本保持了第4版的教材体系，修改并重新编写了部分章节内容。第一章、第二章前部分的内容改动较大，重点结合国家“十二五”“十三五”的发展状况做了修订。对第四章工业机器人设计进行了重新编写，增加了工业中应用广泛的并联机器人。

本书由大连理工大学关慧贞任主编，并参与修订了第一～三章；于同敏任副主编，编写了第六章；刘冬编写了第四章；沈宏书参与修订了第一、二章部分内容；孙玉文修订了第五章；孙清超、刘新进行了教材调研、资料收集工作，并完善了多媒体课件的制作和部分习题解答。

本书由清华大学的王先逵教授和大连理工大学的丛明教授任主审。他们对本书提出了许多宝贵的意见和建议，在此表示衷心感谢。

限于编者的水平，书中不足之处在所难免，恳请读者批评指正。

编　者

目　录

第一章

机械制造及装备设计

第一节　概　述

21世纪，伴随着电子技术、计算机技术和信息化技术的发展，制造业出现了惊人的变化。

一、机械制造生产模式的演变

在20世纪50年代前，机械制造业推行的是“刚性”生产模式，自动化程度低，基本上是“一个工人、一把刀、一台机床”，导致劳动生产率低下，产品质量不稳定；为提高效率和自动化程度，采用“少品种大批量”的做法，强调的是“规模效益”，以实现降低成本和提高质量的目的。在20世纪70年代，主要通过改善生产过程管理来进一步提高产品质量和降低成本。

从20世纪80年代起，我国开始实行改革开放政策，引进国外的先进制造技术，同时，与发达国家进行广泛的接触与合作。机械制造装备中较多地采用了数控机床、机器人、柔性制造单元和系统等高技术的集成，以满足产品个性化和多样化的要求，满足社会各消费群体的不同要求。机械制造装备普遍具有柔性化、自动化和精密化的特点，以便更好地适应市场经济的需要，适应多品种、小批量生产和经常更新品种的需要。随着计算机技术、电子技术及先进制造技术的飞速发展，这些高新技术也被广泛地应用于制造业的各个领域，加速了制造业的发展和变革进程。

在产品设计过程中，采用计算机辅助绘图、辅助设计、三维造型、特征造型。利用计算机辅助工程分析软件，可以对零件、部件和产品的受力、受热、受振等各种情况进行工程分析、计算和优化设计。在工艺设计中采用计算机技术辅助编制工艺规划、选择刀具、选择或设计夹具。利用软件技术，生成刀具轨迹的数控代码，经过前、后置处理，便获得可以在数控机床或加工中心上进行零件加工的程序；通过仿真解决诸如刀具磨损补偿、避免干涉碰撞等问题。各种优化生产技术应运而生，包括物料需求规划（Material Requirement Planning，MRP）、制造资源规划（MRPⅡ）、考虑按设备瓶颈组织和优化生产（Optimized Production Technology，OPT）、考虑最优库存并准时生产（Just in Time，JIT）、企业制造资源计划（Enterprise Resource Planning，ERP）等。此外，在加工现场，除数控车床、加工中心外，在线的三坐标测量机、柔性制造单元（Flexible Manufacture Cell，FMC）和柔性制造系统（Flexible Manufacture System，FMS）、各种自动化物流系统（如立体仓库、自动导引小车等）、控制生产线的可编程序控制器（Programmable Logic Controller，PLC）等，也开始广泛使用。计算机图形学同产品设计技术的结合产生了以数据库为核心，以图形交互技术为手段，以工程分析计算为主体的计算机辅助设计

（Computer Aided Design，CAD）系统。将CAD的产品设计信息转化为产品的制造、工艺规划等信息，使加工机械按照预定的工序和工步进行组合和排序，选择刀具、夹具、量具，确定切削用量，并计算每个工序的机动时间和辅助时间，这就是计算机辅助工艺规划（Computer Aided Process Planning，CAPP）。将包括制造、监测、装配等方面的所有规划，以及面向产品设计、制造、工艺、管理、成本核算等所有信息数字化，转换为计算机所能理解的，并在制造过程的全阶段共享，从而形成了所谓的CAD/CAE/CAPP/CAM、上述系统构成了当前数字化制造中的数字化设计系统。改革开放以来，为了对世界生产进行快速响应，逐步实现社会制造资源的快速集成，要求机械制造装备的柔性化程度更高，采用虚拟制造和快速成形制造技术。数控技术和装备作为制造业的核心加工技术，人们对其性能和技术都提出了更高的要求。

20世纪末期，数字化设计与制造的应用也日趋广泛。数字化制造是指在虚拟现实、计算机网络、快速原型、数据库和多媒体等支撑技术下，根据用户需求，迅速收集资源信息，对产品信息、工艺信息和资源信息进行分析、规划和重组，实现产品设计和功能仿真，进而快速生产出满足用户性能要求的产品的整个制造过程。快速响应市场成为制造业发展的一个主要方向。为了快速响应市场，人们提出了许多新的生产制造模式，如敏捷制造（Agile Manufacturing）、精益-敏捷-柔性（LAF）生产系统、快速可重组制造、全球制造等。其中LAF生产系统是全面吸收精益生产、敏捷制造和柔性制造的精髓，包括了全面质量管理（Total Quality Control，TQC）、准时生产、快速可重组制造和并行工程等现代生产和管理技术，是21世纪很有发展前景的先进制造模式。这种全新的生产制造模式的主要特点是：以用户的需求为中心；制造的战略重点是时间和速度，并兼顾质量和品种；以柔性、精益和敏捷作为竞争的优势。现代飞速发展的高新技术对制造业起的作用越来越大，产品生产由大批量生产方式向中小批量生产方式，甚至个性化生产方式转变，以满足激烈竞争的市场经济需求。

目前，我国装备制造业进入了全面调整、优化、振兴的发展时期，并大力加强基础研究，在整体布局、局部结构、驱动方式、控制方式等许多方面，智能技术被广泛应用。无论是在运动的高速高精度平滑控制、加工过程的自适应控制、热变形应对、安全运行，还是在简化操作、方便调整与维护保养等方面，涌现出多种智能技术，将机床的智能控制技术提升到前所未有的高度。工作精度稳定性进一步增长，在热稳定性方面，保证机床在常温环境下长时间工作精度的一致性技术得到越来越多企业的关注，新技术不断涌现。通过引进发达国家装备制造业大量的先进技术，进行消化、吸收再创新，为我国装备制造业的复兴创造了加速发展的良好环境和有利条件，为新世纪的发展打下了坚实的基础。

二、制造业的作用及现状

制造业是国民经济发展的支柱产业，也是科学技术发展的载体及其转化为规模生产力的工具与桥梁。装备制造业是一个国家综合制造能力的集中体现，重大装备研制能力是衡量一个国家工业化水平和综合国力的重要标准。

我国在近十几年建设期间，将振兴装备制造业作为推进工业结构优化升级的主要内容，数控机床是振兴装备制造业重点之一。按照立足科学发展、着力自主创新、完善体制机制、促进社会和谐的总思路，组织实施国家自主创新能力建设规划和高技术产业发展规划，大力加强自主创新支撑体系建设，着力推进重大产业技术与装备的自主研发，实现高技术产业由大到强的转变，全面提升我国的自主创新能力和国际竞争力，为调整经济结构、转变经济增长方式、实现全面建设小康社会的奋斗目标奠定坚实基础。

以机床制造业为例，在我国已形成各具特色的六大发展区域：东北地区是我国数控车床、加工中心、重型机床和锻压设备、量刃具的主要开发生产区，沈阳机床行业、大连机床行业、齐齐哈尔重型数控企业、哈尔滨量具刃具企业的金属切削机床产值约占全国金属切削机床产值的三分之一，对全国金属切削机床行业发展影响巨大；东部地区数控磨床产量占全国四分之三，其中，长江三角洲地区成为磨床（数控磨床）、电加工机床、板材加工设备、工具和机床功能部件（滚珠丝杠和直线导轨副）的主要生产基地；西部地区重点发展齿轮加工机床，其中西南地区重点发展齿轮加工机床、小型机床、专用生产线以及工具，西北地区主要发展齿轮磨床、数控车床和加工中心、工具和功能部件；中部地区主要发展重型机床和数控系统，重型机床产值占全国的六分之一，其中武汉重型机床集团有限公司生产的重型机床数量占全国重型机床数量的十分之一，生产数控系统的企业代表是武汉华中数控股份有限公司；环渤海地区包括北京、天津等，主要发展加工中心和液压压力机，其中北京主要发展加工中心、数控精密专用磨床、重型数控龙门铣床和数控系统，天津主要发展锥齿轮加工机床和各种液压压力机；珠江三角洲地区是数控系统的生产基地，生产数控车床和数控系统、功能部件等。这些生产区域的产品及其起到的重要作用，表明我国自主创新和高技术产业发生了历史性的巨大变化，取得了突飞猛进的发展。

三、机械制造装备的发展趋势

我国机械制造业正在实现“制造—智造”的转折和跨越，产品要有未来、技术要有特色、质量要高、售后服务要好，这是一条推动我国机械制造业由弱变强的有效道路。随着制造业生产模式的演变，对机械制造装备提出了不同的要求，使现代化机械制造装备的发展呈现如下趋势。

1. 向高效、高速、自动化方向发展

高速和高精度加工是制造技术永无止境的追求，效率、质量是先进制造技术的主体。高速、高精加工技术可使数控系统能够进行高速插补、高实时运算，在高速运行中保持较高的定位精度，极大地提高效率，提高产品的质量和档次，缩短生产周期和提高市场竞争力。

高效与自动化是机床性能的重要标志，现代机床以减少和降低生产过程人工参与、缩短加工时间、实现少人或无人连续高效生产为目标，不断取得新成果、新进展。高效与自动化紧密相连，高效的机型设计与工业机器人以及现代信息技术与自控技术的结合，成就了现代高性能装备的高速发展。具有多主轴、多刀、多工位同时加工能力的机床，无疑是高效与自动化的完美结合。这类机床发展很快，品种样式多且组态各异。

例如，2017年沈阳机床股份有限公司展出的i5M8智能多轴立式加工中心，机床整体为门式结构，各轴采用直驱技术，采用模块化设计，主轴最高转速达12000r/min，主电动机最大功率为15kW，刀库容量为20把，具有单轴转台、双轴转台、车削主轴、车铣主轴、伺服刀塔、动力头等多种模块，可根据客户要求快速衍生出四轴、五轴联动立式加工中心、卧式车铣加工中心、立式车铣加工中心、倒立式车床等多种加工中心。数控系统i5具有网络互联、智能校正、智能诊断、智能控制、智能管理等功能，是企业智能制造的标志性产品。

自动线和柔性制造单元一直被视为高效与自动化的代表，如2017年机床展览会上瑞士米克朗（Mikron）的Mikron Multistep XT-200生产线，它是基于模块化设计理念，由1个装载模块和4个加工模块，以及传送臂等组成的。其中，每个模块配置2个交替工作的主轴和2个盘式刀库，每个模块均为5轴联动，最多能够用4个主轴对零件进行$5\frac{1}{2}$面同时加工，更换工件调整时间仅需10min。

2. 多功能复合化、柔性自动化的产品成为发展的主流

从近几届国内外举办的国际机床展览会上展出的装备情况来看，新颖的高技术含量的展品逐年增加。国际上多功能复合加工机床的发展不再以简单的零件加工为主，而是以结构复杂、形状各异的箱体类零件加工或更为复杂的零件加工为发展趋势。展出的机床类型很多，复合工艺、复合机型与应用领域进一步丰富和扩展，如焊铣复合、镗铣珩磨复合、车磨复合。复合机床与上下料系统结合，机床广泛采用智能技术，实现复合机型下的批量生产。这些机床展览会上展示了出世界制造装备的精华，展示了世界制造技术发展的最新动向。

例如，2017年Mazak（中国）有限公司展出的VTC-530/20 FSW，是一台在VTC-530/20动柱式立式加工中心基础上复合摩擦搅拌焊功能的焊铣复合加工中心，摩擦搅拌焊（Friction Stir Welding，FSW）与传统的通过熔解材料进行焊接的工艺不同，它是利用摩擦热将材料软化，通过搅拌软化后的材料来进行焊接，可以不需要材料以外的素材就可以进行的焊接技术。配合摩擦搅拌焊功能，实现了摩擦搅拌焊接和机加工切削技术的完美结合。FSW配置两个适应不同厚度材料的搅拌摩擦焊头，能够通过ATC（Automatic Tool Changer）进行自动交换，实现两个不同材质零件在同台机床上加工和焊接。利用这种方式可在很小的曲面上进行焊接，具有焊接面小但很美观的优点。摩擦搅拌焊的特点是：焊接部位的弯曲变形小，可实现不同材质的焊接，焊接方法安全环保，不释放废气、烟尘、等离子、X射线等，能源消耗也得到很好的控制，适用于飞机机身增强件、汽车车身面板以及半导体冷却板等零件的制造。

各种形式的五轴联动车铣复合中心、车削中心的功能齐全、完备；由单台数控加工设备和上下料机构构成的柔性制造单元、柔性制造系统、柔性制造线（Flexible Manufacture Line，FML）的类型不断变化、品种增加。

柔性制造系统是一个由计算机集成管理和控制、高效率地制造某一类中小批量多品种零部件的自动化制造系统，通常包括多台数控机床，由集中的控制系统及物料搬运系统连接起来，可在不停机的情况下实现多品种、中小批量的加工及管理。柔性制造系统能根据制造任务或生产环境的变化迅速进行调整，具备可以在装夹工位、加工设备、交换工作站之间运送及储存工件的运储系统；同时，还可以配置切屑收集、工件清洗等配套设备，以适宜于多品种、中小批量生产。柔性制造线其加工设备可以是通用的加工中心、数控机床，亦可采用专用机床或数字控制专用机床，对物料搬运系统柔性的要求低于柔性制造系统，但生产率更高。它是以离散型生产中柔性制造系统和连续生产过程中的分散型控制系统（Distributed Control System，DCS）为代表，特点是实现生产线柔性化及自动化。柔性制造工厂是由计算机系统和网络，通过制造执行系统（Manufacturing Execution System，MES），将设计、工艺、生产管理及制造过程的所有柔性单元、柔性线连接起来，配以自动化立体仓库，实现从订货、设计、加工、装配、检验、运送至发货的完整的数字化制造过程。它将制造、产品开发及经营管理的自动化连成一个整体，是以信息流控制物质流的智能制造系统（Intelligent Manufacturing System，IMS）为代表，实现整个工厂的柔性化及自动化。

3. 实施绿色制造与可持续发展战略

传统制造业在创造丰富物质产品的同时，消耗掉了大量资源和能源，并对环境造成了严重的污染。绿色制造是综合考虑环境影响和资源效益的现代制造模式，是人类可持续发展战略在制造业中的体现，是落实科学发展观、建设中国制造“生态文明”的要求。实现绿色制造可从绿色制造过程设计、绿色生产与工艺、绿色切削加工技术、绿色供应链研究、机电产品噪声控制技术、绿色材料选择设计 、绿色包装和使用、绿色回收和处理等方面着手，主要研究内容有废旧机械装备再制造综合评价与再设计技术、废旧机械零部件绿色修复处理与再制造技术、废

旧机械装备再制造信息化提升技术、机械装备再制造与提升的成套技术及标准规范，以及废旧机械装备产业化实施模式等。以绿色科技为导向，以高效节能降耗减排为目标，实施绿色技术改造。绿色制造的研究及推广应用，推动“中国绿色制造”，并以此促进我国制造业降低资源消耗，减少环境污染，应对绿色贸易壁垒，提升中国制造业市场竞争力。

4. 智能制造技术和智能化装备有了新的发展

智能制造是面向21世纪的先进制造模式，提高底层加工设备的智能性是智能制造系统的重要研究课题。机器智能化是智能制造的主要研究内容之一，包括智能加工机床、智能工具和材料传送、智能检测和试验装备等，要求具有加工任务和加工环境的广泛适应性，能够在环境和自身的不确定变化中自主实现最佳行为策略。

以机床为例，当前智能机床是在数控机床和加工中心的基础上实现的，与普通自动化机床的主要区别在于除了具有数控加工功能外，还具有感知、推理、决策、控制、通信、学习等智能功能。机床智能技术将环境、加工对象、加工要求、加工过程、装备自身等随机变化的因素，通过传感和多信息融合技术进行识别、判断、控制、调整、优化、补偿、预测，从而获得传统控制技术在质量、效率、效能、安全等方面不曾达到的高度。目前，产品结构越来越复杂，而产品精度要求越来越高，交货时间越来越短，因此，提高加工设备的智能性、可靠性和加工精度是提高企业竞争力的主要途径。

对智能机床的定义是：机床能对自己进行监控，可自行分析众多与机床、加工状态、环境有关的信息及其他因素，然后自行采取应对措施来保证最优化的加工。换句话说，机床进化到可发出信息和自行进行思考，结果是机床可自适应柔性和高效生产系统的要求。智能机床具备鲜明的数字化生产装备的特点，即具有完整先进的网络方案、强大的通信功能、灵活兼容的开放性和丰富的应用软件，实现了数控系统由“机床控制器”向“数字化制造管控器”转变，数控机床由“制造机器”向“数字化单元”转变。

智能工厂是在数字化工厂的基础上，利用物联网技术和监控技术加强信息管理服务，提供生产过程可控性，合理计划排程，以及减少生产线人工干预。智能化工厂以产品全生命周期的相关数据为基础，在计算机虚拟环境中，对整个生产过程进行仿真、评估和优化，并进一步扩展到整个产品生命周期的新型生产组织形式。同时，集初步智能手段和智能系统等新兴技术于一体，构建高效、节能、绿色、环保、舒适的人性化工厂。

5. 发展中的数字化生产技术与装备

随着数字化制造时代的到来，当今所推出的一系列新技术与新产品一般具备鲜明的数字化生产装备的特点。与此同时，一些著名企业利用长期从事数控技术研发积累的特有技术优势和经验，推出数字化工厂智能解决方案，协助客户从软、硬件两方面共同推动数字化工厂的建设和发展。例如，德国西门子公司（SIEMENS）的SINUMERIK840D SL高档数控系统可提供完整的网络方案和强大的PLC/PLC通信功能，能够实现互联网（如ERP）、局域网（如MES）、工业现场总线（如PCS）的互联，实现设备与设备、设备与管理人员的互联。其人机界面（HMI）和实时数控系统（NCK）具有很高的开放性，各种图像、软件、工艺功能都可轻松融入，客户个性化需求都将得到满足。该公司的生命周期管理（Product Lifecycle Management，PLM）软件作为数字化企业平台，将虚拟生产与现实生产环境紧密融合，将计算机辅助设计、计算机辅助制造、产品数据管理（Product Data Management，PDM）和制造过程无缝地集成在一起，对产品整个生命周期，对从创意、设计、制造、维修及处理的信息进行管理。PLM软件作为信息战略时，它可通过整合系统构建一致的数据结构。PLM软件作为企业战略时，它让企业可以像一个团队那样进行产品设计、生产，并在这一过程中不断得到总结和提高，在产品生命周期的每个阶段做出由信息驱动的统一决策。

6. 我国自主创新和高新技术的发展

我国在近十几年间，企业自主创新能力不断提高，拥有自主知识产权的产品不断涌现，成果喜人。例如，重庆机床集团生产的 YS3116CNC7 七轴四联动数控高速干切自动滚齿机和 YKS3132 六轴四联动数控滚齿机，以其先进的技术水平和柔性化加工特点，提升了制齿行业技术创新能力，为加速我国汽车、摩托车行业设备升级换代做出了贡献。尤其是七轴四联动数控高速干切自动滚齿机，体现了以人为本的设计理念。该产品是针对汽车、摩托车行业大批量、高精度的齿轮加工要求而设计开发的，拥有全部知识产权，可实现七轴数字控制及四轴联动自动干式切削，不需要切削油，实现了绿色环保加工，加工效率是湿式切削的2~3倍，床身的对称结构和护罩的防护结构，使排屑器能从床身中部迅速地将炙热的切屑排出，保证了干式高速切削的需要，是具有国际先进水平的国家重大技术装备。再如，大连机床集团有限责任公司以创新的方式先后制造了数控机床、立式加工中心等四条机床生产线，实现用生产汽车的方式生产数控机床，大大降低了制造成本，提高了其在机床市场中的竞争力。

华中数控股份有限公司利用公司独立自主生产的“华中 8 型数控系统”的模具制造智能工厂整体解决方案，以模具制造智能工厂为载体，将国产数控系统、金属加工和电火花加工设备、机器人、物流系统、检测系统等硬件集成方案和智能化排程系统、智能化执行系统、智能化控制系统和智能化决策系统等软件集成方案紧密融合在一起，从而构建具有完全自主知识产权的模具生产整体解决方案。

高新技术中的直接驱动技术正在日趋完善，与传统的“旋转伺服电动机+滚珠丝杠”等机床驱动方式相比，最高速度可提高数十倍，加速度提高几倍。直接驱动技术的应用推动了当前数控机床向高速、高效、高精度、智能性、环保化的发展。这是因为，高速切削加工进给系统要实现快速的伺服控制和误差补偿，必须具备很高的定位精度和重复定位精度，直接驱动技术适用于高速、超高速加工，生产批量大，要求定位运动多，速度和方向频繁变化的场合。除了直线电动机应用于高速加工中心外，在磨床、锯床、激光切割机、等离子切割机、线切割机等机床设备上，力矩电动机直接驱动的应用也相当普遍，如旋转和分度工作台、万能回转铣头、摆动和旋转轴、旋转刀架，动态刀库、主轴等，其中最典型的应用当属五轴铣床。

综上所述，现代制造业今后的发展将是以调整、提升、优化、创新为主要模式，未来的中国制造业已不能仅仅满足于“制造”，而是要进一步发展成为“智造”，即用知识、用头脑去创新、去创造，这样才能缩短差距，实现赶超，由制造大国变为制造强国和“智造大国”。

第二节 机械制造装备应具备的功能和分类

一、机械制造装备应具备的功能

机械制造装备应具备的功能包括加工精度方面的要求，强度、刚度和抗振性方面的要求，可靠性和加工稳定性方面的要求，使用寿命方面的要求，以及技术经济性能方面的要求。

1. 加工精度方面的要求

加工精度是指加工后零件对理想尺寸、形状和位置的符合程度，一般包括尺寸精度、表面形状精度、相互位置精度和表面粗糙度等。满足加工精度方面的要求应是机械制造装备最基本的要求。

影响机械制造装备加工精度的因素很多。与机械制造装备本身有关的因素有其几何精度、传动精度、运动精度、定位精度和低速运动平稳性等。

2. 强度、刚度和抗振性方面的要求

机械制造装备应具有足够的强度、刚度和抗振性。提高强度、刚度和抗振性不能一味地加大制造装备零部件的尺寸和重量，成为“傻、大、黑、粗”的产品。应利用新技术、新工艺、新结构和新材料，对主要零件和整体结构进行设计，在不增加或少增加重量的前提下，使装备的强度、刚度和抗振性满足规定的要求。

3. 可靠性和加工稳定性方面的要求

可靠性是指产品在其使用过程中，在规定条件下和规定时间内能完成规定任务的能力，通常用“概率”表示。产品可靠性主要取决于产品在设计和制造阶段形成的产品固有可靠程度。机械制造装备在使用过程中，受到切削热、摩擦热、环境热等因素的影响，会产生热变形，影响加工性能的稳定性。对于自动化程度较高的机械制造装备，加工稳定性方面的要求尤为重要。提高加工稳定性的措施包括减少发热量、散热、隔热、均热、热补偿、控制环境温度等。

4. 使用寿命方面的要求

机械制造装备经过长期使用，因零件磨损、间隙增大，原始工作精度将逐渐丧失。对于加工精度要求很高的机械制造装备，使用寿命方面的要求尤为重要。提高使用寿命应从设计、工艺、材料、热处理和使用等多方面综合考虑。从设计角度，提高使用寿命的主要措施包括减少磨损、均匀磨损、磨损补偿等。

5. 技术经济性能方面的要求

投入机械制造装备上的费用将分摊到产品成本中去。如产品产量很大，分摊到每个产品的费用较少。反之，产品的产量较少，甚至是单件，过大地在机械制造装备上投资，将大幅度地提高产品的成本，削弱产品的市场竞争力。因此，不应盲目地追求机械制造装备的技术先进程度，无计划地加大投入，而应该进行仔细的技术经济分析，确定机械制造装备设计和选购方面的指导方针。

二、机械制造装备的分类

机械制造过程包括准备原材料、热加工、冷加工、装配成产品，对产品进行质量检测，包装和发运的全过程。制造过程中使用的装备类型繁多，大致可划分为加工装备、工艺装备、仓储输送装备和辅助装备四大类。

（一）加工装备

加工装备是指采用机械制造方法制作机器零件或毛坯的机床。机床是制造机器的机器，也称工作母机，其种类很多，包括金属切削机床、特种加工机床、快速成形机、锻压机床、注射机、焊接设备、铸造设备和木工机床等。特种加工机床传统上归于金属切削机床类中。由于近年来，特种加工机床已发展为一个较大的门类，为叙述方便，这里将它作为一大类机床进行介绍。注射机、焊接设备、铸造设备和木工机床等可参阅塑料制品加工、材料热加工和木工行业方面的有关书籍，这里不做介绍。

1. 金属切削机床

金属切削机床是采用切削工具或特种加工等方法，从工件上除去多余或预留的金属，以获得符合规定尺寸、几何形状、尺寸精度和表面质量要求的零件。金属切削机床的种类繁多，可按如下特征进行分类。

(1) 按机床的加工原理进行分类　按机床加工原理的不同，金属切削机床可分为车床、钻床、镗床、磨床、齿轮加工机床、螺纹加工机床、铣床、刨（插）床、拉床、特种加工机床、切断机床和其他机床12类。其他机床包括锯床、键槽加工机床、珩磨研磨机床等。

(2) 按机床的使用范围进行分类 按机床的使用范围进行分类，金属切削机床可分为通用机床、专用机床和专门化机床。

1) 通用机床。通用的金属切削机床可加工多种尺寸和形状的工件的多种加工面，故又称万能机床。其结构一般比较复杂，适用于单件或中小批量生产。

2) 专用机床。专用机床是用于特定工件的特定表面、特定尺寸和特定工序的加工，是根据特定的工艺要求专门设计和制造的，其生产率和自动化程度均高，结构比通用机床简单，多用于成批和大量生产。组合机床及其自动线是其中的一个大分支，包括大型组合机床及其自动线、小型组合机床及其自动线、自动换刀数控组合机床及其自动线等。

3) 专门化机床。专门化机床的特点介于通用机床和专用机床之间，用于对形状相似尺寸不同的工件的特定表面，按特定的工序进行加工。这类机床如精密丝杠机床、曲轴机床等，生产率一般较高。

此外，金属切削机床还可以按其加工精度分为普通机床、精密机床和高精度机床；按其自动化程度可分为普通机床、半自动机床和自动机床；按其控制方式可分为程控机床、数控机床、仿形机床等。

2. 特种加工机床

近十几年来，为满足国防和高新科技领域的需要，许多产品朝着高精度、高速度、高温、高压、大功率和小型化方向发展。采用特种加工技术，以全新的工艺方法，可解决用常规加工手段难以甚至无法解决的许多工艺难题，如大面积镜面加工、小径长孔甚至弯孔加工、脆硬难切削材料加工和微细加工等。特种加工机床近年来发展很快，按其加工原理可分为电加工机床、超声波加工机床、激光加工机床、电子束加工机床、离子束加工机床、水射流加工机床等。

(1) 电加工机床 直接利用电能对工件进行加工的机床，统称电加工机床，一般仅指电火花加工机床、电火花线切割机床和电解加工机床。

电火花加工机床是利用工具电极与工件之间的脉冲放电现象从工件上去除微粒材料以达到加工要求的机床，主要用于加工硬的导电金属，如淬火钢、硬质合金等。按工具电极的形状和电极是否旋转，电火花加工机床可进行成形穿孔加工、电火花成形加工、电火花雕刻、电火花展成加工、电火花磨削等。

电火花线切割机床是利用一根移动的金属丝作电极，在金属丝和工件间通过脉冲放电，并浇上液体介质，使之产生放电腐蚀而进行切割加工。当放置工件的工作台在水平面内按预定轨迹移动时，工件便可被切割出所需要的形状。如金属丝在垂直其移动方向的平面内不与铅直线平行，可切出上下截面不同的工件。

电解加工机床是利用金属在直流电流作用下，在电解液中产生阳极溶解的原理对工件进行加工的。电解加工又称电化学加工。加工时，工件与工具分别接正极与负极，两者相对缓慢进给，并始终保持一定的间隙，让具有一定压力的电解液连续从间隙中流过，将工件上的被溶解物带走，使工件逐渐按工具的形状被加工成形。再采用机械的方法，如砂轮，去除工件上的被溶解物，称阳极机械加工。

(2) 超声波加工机床 利用超声波能量对材料进行机械加工的设备称为超声波加工机床。加工时工具做超声振动，并以一定的静压力压在工件上，工件与工具间引入磨料悬浮液。在振动工具的作用下，磨粒对工件材料进行冲击和挤压，加上空化爆炸作用将材料切除。超声波加工适用于特硬材料，如石英、陶瓷、水晶、玻璃等的孔加工，以及套料、切割、雕刻、研磨和超声电加工等复合加工。

（3）激光加工机床　采用激光能量进行加工的设备统称激光加工机床。激光是一种强度高、方向性好、单色性好的相干光。利用激光的极高能量密度产生的上万度高温聚焦在工件上，使工件被照射的局部在瞬间急剧熔化和蒸发，并产生强烈的冲击波，使熔化的物质爆炸式地喷射出来，以改变工件的形状。激光加工可以用于所有金属和非金属材料，特别适合于加工微小孔（ϕ0.01～ϕ1mm 或更小）和材料切割（切缝宽度一般为 0.1～0.5mm）。激光加工机床常用于加工金刚石拉丝模、钟表宝石轴承，以及陶瓷、玻璃等非金属材料和硬质合金、不锈钢等金属材料上的小孔和切割。

（4）电子束加工机床　在真空条件下，由阴极发射出的电子流被带高电位的阳极吸引，在飞向阳极的过程中，经过聚焦、偏转和加速，最后以高速和细束状轰击被加工工件的一定部位，在几分之一秒内，其99%以上的能量转化成热能，使工件上被轰击的局部材料瞬间熔化、汽化和蒸发，完成工件的加工。电子束加工常用于穿孔、切割、蚀刻、焊接、蒸镀、注入和熔炼等。此外，利用低能电子束对某些物质的化学作用，可进行镀膜和曝光，也属于电子束加工。电子束加工机床就是利用电子束的上述特性进行加工的装备。

（5）离子束加工机床　在电场作用下，将正离子从离子源出口孔“引出”，在真空条件下，将其聚焦、偏转和加速，并以大能量细束状轰击被加工部位，引起工件材料的变形与分离，或使靶材离子沉积到工件表面上，或使杂质离子射入工件内，用这种方法可对工件进行穿孔、切割、铣削、成像、抛光、蚀刻、清洗、溅射、注入和蒸镀等，统称离子束加工。离子束加工机床就是利用离子束的上述特性进行加工的装备。

（6）水射流加工机床　水射流加工是利用具有很高速度的细水柱或掺有磨料的细水柱，冲击工件的被加工部位，使被加工部位上的材料剥离。随着工件与水柱间的相对移动，切割出要求的形状。水射流加工常用于切割某些难加工材料，如陶瓷、硬质合金、高速工具钢、模具钢、淬火钢、白口铸铁、耐热合金、复合材料等。

3. 锻压机床

锻压机床是利用金属的塑性变形特点进行成形加工的设备，属无屑加工设备，主要包括锻造机、冲压机、挤压机和轧制机四大类。

锻造机是利用金属的塑性变形，使坯料在工具的冲击力或静压力作用下成形为具有一定形状和尺寸的工件，同时使其性能和金相组织符合一定的技术要求。按成形方法的不同，锻造加工可分为手工锻造、自由锻造、胎模锻造、模型锻造和特种锻造等。按锻造温度不同，锻造加工可分热锻、温锻和冷锻等。

冲压机是借助模具对板料施加外力，对材料按模具形状、尺寸进行剪裁或使其发生塑性变形，得到要求的金属板制件。根据加工时材料温度的不同，冲压加工可分为冷冲压和热冲压。冲压工艺具有省工、省料和生产率高的特点。

挤压机是借助于凸模对放在凹模内的金属坯料加力挤压，迫使金属挤满凹模和凸模合成的内腔空间，获得所需形状的金属制件。挤压时，坯料受三向压缩应力的作用，有利于低塑性金属的成形。与模锻相比，挤压加工更节约金属、提高生产率和制品的精度。按挤压时材料的温度不同，挤压加工可分为冷挤压、温热挤压和热挤压。

轧制机是使金属材料经过旋转的轧辊，利用轧辊压力使其产生塑性变形，以获得所要求的截面形状并同时改变其性能。按轧制时材料温度是否在再结晶温度以上或以下，分为热轧和冷轧。按轧制方式又可分纵轧、横轧和斜轧。纵轧是轧件在两个平行排列而反向旋转的轧辊间轧制，用于轧制板材、型材、钢轨等；横轧是轧件在两个平行排列而同向旋转的轧辊间轧制，自身也做旋转运动，用于轧制套圈类零件；斜轧是轧件在两个轴线互成一定角度而同向旋转的轧辊间轧制，自身做螺旋前进运动，仅沿螺旋线受到轧制加工，主要用于轧制钢球。

（二）工艺装备

产品制造时所用的各种刀具、模具、夹具、量具等工具，总称为工艺装备。它们是保证产品制造质量、贯彻工艺规程、提高生产率的重要手段。

1. 刀具

切削加工时，从工件上切除多余材料所用的工具，称为刀具。刀具的种类颇多，如车刀、刨刀、铣刀、钻头、丝锥、齿轮滚刀等。大部分刀具已标准化，由工具制造厂大批量生产，不需自行设计。

2. 模具

模具是用来将材料填充在其型腔中，以获得所需形状和尺寸制件的工具。按填充方法和填充材料的不同，模具分为粉末冶金模具、塑料模具、压铸模具、冷冲模具、锻压模具等。

（1）粉末冶金模具　粉末冶金是制造机器零件的一种加工方法，它是将一种或多种金属或非金属粉末混合，放在粉末冶金模具的型腔内，加压成形，再烧结成制品。

（2）塑料模具　塑料是以高分子量合成树脂为主要成分，在一定条件下可塑制成一定形状且在常温下保持形状不变的材料。塑料成型制件所用的模具称之为塑料模具。塑料模具有压塑模具、挤塑模具、注射模具和其他模具之分。其他模具如挤出成型模具、发泡成型模具、低发泡注射成型模具等。

1）压塑模具又称压胶模，是成型热固性塑料制件的模具。成型前，根据压制工艺条件将模具加热到成型温度，然后将塑料粉放入型腔内预热、闭模和加压。塑料在受热和加压后逐渐软化成黏流状态，在成型压力的作用下流动而充满型腔，经保压一段时间后，塑料制件逐渐硬化成型，然后开模和取出塑料制件。

2）挤塑模具又称挤胶模，是成型热固性塑料或封装电器元件等用的一种模具。成型及加料前先闭模，塑料先放在单独的加料室内预热成黏流状态，熔料在压力的作用下通过模具的浇注系统，高速挤入型腔，然后硬化成型。

3）注射模具沿分型面分为定模和动模两部分。定模安装在注射机的定模板上，动模则紧固在注射机的动模板上。工作时注射机推动动模板与定模板紧密压紧，然后将料筒内已加热到熔融状态的塑料高压注入型腔，融料在模内冷却硬化到一定强度后，注射机将动模板与定模板沿分型面分开，即开启模具，将塑料制件顶出模外。

（3）压铸模具　熔融的金属在压铸机中以高压、高速射入压铸模具的型腔，并在压力下结晶成形。压铸件的尺寸精度高，表面光洁，主要为有色金属件。

（4）冷冲模具　冷冲模具包括阴模和阳模两部分。在室温下借助阳模对金属板料施加外力，迫使材料按阴模型腔的形状、尺寸被裁剪或发生塑性变形。进行冷冲加工所用的钢材应是含碳量较低的高塑性钢。

（5）锻压模具　锻压模具是锻造用模具的总称。按所使用的锻造设备的不同，锻压模具可分为锤锻模、机锻模、平锻模、辊锻模等；按使用目的的不同，锻压模具可分为终成形模、预成形模、制坯模、冲孔模、切边模等。

3. 夹具

夹具是安装在机床上，用于定位和夹紧工件的工艺装备，以保证加工时的定位精度、被加工面之间的相对位置精度，有利于贯彻工艺规程和提高生产率。夹具一般由定位机构、夹紧机构、刀具导向装置、工件推入和取出导向装置，以及夹具体等构成。按夹具安装在什么机床上可分为车床夹具、铣床夹具、刨床夹具、钻床夹具、镗床夹具、磨床夹具等。

按夹具专用化程度可分为专用夹具、成组夹具和组合夹具等。

专用夹具是专为特定工件的特定工序设计和制造的。一旦产品改变或工艺改变，夹具便无法使用。

成组夹具是采用成组技术，把工件按形状、尺寸和工艺相似性进行分组，再按每组工件设计组内通用的夹具。成组夹具的特点是：具有通用的夹具体，只需对夹具的部分元件稍做调整或更换，即可用于组内各个零件的加工。

组合夹具是利用一套标准元件和通用部件（如对定装置、动力装置）按加工要求组装而成的夹具。标准元件有不同形状和尺寸，配合部位具有良好的互换性。产品改变时，可以将组合夹具拆散，按新的加工要求重新组装。组合夹具常用于新产品试制和单件小批生产中，可缩短生产准备时间，减少专用夹具的品种和试制过程。

4. 量具

量具是以固定形式复现量值的计量器具的总称。许多量具已商品化，如千分尺、千分表、量块等。有些量具尽管是专用的，但可以相互借用，不必重新设计与制造，如极限量规、样板等，设计产品时按所取的尺寸和公差应尽可能借用量具库中已有的量具。有些量具则属于组合测量仪，基本是专用的，或只在较小的范围内通用。组合测量仪可用于同时对多个尺寸进行测量，将这些尺寸与允许值进行比较，通过显示装置指示是否合格；也可以通过测得的尺寸值计算出其他一些较难直接测量的几何参数，如圆度误差、垂直度误差等，并与相应的允许值进行比较。组合测量仪中通常有模/数转换装置、微处理器和显示装置（如信号灯、显示屏幕等），测得的值经模/数转换成数值量，由微处理器将测得的值做相应的处理，并与允许值进行比较，得出是否合格的结论，并由显示装置将测量分析结果显示出来，也可按设定的多元联立方程组求出所需的几何参数，也与允许值进行比较，比较结果也在显示装置上显示出来。

（三）仓储输送装备

仓储输送包括各级仓储、物料输送、机床上下料等。机器人可作为加工装备，如焊接机器人和喷漆机器人等，也可作为仓储输送装备，用于物料输送和机床上、下料，称为工业机械手。

1. 仓储

仓储用来存储原材料、外购器材、半成品、成品、工具、胎夹模具等，分别归厂或各车间管理。

现代化的仓储系统应有较高的机械化程度，采用计算机进行库存管理，以减小劳动强度，提高工作效率，配合生产管理信息系统，控制合理的库存量。

立体仓库是一种很有发展前途的仓储结构，具备很多优点，包括占地面积小而库存量大、便于实现全盘机械化和自动化、便于进行计算机库存管理等。

2. 物料输送装置

物料输送在这里主要指坯料、半成品或成品在车间内工作中心间的传输，采用的输送装置有各种传送装置和自动运载小车。

输送装置主要用于流水生产线或自动线中，有四种主要类型：由许多辊轴装在型钢台架上构成床形短距离滑道，由人工或靠工件自重实现输送；由刚性推杆推动工件做同步运动的步进式输送装置；带有抓取机构的、在两工位间输送工件的输送机械手；由连续运动的链条带动工件或随行夹具的非同步输送装置。用于自动线中的输送装置要求工作可靠、输送速度快、输送定位精度高，以及自动线的工作协调等。

自动运载小车主要用于工作中心间工件的输送。与上述输送装置相比，它具有较大的柔性，可通过计算机控制，方便地改变工作中心间工件输送的路线，故较多地用于柔性制造系统中。自动运载小车按其运行的原理分有轨和无轨两大类。无轨运载小车的走向一般靠浅埋在地面下的制导电缆控制，在小车紧贴地面的底部装有接受天线，接收制导电缆的感应信息，不断判别和校正走向。

3. 机床上下料装置

专为机床将坯料送到加工位置的机构称为上料装置；加工完毕后将制品从机床上取走的机构称为下料装置。在大批量自动化生产中，为减轻工人体力劳动，缩短上下料时间，常采用机床上下料装置。

4. 工业机械手

工业机械手常配置在自动机床和自动生产线上，用来代替人传递和装卸工件的机械手是用于生产的机器人。

（四）辅助装备

辅助装备包括清洗机和排屑装置等设备。

清洗机是用来清洗工件表面尘屑油污的机械设备。所有零件在装配前均需经过清洗，以保证装配质量和使用寿命。清洗液常用质量分数为3%～10%的苏打或氢氧化钠水溶液，加热到80～90℃，采用浸洗、喷洗、气相清洗和超声波清洗等方法。在自动装配线中，采用分槽多步式清洗生产线，完成工件的自动清洗。

排屑装置用于自动机床或自动生产线上，从加工区域将切屑清除，输送到机外或线外的集屑器内。清除切屑的装置常用离心力、压缩空气、电磁或真空、切削液冲刷等方法；输屑装置则有带式、螺旋式和刮板式多种类型。

第三节 机械制造装备设计的类型及方法

机械制造装备设计可分为创新设计、变型设计和模块化设计三大类型，依据不同的设计类型可采用不同的设计方法。

一、机械制造装备创新设计方法

在当前市场竞争十分激烈的情况下，企业要求得生存，需要不断地推出具有竞争力的创新产品。创新设计是依据市场需求发展的预测，进行产品结构的调整，用新的技术手段和技术原理，改造传统产品；开发新一代的、具有高技术附加值的新产品，改善产品的功能、技术性能和质量，降低生产成本和能源消耗；采用先进生产工艺，缩短与国内外先进同类产品之间的差距，提高产品的竞争力，进一步占领和扩大国内外市场。

创新设计通常应从市场调研和预测开始，明确产品设计任务，经过产品规划、方案设计、技术设计和施工设计四个阶段；还应通过产品试制和产品试验来验证新产品的技术可行性；通过小批试生产来验证新产品的制造工艺和工艺装备的可行性；一般需要较长的设计开发周期，投入较大的研制开发工作量。

（一）产品规划阶段

市场对产品的需求是动态变化的，在产品设计前必须进行产品规划，确定新产品的功能、技术性能和开发的日程表，保证符合市场需求的产品能及时或适当超前地研制出来，并投放市场，以减少产品开发的盲目性。在产品规划阶段将综合运用技术预测、市场学、信息学等理论和方法来解决设计中出现的问题。

产品规划阶段的任务是明确设计任务，通常应在市场调查与预测的基础上识别产品需求，进行可行性分析，制订设计技术任务书。

1. 需求分析

需求分析一般包括对销售市场和原材料市场的分析，主要内容如下：

1）新产品开发面向的社会消费群体，他们对产品功能、技术性能、质量、数量、价格等方面的要求。

2）现有类似产品的功能、技术性能、价格、市场占有情况和发展趋势。

3）竞争对手在技术、经济方面的优势和劣势及发展趋向。

4）主要原材料、配件、半成品等的供应情况、价格及变化趋势等。

2. 调查研究

调查研究包括市场调研、技术调研和社会环境调研三部分。

（1）市场调研　一般从以下几方面进行调研：

用户需求——有关产品功能、性能、质量、使用、保养、维修、外观、颜色、风格、需求量和价格等方面的要求。

产品情况——产品在其生命周期曲线中的位置，新老产品交替的动向分析等。

同行情况——同行产品经营销售情况和发展趋势，本企业产品的市场占有率与差距，主要竞争对手在技术、经济方面的优势和劣势及发展趋向。

供应情况——主要原材料、配件、半成品等的质量、品种、价格、供应等情况及变化趋势等。

（2）技术调研　一般包括产品技术的现状及发展趋势；行业技术和专业技术的发展趋势；新型元器件、新材料、新工艺的应用和发展动态；竞争产品的技术特点分析；竞争企业的新产品开发动向；环境对研制的产品提出的要求，如使用环境的空气、湿度、有害物质和粉尘等对产品的要求；为保证产品的正常运转，研制的产品对环境提出的要求等。

（3）社会环境调研　一般包括企业目标市场所处的社会环境和有关的经济技术政策，如产业发展政策、投资动向、环境保护及安全等方面的法律、规定和标准，社会的风俗习惯，社会人员的构成状况、消费水平、消费心理和购买能力，本企业实际情况、发展动向、优势和不足、发展潜力等。

3. 预测

预测可分为定性预测和定量预测两部分。

（1）定性预测　在数据和信息缺乏时，依靠经验和综合分析能力对未来的发展状况做出推测和估计。采用的方法有走访调查、查资料、抽样调查、类比调查、专家调查等。

（2）定量预测　对影响预测结果的各种因素进行相关分析和筛选，根据主要影响因素和预测对象的数量关系建立数学模型，对市场发展情况做出定量预测。采用的方法有时间序列回归法、因果关系回归法、产品寿命周期法等。

4. 可行性分析

通过调查研究与预测后，对产品开发中的重大问题应进行充分的技术经济论证，判断是否可行，即进行产品设计的可行性分析。可行性分析一般包括技术分析、经济分析和社会分析三个方面。技术分析是对开发产品可能遇到的主要关键技术问题做全面的分析，提出解决这些关键技术问题的措施。通过经济分析，应力求新产品投产后能以最少的人力、物力和财力消耗得到满意的功能，取得较好的经济效果。社会分析是分析开发的产品对社会和环境的影响。经过技术、经济、社会等方面的分析和对开发可能性的研究，应提出产品开发的可行性报告。可行性报告一般包括如下内容。

1）产品开发的必要性，市场调查及预测情况，包括用户对产品功能、用途、质量、使用维护、外观、价格等方面的要求。

2）同类产品国内外技术水平，发展趋势。

3）从技术上预期产品开发能达到的技术水平。

4）从设计、工艺和质量等方面需要解决的关键技术问题。

5）投资费用及开发时间进度，经济效益和社会效益估计。

6）现有条件下开发的可能性及准备采取的措施。

5. 编制设计任务书

经过可行性分析后，应确定待设计产品的设计要求和设计参数，编制设计要求表，表1-1所列内容可供参考。在设计要求表内要列出必须达到的要求和希望达到的要求，对各项要求应按其重要程度排出名次，作为对设计进行评价时确定加权系数的依据。应尽可能用数值描述各项要求的技术指标。

表1-1　设计要求表

设计要求			必须和希望达到的要求	重要程度次序
类别		项目及指标		
功能	运动参数	运动形式、方向、速度、加速度等		
	力参数	作用力大小、方向、载荷性质等		
	能量	功率、效率、压力、温度等		
	物料	产品物料特性		
	信号	控制要求、测量方式及要求等		
	其他性能	自动化程度、可靠性、寿命等		
经济	尺寸（长、宽、高）、体积和重量的限制			
	生产率、每年生产件数和总件数			
	最高允许成本、运转费用			
制造	加工	公差、特殊加工条件等		
	检验	测量和检验的特殊要求等		
	装配	装配要求、地基及安装现场要求等		
使用	使用对象	市场和用户类型		
	人机学要求	操纵、控制、调整、修理、配换、照明、安全、舒适		
	环境要求	噪声、密封、特殊要求等		
	工业美学	外观、色彩、造型等		
期限	设计完成日期	研制开始和完成日期，试验、出厂和交货日期等		

在上述基础上，结合本企业的技术经济和装备实际情况，编制产品的设计任务书。产品设计任务书是指导产品设计的基础性文件，其主要任务是对产品进行选型，确定最佳设计方案。在设计任务书内，应说明设计该产品的必要性和现实意义、产品的用途描述、设计所需要的全部重要数据、总体布局和结构特征、应满足的要求、条件和限制等。这些要求、条件和限制来源于市场、系统属性、环境、法律法规与有关标准，以及制造厂自身的实际情况，是产品设计、

评价和决策的依据。

（二）方案设计阶段

方案设计实质上是根据设计任务书的要求，进行产品功能原理的设计。这阶段完成的质量将严重影响到产品的结构、性能、工艺和成本，关系到产品的技术水平及竞争力。

在方案设计阶段应尽量开阔思路，创新构思，引入新原理和新技术，综合运用系统工程学、图论、形态学、创造学、思维心理学、决策论等理论和方法，将系统总功能分解为功能元，通过各种方法，探索多种方案，求得各功能元的多个解，组合功能元的解或直接求得多个系统原理解，在此基础上通过评价和优化筛选，求得较好的最佳原理解。

方案设计阶段大致包括对设计任务的抽象、建立功能结构、形成初步设计方案和对初步设计方案的选择与评价等步骤。

1. 对设计任务的抽象

一项设计任务往往需要满足很多要求，有些要求是主要的，更多的是次要的。设计师应对设计任务进行抽象，抓住主要要求，兼顾次要要求，才能避免由于知识和经验的局限性，以及思想上的各种条框，误导设计方案的制订。对设计任务进行抽象是对设计任务的再认识，从众多应满足的要求中，通过对功能关系和与任务相关的主要约束条件的分析，对设计要求表一步一步地进行抽象，找出具有本质性的和主要的要求，即本质功能，以便找到能实现这些本质功能的解，再进一步找出其最优解。

2. 建立功能结构

经过对设计任务的抽象，可明确设计产品的总功能。总功能是表达输入量转变成输出量的能力。这里所谓的输入/输出量指的是物料、能量和信息。

产品的总功能通常是比较复杂的，较难直接看清楚输入和输出之间的关系。犹如设计产品通常由部件、组件和零件组成，与此相对应，设计产品应满足的总功能，也可分解成分功能和多级子功能，它们按确定的关系结合起来，以实现总功能。分功能和多级子功能及它们之间的关系称为功能结构，可用图 1-1 所示的图形表示。图中的方框是一个“黑箱”，代表一个系统，只知道其输入和输出特性，其内部结构在这一阶段暂不细究。通过对“黑箱”及其与周围环境联系的分析，了解其功能、特性，进一步寻求其内部的机理和结构。图中实线箭头表示能量，双实线箭头表示物料，虚线箭头表示信息；箭头的位置可以画在方框的任一边，输入或输出用箭头的方向表示；能量、物料或信息可以是多项内容，用多个箭头表示；需注意上层输入/输出功能的内容必须与下层统一。

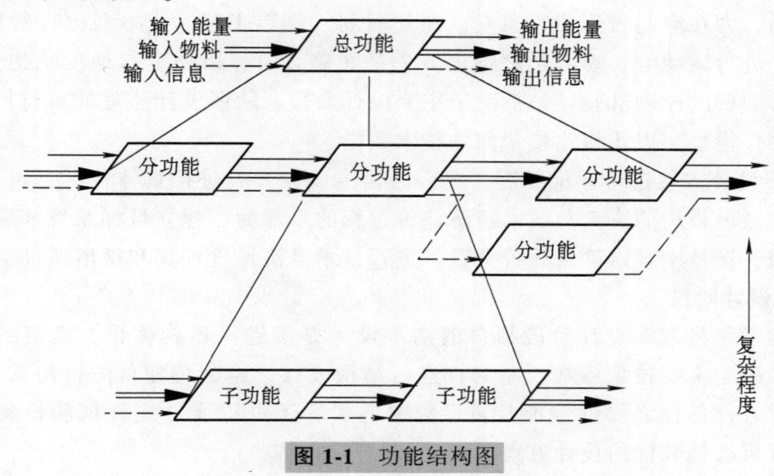

图 1-1　功能结构图

总功能可逐级往下分解，分解到子功能的要求比较明确，便于求解为止。

建立功能结构的另一个目的是便于了解产品中哪些子功能是已有的，可直接采用已有零部件来实现，哪些子功能是以前没有的，需要新开发零部件来实现。通过对功能结构的分析，也可以找出在多种产品中重复出现的功能，为制订通用零部件规范提供依据。

功能间的联系存在三种基本结构：串联结构、并联结构和环形结构，如图1-2所示。

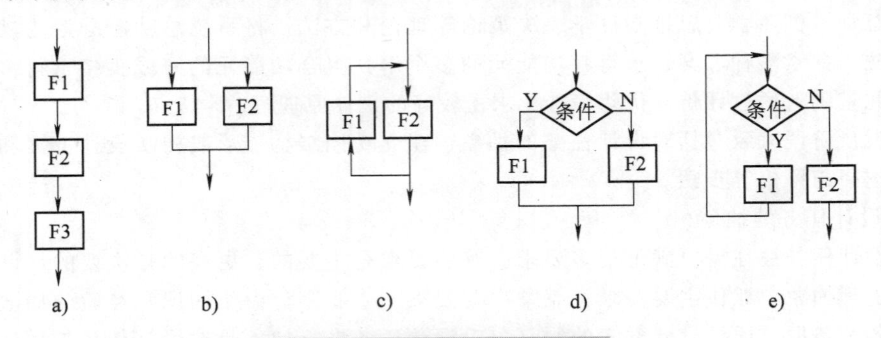

图1-2　功能基本联系结构形式

a）串联结构　b）并联结构　c）环形（循环）结构
d）有选择的并联结构　e）有选择地进行反馈的循环结构

串联结构如图1-2a所示，又称顺序结构，表示分功能间存在因果关系或时间、空间顺序关系。并联结构如图1-2b所示，表示同时完成多个功能后再执行下一个分功能。环形结构如图1-2c所示，是输出反馈为输入的循环结构。图1-2d所示为有选择的并联结构。图1-2e所示则是有选择地进行反馈的循环结构。

3. 初步设计方案的选择与评价

（1）初步设计方案的初选　当形成的初步设计方案比较多时，应首先对初步设计方案进行初选，淘汰那些明显不好的方案。初步设计方案的初选采用如下方法：

1）观察淘汰法。常根据设计要求表中的主要要求来衡量各初步设计方案，淘汰明显不能很好地实现设计要求表中主要要求的方案。

2）分数比较法。如果各方案间的差别不大，用观察淘汰法难以分出优劣，可对每个方案按选定的几项主要要求进行综合打分，淘汰分值低的方案。

（2）初步设计方案的具体化　对初选成功的设计方案绘出方案原理图、整机总体布局草图、主要零部件草图，为在空间占用量、重量、所用材料、制造工艺、成本和运行费用等方面进行比较提供数据；进行运动学、动力学和强度方面的粗略计算，以便定量地反映初步设计方案的工作特性；进行必要的原理试验，分析确定主要设计参数，验证设计原理的可行性；对于大型、复杂设备，可制作模型，以获得比较全面的技术数据。

（3）对初步设计方案进行评价　对初选后的初步设计方案进行具体化后，再对它们进行技术经济评价，并做出最后的决策。技术经济评价过程的步骤为：建立目标系统和确定评价标准，确定重要性系数，按技术观点确定评价分数，进行技术经济评价计算和得出评价结果。

（三）技术设计阶段

技术设计阶段是将方案设计阶段拟订的初步设计方案进一步具体化，确定结构原理方案；进行总体设计，确定主要技术参数、布局；进行结构设计，绘制装配草图，初选主要零件的材料和工艺方案，进行各种必要的性能计算；如果需要，还可以通过模型试验检验和改善设计；通过技术经济分析选择较优的设计方案。

在技术设计阶段将综合运用系统工程学、价值工程学、力学、摩擦学、机械制造工程学、优化理论、可靠性理论、人机工程学、工业美学、相似理论等理论和方法，来解决设计中出现的问题。

1. 确定结构原理方案

（1）确定结构原理方案的主要依据　根据初步设计方案，在充分理解原理解的基础上，确定结构原理方案的主要依据，其中包括：决定尺寸的依据，如功率、流量和联系尺寸等；决定布局的依据，如物流方向、运动方向和操作位置等；决定材料的依据，如抗腐蚀能力、耐用性、市场供应情况等；决定和限制结构设计的空间条件，如距离、规定的轴向、装入的限制范围等。

（2）构思并确定结构原理方案　在上述依据的约束下，对主要功能结构进行构思，初步确定其材料和形状，进行粗略的结构设计。

（3）评价和修改　对确定的结构原理方案进行技术经济评价，为进一步的修改提供依据。

2. 总体设计

总体设计阶段的任务是将结构原理方案进一步具体化。对于复杂程度较高、重要的设计项目，可以提出多个总体设计方案供选择。择优的准则一般包括功能、使用性能、加工和装配的工艺性、生产成本、与老产品的继承性等。总体设计的内容大致包括：

（1）主要结构参数　包括尺寸参数、运动参数、动力参数、占用面积和空间等。

（2）总体布局　包括部件组成、各部件的空间位置布局和运动方向、物料流动方向、操作位置，以及各部件相对运动配合关系，即工作循环图。在确定总体布局时，应充分考虑使用和维护的方便性、安全性、外观造型、环境保护和对环境的要求等“人—机—环境”关系。

（3）系统原理图　包括产品总体布局图、机械传动系统图、液压系统图、电力驱动和控制系统图等。

（4）经济核算　包括产品成本和运行费用的估算、成本回收期、资源的再利用等。

（5）其他　包括材料选用、配件和外协件的供应、生产工艺、运输、开发周期等方面。

3. 结构设计

结构设计阶段的主要任务是在总体设计的基础上，对结构原理方案结构化，绘制产品总装图、部件装配图，提出初步的零件表、加工和装配说明书，对结构设计进行技术经济评价。

在技术设计阶段，由于已经掌握了更多的信息，因此有条件比方案设计阶段更具体、更定量地根据设计要求表中提出的要求，分析必须达到的要求满足和超过的程度，希望达到要求的处理结果，在这基础上做出精确的技术经济评价，并找出设计的薄弱环节，进一步改进设计。技术经济评价通常从以下几方面进行：实现的功能、作用原理的科学性、结构合理性、参数计算准确性、安全性、人机工程学要求、制造、检验、装配、运输、使用和维护的性能、资源回用、成本和产品研制周期等。

进行结构设计时必须遵守有关国家、部门和企业颁布的标准规范，充分考虑诸如人机工程学、外观造型、结构可靠和耐用性、加工和装配工艺性、资源回用、环保、材料、配件和外协件的供应、企业设备、资金和技术资源的利用、产品系列化、零部件通用化和标准化、结构相似性及继承性等方面的要求，通常要经过设计、审核、修改、再审核、再修改多次反复，才可批准投产。

在结构设计阶段经常采用诸如有限元分析、优化设计、可靠性设计、计算机辅助设计等现代设计方法，来解决设计中出现的问题。对造价较高而设计成功把握不太高的产品，可通过模型试验检查产品的功能和零部件的强度、刚度、运动精度、振动稳定性、噪声、外观造型等方面的性能，在模型试验的基础上对设计做必要的修改。

(四) 施工设计阶段

施工设计阶段主要绘制零件工程图、完善部件装配图和总装配图，进行商品化设计，编制各类技术文档等。在施工设计阶段，将广泛运用工程图学、机械制造工艺学等理论和方法来解决设计中出现的问题。

1. 零件图设计

零件图包含了为制造零件所需的全部信息。这些信息包括几何形状、全部尺寸、加工面的尺寸公差、几何公差和表面粗糙度要求、材料和热处理要求、其他特殊技术要求等。组成产品的零件有标准件、外购件和基本件。标准件和外购件不必提供零件图，基本件无论是自制或外协，均需提供零件图。零件图的图号应与装配图中的零件件号对应。

2. 完善装配图

在绘制零件图时，更加具体地从结构强度、工艺性和标准化等方面进行零件的结构设计，不可避免地对技术设计阶段提供的装配图做些修改。所以零件图设计完毕后，应完善装配图的设计。装配图中的每一个零件应按企业规定的格式标注件号。零件件号是零件唯一的标识符，不可乱编，以免造成生产混乱。件号中通常包含产品型号和部件号信息，有的还包含材料、毛坯类型等其他信息，以便备料和毛坯的生产与管理。

3. 商品化设计

商品化设计的目的是进一步提高产品的市场竞争力。商品化设计的内容一般包括：进行价值分析和价值设计，保证产品功能和性能的基础上，降低成本；利用工业美学原理设计精美的造型和悦目的色彩，改善产品的外观功能；精化包装设计等。

4. 编制技术文档

应重视技术文档的编制工作，将其看成是设计工作的继续和总结。编制技术文档的目的是为产品制造、安装调试提供所需要的信息，为产品的质量检验、安装运输、使用等做出相应的规定。为此，技术文档应包括产品设计计算书、产品使用说明书、产品质量检查标准和规则、产品明细表等。产品明细表包括基本件明细表、标准件明细表和外购件明细表等。对于不同的设计类型，设计步骤大致相同。

以上介绍的是机械制造装备设计的典型步骤，比较适用于创新设计类型。如果创新设计遵循系列化和模块化设计的原理，为产品的进一步变型和组合已做了必要的考虑，变型设计和组合设计的有些步骤可以简化甚至省略。

二、变型设计

为了快速满足市场需求的变化，常常采用适应型和变参数型设计方法。两种设计方法都是在原有产品基础上，保持基本工作原理和总体结构不变。适应型设计是通过改变或更换部分部件或结构。变参数型设计是通过改变部分尺寸与性能参数，形成所谓的变型产品，以扩大使用范围，满足更广泛的用户需求。适应型设计和变参数型设计统称变型设计。

作为变型设计依据的原有产品，通常是采用创新设计方法完成的。在创新设计时应考虑变型设计的可能性，遵循系列化设计的原理，将创新设计和变型设计两者进行统筹规划。即原有产品的设计不再是孤立地进行，而是作为系列化产品中的所谓的基型产品来精心设计，变型产品也不再是无序地进行设计，而是在系列型谱的范围内有指导地进行设计。

(一) 机床系列型谱

为满足国民经济不同部门对机床的要求，将机床分成若干种类型，如通常所说的车、铣、刨、钻、磨、镗等十二大类通用机床。每一类型机床又分为大小不同的几种规格。国家根据机床的生产和使用情况，在调查研究的基础上，规定了每一种通用机床的主参数系列，它是一个等比级数的数列。例如，中型卧式车床的主参数是床身上最大回转直径，主参数系列中有250mm、320mm、400mm、500mm、630mm、800mm、1000mm 七种规格，是公比为 1.25 的等比数列。其他各类机床的主参数见 GB/15375—2008《金属切削机床　型号编制方法》。

由于各机床用户生产的产品和规模不同，对机床的性能和结构要求也就不同，因此，同类机床甚至同一规格的机床，还需要有各种变型，以满足用户各种各样的需求。为了以最少的品种规格，满足尽可能多用户的不同需求，通常是按照该类机床的主参数标准，先确定一种用途最广、需求量较大的机床系列作为基型系列，在这一系列的基础上，再根据用户的具体需求派生出若干种变型机床，形成变型系列。基型和变型构成了机床的系列型谱。

机床系列型谱的制订对机床工业的发展有很大好处，因为基型机床和变型机床的大部分零部件是相同的（通用零件或通用部件），可以通用。同一系列中尺寸不同的机床，主要结构形式是相似的，因此部分零部件可以通用，一些零部件结构相似。采用系列型谱可以大大减少设计工作量，提高零部件的生产批量，缩短制造周期，降低成本，提高机床产品质量。

（二）系列化设计的基本概念

为了缩短产品的设计制造周期，降低成本，保证和提高产品的质量，在产品设计中应遵循系列化设计的方法，以提高系列产品中零部件的通用化和标准化程度。

系列化设计方法是在设计的某一类产品中，选择功能、结构和尺寸等方面较典型产品为基型，以它为基础，运用结构典型化、零部件通用化、标准化的原则，设计出其他各种尺寸参数的产品，构成产品的基型系列。在产品基型系列的基础上，同样运用结构典型化、零部件通用化、标准化的原则，增加、减少、更换或修改少数零部件，派生出不同用途的变型产品，构成产品派生系列。编制反映基型系列和派生系列关系的产品系列型谱。在系列型谱中，各规格产品应有相同的功能结构，相似的结构形式；同一类型的零部件在规格不同的产品中具有完全相同的功能结构；不同规格的产品，同一种参数按一定规律（通常按等比级数）变化。

系列化设计应遵循产品系列化、零部件通用化、标准化原则，简称“三化”原则。有时将“结构的典型化”作为第四条原则，即形成了所谓的“四化”原则。

系列化设计是产品设计合理化的一条途径，是提高产品质量、降低成本、开发变型产品的重要途径之一。

（三）系列化设计的优缺点

系列化设计的优点有：

1）可以较少品种规格的产品满足市场较大范围的需求。减少产品品种意味着提高每个品种产品的生产批量，有助于降低生产成本，提高产品制造质量的稳定性。

2）系列中不同规格的产品是依据经过严格性能试验和长期生产考验的基型产品演变和派生而成的，可以大大减少设计工作量，提高设计质量，减少产品开发的风险，缩短产品的研制周期。

3）产品有较高的结构相似性和零部件通用性，因而可以压缩工艺装备的数量和种类，有助于缩短产品的研制周期，降低生产成本。

4）零部件的种类少，系列中的产品结构相似，便于进行产品的维修，改善售后服务质量。

5）为开展变型设计提供技术基础。

系列化设计的缺点是：为以较少品种规格的产品满足市场较大范围的需求，每个品种规格的产品都具有一定的通用性，满足一定范围的使用需求，用户只能在系列型谱内有限的一些品种规格中选择所需的产品，选到的产品，一方面其性能参数和功能特性不一定最符合用户的要求，另一方面有些功能还可能冗余。

（四）系列化设计的步骤

1. 主参数和主要性能指标的确定

系列化设计的第一步是确定产品的主参数和主要性能指标。主参数和主要性能指标应最大限度地反映产品的工作性能和设计要求。例如卧式车床的主参数是在床身上的最大回转直径，主要性能指标之一是最大的工件长度；升降台铣床的主参数是工作台工作面的宽度，主要性能指标是工作台工作面的长度；摇臂钻床的主参数是最大钻孔直径，主要性能指标是主轴中心线至立柱母线的最大距离等。上述参数决定了相应机床的主要几何尺寸、功率和转速范围，因而决定了该机床的设计要求。

2. 参数分级

经过技术和经济分析，将产品的主参数和主要性能指标按一定规律进行分级，制订参数标准。产品的主参数应尽可能采用优先数系。优先数系是公比为 $\sqrt[N]{10}$，N=5、10、20或40的等比数列，见表1-2优先数系及其公比 φ。例如：摇臂钻床的主参数系列公比为1.6，即25、40、63、80、100、125；卧式车床和升降台铣床的主参数系列公比为1.25，分级比摇臂钻床密一倍，为315、400、500、630等。

表1-2　优先数系及其公比 φ

N	5	10	20	40	N	5	10	20	40
公比 φ	1.60	1.25	1.12	1.06	公比 φ	1.60	1.25	1.12	1.06
优先数系	1.00	1.00	1.00	1.00	优先数系	2.50	3.15	3.15	3.15
				1.06					3.35
			1.12	1.12				3.55	3.55
				1.18					3.75
		1.25	1.25	1.25		4.00	4.00	4.00	4.00
				1.32					4.25
			1.40	1.40				4.50	4.50
				1.50					4.75
	1.60	1.60	1.60	1.60			5.00	5.00	5.00
				1.70					5.30
			1.80	1.80				5.60	5.60
				1.90					6.00
		2.00	2.00	2.00		6.30	6.30	6.30	6.30
				2.12					6.70
			2.24	2.24				7.10	7.10
				2.36					7.50
	2.50	2.50	2.50	2.50			8.00	8.00	8.00
				2.65					8.50
			2.80	2.80				9.00	9.00
				3.00					9.50

主参数系列公比如选得较小，则分级较密，有利于用户选到满意的产品，但系列内产品的规格品种较多，上述系列化设计的许多优点得不到充分利用；反之，则分级较粗，系列内产品的规格品种较少，可带来上述系列化设计的许多优点，但为了以较少的品种满足较大使用范围内的需求，系列内每个品种产品应具有较大的通用性，导致结构相对复杂，成本会有所提高，对用户来说较难选到称心如意的产品。因此必须将市场、设计、制造和销售作为一个系统来进行全面的调查研究，经过技术经济分析，才能正确地确定最佳的参数分级。简单地说，产品的

需求量越大，要求的技术性能越要准确，参数分级应越密；反之，参数分级可粗些。

3. 制订系列型谱

系列型谱通常是二维甚至多维的，其中一维是主参数，其他维是主要性能指标。通过系列型谱的制订，确定产品的品种、基型和变型、布局、各产品品种的技术性能和技术参数等。在系列型谱中，结构最典型、应用最广泛的是所谓的基型产品，进行产品的系列设计通常从基型产品开始。在制订系列型谱过程中，应周密地策划系列内产品零部件的通用化和标准化。通用化是指同一类型、不同规格或不同类型的产品中，部分零部件彼此相互适用。标准化是指使用要求相同的零部件按照现行各种标准和规范进行设计和制造。

系列型谱内的产品是在基型产品的基础上经过演变和派生而扩展成的。扩展的方式有纵系列、横系列和跨系列三类。

(1) 纵系列产品　纵系列产品是一组功能、工作原理和结构相同，而尺寸和性能参数不同的产品。纵系列产品一般应综合考虑使用要求及技术经济原则，合理确定产品主参数和主要性能指标系列。如主参数和主要性能指标按优先数系选择，则能较好地满足用户要求且便于开展设计。

(2) 横系列产品　横系列产品是在基型产品基础上，通过增加、减少、更换或修改某些零部件，实现功能扩展的派生产品。例如在卧式车床基础上开发的为加工轴承套圈的无尾座短床身车床、为加工大直径工件的马鞍形车床等。

以车床为例，表 1-3 简略表示了中型卧式车床系列型谱表的内容。

表 1-3　中型卧式车床系列型谱表

床身最大回转直径/mm	形式						
	万能式	马鞍式	提高精度	无丝杠式	卡盘式	球面加工	端面车床
250	○		△	△			
320	○		△	△			
400	○	△	△	△	△	△	
500	○	△		△	△	△	
630	○	△		△	△	△	
800	○	△		△	△	△	△
1000	○	△		△	△	△	△

注：○—基型，△—变型。

由表 1-3 可见，每类通用机床都有它的主参数系列，而每一规格又有基型和变型，合称为这类机床的系列型谱。机床的主参数系列是系列型谱的纵向（按尺寸大小）发展，而同规格的各种变型机床则是系列型谱的横向发展，因此，系列型谱是综合表明机床产品规格参数的系列性与结构相似性的表。

(3) 跨系列产品　跨系列产品是采用相同的主要基础件和通用部件的不同类型产品。例如通过改造坐标镗床的主轴箱部件和部分控制系统，可开发出坐标磨床、坐标电火花成形机床、三坐标测量机等不同类型产品，即跨系列产品。其中，机床的工作台、立柱等主要基础件及一些通用部件适用于跨系列的各种产品。

三、模块化设计

(一) 模块化设计方法

机床模块化设计方法主要用于机床的组合、变型产品设计，也称模块化变型设计方法。模块化设计方法是在对产品进行功能分析的基础上，划分并设计出一系列通用模块，然后根据市场需求，对这些模块进行选择组合，构成不同功能，或功能相同但性能不同、规格不同的组合变型产品。

模块化设计是产品设计合理化的另一条途径，是提高产品质量、降低成本、加快设计进度、进行组合设计的重要途径。模块化设计是按合同要求，选择适当的功能模块，直接拼装成所谓的组合产品。进行组合产品的设计，应首先对一定范围内不同性能、不同规格的产品进行功能分析，划分并设计出一系列功能模块，通过这些模块的组合，构成不同类型或相同类型不同性能的产品，以满足市场的多方面需求。模块化设计通常是MRPⅡ驱动的，可由销售部门承担，或在销售部门中成立一个专门从事组合设计的设计组由其承担，有关设计资料可直接交付生产计划部门，对组合产品的各个模块安排投产，并将这些模块拼装成所需的产品。模块也应该用系列化设计原理进行，即每类模块具有多种规格，其规格参数按一定的规律变化，而功能结构则完全相同，不同模块中的零部件尽可能标准化和通用化。

模块划分技术的关键是以尽可能少的模块种类，组成尽可能多种类的不同功能、不同性能、不同规格的组合、变型产品。模块组合技术的关键之一是模块与模块之间连接的结合部设计要能满足所组成的各种变型产品的性能要求（精度，动、静、热刚度）；另一个关键是要能够实现模块的快速装配和快速更换，特别是产品在生产现场（是指用户使用的生产现场，而不是装备制造商的生产现场）的快速重构。模块的快速更换有时只需几分钟，甚至几秒钟，因此模块的快速结合技术（快速结合的机构与控制技术）是产品快速重构的关键技术。

模块化设计的优点是便于用新技术、新设计性能更好的模块取代原有旧模块，提高产品的性能，加快产品的更新换代。采用模块化设计，只需更换部分模块，或设计制造个别模块和专用部件，便可快速满足用户提出的特殊订货要求，大大缩短设计和供货周期。使用模块化设计方法时，由于产品的大多数零部件由单件小批生产性质变为批量生产，有利于采用成组加工等先进工艺，有利于组织专业化生产，既提高质量，又降低成本。模块系统中大部分部件由模块组成，设备如发生故障，只需更换有关模块，维护修理更为方便，对生产影响小。

（二）模块化设计的步骤

1. 对市场需求进行深入调查，明确任务

为了能以最少的模块组合出数量最多、总功能各不相同的产品，需要对市场需求进行深入调查，对所有希望实现的总功能加以明确，摒弃市场需求很少且需要付出很大设计和制造代价的那些总功能。

表1-4是以车床的市场需求为例，对一批企业进行调查的结果。从表中可发现，带尾座的切削仅占18%~40%，因此，尾座可当作特殊模块类设计。在螺纹切削中，米制螺纹切削占大多数，因此米制螺纹切削应作为基本功能。

表1-4　车床市场需求分析　　(%)

机床类型	生产类型	刀具		后刀座刀数(把)		无尾座车削	螺纹切削				仿形车削
		高速工具钢	硬质合金	1	2		总计	其中			
								米制	寸制	模制	
简单通用	修理车间、车库用	50	50	—	—	60	10	65	35	—	—
	小工厂用	20	80	—	—	72	9	80	20	—	15
	单一产品加工用	12	88	10	—	70	7	82	16	2	5

（续）

机床类型	生产类型	刀具		后刀座刀数(把)		无尾座车削	螺纹切削				仿形车削
		高速工具钢	硬质合金	1	2		总计	其中			
								米制	寸制	模制	
数控数显	小批量生产	6	94	15	—	75	5	92	8	—	40
	中、小工厂中批量生产	—	100	18	—	80	2	96	4	—	35
	大工厂中批量生产	—	100	21	3	82	—	98	2	—	5
	大、中工厂大批量生产	—	100	20	4	79	—	96	4	—	—

2. 建立功能结构

待实现的总功能可由多个分功能模块组合而成。如何划分模块是模块化产品设计中的关键问题。模块种类少，通用化程度高，加工批量大，对降低成本较有利。但每个模块需满足更多的功能和更高的性能，其结构必然复杂，组成的每个产品的功能冗余必然也多，整个模块化系统的结构柔性化程度也必然低。因此，设计时应对功能、性能和成本等诸方面因素进行全面分析，才能合理地划分模块。

划分模块的出发点是功能分析。根据产品的总功能分解为分功能、功能元，求相应的功能模块，再具体化为生产模块。功能模块是从满足技术功能的角度来确定的，因此可以通过这些模块的相互组合来实现各种总功能结构。生产模块则不是根据其功能，而纯粹是从制造的角度来确定的。

分功能包括基本功能、辅助功能、特殊功能、适应功能和附加功能等几类，相应地建立基本模块、辅助模块、特殊模块、适应模块和非标模块等，如图 1-3 所示。

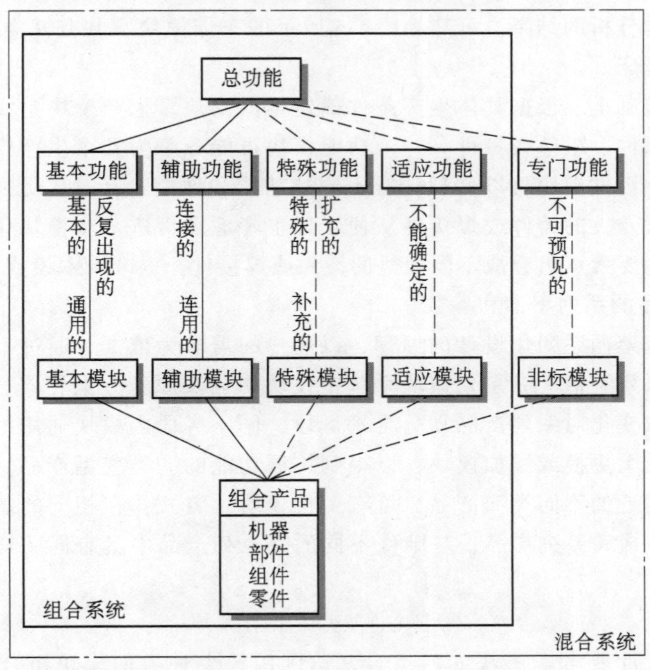

图 1-3　模块分类

基本模块实现系统中最基本的功能，是反复使用和不可缺少的，它可能仅有一种参数规格，或有多种参数规格，有时还可有不同的精度级别。

辅助模块的用途是实现模块间的连接，通常为连接元件和接头。辅助模块必须按基本模块和其他模块的参数规格开发，在组合产品中是必不可少的。

特殊模块完成某些特殊的、补充的和设计任务书特别要求的功能，它不一定在其他组合产品中出现，通常是基本模块的一个附件。

适应模块是为了适应其他系统和边界条件，模块的某些结构尺寸是不确定的，可随着边界条件的变化加以调整。

非标模块是为某个具体任务单独开发的，以解决模块化系统有时满足不了一些意想不到的功能要求，与标准模块构成所谓的混合系统。

现以车床为例进行模块的划分。首先通过市场需求的分析，明确任务，绘出图1-4所示的车床功能结构。

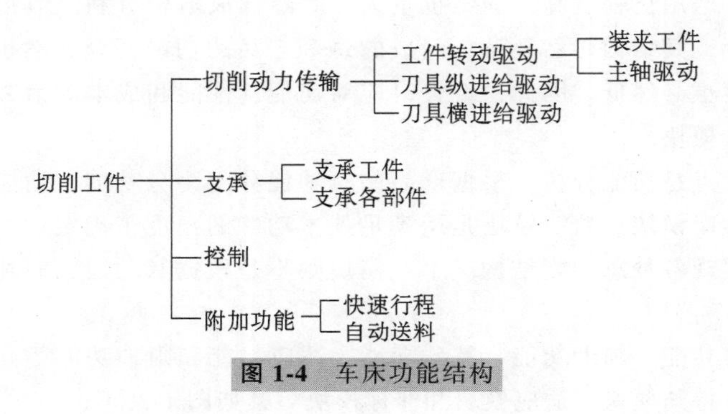

图1-4　车床功能结构

根据对功能结构分析的结果，可建立图1-5所示的车床模块，共有9类28种模块，以组合成多种不同功能的车床。

在功能模块的基础上，根据具体生产条件确定生产模块。生产模块是实际使用时拼装组合的模块。它可以是部件、组件或零件。一个功能模块可能分解为几个生产模块。以部件作为生产模块应用较普遍，组件模块可以使部件有不同的功能和性能，有时比更换部件更灵活，零件模块的灵活性则更大。大的铸件或焊接件从便于加工考虑还可进一步模块化，划分为若干个结构要素。用这些结构要素可组合成不同规格的铸件或焊接件，以减少木模或胎模的数量。

3. 合理确定产品的系列型谱和参数

模块化系统也应遵循系列化设计的原理，以用户的需求为依据，通过市场调查及技术经济分析，确定模块的系列型谱。纵系列模块系统中模块功能及原理方案相同，结构相似，而尺寸参数有变化，随参数变化对系列产品划分合理区段，同一区段内模块通用。横系列模块系统是在一定基型产品基础上更换或添加模块，以得到扩展功能的同类变型产品。跨系列模块系统中包括具有动力参数相近的不同类型产品，可有两种模块化方式：在相同的基础件结构上选用不同模块系统的模块组成跨系列产品；基础件不同的跨系列产品中具有同一功能的零部件选用相同的功能模块。

4. 模块的组合

模块化系统的设计要考虑模块如何组合，达到用较少种类的模块组合出尽可能多的组合产品。

模块化系统分开式和闭式两类：闭式系统由一定数量、种类的模块组成有限数量的组合；

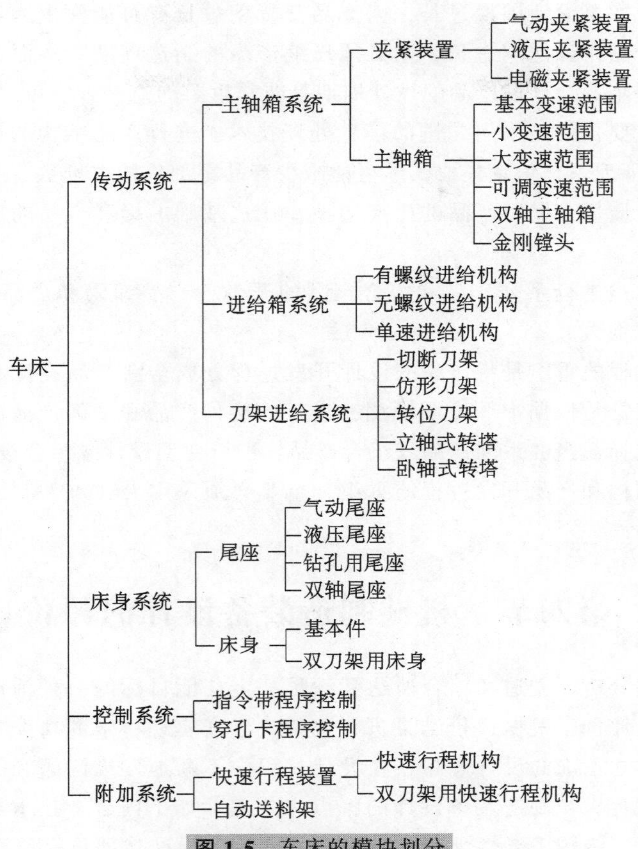

图 1-5　车床的模块划分

而开式系统则是由模块得到无限多的组合。对于闭式系统，可计算出模块的理论组合数，实际组合时要考虑使用需要、工艺可能及相容关系，实际组合数大大小于理论组合数。

模块组合时，要精心设计结合部的结构，结合部位的形状、尺寸、配合精度等应尽量符合标准。

5. 模块的计算机管理系统

先进的模块化系统不但可采用计算机辅助设计，而且可用计算机进行管理，以更好地体现模块化设计的优越性。模块的计算机辅助管理的功能如下：

1）对模块进行编码，以便进行计算机管理。

2）给出模块系统最多可组合的产品数。

3）对于用户的某一给定的设计要求，分析是否存在一种有效的组合方案。

4）在满足要求的几种组合方案中进行评价，选择最佳的组合方案。

5）若无有效的组合方案满足用户要求，为新的模块设计提供信息。

6）给出已选方案的模块组装图、明细表及价格表。

模块化设计可由销售部门承担，将有关设计资料，包括模块组装图和明细表通过计算机网络直接传给生产计划部门，对产品的各个模块直接安排投产，实现所谓的 MRPⅡ驱动。

四、合理化工程

合理化工程是一种管理哲理，适用于合同型企业。合同型企业的产品通常需按顾客的特殊要求进行设计制造。如果设计周期过长，因产品交货期过长有可能失去顾客；如果要求在规定的时间内交货，而产品设计周期过长，则必须压缩产品的制造周期，从而会影响产品的制造质量。因此对于合同型企业，压缩产品的设计周期是非常重要的。

合理化工程的主要目的是采用先进的信息处理技术，进行产品结构的重组、产品设计开发过程的重组及设计/管理系统信息集成，尽可能减少产品零部件的类别数，从而缩短产品的开发周期，提高产品设计质量，缩短产品的生产周期，在这基础上提高产品的质量，降低产品的成本，改善售后服务。

产品结构的重组是进行系列产品和组合产品的开发、产品编码和产品技术文件的系统化，从而减少零部件的类别数。

产品设计开发过程的重组是将产品的设计开发过程分成全新产品设计和合同产品设计两部分。全新产品设计通常是依据市场发展预测，进行的换代产品和创新产品的设计。合同产品设计是根据合同要求选择适当的系列产品或组合产品，进行变型设计或组合设计。

为了实现产品结构和产品开发过程的重组，企业必须采用 CAD/CAM 和 MRPⅡ技术，并实现两者之间的信息集成。

第四节 机械制造装备设计的评价

设计过程是通过分析、创造和综合而达到满足特定功能目标的一种活动。在这过程中需不断地对设计方案进行评价，根据评价结果进行修改，逐渐实现特定的功能目标。掌握评价的原理和方法，有助于建立正确的设计思想，在设计过程中不断地发现问题和解决问题。设计评价的内容十分丰富，结合机械制造装备设计的特点主要包括如下内容：技术经济评价、可靠性评价、人机工程学评价、结构工艺性评价、产品造型评价、标准化评价、符合工业工程和绿色工程要求的评价和装备柔性化、自动化、精密化的评价等。

一、技术经济评价

设计的产品在技术上应具有先进性，经济上应具有合理性。技术的先进性和经济的合理性往往是相互排斥的。技术经济评价就是通过深入分析这两方面的问题，建立目标系统和确定评价标准，对各设计方案的技术先进性和经济合理性进行评分，给出综合的技术经济评价。技术经济评价的步骤大致如下：

（一）建立目标系统和确定评价标准

将表 1-1 所表示的设计要求表中的必须达到的要求按层次分级，形成树状目标系统，每个树叶代表一个评价标准。例如图 1-6 所示的目标系统中，共有八个评价标准：Z1111、Z1112、Z112、Z121、Z1221、Z1222、Z123 和 Z13。

（二）确定重要性系数

每个评价标准对设计方案优劣的影响程度是不同的，其影响程度用重要性系数（权系数）来表示，取值范围是 0~1。如图 1-6 所示，以树状四级目标系统为例，每个评价目标圆圈内有两个数字：左侧的数字表示隶属于同一上级目标的各同级目标之间的相对重要性系数，其总和应等于 1，一般由设计人员或设计组共同商定；右侧的数字表示每一个评价目标在目标系统中所居的重要程度，简称重要性系数，其值等于该目标圆圈左侧数字与相关的各上级目标圆圈左侧数字的乘积。以 Z1112 的重要性系数为例，等于 $Z1 \times Z11 \times Z111 \times Z1112 = 1.0 \times 0.5 \times 0.67 \times 0.75 = 0.25$。

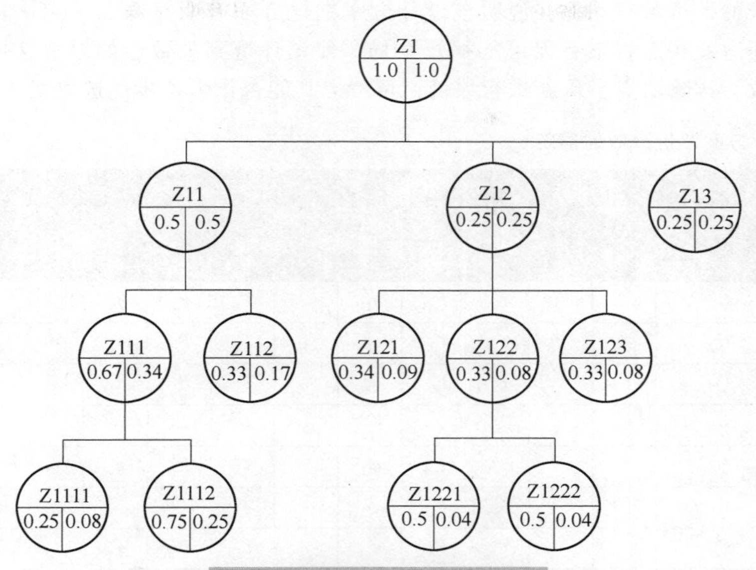

图 1-6 目标系统与重要性系数

(三) 确定各设计方案的评价分数

目标系统中的每个评价标准（树叶）的重要性系数算出后，可按评价标准确定每一个设计方案的评价分数，评价分数可按 5 分制（0~4）或 10 分制（0~9）给出。评价分数的大小代表技术方案的优劣程度。

确定评价分数的方法见表 1-5，将目标系统树中每个评价标准（树叶）及其重要性系数填写在表的第 3 列，第 4~5 列为每个评价标准的特征说明及其计算方法。例如评价标准是结构轻巧，可用产品重量或单位功率的产品重量，即 kg/kW 作为其特征。在表的其余部分列入待比较的 m 个设计方案。每个设计方案栏内有三列，分别是特征值、评价数和加权值。“特征值”列中填入按特征计算方法算出的值。将各“评价标准”行中各设计方案算出的特征值（T_{ij}，$j=1, 2, 3, \cdots, m$）按其大小排序，特征值最小的评价数取 0 分，最大的取 9 分或 4 分，处于中间的特征值则按 10 分制（0~9，打分较细）或 5 分制（0~4，打分较粗）打分，分别填写在“评价数”列中。“加权值”列的值等于评价数乘以评价标准的重要性系数，即 $q_{ij}=Q_i \times P_{ij}$。

(四) 总权重值 ZQ_j

将每个初步设计方案 n 个加权值进行累加，可得出该方案的总权重值，第 j 个初步设计方案的总权重值 ZQ_j 可由下式

$$ZQ_j = \sum_{i=1}^{n} q_{ij}$$

算出。

(五) 技术评价值 T_j

设 m 个设计方案的总权重值的最大值是 $Q_{\max}$，则技术评价值 T_j 的计算公式为

$$T_j = \frac{ZQ_j}{Q_{\max}}$$

技术评价值越高，表示方案的技术性能越好。技术评价值为最大值，也就是等于 1 的方案是技术上最理想的方案；技术评价值小于 0.6 的方案在技术上不合格，必须加以改进或摒弃；技术评价值为 0.6~1 的方案为技术上可行方案。需要注意的是，如果技术上可行的设计方案，

其个别评价标准的评价数特别低，说明该设计方案在这方面有明显弱点，应认真地对这些弱点进行分析，判断这些弱点将来有无可能祸及全局，使设计遭到失败。如果有这可能，必须对设计方案进行修改，排除弱点，重新进行评价，再考虑其能否作为初步优选方案。

表1-5　设计方案评价分数的确定

评价标准			特征		设计方案1			…	设计方案 j			…	设计方案 m		
序号	内容	重要性系数	说明	计算法	特征值	评价数	加权值	…	特征值	评价数	加权值	…	特征值	评价数	加权值
1		Q_1			T_{11}	P_{11}	q_{11}	…	T_{1j}	P_{1j}	q_{1j}	…	T_{1m}	P_{1m}	q_{1m}
2		Q_2			T_{21}	P_{21}	q_{21}	…	T_{2j}	P_{2j}	q_{2j}	…	T_{2m}	P_{2m}	q_{2m}
3		Q_3			T_{31}	P_{31}	q_{31}	…	T_{3j}	P_{3j}	q_{3j}	…	T_{3m}	P_{3m}	q_{3m}
⋮		…			…	…	…	…	…	…	…	…	…	…	…
i		Q_i			T_{i1}	P_{i1}	q_{i1}	…	T_{ij}	P_{ij}	q_{ij}	…	T_{im}	P_{im}	q_{im}
⋮		…			…	…	…	…	…	…	…	…	…	…	…
n		Q_n			T_{n1}	P_{n1}	q_{n1}	…	T_{nj}	P_{nj}	q_{nj}	…	T_{nm}	P_{nm}	q_{nm}
总权重值					ZQ_1			…	ZQ_j			…	ZQ_m		
技术评价值					T_1			…	T_j			…	T_m		
经济评价值					E_1			…	E_j			…	E_m		
技术经济评价					TE_1			…	TE_j			…	TE_m		

（六）经济评价值 E_j

产品成本主要是由产品的工作原理和结构方案确定的，在随后的加工和装配过程中，降低成本的余地比较有限。因此在设计阶段就必须重视成本因素，设计完成后必须进行经济评价。

经济评价值是理想生产成本 C_L 与实际生产成本 C_S 之比，即

$$E_j=\frac{C_L}{C_S}$$

通常理想成本 C_L 应低于市场同类产品最低价的70%。经济评价值 E_j 越大，代表经济效果越好。$E_j=1$ 的方案经济上最理想。如经济评价值 $E_j \leqslant 0.7$，说明方案的实际生产成本大于市场同类产品的最低价，一般不予考虑。

在产品设计阶段，实际生产成本 C_S 是通过成本估算方法获得的。

1. 产品成本的组成

现代产品的成本概念不但要考虑产品自身的生产成本，还必须考虑产品全生命周期内的其他消耗，包括安装、维护和使用中能源和人力的消耗等，以及污染物的替代、产品拆卸、重复利用成本、特殊产品相应的环境成本等。在这里仅讨论与生产有关的成本。

产品在生产过程中的成本，按其结算方式可分为单件成本和公共成本。单件成本是指直接消耗于产品的费用，如材料费和加工费等。公共成本则属于企业的整体消耗和管理费用分摊到每个产品上的费用。产品成本的组成如图1-7所示。

产品成本主要包括材料成本和制造成本两大部分。

1）材料成本中的单件成本主要指直接用于产品制造的原材料、外购件和外协件费用等；公共成本则包括材料供应、运输、保管过程中所需的花费。

2）制造成本是与产品制造有关的费用。根据定额工时可估算出加工人工成本；计入设备折

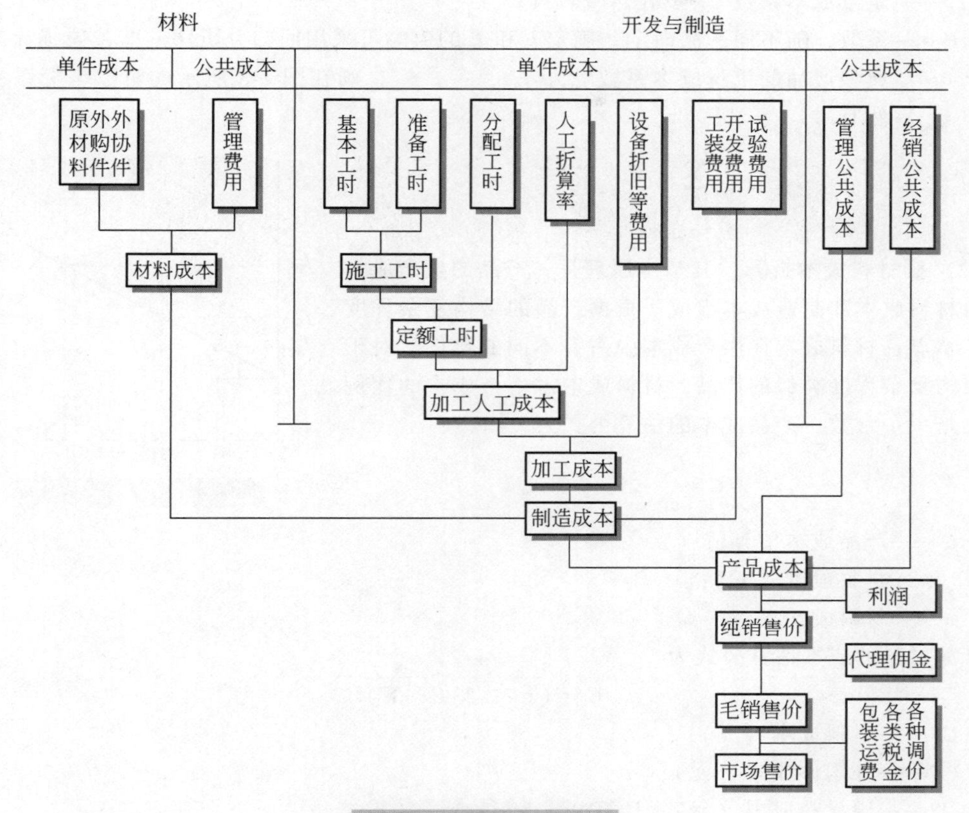

图 1-7 产品成本的组成

旧、电、水等费用后可算出加工成本；将材料成本和加工成本计入，并分摊了开发、工装、试验等费用后可算出产品的制造成本；将公共成本分摊进来后就可得到产品的自身成本；加入利润后可得纯销售价；如需给代理人佣金，还有一个毛销售价；计及包装运输、各类税金和各种调价因素后，最终得到的是市场售价。调价因素包括的方面很多，主要与市场的政策法规、销售潜力、竞争产品和对手的情况等有关。调价可以是上浮或下调，有时为了开辟新市场，市场售价有可能低于自身成本。

2. 成本估算的方法

产品设计完成后，理论上可以按图 1-7 所示产品成本的组成内容逐项计算出产品的精确成本。但实际上，由于工作量非常浩大，更由于我国的企业缺乏精确完整的基础数据，如工时定额数据、各项公共成本等，进行产品成本的精确计算比较困难，通常采用较粗略的成本估算方法。

粗略成本可以按产品重量估算，也可以按材料成本折算，或者运用回归分析或相似关系等方法进行估算。

(1) 按重量估算法 其基本原理是认为产品成本是重量的函数，即

$$C = Wf_W, \qquad f_W = kW^P$$

式中 C——产品成本估算值（元）；

W——产品重量（kg）；

f_W——重量成本系数（元/kg）；

k、P——系数，随不同产品而定。确定 k 和 P 的值时可采用回归分析法。即首先统计出几种典型产品的重量成本系数 f_{W1}，f_{W2}，…，f_{Wn}，画在图1-8所示的对数坐标系上，显然有

$$k=\frac{1}{n}\sum_{i=1}^{n}f_{Wi}W_i^{-P}$$

$$P=\tan\alpha$$

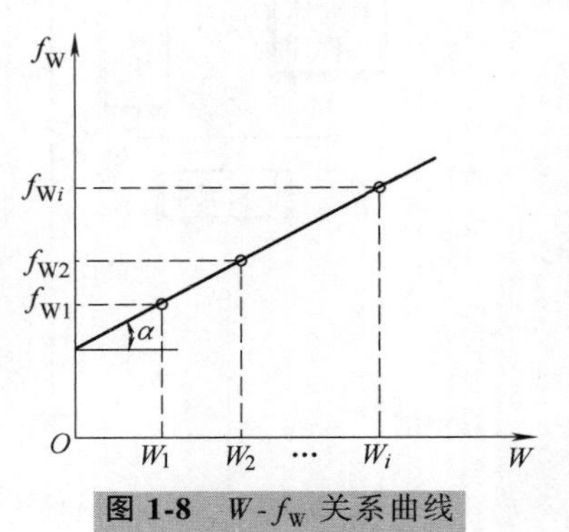

图1-8　W-f_W 关系曲线

（2）按材料成本折算　其基本原理是：产品的生产成本主要由材料成本和制造成本组成。根据产品的结构复杂程度和加工特点，材料成本在生产成本中占有不同的比例。对于同类结构复杂程度类似的产品，材料成本占生产成本的比例基本上是一个常数，产品成本的估算公式为

$$C=\frac{C_m}{m}$$

式中　C——产品成本估算值（元）；

C_m——材料成本（元）；

m——材料成本率。

产品材料的成本估算公式为

$$C_m=(1\sim1.2)(Z+W)$$

式中　C_m——材料成本（元）；

Z——外购件成本（元）；

W——原材料成本（元），计算公式为

$$W=\sum_{i=1}^{n}V_ir_ik_i$$

式中　n——材料种类数；

V_i——第 i 种材料的体积（cm^3）；

r_i——第 i 种材料的比重（kg/cm^3）；

k_i——第 i 种材料的单位重量材料价格（元/kg）。

（3）运用回归分析方法进行估算　通过统计分析，求出影响产品成本的几个特征参数，如功率、重量、主参数等，采用回归分析方法找出它们与成本之间的数学关系，其回归方程式通常采用如下指数函数，可在一定范围内估算出产品成本，即

$$P=kT_1^{k_1}T_2^{k_2}\cdots T_i^{k_i}\cdots T_n^{k_n}$$

式中　P——产品成本估算值（元）；

k——回归系数；

T_i——第 i 个特征参数；

k_i——第 i 个回归指数；

n——特征参数数目。

（4）运用相似关系进行估算　几何和结构相似的产品可按相似关系估算产品成本。

设基型产品的生产成本近似计算公式为

$$C_0=\frac{C_{R0}}{n_0}+C_{F0}+C_{m0}$$

式中 C_0——基型产品的成本估算值（元）；

n_0——基型产品的批量；

C_{R0}——基型产品的生产准备成本（元）；

C_{F0}——基型产品的加工成本（元）；

C_{m0}——基型产品的材料成本（元）。

相似产品的估算成本应等于

$$C=\frac{C_{R0}}{n_0}\phi_{CR}+C_{F0}\phi_{CF}+C_{m0}\phi_{Cm}$$

式中 ϕ_{CR}——生产准备成本比例系数；

ϕ_{CF}——加工成本比例系数；

ϕ_{Cm}——材料成本比例系数。

设相似产品与基型产品的尺寸比例系数为 $\phi_L=L/L_0$，则可推算出上述三个比例系数。

根据统计，生产准备成本随产品尺寸的增大而增加，其关系可表示为

$$\phi_{CR}=\phi_L^{0.5}$$

产品的加工成本与加工工时有关，而加工工时与加工表面积成正比，故加工成本比例系数应等于尺寸比例系数的平方，即 $\phi_{CF}=\phi_L^2$。

产品的材料成本与产品体积成正比，故材料成本系数应等于尺寸比例系数的三次方，即 $\phi_{Cm}=\phi_L^3$。

（七）技术经济评价值 TE_j

设计方案的技术评价值 T_j 和经济评价值 E_j 经常不会同时都是最优，进行技术和经济的综合评价才能最终选出最理想的方案。技术经济评价值 TE_j 有两种计算方法。

1）当 T_j 和 E_j 相差不太悬殊时，可用均值法计算 TE_j，即

$$TE_j=\frac{T_j+E_j}{2}$$

2）当 T_j 和 E_j 相差很悬殊时，建议用双曲线法计算 TE_j，即

$$TE_j=\sqrt{T_j+E_j}$$

技术经济评价值 TE_j 越大，设计方案的技术经济综合性能越好，一般 TE_j 不应小于 0.65。

二、可靠性评价

可靠性是指产品在规定条件下和规定时间内，完成规定任务的能力。这里所谓的“规定条件”包括使用条件、维护条件、环境条件和操作技术等；“规定时间”可以是某个预定的时间，也可以是与时间有关的其他指标，如作用或重复次数、距离等；“规定任务”是指产品应具有的技术指标。产品的可靠性主要取决于产品在研制和设计阶段形成的产品固有可靠性。

（一）可靠性特征量

表示产品可靠性水平高低的各种可靠性数量指标称为可靠性特征量。可靠性指标体系如图1-9所示。下面简略介绍一下产品可靠性、维修性和有效性的衡量指标。

1. 可靠度

可靠度是可靠性的量化指标，是指产品在规定条件下和规定时间内，完成规定任务的概率，一般记为 R。可靠度是时间的函数，故也记为 $R(t)$，称为可靠度函数。

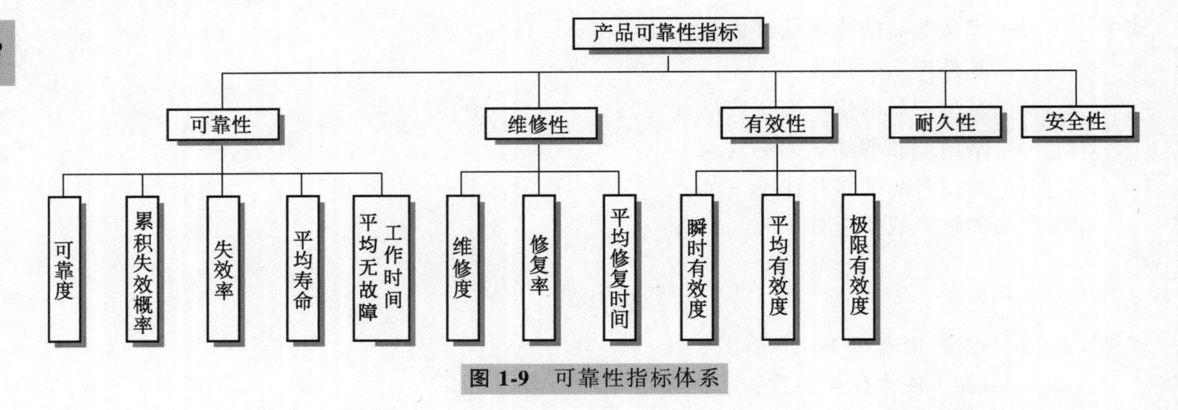

图 1-9　可靠性指标体系

对于不可修复的产品，可靠度的观测值是指直到规定时间终止，能完成规定任务的产品数与进行观测的产品总数之比。对于可修复的产品，可靠度观测值是指产品的无故障工作时间达到或超过规定时间的次数与观测时间内无故障工作的总次数之比。可靠度的观测值记为 $\hat{R}(t)$。

2. 失效率和累积失效概率

失效率是指工作到某时刻尚未失效的产品，在该时刻后单位时间内发生失效的概率，也称为故障率。失效率的观测值是在某时刻后，单位时间内失效的产品数与工作到该时刻尚未失效的产品数之比。

累积失效概率是指产品在规定的条件下和规定的时间内，未完成规定任务的概率，也可称为不可靠度，记为 $F(t)$，其观测值记为 $\hat{F}(t)$。可根据概率互补定理由可靠度指标推算出累积失效概率，即

$$F(t)=1-R(t)$$

或

$$\hat{F}(t)=1-\hat{R}(t)$$

3. 平均寿命和平均无故障工作时间

产品从开始使用到发生故障报废时的平均有效工作时间，称为平均寿命（Mean Time To Failures，MTTF），其观测值为：当所有试验样品都观察到寿命终了时，所有试验产品寿命的算术平均数就是平均寿命。

产品从一次故障到下一次故障的平均有效工作时间，称为平均无故障工作时间（Mean Time Between Failures，MTBF），其观测值为：一个或多个产品在其使用寿命期内的某个观察期间，累积工作时间与故障次数之比。

4. 维修度

维修度是可修复产品在规定条件下使用，在规定时间内按照规定的程序和方法进行维修时，保持和恢复能完成规定功能状态的概率。维修度的观察值为：在 $\tau=0$ 时，处于故障状态需要维修的产品数 N，与经时间 τ 后修复的产品数 N_r 之比，即

$$\hat{M}(\tau)=\frac{N_r}{N}$$

5. 修复率和平均修复时间

修复率是修复时间达到某个时刻 τ 但尚未修复的产品，在该时刻后的单位时间内完成修复的概率。平均修复率是在某一规定时间间隔（τ_1，τ_2）内修复率的平均值，即

$$\bar{\mu}(\tau)=\frac{1}{\tau_2-\tau_1}\int_{\tau_1}^{\tau_2}\mu(t)\,\mathrm{d}t$$

平均修复时间是产品修复时间的平均值（Mean Time To Repair，MTTR）。其观测值是修复时间的总和与修复的产品之比，即

$$\hat{MTTR}=\frac{\sum\tau}{N_r}$$

式中 $\sum\tau$——总的修复时间；

N_r——修复的产品数。

6. 平均有效度和极限有效度

平均有效度是在某规定时间间隔（t_1，t_2）内有效度的平均值，即

$$A_m(t_1,t_2)=\frac{1}{t_2-t_1}\int_{t_1}^{t_2}A(t)\,dt$$

极限有效度是当时间趋于无限大时，瞬时有效值的极限值，也称稳态有效度，记为 A，即

$$A=\lim_{t\to\infty}A(t)$$

（二）可靠性预测

可靠性预测是对新产品设计的可靠性水平进行评估，计算出产品或其零部件可能达到的可靠性指标，目的是发现薄弱环节，提供进行方案比较、修改、优选和可靠性分配的依据，并对产品的维修费用以至全寿命运行费用做出估计。

产品可看作一个系统，其可靠性取决于组成系统的各单元的可靠性水平，和由系统的类型和结构决定的系统本身的可靠性水平。因此可靠性预测包括单元可靠性预测和系统可靠性预测。单元可靠性预测是系统可靠性预测的基础，应重点预测关键零部件的失效模式、失效标准（或称失效判据）、失效分布规律及可靠度，在这基础上进而预测系统的可靠性水平。

可靠性预测有许多方法，根据预测的目的、设计的时期、系统的规模、失效的类型及数据情况等不同而不同，如统计分析法，失效模式、影响及后果分析法（FMECA），故障树分析法（FTA），可靠性逻辑框图法及近似值法等。对于系统来说，比较简单的方法是采用可靠性逻辑框图法，根据组成系统各单元的可靠性特征量，推算出系统的可靠性。这里仅简单介绍可靠性逻辑框图法的基本原理。

一个系统为了完成特定功能，由若干个彼此有联系并能相互协调工作的单元组成。系统和单元的含义均是相对的，如将一条生产线作为一个系统，组成生产线的各单机便是单元；如将生产线中的一台单机作为系统，组成单机的部件便成为单元；如将部件作为系统，组成部件的零件就成为单元了。依此类推，还可继续往下分解。

在分析系统可靠性时，必须了解系统中每个单元的功能、各单元间在可靠性功能上的联系，以及这些单元功能、失效模式对系统功能的影响，这是建立可靠性逻辑框图的基础。

根据单元在系统中所处的状态及其对系统的影响，系统可分为图 1-10 所示的几种类型。

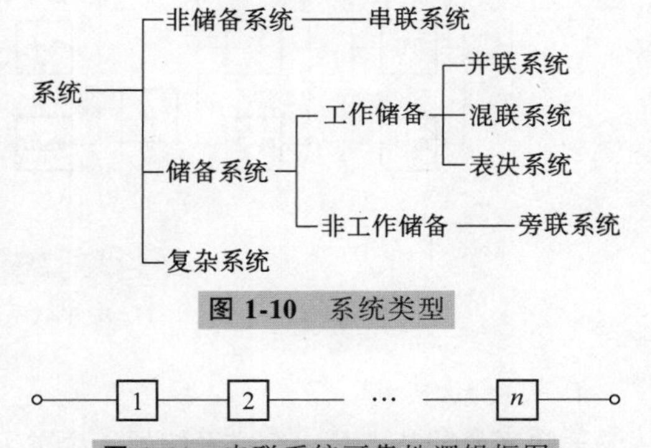

图 1-10 系统类型

图 1-11 串联系统可靠性逻辑框图

1. 串联系统

在串联系统中，只要有一个单元功能失效，整个系统的功能也随之失效，故又称为非储备系统，其可靠性逻辑框图如图 1-11 所示。

串联系统的可靠度等于组成系统的各独立单元可靠度的连乘积，即

$$R_S(t)=\prod_{i=1}^{n}R_i(t)$$

式中　$R_S(t)$——串联系统的可靠度；

$R_i(t)$——组成串联系统第 i 个独立单元的可靠度；

n——组成串联系统的独立单元数。

在串联系统中，影响系统可靠度的是系统中可靠度最差的单元，要提高系统的可靠度，应注意提高该薄弱单元的可靠度。

2. 并联系统

在并联系统中，只要有一个单元在正常工作，系统就能正常工作，只有当全部单元都失效时，系统才失效，故称为储备系统。储备系统又称冗余系统，它不同于串联系统（非储备系统），当系统内某些单元失效时，系统内具有等效功能的单元马上接替其工作，不会引起全系统的崩溃。并联系统可靠性逻辑框图如图 1-12 所示。

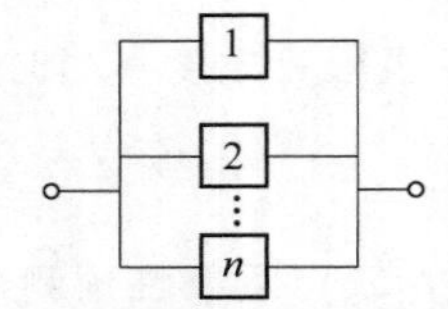

图 1-12　并联系统可靠性逻辑框图

并联系统的可靠度为

$$R_S(t)=1-\prod_{i=1}^{n}[1-R_i(t)]$$

并联系统的可靠度大于各单元中可靠度的最大值，组成系统的单元数 n 越多，系统可靠度也越高。但是并联的单元数越多，系统的结构越复杂，尺寸、重量和造价也越大。在机械系统中，一般仅在关键的部位采用并联单元，其数量也较少，常取 $n=2\sim3$。

3. 混联系统

所谓混联系统即由串联和并联混合组成的系统，可分为并-串联系统和串-并联系统两种，其可靠性逻辑框图分别如图 1-13a 和图 1-13b 所示。

求混联系统可靠度的方法是先将系统中的并联（图 1-13a）或串联（图 1-13b）部分折算成等效的单元，将混联系统化简成串联或并联系统，即可利用串联或并联系统的可靠度计算公式计算出混联系统的可靠度。

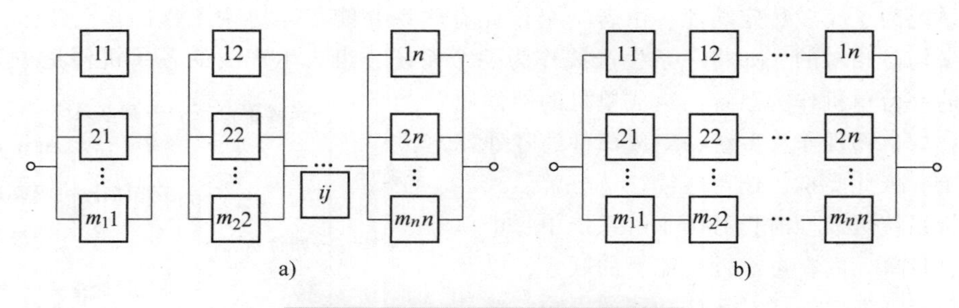

图 1-13　混联系统可靠性逻辑框图

a）并-串联系统　b）串-并联系统

4. 表决系统

表决系统的特点是：组成系统的 n 个单元中，至少有 r 个单元正常工作，系统才能正常工作，大于 $n-r$ 个单元失效，系统也就失效。这样的系统称为 r/n 表决系统。这也属于一种储备系统。对于 r/n 表决系统，如单元可靠度均为 $R(t)$ 时，其可靠度可由下式计算

$$R_S = \sum_{i=r}^{n} \begin{bmatrix} n \\ i \end{bmatrix} R^i(t)[1 - R(t)]^{n-i}$$

$$= R^n(t) + nR^{n-1}(t)[1 - R(t)] + \frac{n(n-1)}{2!}R^{n-2}(t)[1 - R(t)]^2 + \cdots + \frac{n!}{r!\ (n-r)!}R^r(t)[1 - R(t)]^{n-r}$$

例如，功率为120kW驱动系统，若采用一个120kW的大原动机驱动，设可靠度是0.75，若改用六个40kW、可靠度与大原动机相同的小原动机，三个工作，另外三个备用，即六个小原动机中，只要有三个正常工作，系统就算正常，$n=6$，$r=3$。系统的可靠度可由0.75提高到0.9624，计算式如下

$$R_S = 0.75^6 + 6\times0.75^5\times(1-0.75) + \frac{6\times5}{1\times2}\times0.75^4\times(1-0.75)^2 + \frac{6\times5\times4}{1\times2\times3}\times0.75^3\times(1-0.75)^3 = 0.9624$$

5. 旁联系统

图1-14所示为由n个单元组成的旁联系统，其中一个单元在工作，其余$n-1$个单元处于非工作状态的储备。当监测装置探知工作的单元发生故障时，通过转换装置使储备单元逐个地去替换，直到所有储备单元都发生故障时，则系统失效。一般来说，如监测和转换装置的可靠度较高时，旁联系统的可靠度大于并联系统的可靠度。这是因为旁联系统中各储备单元在顶替工作前处于闲置状态，均以全新的状态参加工作，其自身的可靠度较高。

6. 复杂系统

复杂系统中各单元之间既非串联又非并联关系，如图1-15所示。对复杂系统的可靠性计算比较复杂，一般采用布尔真值表法、卡诺图法、贝叶斯分析法和最小割集近似法等。

图1-14 旁联系统逻辑框图　　图1-15 复杂系统逻辑框图

现以图1-15所示的复杂系统为例，用表1-6布尔真值表法计算系统正常工作的概率。图示系统中共四个单元，其可靠度分别为：$R_A=0.9$、$R_B=0.8$、$R_C=0.7$、$R_D=0.6$。每个单元有工作“W”和失效“F”两种状态，四个单元组合起来共有16种状态。在表1-6中，A、B、C和D列中，“0”代表失效，“1”代表工作。序号为1~3的系统状态为失效，概率为零；序号为4的系统状态，A和B失效，C和D工作，系统能正常工作，其概率为

$$R_4 = F_A F_B R_C R_D = (1-0.9)\times(1-0.8)\times0.7\times0.6 = 0.0084$$

按照上述方法可求出所有16种系统状态的概率，整个系统工作的概率是各个工作状态概率的总和，即等于0.8718。

表1-6 布尔真值表

序号	A	B	C	D	系统状态	概率
1	0	0	0	0	F	
2	0	0	0	1	F	

（续）

序　号	A	B	C	D	系统状态	概　率
3	0	0	1	0	F	
4	0	0	1	1	W	0.0084
5	0	1	0	0	F	
6	0	1	0	1	F	
7	0	1	1	0	F	
8	0	1	1	1	W	0.0336
9	1	0	0	0	F	
10	1	0	0	1	W	0.0342
11	1	0	1	0	F	
12	1	0	1	1	W	0.0756
13	1	1	0	0	W	0.0864
14	1	1	0	1	W	0.1296
15	1	1	1	0	W	0.2016
16	1	1	1	1	W	0.3024
概率的总和						0.8718

（三）可靠性指标的分配

将系统要求的可靠性指标合理地分配到系统的各个组成单元，从而明确各组成单元的可靠性设计要求，以便在单元设计、制造、试验、验收时加以保证。

1. 可靠性分配的原则

1）对技术成熟、能够保证实现较高的可靠性的单元，或预期投入使用时可靠性有把握达到较高水平的单元，可分配较高的可靠度。

2）对较简单的单元，组成单元的零部件数量少，装配容易保证质量或故障后易于修复，可分配较高的可靠度。

3）对重要的单元，该单元的失效将引起严重的后果，或该单元失效会导致全系统失效，应分配较高的可靠度。

4）对整个任务时间内需连续工作或工作条件严酷的单元，应分配较低的可靠度。

2. 可靠性分配方法

（1）等同分配法　在设计初期，对系统各组成单元的可靠性资料掌握得不多时，常以相等的原则进行可靠性分配。

（2）按比例分配法　按比例分配法用于以下两种情况。

1）当新设计的产品与原有产品基本相似，已知原有产品各单元不可靠度或失效率预测值，如对新产品要求的可靠性要求与原有产品不同时，可按比例提高或降低原有产品各单元不可靠度或失效率预测值，分配给新设计产品相应的各单元。

2）根据已掌握的可靠性资料，能预测出新设计产品各单元的不可靠度或失效率预测值，但尚未满足新设计产品的可靠性要求，这时可按比例提高或降低预测得到的各单元不可靠度或失效率预测值，作为新设计产品各单元的可靠度要求。

（3）综合评分分配法　按经验对新设计产品的各单元进行综合评分，根据各单元得分多少进行可靠性分配。评分考虑的因素和评分方法应根据具体情况而定。考虑的因素通常包括技术水平、复杂程度、重要程度和任务情况等。各单元综合得分可取各因素得分之积。

(4) 最优化分配法　采用动态规划，在系统中起主导作用的特性参数，如系统的成本、重量或尺寸等，满足规定的系统可靠性指标以及各种约束条件下，选取最优化单元可靠性分配方案。

三、人机工程学评价

人机工程学是研究人机关系的一门学科，它把人和机作为一个系统，研究人机系统应具有什么样的条件，才能使人、机实现高度的协调性，人只需付出适宜的代价使系统取得最大的功效和安全。它不仅涉及工程技术理论，还涉及生理学、人体解剖学、心理学和劳动卫生学等的理论和方法，是一门综合性的边缘学科。

人机工程学评价的内容十分广泛，大致包括以下几方面的内容。

(一) 人因素方面

产品设计中应充分考虑与人体尺寸参数有关的问题，如人体静态与动态的形体尺寸参数、人对信息的感知特性、人的反应及能力特性、人在劳动中的心理特征等，使设计的产品符合人的生理、心理特点，具有一个安全、舒适、可靠、高效的工作环境。

1. 人体静态与动态尺寸

人体的静态尺寸随人种、地区和性别而异，国家标准 GB/T 10000—1988 对人体静态尺寸参数进行了统计分析。其中包括我国成年人人体主要尺寸、立姿人体尺寸、坐姿人体尺寸和人体水平尺寸等。为了方便应用，各项人体尺寸数值均同时标明等于和小于该尺寸的人群占总人数的百分比。人体的动态尺寸是指人在工作位置上的活动空间尺度，主要包括立姿、坐姿和综合姿势的四肢活动空间。

2. 人体操纵力

人在操作和使用机器时需做一些操作动作，人体因此要承受一定的负荷，通过肌肉工作，由心脏循环系统向肌肉提供血液，维持肌肉做功的消耗。随年龄、性别、身体素质、健康情况和训练程度等情况的不同，操作负荷达到一定的强烈程度和持续时间，将导致人体疲劳。人体不同部位肌肉可承受的负荷还与操作件的位置、动作方向有关，在通常情况下，操作应轻快、灵活，但也不能过于轻快，以致承受不起人体肢体的净重而产生误操作。

3. 人的视觉和听觉特性

人在操作机器时，通过感官，如视觉、听觉接受外界的信息，由大脑进行分析和处理，做出反应，进而实现对机器的操纵和控制。要实现正确的操作，人必须能够准确、全面、及时地接受外界的信息。设计时应研究和分析人感官器官的感知能力和范围，确定合适的人机界面。

人感知的信息有 80%~90%是由视觉器官接受的，设计产品时，信息源应尽可能在人的视野和视距范围内。视野是指人的头部和眼球固定不动的情况下，眼睛自然可见的空间范围，常以度（°）来表示。正常人的视野在水平面内约左右 60°，有效区域为左右 10°~20°；垂直面内向上 50°，向下 70°，有效区域向上 30°，向下 40°。

人的视觉接受能力与视野角度有直接关系。如正前方的视觉接受能力为“1”，视野角度与视觉接受能力之间的关系见表 1-7。视野角度当然可以通过人头部左右和上下转动 45°和 30°而扩大，但持续时间长了会引起颈部的疲劳。

表1-7 视野角度与视觉接受能力之间的关系

视野角度/(°)	0	5	20	35	50	65	80
视觉接受能力	1	1/2	1/4	1/8	1/12	1/18	1/36

视距是指人在操作过程中正常的观察距离。一般操作视距范围为380~760mm。视距过远或过近都会影响认读的速度和准确性，因此要根据工作要求的精确程度、性质和内容来确定和选择最佳视距。

人的眼睛沿水平方向比沿垂直方向运动灵活，感觉水平尺寸的误差也比感觉垂直尺寸的误差小，且不易疲劳，因此视觉接受的信号源应尽可能水平排列。人的视线习惯从左到右、从上到下按顺时针方向移动。当眼睛观察视区时，视区的右上象限观察效果最优，其余依次是左上象限、左下象限和右下象限。人眼对直线轮廓比对曲线轮廓更易接受。人眼最易辨别红色，其余依次为绿色、黄色、白色；当两种颜色匹配在一起时，最易辨别的顺序是黄底黑字、黑底白字、蓝底白字、白底黑字等。

人的听觉器官也是重要的信息接收器。人们对来自听觉的信息反应较来自视觉信息的反应大约快30~50ms。人们可以听到的声音频率范围为20~2000Hz，可以听到的声强级范围为0~120dB。当声音超过110~130dB时，人们会感到不舒服。机器的运转信号如需要通过声音信息传给操纵者，其声音信号的频率和声强应适于人耳的接受范围，而且应有别于机器周围或机器本身产生的声音。声音信号的设计应根据信号的意义，如报警、提示、显示运行状态等的区别，设计成不同的音响形式。音响形式可以是连续音响、断续音响、音乐等，人听到该音响后马上产生相应的条件反射，进行必要的操作。

(二) 机器因素方面

设计产品时，产品自身结构应满足人机工程学方面的要求。

1. 信号显示装置设计

应根据人的生理和心理特征设计信号显示装置，使人接受信息速度快、可靠性高、误读率低，并能减轻精神紧张和身体疲劳。

信号显示装置包括仪表显示和信号灯显示两种。仪表显示有指针式和数显式两类。前者显示的信号形象化、直观，偏差和偏差方向一目了然，常用于监控仪表。对于后者，认读速度快、精度高，且不易产生视觉疲劳。信号灯显示有两个作用：一是指示性的，即引起操纵者注意，或指示操纵，具有传递信息的作用；二是显示工作状态，即反映某个指令、某种操作或某个运行过程的执行情况。设计时应正确选择信号灯的颜色和位置。信号灯的颜色通常是：红色表示危险、禁止，要求立即进行处理的状态；黄色表示提醒、警告，表示状态变得危险，达到临界状态；绿色表示安全、正常工作状态，还可表示机器的预置和准备状态。

2. 操纵装置设计

操纵装置有手动和脚动两类。手动操纵装置按运动方式分为旋转式操纵器、移动式操纵器、按压式操纵器等。设计时应注意其形状、大小、位置、运动状态和操纵力的大小等，留出人的操作位置，让操纵者有一个合适的姿势，合理布局操作件的位置，确定操作运动的方向、合适的操作力大小。这些都应符合生物力学和生理学的规律，以保证操纵时的舒适和方便。

设计时还应注意人们的操作习惯，这些操作习惯包括：

(1) 手柄操作方向　当运动件做直线运动时，手柄操作方向应大致平行于运动件的移动轨迹，并与运动件的运动方向一致。当运动件做回转运动时，手柄的回转平面应与运动件的回转平面平行，手柄的操作方向应与运动件的回转方向一致。

（2）按钮位置　按钮的排列方向应和运动件的运动方向相平行，即操纵运动件向右、向前或向上的按钮应布置在按钮板的最右、最前和最上方，如图 1-16 所示。如运动件做回转运动，按钮位置的排列方向应与距该组按钮最近的运动件上的圆周线速度方向一致。

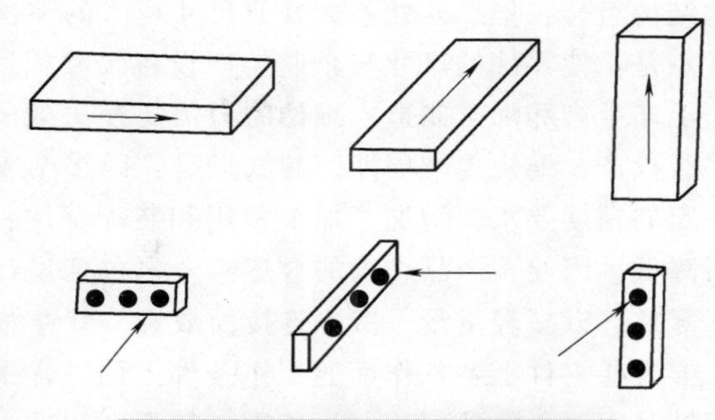

图 1-16　平面运动按钮的布置规则

（3）手轮操作方向　如运动件做直线运动，操纵者面对手轮轴端，顺时针方向转动手轮时，运动件应向右、离开或向上运动。如运动件做回转运动，操纵者面对手轮轴端，顺时针方向转动手轮时，运动件应做顺时针方向回转。如运动件做径向运动，操纵者面对手轮轴端，顺时针方向转动手轮时，运动件应向中心方向运动。

（4）特殊情况　如一个操作件可以使运动件实现多个方向运动时，上述原则应用于最常用的一个方向；如同时操纵主运动和进给运动时，上述原则适用于进给运动。

3. 安全保障技术

安全保障技术包括系统本身安全性和操作人员安全性两大方面。为保证系统本身的安全性，应自动设置安全工作区限，设计互锁安全操作、工作环境条件的监测监控、非正常工作状态的自动停机、对操作失误的自动安全处理等。为保证人员的安全性，应采取各种保障人身安全的措施，如漏电保护、报警指示、急停操作和快速制动等，同时对危险工作区要设置自动光电栅栏和工作区自动防护，以及有害物和危险物的自动封闭等。

（三）人机系统方面

人机系统方面需评价的内容包括：

1）产品系统中人的功能和其他各部分功能之间的联系和制约条件，以及人机之间功能的合理分配方法。

2）系统中被控对象状态信息的处理过程，人机控制链的优化。

3）人机系统的可靠性和安全性。

4）环境因素对劳动质量及生活质量的影响，提高作业舒适度和安全保障系统的设计。

（四）环境因素方面

环境因素方面需评价的内容包括：

1）作业空间，如场地、厂房、机器布局、作业线布置、道路及交通、安全门等。

2）物理环境，如照明、空气温度、湿度、气压、粉尘、辐射、噪声等。

3）化学环境，如有毒物质、化学性有害气体及水质污染等。

四、结构工艺性评价

结构工艺性评价的目的是保证产品质量的前提下，降低生产成本，缩短生产时间。结构工艺性应从加工、装配、维修等方面来评价。

（一）加工工艺性

应从产品结构的合理组合和零件的加工工艺性两方面评价加工工艺性。

1. 产品结构的合理组合

一个产品是由部件、组件和零件组成的。组成产品的零部件越少，结构越简单，重量也可减轻，但可能导致零件的形状复杂，加工工艺性差。根据工艺要求，设计时应合理地考虑产品的结构组合，把工艺性不太好或尺寸较大的零件分解成多个工艺性较好的较小零件。这样做的优点是：使零件的尺寸与企业生产设备尺寸相适应，也易于装配和运输；零件形状简单化，易于毛坯生产和加工制造；维修时只需更换失效的零件，其他零件仍可继续使用；多个零件可以平行投产，缩短生产周期。其缺点是：因多个零件靠连接面装配在一起，这些连接面均需保证一定的精度要求，增加了加工费用和装配费用；由于存在连接面，刚度、抗振性和密封性皆有所降低。因此，产品结构的合理组合也包括设计时把多个结构简单、尺寸较小的零件合并为一个零件，以减轻重量，减少连接面数量，节省加工和装配费用，改善结构的力学性能。

有些零件上各工作面的工作条件不同，常采用不同的材料。例如蜗轮的齿部，为了耐磨采用铜，而对于轮毂部位，为了提高其强度和减少成本采用钢。可将多个零件的坯件用不可拆方式连接在一起，如热压配合、铆接、粘接或螺纹联接等，然后再整体地进行加工，以取得良好的效果。

2. 零件的加工工艺性

零件的结构形状、材料、尺寸、表面质量、公差和配合等确定了其加工工艺性。加工工艺性的评价应依据制造厂现有的生产条件，没有一个绝对的标准。这些生产条件概括起来包括：传统的工艺习惯，本企业的加工设备和工装条件，外协加工条件，与老产品结构的通用，材料、毛坯和半成品的供应情况和质量检验的可能性等。

零件加工工艺性与其材料和毛坯类型有很大关系，下面简单介绍一些对结构设计有指导意义的规律。

（1）铸件类零件　尽可能不采用型芯，如采用型芯要考虑其支承和清砂；模型和型芯尽可能采取直线、平面等简单形状；结构形状应充分考虑起模方便；避免大面积的水平壁和截面朝上逐渐变小，以免产生气泡和缩孔；壁厚不可小于最小允许尺寸，并尽量均匀，厚度变化应逐渐过渡；合理考虑分型面的位置，便于机械加工和去除毛刺；加工面留有必要的退刀槽，考虑加工时夹紧和定位的可靠性和刚性；避免倾斜的加工面，在结构允许的前提下，调整加工面于一个平面上；孔在同一个轴线上甚至同一个直径和公差，可合并工序，简化工艺；在结构允许的前提下，用分散布置的小连接面替代整块大的连接面，以减少加工工作量。

（2）模锻件类零件　结构形状应充分考虑脱模方便；分型面尽可能是平面，尽量位于零件高度的一半处，并与最小高度相垂直；避免过大的薄平面；采用较大过渡圆角，避免过窄筋片、内槽和过小的冲孔；避免急剧的断面过渡和要求向冲模内过深的挤压成形。

（3）冷挤压件类零件　结构形状应充分考虑脱模方便；避免边缘倾斜和小的直径差；尽可能采取回转对称形状；避免断面突然变化、尖锐的棱边和内槽；避免细、长或侧向的孔。

（4）车削加工类零件　给出必要的退刀槽；力求成形刀具尽量简单；尽可能不要在孔内开沟槽，孔公差和表面粗糙度要求不要太高；考虑车削加工时夹持的可靠性；轴上的环肩不要太高，以免增加金属去除量。

（5）有钻孔加工类零件　尽量采用通孔，避免不通孔，不通孔尽可能是锥形孔端；斜孔的入口和出口处有垂直于孔轴线的凸台或凹面。

（6）有铣削加工类零件　尽量采用平的铣削表面，以便采用平铣刀或组合铣刀进行加工，避免采用昂贵的成形铣刀；沟槽尽可能采用盘形铣刀进行加工，避免采用指形齿轮铣刀进行加工，后者价格较贵且加工效率低；各加工面尽可能处于同一平面或相互平行，以便在一次走刀或安装中完成加工。

（7）磨削加工类零件　磨削面两端尽可能没有台阶，以便采用高效低成本的大直径圆周砂轮进行磨削，如结构上必须有台阶，应留出足够宽的退刀槽；在同一个零件上，尽可能采用相同的圆角和锥度。

（二）装配工艺性

产品设计阶段不仅决定了零件加工的成本和质量，也决定了装配的成本和质量。这是因为装配的成本和质量取决于装配操作的种类和次数，而装配操作的种类和次数又与产品结构、零件及其结合部位的结构和生产类型有关。

1. 便于装配的产品结构

装配操作的分解、压缩、统一和简化是实现便于装配产品结构的主要措施。

（1）装配操作的分解　将产品合理地分解成部件，部件分解成组件，组件再分解成零件，以便实现平行装配，既缩短了装配周期，也保证了装配质量；在装配过程中尽可能减少加工；尽可能可单独进行部件试验。

（2）装配操作的压缩　将多个结构简单的零件合并为一个零件，以减少装配工作量；在满足功能的前提下，尽可能减少零件、结合部位和结合表面的数量；对已装好部件或产品进行试验时不必将它们拆开。

（3）装配操作的统一　装配时尽可能采用统一的工具、统一的装配方向和方法。

（4）装配操作的简化　加工和装配操作结合在一起，如用自攻螺钉，可省去铰丝工序；减少装配工序和工步的数目；良好的检验可及性，进行目测的可能性。

2. 便于装配的零件结合部位结构

零件结合部位结构的合理性可以改善装配工艺性。减少结合部位的数量、统一和简化结合部位的结构是提高装配工艺性的重要措施。采用粘接、卡接或一些特殊连接方法代替螺钉联接，可减少连接元件数量和装配工作量。

简化结合部位结构的措施很多，如避免双重配合；简化调整方式，采用专门的补偿连接来补偿制造误差；调整时尽可能不拆或少拆已装好的零件；保证装配时工具的活动空间等。

3. 便于装配的零件结构

零件结构应便于自动储存、识别、整理、夹取和移动，以提高装配的工艺性。

（三）维修工艺性

产品设计应充分考虑产品的维修性。维修性的优劣可从如下几方面做综合分析评价。

1）平均修复时间短。

2）维修所需元器件或零部件的互换性好，并容易买到或有充足的备件。

3）有宽敞的维修工作空间。

4）维修工具、附件及辅助维修设备的数量和种类少，准备齐全。

5）维修技术的复杂性低。

6）维修人员数量少。

7）维修成本低。

8）采用状态监测和自动记录，指导维修。

五、产品造型评价

机械产品的造型不同于一般的艺术品。其造型必须与功能相适应，即功能决定造型，造型表现功能。机械产品的造型也必须建立在系列化、通用化和标准化基础上，同一系列产品应具有风格一致的造型。

机械产品的造型的总原则是经济实用、美观大方。“经济”指的是造型成本低，并有助于提高产品的可靠性、寿命和人机界面。“实用”指的是使用操作方便、舒适，符合人体的生理和心理特征，使人机系统的工作效能达到最高。“美观大方”是指产品的外观形象给人的心理、生理及视觉效应良好。人的审美观点尽管不全相同，但还是有相同规律可循，良好的外观造型应从产品造型设计和产品色彩两方面去评价。

（一）产品造型设计

良好的产品造型必须符合美学原则，美学原则不是一成不变的，它随着社会发展、科学技术进步、人类社会文化、艺术和文明的提高而不断发展、创新和增加新的内容。美学原则包括如下几个方面。

1. 尺度与比例

尺度是工业产品造型的整体及局部与人体的生理尺寸或人所习惯的某种特定标准之间相适应的大小关系，不是指造型物体本身的大小。有尺度感的造型，具有使用合理、与人的生理感觉和谐。与使用环境协调的特点，是造型美的基本因素之一。

产品造型的比例一般是指造型的整体与局部、局部与局部之间大小对比的关系，以及整体或局部本身长、宽、高之间的比例关系。人的视觉具有本能的喜爱比例得当的造型，即所谓的比率美。常用的比例称为黄金比例，即0.618。宽长比例符合黄金比例的矩形称为黄金矩形。

2. 对称与均衡

对称和均衡是取得良好视觉平衡的两种基本形式。

对称是自然界最常见的一种平衡方式，也广泛地用于产品造型中，可给人以庄重、严肃、规正、安全可靠、稳定有力量的感觉。

均衡是不对称的平衡方式，来源于力学的平衡原理，与对称不同。对称是以对称线或对称面表现出的平衡方式，而均衡是以支点表现出的平衡方式。均衡造型的产品具有静中有动、动中有静的条理美和动态美。

3. 安定与轻巧

所谓安定是指形体靠近地面的部分重而大，显得稳定、可靠、安全。

轻巧的造型能给人以轻松、灵巧的视觉效果，可增加产品的生动性、亲切感。

4. 对比与调和

所谓对比是对某一部分进行重点处理，突出地表现需强调的部分，使造型生动、个性鲜明、避免平淡。所谓调和是对造型中的构成要素进行统一的协调处理，使造型柔和亲切，避免生硬杂乱。在产品造型设计中，一般以调和为主调，在调和的基础上采用对比的手法。

5. 重点与一般

所谓突出重点的手法是指对造型的主体部分的体量、形状、线型等加以重点的渲染，使其显示出较高的艺术表现力；而对于一般或次要的部件仅做普通的处理，使其符合形体统一的原则，能起到衬托主体的作用。做到重点突出、轻重分明，会使造型主题鲜明，具有生动活泼的感染力。

在产品造型中，突出重点的手法有以下几种。

1）运用形体和线型对比突出主体，即用比较突出的体量和轮廓形态，引起观察者的注意。

2）运用色彩、材质的对比突出主体，使主体鲜明。

3）运用精细或特殊的加工工艺，获得特别的面饰效果，以突出主体。

4）采用特殊的外观件或装饰件来强调重点。

5）利用造型中的方向性和透视感等因素，引导人们的视线集中于主体。

以机床产品外形设计为例，早期机床产品造型设计是以圆形和带有圆角的轮廓外形为主，如图1-17所示立式升降台铣床。铣床立柱外轮廓采用大圆弧形设计，主轴箱外形采用圆柱形设计。这种设计形式在车床外形设计中也广泛应用，圆形给人一种圆润、顺畅、光滑，与人的生理感觉和谐。

图 1-18 所示为一台现代数控立式升降台铣床的造型，铣床立柱、箱体及主轴箱外轮廓都采用长方形状，用小圆角连接形式，同纯长方形设计相比，显得形象、生动、活泼，给人以稳重、可靠、安全的感觉。

图 1-19 所示为一台全功能数控车床的造型，新颖别致，耳目一新。机床上两边的防护门采用大圆弧形设计，顺畅、光滑，减轻了沉重感，并且防护门的色彩较主体鲜艳、醒目，引人注意，提高了安全防护性。

图 1-17 立式升降台铣床

图 1-18 数控立式升降台铣床

图 1-19 全功能数控车床

（二）产品色彩

产品造型的色彩不同于绘画，应着重研究色彩与人、色彩与产品的相互关系，研究色彩本身所体现出的对比与调和规律，以简练、纯朴、含蓄、夸张的手法创造出具有现代美感的色彩形象。由于产品的色彩受到功能、材质、工艺等条件的制约，其色彩一般来说比较单纯、概括、简洁、明快和富于装饰性。

1. 色调选择

产品色彩要突出一个主色调，工业产品色调的选择要适于人的心理、生理要求。不同的色调给人心理和生理上带来不同的反应。色彩过亮、过暗、过于模糊不清、过于单调，都容易令人感到疲劳和厌烦。

几种主要色彩的抽象联想和象征含义见表 1-8。

表 1-8 色彩的抽象联想和象征含义

色名	抽象联想		象征含义		心理感觉
	青年	老年	褒义	贬义	
红	热情、革命	热烈、吉祥	活力、光辉、积极、刚强、欢乐、喜庆、胜利	危险、灾害、爆炸、愤怒	兴奋、引人注意、产生紧张感
橙	热情、温暖、愉快、明亮	甜美、堂皇、欢喜	热情、光明、辉煌、向上		引人烦恼、焦虑和注意
黄	明快、希望、泼辣、温柔、纯净、轻快、甜美	光明、明快、轻薄、丰硕	光明、富有、忠义、高贵、豪华、威严	枯败、没落、颓废	丰硕感、香酥感、病态感

（续）

色名	抽象联想		象征含义		心理感觉
	青年	老年	褒义	贬义	
绿	青春、少壮、永恒、理想	希望、公平、新鲜	生长、和平、复苏、欢乐、喜悦、春天、成长、活泼、希望、生命		具有宁静、新鲜感
蓝	无限、理想、永恒、理智	冷淡、薄情、平静、悠久	宁静、深远、和平、希望、诚实、善良	悲凉、贫寒、凄凉	具有平静安祥感
紫	高贵、古朴、高尚、优雅	古朴、优美、高贵、消极、神秘	庄严、奢华、高贵	阴暗、悲哀、险恶、苦、毒、恐怖、荒淫、丑恶	忧郁感、不安与消极感
白	清洁、纯洁、神圣	洁白、神秘、衰亡	朴素、纯真、高雅、光明、真实、洁净	寒冷、苍老、衰亡	
黑	死亡、刚健、悲哀、坚实	严肃、阴郁、绝望、死亡	庄严、肃穆、沉重、坚固	绝望、死亡	
灰	忧郁、绝望、阴郁	沉默、荒废	温和、平淡、忧郁	空虚、悲哀	

2. 配色方法

产品配色的主要方法是利用色彩的对比与调和理论，按照一定的布局关系相互依存、相互呼应，构成具有和谐气氛。表现产品色彩的变化要依靠色彩的对比，而色彩达到统一主要依靠色彩的调和。

（1）统一配色　产品外观配色数量不宜过多，在强调主体色的同时，辅助色的数量不要超过两种。色彩设置过多容易造成混乱、互相割裂、支离破碎。

（2）均衡配色　在配色时要注意通过色彩的面积大小、位置的变化，形成不同的均衡关系。例如置明色于上方，暗色于下方，稳定感增强；反之，显得不稳定，使人不安。均衡的配色使人心情安定，不均衡的配色使人感到不安和紧张。

（3）重点配色　重点配色常选用高纯度、高明度的色彩，或者选用纯黑或纯白色，同时还应充分考虑配色的平衡效果。选择与主体色形成明显对比的、小面积的调和色作为突出重点部分的配色，可以弥补总体色调的单一，从而使整体产生活跃感。通常总体色调为视觉感受适中的中性色调。

六、标准化评价

（一）标准化及其目的

标准化的定义是：在经济、技术、科学及管理等社会实践中，对重复性事物和概念通过制订、发布和实施标准，达到统一，以获得最佳秩序和社会效益。

实现标准化的目的是：

1）合理简化产品的品种规格。

2）促进相互理解、相互交流，提高信息传递的效率。

3）在生产、流通、消费等方面，能够全面地节约人力和物力。

4）在商品交换与提高服务质量方面，保护消费者的利益和社会公共利益。

5）在安全、卫生、环境保护方面，保障人类的生命、安全与健康。

6）在国际贸易中，消除国际贸易的技术壁垒。

（二）标准分类

标准分类如图 1-20 所示。按照标准的性质来分，有技术标准、工作标准和管理标准三类；按照标准化对象的特征来分，有基础标准、产品标准、方法标准、安全卫生和环保标准四大类；方法标准中包括与产品质量鉴定有关的方法标准、工艺操作方法标准和管理方法标准；按照标准的适用范围，标准分为不同的层次，依次为国际标准、区域标准、国家标准、专业标准（包括专业协会标准、部委标准）、地方标准和企业标准六个级别。

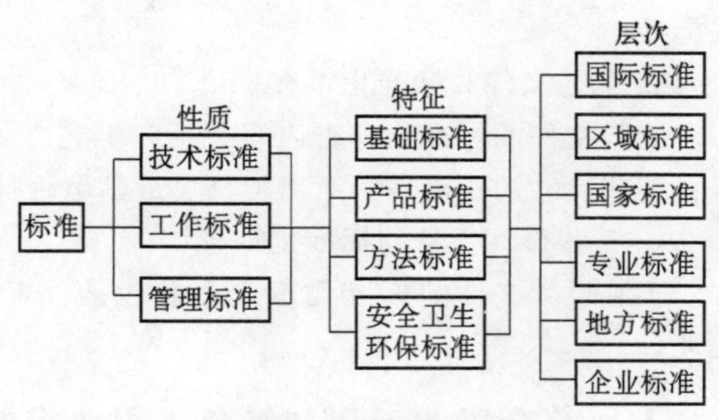

图 1-20　标准分类

（三）企业标准体系结构

所谓标准体系是指一定范围内的标准按其内在联系形成的科学的有机整体。标准体系是由层次结构和领域结构组成的。层次结构表明各级标准之间的纵向联系；领域结构表明行业之间的横向联系。标准体系按其适用范围可分为国家标准体系、行业标准体系和企业标准体系。典型的企业标准体系结构如图 1-21 所示。

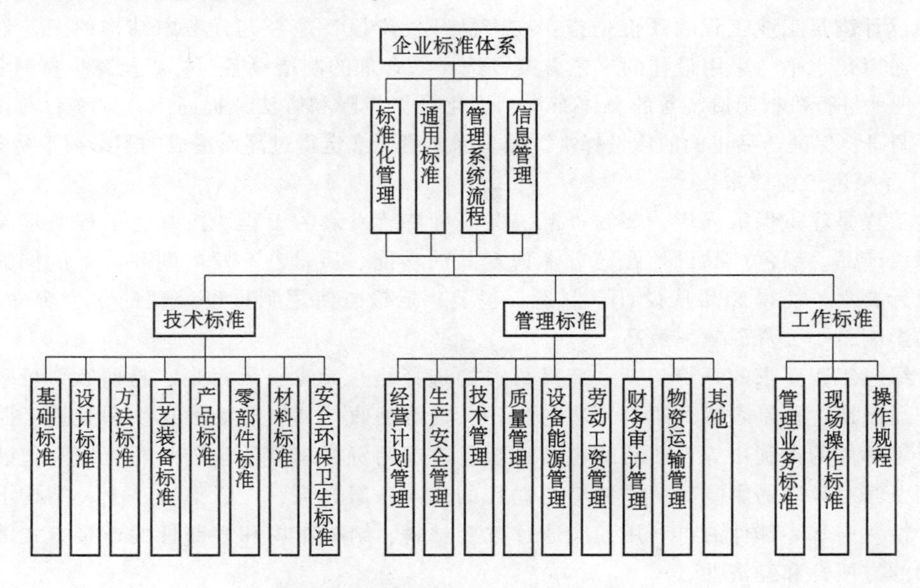

图 1-21　典型的企业标准体系结构

（四）产品设计的标准化

产品设计的标准化对提高设计水平、保证设计质量、简化设计程序、节约设计费用将产生显著效果。从编制产品设计任务书到设计、试制、鉴定各个阶段，都必须充分考虑标准化的要求，认真进行标准化审查。对产品设计进行标准化评价的主要内容有：

1. 企业标准的审查

企业标准的审查包括编号、文件格式、编制方法是否符合上级标准的要求和有关规定。

2. 设计文件的标准化审查

设计文件的标准化审查包括图样和技术文件成套性检查；图纸格式、视图、剖视、投影、公差配合、表面粗糙度、几何公差是否符合有关标准；设计技术文件内容的准确性、经济性和合理性；零件图、结构要素和应用材料是否符合有关标准；是否采用标准件和通用件；设计文件的格式、技术术语、文字符号等是否符合有关标准；产品图样和设计文件的代号是否符合有关标准。

3. 工艺文件的标准化审查

工艺文件的标准化审查内容包括：工艺文件的成套性；格式、名称、工艺术语、材料、代号；工艺尺寸的正确性，通用工具、量具是否符合有关标准；是否采用典型工艺。

4. 工装设计文件的标准化审查

工装设计文件的标准化审查内容包括：工装设计文件的成套性；是否采用标准件和标准毛坯。

七、符合工业工程和绿色工程要求的评价

1. 符合工业工程要求

工业工程是对人、物料、设备、能源和信息所组成的集成系统进行设计、改善和实施的一门学科。其目标是设计一个生产系统及其控制方法，在保证工人和最终用户健康和安全的条件下，以最低的成本生产出符合质量要求的产品。

产品设计满足工业工程的评价是指：在产品开发阶段，是否充分考虑结构的工艺性，提高标准化、通用化水平，采用最佳的工艺方案，选择最合理的制造设备，尽可能减少材料和能源的消耗；合理地进行机械制造装备的总体布局，优化操作步骤和方法，提高工作效率；对市场和消费者进行调研，保证产品正确的质量标准，减少因质量标准定得过高而造成的不必要浪费等。

2. 符合绿色工程要求

绿色工程是注重保护环境、节约资源、保证可持续发展的工程。按绿色工程要求设计的产品称为绿色产品。绿色产品设计在充分考虑产品的功能、质量、开发周期和成本的同时，优化各有关设计要素，使得产品从设计、制造、包装、运输、使用到报废处理的整个生命周期中，对环境的影响最小，资源效率最高。

符合绿色工程要求的评价包括：产品材料的选择是否无毒、无污染、易回收、可重用、易降解；产品制造过程是否考虑了对环境的保护，资源回收，如废弃物的再生和处理、原材料的再循环、零部件的再利用等；产品的包装是否考虑选用资源丰富的包装材料，以及包装材料的回收利用及其对环境的影响等。原材料再循环的成本一般较高，应考虑经济上、结构上和工艺上的可行性。为了零部件的再利用，应通过改变材料、结构布局和零部件的连接方式等来实现产品拆卸的方便性和经济性。

八、装备柔性化、自动化、精密化的评价

1. 装备柔性化

装备柔性化是指产品结构柔性化和功能柔性化。产品结构柔性化是指产品设计时采用模块化设计方法和机电一体化技术，只需对结构做少量的重组和修改，或修改软件，就可以快速地推出满足市场需求的、具有不同功能的新产品。功能柔性化是指只需进行少量的调整，或修改软件，就可以方便地改变产品或系统的运行功能，以满足不同的加工需要。数控机床、柔性制造单元或柔性制造系统具有较高的功能柔性化程度。在柔性制造系统中，不同工件可以同时上

线，实现混流加工。要实现机械制造装备的柔性化，不一定非要采用柔性制造单元或柔性制造系统。专用机床，包括组合机床及其组成的生产线也可设计成具有一定的柔性，完成一些批量较大、工艺要求较高的工件加工，其柔性表现在机床可进行调整以满足不同工件的加工，调整方法可采用备用主轴、位置可调主轴、工夹量具成组化、工作程序软件化和部分动作实现数控化等。

2. 装备自动化

装备自动化有全自动化和半自动化之分。全自动化是指能自动完成工件的上料、加工和卸料的生产全过程；半自动化则上下料需人工完成。机械制造装备实现自动化后，可以减少加工过程中的人工干预，减轻工人劳动强度，提高加工效率和劳动生产率，保证产品质量及其稳定性，改善劳动条件。实现自动化控制和运行的方法可分为刚性自动化和柔性自动化。刚性自动化是指传统的凸轮和挡块控制，如采用凸轮机构控制多个部件运动，使之互相协调工作，但当工件变化时必须重新设计凸轮及调整挡块，调整麻烦，因此这种方式适用于大批量生产。柔性自动化是由计算机控制的生产自动化，主要有可编程逻辑控制和计算机数字控制。计算机数字控制和可编程逻辑控制相结合，实现了单件小批量生产的柔性自动化控制，如数控机床、加工中心、柔性制造单元和柔性制造系统以及计算机集成制造系统。

3. 装备精密化

随着科学技术的发展和国际化市场竞争的加剧，对产品技术性能的要求越来越苛刻；制造精度的要求越来越高，从微米级发展到亚微米级，乃至纳米级。为提高产品的质量，压缩工件制造的公差带，机械制造装备的精密化成为普遍发展的趋势。在这种情况下，采用传统的措施，一味提高机械制造装备自身的精度已无法奏效，需采用误差补偿技术。误差补偿技术可以是机械式的，如为提高丝杠或分度蜗轮的精度采用的校正尺或校正凸轮等。较先进的是采用数字化误差补偿技术，通过误差补偿来提高其几何精度、传动精度、运动精度、定位精度。

4. 对装备柔性化、自动化、精密化的评价

对装备柔性化、自动化、精密化的评价是：机械装备设计中是否将机械技术与微电子、传感检测、信息处理、自动控制和电力电子等技术，按系统工程和整体优化的方法，有机地组成了最佳技术系统；是否充分考虑机械、液压、气动、电力电子、计算机硬件和软件的特点，充分发挥各自的特点，进行合理的功能搭配，构成一个极佳的技术系统，使得机械制造装备减小体积、简化结构、节约原材料、提高可靠性和效率，实现机械制造装备的精密化、高效化和柔性自动化。

习题与思考题

1. 为什么说机械制造装备在国民经济发展中具有重要作用？

2. 机械制造装备与其他工业装备相比，特别强调应满足哪些要求？为什么？

3. 柔性化指的是什么？试分析组合机床、普通机床、数控机床、加工中心和柔性制造系统的柔性化程度，其柔性表现在哪里？

4. 如何解决用精密度较差的机械制造装备制造出精密度较高机械制造装备？

5. 如何对机械制造装备进行分类？

6. 工业工程指的是什么？如何在设计机械制造装备时体现工业工程的要求？

7. 机械制造装备设计有哪些类型？

8. 创新设计的步骤是什么？为什么应重视需求分析和可行性论证？

9. 哪些产品宜采用系列化设计方法？为什么？有哪些优缺点？

10. 系列化设计时主参数系列公比的选取原则是什么？公比选得过大或过小会带来哪些问题？

11. 哪些产品宜采用模块化设计方法？为什么？有哪些优缺点？
12. 可靠性指的是什么？有哪些可靠性衡量指标？它们之间有哪些数值上的联系？
13. 从系统设计的角度，如何提高产品的可靠性？
14. 在机械制造装备设计中用到哪些人机工程学的概念和方法？解决了什么问题？
15. 工业产品造型设计的重要性体现在什么地方？与一般艺术品的造型设计有何共性和差别？
16. 设计过程中遵守标准化原则的重要意义是什么？如何贯彻设计的标准化？

第二章

金属切削机床设计

第一节　金属切削机床的运动分析

金属切削机床是用切削的方法将金属毛坯加工成机器零件的机器，它是制造其他机器的机器，又称工作母机，简称机床。在进行机床的总体设计时，首先要根据在机床上加工的各种表面和使用的刀具类型，分析得到加工这些表面的方法和所需的运动、机床必备的传动联系以及实现这些传动的机构。

一、被加工工件的表面形状及形成方法

被加工工件的表面形状一般为平面、圆柱面、圆锥面、球面、成形表面等。图 2-1 中给出了平面、圆柱面、圆锥面、球面、圆环面这些工件表面。任何一种表面形状都可以看成是一条线（称为母线）沿着另一条线（称为导线）运动的轨迹，母线 1 和导线 2 称为形成表面的发生线。

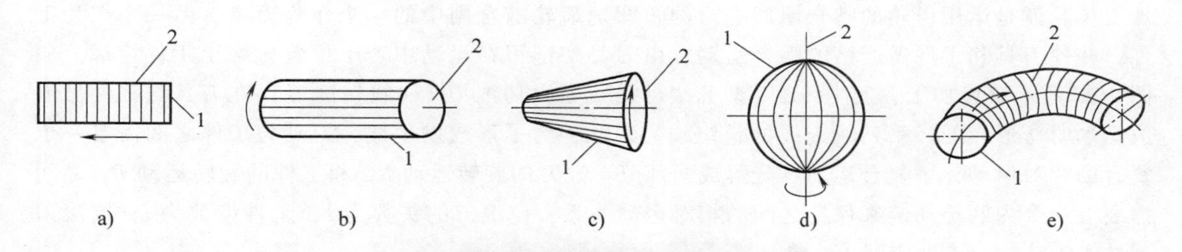

图 2-1　工件的表面形状及形成方法

a）平面　b）圆柱面　c）圆锥面　d）球面　e）圆环面

1—母线　2—导线

图 2-1a 所示的平面是由直线母线 1 沿着直线导线 2 移动而形成的，图 2-1b 所示的圆柱面是由直线母线 1 沿轴线与它相平行的圆导线 2 运动而形成的，图 2-1c 所示的圆锥面是由直线母线 1 沿轴线与它相交的圆导线 2 运动形成的，图 2-1d 所示的球面是圆母线 1 绕着与它轴线相平行的直线导线 2 运动形成的，图 2-1e 所示的圆环面是圆母线 1 沿曲线导线 2 运动形成的。直线成形平面和圆柱面的两条发生线可以互换，而不改变形成表面的性质；有些表面的母线和导线是不可互换的，如圆锥面、球面、圆环面等。

二、发生线的形成方法

1. 刀具切削刃的形状与发生线的关系

刀具切削刃的类型可以分为点切削刃、线切削刃和面切削刃。点切削刃切削时，可看作点接触，刀具做轨迹运动得到发生线。线切削刃的形状是一条切削线，它与要成形的发生线的形状完全吻合，如成形车刀。面切削刃是指刃上任一点或线都可以作为切削刃使用，如圆柱铣刀切削刃的实际形状为直线或螺旋线，当刀具高速回转时，切削刃形成圆柱回转面，面上的任一点均可与工件接触进行切削，面切削刃可视为与其轴线平行的直线绕轴线回转形成。采用的刀具切削刃的类型不同，形成发生线所需的运动也就不同。

2. 形成发生线的方法

工件加工表面的发生线是通过刀具切削刃与工件接触并产生相对运动而形成的，有如下四种方法。

（1）轨迹法　轨迹法是利用刀具做一定规律的轨迹运动对工件进行加工的方法。如图2-2a所示，点切削刃车刀车削外圆柱面，其形成母线和导线的方法都属于轨迹法。工件的旋转运动产生导线2（圆），由刀具的纵向直线运动f产生母线1，运动n和f就是两个表面成形运动。

（2）成形法（仿形法）　成形法是利用成形刀具对工件进行加工的方法。如图2-2b所示，宽刃车刀车削短外圆柱面，工件回转，刀具的切削刃是线切削刃1，它的形状和长短与需要形成的发生线2完全吻合。因此，用成形法来形成发生线2不需运动。

（3）相切法　相切法是利用刀具边旋转边做轨迹运动对工件进行加工的方法。如图2-2c所示，切削刃为旋转刀具（铣刀）上的切削点1，刀具做旋转运动B_1，刀具中心按一定规律做直线或曲线运动A_2（图为曲线），切削点的运动轨迹与工件相切，形成发生线2，发生线2是切削刃运动轨迹的切线组成的包络线，用相切法形成发生线需要两个成形运动（一个是刀具的旋转运动，另一个是刀具中心按一定规律运动）。

（4）展成法　展成法是利用工件和刀具做展成切削运动进行加工的方法。例如，用展成法加工齿轮就是运用齿轮的啮合原理进行的，即把齿轮啮合副中的一个作为刀具，另一个作为工件，并使刀具和工件做严格的啮合运动，由刀具切削刃在运动中若干位置包络出工件齿廓。如图2-2d所示滚齿加工，发生线2（渐开线母线）是由切削刃1（线切削刃）在刀具与工件做展成运动时所形成的一系列轨迹线的包络线。因此，为了形成发生线，刀具与工件之间需要一个复合的相对运动，该复合运动可分解成两部分：滚刀的旋转运动B_{11}和工件的旋转运动B_{12}之间需要有一个内联传动链来保持之间的相对运动关系，设滚刀的头数为k，工件齿数为z，则滚刀每转$1/k$转时，工件应转$1/z$转。

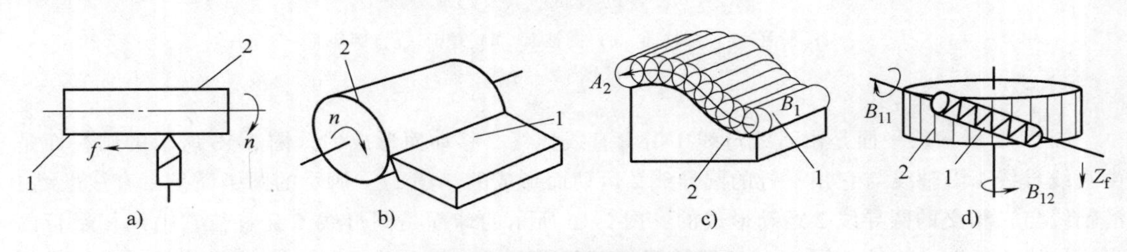

图2-2　形成发生线的方法

a）轨迹法　b）成形法　c）相切法　d）展成法

1—母线　2—导线

三、机床运动的分类

因被加工工件的类型、加工表面形状的不同，需要采用不同的机床、不同的加工方法来实现，因此机床加工功能所需要的运动也不同。

按机床的运动功能可分为成形运动和非成形运动。成形运动中，从运动的速度、消耗动力角度进行分类，将速度高、消耗动力大的运动称为主运动，将运动速度低、消耗动力小的运动称为进给运动。

1. 成形运动

表面成形运动是指机床上用来完成工件一个待加工表面几何形状的生成和金属切除任务的运动，是保证得到工件要求的表面形状的运动，简称成形运动。成形运动可以是直线运动或旋转运动，如机床上主轴的旋转运动、刀架或工作台的直线运动。成形运动又可分为简单成形运动和复合成形运动，对于机械传动的机床来说，复合运动是通过内联传动系统来实现的；对于数控机床，复合运动是通过运动轴的联动来实现的。复合运动中运动之间有严格的运动关系。

2. 非成形运动

非成形运动用于实现机床的各种辅助动作，如空行程运动、切入运动、分度运动、操纵控制运动等。

3. 主运动

主运动是产生切削的运动，具有转速较高、消耗机床功率主要部分的特点。例如工件的旋转运动是车床的主运动，它可能是简单成形运动，如车削圆柱表面；也可能是复合成形运动，如车削螺纹，此时主轴的旋转和刀具的移动有严格的传动比要求。在图 2-2a 中工件主轴的回转运动 n、图 2-2b 中工件主轴的回转运动 n、图 2-2c 中铣刀主轴的回转运动 B_1、图 2-2d 中滚刀主轴的回转运动 B_{11} 都为主运动。

4. 进给运动

进给运动是通过刀具的移动，依次或连续不断地把被切削层投入切削，逐渐切出整个工件表面的运动，是维持切削得以继续的运动。在图 2-2a 中，车刀车外圆时，刀具做平行于工件旋转轴线的纵向进给运动 f；在图 2-2d 中，进行滚齿加工时，滚刀主轴垂直运动 Z_f 速度低，消耗功率小，是做进给运动。

四、机床运动功能的描述方法

1. 坐标系

为了描述机床运动原理，首先要建立机床基准坐标系与机床各运动部件的局部坐标系。

（1）机床基准坐标系　即机床总体坐标系，一般采用直角坐标系 $OXYZ$。沿 X、Y、Z 坐标轴方向的直线运动仍用 X、Y、Z 表示，绕 X、Y、Z 轴的回转运动分别用 A、B、C 表示。平行于 X、Y、Z 轴的辅助轴用 U、V、W 及 P、Q、R 表示，绕 X、Y 辅助轴的回转运动用 D、E 等表示。与机床基准坐标系坐标方向不平行的斜置运动轴坐标系用上标“-”表示，如沿斜置坐标系的 Z 轴运动用 $\overline{Z}$ 表示。

（2）机床各运动部件的局部坐标系　局部坐标系固定在运动部件上。

2. 机床运动原理图

机床运动原理图中，将机床的运动功能用简洁的符号和图形表达出来，除了描述机床的运动轴个数、形式及排列顺序之外，还表示机床的两个末端执行器和各个运动轴的空间相对方位。机床运动原理图是认识、分析和设计机床传动原理图的依据。机床运动原理图的图形符号如图

2-3 中所示。其中，图 2-3a 所示为回转运动图形符号，图 2-3b 所示为直线运动图形符号。

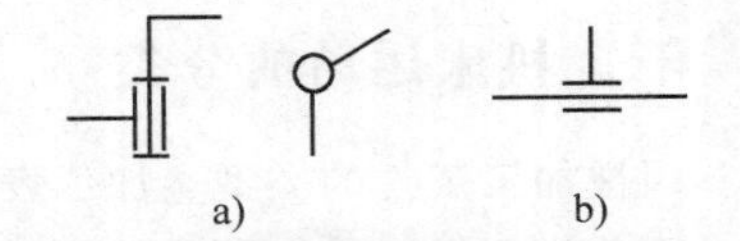

图 2-3　机床运动原理图的图形符号

a）回转运动图形符号

b）直线运动图形符号

图 2-4 给出了一些常用机床运动原理图的例子，其中，用下标 p 表示主运动，用下标 f 表示进给运动，用下标 a 表示非成形运动。图 2-4a 所示为车床的运动原理图，工件旋转运动 C_p 为主运动，刀架直线运动 Z_f 和 X_f 为进给运动。对于一般的车床，C_p 仅作为主运动；对于有螺纹加工功能或有加工非圆回转面（如椭圆面）功能的数控车床，则 C_p 一方面为主运动，另一方面 C_p 可与 Z_f 组成复合运动进行螺纹加工。

图 2-4b 所示为铣床的运动原理图，铣刀的旋转运动 C_p 为主运动，工件的直线运动 X_f、Y_f 和 Z_f 为进给运动。

图 2-4c 所示为平面刨床的运动原理图，工件的往复直线运动 X_p 为主运动，刀具的直线运动 Y_f 为进给运动、直线运动 Z_a 为切入运动。

图 2-4d 所示为数控外圆磨床的运动原理图，砂轮的旋转运动为主运动 C_p，工件的回转运动 C_f，直线运动 Z_f 和 X_f 为进给运动，回转运动 B_a 为砂轮的调整运动。当 X_f 和 Z_f 组成复合运动时，用碟形砂轮可磨削长圆锥面或任意形状的回转表面；当 C_f 和 Z_f 组成复合运动时，可进行螺旋面磨削。

图 2-4e 所示为滚齿机的运动原理图，滚刀的旋转运动 $\overline{C}_p$ 为主运动，工件的回转运动 C_f 和直线运动 Z_f 为进给运动。$\overline{C}_p$ 与 C_f 组成复合运动；回转运动 B_a 为调整运动，用来调整刀具的安装角，使刀具与工件的齿向一致；直线运动 Y_a 为径向切入运动，当用径向进给法加工蜗轮时 Y_a 为径向进给运动；$\overline{Z}_a$ 为滚刀的轴向窜刀运动，为调整运动，用来调整滚刀的轴向位置，当用切

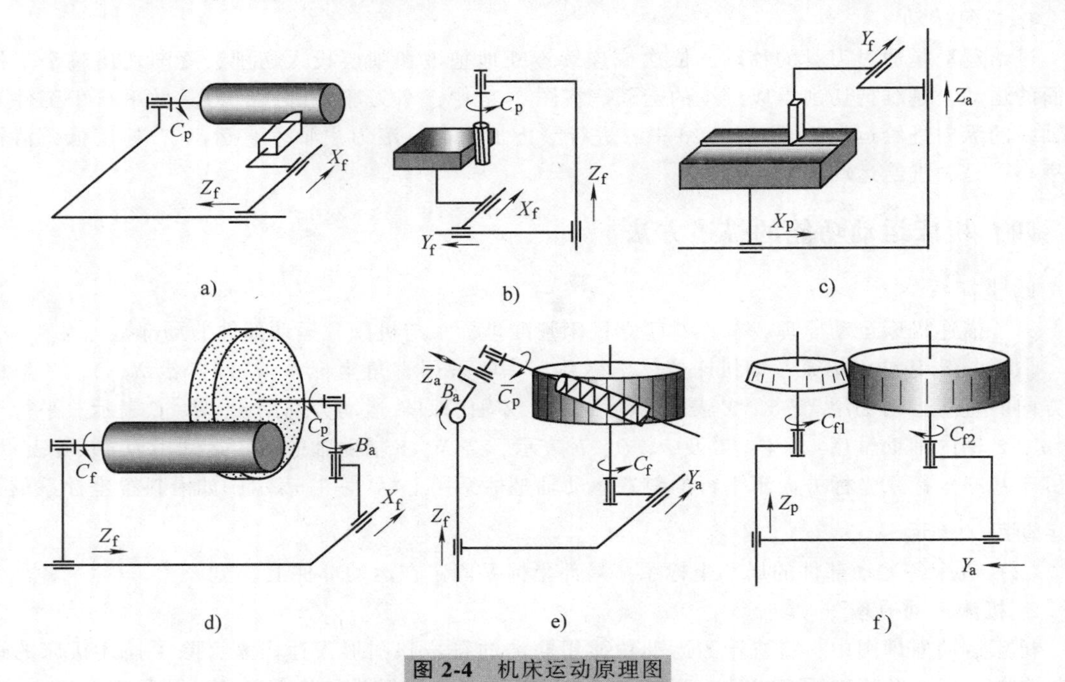

图 2-4　机床运动原理图

a）车床运动原理图　b）铣床运动原理图　c）平面刨床运动原理图

d）数控外圆磨床运动原理图　e）滚齿机运动原理图　f）插齿机运动原理图

向进给法加工蜗轮时 $\overline{Z}_a$ 为切向进给运动。

图 2-4f 所示为采用齿轮式插齿刀加工直齿圆柱齿轮的插齿机的运动原理图，刀具和工件相当于一对相互啮合的直齿圆柱齿轮。刀具的往复直线运动 Z_p 为主运动、直线运动 Y_a 为径向切入运动，刀具的回转运动 C_{f1} 和工件的回转运动 C_{f2} 为进给运动。加工过程中，插齿刀每转过一个齿，工件也应相应地转过一个齿，从而实现渐开线齿廓的复合成形运动。

3. 机床传动原理图

机床的运动原理图只表示运动的个数、形式、功能及排列顺序，不表示运动之间的传动关系。而将动力源与执行件、不同执行件之间的运动及传动关系同时表示出来的图，就称作机床传动原理图。

图 2-5a、b、c 所示分别为合成机构、传动比可变的变速机构、传动比不变的定比传动的图形符号。图 2-5d、e、f 所示分别为电动机、车刀、滚刀的图形符号。

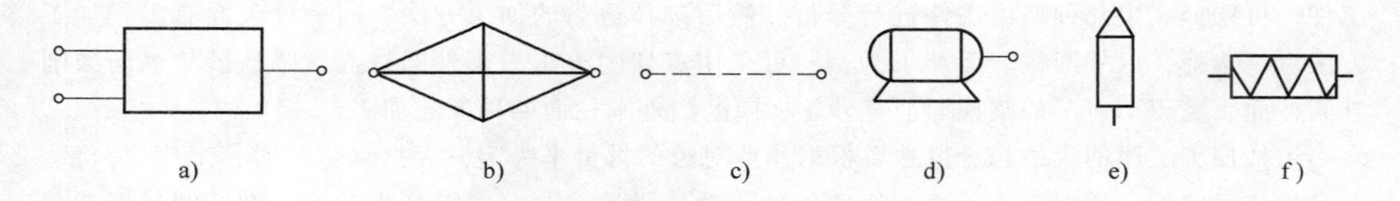

图 2-5　机床传动原理图的主要图形符号

a）合成机构图形符号　b）传动比可变的变速机构图形符号　c）传动比不变的定比传动图形符号
d）电动机图形符号　e）车刀图形符号　f）滚刀图形符号

图 2-6 所示为车床的传动原理图，其中，u_v 表示主运动变速传动机构的传动比，u_f 表示进给运动变速传动机构的传动比。车床在车削圆柱面时，主轴的旋转运动 C_p 与刀具的移动 Z_f 是两个独立的简单运动。当车削螺纹时，车床主轴的旋转运动 C_p 一方面为主运动，另一方面 C_p 与 Z_f 组成复合运动进行螺纹加工。C_p 也可与 X_f 组成复合运动，进行非圆回转面加工。

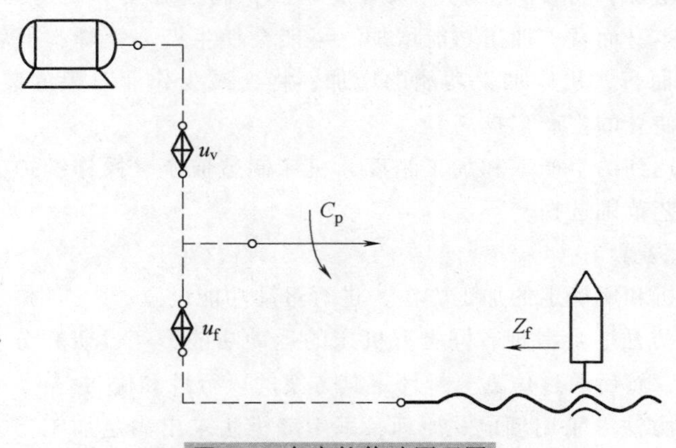

图 2-6　车床的传动原理图

图 2-7 所示为滚齿机的传动原理图。当用滚刀加工直齿圆柱齿轮时，滚刀的旋转运动 C_p 为主运动；同时 C_p 与工件的回转运动 C_f 组成复合运动，它们之间需要一个内联传动链，使得滚刀的旋转运动和工件的回转运动保持严格的传动比关系，设滚刀的头数为 k，工件齿数为 z，则滚刀每转 $1/k$ 转，工件应转 $1/z$ 转；直线运动 Z_f 为进给运动。

数控机床通常由主电动机（可采用变频电动机或交流伺服主电动机）和进给电动机（可采用步进电动机或交流伺服电动机）进行变速。有严格运动关系的内联传动系则是通过各运动轴之间的联动来实现的。因此数控机床的机械传动关系比较简单，可以不采用传动原理图来描述。

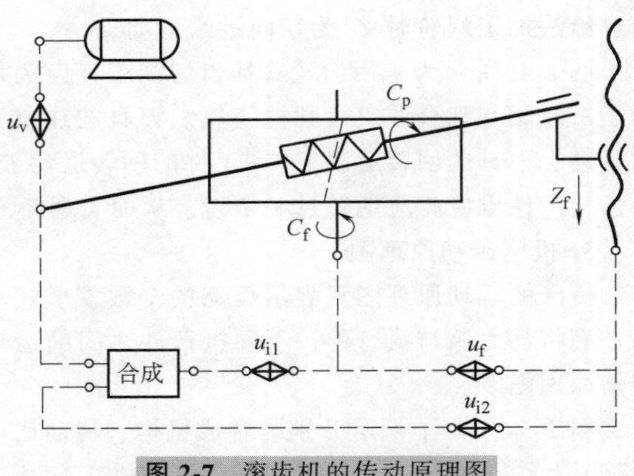

图 2-7　滚齿机的传动原理图

五、机床运动功能设置步骤

1. 工艺分析

首先对所设计的机床的工艺范围进行分析。对于通用机床，加工对象有多种类型的工件，可选择其中几种典型工件进行分析。然后选择适当的加工方法。同一种表面有多种加工方法可供选择，以外圆柱表面加工为例，可采用点切削刃车刀车外圆柱面、圆柱砂轮纵向磨削外圆柱面、宽刃车刀车外圆柱面、宽砂轮横向磨削外圆柱面四种方法加工。

工件加工工序的集中与分散主要根据作业对象的批量来决定，大批量生产时，工序应分散，一台机床只完成一道或几道工序，机床的加工功能设置较少，以提高生产率、缩短制造周期及降低成本等。单件小批量生产时，工序应集中，一台机床可完成多道工序，甚至工件的全部工序集中在一台机床上进行，使工件的加工过程集约化，减少工件的安装定位次数，使得工件的安装定位误差减小；同时减少分工序加工所用的工装夹具数量，进而使得准备工装的时间缩短及成本降低；减少因工序转换所需的等待、上下料及装夹等辅助时间，提高生产率；使物流系统缩短，大大减少加工系统的物流装备数目及占地面积。可完成多道不同工种工序的机床称为复合加工机床，如焊铣复合加工机床、镗铣珩磨复合加工机床、车磨复合加工机床、车铣复合加工机床、车磨复合加工机床等。

机床加工功能的增加，将使其结构复杂程度增加，制造难度、制造周期及制造成本增加。对于生产率，就机床本身而言，加工功能增加，可能会使生产率下降，但就机械制造系统（或工件的制造全过程）而言，机床加工功能的增加，将会减少作业对象的装卸次数，减少安装、搬运等辅助时间，会使总的生产率提高。

因此，应根据可达到的生产率和加工精度、机床制造成本、操作维护方便程度等因素综合分析，进行机床的工艺范围选择。

2. 机床运动功能设置

根据工艺范围分析和所确定的加工方法，进行运动功能设置。

（1）分析式设计方法　参考现有同类型机床的运动功能，经过研究分析，提出所设计机床的运动功能设置方案，然后通过仿真分析评定其方案的可行性和优劣。

（2）解析式设计方法　采用创成式原理，采用解析法求出满足加工工艺范围和加工方法所要求的机床运动功能设置的所有可能方案，然后通过仿真分析评定其方案的可行性和优劣。

3. 画出机床运动原理图

经过研究分析，提出所设计机床的运动功能设置方案，然后通过仿真分析评定方案的可行性和优劣。根据对所提出的运动功能方案的评定结果，选择和确定机床的运动功能配置，画出机床运动原理图。

第二节　金属切削机床设计方法

制造业的飞速发展对机床的技术要求越来越高，先进的自动化制造系统的发展，要求机床从适应单机工作模式向适应自动化制造系统工作模式方向发展。数控与机电结合技术、商品化的功能部件、CAD技术和虚拟样机仿真技术的发展，为机床设计提供了新的支撑条件。因此机床的设计方法和设计技术也在发生着深刻变革，设计内容中机械部分在减少，机电匹配部分在增加，零部件的设计在减少，总体方案及功能部件（如各种机械主轴部件、电主轴部件、直线运动组件、单轴回转工作台或主轴头、双轴回摆工作台或主轴头、直线电动机、盘式力矩电动机、数控刀架、刀库等）的选择内容在增加。

一、机床设计应满足的基本要求

机床设计应满足的基本要求同机械制造装备设计基本要求相同，主要包括工艺范围、加工精度、生产率和自动化、柔性、与物流系统的可接近性、可靠性、成本与生产周期、造型与色彩等方面。

1. 工艺范围

机床工艺范围是指机床适应不同生产要求的能力，也可称为机床的加工功能。机床工艺范围一般包括可加工的工件类型、加工方法、加工表面形状、材料、工件和加工尺寸范围、毛坯类型等。机床应满足一定的加工作业要求，加工作业要求包括加工作业功能（能干什么）和加工作业空间（尺寸范围）。

机床的工艺范围主要取决于其用于什么生产模式。如用于单机生产模式，工序集中，则要求机床具有较宽的加工范围，对加工效率和自动化程度的要求相对低一些。如用于多品种小批量自动化生产系统模式，则要求机床能适应多品种工件的加工，具有一定的工艺范围、较高的加工效率和自动化程度。如用于大批量生产模式，则工序分散，一台机床仅需对一种工件完成一道或几道工序的加工，工艺范围窄，但要求加工效率高，自动化程度高。

机床的工艺范围直接影响机床结构的复杂程度、设计制造成本、加工效率和自动化程度。对于生产率，就机床本身而言，工艺范围增加，可能会使生产率下降，但就工件的制造全过程而言，机床工艺范围的增加，将会减少工件的装卸次数，减少安装、搬运等辅助时间，有可能使总的生产率提高。

2. 加工精度

机床加工精度是指被加工零件在尺寸、形状和相互位置等方面所能达到的准确程度。

机床精度分为三级：普通精度级、精密级和高精密级。机床精度包括几何精度、传动精度、运动精度和定位精度等。

3. 生产率和自动化

机床的生产率通常是指在单位时间内机床所能加工的工件数量。要提高机床的生产率，必须缩短加工一个工件的平均总时间。缩短机床的切削加工时间、辅助时间，则生产率越高。对用户而言，使用高效率的机床，可以降低工件的加工成本。

机床的自动化程度越高，加工效率越高，加工精度的稳定性越好，还可以有效地降低工人的劳动强度，便于一个工人看管多台机床，大大地提高劳动生产率。

4. 柔性

机床的柔性是指其适应加工对象变化的能力。随着市场经济的发展，对机床及其组成的生产线的柔性要求越来越高。传统的刚性自动生产线尽管生产率高，但无法适应产品更新换代速度越来越快的要求。

机床的柔性包括空间上的柔性和时间上的柔性。所谓空间柔性也就是功能柔性，包括机床的通用性和在同一时期内进行快速功能重构的能力，即机床能够适应多品种小批量的加工，机床的运动功能和刀具数目多，工艺范围广，一台机床具备多台机床的功能，因此在空间上布置一台高柔性机床，其作用等于布置了几台机床（即机床的通用性高）。所谓时间上的柔性也就是结构柔性，指的是在不同时期（如企业的产品更新了），机床各部件重新组合，构成新的机床，即通过机床重构，改变其功能，以适应产品更新变化快的要求。

但是机床的柔性高了，其生产率往往会降低，因此设计时应该对产品的结构柔性及可重组能力提出合理的要求。

5. 与物流系统的可接近性

与物流系统的可接近性是指机床与物流系统之间进行物料（工件、刀具、切屑等）流动的方便程度。对于普通机床，人工进行物料流动，要求机床的使用、操作、清理和维护方便和安全。对于自动化制造系统，采用工件传送带、自动换刀系统和自动排屑系统等装置自动进行物料流动，要求机床的结构便于物料的流动，可靠性好。

6. 可靠性

可靠性是指应保证机床在规定的使用条件下，在规定的时间内，完成规定的加工功能时，无故障运行的概率，它是一项重要的技术经济指标。

7. 成本与生产周期

成本概念贯穿在产品的整个生命周期内，包括设计、制造、包装、运输、使用维护、再利用和报废处理等的费用，是衡量产品市场竞争力的重要指标，应在尽可能保证机床性能要求的前提下，提高其性能价格比。

为了快速响应市场需求变化，生产周期（包括产品开发周期和制造周期）是衡量产品市场竞争力的重要指标，应尽可能缩短机床的生产周期。这就要求应尽可能采用现代设计方法，缩短新产品的开发周期；尽可能采用现代制造和管理技术，缩短制造周期。

8. 造型与色彩

近年来，在机床设计中特别注重机床的外观造型与色彩，应根据机床功能、结构、工艺及操作控制等特点，按照人机工程学的要求进行设计。要求简洁明快、美观大方、宜人性好。

二、机床设计的内容及步骤

机床设计的内容包括机床总体设计、详细设计、机床整机综合评价及定型设计。不同类型的机床设计步骤也不相同。

（一）总体设计

1. 拟订总体设计方案

首先，分析研究设计要求，检索资料，拟订几个设计方案，然后对每个设计方案进行分析比较。每个设计方案包括的内容有：工艺分析，如工件的材料类型、重量、尺寸范围、批量及所要求的生产率等；性能指标，包括工件所要求的精度或机床的精度、刚度、热变形、噪声等；主要技术参数，确定机床的加工空间和主参数；机床的驱动方式、主要部件的结构草图及经济技术分析等，尽量使机床具有较高的生产率，使用户有较高的经济效益。

2. 机床的结构布局设计

机床的结构布局形式有立式、卧式、斜置式等。其中，基础支承件的形式又有底座式、立柱式，龙门式等；基础支承件的结构有一体式和分离式等。不同形式的机床均有各自的特点和适用范围，因此同一种运动分配形式的机床又可以有多种结构布局形式，这样，就需要对多种结构布局形式再次进行评价，去除不合理方案。该阶段评价的依据主要是定性分析机床的刚度、占地面积、与物流系统的可接近性等因素。该阶段设计结果是得到机床总体结构布局形态图，如图 2-8 所示。

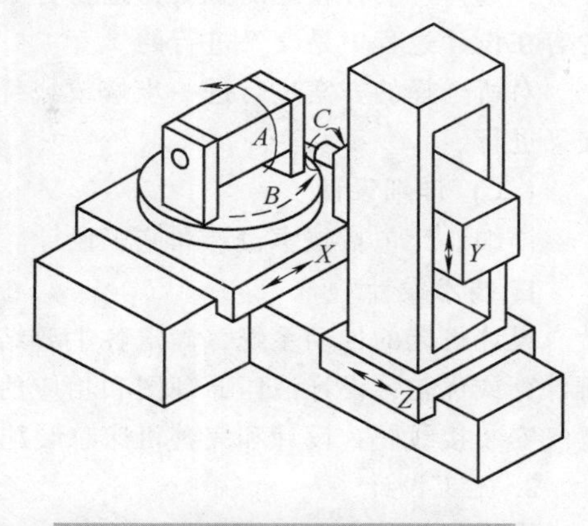

图 2-8 机床总体结构布局形态图

3. 机床总体联系尺寸的设计

机床总布局是通过机床的联系尺寸图体现的。机床的联系尺寸应包括：

1）机床的外形尺寸，如长、宽、高；各部件的轮廓尺寸。

2）各部件间的连接、配合和相关位置的尺寸，如底座、立柱和横梁的连接尺寸。

3）移动部件的行程和调整位置的尺寸。

4）机床操作台和装料的高度。

初步确定的联系尺寸是各部件设计的依据，通过部件设计可以对联系尺寸提出修改，最后确定机床的总体尺寸。

4. 总体方案综合评价、修改或优化

上述设计完成后，得到的设计结果是机床总体结构方案图，如图 2-9 所示。然后需要对所得到的各个总体结构方案进行综合评价比较。评价的主要因素有性能、制造成本、制造周期、生产率、与物流系统的可接近性、外观造型、机床总体结构方案的设计修改与确定。根据综合

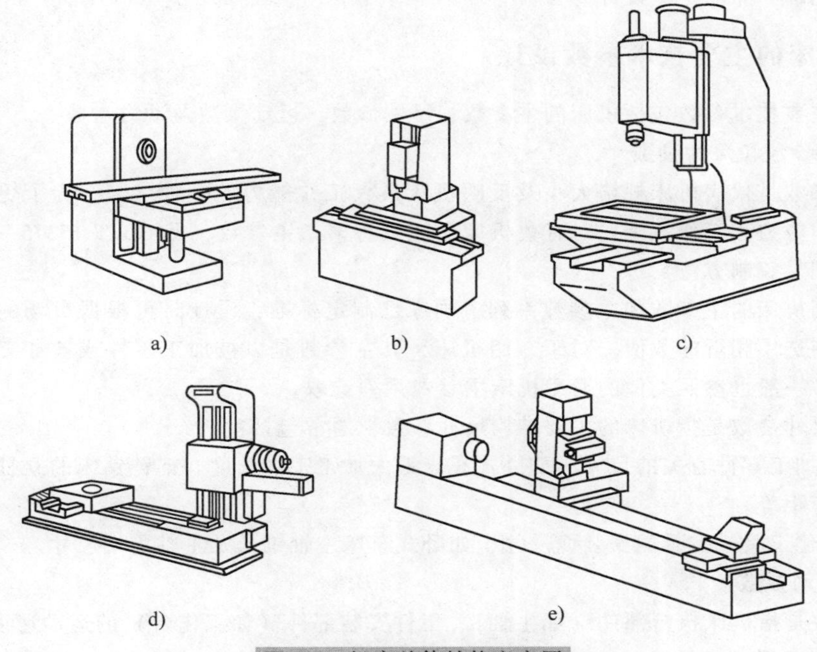

图 2-9 机床总体结构方案图

a）升降台铣床 b）、c）立式铣床 d）卧式镗铣床 e）车削中心

评价，选择一两种较好的方案，进行方案的设计修改，完善或优化，最后确定方案。上述设计内容在设计过程中是交叉进行的。

对所选择的方案进行进一步修改或优化，确定最终方案。上述设计步骤，在设计过程中要交叉进行。

（二）详细设计

详细设计包括技术设计和施工设计。

1. 技术设计

设计机床的传动系统，确定各主要结构的原理方案；设计部件装配图，对主要零件进行分析计算或优化；设计液压原理图和相应的液压部件装配图；设计电气控制系统原理图和相应的电气安装接线图；设计和完善机床总装配图和总联系尺寸图。

2. 施工设计

设计机床的全部自制零件图，编制标准件、通用件和自制件明细表，编写设计说明书、使用说明书，制订机床的检验方法和标准等技术文档。

（三）机床整机综合评价

对所设计的机床进行整机性能分析和综合评价。可对所设计的机床进行计算机建模，得到所谓的数字化样机，又称虚拟样机（Virtual Prototype），再采用虚拟样机技术对所设计的机床进行运动学仿真和性能仿真，在实际样机没有试造出来之前对其进行综合评价，这样可以大大减少新产品研制的风险，缩短研制周期，提高研制质量。

上述步骤可反复进行，直至得到令人满意的设计结果为止。在设计过程中，设计与评价反复进行，可以提高一次设计成功率。

（四）定型设计

在综合评价完成后，可进行实物样机的制造、试验及评价。根据实物样机的评价结果修改设计，最终完成产品的定型设计。

三、机床的主要技术参数设计

机床的主要技术参数包括机床的主参数、尺寸参数、运动参数及动力参数。

（一）主参数和尺寸参数

机床主参数是代表机床规格大小及反映机床最大工作能力的一种参数。为了更完整地表示出机床的工作能力和工作范围，对有些机床还规定有第二主参数，见 GB/T 15375—2008《金属切削机床　型号编制方法》。

对于通用机床的主参数和主参数系列，国家已制定标准，设计时可根据市场的需求在主参数系列标准中选用相近的数值。对于专用机床，其主参数是以被加工零件或被加工面的尺寸参数来表示的，一般也参照类似的通用机床主参数系列选取。

机床的尺寸参数是指机床的主要结构尺寸参数，通常包括：

1）与被加工零件有关的尺寸，如卧式车床最大加工工件长度、摇臂钻床的立柱外径与主轴之间的最大跨距等。

2）标准化工具或夹具的安装面尺寸，如卧式车床主轴锥孔及主轴前端尺寸。

（二）运动参数

运动参数是指机床执行部件（如主轴）、工件安装部件（如工作台）的运动速度。

1. 主运动参数

主运动为回转运动的机床，如车床、铣床等，其主运动参数为主轴转速。主轴的转速通常

是固定的，可由下式计算

$$n=\frac{1000v}{\pi d}$$

式中　n——主轴转速（r/min）；

　　v——切削速度（m/min）；

　　d——工件或刀具直径（mm）。

对于通用机床，由于完成工序较广，又要适应一定范围的不同尺寸和不同材质零件的加工需要，要求主轴具有不同的转速（即应实现变速），故需确定主轴的变速范围。主运动可采用无级变速，也可采用有级变速。若用有级变速，还应确定变速级数。

主运动为直线运动的机床，如插床、刨床，其主运动参数可以是插刀或刨刀每分钟往复次数（次/分），或称为双行程数；也可以是装夹工件的工作台的移动速度。

（1）最低转速 n_{min} 和最高转速 n_{max} 的确定　对所设计的机床上可能进行的工序进行分析，从中选择要求最高、最低转速的典型工序。按照典型工序的切削速度和刀具（或工件）直径，由式（2-1）可计算出 n_{max}、n_{min} 及变速范围 R_n。

$$n_{max}=\frac{1000v_{max}}{\pi d_{min}},\ n_{min}=\frac{1000v_{min}}{\pi d_{max}},\ R_n=\frac{n_{max}}{n_{min}} \tag{2-1}$$

式中的 v_{max}、v_{min} 可根据切削用量手册、现有机床使用情况调查或者切削试验确定，通用机床的 d_{max} 和 d_{min} 并不是指机床上可能加工的最大直径和最小直径，而是指实际使用情况下，采用 v_{max}（或 v_{min}）时常用的经济加工直径。对于通用机床，一般取

$$d_{max}=K_1D,\quad d_{min}=K_2d_{max}$$

式中　D——机床能加工工件的最大直径（mm）；

　　K_1——系数；

　　K_2——计算直径范围。

根据对现有同类型机床使用情况的调查确定，如卧式车床 $K_1=0.5$，摇臂钻床 $K_1=1.0$，通常 $K_2=0.2\sim0.25$。

确定机床主轴的最高转速主要考虑以下两个因素。

1）机床主传动的类型。主运动的传动系统包括变速部分和传动部分，按照传动方式，主运动传动系统可分为机械传动、机电结合传动和零传动三种形式。

机械传动形式主传动的变速部分和传动部分均采用机械方式，主电动机速度一定（或结合双速或三速电动机变速，但仍以机械变速为主），传统的普通机床主运动的传动系统采用这种形式。随着主电动机变速和控制技术的发展，这种传动系统在新产品设计中已经用得比较少了，但目前在企业中的应用还不少。普通机械传动的机床，由于噪声和磨损等原因，一般主轴最高转速可达 2000r/min 左右。

机电结合传动形式主传动的变速部分采用主电动机变速（或结合少量机械变速，但仍以主电动机变速为主），传动部分采用机械方式。主电动机采用交流伺服主电动机或交流变频主电动机。通过定比传动的带传动将主电动机运动传给主轴。这种传动系统在数控机床中用得比较多，已有机械主轴功能部件商品出售，主轴最高转速可达到 5000~9000r/min 或更高。

零传动形式主传动的变速部分采用主电动机变速，没有传动部分。主运动零传动采用的是电主轴，即主电动机与主轴集成为一体，已有电主轴功能部件商品出售。这种传动系统在高速、精密数控机床中用得比较多，主轴最高转速可达到 10000r/min 以上。

2）采用的刀具类型、材质和切削角度等。刀具的最大切削速度与其类型、材质和切削角度

有直接的关系，如镶片车刀镀层后，精加工钢材时最大切削速度可从60~200m/min提高到200~520m/min。

随着主电动机技术、轴承技术及刀具技术的发展，数控机床的主轴转速越来越高，表2-1和表2-2分别给出了德国瓦尔特公司推荐的高速切削时的主轴最高转速。

表2-1　扩孔刀、精镗刀的主轴最高转速推荐值

直径范围/mm	20~26	26~33	33~41	41~55	55~70	70~90	90~110	110~150	150~220	220~290	290~360	360~430	430~500	500~570
扩孔刀最高转速/(r/min)	16000	12000	10000	7800	5800	4600	3700	2900	2100	1450	1100	900	750	650
精镗刀最高转速/(r/min)	12000	10000	8100	6450	4850	3835	3090	2390	1440	1090	880	740	630	550

表2-2　铣刀的主轴最高转速推荐值

直径/mm	25	32	40	50	63	80	100	125	160
最高转速/(r/min)	40000	39900	35700	31900	28500	25200	22600	20200	17000

现以机械传动的ϕ400mm卧式车床为例，确定主轴的最高转速。根据分析，用硬质合金车刀对小直径钢材半精车外圆时，主轴转速为最高，参考切削用量资料，可取$v_{max}=200$m/min，对于通用车床$K_1=0.5$，$K_2=0.25$，则

$$d_{max}=K_1D=0.5\times400\text{mm}=200\text{mm}$$

$$d_{min}=K_2d_{max}=0.25\times200\text{mm}=50\text{mm}$$

$$n_{max}=\frac{1000v_{max}}{\pi d_{min}}=\frac{1000\times200}{\pi\times50}\text{r/min}=1273\text{r/min}$$

通常用高速钢刀具精车合金钢材料的梯形螺纹时主轴转速较低，取$v_{min}=1.5$m/min，在ϕ400mm卧式车床上加工丝杠最大直径为$\phi40\sim\phi50$mm，则

$$n_{max}=\frac{1000\times1.5}{\pi\times50}\text{r/min}=9.55\text{r/min}$$

对于数控车床，主电动机采用交流伺服电动机，主轴最高转速可取5000r/min左右。

实际使用中用到n_{max}或n_{min}的典型工艺不一定只有一种可能，可以多选择几种工艺作为确定最低转速及最高转速的参考，同时考虑今后技术发展的储备，适当提高最高转速和降低最低转速。

(2) 主轴转速的合理排列　确定了n_{max}和n_{min}之后，如主传动采用机械有级变速方式，应进行转速分级，即确定变速范围内的各级转速；如采用无级变速方式，有时也需用分级变速机构来扩大其无级变速范围。目前，多数机床主轴转速是按等比级数排列的，其公比用φ表示，转速级数用Z表示，则转速数列为

$$n_1=n_{min},\ n_2=n_{min}\varphi,\ n_3=n_{min}\varphi^2,\ \cdots,\ n_Z=n_{min}\varphi^{Z-1}$$

主轴转速数列采用按等比级数排列的主要原因如下：如某一工序要求的合理转速为n，但在Z级转速中没有这个转速，n处于n_j和n_{j+1}之间，即$n_j<n<n_{j+1}$。若采用比n转速高的n_{j+1}，由于

过高的切削速度会使刀具寿命下降。为了不降低刀具寿命，一般选用比 n 转速低的 n_j，这将造成 $n-n_j$ 的转速损失，相对转速损失率为

$$A=\frac{n-n_j}{n}$$

在极端情况下，当 n 趋近于 n_{j+1} 时，如仍选用 n_j 为使用转速，产生的最大相对转速损失率为

$$A_{\max}=\frac{n_{j+1}-n_j}{n_{j+1}}=1-\frac{n_j}{n_{j+1}}$$

在其他条件（直径、进给、切削深度）不变的情况下，转速的损失就反映了生产率的损失。对于各级转速选用机会基本相等的普通机床，为使总生产率损失最小，应使选择各级转速产生的 $A_{\max}$ 相同，即

$$A_{\max}=1-\frac{n_j}{n_{j+1}}=\text{常数}$$

或

$$\frac{n_j}{n_{j+1}}=\text{常数}=\frac{1}{\varphi}$$

可见任意两级转速之间的关系应为

$$n_{j+1}=n_j\varphi$$

此外，应用按等比级数排列的主轴转速，可借助于串联若干个滑移齿轮来实现，使变速传动系统简单并且设计计算方便。

有的机床转速范围内，中间转速选用的机会多，最高转速和最低转速选用的机会较少，可采用两端公比大、中间公比小的混合公比转速数列。

（3）标准公比值 φ 和标准转速数列　标准公比的确定依据如下：因为转速由 $n_{\min}\sim n_{\max}$ 必须递增，所以公比应大于1；为了限制转速损失率的最大值 $A_{\max}$ 不大于50%，则相应的公比 φ 不得大于2，故 $1<\varphi<2$；为了使用记忆方便，转速数列中转速呈十倍比关系，故 φ 应在 $\varphi=\sqrt[E_1]{10}$（E_1 是正整数）中取数；如采用多速电动机驱动，通常电动机转速为3000/1500r/min或3000/1500/750r/min，故 φ 也应在 $\varphi=\sqrt[E_2]{2}$（E_2 为正整数）中取数。

根据上述原则，可得标准公比，见表2-3。其中1.06、1.12、1.26同时是10和2的正整数次开方，其余的只有一个是10或2的正整数次开方。

表2-3　标准公比 φ

φ	1.06	1.12	1.26	1.41	1.58	1.78	2
$\sqrt[E_1]{10}$	$\sqrt[40]{10}$	$\sqrt[20]{10}$	$\sqrt[10]{10}$	$\sqrt[20/3]{10}$	$\sqrt[5]{10}$	$\sqrt[4]{10}$	$\sqrt[20/6]{10}$
$\sqrt[E_2]{2}$	$\sqrt[12]{2}$	$\sqrt[6]{2}$	$\sqrt[3]{2}$	$\sqrt{2}$	$\sqrt[3/2]{2}$	$\sqrt[6/5]{2}$	2
$A_{\max}$	5.7%	11%	21%	29%	37%	44%	50%
与1.06关系	1.06^1	1.06^2	1.06^4	1.06^6	1.06^8	1.06^{10}	1.06^{12}

注意，表2-3不仅可用于转速、双行程数和进给量数列，而且也可用于机床尺寸和功率参数等数列。对于无级变速系统，机床使用时也可参考上述标准数列，以获得合理的刀具寿命和生产率。

当采用标准公比后，转速数列可从表2-4中直接查出。表2-4中给出了以1.06为公比的从1~15000的数列。例如，设计一台卧式车床 $n_{\min}=10\text{r/min}$，$n_{\max}=1600\text{r/min}$，$\varphi=1.26$。查表2-4

的方法是：因为 $1.26=1.06^4$，首先找到10，然后每跳过3个数（$1.26\approx1.06^4$）取一个数，即可得到公比为1.26的数列：10，12.5，16，20，25，31.5，40，50，63，80，100，125，160，200，250，315，400，500，630，800，1000，1250，1600。

表 2-4　标准数列

1	2	4	8	16	31.5	63	125	250	500	1000	2000	4000	8000
1.06	2.12	4.25	8.5	17	33.5	67	132	265	530	1060	2120	4250	8500
1.12	2.24	4.5	9.0	18	35.5	71	140	280	560	1120	2240	4500	9000
1.18	2.36	4.75	9.5	19	37.5	75	150	300	600	1180	2360	4750	9500
1.25	2.5	5.0	10	20	40	80	160	315	630	1250	2500	5000	10000
1.32	2.65	5.3	10.6	21.2	42.5	85	170	335	670	1320	2650	5300	10600
1.4	2.8	5.6	11.2	22.4	45	90	180	355	710	1400	2800	5600	11200
1.5	3.0	6.0	11.8	23.6	47.5	95	190	375	750	1500	3000	6000	11800
1.6	3.15	6.3	12.5	25	50	100	200	400	800	1600	3150	6300	12500
1.7	3.35	6.7	13.2	26.5	53	106	212	425	850	1700	3350	6700	13200
1.8	3.55	7.1	14	28	56	112	224	450	900	1800	3550	7100	14100
1.9	3.75	7.5	15	30	60	118	236	475	950	1900	3750	7500	15000

（4）公比 φ 的选用　由表2-4可见，φ 值小则相对转速损失小，但当变速范围一定时变速级数将增多，变速箱的结构越复杂。对于通用机床，辅助时间和准备结束时间较长，机动时间在加工周期中占的比重不是很大，转速损失不会引起加工周期过多地延长，为了使机床变速箱结构不过于复杂，一般取 $\varphi=1.41$ 或以上等较大的公比；对于大批量生产用的专用机床、专门化机床及自动机床，情况却相反，通常取 $\varphi=1.12$ 或1.26等较小的公比，这是由于此类机床不经常变速，可用交换齿轮变速，机床的结构不会因采用小公比而复杂化。对于非自动化小型机床，加工周期内切削时间远小于辅助时间，转速损失大些影响不大，常采用 $\varphi=1.58$、1.78甚至2等更大的公比，以简化机床的结构。

（5）变速范围 R_n、公比 φ 和级数 Z 之间的关系　由等比级数规律可知

$$R_n=\frac{n_{max}}{n_{min}}=\varphi^{Z-1}$$

则

$$\varphi=\sqrt[(Z-1)]{R_n}$$

两边取对数，可写成

$$\lg R_n=(Z-1)\lg\varphi$$

故

$$Z=\frac{\lg R_n}{\lg\varphi}+1 \tag{2-2}$$

式（2-2）给出了 R_n、φ、Z 三者的关系，已知其中的任意两个可求出第三个。由公式求出的 φ 和 Z 值都应圆整为标准数和整数。

2. 进给量的确定

数控机床中的进给运动广泛使用无级变速方式，普通机床则既有机械无级变速方式，又有机械有级变速方式。采用有级变速方式时，进给量一般为等比级数，其确定方法与主轴转速的确定方法相同。首先根据工艺要求确定最大进给量 f_{max}、最小进给量 f_{min}，然后选择标准公比 φ_f 或进给量级数 Z_f，再由式（2-2）求出其他参数。但是，各种螺纹加工机床如螺纹车床、螺纹铣床等，因为被加工螺纹的导程是分段等差级数，故其进给量也只能按等差级数排列。利用棘轮机构实现进给的机床，如刨床、插床等，每次进给是拨动棘轮上整数个齿，其进给量也是按等

差级数排列的。

3. 变速形式与驱动方式选择

机床的主运动和进给运动的变速方式有无级变速和有级变速两种形式。选择变速形式时，主要考虑机床自动化程度和成本两个因素。数控机床一般采用伺服电动机无级变速形式，其他机床多采用机械有级变速形式或无级变速与有级变速的组合形式。机床运动的驱动方式常用的有电动机驱动和液压驱动，选择驱动方式时，主要根据机床的变速形式和运动特性要求来确定。

前面已经介绍了主运动传动系统的机械传动、机电结合传动和零传动三种形式。进给运动系统也有机械传动、机电结合传动和零传动三种形式。三种形式的变速方式、传动方式及结构有很大的差别。

（1）机械传动形式　变速部分和传动部分均采用机械方式，或单独用电动机驱动，或与主电动机合用一个电动机。传统的普通机床进给运动的传动系统采用这种形式，随着电动机变速和控制技术的发展，这种传动系统在新产品设计中已经很少用了。

（2）机电结合传动形式　变速部分采用进给电动机变速（或结合少量机械变速，但仍以电动机变速为主），传动部分采用机械方式。进给电动机采用交流伺服电动机或直流伺服电动机或步进电动机。通过定比传动的同步带传动或齿轮传动将进给运动传给执行件。这种传动系统在数控机床中用得比较多，并已有直线运动功能部件（直线运动组件）、回转运动功能部件（单轴回转工作台或主轴头、双轴回摆工作台或主轴头）商品出售。

（3）零传动形式　变速部分采用直线电动机、直接驱动电动机（简称直驱电动机或盘式电动机、力矩电动机）变速，没有传动部分。直线电动机是将进给电动机与滑台集成为一体，用于直线进给运动系统；直驱电动机是将进给电动机与转台集成为一体，用于回转进给运动系统。这种零传动进给传动系统在高速、精密数控机床中用得比较多。

（三）动力参数

动力参数包括驱动机床的各种电动机的功率或转矩。因为机床各传动件的结构参数（轴或丝杠直径、齿轮或蜗轮的模数、传动带的类型及根数等）都是根据动力参数设计计算的，因此如果动力参数取得过大，电动机经常处于低负荷情况，功率因数小，造成电力浪费，同时使传动件及相关零件尺寸设计得过大，浪费材料，且机床笨重，如果取得过小，机床达不到设计提出的使用性能要求。通常动力参数可通过调查类比法（或经验公式）、试验法或计算方法来确定。下面介绍确定动力参数的计算方法。

1. 主电动机功率的确定

机床主运动电动机的功率 $P_{主}$ 可由下式计算

$$P_{主}=P_{切}+P_{空}+P_{辅} \tag{2-3}$$

式中　$P_{切}$——消耗于切削的功率，又称有效功率（kW）；

$P_{空}$——空载功率（kW）；

$P_{辅}$——随载荷增加的机械摩擦损耗功率（kW）。

（1）$P_{切}$ 的计算　计算公式如下

$$P_{切}=\frac{F_z v}{60000} \tag{2-4}$$

式中　F_z——切削力（N），一般选择机床加工工艺范围内重负荷时的切削力；

v——切削速度（m/min），即与所选择的切削力对应的切削速度，可根据刀具材料、工件材料和所选用的切削用量等条件，由切削用量手册查得。

专用机床工况单一，而通用机床工况复杂，切削用量等变化范围大，计算时可根据机床工艺范围内的重切削工况或参考机床验收时负荷试验规定的切削用量来确定计算工况。

（2）$P_{空}$的计算　机床空转时，由于传动件摩擦、搅油、空气阻力等原因，电动机要消耗一部分功率，其值随传动件转速增大而增加，与传动件预紧程度及装配质量有关。中型机床主传动系统空载功率损失可由下列试验公式估算

$$P_{空}=\frac{Kd_{平均}}{955000}(\sum n_i+Cn_{主}) \tag{2-5}$$

其中

$$C=C_1\frac{d_{主}}{d_{平均}}$$

式中　$d_{平均}$——主运动系统中除主轴外所有传动轴轴颈的平均直径（cm），通常可按预计的主电动机功率计算

$$1.5\text{kW}<P_{主}\leqslant 2.8\text{kW},\ d_{平均}=3.0\text{cm}$$
$$2.5\text{kW}<P_{主}\leqslant 7.5\text{kW},\ d_{平均}=3.5\text{cm}$$
$$7.5\text{kW}<P_{主}\leqslant 14\text{kW},\ d_{平均}=4.0\text{cm}$$

$n_{主}$——主轴转速（r/min）；

$\sum n_i$——当主轴转速为$n_{主}$时，传动系统内除主轴外各传动轴的转速之和（r/min）；

K——润滑油黏度影响系数，$K=30\sim50$，黏度大时取大值；

$d_{主}$——主轴前、后轴颈的平均值（cm）；

C_1——主轴轴承系数，两支承主轴$C_1=2.5$；三支承主轴$C_1=3$。

（3）$P_{辅}$的计算　机床切削时，随着切削力的增大，主传动系统内各传动副的摩擦损耗功率也将增加，设$\eta_{机}=\eta_1\eta_2L$，其中η_1、η_2、L为主传动系统中各传动副的机械效率，详见《机械设计手册》。$P_{辅}$可由下式计算

$$P_{辅}=\frac{P_{切}}{\eta_{机}}-P_{切}$$

代入式（2-3），主运动电动机的功率为

$$P_{主}=\frac{P_{切}}{\eta_{机}}+P_{空} \tag{2-6}$$

当机床结构尚未确定时，应用式（2-6）计算有一定困难，可用下式粗略估算主电动机功率

$$P_{主}=\frac{P_{切}}{\eta_{床}} \tag{2-7}$$

式中　$\eta_{床}$——机床总机械效率，主运动为回转运动时$\eta_{床}=0.7\sim0.85$，主运动为直线运动时$\eta_{床}=0.6\sim0.7$。

故按式（2-6）、式（2-7）计算的$P_{主}$是指电动机在允许的范围内超载时的功率。对于某些间断工作的机床，允许电动机在短时间内有较大的超载，电动机的额定功率可按下式进行修正

$$P_{额定}=\frac{P_{主}}{K} \tag{2-8}$$

式中　$P_{额定}$——选用电动机的额定功率（kW）；

$P_{主}$——计算出的电动机功率（kW）；

K——电动机的超载系数，对连续工作的机床$K=1$，对间断工作的机床$K=1.1\sim1.25$，间断时间长，取较大值。

2. 进给驱动电动机功率或转矩的确定

机床进给运动驱动源可分成如下几种情况：

1）进给运动与主运动合用一个电动机，如卧式车床、钻床等。进给运动消耗的功率远小于主运动。统计结果表明，卧式车床的进给运动功率 $P_{进}=(0.03\sim0.04)P_{主}$，钻床的 $P_{进}=(0.04\sim0.05)P_{主}$，铣床的 $P_{进}=(0.15\sim0.20)P_{主}$。

2）进给运动中工作进给与快速进给合用一个电动机。由于快速进给所需功率远大于工作进给所需功率，且二者不同时工作，所以不必单独考虑工作进给所需功率。

3）进给运动单独采用电动机驱动。此时需要确定进给运动所需功率（或转矩）。对普通交流电动机，进给电动机功率 $P_{进}$（kW）可由下式计算

$$P_{进}=\frac{F_Q v_{进}}{60000\eta_{进}} \tag{2-9}$$

式中 F_Q——进给牵引力（N）；

$v_{进}$——进给速度（m/min）；

$\eta_{进}$——进给传动系的机械效率。

进给牵引力等于进给方向上切削分力和摩擦力之和，其估算公式的例子见表2-5。

表 2-5 进给牵引力计算

导轨形式	进给形式	
	水平进给	垂直进给
三角形或三角形与矩形组合导轨	$KF_Z+f'(F_X+F_G)$	$K(F_Z+F_G)+f'F_X$
矩形导轨	$KF_Z+f'(F_X+F_Y+F_G)$	$K(F_Z+F_G)+f'(F_X+F_Y)$
燕尾形导轨	$KF_Z+f'(F_X+2F_Y+F_G)$	$K(F_Z+F_G)+f'(F_X+2F_Y)$
钻床主轴		$F_f+f\frac{2T}{d}$

表中 F_G——移动件的重力（N）；

F_Z、F_X、F_Y——局部坐标系内，切削力在进给方向、垂直于导轨面方向、导轨的侧方向的分力（N）；

F_f——钻削进给力（N）；

f'——当量摩擦系数，在正常润滑条件下，铸铁对铸铁的三角形导轨的 $f'=0.17\sim0.18$，矩形导轨的 $f'=0.12\sim0.13$，燕尾形导轨的 $f'=0.2$，铸铁对塑料导轨的 $f'=0.03\sim0.05$，滚动导轨的 $f'=0.01$ 左右；

f——钻床主轴套筒的摩擦系数；

K——考虑颠覆力矩影响的系数，三角形和矩形导轨的 $K=0.1\sim1.15$，燕尾形导轨的 $K=1.4$；

d——主轴直径（mm）；

T——主轴传递的转矩（N·mm）。

对于数控机床的进给运动，数控机床一般采用滚动导轨或树脂导轨，伺服电动机按转矩选择，公式如下

$$T_{进电}=\frac{9550P_{进}}{n_{进电}} \tag{2-10}$$

式中 $T_{进电}$——进给电动机的额定转矩（N·m）；

$n_{进电}$——进给电动机的额定转速（r/min），其他参数同前。

3. 快速运动电动机功率的确定

快速运动电动机起动时消耗的功率最大，要同时克服移动件的惯性力和摩擦力，可按下式计算

$$P_{快}=P_{惯}+P_{摩} \tag{2-11}$$

式中　$P_{快}$——快速运动电动机的功率（kW）；

$P_{惯}$——克服惯性力所需的功率（kW）；

$P_{摩}$——克服摩擦力所需的功率（kW）。

其中有

$$P_{惯}=\frac{M_{惯}\ n}{9550\eta} \tag{2-12}$$

式中　$M_{惯}$——克服惯性力所需电动机轴上的转矩（N·m）；

n——电动机的转速（r/min）；

η——传动件的机械效率。

其中有

$$M_{惯}=J\frac{\omega}{t} \tag{2-13}$$

式中　J——转化到电动机轴上的当量转动惯量（$kg\cdot m^2$）；

ω——电动机的角速度（rad/s）；

t——电动机的起动时间（s），对于中型机床 $t=0.5s$，对于大型机床 $t=1.0s$。

各运动部件折算到电动机轴上的转动惯量为

$$J=\sum_k J_k\left(\frac{\omega_k}{\omega}\right)^2+\sum_i m_i\left(\frac{v_i}{\omega}\right)^2$$

$$J_k=\frac{1}{2}m_kR_k^2=\frac{\pi\rho_k l_k D_k^4}{32}$$

式中　ω_k——第 k 个旋转件的角转速（rad/s）；

m_i——第 i 个直线移动件的质量（kg）；

v_i——第 i 个直线移动件的速度（m/s）；

J_k——第 k 个旋转件的转动惯量（$kg\cdot m^2$）；

m_k——第 k 个旋转件的质量（kg）；

R_k、D_k——第 k 个旋转件的半径（m）和直径（m）；

ρ_k——第 k 个旋转件的材料密度（kg/m^3）；

l_k——第 k 个旋转件的长度（m）。

绕其轴线旋转的圆柱体的转动惯量 J_k 可以用上式计算，其他情况的旋转体的转动惯量可由CAD软件根据图形获得；克服摩擦力所需的功率计算可参考进给运动。

应该指出的是：交流异步电动机的起动转矩约为满载时额定转矩的1.6~1.8倍；工作时又允许短时间超载，最大转矩可达额定转矩的1.8~2.2倍。快速运动仅在起动过程中需要同时克服惯性力和摩擦力，需要的 $P_{惯}$ 较大，当运动部件达到正常速度时即消失，只需克服摩擦力，需要的 $P_{惯}$ 大幅度减少。考虑到快速运动起动时间又很短，因此可以用由式（2-11）计算的 $P_{快}$ 和电动机转速 $n_{电}$ 求出转矩，作为电动机的起动转矩，由此来选择电动机，这样选出来的电动机的额定功率可小于式（2-11）计算结果。

一般普通机床的快速运动电动机功率和快速运动速度可参考表2-6选择。数控机床的快速运动速度为10~40m/min。

表 2-6　机床部件空程速度和功率

机床类型	主　参　数/mm	移动部件	速　度/(m/min)	功　率/kW
卧式车床	床身上最大回转直径	溜板箱		
	400		3~5	0.25~0.5
	630~800		4	1.1
	1000		3~4	1.5
	2000		3	4
立式车床	最大车削直径	横梁		
	单柱 1250~1600		0.44	2.2
	双柱 2000~3150		0.35	7.5
	5000~10000		0.3~0.37	17
摇臂钻床	最大钻孔直径	摇臂		
	25~35		1.28	0.8
	40~50		0.9~1.4	1.1~2.2
	75~100		0.6	3
	125		1.0	7.5
卧式镗床	主轴直径	主轴箱和工作台		
	63~75		2.8~3.2	1.5~2.2
	85~110		2.5	2.2~2.8
	126		2.0	4
	200		0.8	7.5
升降台式铣床	工作台工作面宽度	工作台和升降台		
	200		2.4~2.8	0.6
	250		2.5~2.9	0.6~1.7
	320		2.3	1.5~2.2
	400		2.3~2.8	2.2~3
龙门铣床	工作台工作面宽度	横梁	0.65	5.5
	800~1000	工作台	2.0~3.2	4
龙门刨床	最大刨削宽度	横梁		
	1000~1250		0.57	3.0
	1250~1600		0.57~0.9	3~5.5
	2000~2500		0.42~0.6	7.5~10

第三节　金属切削机床设计基本理论

金属切削机床设计的基本理论包括刚度、精度、抗振性、热变形、噪声及低速运动平稳性。

一、刚度

刚度是指加工过程中，在切削力的作用下，机床抵抗刀具相对于工件在影响加工精度方向变形的能力。刚度包括静刚度、动刚度、热刚度。机床的刚度直接影响机床的加工精度和生产率，因此机床应有足够的刚度。机床是工作母机，其刚度要求比一般机械装备要高得多。

机床刚度通常表示为

$$K=\frac{F}{y}$$

式中　K——机床刚度（N/μm）；

F——作用在机床上的载荷（N）；

y——在载荷方向的变形（μm）。

作用在机床上的载荷有重力、夹紧力、切削力、传动力、摩擦力、冲击振动干扰力等，按照载荷的性质不同，可分为静载荷和动载荷。其中，不随时间变化或变化极为缓慢的载荷称为静载荷，如重力、切削力的静力部分等。凡随时间变化的载荷，如冲击振动力及切削力的交变部分等，称为动载荷。因此，机床刚度相应地有静刚度和动刚度，后者是抗振性的一部分。习惯所说的刚度一般指静刚度。

机床是由众多的构件（零部件）组成，构件的变形包括三部分：自身变形、局部变形和接触变形。因此，构件的刚度分为自身刚度、局部刚度和接触刚度。构件所受的载荷有拉伸、压缩、弯曲和扭转四种。构件自身刚度主要是弯曲和扭转刚度，主要取决于构件的构造、形状、尺寸、肋和隔板的布置。局部刚度主要取决于受载部位的构造和尺寸。接触刚度是压强与变形之比，不是一个固定值，它不仅取决于接触面的加工情况，也取决于构件的构造。构件的刚度常采用有限元法计算。

机床结合部的物理参数对机床的整机刚度影响非常大，整机刚度的50%取决于结合部刚度，整机阻尼的50%~80%来自结合部阻尼。在载荷作用下各构件及结合部都会产生变形，这些变形直接或间接地引起刀具和工件之间的相对位移，这个位移的大小代表了机床的整机刚度。因此，机床整机刚度不能用某个零部件的刚度评价，而是指整台机床在静载荷作用下，各构件及结合面抵抗变形的综合能力。显然，刀具和工件间的相对位移影响加工精度，同时静刚度对机床抗振性、生产率等均有影响。因此，在机床设计中对如何提高其刚度要十分重视。国内外对构件自身的刚度和接触刚度做了大量的研究工作。在设计中既要考虑提高各部件刚度，同时也要考虑结合部刚度及各部件间的刚度匹配。各个部件和结合部对机床整机刚度的贡献大小是不同的，设计中应进行刚度的合理分配或优化。

二、精度

金属切削机床的精度是指几何精度、运动精度、传动精度、定位精度和重复定位精度、工作精度、精度保持性。

1. 几何精度

几何精度是指机床在空载条件下，在不运动（机床主轴不转动或工作台不移动及转动等情况下）或运动速度较低时机床主要独立部件的形状（直线度、平面度）、相互位置（平行度、垂直度、重合度、等距度、角度）、旋转（径向跳动、周期性轴向窜动、轴向跳动）和相对运动位移精确程度。

几何精度直接影响工件的精度，是评价机床质量的基本指标，它主要取决于结构设计、制造和装配质量。

2. 运动精度

运动精度是指机床空载并以工作速度运动时，执行部件的几何位置精度，又称为几何运动精度，如高速回转主轴的回转精度、工作台运动的位置及方向（单向、双向）精度（定位精度和重复定位精度）。

对于高速精密机床，运动精度是评价机床质量的一个重要指标。

3. 传动精度

传动精度是指机床传动系统各末端执行件之间运动的协调性和均匀性。影响机床传动精度的主要因素是传动系统的设计、传动元件的制造和装配精度；对数控机床及零传动而言，主要影响因素是电动机、驱动器及控制系统。

4. 定位精度和重复定位精度

定位精度是指机床的定位部件运动到达规定位置的精度，对数控机床而言，是指实际运动到达的位置与指令位置一致的程度。定位精度直接影响工件的尺寸精度和几何精度。机床构件和进给控制系统的精度、刚度以及其动态特性等都会影响机床定位精度。

重复定位精度是指机床运动部件在相同条件下，用相同的方法重复定位时位置的一致程度。除了影响定位精度的因素之外，重复定位精度还受传动机构的反向间隙影响。

5. 工作精度

加工规定的试件，用试件的加工精度表示机床的工作精度。工作精度是各种因素综合影响的结果，包括机床自身的精度、刚度、热变形，以及刀具、夹具及工件的刚度和热变形等。

6. 精度保持性

在规定的工作期间内，保持机床所要求的精度，称为精度保持性。影响精度保持性的主要因素是磨损。磨损的影响因素十分复杂，如结构设计、工艺、材料、热处理、润滑、防护、使用条件等。因此，在设计阶段主要从机床的精度分配、元件及材料选择等方面来提高机床精度。

三、抗振性

机床抗振能力是指机床在交变载荷作用下抵抗振动的能力。它包括两个方面：抵抗受迫振动的能力和抵抗自激振动的能力。前者习惯上称之为抗振性，后者常称为切削稳定性。

1. 受迫振动

受迫振动的振源可能来自机床内部，如高速回转零件的不平衡等，也可能来自机床之外。机床受迫振动的频率与振源激振力的频率相同，振幅和激振力大小与机床的刚度和阻尼比有关。当激振频率与机床的固有频率接近时，机床将呈现共振现象，使振幅激增，加工表面粗糙度值也将大大增加。机床是由许多零部件及结合部组成的复杂振动系统，它属于多自由度系统，具有多个固有频率。在其中某一个固有频率下自由振动时，各点振幅的比值称为主振型。对应于最低固有频率的主振型称为一阶主振型，依次有二阶、三阶等主振型。机床的振动乃是各阶主振型的合成。一般只需要考虑对机床性能影响最大的几个低阶振型，如整机摇摆、一阶弯曲、扭转等振型，即可较准确地表示机床实际的振动。

2. 自激振动

机床的自激振动是发生在刀具和工件之间的一种相对振动，它是在切削过程中出现，由切削过程和机床结构动态特性之间的相互作用而产生的，其频率与机床系统的固有频率相接近。自激振动一旦出现，它的振幅由小到大增加很快。在一般情况下，切削用量增加，切削力越大，自激振动就越剧烈。一旦切削过程停止，振动立即消失。

机床振动会降低加工精度、工件表面质量和刀具寿命，影响生产率并加速机床的损坏，而且会产生噪声，使操作者疲劳等，故提高机床抗振性是机床设计中的一个重要课题。影响机床振动的主要因素有：

1）机床的刚度因素。如构件的材料、截面形状、尺寸、肋板分布，接触表面的预紧力、表面粗糙度、加工方法、几何尺寸等。

2）机床的阻尼特性。提高阻尼是减少振动的有效方法。机床结构的阻尼包括构件材料的内阻尼和部件结合部的阻尼。结合部阻尼往往占总阻尼的70%~90%，应从设计和工艺上提高结合部刚度和阻尼。

3）机床系统的固有频率。若激振频率远离固有频率，将不出现共振。在设计阶段应通过分析计算预测所设计机床的各阶固有频率是很必要的。

四、机床的热变形

机床在工作时受到内部热源（如电动机、液压系统、机械摩擦副、切削热等）和外部热源（如环境温度、周围热源辐射等）的影响时，温度发生变化，高于环境温度，称为温升。由于机床各部位的温升不同，不同材料的热膨胀系数不同，机床各部分材料产生的热膨胀量也就不同，导致机床床身、主轴和刀架等构件产生变形，称为机床热变形。它不仅会破坏机床的原始几何精度，加快运动件的磨损，甚至会影响机床的正常运转。据统计，由于机床热变形而引起的加工误差最大可占全部误差的70%左右。特别对于精密机床、大型机床、自动化机床、数控机床等，热变形的影响尤其不能忽视。

机床工作时一方面产生热量，另一方面又向周围发散热量，如果机床热源单位时间产生的热量一定，由于开始时机床的温度与周围环境温度的差别较小，发散出的热量少，机床温度升高较快。随着机床温度的升高，与环境温度的差加大，发散出的热量随之增加，使机床温度的升高逐渐减慢。当达到某一温度时，单位时间内产生的热量等于发散出的热量，即达到热平衡。这个过程所需的时间称为热平衡时间。在热平衡状态下，机床各部位的温度是不同的，热源处最高，离热源处或散热较好的部位温度较低，这就形成了温度场。通常，温度场可用等温曲线来表示，通过温度场可分析机床热源并了解其对热变形的影响。

在设计机床时，应采取措施减少机床的热变形对加工精度的影响。可采取的措施如下：减少热源的发热量；将热源置于易散热的位置，或增加散热面积和采用强制冷却，使产生的热量尽量发散出去；采用热管等措施将温升较高部位的热量转移至温升较低部位，以减少机床各部位之间的温差，减少机床热变形；也可以采用温度自动控制、温度自动补偿及隔热等措施，改变机床的温度场，减少机床热变形，或使机床的热变形对加工精度的影响较小。

五、噪声

物体振动是声音产生的来源。机床工作时各种振动频率不同，振幅也不同，它们将产生不同频率和不同强度的声音。这些声音无规律地组合在一起就是噪声。随着现代机床切削速度的提高、功率的增大、自动化功能的增多，噪声污染问题也越来越严重。降低机床噪声、保护环境是设计机床时必须注意的问题。

1. 衡量噪声的指标

衡量噪声的指标有声压级和声功率级。正常人耳刚刚听到的声音为最小声压，称为听阈。以听阈为基准，用成倍比关系的对数量——声压级 L_P 或声功率级 L_W 来表示声音的大小。由于声功率级难以测量，一般情况下以声压级来衡量声音的大小。以下以声压和声压级的表示方法为例说明。当声波在介质中传播时，介质中的压力与静压的差值为声压，通常用 P 表示，其单位是 Pa（N/m^2）。把听阈作为基准声压，用成倍比关系的对数量来表示，称之为声功率级 L_W（dB）。

$$L_W = 10\lg \frac{W}{W_0}$$

式中　W_0——基准声功率（W），$W_0 = 10^{-12}$ W；

　　W——功率（W）。

由于功率与压强的二次方成正比，故声压级 L_P 为

$$L_P = 20\lg \frac{p}{p_0}$$

式中　p——被测声压（Pa）；

p_0——基准声压（Pa），$P_0 = 2\times10^{-5}$Pa。

2. 噪声的主观度量

人耳对声音的感觉不仅和声压有关，而且和声音的频率有关。声压级相同而频率不同的声音听起来不一样。根据这一特征，人们引入将声压级和频率结合起来表示声音强弱的主观度量，有响度、响度级和声级等。

3. 噪声标准

为使测量值反映噪声对周围环境的影响，规定在离地面 1.5m、距机床外廓 1m 处的包络线上，以每隔 1m 定一点进行测量，以各点所测得的噪声的最大值作为机床的噪声。我国 GB 15760—2014《金属切削机床　安全通用防护技术条件》中对普通机床和数控机床分别规定了空运转时规定的噪声声压级限值。

4. 降低噪声的途径

机床噪声源主要来自四个方面。

（1）机械噪声　如齿轮、滚动轴承及其他传动元件的振动、摩擦等。一般速度增加一倍，噪声增加 6dB；载荷增加一倍噪声增加 3dB。因此，应设法降低齿轮、滚动轴承及其他传动元件的噪声。

（2）液压噪声　降低液压系统的噪声，减少泵、阀、管道等的液压冲击、气穴、紊流产生的噪声。

（3）电磁噪声　降低电动机定子内磁滞伸缩等产生的噪声。

（4）空气动力噪声　降低电动机风扇、转子高速旋转对空气的搅动等产生的噪声。

六、低速运动平稳性

机床上有些运动部件需要做低速或微小位移。当运动部件主动件低速运动时，被动件往往出现明显的速度不均匀的跳跃式运动，即时走时停或者时快时慢的现象。这种在低速运动时产生的运动不平稳性称为爬行。

机床运动部件产生爬行，会影响机床的定位精度、工件的加工精度和表面粗糙度。在精密、自动化及大型机床上，爬行的危害更大，因此它是评价机床质量的一个重要指标。

爬行是个很复杂的现象，它是因摩擦产生的自激振动现象。产生这一现象的主要原因是摩擦面上的摩擦系数随速度的增大而减小，以及传动系的刚度不足。以下以直线进给运动的爬行为例来说明。

将机床直线进给运动传动系简化为图 2-10 所示的力学模型，件 1 为主动件，件 3 为被动件，件 1、件 3 之间的进给系 2（包括齿轮、丝杠、螺母等）可简化为等效弹簧 K 和等效黏性阻尼器 C（可合称为复弹簧），件 3 在支承导轨 4 上沿直线运动，摩擦力 F 随着件 3 的速度变化而变化。当主动件 1 以匀速 v 低速运动时，进给系 2 中的压缩弹簧使被动件 3 受力，但由于被动件与导轨间的静摩擦力 $F_{静}$大于件 3 受的驱动力，件 3 静止不动，进给系 2 处于

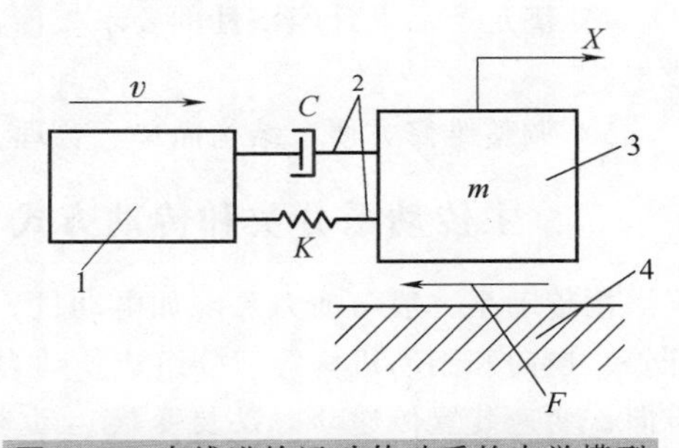

图 2-10　直线进给运动传动系的力学模型

1—主动件　2—进给系

3—被动件　4—支承导轨

储能状态。随着件1的继续运动，件2储能增加，件3所受的驱动力越来越大，当驱动力大于静摩擦力时，件3开始移动，这时静摩擦转化为动摩擦，摩擦系数迅速下降。由于摩擦阻力的减小，件3的运动速度增大。随着件3运动速度的增大，动摩擦力更加降低，使件3的运动速度进一步加大。当件3的速度超过件1的速度 v 时，件2的弹簧压缩量减小，产生的驱动力随之减小。当驱动力减小到等于动摩擦力时，系统处于平衡状态。但是由于惯性，件3仍以高于件1的速度 v 移动，弹簧压缩量进一步减小，直到驱动力小于动摩擦力时，件3的加速度变为负值，运动速度减慢，动摩擦力增大，驱动力减小使其速度进一步下降。当驱动力和件3的惯性不足以克服摩擦力时，件3便停止运动。件1的运动重新开始压缩弹簧，上述过程重复发生就产生时停时走的爬行。

当摩擦面处在边界和混合摩擦状态下，摩擦系数的变化是非线性的。因此，在弹簧重新被压缩的过程中，在被动件3的速度尚未降至零时，弹簧力有可能大于动摩擦力，使件3的速度又再次增大，将出现时慢时快的爬行。

为防止爬行，在设计低速运动部件时，应减少静、动摩擦系数之差，提高传动机构的刚度和降低移动件的质量等。

第四节 机床主传动系设计

一、机床主传动系设计应满足的基本要求

机床主传动系因机床的类型、性能、规格尺寸等不同，应满足的要求也不一样。设计机床主传动系时最基本的原则就是以最经济、合理的方式满足既定的要求。在设计时应结合具体机床进行具体分析。一般应满足下述基本要求。

1）满足机床使用性能要求。首先应满足机床的运动特性，如机床的主轴有足够的转速范围和转速级数（对于主传动为直线运动的机床，则有足够的每分钟双行程数范围及变速级数）。传动系设计合理，操纵方便灵活、迅速、安全可靠等。

2）满足机床传递动力要求。主电动机和传动机构能提供和传递足够的功率和转矩，具有较高的传动效率。

3）满足机床工作性能的要求。主传动系中所有零部件要有足够的刚度、精度和抗振性，热变形特性稳定。

4）满足产品设计经济性的要求。传动链尽可能简短，零件数目要少，以便节省材料，降低成本。

5）调整维修方便，结构简单、合理，便于加工和装配。防护性能好，使用寿命长。

二、主传动系分类和传动方式

主传动系一般由动力源（如电动机）、变速装置、执行件（如主轴、刀架、工作台），以及开停、换向和制动机构等部分组成。动力源给执行件提供动力，并使其得到一定的运动速度和方向；变速装置传递动力以及变换运动速度；执行件执行机床所需的运动，完成旋转或直线运动。

（一）主传动系分类

主传动系可按不同的特征来分类。

（1）按驱动主传动的电动机类型 可分为交流电动机驱动和直流电动机驱动。交流电动机

驱动中有单速交流电动机和调速交流电动机驱动，调速交流电动机驱动又有多速交流电动机驱动和无级调速交流电动机驱动。无级调速交流电动机通常采用变频调速的原理。

（2）按传动装置类型　可分为机械传动、液压传动、电气传动以及它们的组合。

（3）按变速的连续性　可分为分级变速传动和无级变速传动。

分级变速传动在一定的变速范围内只能得到某些转速，变速级数一般为20~30级。分级变速传动方式有滑移齿轮变速、交换齿轮变速和离合器（如摩擦离合器、牙嵌离合器、齿形离合器）变速。它因传递功率较大，变速范围广，传动比准确，工作可靠，广泛地应用于通用机床，尤其是中小型通用机床中。分级变速传动的缺点是有速度损失，不能在运转中进行变速。

无级变速传动可以在一定的变速范围内连续改变转速，以便得到最有利的切削速度；能在运转中变速，便于实现变速自动化；能在负载下变速，便于车削大端面时保持恒定的切削速度，以提高生产率和加工质量。无级变速传动可由机械摩擦无级变速器、液压无级变速器和电气无级变速器实现。机械摩擦无级变速器结构简单，使用可靠，常用在中小型车床、铣床等主传动系中。液压无级变速器传动平稳，运动换向冲击小，易于实现直线运动，常用于主运动为直线运动的机床，如磨床、拉床、刨床等机床的主传动系中。电气无级变速器有直流电动机或交流调速电动机两种，由于可以大大简化机械结构，便于实现自动变速、连续变速和负载下变速，应用越来越广泛，尤其在数控机床上目前几乎全都采用电气变速。

数控机床和大型机床中，有时为了在变速范围内，满足一定恒功率和恒转矩的要求，或为了进一步扩大变速范围，常在无级变速器后面串接机械分级变速装置。

（二）主传动系的传动方式

主传动系的传动方式主要有两种：集中传动方式和分离传动方式。

1. 集中传动方式

主传动系的全部传动和变速机构集中装在同一个主轴箱内，称为集中传动方式。通用机床中多数机床的主变速传动系都采用这种方式，如图2-11所示的铣床主变速传动系图，铣床利用立式床身作为变速箱体，所有的传动和变速机构都装在床身中。其优点是：结构紧凑，便于实现集中操纵，安装调整方便。缺点是：高速运转的传动件在运转过程中所产生的振动将直接影响主轴的运转平稳性；传动件所产生的热量会使主轴产生热变形，主轴回转中心线偏离正确位

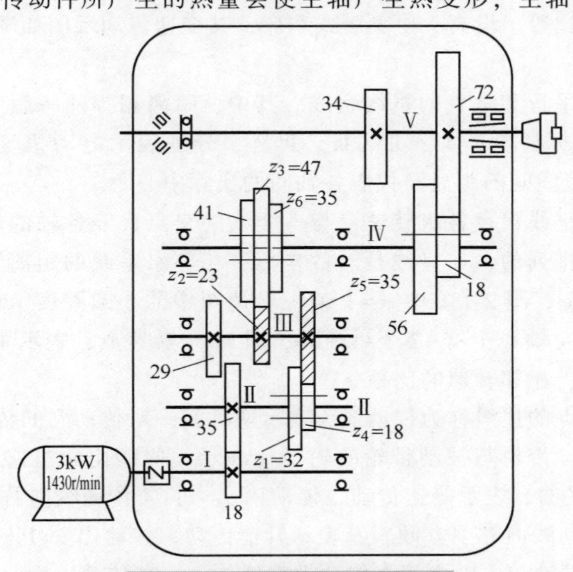

图 2-11　铣床主变速传动系图

置，从而直接影响加工精度。这种传动方式适用于普通精度的大中型机床。

2. 分离传动方式

主传动系中的大部分传动和变速机构装在远离主轴的独立变速箱中，然后通过带传动将运动传递到主轴箱的传动方式，称为分离传动方式。如图 2-12 所示，主轴箱中只装有主轴组件和背轮机构。其优点是：变速箱各传动件所产生的振动和热量不直接传给或少传给主轴，从而减少主轴的振动和热变形，有利于提高机床的工作精度。在分离传动式的主轴箱中采用的惰轮机构，如图中 27/63×17/58 齿轮传动的作用是：当主轴需高速运转时，运动由传动带经齿形离合器直接传动，传动链短，主轴在高速运转时比较平稳，空载损失小；当主轴需低速运转时，运动则由传动带轮经背轮机构的两对降速齿轮传动后，转速显著降低，达到扩大变速范围的目的。

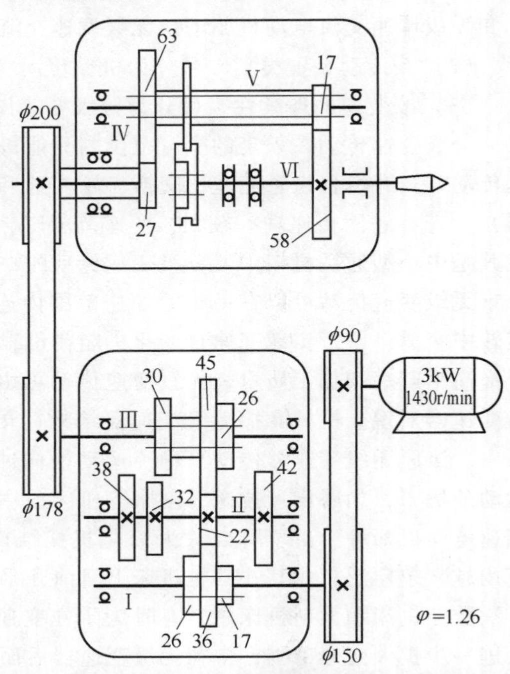

图 2-12 采用分离传动方式的主变速传动系图

三、分级变速主传动系的设计

分级变速主传动系设计的内容和步骤是：根据已确定的主变速传动系的运动参数，拟订转速图、结构式，合理分配各变速组中传动副的传动比，确定齿轮齿数，确定计算转速，绘制分级变速传动系图等。

（一）拟订转速图和结构式

1. 转速图

在设计和分析分级变速主传动系时，用到的工具是转速图。在转速图中可以表示出传动轴的数目，传动轴之间的传动关系，主轴的各级转速值及其传动路线，各传动轴的转速分级和转速值，各传动副的传动比等。设有一中型卧式车床，其变速传动系图如图 2-13a 所示，转速图如图 2-13b 所示。

转速图由一些互相平行和垂直的格线组成。其中，距离相等的一组竖线代表各轴，轴号写在上面，从左向右依次标注电、Ⅰ、Ⅱ、Ⅲ、Ⅳ等，分别表示电动机轴、Ⅰ轴、Ⅱ轴、Ⅲ轴、Ⅳ轴（即主轴）。图中竖线间的距离不代表各轴间的实际中心距。

距离相等的一组水平线代表各级转速，与各竖线的交点代表各轴的转速。由于分级变速机构的转速是按等比级数排列的，如竖线是对数坐标，相邻水平线的距离是相等的，表示的转速之比是等比级数的公比 φ，图 2-13b 中 $\varphi=1.41$。转速图中的小圆圈表示该轴具有的转速，称为转速点。例如在Ⅳ轴（主轴）上有 12 个小圆圈，即 12 个转速点，表示主轴具有 12 级转速，从 31.5r/min 至 1400r/min，相邻转速的比是 φ。

传动轴格线间转速点的连线称为传动线，表示两轴间一对传动副的传动比 u，用主动齿轮与被动齿轮的齿数比或主动带轮与被动带轮的轮径比表示。传动比 u 与速比 i 互为倒数关系，即 $u=1/i$。若传动线是水平的，表示等速传动，传动比 $u=1$；若传动线向右下方倾斜，表示降速传动，传动比 $u<1$；若传动线向右上方倾斜，表示升速传动，传动比 $u>1$。

图 2-13b 中，电动机轴与Ⅰ轴之间为传动带定比传动，其传动比为

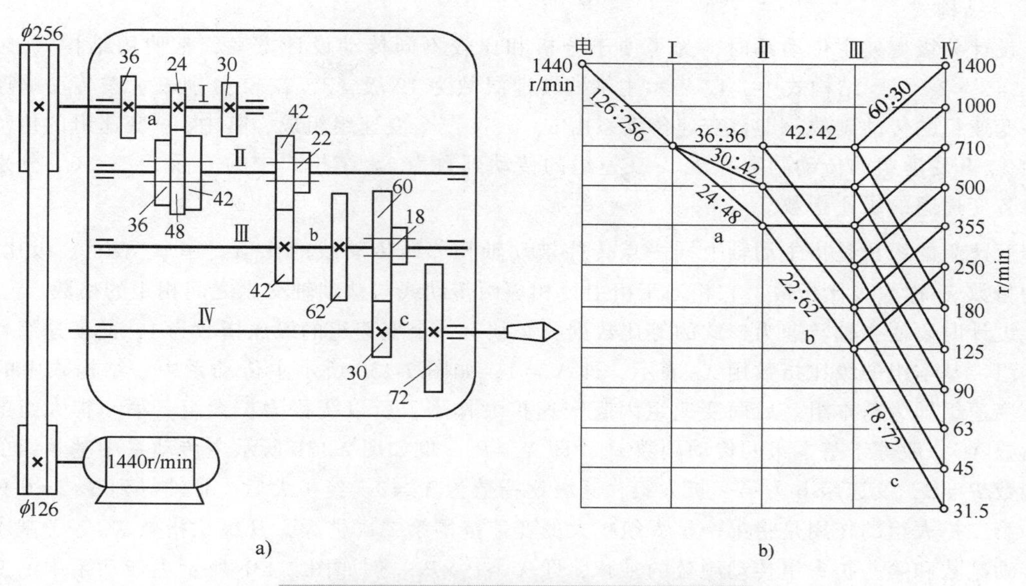

图 2-13　卧式车床主变速传动系图和转速图

a）变速传动系图　b）转速图

$$u=\frac{126}{256}\approx\frac{1}{2}=\frac{1}{1.41^2}=\frac{1}{\varphi^2}$$

可知是降速传动，传动线向右下方倾斜两格。Ⅰ轴的转速为

$$n_1=1440\text{r/min}\times\frac{126}{256}=710\text{r/min}$$

轴Ⅰ—Ⅱ间的变速组 a 有三个传动副，其传动比分别为

$$u_{a1}=\frac{36}{36}=\frac{1}{1}=\frac{1}{\varphi^0},\ u_{a2}=\frac{30}{42}=\frac{1}{1.41}=\frac{1}{\varphi},\ u_{a3}=\frac{24}{48}=\frac{1}{2}=\frac{1}{\varphi^2}$$

在转速图上轴Ⅰ—Ⅱ之间有三条传动线，分别为水平、向右下方降一格、向右方下降两格。轴Ⅱ—Ⅲ轴间的变速组 b 有两个传动副，其传动比分别为

$$u_{b1}=\frac{42}{42}=\frac{1}{1}=\frac{1}{\varphi^0},\ u_{b2}=\frac{22}{62}=\frac{1}{2.82}=\frac{1}{\varphi^3}$$

在转速图上，Ⅱ轴的每一转速都有两条传动线与Ⅲ轴相连，分别为水平和向右下方降三格。由于Ⅱ轴有三种转速，每种转速都通过两条线与Ⅲ轴相连，故Ⅲ轴共得到 3×2＝6 种转速。连线中的平行线代表同一传动比。

Ⅲ—Ⅳ轴之间的变速组 c 也有两个传动副，其传动比分别为

$$u_{c1}=\frac{60}{30}=\frac{2}{1}=\frac{\varphi^2}{1},\ u_{c2}=\frac{18}{72}=\frac{1}{4}=\frac{1}{\varphi^4}$$

在转速图上，Ⅲ轴上的每一级转速都有两条传动线与Ⅳ轴相连，分别为向右上方升两格和向右下方降四格。故Ⅳ轴的转速共为 3×2×2＝12 级。

2. 结构式

设计分级变速主传动系时，为了便于分析和比较不同传动设计方案，常使用结构式形式，如 $12=3_1\times2_3\times2_6$。结构式中，12表示主轴的转速级数为12级，3、2、2分别表示按传动顺序排列各变速组的传动副数，即该变速传动系由a、b、c三个变速组组成，其中，a变速组的传动副数为3，b变速组的传动副数为2，c变速组的传动副数为2。结构式中的下标1、3、6，分别表示出各变速组的级比指数。

变速组的级比是指主动轴上同一点传往被动轴相邻两传动线的比值，用 φ^{X_i} 表示。级比 φ^{X_i} 中的指数 X_i 称为级比指数，它相当于由上述相邻两传动线与被动轴交点之间相距的格数。

设计时要使主轴转速为连续的等比数列，必须有一个变速组的级比指数为1，此变速组称为基本组。基本组的级比指数用 X_0 表示，即 $X_0=1$，如图2-13b所示主传动系中，结构式中的 3_1 对应变速组即为基本组。后面变速组因起变速扩大作用，所以统称为扩大组。第一扩大组的级比指数 X_1 一般等于基本组的传动副数 P_0，即 $X_1=P_0$。例如图2-13b所示主传动系中基本组的传动副数 $P_0=3$，变速组b为第一扩大组，其级比指数为 $X_1=3$。经扩大后，Ⅲ轴得到 $3\times2=6$ 种转速。第二扩大组的作用是将第一扩大组扩大的变速范围第二次扩大，其级比指数 X_2 等于基本组的传动副数和第一扩大组传动副数的乘积，即 $X_2=P_0\times P_1$。例如图2-13b所示主传动系中的变速组c为第二扩大组，级比指数 $X_2=P_0\times P_1=3\times2=6$，经扩大后使Ⅳ轴得到 $3\times2\times2=12$ 种转速。如有更多的变速组，则依次类推。

图2-13b所示方案是传动顺序和扩大顺序相一致的情况，若将基本组和各扩大组采取不同的传动顺序，还有许多方案，如 $12=3_2\times2_1\times2_6$、$12=2_3\times3_1\times2_6$ 等。

综上所述，结构式简单、直观，能清楚地显示出变速传动系中主轴转速级数 Z、各变速组的传动顺序、传动副数 P_i 和各变速组的级比指数 X_i，其一般表达式为

$$Z=P_aX_a\times P_bX_b\times P_cX_c\times\cdots\times P_iX_i \tag{2-14}$$

（二）各变速组的变速范围及极限传动比

变速组中最大与最小传动比的比值，称为该变速组的变速范围。即

$$R_i=(u_{max})_i/(u_{min})_i \quad (i=0,1,2,\cdots,j)$$

在本例中，基本组的变速范围

$$R_0=\frac{u_{a1}}{u_{a3}}=\frac{1}{\varphi^{-2}}=\varphi^2=\varphi^{X_0(P_0-1)}$$

第一扩大组的变速范围

$$R_1=\frac{u_{b1}}{u_{b2}}=\frac{1}{\varphi^{-3}}=\varphi^3=\varphi^{X_1(P_1-1)}$$

第二扩大组的变速范围

$$R_2=\frac{u_{c1}}{u_{c2}}=\frac{\varphi^2}{\varphi^{-4}}=\varphi^6=\varphi^{X_2(P_2-1)}$$

由此可见，变速组的变速范围一般可写为

$$R_i=\varphi^{X_i(P_i-1)} \tag{2-15}$$

式中　$i=0$，1，2，…，j 依次表示基本组、第一，二，…，j 扩大组。

由式（2-15）可见，变速组的变速范围 R_i 值中 φ 的指数 $X_i(P_i-1)$，就是变速组中最大传动比的传动线与最小传动比的传动线所拉开的格数。

设计机床主变速传动系时，为避免从动齿轮尺寸过大而增加箱体的径向尺寸，一般限制降速最小传动比 $u_{主\min}\geqslant 1/4$；为避免扩大传动误差，减少振动噪声，一般限制直齿圆柱齿轮的最大升速比 $u_{主\max}\leqslant 2$，斜齿圆柱齿轮传动较平稳，可取 $u_{主\max}\leqslant 2.5$。因此，各变速组的变速范围相应受到限制：主传动各变速组的最大变速范围为 $R_{主\max}=u_{主\max}/u_{主\min}\leqslant(2\sim 2.5)/0.25=8\sim 10$；对于进给传动链，由于转速通常较低，传动功率较小，零件尺寸也较小，上述限制可放宽为 $u_{进\max}\leqslant 2.8$，$u_{进\min}\geqslant 1/5$，故 $R_{进\max}\leqslant 14$。

主轴的变速范围应等于主变速传动系中各变速组变速范围的乘积，即

$$R_n=R_0R_1R_2\cdots R_j$$

检查变速组的变速范围是否超过极限值时，只需检查最后一个扩大组。因为其他变速组的变速范围都比最后扩大组的小，只要最后扩大组的变速范围不超过极限值，其他变速组的变速范围更不会超出极限值。

例如，$12=3_1\times 2_3\times 2_6$，$\varphi=1.41$，其最后扩大组的变速范围为

$$R_2=1.41^{6\times(2-1)}\approx 8$$

该值等于 $R_{主\max}$ 值，符合要求，其他变速组的变速范围肯定也符合要求。

又如 $12=2_1\times 2_2\times 3_4$，$\varphi=1.41$，其最后扩大组的变速范围为

$$R_2=1.41^{4\times(3-1)}=1.41^8\approx 16$$

该值超出 $R_{主\max}$ 值，是不允许的。

从式（2-15）可知，为使最后扩大组的变速范围不超出允许值，最后扩大组的传动副一般取 $P_j=2$ 较合适。

（三）主变速传动系设计的一般原则

1. 传动副前多后少原则

主变速传动系从电动机到主轴，通常为降速传动，接近电动机的传动件转速较高，传递的转矩较小，尺寸小一些；反之，靠近主轴的传动件转速较低，传递的转矩较大，尺寸就较大。因此在拟订主变速传动系时，应尽可能将传动副较多的变速组安排在前面，传动副数少的变速组放在后面，即 $P_a>P_b>P_c>\cdots>P_j$，使主变速传动系中更多的传动件在高速范围内工作，尺寸小一些，以便节省变速箱的造价，减小变速箱的外形尺寸。按此原则，$12=3\times 2\times 2$，$12=2\times 3\times 2$，$12=2\times 2\times 3$，三种不同传动方案中以前者为好。

2. 传动顺序与扩大顺序相一致的原则

当变速传动系中各变速组顺序确定之后，还有多种不同的扩大顺序方案。例如：$12=3\times 2\times 2$ 方案，有下列 6 种扩大顺序方案

$$12=3_1\times 2_3\times 2_6,\quad 12=3_2\times 2_1\times 2_6,\quad 12=3_4\times 2_1\times 2_2$$

$$12=3_1\times 2_6\times 2_3,\quad 12=3_2\times 2_6\times 2_1,\quad 12=3_4\times 2_2\times 2_1$$

从上述 6 种方案中，比较 $12=3_1\times 2_3\times 2_6$（图 2-14a）和 $12=3_2\times 2_1\times 2_6$（图 2-14b）两种扩大顺序方案。

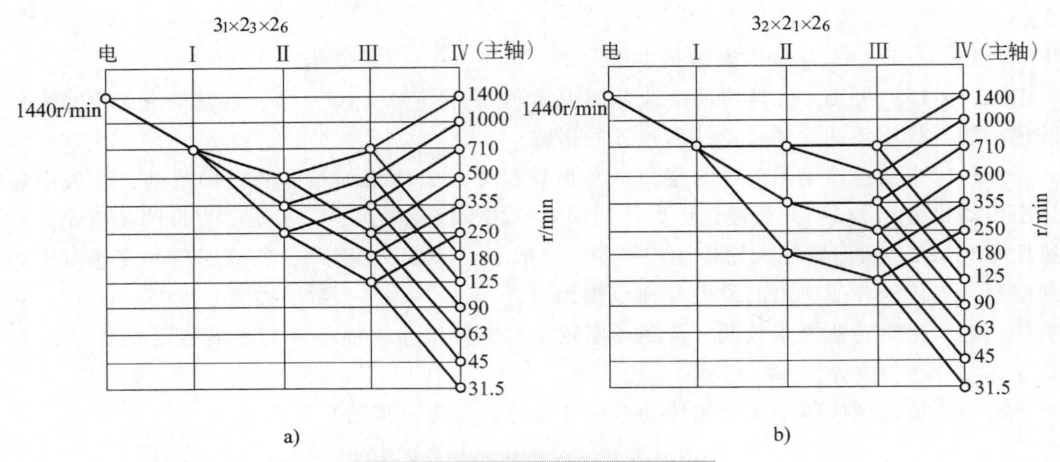

图 2-14　两种 12 级转速的转速图

a）$12=3_1 \times 2_3 \times 2_6$　b）$12=3_2 \times 2_1 \times 2_6$

图 2-14a 所示的方案中，变速组的扩大顺序与传动顺序一致，即基本组在最前面，依次为第一扩大组，第二扩大组（即最后扩大组），各变速组变速范围逐渐扩大。图 2-14b 所示方案则不同，第一扩大组在最前面，然后依次为基本组、第二扩大组。

将图 2-14a 与图 2-14b 所示两方案相比较，后一种方案因第一扩大组在最前面，Ⅱ轴的转速范围比前一种方案大。如两种方案Ⅱ轴的最高转速一样，后一种方案Ⅱ轴的最低转速较低，在传递相等功率的情况下，承受的扭矩较大，传动件的尺寸也就比前一种方案大。将图 2-14a 所示方案与其他多种扩大顺序方案相比，可以得出同样的结论。

因此在设计主变速传动系时，尽可能做到变速组的传动顺序与扩大顺序相一致。由转速图上可发现，当变速组的扩大顺序与传动顺序相一致时，前面变速组的传动线分布紧密，而后面变速组传动线分布较疏松，所以“变速组的扩大顺序与传动顺序相一致”原则可简称“前密后疏”原则。

3. 变速组的降速要前慢后快，中间轴的转速不宜超过电动机的转速

如前所述，从电动机到主轴之间的总趋势是降速传动，在分配各变速组传动比时，为使中间传动轴具有较高的转速，以减小传动件的尺寸，前面的变速组降速要慢些，后面变速组降速要快些，也就是 $u_{\mathrm{amin}} \geqslant u_{\mathrm{bmin}} \geqslant u_{\mathrm{cmin}}$ ……但是，中间轴的转速不应过高，以免产生振动、发热和噪声。通常，中间轴的最高转速不超过电动机的转速。

上述原则在设计主变速传动系时一般应该遵循，但有时还需根据具体情况加以灵活运用。例如图 2-15 所示的卧式车床主变速传动系，因为Ⅰ轴上装有双向摩擦片式离合器，轴向尺寸较长，为使结构紧凑，第一变速组采用了双联齿轮，而不是按照前多后少的原则采用三个传动副。又如，当主传动采用双速电动机时，它成为第一扩大组，也不符合传动顺序与扩大顺序相一致的原则，但是，却使结构大为简化，减少变速组和传动件数目。

（四）主变速传动系的几种特殊设计

前面论述了主变速传动系的常规设计方法。在实际应用中，还常常采用多速电动机传动、交换齿轮传动和公用齿轮传动等特殊设计。

1. 具有多速电动机的主变速传动系

采用多速异步电动机和其他方式联合使用，可以简化机床的机械结构，使用方便，并可以

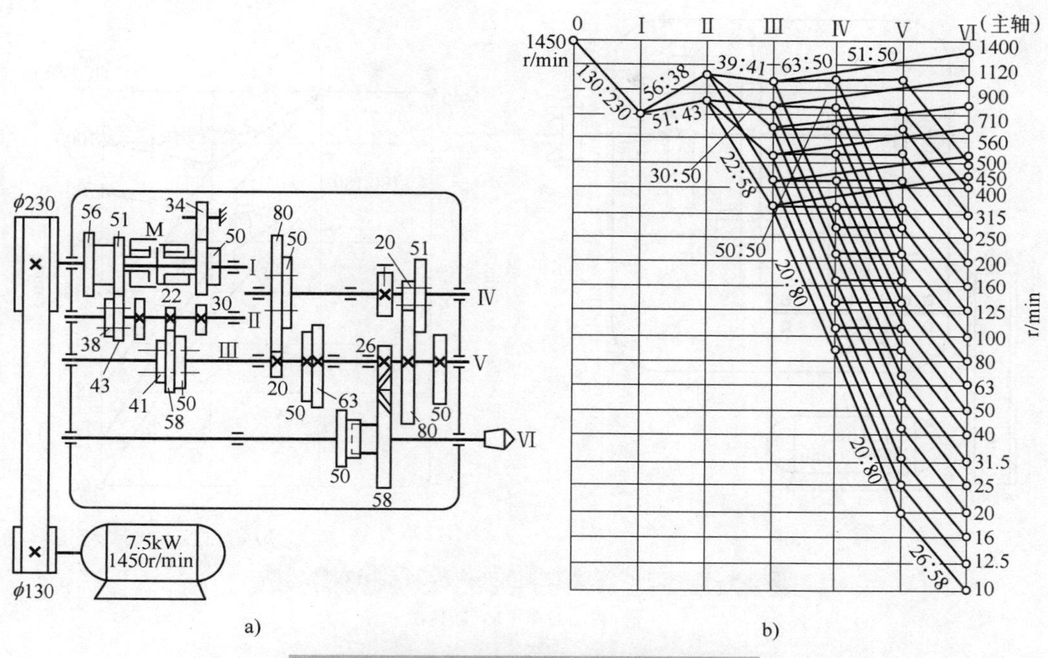

图 2-15　卧式车床主变速传动系图及转速图

a）传动系图　b）转速图

在运转中变速，适用于半自动、自动机床及普通机床。机床上常用双速或三速电动机，其同步转速为（750/1500）r/min、（1500/3000）r/min、（750/1500/3000）r/min，电动机的变速范围为2~4，级比为2。也有采用同步转速为（1000/1500）r/min、（750/1000/1500）r/min 的双速和三速电动机，双速电动机的变速范围为1.5，三速电动机的变速范围是2，级比为1.33~1.5。多速电动机总是在变速传动系的最前面，作为电变速组。当电动机变速范围为2时，变速传动系的公比 φ 应是2的整数次方根。例如公比 $\varphi=1.26$，是2的3次方根，基本组的传动副数应为3，把多速电动机当作第一扩大组。又如 $\varphi=1.41$，是2的2次方根，基本组的传动副数应为2，把多速电动机同样当作第一扩大组。

图2-16所示为多刀半自动车床的主变速传动系图和转速图。采用双速电动机，电动机变速范围为2，转速级数共8级，公比 $\varphi=1.41$，其结构式为 $8=2_2\times2_1\times2_4$，电变速组作为第一扩大组，Ⅰ—Ⅱ轴间的变速组为基本组，传动副数为2，Ⅱ—Ⅲ轴间变速组为第二扩大组，传动副数为2。

多速电动机的最大输出功率与转速有关，即电动机在低速和高速时输出的功率不同。在本例中，当电动机转速为710r/min时，即主轴转速为90r/min、125r/min、345r/min、485r/min时，最大输出功率为7.5kW；当电动机转速为1440r/min时，即主轴转速为185r/min、255r/min、700r/min、1000r/min时，功率为10kW。为使用方便，主轴在一切转速下，电动机功率都定为7.5kW。所以，采用多速电动机的缺点之一就是当电动机在高速时，没有完全发挥其能力。

2. 具有交换齿轮的主变速传动系

对于成批生产用的机床，如自动或半自动车床、专用机床、齿轮加工机床等，加工中一般不需要变速或仅在较小范围内变速；但换一批工件加工时，有可能需要变换成别的转速或在一定的转速范围内进行加工。为简化结构，常采用交换齿轮变速方式，或将交换齿轮与其他变速

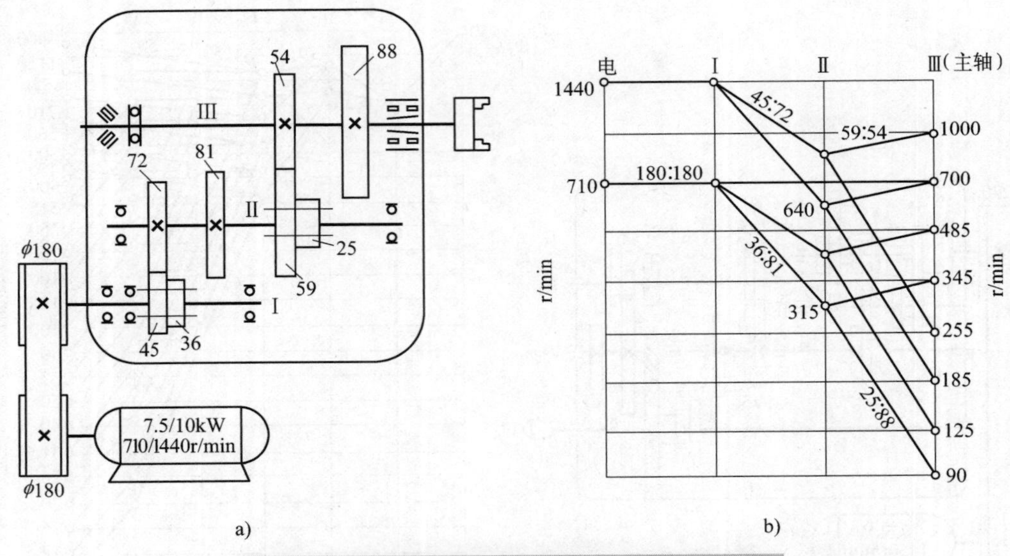

图 2-16　多刀半自动车床主变速传动系图和转速图

a）传动系图　b）转速图

方式（如滑移齿轮、多速电动机等）组合应用。交换齿轮用于每批工件加工前的变速调整，其他变速方式则用于加工中变速。

为了减少交换齿轮的数量，相啮合的两齿轮可互换位置安装，即互为主、被动齿轮。反映在转速图上，交换齿轮的变速组应设计成对称分布的。如图 2-17a 所示，在Ⅰ—Ⅱ轴间采用交换齿轮，Ⅱ—Ⅲ轴间采用双联滑移齿轮。一对交换齿轮互换位置安装，在Ⅱ轴上可得到两级转速，在转速图（图 2-17b）上是对称分布的。

通过交换齿轮变速，可以用少量齿轮得到多级转速，不需要操纵机构，变速箱结构大大简化。其缺点是：如果装在变速箱外，润滑密封较困难；如装在变速箱内，则更换齿轮较费时费力。

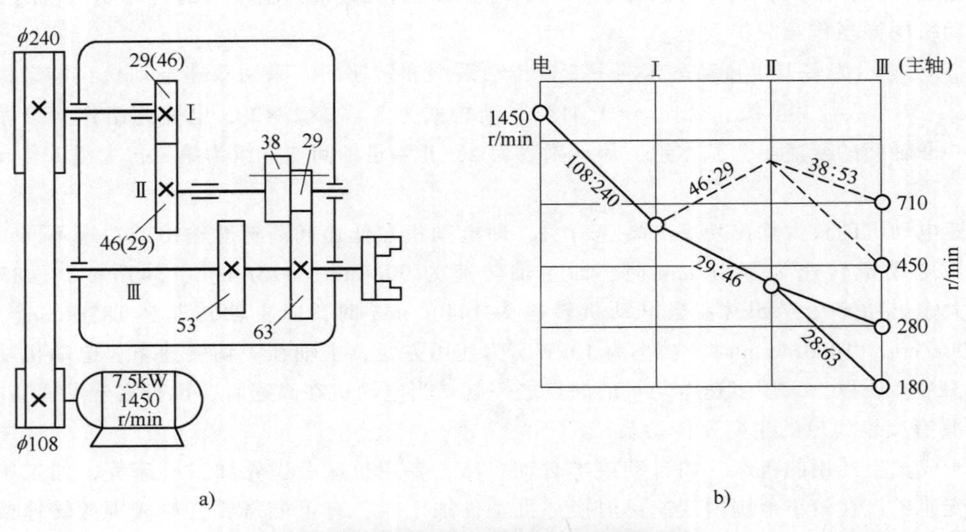

图 2-17　具有交换齿轮的主变速传动系

a）传动系图　b）转速图

3. 采用公用齿轮的主变速传动系

在主变速传动系中，既是前一变速组的被动齿轮，又是后一变速组的主动齿轮，称为公用齿轮。采用公用齿轮可以减少齿轮的数目，简化结构，缩短轴向尺寸。按相邻变速组内公用齿轮的数目，常用的有单公用齿轮和双公用齿轮。

采用公用齿轮时，两个变速组的齿轮模数必须相同。因为公用齿轮轮齿承受的弯曲应力属于对称循环，弯曲疲劳许用应力比非公用齿轮要低，因此应尽可能选择变速组内较大的齿轮作为公用齿轮。

在图 2-11 所示铣床主变速传动系中采用双公用齿轮传动，图中画剖面线的齿轮 $z_2=23$ 和 $z_5=35$ 为公用齿轮。

（五）扩大主传动系变速范围的方法

由式（2-15）可知，主变速传动系最后一个扩大组的变速范围为

$$R_j=\varphi^{P_0P_1P_2\cdots P_{j-1}(P_j-1)}$$

设主变速传动系总变速级数为 Z，当然

$$Z=P_0P_1P_2\cdots P_{j-1}P_j$$

通常最后扩大组的变速级数 $P_j=2$，则最后扩大组的变速范围为 $R_j=\varphi^{Z/2}$。

由于极限传动比限制，$R_j\leqslant 8=1.41^6=1.26^9$，即当 $\varphi=1.41$ 时，主变速传动系的总变速级数≤12，最大可能达到的变速范围 $R_n=1.41^{11}\approx 45$；当 $\varphi=1.26$ 时，总变速级数≤18，最大可能达到的变速范围 $R_n=1.26^{17}\approx 50$。

上述的变速范围常不能满足通用机床的要求，一些通用性较高的车床和镗床的变速范围一般为 140~200，甚至超过 200。可用下述方法来扩大变速范围：增加变速组；采用背轮机构；采用双公比传动系；采用分支传动。

1. 增加变速组

在原有的变速传动系内再增加一个变速组，是扩大变速范围最简便的方法。但由于受变速组极限传动比的限制，增加的变速组的级比指数往往不得不小于理论值，并导致部分转速的重复。例如，公比 $\varphi=1.41$，结构式为 $12=3_1\times 2_3\times 2_6$ 的常规变速传动系，其最后扩大组的级比指数为 6，变速范围已达到极限值 8。如果再增加一个变速组作为最后扩大组，理论上其结构式应为 $24=3_1\times 2_3\times 2_6\times 2_{12}$，最后扩大组的变速范围为 $1.41^{12}\approx 64$，大大超出极限值，是无法实现的。因此，需将新增加的最后扩大组的变速范围限制在极限值内，其级比指数仍取 6，使其变速范围 $R_3=1.41^6\approx 8$。这样做的结果是在最后两个变速组 $2_6\times 2_6$ 中重复了一个转速，只能得到 3 级变速，传动系的变速级数只有 $3\times 2\times(2\times 2-1)=18$ 级，重复了 6 级转速，如图 2-18 中Ⅴ轴上的黑点所示，变速范围可达 $R_n=1.41^{18-1}\approx 344$，结构式可写成 $18=3_1\times 2_3\times(2_6\times 2_6-1)$。

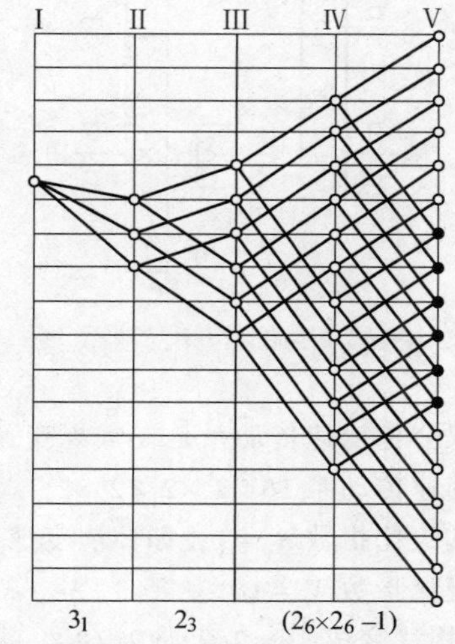

图 2-18　增加变速组以扩大变速范围

2. 采用背轮机构

背轮机构又称回曲机构，其传动原理如图 2-19 所示。

主动轴Ⅰ和被动轴Ⅲ同轴线。当滑移齿轮 z_1 处于最右位置时，离合器M结合，齿轮 z_1 与齿轮 z_2 脱离啮合，运动由主动轴Ⅰ传入，直接传到被动轴Ⅲ，传动比为 $u_1=1$。当滑移齿轮 z_1 处于最左位置时，离合器M脱开，齿轮 z_1 与齿轮 z_2 啮合，运动经背轮 z_1/z_2 和 z_3/z_4 降速传至Ⅲ轴。如降速传动比取极限值 $u_{min}=1/4$，经背轮降速可得传动比 $u_2=1/16$。因此，背轮机构的极限变速范围 $R_{max}=u_1/u_2=16$，达到了扩大变速范围的目的。这类机构在机床上应用得较多。设计时应注意当高速直连传动时（图例为离合器M结合），应使背轮脱开，以减少空载功率损失、噪声和发热，以及避免超速现象。图2-19所示的背轮机构不符合上述要求，当离合器M结合后，轴Ⅲ高速旋转，轴上的大齿轮 z_4 倒过来传动背轮轴，使其以更高的速度旋转。

3. 采用双公比的传动系

在通用机床的使用中，每级转速使用的机会不太相同。经常使用的转速一般是在转速范围的中段，转速范围的高、低段转速使用较少。双公比传动系就是针对这一情况而设计的。主轴的转速数列有两个公比，转速范围中经常使用的中段转速数列采用小公比，不经常使用的高、低段转速数列采用大公比。图2-20所示为采用双公比的转速图，转速范围中段转速数列的公比为 $\varphi_1=1.26$，高、低段转速数列的公比为 $\varphi_2=\varphi_1^2=1.58$。

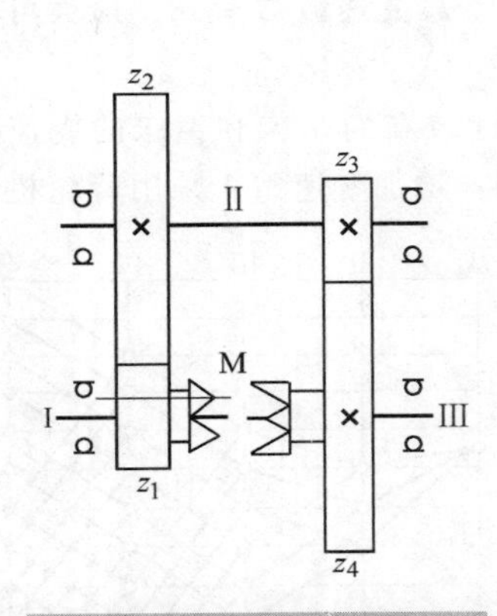

图2-19　背轮机构传动原理

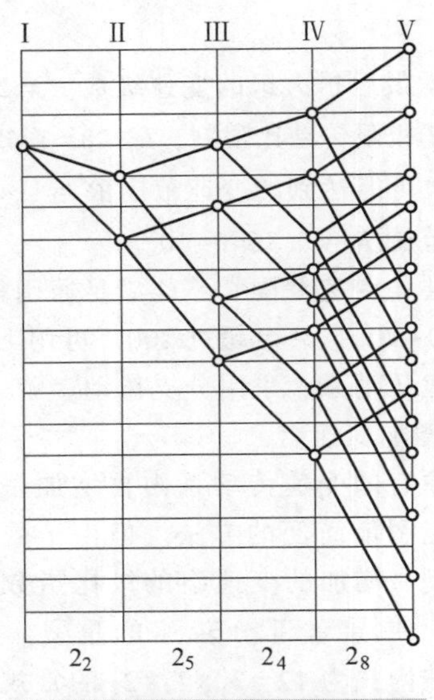

图2-20　采用双公比的转速图

双公比变速传动系是在常规变速传动系基础上，通过改变基本组的级比指数演变来的。设常规变速传动系 $16=2_2\times2_1\times2_4\times2_8$，$\varphi=1.26$，变速范围 $R_n=1.26^{16-1}\approx32$，基本组是第二个变速组，其级比指数 $X_0=1$；如要演变成双公比变速传动系，基本组的传动副数 P_0 常选为2。将基本组的级比指数 $X_0=1$ 增大到 $1+2n$，n 是大于1的正整数。本例中，$n=2$，基本组的级比指数成为5，结构式变成 $16=2_2\times2_5\times2_4\times2_8$，就成为图2-20所示的转速图。从图上可以看到，主轴转速范围的高、低段各出现 $n=2$ 个转速空档，各有2级转速的公比等于 $1.26^2\approx1.58$，比原来常规变速传动系增加了4级转速的变速范围，即从原来的变速范围32增加到 $R_n=1.26^{20-1}\approx80$。

4. 采用分支传动

分支传动是指在串联形式变速传动系的基础上，增加并联分支以扩大变速范围。如图2-15所示卧式车床主变速传动系及转速图。电动机经Ⅰ轴、Ⅱ轴、Ⅲ轴、Ⅳ轴直到Ⅴ轴，组成串联形式的变速传动系，$\varphi=1.26$，其结构式为

$$18=2_1\times3_2\times(2_6\times2_6-1)$$

理论上，最后扩大组的级比指数应是 12，变速范围为 16，超过了变速组的极限变速范围 8。最后扩大组的级比指数如取 9，正好达到极限变速范围。为了减小齿轮的尺寸，本例取 6，出现 6 级转速的重复，通过一对斜齿轮 26/58，使主轴Ⅵ得到 10～500r/min 共 18 级转速。在轴Ⅲ和主轴Ⅵ之间增加了一个升速传动副 63/50，构成高速分支传动，主轴得到 450～1400r/min 共 6 级高转速。

上述分支传动系的结构式可写为

$$24=2_1\times3_2\times[1+(2_6\times2_6-1)]$$

式中，“×”号表示串联，“+”号表示并联，“-”号表示转速重复。

本例主变速传动系采用分支传动方式，变速范围扩大到 $R_n=1400/10=140$。采用分支传动方式除了能较大地扩大变速范围外，还具有缩短高速传动路线、提高传动效率、减少噪声的优点。

（六）确定齿轮齿数

当各变速组的传动比确定之后，可确定齿轮齿数、带轮直径。对于定比传动的齿轮齿数和带轮直径，可依据机械设计手册推荐的计算方法确定。对于变速组内齿轮的齿数，如传动比是标准公比的整数次方时，变速组内每对齿轮的齿数和 S_z 及小齿轮的齿数可从表 2-7 中选取。在表 2-7 中，横坐标是齿数和 S_z，纵坐标是传动副的传动比 u，表中所列值是传动副的被动齿轮齿数，齿数和 S_z 减去被动齿轮齿数就是主动齿轮齿数。表 2-7 中所列的 u 值全大于 1，即全是升速传动。对于降速传动副，可取其倒数查表，查出的齿数则是主动齿轮齿数。

现举例说明表 2-7 的用法。图 2-13b 中的变速组 a 有三个传动副，其传动比分别是：$u_{a1}=1$，$u_{a2}=1/1.41$，$u_{a3}=1/2$。后两个传动比小于 1，取其倒数，即按 $u=1$、$u=1.41$ 和 $u=2$ 查表 2-7。在合适的齿数和 S_z 范围内，查出存在上述三个传动比的 S_z 分别有

$u_{a1}=1$　　　$S_z=\cdots$，60，62，64，66，68，70，72，74，…

$u_{a2}=1.41$　　　$S_z=\cdots$，60，63，65，67，68，70，72，73，75，…

$u_{a3}=2$　　　$S_z=\cdots$，60，63，66，69，72，75，…

如果变速组内所有齿轮的模数相同，并且是标准齿轮，则三对传动副的齿数和 S_z 应该是相同的。符合上述条件的有 $S_z=60$ 或 72。如取 $S_z=72$，从表 2-7 中可查出三个传动副的主动齿轮齿数分别为 36、30 和 24，则可算出三个传动副的齿轮齿数为 $u_{a1}=36/36$，$u_{a2}=30/42$，$u_{a3}=24/48$。

确定齿轮齿数时，选取合理的齿数和是很关键的。齿轮的中心距取决于传递的转矩。一般来说，主变速传动系是降速传动系，越后面的变速组传递的转矩越大，因此中心距也越大。为简化工艺，变速传动系内各变速组的齿轮模数最好相同，通常不超过 2～3 种模数。因此越后面的变速组的齿数和选择较大值，有助于实现上述要求。

变速传动组齿数和的确定有时需经过多次反复，即初选齿数和，确定主、被动齿轮齿数，计算齿轮模数，如模数过大应增大齿数和，反之则减小齿数和。为减少反复次数，按传递转矩要求可先初选中心距，设定齿轮模数，再算出齿数和。齿轮模数的设定应参考同类型机床的设计经验，如齿轮模数设定得过小，齿轮经不起冲击，易磨损；如设定得过大，齿数和将较小，使变速组内的最小齿轮齿数小于 17，产生根切现象，最小齿轮也有可能无法套装到轴上。齿轮可套装在轴上的条件为齿轮的齿槽到孔壁或键槽底部的壁厚 $a\geqslant2m$（m 为齿轮模数），以保证齿轮具有足够强度。齿数过小的齿轮传递平稳性也差。一般在主传动中，取最小齿轮齿数 $z_{min}\geqslant18\sim20$。

表 2-7　各种常用传动比的适用齿数

u \ S_z	40	41	42	43	44	45	46	47	48	49	50	51	52	53	54	55	56	57	58	59	60
1.00	20		21		22		23		24		25		26		27		28		29		30
1.06		20		21		22		23									27		28		29
1.12	19							22		23		24		25		26		27		28	
1.19					20		21		22		23					25		26		27	
1.25		19		19		20					22		23		24		25			26	
1.33	17		18		19			20		21		22			23		24	25			
1.41		17					19		20			21		22		23			24		25
1.50	16					18		19			20		21			22		23			24
1.60		16			17				18	19			20		21			22		23	23
1.68	15			16								19			20		21			22	
1.78			15					17			18			19			20		21		
1.88	14			15			16			17			18			19			20		21
2.00			14			15			16			17			18			19			20
2.11					14			15			16			17			18			19	
2.24			13			14				15			16			17			18		
2.37					13			14				15			16			17			
2.51			12				13			14				15			16				17
2.66					12				13			14				15			16	16	
2.82																					
2.99									12				13				14				15
3.16																					
3.35																					
3.55																					
3.76																					
3.98																					
4.22																					
4.47																					
4.73																					

u \ S_z	81	82	83	84	85	86	87	88	89	90	91	92	93	94	95	96	97	98	99	100	101
1.00		41		42		43		44		45		46		47		48	49	49	50	50	51
1.06		40	40	41	41	42	42	43	43	44	44	45	46	46	47	47		48			49
1.12	38		39		40		41		42		43		43	44	45	45	46	46	47	47	
1.19	37		38		39	39	40	40	41	41		42		43		44	44	45	45	45	46
1.25	36	36	37	37		38		39			40	41	41		42		43		44	44	45
1.33	35	35		36		37	37	38	38		39		40	40	41	41		42		43	43
1.41		34		35	35		36		37	37	38	38		39		40	40		41		42
1.50		33	33		34		35	35		36		37	37	38	38		39	39	40	40	
1.60		32	32		33	33		34		35	35		36		37	37		38	38	39	39
1.68	30		31		32	32		33	33		34		35	35		36	36		37	37	38
1.78	29		30	30		31			32		33	33		34	34		35	35		36	36
1.88	28		29	29		30	30		31	31		32	32		33	33		34	34	35	35
2.00	27			28		29	29		30	30		31	31		32	32	33	34			34
2.11	26			27			28	28		29	29		30	30		31	31		32	32	
2.24	25			26	26		27	27		28	28		29	29			30	30		31	31
2.37	24			25	25		26	26				27	27		28	28		29	29		30
2.51	23			24	24		25	25			26	26		27	27			28	28		29
2.66	22			23	23		24	24			25	25			26	26		27	27		
2.82	21			22			23	23			24	24			25	25			26	26	
2.99			21	21			22	22			23	23			24	24			25	25	
3.16			20	20			21	21			22	22			23	23			24	24	24
3.35		19	19			20	20	20			21	21			22	22			23	23	23
3.55	18	18	18			19	19			20	20	20			21	21			22	22	22
3.76	17				18	18				19	19				20	20			21	21	21
3.98	16			17	17	17			18	18	18			19	19	19			20	20	20
4.22			16	16				17	17	17			18	18	18			19	19	19	
4.47	15	15	15				16	16				17	17	17			18	18	18	18	
4.73	14				15	15	15				16	16	16			17	17	17	16		

61	62	63	64	65	66	67	68	69	70	71	72	73	74	75	76	77	78	79	80
	31		32		33		34		35		36		37		38		39		40
	30		31		32		33		34		35		36		37		38		39
	29		30		31		32		33		34		35		36	36	37	37	38
28		29	29		30		31		32		33		34	34	35	35		36	
27		28		29	29		30		31		32		33	33		34		35	
26		27		28			29		30		31			32		33		24	34
		26		27		28	28		29		30	30		31		32		33	33
				26		37	27		28		29	29		30		31	31		32
	24			25		26			27		28	28		29		30	30		31
	23		24			25		26	26		27	27		28		29	29		30
22			23			24		25	25		26			27			28		29
21		22	22		23	23		24			25			26			27		28
		21			22			23			24			25			26		
	20			21	21		22	22		23	23		24	24			25		
19	19			20			21			22	22		23	23		24	24		
19			19			20	20				21			22			23		
		18			19	19			20	20		21	21			22	22		23
	17				18			19	19			20	20			21			22
16				17			18	18			19	19			20	20			21
			16			17	17			18	18			19	19			20	20
					16	16			17	17				18				19	19
								16	16				17				18	18	
											16	16				17	17		
										15	15				16	16	17		17
																			16
																			14

102	103	104	105	106	107	108	109	110	111	112	113	114	115	116	117	118	119	120	
51	52	52	53	53	54	54	55	55	56	56	57	57	58	58	59	59	60	60	
	50		51		52		53	53	54	54	55	55	56	56	57	57	58	58	
48		49		50		51	51	52	52	53	53	54	54	55	55	56	56	57	
	47		48		49	49	50	50	51	51	52	52		53		54	54	55	
45		46		47	47	48	48	49	49	50	50		51	51	52	52	53	53	
44	44		45		46	46	47	47		48	48	49	49	50	50	51	51	52	
42	43	43		44	44	45	45	46	46		47	47	48	48		49	49	50	
41	41	42	42		43	43	44	44		45	45	46	46		47	47	48	48	
	40	40	41	41	41	42	42		43	43	44	44		45	45	46	46	46	
38		39	39		40	40	41	41		42	42		43	43	44	44	44	45	
37	37		38	38		39	39		40	40	41	41	41	42	42		43	43	
	36	36		37	37		38	38		39	39		40	40		41	41	42	
34		35	35		36	36		37	37		38	38	38	39	39	39	40	40	
33	33		34	34		35	35	35	36	36	36		37	37		38	38		
	32	32		33	33	33	34	34	34		35	35		36	36		37	37	
30		31	31		32	32	32		33	33		34	34		35	35	35		
29			30	30		31	31	31		32	32		33	33	33		34	34	
28	28		29	29	29		30	30	30		31	31		32	32	32		33	
27	27	27		28	28	28		29	29	29		30	30			31	31		
	26	26	26		27	27			38	38			29	29			36	30	
	25	25	25		26	26	26			27	27			28	28			29	
		24	24			25	25	25		26	26	26				27	27		
		23	23	23		24	24	24			25	25	25		26	26	26		
		22	22	22		23	23	23			24	24	24			25	25	25	
	21	21	21	21		22	22	22	22		23	23	23	23		24	23	24	
	20	20	20	20		21	21	21	21		22	22	22	22			23	23	
	19	19				20	20	20	20		21	21	21	21			22	22	
18	18	18				19	19	19			20	20	20	20			21	21	

采用三联滑移齿轮时，应检查滑移齿轮之间的齿数关系：三联滑移齿轮的最大齿轮和次大齿轮之间的齿数差应大于或等于 4，以保证滑移时齿轮外圆不相碰。例如图 2-13a 所示的变速组 a，三联齿轮左移时，齿轮 42 将从轴 Ⅰ 上齿轮 24 旁滑移过去，要使 42 与 24 齿轮外圆不碰，这两个齿轮的齿顶圆半径之和应等于或小于中心距，而实际上滑移齿轮最大齿轮和次大齿轮的齿数差为 48-42=6，故不会碰。如果齿数差小于 4，将无法实现变速。

齿轮齿数确定后，还应验算一下实际传动比（齿轮齿数之比）与理论传动比（转速图上给定的传动比）之间的转速误差是否在允许范围之内。转速误差一般应满足

$$(n'-n)/n \leqslant \pm 10(\varphi-1)\%$$

式中　n'——主轴实际转速；

n——主轴的标准转速；

φ——公比。

有时在希望的齿数和范围内找不到变速组各传动副相同的齿数和，此时可选择齿数和不等但差数一般小于 1~3 的方案，然后采用齿轮变位的方法使各传动副的中心距相等。在本例中，如果认为齿数和 60 太小，72 又太大，第一、三传动副可选 66，第二传动副选 67，将第二传动副的齿轮进行负变位，使其同第一、三传动副的中心距相同。

（七）确定计算转速

1. 机床的功率转矩特性

由切削理论得知，在切削深度和进给量不变的情况下，切削速度对切削力的影响较小。因此，主运动是直线运动的机床，如刨床的工作台，在切削深度和进给量不变的情况下，不论切削速度多大，所承受的切削力基本是相同的，驱动直线运动工作台的传动件在所有转速下承受的转矩当然也基本是相同的，这类机床的主传动属恒转矩传动。

对于主运动是旋转运动的机床，如车床、铣床等，在切削深度和进给量不变的情况下，主轴在所有转速下承受的扭矩与工件或铣刀的直径基本上成正比，但主轴的转速与工件或铣刀的直径基本上成反比。可见，主运动是旋转运动的机床，其主传动基本上是恒功率传动。

通用机床的工艺范围广，变速范围大，使用条件也复杂，主轴实际的转速和传递的功率，也就是承受的转矩是经常变化的。例如通用车床主轴转速范围的低速段，常用来切削螺纹、铰孔或精车等，消耗的功率较小，计算时如按传递全部功率计算，将会使传动件的尺寸不必要地增大，造成浪费；在主轴转速的高速段，由于受电动机功率的限制，切削深度和进给量不能太大，传动件所受的转矩随转速的增大而减小。

主变速传动系中各传动件究竟按多大的转矩进行计算，导出计算转速的概念。主轴或各传动件传递全部功率的最低转速为它们的计算转速 n_j。图 2-21 所示主轴的功率转矩特性图中，主轴从最高转速到计算转速之间应传递全部功率，而其输出转矩随转速的降低而增大，称为恒功率区；从计算转速到最低转速之间，主轴不必传递全部功率，输出的转矩不再随转速的降低而增大，保持计算转速时的转矩不变，传递的功率则随转速的降低而降低，称为恒转矩区。

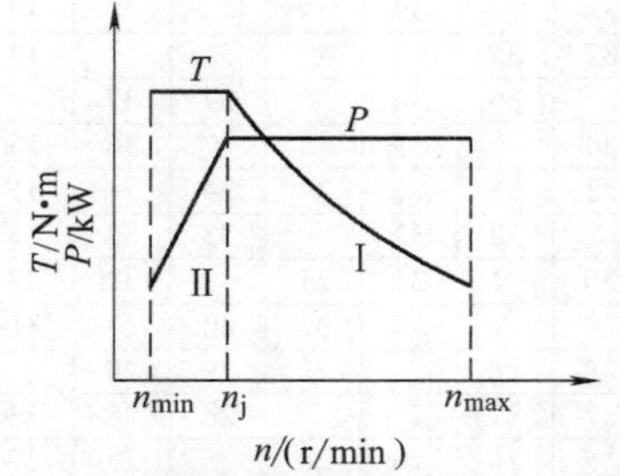

图 2-21　主轴的功率转矩特性图

不同类型机床主轴计算转速的选取是不同的，对于大型机床，由于应用范围很广，调速范围很宽，计算转速可取得高些。对于精密机床、滚齿机，由于应用范围较窄，调速范围小，计算转速可取得低一些。各类机床主轴计算转速的统计公式见表 2-8。对于数控机床，调速范围比普通机床宽，计算转速可比表 2-8 中推荐的高些。

表 2-8　各类机床的主轴计算转速

机床类型		计算转速 n_j	
		等公比传动	混合公比或无级调速
中型通用机床和使用较广的半自动机床	车床、升降台式铣床、转塔车床、液压仿形半自动车床、多刀半自动车床、单轴自动车床、多轴自动车床、立式多轴半自动车床 卧式镗铣床(ϕ63~ϕ90mm)	$n_j=n_{min}\varphi^{\frac{Z}{3}-1}$ n_j 为主轴第一个(低的)三分之一转速范围内的最高一级转速	$n_j=n_{min}\left(\frac{n_{max}}{n_{min}}\right)^{0.3}$
	立式钻床、摇臂钻床、滚齿机	$n_j=n_{min}\varphi^{\frac{Z}{4}-1}$ n_j 为主轴第一个(低的)四分之一转速范围内的最高一级转速	$n_j=n_{min}\left(\frac{n_{max}}{n_{min}}\right)^{0.25}$
大型机床	卧式车床(ϕ1250~ϕ4000mm) 单柱立式车床(ϕ1400~ϕ3200mm) 单柱可移动式立式车床(ϕ1400~ϕ1600mm) 双柱立式车床(ϕ3000~ϕ12000mm) 卧式镗铣床(ϕ110~ϕ160mm) 落地式镗铣床(ϕ125~ϕ160mm)	$n_j=n_{min}\varphi^{\frac{Z}{3}}$ n_j 为主轴第二个三分之一转速范围内的最低一级转速	$n_j=n_{min}\left(\frac{n_{max}}{n_{min}}\right)^{0.35}$
高精度和精密机床	落地式镗铣床(ϕ160~ϕ260mm) 主轴箱可移动的落地式镗铣床(ϕ125~ϕ300mm)	$n_j=n_{min}\varphi^{\frac{Z}{2.5}}$	$n_j=n_{min}\left(\frac{n_{max}}{n_{min}}\right)^{0.4}$
	坐标镗床 高精度车床	$n_j=n_{min}\varphi^{\frac{Z}{4}-1}$ n_j 为主轴第一个(低的)四分之一转速范围内的最高一级转速	$n_j=n_{min}\left(\frac{n_{max}}{n_{min}}\right)^{0.25}$

2. 主变速传动系中传动件计算转速的确定

主变速传动系中的传动件包括轴和齿轮，它们的计算转速可根据主轴的计算转速和转速图确定。确定的顺序通常是先定出主轴的计算转速，再顺次由后往前，定出各传动轴的计算转速，然而再确定齿轮的计算转速。现举例加以说明。

【例 2-1】　试确定图 2-16 所示多刀半自动车床的主轴、各传动轴和齿轮的计算转速。

解　(1) 主轴的计算转速　由表 2-8 可知，主轴的计算转速是低速第一个三分之一变速范围的最高一级转速，即 $n_j=185$r/min。

(2) 各传动轴的计算转速　轴Ⅱ有 4 级转速，其最低转速 315r/min 通过双联齿轮使主轴获得 2 级转速：90r/min 和 345r/min。345r/min 比主轴的计算转速高，需传递全部功率，故轴Ⅱ的 315r/min 转速也应能传递全部功率，是计算转速。

轴Ⅰ由双速电动机直接驱动，有两级转速：710r/min 和 1440r/min。710r/min 转速通过双联齿轮使轴Ⅱ获得 2 级转速：315r/min 和 445r/min，均需传递全部功率，故轴Ⅰ的 710r/min 转速也应能传递全部功率，是计算转速。

(3) 各齿轮的计算转速　各变速组内一般只计算组内最小的，也是强度最弱的齿轮，故也只需确定最小齿轮的计算转速。

轴Ⅱ—Ⅲ间变速组的最小齿轮是 $z=25$，经该齿轮传动，使主轴获得 4 级转速：90r/min、

125r/min、185r/min 和 255r/min。主轴的计算转速是 185r/min，故 $z=25$ 齿轮在 640r/min 时应传递全部功率，是计算转速。

轴Ⅰ—Ⅱ间变速组的最小齿轮是 $z=36$，经该齿轮传动，使轴Ⅱ获得 2 级转速：315r/min 和 640r/min。轴Ⅱ的计算转速是 315r/min，故 $z=36$ 齿轮在 710r/min 时应传递全部功率，是计算转速。

（八）变速箱内传动件的空间布置与计算

1. 变速箱内各传动轴的空间布置

变速箱内各传动轴的空间布置首先要满足机床总体布局对变速箱的形状和尺寸的限制，还要考虑各轴受力情况、装配调整和操纵维修的方便。其中变速箱的形状和尺寸限制是影响传动轴空间布置最重要的因素。例如铣床的变速箱就是立式床身，高度方向和轴向尺寸较大，变速系各传动轴可布置在立式床身的铅直对称面上；摇臂钻床的变速箱在摇臂上移动，变速箱轴向尺寸要求较短，横截面尺寸可较大，布置时往往为了缩短轴向尺寸而增加轴的数目，即加大箱体的横截面尺寸；卧式车床的主轴箱安装在床身的上面，横截面呈矩形，高度尺寸只能略大于主轴中心高加主轴上大齿轮的半径，主轴箱的轴向尺寸取决于主轴长度，为提高主轴组件的刚度，一般较长，可设置多个中间墙。

图 2-22 所示为卧式车床主轴箱的横截面图，为把主轴和数量较多的传动轴布置在尺寸有限的矩形截面内，又要便于装配、调整和维修，还要照顾到变速机构、润滑装置的设计，不是一件易事。各轴布置顺序大致如下：首先确定主轴的位置，对车床来说，主轴位置主要根据车床的中心高确定；确定传动主轴的轴，以及与主轴有齿轮啮合关系的轴的位置；确定电动机轴或运动输入轴（轴Ⅰ）的位置；最后确定其他各传动轴的位置。各传动轴常按三角形布置，以缩小径向尺寸，如图中的Ⅰ、Ⅱ、Ⅲ轴。为缩小径向尺寸，还可以使箱内某些传动轴的轴线重合，如图 2-23 中的Ⅲ、Ⅴ两轴。

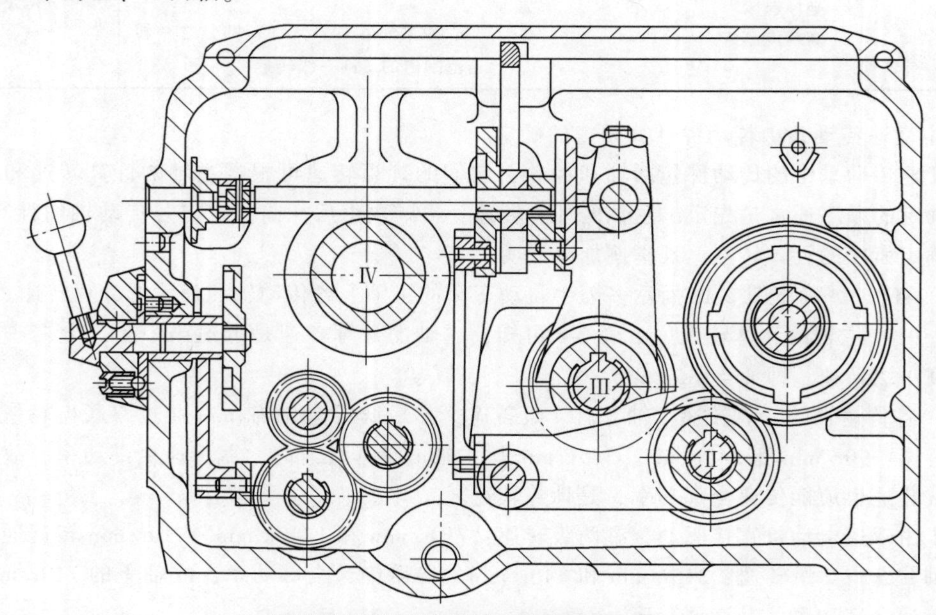

图 2-22　卧式车床主轴箱的横截面图

图 2-24 所示为卧式铣床的主变速传动机构，利用铣床立式床身作为变速箱体。床身内部空间较大，所以各传动轴可以排在一个铅直平面内，不必过多考虑空间布置的紧凑性，以方便制

造、装配、调整、维修，以及便于布置变速操纵机构。床身较长，为减少传动轴轴承间的跨距，可在中间加一个支承墙。

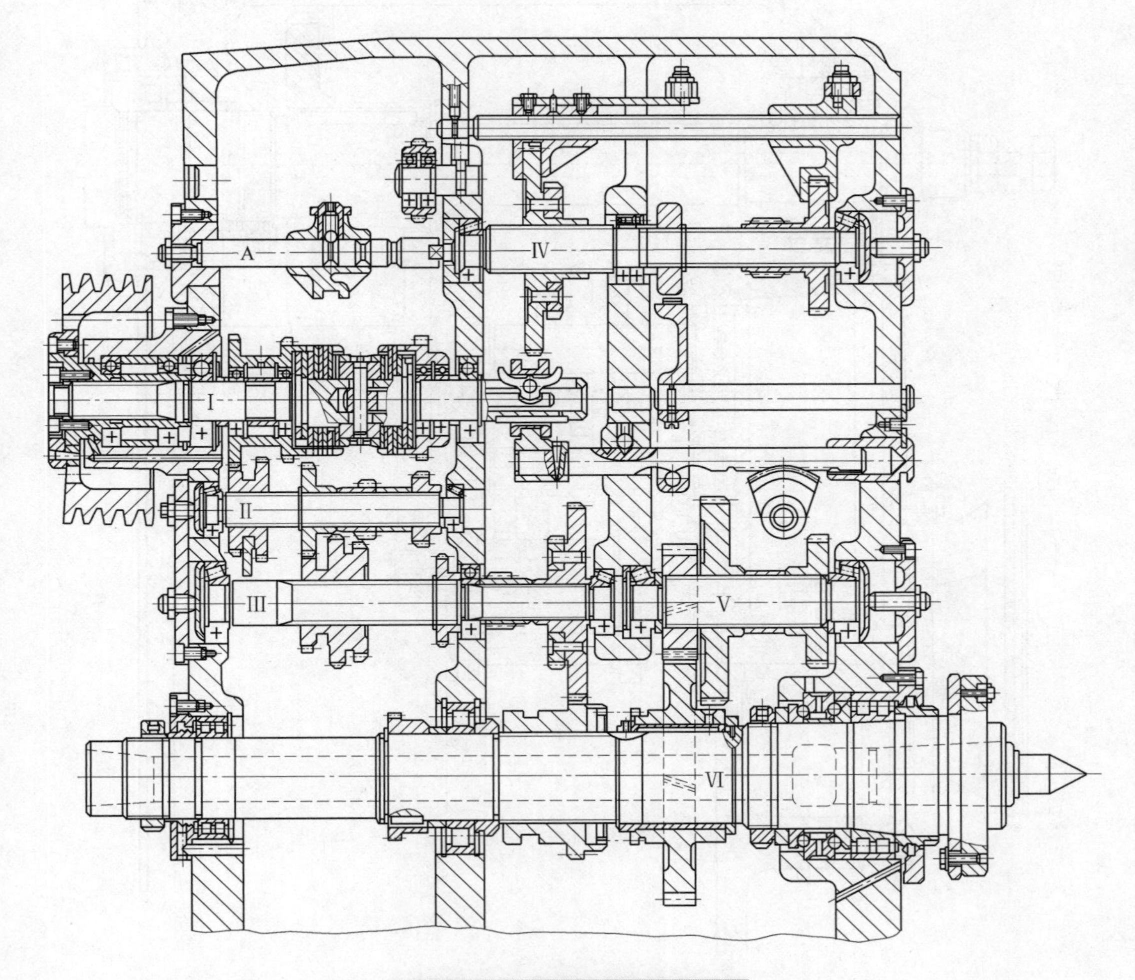

图 2-23　卧式车床主轴箱展开图

这类机床传动轴布置也是先要确定出主轴在立式床身中的位置，然后就可按传动顺序由上而下地依次确定各传动轴的位置。

2. 变速箱内各传动轴的轴向固定

传动轴通过轴承在箱体内实现轴向固定的方法有一端固定和两端固定两种。采用单列深沟球轴承时，可以一端固定，也可以两端固定；采用圆锥滚子轴承时，则必须两端固定。一端固定的优点是轴受热后可以向另一端自由伸长，不会产生热应力，因此宜用于长轴。图 2-25 所示为传动轴一端固定的几种方式。图 2-25a 所示为用衬套和端盖将轴承固定，并一起装到箱壁上，其优点是可在箱壁上镗通孔，便于加工，但构造复杂，还需要在衬套上加工出内外凸肩。图 2-25b 所示方式虽然不用衬套，但在箱体上要加工一个有台阶的孔，因而在成批生产中较少应用。图 2-25c 所示为用弹性挡圈代替台阶，结构简单，工艺性较好，图 2-24 所示的各传动轴都采用这种方式。图 2-25d 所示为两面都用弹性挡圈的结构，构造简单，安装方便，但在孔内挖槽时需用专门的工艺装备，所以这种结构适用于批量较大的机床。图 2-25e 所示的构造是在轴承的

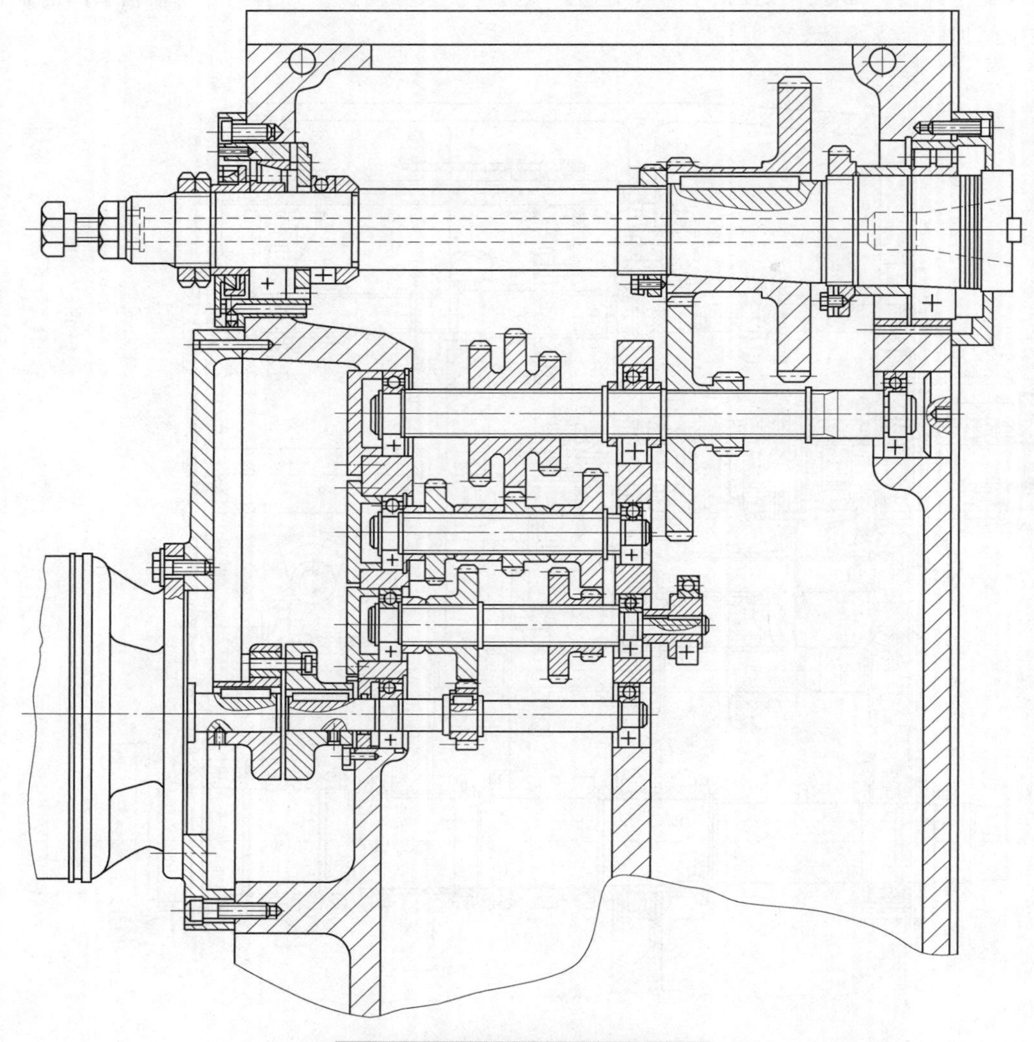

图 2-24　卧式铣床主变速传动机构

外圈上加工有沟槽，将弹性挡圈卡在箱壁与压盖之间，箱体孔内不用挖槽，结构更加简单，装配更方便，但需轴承厂专门供应这种轴承。一端固定时，轴的另一端的结构如图 2-25f 所示，轴承用弹性挡圈固定在轴端，外环在箱体孔内轴向不定位。

图 2-26 所示为传动轴两端固定的几种方式。图 2-26a 所示为通过调整螺钉 2、压盖 1 及锁紧螺母 3 来调整圆锥滚子轴承的间隙，调整比较方便。图 2-26b、c 所示为通过改变垫圈 4 的厚度来调整轴承的间隙，结构简单。

3. 各传动轴的估算和验算

机床各传动轴在工作时必须具有足够的弯曲刚度和扭转刚度。轴在弯矩作用下，如产生过大的弯曲变形，则装在轴上的齿轮会因倾角过大而使齿面的压强分布不均，产生不均匀磨损和加大噪声；也会使滚动轴承内、外圈产生相对倾斜，影响轴承使用寿命。如果轴的扭转刚度不够，则会引起传动轴的扭振。所以在设计开始时，要先按扭转刚度估算传动轴的直径，待结构确定之后，定出轴的跨距，再按弯曲刚度进行验算。

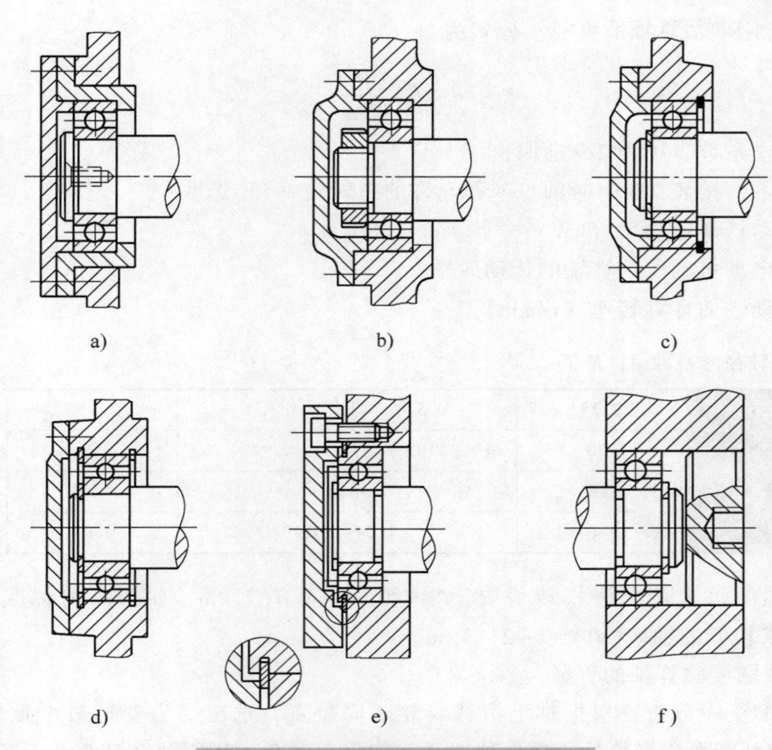

图 2-25　传动轴一端固定的几种方式

a）衬套和端盖固定　b）孔台阶和端盖固定　c）弹性挡圈和端盖固定

d）两个弹性挡圈固定　e）轴承外圈上的挡圈　f）另一端结构

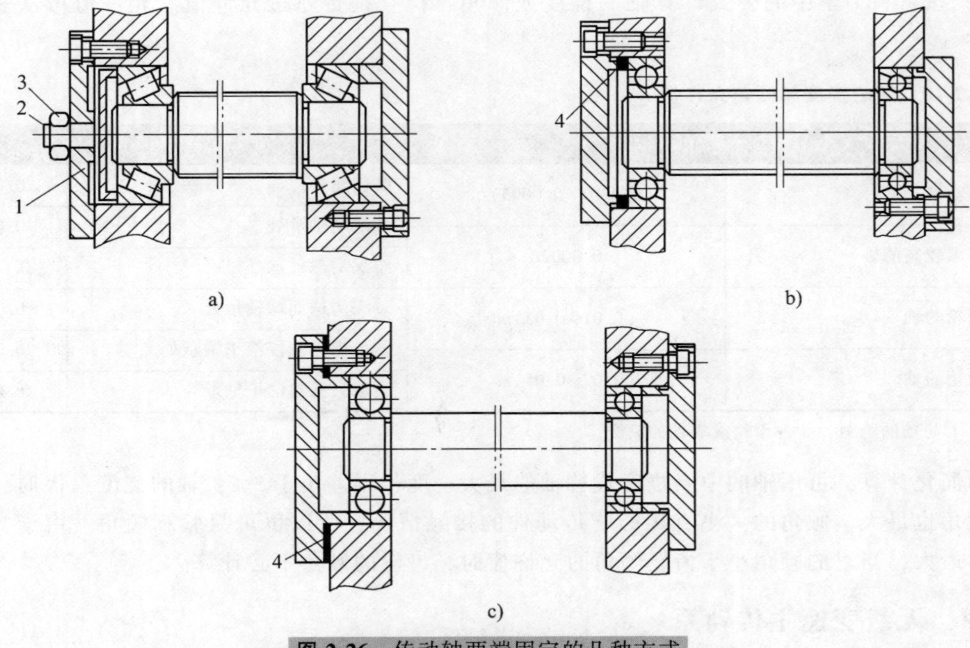

图 2-26　传动轴两端固定的几种方式

a）用螺钉调整　b、c）用垫圈调整

1—压盖　2—调整螺钉　3—螺母　4—垫圈

（1）按扭转刚度估算轴的直径 公式为

$$d \geqslant KA\sqrt[4]{\frac{P\eta}{n_j}}$$

式中 K——键槽系数，按表2-9选取；

A——系数，按表2-9中的轴每米长允许的扭转角（°）选取；

P——电动机额定功率（kW）；

η——从电动机到所计算轴的传动效率；

n_j——传动轴的计算转速（r/min）。

表2-9 估算轴径时系数 A、K 值

$[\Phi]/(°)\ m^{-1}$	0.25	0.5	1.0	1.5	2.0
A	130	110	92	83	77
K	无键	单键		双键	花键
	1.0	1.04~1.05		1.07~1.1	1.05~1.09

一般传动轴的每米长允许扭转角取$[\Phi]$=0.5~1.0(°)/m，要求高的轴取$[\Phi]$=0.25~0.5(°)/m，要求较低的轴取$[\Phi]$=1~2(°)/m。

（2）按弯曲刚度验算轴的直径

1）进行轴的受力分析，根据轴上滑移齿轮不同位置，选出受力变形最严重的位置进行验算。如较难准确判断滑移齿轮处于哪个位置受力变形最严重，则需要多计算几个不同的位置。

2）在最严重情况出现时，如齿轮处于轴的中部，应验算在齿轮处的挠度；如齿轮处于轴的两端附近时，应验算齿轮处的倾角。此外，还应验算轴承处的倾角。

3）按材料力学中的公式计算轴的挠度或倾角，检查是否超过允许值。允许值可从表2-10查出。

表2-10 轴的挠度和倾角允许值

挠 度/mm		倾 角/rad	
一般传动轴	$(0.0003\sim0.0005)L$	装齿轮处	0.001
		装滑动轴承处	0.001
刚度要求较高的轴	$0.0002L$	装深沟球轴承处	0.0025
安装齿轮的轴	$(0.01\sim0.03)m$	装深沟球面球轴承处	0.005
		装单列短圆柱滚子轴承处	0.001
安装蜗轮的轴	$(0.02\sim0.05)m$	装单列圆锥滚子轴承处	0.0006

注：L 为轴的跨距；m 为齿轮或蜗轮的模数。

为简化计算，可用轴的中点挠度代替轴的最大挠度，误差小于3%；轴的挠度最大时，轴承处的倾角也最大。倾角的大小直接影响传动件的接触情况，所以也可只验算倾角。由于支承处的倾角最大，当它的倾角小于齿轮倾角的允许值时，齿轮的倾角不必计算。

四、无级变速主传动系

（一）无级变速装置的分类

无级变速是指在一定范围内，转速（或速度）能连续地变换，从而获取最有利的切削速度。

机床主传动中常采用的无级变速装置有三大类：变速电动机、机械无级变速装置和液压无级变速装置。

1. 变速电动机

机床上常用的变速电动机有复励直流电动机和交流变频电动机，在额定转速以上为恒功率变速，通常调速范围较小；额定转速以下为恒转矩变速，调速范围很大。上述功率和转矩特性一般不能满足机床的使用要求。为了扩大恒功率调速范围，在变速电动机和主轴之间串联一个分级变速箱。变速电动机广泛用于数控机床、大型机床中。

2. 机械无级变速装置

机械无级变速装置有柯普（Koop）型、行星锥轮型、分离锥轮钢环型、宽带型等多种结构，它们都是利用摩擦力来传递转矩，通过连续地改变摩擦传动副工作半径来实现无级变速。由于它的变速范围小，多数是恒转矩传动，通常较少单独使用，而是与分级变速机构串联使用，以扩大变速范围。机械无级变速装置用于要求功率和变速范围较小的中小型车床、铣床等机床的主传动中，更多地是用于进给变速传动中。

3. 液压无级变速装置

液压无级变速装置通过改变单位时间内输入液压缸或液动机中液体的油量来实现无级变速。它的特点是变速范围较大、变速方便、传动平稳、运动换向时冲击小、易于实现直线运动和自动化。液压无级变速装置常用在主运动为直线运动的机床中，如刨床、拉床等。

（二）无级变速主传动系的设计原则

1）尽量选择功率和转矩特性符合传动系要求的无级变速装置。如果是执行件做直线主运动的主传动系，对变速装置的要求是恒转矩传动，如龙门刨床的工作台，就应该选择恒转矩传动为主的无级变速装置，如直流电动机；如果主传动系要求恒功率传动，如车床或铣床的主轴，就应选择恒功率无级变速装置，如柯普（Koop）B 型和 K 型机械无级变速装置、变速电动机串联机械分级变速箱等。

2）无级变速装置单独使用时，其调速范围较小，满足不了要求，尤其是恒功率调速范围往往远小于机床实际需要的恒功率变速范围。为此，常把无级变速装置与机械分级变速箱串联在一起使用，以扩大恒功率变速范围和整个变速范围。

如果机床主轴要求的变速范围为 R_n，选取的无级变速装置的变速范围为 R_d，串联的机械分级变速箱的变速范围 R_f 应为

$$R_f=\frac{R_n}{R_d}=\varphi_f^{Z-1} \tag{2-16}$$

式中 Z——机械分级变速箱的变速级数；

φ_f——机械分级变速箱的公比。

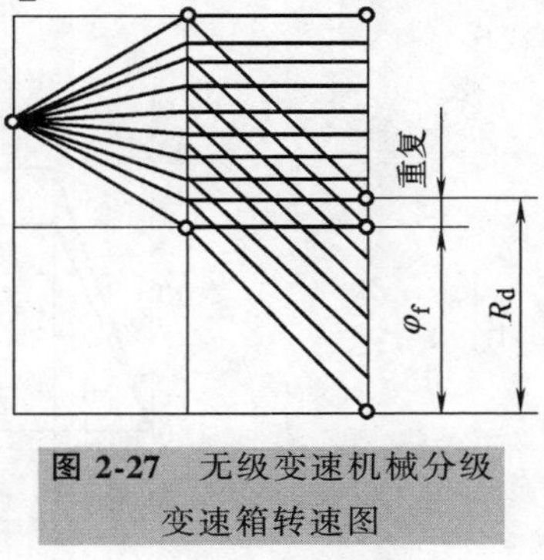

通常，无级变速装置作为传动系中的基本组，而机械分级变速箱作为扩大组，其公比 φ_f 理论上应等于无级变速装置的变速范围 R_d。实际上，由于机械无级变速装置属于摩擦传动，有相对滑动现象，可能得不到理论上的转速。为了得到连续的无级变速，设计时应该使分级变速箱的公比 φ_f 略小于无级变速装置的变速范围，即取 $\varphi_f=(0.90\sim0.97)R_d$，使转速之间有一小段重叠，保证转速连续，如图 2-27 所示。将 φ_f 值代入式（2-16），可算出机械分级变速箱的变速级数 Z。

图 2-27　无级变速机械分级变速箱转速图

【例 2-2】　设机床主轴的变速范围 $R_n=60$，无级变速装置的变速范围 $R_d=8$，设计机械分级

变速箱，求出其级数，并画出转速图。

解 机械分级变速箱的变速范围为

$$R_{\mathrm{f}}=\frac{R_{\mathrm{n}}}{R_{\mathrm{d}}}=\frac{60}{8}=7.5$$

机械分级变速箱的公比为

$$\varphi_{\mathrm{f}}=(0.90\sim0.97)R_{\mathrm{d}}=0.94\times8=7.52$$

由式（2-16）可知机械分级变速箱的级数为

$$Z=1+\frac{\lg7.5}{\lg7.52}=2$$

无级变速机械分级变速箱转速图如图2-27所示。

五、数控机床主传动系设计特点

现代切削加工正朝着高速、高效和高精度方向发展，对机床的性能提出越来越高的要求，如：转速高；调速范围大，恒转矩调速范围达1∶100~1∶1000，恒功率调速范围达1∶10以上，更大的功率范围达2.2~250kW；能在切削加工中自动变换速度；机床结构简单；噪声要小；动态性能要好；可靠性要高。数控机床主传动设计也应该满足上述要求，因此具有如下特点。

（一）主传动采用直流或交流电动机无级调速

1. 直流电动机无级调速

直流电动机是采用调压和调磁方式来得到主轴所需转速的。其调速范围与功率特性如图2-28a所示。从最低转速至电动机额定转速，是通过调节电枢电压，保持励磁电流恒定的方法进行调速的，属于恒转矩调速，起动力矩大，响应快，能满足低速切削需要。从额定转速至最高转速，是通过改变励磁电流，从而改变励磁磁通，保持电枢电压恒定的方法进行调速的，属于恒功率调速。

一般直流电动机恒转矩调速范围较大，而恒功率调速范围较小，仅能达到2~3，满足不了机床的要求；在高转速范围要进一步提高转速，必须加大励磁电流，但会引起电刷产生火花，故而限制了电动机的最高转速和调速范围。因此，直流电动机仅在早期的数控机床上应用较多。

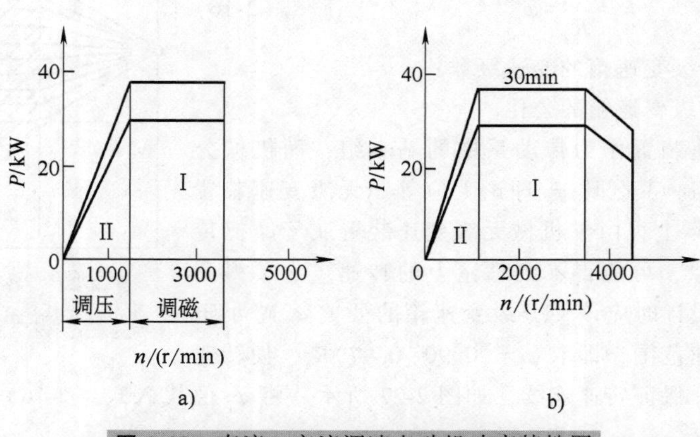

图2-28 直流、交流调速电动机功率特性图

a）直流电动机调速 b）交流电动机调速

2. 交流电动机无级调速

交流调速电动机通常是通过调频进行变速的，其调速范围和功率特性如图 2-28b 所示。交流调速电动机一般为笼型感应电动机结构，体积小，转动惯量小，动态响应快；无电刷，因而最高转速不受火花限制；采用全封闭结构，具有空气强冷，保证高转速和较强的超载能力，具有很宽的调速范围。例如兰州电机厂生产的、额定转速为 1500r/min 或 2000r/min 的交流调速电动机，恒功率调速范围可达 1∶5 或 1∶4；额定转速为 750r/min 或 500r/min 的交流调速电动机，恒功率调速范围可达 1∶12 以上；在某些应用场合，使用这些电动机可以取消机械变速箱，能较好地适应现代数控机床主传动的要求，因此，其应用越来越广泛。

（二）数控机床驱动电动机和主轴功率特性的匹配设计

在设计数控机床主传动时，必须考虑电动机与机床主轴功率特性匹配问题。由于主轴要求的恒功率变速范围 R_{nN} 远大于电动机的恒功率变速范围 R_{dN}，所以在电动机与主轴之间要串联一个分级变速箱，以扩大其恒功率调速范围，满足低速大功率切削时对电动机的输出功率的要求。

在设计分级变速箱时，考虑到机床结构复杂程度、运转平稳性要求等因素，变速箱公比的选取有三种情况。

1）取变速箱的公比 φ_f 等于电动机的恒功率调速范围 R_{dN}，即 $\varphi_f=R_{dN}$，功率特性图是连续的，无“缺口”和无重合。如果变速箱的变速级数为 Z，那么主轴的恒功率变速范围 R_{nN} 为

$$R_{nN}=\varphi_f^{Z-1}R_{dN}=\varphi_f^Z \tag{2-17}$$

变速箱的变速级数 Z 可由下式算出

$$Z=\frac{\lg R_{nN}}{\lg\varphi_f} \tag{2-18}$$

2）若要简化变速箱结构，变速级数应少些，变速箱公比 φ_f 可取大于电动机的恒功率调速范围 R_{dN}，即 $\varphi_f>R_{dN}$。这时，变速箱每档内有部分低转速只能恒转矩变速，主传动系功率特性图中出现“缺口”，称为功率降低区。使用“缺口”范围内的转速时，为限制转矩过大，得不到电动机输出的全部功率。为保证“缺口”处的输出功率，电动机的功率应相应增大。主轴的恒功率变速范围 R_{nN} 等于

$$R_{nN}=\varphi_f^{Z-1}R_{dN} \tag{2-19}$$

变速箱的变速级数 Z 可由下式算出

$$Z=1+\frac{\lg R_{nN}-\lg R_{dN}}{\lg\varphi_f} \tag{2-20}$$

图 2-29 所示为主轴箱展开图，图 2-30 所示为相应的主传动系图，图 2-31a 所示为转速图。机床主电动机采用交流调速电动机，连续工作额定功率为 18.5kW，30min 工作最大输出为 22kW。电动机经中间轴 3，锥环 2 无键连接驱动齿轮 1，经两级滑移齿轮变速传至主轴。滑移齿轮中的大齿轮套在小齿轮上，大齿轮的左侧是齿数、模数与小齿轮相同的内齿轮，两者组成齿轮离合器，将大小齿轮连成一体。

交流调速电动机的额定转速为 1500r/min，最高转速为 4000r/min，电动机恒功率调速范围 R_{dN} = 4000r/min/(1500r/min) = 2.67，主轴恒功率变速范围 $R_{nN}=n_{max}/n_j$ = 4000r/min/(254r/min) = 15.7。变速箱的变速级数 $Z=2$，由式（2-19）可算出变速箱的公比 $\varphi_f=5.95$，远大于 R_{dN}，在主轴的功率特性图中将出现较大的“缺口”，如图 2-32b 所示。在“缺口”处的功率仅为

$$P_{实}=\frac{R_{dN}P_{电机}}{\varphi_f}=\frac{2.67\times18.5\text{kW}}{5.95}=8.3\text{kW} \tag{2-21}$$

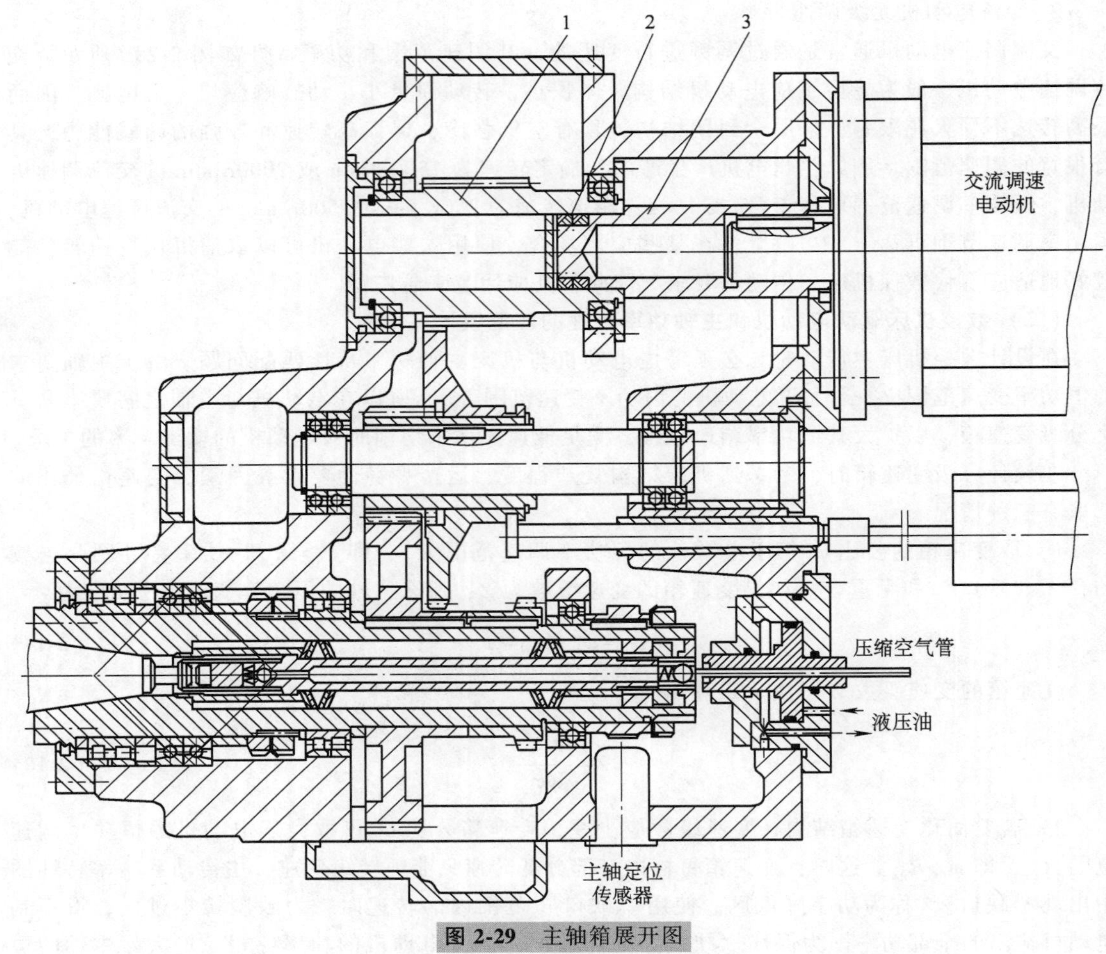

图 2-29　主轴箱展开图

1—齿轮　2—锥环　3—轴

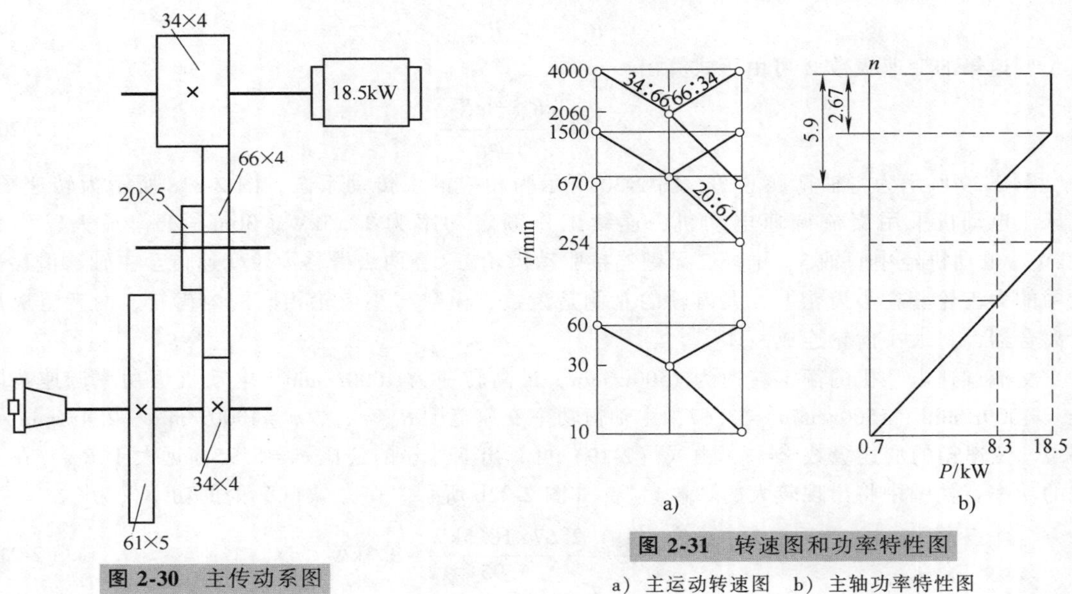

图 2-30　主传动系图

图 2-31　转速图和功率特性图

a）主运动转速图　b）主轴功率特性图

3）如果数控机床为了恒线速度切削需在运转中变速，取变速箱公比 φ_f 小于电动机的恒功率变速范围，即 $\varphi_f<R_{dN}$，在主传动系功率特性图上有小段重合，这时变速箱的变速级数仍可由式（2-18）算出，且级数会增加。

【例 2-3】 某数控机床，主轴最高转速 $n_{max}=3550\text{r/min}$，最低转速 $n_{min}=14\text{r/min}$，计算转速 $n_j=180\text{r/min}$，采用直流电动机，电动机功率为 28kW，电动机的最高转速为 4400r/min，额定转速为 1750r/min，最低转速为 140r/min。试设计分级变速箱的主传动系。

解 主轴要求的恒功率调速范围为

$$R_{nN}=\frac{3550\text{r/min}}{180\text{r/min}}=19.72$$

电动机可达到的恒功率调速范围为

$$R_{dN}=\frac{4400\text{r/min}}{1750\text{r/min}}=2.5$$

取 $\varphi_f=2<R_{dN}$，由式（2-20）可算出变速箱的变速级数

$$Z=3.98$$

取 $Z=4$。

分级变速箱的主运动转速图和主轴功率特性图如图 2-32 所示。由于变速箱公比小于电动机的恒功率调速范围，因此在主轴的功率特性图上出现小段重合。图 2-33 所示为设计的主传动系图。

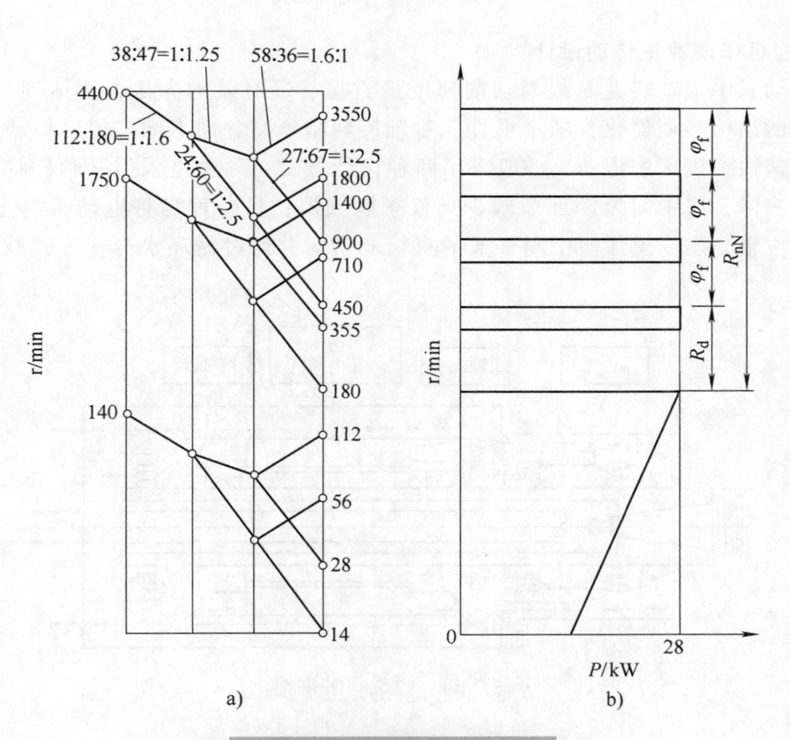

图 2-32 转速图和功率特性图

a）主运动转速图 b）主轴功率特性图

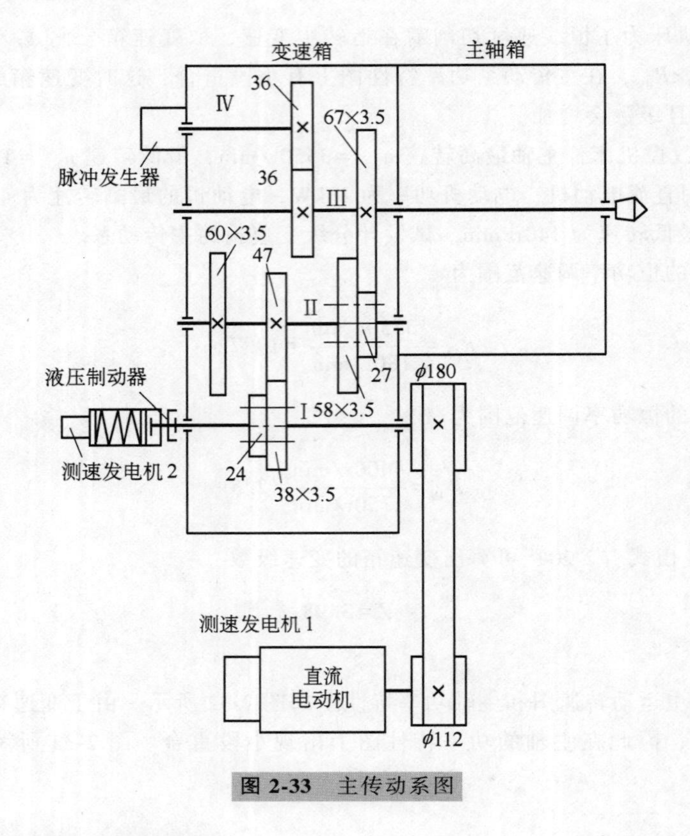

图 2-33　主传动系图

（三）数控机床高速主传动设计

提高主传动系中主轴转速是提高切削速度最直接、最有效的方法，要达到高的主轴转速，要求主轴系统的结构必须简化，减小惯性，主轴旋转精度高，动态响应好，振动和噪声小。对于高速和超高速数控机床主传动，一般采用两种设计方式：一种是采用联轴器将机床主轴和电动机轴串接成一体，将中间传动环节减少到仅剩联轴器；另一种是将电动机与主轴合为一体，制成内装式电主轴，实现无任何中间环节的直接驱动，并通过循环水冷却方式减少发热，如图2-34 所示。

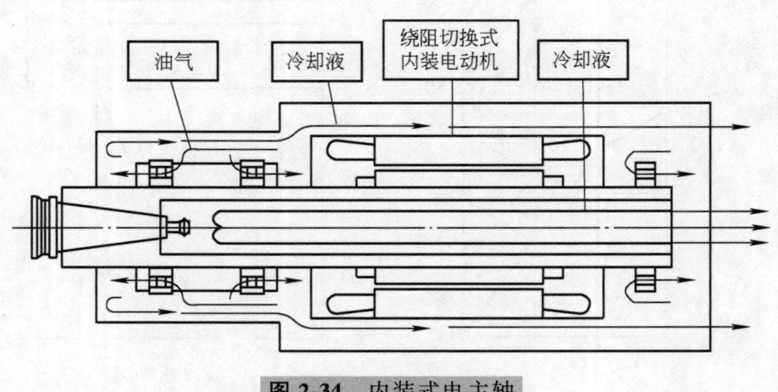

图 2-34　内装式电主轴

（四）数控机床采用部件标准化、模块化结构设计

中小型数控车床主传动系设计中，广泛采用模块化的变速箱和主轴单元形式。再如，整机

数控车床的模块化设计是在几个基础模块部件（床身、底座等）基础上，按加工要求灵活配置若干功能部件（如主轴、刀架、尾座等）和附加模块化装置（各式机械手、检测装置等），如图 2-35 所示。

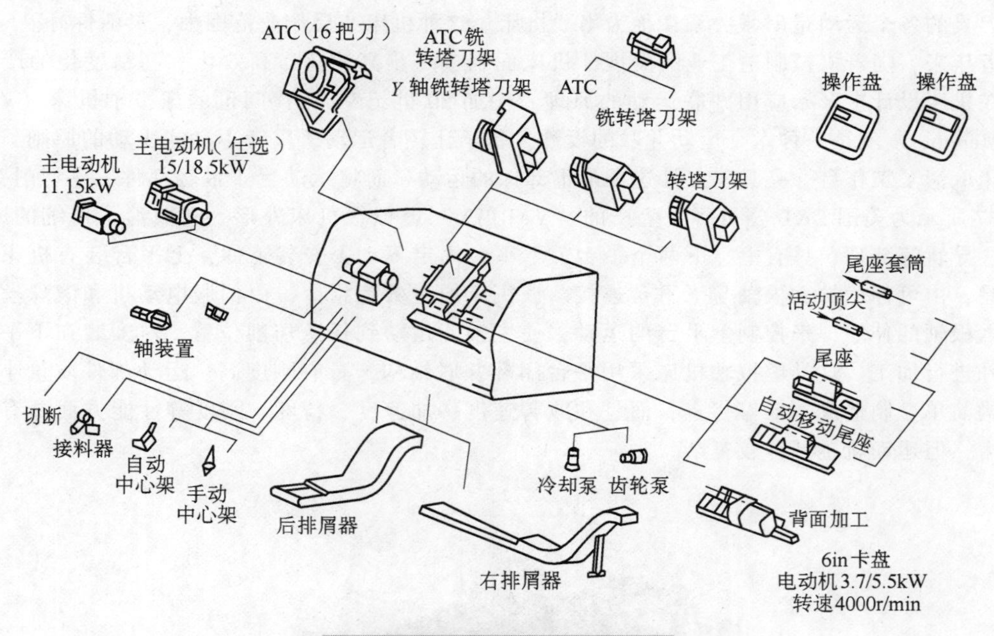

图 2-35　数控车床模块部件构成

（五）数控机床的柔性化、复合化

数控机床对加工对象变换要求有很强的适应能力，即柔性化，因此发展很快。目前，在提高单机柔性化的同时，正努力向单元柔性化和系统柔性化方向发展。例如数控车床由单主轴发展成具有两根主轴，又在此基础上增设附加控制轴——C 轴控制功能，即主轴的回转可控制，成为车削中心；再配备后备刀库和其他辅助功能如刀具检测装置、补偿装置、加工监控等；再增加自动装卸工件的工业机械手和更换卡盘装置等，

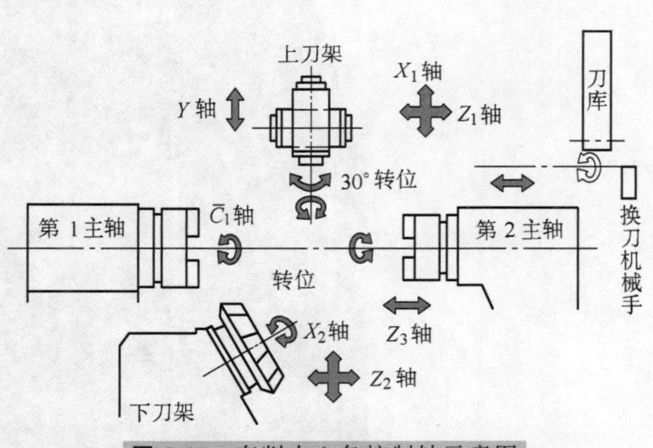

图 2-36　车削中心各控制轴示意图

成为适合于中小批量生产用自动化的车削柔性制造单元。如图 2-36 所示，车削中心有两根主轴，都采用电主轴结构，都具有 C 轴控制功能和相同的加工能力。第 2 主轴还可沿 Z 轴横向移动。如果工件长度较大，可用两个主轴同时夹住进行加工，以增强工件的刚性；如果是长度较短的盘套类工件，两主轴可交替夹住工件，以便从工件的两端进行加工。

数控机床的发展已经模糊了粗、精加工的工序概念，车削中心又把车、铣、镗、钻等工序集中到同一台机床上来完成，完全打破了传统的机床分类，由单一化向多元化、复合化（工序复合化和功能复合化）发展。因此，现代数控机床和加工中心的设计，已不仅仅考虑单台机床本身，还要综合考虑工序集中、制造控制、过程控制以及物料的传输，以缩短产品加工时间和

制造周期，最大限度地提高生产率。

（六）并联（虚拟轴）机床设计

传统的机床由床身、立柱、主轴箱、刀架或工作台等部件串联而成非对称的布局形式，工件和刀具的各个运动是串联关系，称为串联机床。这种机床布局作业范围大，灵活性好。

近年来，随着机械制造工业的发展，机床面临进一步高速化、高效化和高精度化的严重挑战，在机床设计中开始应用并联运动的原理。例如20世纪90年代问世的虚拟轴机床（Virtual Axis Machine）就是一种六个运动并联的设计。基于让轻者运动，重者不动或少动的原则，虚拟轴机床取消了工作台、夹具、工件这类最重部件的运动，而将运动置于最轻部件——切削头上。图2-37所示为美国G&L公司研制生产的“VARIAX”虚拟轴机床外形。它取消了传统的床身、立柱、导轨等部件，只有上、下两个平台，下平台固定不动，安装工件，上平台装有机床主轴和刀具，由可伸缩的六根轴与下平台连接。该机床通过数控指令，由伺服电动机和滚珠丝杠副驱动六根轴的伸缩，来控制上平台的运动，使主轴能运动到任意切削位置，对安装在下平台上的工件进行加工。这类虚拟轴机床采用平台闭环并联结构，具有刚度高、运动部件质量小、机械结构简单、制造成本低等优点，而且在改善速度、加速度、精度、刚度等性能方面具有极大的潜力，但运动轨迹计算较复杂。

图2-37　虚拟轴机床外形图

机床中的进给运动数目称为机床的运动轴数或坐标数，如有X、Y、Z三个进给运动的铣床称为三轴铣床或三坐标铣床。图2-38a所示的并联机构有两个分支，构件1、2是两个直线运动副（又称为移动关节），构件3、4、5为铰链（又称为回转关节）。若移动关节为有动力源的主动关节，回转关节为无动力源的被动关节，当构件1、2在动力源的驱动下做直线运动时，杆$\overline{35}$和杆$\overline{45}$将伸长或缩短。从力学原理来看，当有图示平面内的外力作用时，杆$\overline{35}$和杆$\overline{45}$只受拉

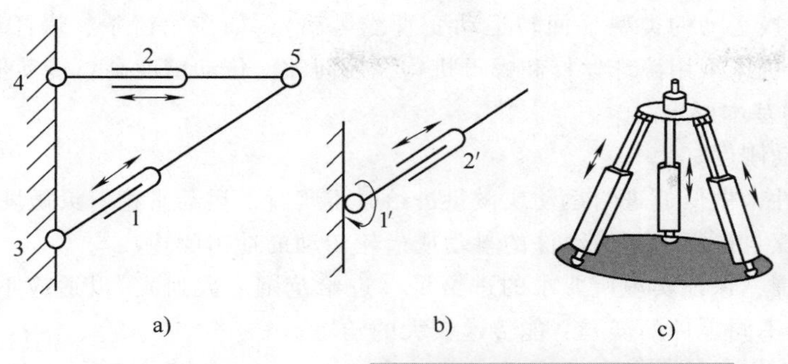

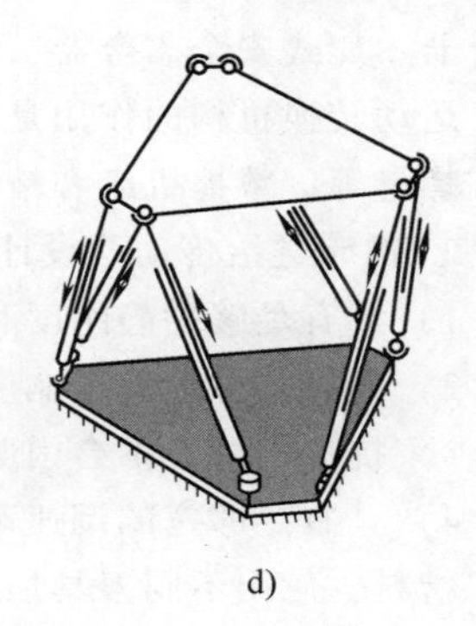

图 2-38　并联运动原理及应用

a）并联运动　b）虚拟串联运动

c）三个运动并联　d）六个运动并联

压，不受弯曲。构件 1、2 的运动是实际的运动轴运动，故称为并联机构实轴运动。从运动学原理看，构件 1、2 的运动是并联的，它的运动效果与图 2-38b 中两个串联构件 1′、2′的运动效果是相当的。图 2-38b 中 1′为回转运动，2′为直线运动，把运动 1′和 2′称为等效运动，或称虚拟轴运动，因为 1′和 2′运动轴实际并不存在。具有虚拟轴运动的机床也称为虚拟轴机床，因此并联机床又称为虚拟轴机床。图 2-38c 所示为 3 自由度的并联运动机构，图 2-38d 所示为 6 自由度的并联运动机构。六轴完全并联机构的优点是：各个杆不承受弯曲载荷，受力情况好；运动件质量小、速度高、比刚度高，各个分支运动误差不累加、精度高。缺点是作业空间小（尤其是回转运动范围小），运动算法复杂。完全串联原理机构与完全并联原理机构的优、缺点恰恰相反，因此将串联和并联原理结合起来兼具二者优点的混联原理机床是非常具有实用价值的数控机床。

第五节　机床进给传动系设计

一、机床进给传动系的组成及设计基本要求

机床进给传动系的功能是实现机床的进给运动和辅助运动。

1. 进给传动系的组成

进给传动系一般由动力源、变速机构、换向机构、运动分配机构、过载保险机构、运动转换机构和执行件等组成。

进给传动可以单独采用电动机作为动力源，便于缩短传动链，实现几个方向的进给运动和机床自动化；也可以与主传动共用一个动力源，便于保证主传动和进给运动之间的严格传动比关系，适用于有内联传动链的机床，如车床、齿轮加工机床等。

进给传动系的变速机构作用是改变进给量大小。常用的变速机构有交换齿轮变速机构、滑移齿轮变速机构、齿轮离合器变速机构、机械无级变速机构和伺服电动机变速机构等。设计时，若几个进给运动共用一个变速机构，应将变速机构放置在运动分配机构前面。

换向机构有两种：一种是进给电动机换向，换向方便，但换向次数不能太频繁；另一种是用齿轮（圆柱齿轮或锥齿轮）换向，这种方式换向可靠，广泛用在各种机床中。

运动分配机构的作用是转换传动路线，常通过离合器来实现。

过载保险机构的作用是在过载时自动断开进给运动，过载排除后自动接通，常用的有牙嵌

离合器、片式安全离合器、脱落蜗杆等。

运动转换机构的作用是变换运动的类型（回转运动变直线运动），如齿轮齿条、蜗杆蜗轮、丝杠螺母等。数控机床和精密机床采用滚珠丝杠和螺母机构，无间隙，传动精度高，传动平稳。

2. 机床进给传动系设计的基本要求

1）具有足够的静刚度和动刚度。

2）具有良好的快速响应性，做低速进给运动或微量进给时不爬行，运动平稳，灵敏度高。

3）抗振性好，不会因摩擦自振而引起传动件的抖动或齿轮传动的冲击噪声。

4）具有足够宽的调速范围，保证实现所要求的进给量（进给范围、数列），以适应不同的加工材料，使用不同刀具加工不同零件的需要，能传递较大的转矩。

5）进给系统的传动精度和定位精度要高。

6）结构简单，加工和装配工艺性好；调整维修方便，操纵轻便灵活。

二、机床进给传动系的设计特点

不同类型的机床实现进给运动的传动类型不同。根据加工对象、成形运动、进给精度、运动平稳性及生产率等因素的要求，主要有机械进给传动、液压进给传动、电伺服进给传动等。机械进给传动系虽然结构较复杂，制造及装配工作量较大，但由于工作可靠，便于检查和维修，仍用于很多机床上。

1. 进给传动是恒转矩传动

切削加工中，当进给量较大时，一般采用较小的切削深度；当切削深度较大时，多采用较小的进给量。在不同进给量的情况下，产生的切削力大致相同，而进给力是切削力在进给方向上的分力，也大致相同。因此，进给传动与主传动不同，驱动进给运动的传动件不是恒功率传动，而是恒转矩传动。

2. 进给传动系中各传动件的计算转速是其最高转速

因为进给传动是恒转矩传动，在各种进给速度下，末端输出轴上承受的转矩是相同的，设为 $T_{末}$。进给传动系中各传动件（包括轴和齿轮）所承受的转矩可由式（2-22）算出

$$T_i=\frac{T_{末}\ n_{末}}{n_i}=T_{末}\ u_i \tag{2-22}$$

式中　T_i——第 i 个传动件承受的转矩；

$n_{末}$、n_i——末端输出轴和第 i 轴的转速；

u_i——第 i 个传动件传至末端输出轴的传动比，如有多条传动路线，取其中最大的传动比。

由式（2-22）可知，u_i 越大，传动件承受的转矩越大。在进给传动系的最大升速链中，各传动件至末端输出轴的传动比最大，承受的转矩也最大。故各传动件的计算转速是其最高转速。

例如图2-39所示的中型升降台铣床进给传动系统的转速图，由电动机经3×3×2齿轮变速系，然后通过1∶1的定比传动传递到主轴Ⅴ，由此得到9~450r/min的18种进给速度。主轴Ⅴ的计算转速为其最高转速450r/min。其余各轴的计算转速在其最高升速传动路线上，如图中粗线所示，双圈表示各轴的计算转速。

3. 进给传动的转速图为前疏后密结构

如上所述，传动件至末端输出轴的传动比越大，传动件承受的转矩越大，进给传动系转速图的设计刚巧与主传动系相反，是前疏后密的，即采用扩大顺序与传动顺序不一致的结构式，

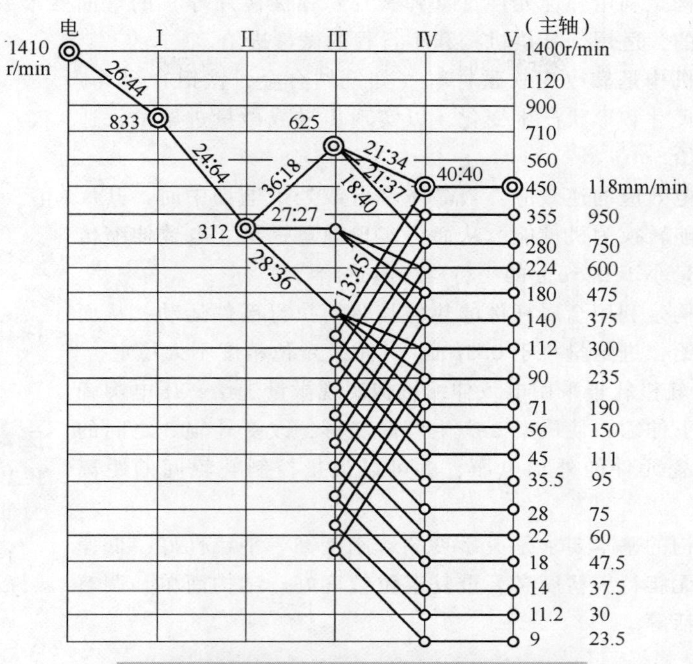

图 2-39　中型升降台铣床进给传动系转速图

如 $Z=16=2_8\times2_4\times2_2\times2_1$。这样可以使进给传动系内更多的传动件至末端输出轴的传动比较小，承受的转矩也较小，从而减小各中间轴和传动件的尺寸。

4. 进给传动系的变速范围

进给传动系速度低，受力小，消耗功率小，齿轮模数较小，因此，进给传动系变速组的变速范围可取比主变速组较大的值，即 $0.2\leqslant u_{进}\leqslant2.8$，变速范围 $R_n\leqslant14$。为缩短进给传动链，减小进给箱的受力，提高进给传动的稳定性，进给系的末端常采用降速很大的传动机构，如蜗杆蜗轮、丝杠螺母、行星机构等。

5. 进给传动系采用传动间隙消除机构

对于精密机床、数控机床的进给传动系，为保证传动精度和定位精度，尤其是换向精度，要有传动间隙消除机构，如齿轮传动间隙消除机构和丝杠螺母传动间隙消除机构等。

6. 采用快速空程传动

为缩短进给空行程时间，要设计快速空行程传动，需在带负载运行中实现快速与工进变换，为此常采用超越离合器、差动机构或电气伺服进给传动机构等。

7. 采用微量进给机构

有时进给运动极为微小，如每次进给量小于 2μm，或进给速度小于 10mm/min，需采用微量进给机构。微量进给机构分为自动微量进给机构和手动微量进给机构两类。自动微量进给机构采用各种驱动元件使进给自动地进行；手动微量进给机构主要用于微量调整精密机床的一些部件，如坐标镗床的工作台和主轴箱、数控机床的刀具尺寸补偿等。

常用的微量进给机构中最小进给量大于 1μm 的有蜗杆传动机构、丝杠螺母传动机构、齿轮齿条传动机构等，适用于进给行程大、进给量和进给速度变化范围宽的机床；小于 1μm 的微量进给机构有弹性力传动机构、磁致伸缩传动机构、电致伸缩传动机构、热应力传动机构等，都是利用材料的物理性能实现微量进给，其特点是结构简单、位移量小、行程短。

弹性力传动机构是利用弹性元件（如弹簧片、弹性模片等）的弯曲变形或弹性杆件的拉压变形实现微量进给的，适用于补偿机构和小行程的微量进给。

磁致伸缩传动机构是靠改变软磁材料（如铁钴合金、铁铝合金等）的磁化状态，使其尺寸和形状产生变化，以实现步进或微量进给的，适用于小行程微量进给。

电致伸缩是压电效应的逆效应，当晶体带电或处于电场中时，其尺寸发生变化，将电能转换为机械能，从而可实现微量进给。电致伸缩传动机构适用于进给量小于0.5μm的小行程微量进给。

热应力传动机构是利用金属杆件的热伸长驱动执行部件运动，从而实现步进式微量进给，进给量小于0.5μm，其重复定位精度不太稳定。

图2-40所示为轧机轧辊采用电致伸缩机构实现微量进给，压电陶瓷元件1在电场作用下伸缩，使机架2产生弯曲变形，改变轧辊3之间的距离。控制压电陶瓷元件的外加电压，就可以微量控制轧辊间的距离（可达0.1μm）。

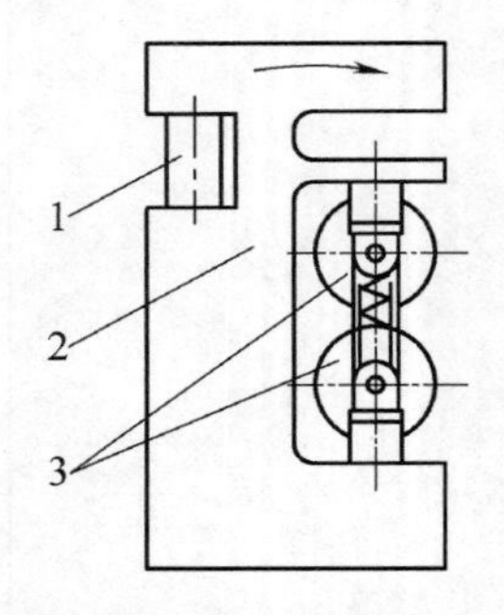

图2-40 轧机轧辊采用电致伸缩机构实现微量进给示意图

1—压电陶瓷元件 2—机架 3—轧辊

对微量进给机构的基本要求是灵敏度高、刚度高、平稳性好、低速进给时速度均匀、无爬行、精度高、重复定位精度好、结构简单、调整方便和操作方便灵活等。

三、电气伺服进给系统

（一）电气伺服进给系统的分类

电气伺服进给系统是数控装置和机床之间的联系环节，是以机械位置或角度作为控制对象的自动控制系统，其作用是接受数控装置发出的进给移动信号，经变换和放大后驱动工作台按规定的速度和距离移动。电气伺服进给系统按有无检测和反馈装置分为开环系统、闭环系统和半闭环系统。

（二）电气伺服进给系统驱动部件

电气伺服进给系统由伺服驱动部件和机械传动部件组成。伺服驱动部件有步进电动机、直流伺服电动机、交流伺服电动机等。机械传动部件有齿轮、滚珠丝杠螺母等。其功能是控制机床各坐标轴的进给运动。

1. 对电气伺服进给驱动部件的基本要求

1）调速范围要宽，以满足使用不同类型刀具对不同零件加工所需要的切削条件。

2）低速运行平稳，无爬行。

3）快速响应性好，即跟踪指令信号响应要快，无滞后；电动机具有较小的转动惯量。

4）抗负载振动能力强，切削中受负载冲击时，系统的速度仍基本不变；在低速下有足够的负载能力。

5）可承受频繁起动、制动和反转。

6）振动和噪声小，可靠性高，寿命长。

7）调整、维修方便。

2. 电气伺服进给驱动部件的类型和特点

电气伺服进给驱动部件种类很多，用于机床上的有步进电动机、小惯量直流伺服电动机、大惯量直流伺服电动机、交流伺服电动机等。

（1）步进电动机　步进电动机又称脉冲电动机，是将电脉冲信号变换成角位移（或线位移）的一种机电式数/模转换器。每接受数控装置输出的一个电脉冲信号，电动机轴就转过一定的角度，称为步距角。步距角一般为0.5°~3°。步进电动机的角位移与输入脉冲个数成严格的比例关系，其转速与控制脉冲的频率成正比。步进电动机的步距角用α表示，有

$$\alpha=\frac{360°}{PZK}$$

式中　P——步进电动机相数；

Z——步进电动机转子的步数；

K——通电方式系数，三相三拍导电方式时$K=1$，三相六拍导电方式时$K=2$。

步进电动机的转速可以在很宽的范围内调节。改变绕组通电的顺序，就可以控制电动机的正转或反转。步进电动机的优点是没有累积误差，结构简单，使用、维修方便，制造成本低，带动负载惯量的能力大，适用于中小型机床和速度精度要求不高的场合；缺点是效率较低、发热大、有时会“失步”。

（2）直流伺服电动机　机床上常用的直流伺服电动机主要有小惯量直流电动机和大惯量直流电动机。

小惯量直流电动机的优点是转子直径较小，轴向尺寸大，长径比约为5，故转动惯量小，仅为普通直流电动机的1/10左右，因此响应时间快；缺点是额定转矩较小，一般必须与齿轮减速装置相匹配。小惯量直流电动机常用于高速轻载的小型数控机床中。

大惯量直流电动机又称宽调速直流电动机，有电励磁和永久磁铁励磁两种类型。电励磁直流电动机的特点是励磁量便于调整，成本低。永磁型（永久磁铁励磁）直流电动机能在较大过载转矩下长期工作，并能直接与丝杠相连而不需要中间传动装置，还可以在低速下平稳地运转，输出转矩大。宽调速直流电动机可以内装测速发电机，还可以根据用户需要，在电动机内部加装旋转变压器和制动器，为速度环提供较高的增益，能获得优良低速刚度和动态性能。其优点是频率高，定位精度好，调整简单，工作平稳；缺点是转子温度高，转动惯量大，响应时间较长。

（3）交流伺服电动机　自20世纪80年代中期开始，以异步电动机和永磁同步电动机为基础的交流伺服进给驱动得到迅速发展。它采用新型的磁场矢量变换控制技术，对交流电动机做磁场的矢量控制，即将电动机定子的电压矢量或电流矢量作为操作量，控制其幅值和相位。交流伺服电动机没有电刷和换向器，因此可靠性好、结构简单、体积小、重量轻、动态响应好。在同样体积下，交流伺服电动机的输出功率可比直流电动机提高10%~70%。交流伺服电动机与同容量的直流电动机相比，重量约轻一半，价格仅为直流电动机的三分之一，效率高，调速范围广，响应频率高。缺点是本身虽有较大的转矩-惯量比，但它带动惯性负载能力差，一般需用齿轮减速装置，多用于中小型数控机床。

交流伺服电动机发展很快，特别是新的永磁材料的出现和不断完善，更推动了永磁电动机的发展，如第三代稀土材料——钕铁硼的出现，具有更高的磁性能。永磁电动机结构上的改进和完善，特别是内装永磁交流伺服电动机的出现，使得交流伺服电动机内的磁铁长度进一步缩短，电动机外形尺寸更小，结构更加合理，性能更加可靠，并且允许在更高转速下运行。

20世纪80年代末，出现了与机床部件一体化式的电动机，如日本FANUC公司试制出的一种新型的永磁交流伺服电动机。因其结构特点是伺服电动机的转轴为空心，故这种电动机也称空心轴交流伺服电动机。进给丝杠的螺母可以装在电动机的空心转轴内，使进给丝杠能在电动机内往复移动，从而使移动的重物重心与丝杠运动在同一直线上，弯曲和倾斜都达到最小，而且不需要联轴器，与机床部件一体化。这样的伺服系统具有很高的刚度和极高的控制精度。因此，这种电动机具有广泛的应用前景。如图2-41a所示，采用普通伺服电动机时的立柱结构，丝

杠通常位于主轴箱的一侧；而采用空心轴交流伺服电动机时，丝杠可以方便地位于主轴箱的中间，如图2-41b所示，从而减小立柱的尺寸，改善主轴箱的受力状况。

（4）直线伺服电动机　直线伺服电动机是一种能直接将电能转化为直线运动机械能的电力驱动装置，是适应超高速加工技术发展需要而出现的一种新型电动机。用直线伺服电动机驱动系统代替传统的由回转型伺服电动机加滚珠丝杠的伺服进给系统后，从电动机到工作台之间的一切中间传动都没有了，直线伺服电动机可直接驱动工作台做直线运动，使工作台的加/减速提高到传统机床的10~20倍，速度提高3~4倍或更高。

直线伺服电动机的工作原理同旋转电动机相似，可以看成是将旋转型伺服电动机沿径向剖开，向两边拉开展平后演变而成，如图2-42所示。原来的定子演变成直线伺服电动机的初级，原来的转子演变成直线伺服电动机的次级，原来的旋转磁场变成了平磁场。

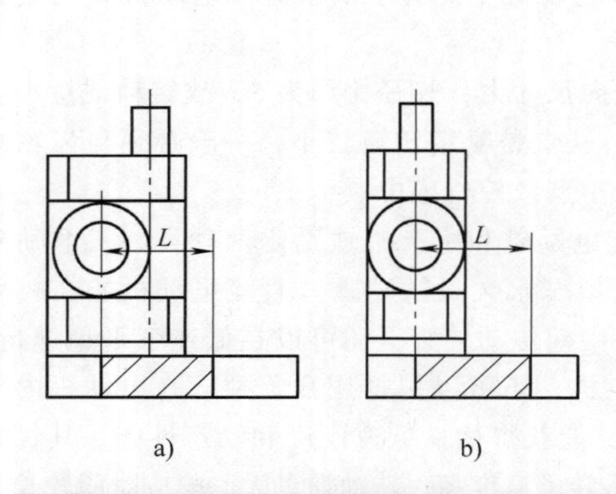

图2-41　采用不同电动机的立柱结构示意图

a）采用普通伺服电动机　b）采用空心轴交流伺服电动机

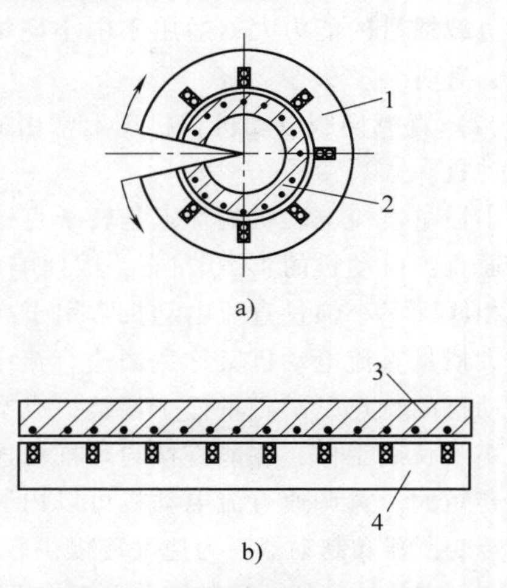

图2-42　旋转电动机变为直线电动机过程

a）旋转电动机　b）直线电动机

1—定子　2—转子　3—次级　4—初级

在磁路构造上，直线伺服电动机一般做成双边型，磁场对称，不存在单边磁拉力，在磁场中受到的总推力可较大。

为使初级和次级能够在一定移动范围内做相对直线运动，直线伺服电动机的初级和次级长短是不一样的。可以是短的次级移动，长的初级固定，如图2-43a所示；也可以是短的初级固定，长的次级移动，如图2-43b所示。

图2-44所示为直线伺服电动机传动示意图。直线伺服电动机分为同步式和感应式两类。同步式直线伺服电动机是在直线伺服电动机的定件（如床身）上，在全行程沿直线方向上一块接一块地装上永久磁铁（电动机的次级）；在直线伺服电动机的动件（如工作台）下部的全长上，对应地一块接一块安装上含铁心的通电绕组（电动机的初级）。

感应式直线伺服电动机与同步式直线伺服电动机的区别是在定件上用不通电的绕组替代永久磁铁，且每个绕组中每一匝均是短路的。直线伺服电动机通电后，在定件和动件之间的间隙中产生一个大的行波磁场，依靠磁力推动动件（工作台）做直线运动。

采用直线伺服电动机驱动方式，省去减速器（齿轮、同步带等）和滚动丝杠副等中间环节，不仅简化了机床结构，而且避免了因中间环节的弹性变形、磨损、间隙、发热等因素带来的传动误差；无接触地直接驱动，使其结构简单，维护简便，可靠性高，体积小，传动刚度高，响

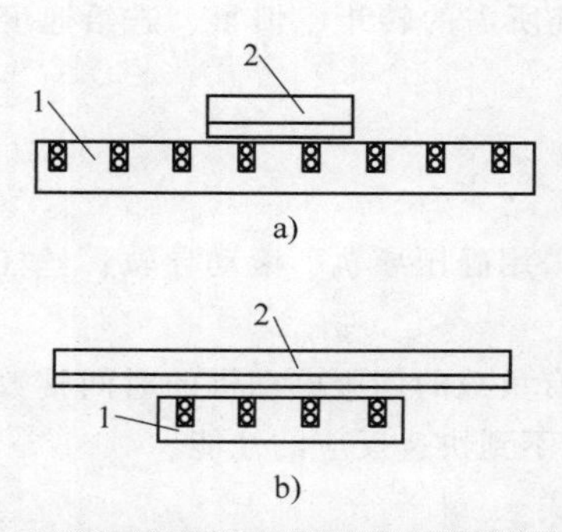

图 2-43 直线伺服电动机的形式

a）短次级 b）短初级

1—初级 2—次级

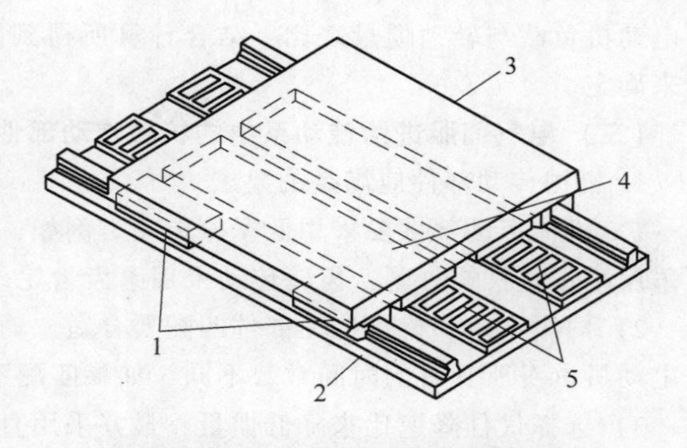

图 2-44 直线伺服电动机传动示意图

1—直线滚动导轨 2—床身 3—工作台

4—直线电动机动件（绕组） 5—直线电动机定件（永久磁铁）

应快，可得到瞬时高的加/减速度。

直线伺服电动机由于具有高刚度、宽调整范围、高系统动态特性、平滑运动、定位精确以及无磨损等特点，广泛应用于生产、生活的各个领域。在工业自动化领域，直线电动机在工业机器人、机床及各种需要直线运动的机械装置中都有应用。例如，德国西门子公司的永磁式直线同步电动机最大移动速度可达 200m/min，最大推力可达 6600N，最大位移为 504mm，适用于高速铣床、曲轴车床、超精密车床、磨床等；美国 Ingersoll 铣床公司生产的高速卧式加工中心 HVM600 采用永磁式同步直线伺服电动机，最大进给速度为 76.2m/min，加速度 $a=(1\sim1.5)g$；日本三井精机公司生产的高速工具磨床，Z 轴上下移动采用的直线电动机进给速度可达 400 次/min，最高加速度为 2.3g，加工效率提高 2~3 倍。采用直线伺服电动机，由于加/减速度可调整，缩短了定位时间，大大提高了生产率，并且提高了零件加工精度和表面质量。

（5）伺服电动机的选择 数控机床的进给系统大多采用伺服电动机，且工作进给与快速进给合用一个电动机。下面介绍如何根据计算的转矩、惯量和最大进给速度选择伺服电动机。

1）电动机的转矩。运动执行件（如滑台）所需的电动机转矩可以通过传动比（如同步带传动或滚珠丝杠螺母）调整，因此电动机的转矩选择不是唯一的。但传动比的调整又影响进给速度，进给速度又由电动机转速和传动比决定。

2）电动机的惯量。负载惯量所需的电动机惯量与进给速度和电动机角速度（转速）之比有关，即与传动比有关。

3）电动机产品型号。不同生产厂家、不同型号的电动机，其转矩、转速、惯量及推荐的电动机与负载惯量之比不同，表 2-11 给出伺服电动机负载与转动惯量之比推荐值。

表 2-11 伺服电动机负载与转动惯量之比推荐值

伺服电动机型号	HC-KFS	HC-MFS	HC-UFS	HC-RFS
额定功率/W	750	750	750	1000
额定转矩/N·m	2.4	2.4	3.58	3.18
额定转速/(r/min)	3000	3000	2000	3000
惯性矩/10^{-4}kg·m^2	1.51	0.6	10.4	1.5
推荐的负载与电动机转动惯量比	15 倍以下	30 倍以下	15 倍以下	5 倍以下

因此，数控机床进给系统的伺服电动机应根据实际电动机产品的转矩、转速、惯量及推荐

的电动机负载与转动惯量之比，结合计算所得到的进给系统所需的转矩、惯量、进给速度来综合来确定。

（三）电气伺服进给传动系中的机械传动部件

1. 机械传动部件应满足的要求

1）机械传动部件要采用低摩擦传动。例如，导轨可以采用静压导轨、滚动导轨；丝杠传动可采用滚珠丝杠螺母副；齿轮传动采用磨齿齿轮。

2）伺服系统和机械传动部件匹配要合适。输出轴上带有负载的伺服电动机的时间常数与伺服电动机本身所具有的时间常数不同，如果匹配不当，就达不到快速反应的性能。

3）选择最佳降速比来降低惯量，最好采用直接传动方式。

4）采用预紧办法来提高整个系统的刚度。

5）采用消除传动间隙的方法来减小反向死区误差，提高运动平稳性和定位精度。

总之，为保证伺服系统的工作稳定性和定位精度，要求机械传动部件无间隙、低摩擦、低惯量、高刚度、高谐振和有适宜的阻尼比。

2. 机械传动部件的设计

机械传动部件主要指齿轮或同步带和滚珠丝杠螺母副。电气伺服进给系统中，运动部件的移动是靠脉冲信号来控制的，要求运动部件动作灵敏、低惯量、定位精度好、有适宜的阻尼比及传动机构不能有反向间隙。

（1）最佳降速比的确定　传动副的最佳降速比应按最大加速能力和最小惯量的要求确定，以降低机械传动部件的惯量。

对于开环系统，传动副的设计主要是由机床所要求的脉冲当量与所选用的步进电动机的步距角决定的，降速比为

$$u=\frac{\alpha L}{360Q}$$

式中　α——步进电动机的步距角（(°)/脉冲）；

L——滚珠丝杠的导程（mm）；

Q——脉冲当量（mm/脉冲）。

对于闭环系统，传动副的设计主要由驱动电动机的最高转速或转矩与机床要求的最大进给速度或负载转矩决定，降速比为

$$u=\frac{n_{\mathrm{dmax}}L}{v_{\max}}$$

式中　n_{dmax}——驱动电动机的最高转速（r/min）；

L——滚珠丝杠导程（mm）；

$v_{\max}$——工作台最大移动速度（mm/min）。

设计中小型数控车床时，通过选用最佳降速比来降低惯量，应尽可能使传动副的传动比 $u=1$，这样可选用驱动电动机直接与丝杠相连接的方式。

（2）齿轮传动间隙的消除　传动副为齿轮传动时，要消除其传动间隙。齿轮传动间隙的消除方法有刚性调整法和柔性调整法两类。

刚性调整法是调整后的齿侧间隙不能自动进行补偿，如偏心轴套调整法、变齿厚调整法、斜齿轮轴向垫片调整法等。其优点是结构简单、传动刚度较高，但要求严格控制齿轮的齿厚及齿距公差，否则将影响运动的灵活性。

柔性调整法是指调整后的齿侧间隙可以自动进行补偿，结构比较复杂，传动刚度低些，会

影响传动的平稳性。主要有双片直齿轮错齿调整法、薄片斜齿轮轴向压簧调整法及双齿轮弹簧调整法等。图 2-45 所示为用双片直齿轮错齿调整法消除传动间隙，两薄片齿轮 1、2 套装在一起，同另一个宽齿轮 3 相啮合。齿轮 1、2 端面分别装有凸耳 4、5，并用拉簧 6 连接，弹簧力使

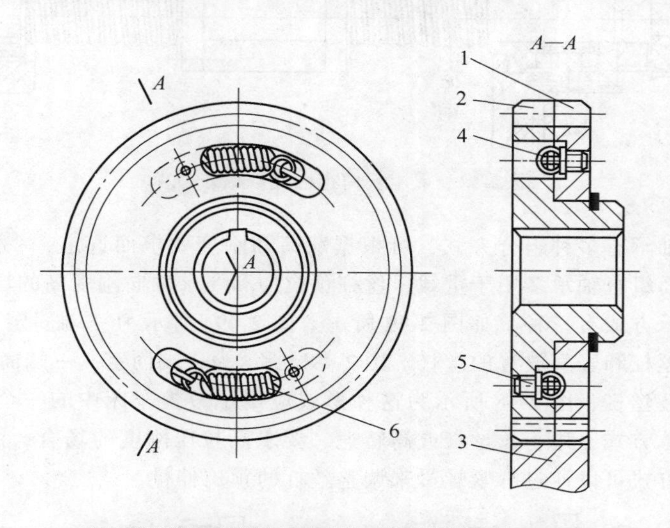

图 2-45 用双片直齿轮错齿调整法消除传动间隙

1、2、3—齿轮 4、5—凸耳 6—拉簧

两齿轮 1、2 产生相对转动，即错齿，从而使两薄片齿轮的轮齿左右齿面分别贴紧在宽齿轮齿槽的左右齿面上，消除齿侧间隙。

（3）滚珠丝杠螺母副及其支承 滚珠丝杠螺母副是将旋转运动转换成执行件的直线运动的运动转换机构，如图 2-46 所示，由螺母 5、丝杠 4、滚珠 6、回珠器 2 和 3、密封环 1 等组成。滚珠丝杠螺母副的摩擦系数小，传动效率高。

滚珠丝杠主要承受轴向载荷，因此对丝杠轴承的轴向精度和刚度要求较高，常采用角接触球轴承，或者是双向推力圆柱滚子轴承与滚针轴承的组合，如图 2-47 和图 2-48 所示。

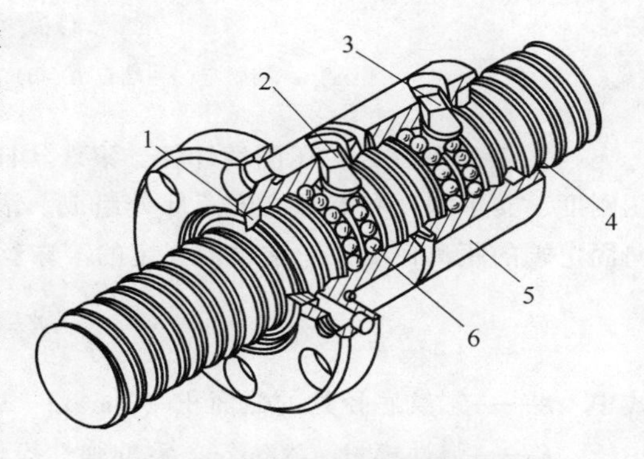

图 2-46 滚珠丝杠螺母副的结构

1—密封环 2、3—回珠器

4—丝杠 5—螺母 6—滚珠

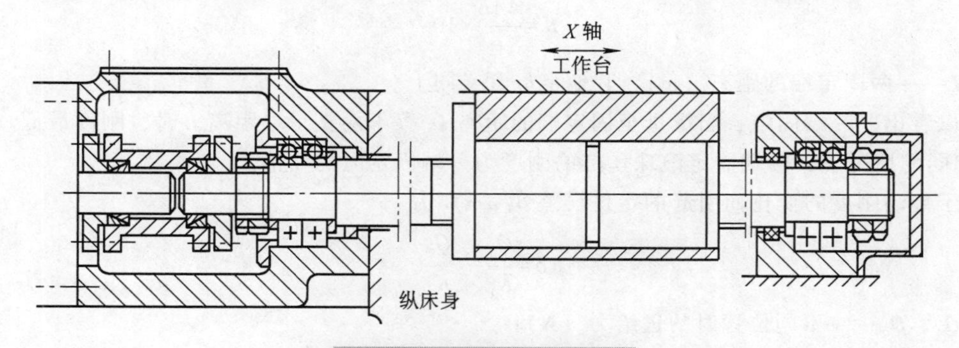

图 2-47 采用角接触球轴承

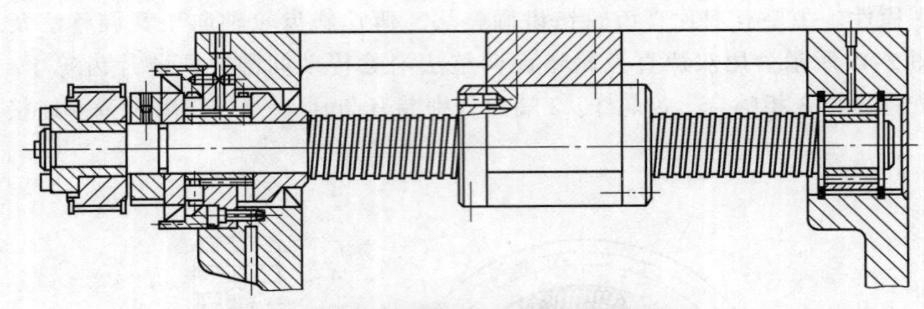

图 2-48　采用双向推力圆柱滚子轴承

角接触推力球轴承有多种组合方式，可根据载荷和刚度要求而选定，一般中小型数控机床多采用这种方式。而组合轴承多用于重载、丝杠预拉伸和要求轴向刚度高的场合。

滚珠丝杠的支承方式有三种，如图 2-49 所示。图 2-49a 所示为一端固定，另一端自由的支承方式，常用于短丝杠和竖直放置的丝杠。图 2-49b 所示为一端固定，一端简支的支承方式，常用于较长的卧式安装丝杠，图 2-48 所示为这种形式应用于数控车床中的一个例子。图 2-49c 所示为两端固定的支承方式，用于长丝杠或高转速、要求高拉压刚度的场合，图 2-47 所示为其应用实例，这种支承方式可以通过拧紧螺母来调整丝杠的预拉伸量。

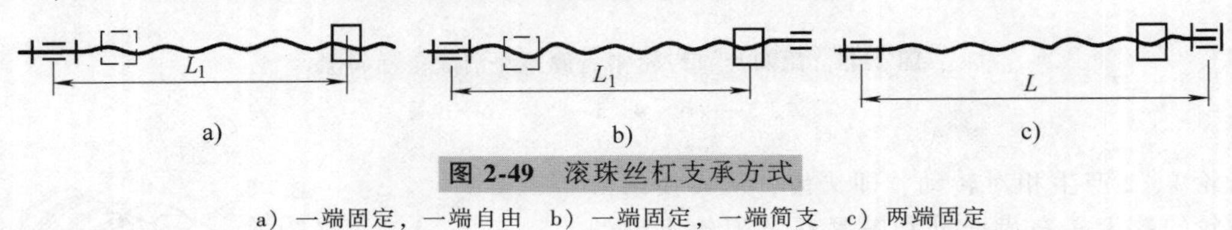

图 2-49　滚珠丝杠支承方式

a）一端固定，一端自由　b）一端固定，一端简支　c）两端固定

（4）滚珠丝杠的拉压刚度计算　滚珠丝杠螺母副传动的综合拉压刚度主要由滚珠丝杠的拉压刚度、支承刚度和螺母刚度三部分组成。滚珠丝杠的拉压刚度不是一个定值，它随螺母至轴向固定端的距离而变。一端轴向固定的滚珠丝杠（图 2-49a、b）的拉压刚度 K(N /μm) 为

$$K=\frac{AE}{L_1}\times10^{-6}$$

式中　A——螺纹底径处的截面积（mm^2）；

E——弹性模量（N/m^2），钢的弹性模量 $E=2\times10^{11}\ N/m^2$；

L_1——螺母至固定端的距离（m）。

两端固定的丝杠（图 2-49c），刚度 K(N/μm) 为

$$K=\frac{4AE}{L}\times10^{-6}$$

式中　L——两固定端的距离（m），其他字母含义同上。

可以看出，一端固定，当螺母至固定端的距离 L_1 等于两支承端距离 L 时，刚度最低。在 A、E、L 相同的情况下，两端固定滚珠丝杠的刚度为一端固定时的 4 倍。

由于传动刚度的变化而引起的定位误差 δ(μm) 为

$$\delta=\frac{Q_1}{K_1}-\frac{Q_2}{K_2}$$

式中　Q_1、Q_2——不同位置时的进给力（N）；

K_1、K_2——不同位置时的传动刚度（N/m）。

因此，为保证系统的定位精度要求，机械传动部件的刚度应足够大。

（5）滚珠丝杠螺母副的间隙消除和预紧　滚珠丝杠在轴向载荷作用下，滚珠和螺纹滚道接触区会产生接触变形，接触刚度与接触表面预紧力成正比。如果滚珠丝杠螺母副间存在间隙，接触刚度较小，但是当滚珠丝杠反向旋转时，螺母不会立即反向运动，存在死区，影响滚珠丝杠螺母副的传动精度。因此，同齿轮传动副一样，对滚珠丝杠螺母副必须消除间隙，并施加预紧力，以保证丝杠、滚珠和螺母之间没有间隙，提高滚珠丝杠螺母副的接触刚度。

滚珠丝杠螺母副通常采用双螺母结构，如图 2-50 所示。通过调整两个螺母之间的轴向位置，使两螺母的滚珠在承受工作载荷前，分别与丝杠的两个不同的侧面接触，产生一定的预紧力，以达到提高轴向刚度的目的。

调整预紧有多种方式，如图 2-50a 所示垫片式调整，通过改变垫片 3 的厚薄来改变两个螺母之间的轴向距离，实现轴向间隙消除和预紧。这种方式的优点是结构简单、刚度高、可靠性好；缺点是精确调整较困难，当滚道和滚珠有磨损时不能随时调整。图 2-50b 所示为齿差式调整，左、右螺母法兰外圆上制有外齿轮，齿数常相差 1，这两个外齿轮又与固定在螺母两侧的两个齿数相同的内齿圈相啮合，调整方法是两个螺母相对其啮合的内齿圈同向都转过一个齿，则两螺母的相对轴向位移 s_0 为

$$s_0=\frac{L}{z_1z_2}$$

式中　L——丝杠的导程（mm）；

z_1、z_2——两齿轮的齿数。

如 z_1、z_2 分别为 99、100，$L=10\text{mm}$，则 $s_0\approx0.001\text{mm}$。

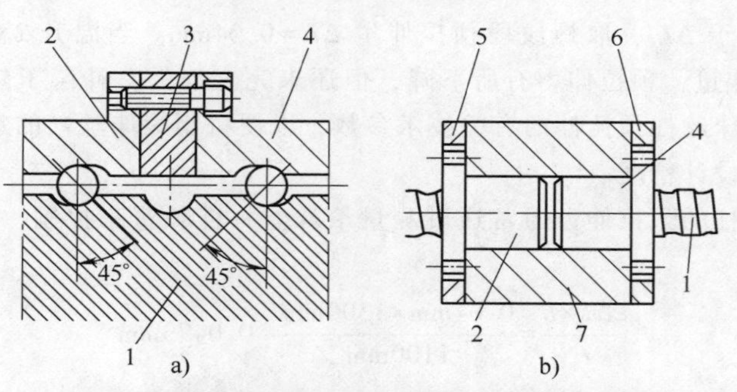

图 2-50　滚珠丝杠螺母副的间隙调整和预紧

a）垫片式　b）齿差式

1—丝杠　2—左螺母　3—垫片　4—右螺母　5—左齿圈　6—右齿圈　7—支座

（6）滚珠丝杠的预拉伸　滚珠丝杠常采用预拉伸方式，以提高其拉压刚度和补偿丝杠的热变形。确定滚珠丝杠预拉伸力时应综合考虑下列各因素：

1）使滚珠丝杠在最大轴向载荷作用下，沿受力方向仍保持受拉状态，为此，预拉伸力应大于最大工作载荷的 0.35 倍。

2）滚珠丝杠的预拉伸量应能补偿其热变形。滚珠丝杠在工作时由于发热会产生轴向热变形，导程加大，影响定位精度。滚珠丝杠的热变形 ΔL_1 为

$$\Delta L_1=\alpha L\Delta t$$

式中　α——滚珠丝杠的线膨胀系数（$℃^{-1}$），材料为钢时 $\alpha=11\times10^{-6}℃^{-1}$；

L——滚珠丝杠的长度（mm）；

Δt——滚珠丝杠与床身的温差（℃），一般为 $\Delta t=2\sim3$℃（恒温车间）。

为了补偿滚珠丝杠的热膨胀，其预拉伸量应略大于热膨胀量。发热后，热膨胀量抵消了部分预拉伸量，使滚珠丝杠内的拉应力下降，但长度却没有变化。

滚珠丝杠预拉伸时引起的伸长量 ΔL(m) 可按材料力学计算公式计算

$$\Delta L=\frac{F_0L}{AE}=\frac{4F_0L}{\pi d^2E}$$

式中　d——滚珠丝杠螺纹小径（m）；

L——滚珠丝杠的长度（m）；

A——滚珠丝杠的横截面面积（m^2）；

E——弹性模量（N/m^2），钢的弹性模量 $E=2\times10^{11}N/m^2$；

F_0——滚珠丝杠的预拉伸力（N）。

则滚珠丝杠的预拉伸力 F_0(N) 为

$$F_0=\frac{1}{4L}\pi d^2E\Delta L$$

【例 2-4】　某一滚珠丝杠，导程为 10mm，螺纹小径 $d=40$mm，全长上共有 110 圈螺纹，跨距（两端轴承间的距离）$L=1300$mm，工作时滚珠丝杠温度预计比床身高 $\Delta t=2$℃，求预拉伸量。

解　螺纹段长度

$$L_1=10\text{mm}\times110=1100\text{mm}$$

螺纹段热伸长量

$$\Delta L_1=\alpha L_1\Delta t=11\times10^{-6}(℃^{-1})\times1100\text{mm}\times2℃=0.0242\text{mm}$$

预伸长量应略大于 ΔL_1，取螺纹段预拉伸量 $\Delta L=0.04$mm。当温升 2℃后，还有 $\Delta L-\Delta L_1=0.0158$mm 的剩余拉伸量，预拉伸力有所下降，但还未完全消失，补偿了热膨胀引起的热变形。在定货时，应说明滚珠丝杠预拉伸的有关技术参数，以便特制滚珠丝杠的螺距比设计值小一些，但装配预拉伸后达到设计精度。

装配时，滚珠丝杠的预拉伸力通常通过测量滚珠丝杠伸长量来控制，滚珠丝杠全长上的预拉伸量为

$$\frac{\Delta L\times L}{L_1}=\frac{0.04\text{mm}\times1300\text{mm}}{1100\text{mm}}=0.0473\text{mm}$$

第六节　机床控制系统设计

一、概述

在机床设计中，控制系统的设计是重要的组成部分。为了使机床完成复杂的加工任务，需要保证各种运动协调有序地进行，因此必须设计一套完善可靠的控制系统，其性能直接影响机床的性能和加工精度。

（一）机床控制系统的功能

由于机床的种类和功能不同，其控制系统所具有的功能也不同。对于自动化程度不高的机床，很多控制作用是由操作人员手工完成的，而对于自动化程度较高的机床，则大部分甚至全部控制是由机床的控制系统来完成的。随着生产力的不断发展和机床自动化程度的不断提高，机床的控制系统也日趋完善，并对机床工作性能的提高发挥着越来越重要的作用。

机床控制系统的功能主要有以下几个方面：在自动化机床上能够自动进行工件的装卸；自动进行工件的定位、夹紧和松开；控制切削液、排屑等辅助装置的工作；实现刀具的自动安装、调整、夹紧和更换；控制主运动和各进给运动的速度和方向；实现刀架或工作台的路径控制；对零件的尺寸进行在线或离线测量，进行误差自动补偿，从而保证加工精度等。

（二）机床控制系统应满足的要求

（1）迅速、准确、可靠　采用自动控制系统可以提高操作的准确性，加速辅助操作的速度，节省辅助时间。

（2）缩短加工时间　采用自动控制系统可以对一个工件实现多刀、多面加工，对多个工件实现并行加工，可以大大缩短单件的加工时间。

（3）提高劳动生产率　采用自动控制系统后，一个工人可以同时照看几台机床，可明显地提高劳动生产率和机床的使用率。

（4）改善加工质量　由自动机床生产出来的零件一般质量比较稳定，公差带较小，废品率较少。如采用主动测量和加工误差反馈控制技术，改善加工质量的效果更加明显。

（三）机床控制系统的分类

1. 按自动化程度分类

机床控制系统可分为手动控制系统、机动控制系统、半自动控制系统和自动控制系统。

（1）手动控制系统　由人来操纵手柄、手轮等，通过机械传动来实现控制。其优点是结构简单、成本低；缺点是操作费时、费力，控制速度和精确度不高。手动控制系统仅用于一般的机床控制。

（2）机动控制系统　由人来发出指令，靠电气、液压或气压传动来实现控制。其优点是操作方便、省时和省力；但是成本较高。机动控制系统用于操纵较费力的场合。

（3）半自动控制系统　除了工件的装卸由人工完成外，机床的其余操作都实现自动化。例如工件的形状比较复杂，或尺寸和重量较重，实现自动装卸比较困难时常采用半自动控制系统。

（4）自动控制系统　包括工件的装卸在内的全部操作都实现自动化。工人的任务是不断地往料仓或料斗里装载毛坯，可以同时监视多台机床的工作。

一般自动控制系统由三部分组成。

1）发令器。用于发出自动控制指令，如分配轴上的凸轮和挡块、挡铁-行程开关、插销板、仿形机床的靠模、自动测量仪、压力继电器、速度继电器、穿孔纸带、磁带和磁盘及各类传感器等。

2）执行器。用于最终实现控制操作的环节，如滑块、拨叉、电磁铁、伺服电动机或液压马达、机械手等。

3）转换器。用于将发令器发出的指令传送到执行器，并在传送过程中将指令信号的能量放大，或将电指令转换为液压或气压指令，或反之。

2. 按控制系统有否反馈进行分类

可分为开环控制系统、半闭环控制系统和闭环控制系统。

3. 按控制方式和内容进行分类

可分为时间控制、程序控制、数字控制、误差补偿控制和自适应控制。

二、机床的时间控制

时间控制是按时间顺序发出控制机床各工作部件动作的指令，属于开环控制，在机床上常采用凸轮机构实现时间控制，即机床各工作部件动作时间的顺序和运动行程的信息都固化在凸轮上。凸轮装在分配轴上，分配轴按固定的周期旋转。凸轮上的曲线通过传动机构驱动工作部件按设定的规律运动；凸轮上控制各工作部件的曲线的相位角，决定了各工作部件运动的先后顺序。采用凸轮控制系统时，按机床辅助运动控制方式的不同，有以下三种类型。

1. 不变速的单一分配轴控制系统

机床上所有的成形运动和辅助运动都由一根分配轴上的凸轮控制，如图2-51a所示。分配轴以设定的转速旋转，旋转一圈完成一个工件的加工，在整个加工周期中转速是恒定的。

不变速的单一分配轴控制系统的优点是结构简单。缺点是在加工周期内成形运动和辅助运动所占的时间比例是一定的，如果工件的加工时间较长时，辅助运动时间也将按比例地增加，降低了机床的生产率。因此这种控制系统仅用于加工周期较短的小型自动机床上，如单轴横切或纵切自动车床等。

2. 变速的单一分配轴控制系统

变速的单一分配轴控制系统在机床工作行程时根据工件加工的切削用量，通过交换齿轮 u_s 调整分配轴的转速；辅助行程时则以恒定、较高的转速旋转。如图2-51b所示，为实现分配轴的变速，分配轴Ⅱ上的凸轮1控制离合器M，将离合器拨向左时，分配轴快速转动，完成如送料、

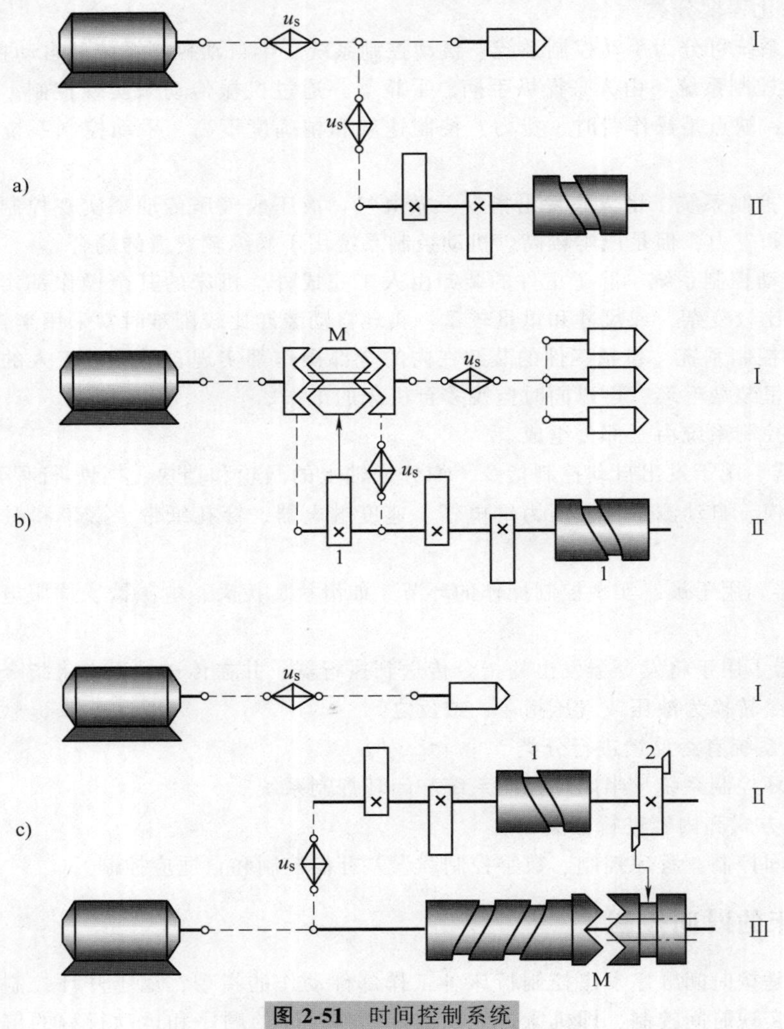

图2-51　时间控制系统

夹料、刀架快进、快退和转位等辅助运动；将离合器拨向右时，分配轴按工作转速旋转，进行切削加工。

这种控制系统克服了第一种系统的缺点，不管机床的加工周期长短如何，辅助运动时间总是保持不变的，提高了机床的生产率，但结构较复杂。由于加工控制和辅助控制均在分配轴旋转一圈的时间内完成，该控制系统适用于辅助控制内容比较简单、辅助时间在整个加工循环周期内占较小比例的自动机床上，如多轴自动车床。

3. 分配轴和辅轴轮流控制的系统

分配轴和辅轴轮流控制的系统有一根分配轴Ⅱ和一根辅轴Ⅲ，如图 2-51c 所示。机床的分配轴用于机床所有的成形运动和部分辅助运动，如刀架的快进和快退，其转速是根据加工循环时间通过交换齿轮 u_s 调整的，每加工一个工件分配轴旋转一圈。辅轴是由分配轴上的拨轮 2 触发单转离合器 M 而旋转一圈，用辅轴上的凸轮控制其他的辅助运动，如送料、夹料、转位等，其转速是恒定不可调的。如果拨轮上有多个拨爪，就可以在一个加工循环时间内多次触发辅轴转动，多次完成相同的辅助控制。

这种系统适用于一个加工循环时间内需要重复进行多次相同辅助控制的自动机床上。例如单轴转塔自动车床上的转塔，一个加工循环内需要转位 6 次，这种情况如果采用第二种控制系统，重复的辅助控制必须在分配轴转一圈的过程中完成，将占用分配轴很大一部分的转角，剩下的较小的转角内就难以设计凸轮完成加工控制了。

三、机床的程序控制

机床的加工过程由一系列的动作组成，如装载工件、开机、选择主运动和进给运动的速度、换刀、刀具相对工件快速接近、工作进给和快速后退、停机、卸下工件等。程序控制的作用是保证这一系列的动作按严格的顺序协调进行，完成整个加工过程。机床常用的程序控制系统有固定程序控制系统、插销板可变程序控制系统和可编程序控制系统。

1. 固定程序控制系统

固定程序控制系统的程序是固定不可变的，用于专用机床的程序控制。其控制装置可以采用凸轮机构、挡铁/行程开关，也可以根据机床程序控制信号之间的逻辑关系，用各种逻辑元件组成固定的程序控制线路。机床上常用的逻辑元件有各类继电器、液控或气控阀等。随着电子技术的迅速发展，电子逻辑元件组成的程序控制系统将广泛应用于机床控制系统中。

2. 插销板可变程序控制系统

插销板可变程序控制系统的工作原理如图 2-52 所示。系统中的程序步进器，由棘轮 1、棘爪 2、电刷 3 和一排电触头组成（图中仅画出其中的 4 个电触头 $A_1 \sim A_4$）。开机后，程序步进器恢复到如图 2-52 所示的起始位置，24V 电压经电触头 A_1、行程开关 LX_1 的常闭触头、插销板第一排第四列的插销，施加到继电器 J_1 上，执行程序的第一步，启动第一个执行器。当动作完成时，执行部件压下行程开关 LX_1，断开其常闭触头，接通常开触头，继电器 J_1 断电，第一个执行器的动作停止，24V 电压施加到电磁铁 4 上，电磁力吸引摆杆 5 下摆，棘爪 2 拨动棘轮 1 带着电刷 3 从电触头 A_1 换接到电触头 A_2。24V 电压经电触头 A_2、行程开关 LX_2 的常闭触头、插销板第二排第一列的插销，施加到继电器 J_4 上，执行程序的第二步，启动第四个执行器。如此周而复始，直到程序的最后一步，实现了工作部件的程序控制。

设置程序采用如图 2-52 所示的插销板，上有许多插销孔，各个孔内有两片相互绝缘的铜片，它们分别与程序步进器的触头和工作部件的继电器相连。插销板呈矩阵形式，每一列控制一个执行器，行序就是程序的步序。如要求程序的第 n 步启动第 m 个执行器，可以在第 n 行第 m 列的插孔内插上销子。图 2-52 中所示的插销方式使执行器按Ⅰ、Ⅳ、Ⅲ、Ⅱ的顺序进行动作，如果改变插销的组合方式，工作部件的工作顺序就会随之改变。

插销板程序控制系统结构简单、工作可靠、制造成本低以及易于掌握，但它只适用于工作循环内程序不太复杂、需控制的执行器又不太多的场合，否则会使硬件线路复杂，可靠性降低，控制装置体积也较大。

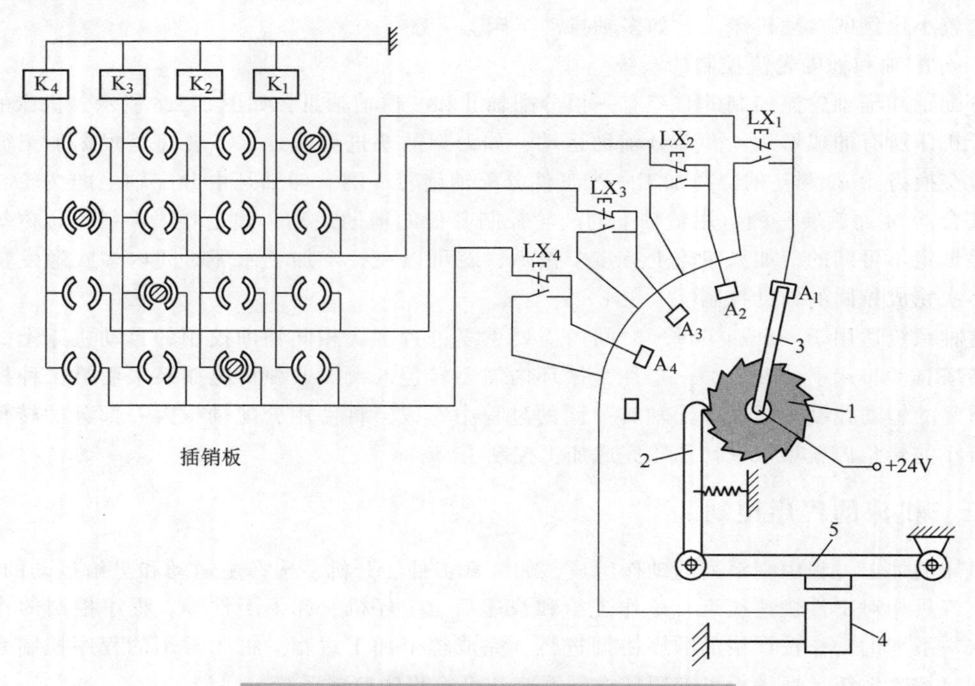

图 2-52　插销板可变程序控制系统工作原理图

1—棘轮　2—棘爪　3—电刷　4—电磁铁　5—摆杆

3. 可编程序控制系统

可编程序控制器（Programable Logistic Controller，简称 PLC）实际上是一台专为工业应用而设计的可进行数字逻辑运算的电子计算机。采用面向控制过程和实际问题的“工程化语言”编写的控制程序存储在它的程序存储器内，运行时逐行调出进行逻辑运算，得到工作顺序、计时、计数和运算等指令，并通过数字式或模拟式输入/输出装置控制各种类型的机械或生产过程。它具有体积小、功能强、编程简单、可靠性高等一系列优点，特别是它的抗干扰性能特别强，因而应用甚为普遍，已经发展为新一代的工业控制装置，是当今工业自动化领域的重要支柱。

PLC 可根据控制要求方便地对其模块化的硬件模块进行组合，得到具有不同控制内容和容量的专用程序控制系统。PLC 按控制点数可以分为大型（1000 点以上）、中型（100 点以上）和小型三个档次，都可以进行计算机联网通信。小型 PLC 基本用于逻辑控制，大中型 PLC 由于运行速度快，不仅可以进行逻辑控制，还可进行模拟量计算及复杂运算。使用时可以根据控制规模来选择或组合适当的 PLC 系统。一般机床采用小型 PLC 较多，进行逻辑控制。

在机床行业，PLC 主要用于：

1）替代传统的继电器控制系统，以提高系统的可靠性。

2）自动化程度较高机床的工作程序和逻辑控制，后者如动作之间的互锁和关联等。

在 PLC 多种编程的工具语言中，图形语言最为方便，其中最常用的是梯形图语言（又称继电器语言)，用户可在图形编程器上直观地进行编辑修改。有时一台 PLC 有多种语言，可供各种类型、层次的工程技术人员选用。

四、机床的数字控制

数字控制系统简称数控系统，是数控机床采用的一种控制系统，它自动阅读输入载体上事先给定的数字，并对其进行译码，使机床运动部件运动，用刀具加工出零件。从 1952 年美国麻省理工学院研制出第一台试验性数控系统到现在已经过了半个多世纪，数控系统由当初的电子管式起步，经历了分离式晶体管式、小规模集成电路式、大规模集成电路式、小型计算机式、超大规模集成电路式和微型工业计算机式数控系统等六代的演变。总体发展趋势是：数控装置由 NC（数控）向 CNC（计算机数控）发展；提高系统的集成度，缩小体积，采用模块化结构，便于裁剪、扩展和功能升级，满足不同类型数控机床的需要；驱动装置向交流、数字化方向发展；CNC 装置向人工智能化方向发展；采用新型的自动编程系统；增强通信功能；数控系统的可靠性不断提高。

（一）机床数字控制的基本原理

机床数控系统需要控制的内容包括刀架或工作台的运动轨迹和工作指令。对于前者，根据刀架或工作台运动轨迹上的一系列点的坐标值，经过插值运算进行控制；对于后者，主要包括如主轴变速、刀具更换、切削液开闭等工作指令。机床数控系统的基本原理如图 2-53 所示。数控系统需要控制铣刀沿图左上方用细双点画线表示的封闭轨迹移动，并在移动到不同线段时采用不同的切削用量。首先进行数控编程，将运动轨迹分解成三段直线 1—2、3—4、5—6 和三段圆弧 2—3、4—5、6—1。将各线段的类型、起点和终点坐标值按轨迹走向顺序，用专用的编程语言编写成轨迹控制程序。此外，将使用的刀具号、切削速度和进给速度等工作指令插写到轨迹控制程序的相应位置。数控程序可以制成穿孔纸带或磁带（现已不用或较少使用），也可以通过网络从中央计算机传输到机床数控系统的程序存储器内。

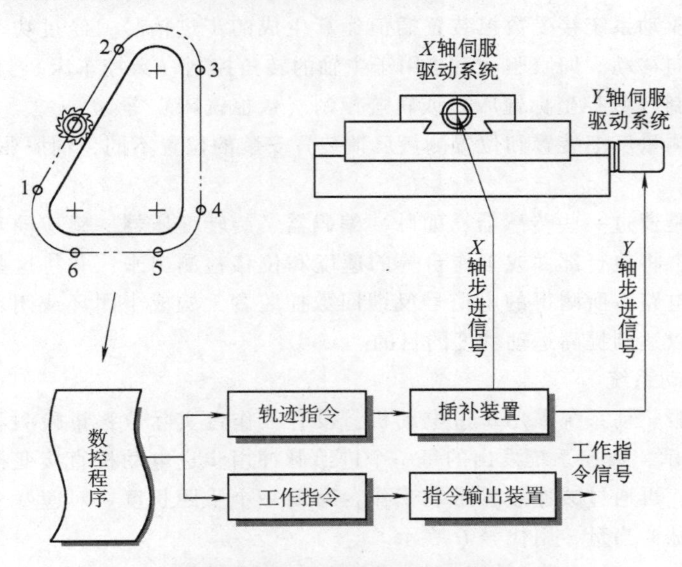

图 2-53　机床数控系统的基本原理

数控系统逐行读出数控程序上的指令，如是工作指令则通过指令输出装置输出控制信号，实现相应的控制操作，如变速或更换刀具等。如是轨迹指令，则通过插值运算分别向 X 轴和 Y

轴等的进给伺服系统发出一连串的步进信号。进给伺服系统每接到一个步进信号，就驱动运动部件往规定方向移动一个步距。一般来说，步距长度为0.001~0.01mm。刀具与工件之间的相对运动就是各个坐标方向运动的合成。

机床数控系统内运动轨迹的插值运算一般有两种：直线插值和圆弧插值。对于非圆弧曲线只能将其近似成一系列首尾连接的直线或圆弧。两种插值运算的原理是相同的。下面只介绍直线运动轨迹插值原理，如图2-54所示。

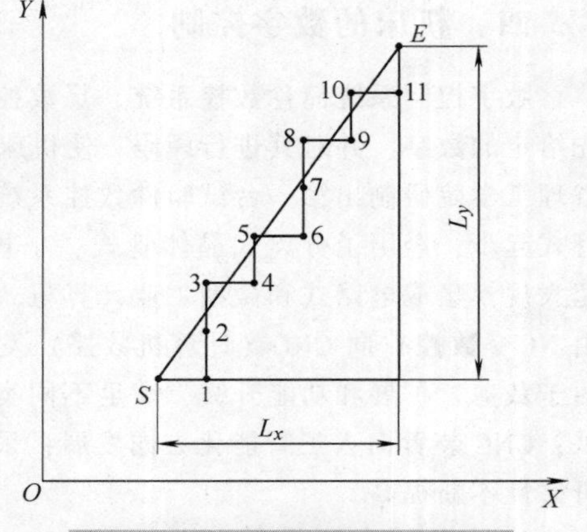

图2-54　直线运动轨迹插值原理

设直线运动轨迹如图2-54所示，起点和终点坐标分别为S和E。从起点S开始，系统向默认的坐标方向，如X方向发出一个步进信号，运动部件沿X方向移动一个步距到达点1。数控系统判别出点1的位置处于沿运动方向直线的右方。为使运动部件往靠近直线的方向运动，应向Y坐标方向发出下一个步进信号，运动部件沿Y方向移动一个步距到达点2。数控系统判别出点2的位置仍处于直线的右方，还是应继续向Y坐标方向发出下一个步进信号，运动部件又沿Y方向移动一个步距到达点3。数控系统判别出点3的位置已移到直线的左方。为使运动部件往靠近直线的方向运动，应向X坐标方向发出下一个步进信号，运动部件沿X方向移动一个步距到达点4。如此每走一步，判断一下所在位置处于直线的哪一边，发出下一个往理论轨迹方向移动的步进信号，保证运动部件实际的运动轨迹与理论轨迹之间的误差不超过一个步距的大小。由于数控系统的步距长度很小，两端点之间的坐标距离L_x和L_y必是它的整倍数，因此从起点S出发，必会准确地走到终点E。

（二）数控机床运动部件的伺服驱动系统

数控机床伺服驱动系统接受数控装置插值运算生成的步进信号，经过功率放大驱动机床的运动部件往规定方向移动。伺服驱动系统用于主轴的转角控制（数控车床）、进给部件的移动距离控制进行位置控制（数控坐标镗床）或轨迹控制（数控铣床）等。

按是否有位置测量反馈装置和位置测量反馈装置安装的位置不同，伺服驱动系统分为开环、闭环和半闭环三类。

测量反馈装置是通过一些传感器，如脉冲编码器、旋转变压器、感应同步器、光栅尺、磁尺和激光测量仪等，将执行部件或工作台等的速度和位移检测出来，并将这些非电量转化电参量，再经过相应的电路将所测得的电信号反馈回数控装置，构成半闭环或闭环系统，补偿执行机构的运动误差，以达到提高运动精度的目的。

1. 开环伺服驱动系统

典型的开环伺服驱动系统采用步进电动机，没有工作台实际位移量检测和反馈装置，其工作原理如图2-55所示，数控系统发出的每一个进给脉冲由步进电动机直接变换成一个转角，这个角度称为步距角，再通过减速装置带动工作台移动一个步距长度。对应一个进给脉冲，工作台移动的距离称为脉冲当量，用代号Q表示。

$$Q=\frac{\alpha}{360°}Lu$$

式中　Q——步距长度（mm）；

　　　α——步进电动机的步距角（°）；

L——滚珠丝杠的导程（mm）；

u——步进电动机至传动丝杠之间的传动比。

工作台的移动距离取决于数控装置发出的步进信号数。位移的精度取决于三方面的因素：步进电动机至工作台间传动系的传动精度、步距长度和步进电动机的工作精度。后者与步进电动机的转动精度和可能产生的丢步现象有关。这类系统的定位精度较低，一般为（±0.01～±0.02）mm，但系统简单，调试方便，成本低，适用于精度要求不高的数控机床中。

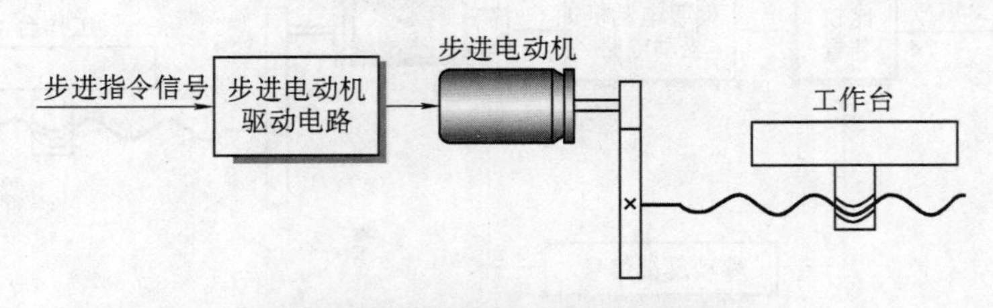

图 2-55 开环伺服驱动系统的原理

2. 闭环伺服驱动系统

闭环伺服驱动系统中，位置检测传感器安装在机床的最终执行部件上，如图 2-56 所示，可直接测量出执行部件的实际位移，与输入的指令位移进行比较，将比较后的差值反馈给控制系统，对执行部件的移（转）动进行补偿，使机床向减小差值的方向运行，最终使差值等于零或接近于零。为提高系统的稳定性，闭环伺服驱动系统除了检测执行部件的位移量外，还检测其速度。检测反馈装置有两类：用旋转变压器作为位置反馈，测速发电机作为速度反馈；用脉冲编码器兼作位置和速度反馈，且后者用得较多。

从理论上讲，闭环伺服驱动系统的运动精度主要取决于检测装置的精度，可以消除整个系统的传动误差和失动。但是闭环伺服驱动系统对机床结构的刚性、传动部件的回程间隙以及工作台低速运动的稳定性提出了严格的要求。因为这些条件影响着机床控制系统的稳定性。

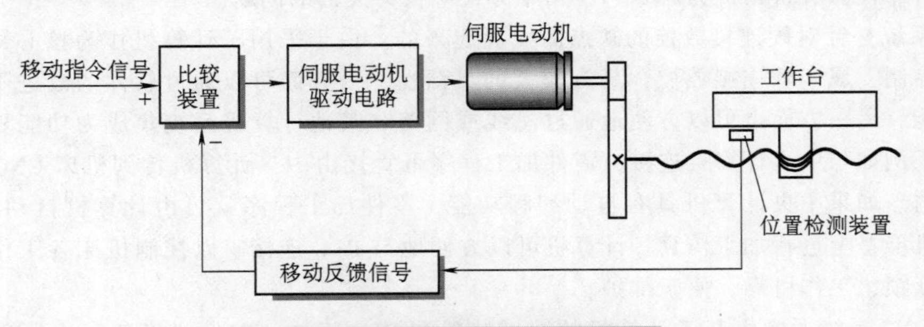

图 2-56 闭环伺服驱动系统的原理

闭环伺服驱动系统所用的电动机有直流伺服电动机或交流伺服电动机，这种系统的特点是运行精度高，但调试和维修都比较困难，成本也较高，用于精密型数控机床上。

3. 半闭环伺服驱动系统

如果检测元件不是安装在执行部件上，而是安装在进给系统中间部位的旋转部件上，则该控制系统称为半闭环伺服驱动系统。半闭环伺服驱动系统的原理如图 2-57 所示，其位置反馈装置可采用角度检测装置，如圆光栅、光电编码器、旋转式感应同步器等，安装在电动机的转子轴或丝杠上。该系统不直接测量工作台的位移，而是通过检测电动机或丝杠的转角，间接测量工作台的位移。如伺服电动机采用宽调速直流力矩电动机，不需要通过齿轮传动机构，直接与丝杠连接，则可以将角度检测装置与伺服电动机制成一个部件，使系统结构简单，价格低，安装和调试都很方便，故应用较多。由于机械传动环节和惯性较大的工作台没有包括在系统反馈回路内，因此可以获得比较稳定的控制特性，但丝杠等机械传动部件的传动误差不能通过反馈得以矫正。

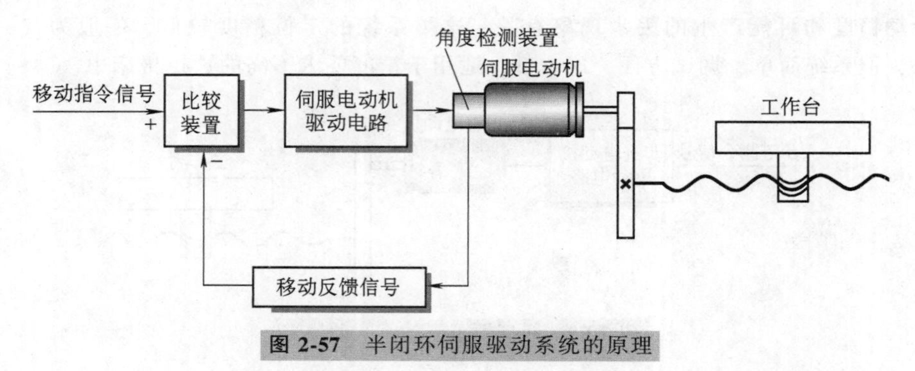

图 2-57　半闭环伺服驱动系统的原理

（三）计算机数控（CNC）机床

早期的数控系统用固定接线的电子线路来完成机床控制所需要的各种逻辑和运算，一般针对某种机床的控制要求进行专门设计，一旦制成，较难更改，故称为硬连接数控。硬连接数控的专用性强，体积大，成本高，可靠性也差。从1970年开始，通用小型计算机业已出现并成批生产，其运算速度有了大幅度的提高，而且成本低、可靠性高，将它作为数控系统的核心部件，主要的控制功能用软件来实现，从此进入了CNC阶段。1974年，微处理器应用于数控系统。由于微处理器是通用计算机的核心部件，故仍称为仿计算机数控。1990年，个人计算机（Personal Computer，简称PC）的性能发展到很高的阶段，可满足作为数控系统核心部件的要求，而且PC生产批量很大，价格便宜，可靠性高。数控系统从此进入了基于PC的阶段。CNC的出现从根本上解决了可靠性低、价格极为昂贵、应用不方便等极为关键的问题。

CNC系统是针对硬连接数控的缺点而发展起来的。由于采用了计算机作为核心部件，通过软件实现控制，属于软连接数控，具有较大的灵活性。一方面可以通过软件的改进不断地提高数控的功能，另一方面也可以方便地通过总线或网路与其他计算机系统集成为功能更加强大的控制系统。例如与中央计算机连接，零件加工程序可直接由中央计算机传到机床CNC系统的程序存储器内。如果中央计算机具有自动编程功能，零件加工程序就可由计算机自动进行编制，并在计算机屏幕上进行加工仿真。计算机可以方便地与PLC连接，以控制机床各工作部件的工作顺序和互锁，工作可靠，便于维护。

现代CNC系统通常由基于计算机的数控装置和PLC组成，CNC机床的基本原理如图2-58所示。

1. 数控装置

数控装置的核心是微处理器（CPU）或一台计算机，用来完成信息处理、数据和逻辑运算、控制系统的运行以及管理定时与中断信号等。数控程序由读入装置读入，或从中央计算机传入后，存储在系统内的程序存储器内。数控装置从程序存储器中逐条地取出程序的指令。取出的如是运动指令，则进行插值运算，计算出各坐标轴的位移控制信号，送至各坐标轴的伺服驱动装置，驱动工作台和主轴按规定的要求运动，位置检测装置测出运动部件实际的运动数据，反馈到数控装置，与要求的运动指令进行比较，发出误差补偿信号，使运动部件的运动与指令要求的运动之间的误差在允许范围内。如是工作指令，则送往PLC系统。

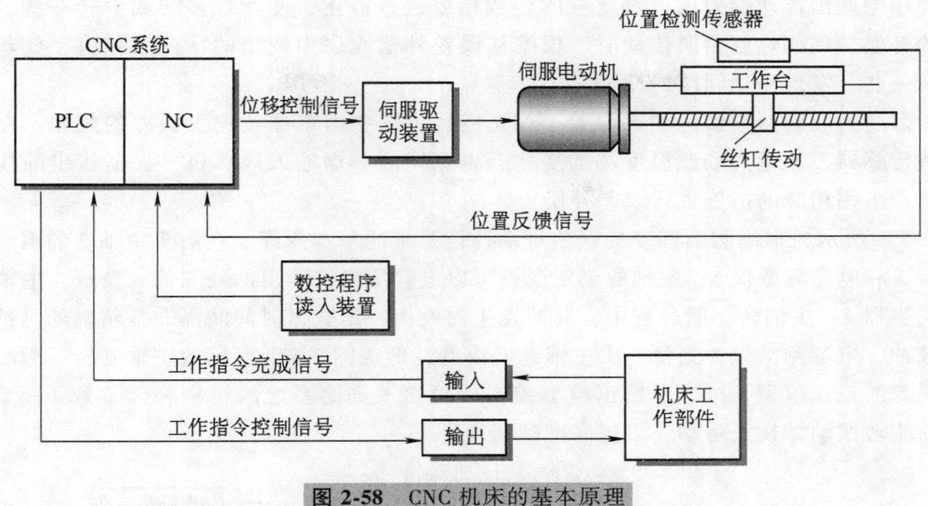

图 2-58 CNC 机床的基本原理

2. 可编程序控制器（PLC）

在 CNC 系统内，PLC 用于控制机床各工作部件协调地工作，以及它们之间的互锁和关联等。简单的工作程序如开启或关闭切削液，只需发出连接或断开切削液电磁阀的指令即可。复杂的工作程序以加工中心的换刀为例，需要控制刀库、换刀机械手、主轴箱和主轴等多个运动部件严格地按如下次序动作。

1）主轴箱和主轴回到其装卸刀位置。

2）主轴将刀具松开。

3）换刀机械手摆到主轴前端，将主轴上的刀具取出并运送到刀库的装卸刀位置，与此同时刀库已将空闲的存刀位移动到其装卸刀位置。

4）机械手将取出的刀具插进该存刀位。

5）刀库将装有待换刀具的刀位移动到其装卸刀位置。

6）机械手将待换刀具取出并运送到主轴前端，将其插入主轴。

7）主轴将刀具夹紧。

上述一系列动作可编写成参数化的工作程序，存放在 PLC 内。读入的数控程序内关于换刀的工作指令中，除了换刀指令外，还应包括待换刀具的刀号。在第 5）步中，PLC 根据该刀号控制刀库将装有待换刀具的刀位移到刀库的装卸刀位置。

五、误差自动补偿系统

机床加工产生的误差来自多方面的原因，如由于主轴的旋转误差，刀架和工作台导轨的制造装配误差或因磨损引起的运动误差，由于齿轮和丝杠等传动系的传动误差和反向间隙误差，由于在切削力或自重的作用下机床主轴、刀架和床身等产生的变形，由于电动机、油箱和切屑等的发热使机床的温度场发生变化，导致机床的热变形等。

对不同原因产生的加工误差，可采用不同的措施进行补偿。上述导致加工误差的原因中，大部分在一段较长的时间内保持稳定的规律，可以将其规律精确地测量出来，通过机械（硬件）或数字（软件）方式进行补偿。例如精密丝杠车床上主轴至丝杠内传动系的传动误差，可以根据测出的传动误差制成误差矫正样板，采用机械方式对螺距误差进行补偿。对于数控丝杠车床，可以将测出的传动误差和反向间隙编成误差补偿程序，数控系统根据工作台的当前位置，从误差补偿程序中调出传动误差值，对丝杠的转数指令进行修正，使丝杠多转或少转一些，实现传动误差的补偿。例如丝杠换向传动时，根据从误差补偿程序中调出的反向间隙值，使丝杠往反方向多转一些，实现传动间隙的补偿。

对于因受力或受热导致的加工误差，首先应找出这些因素导致加工误差的规律。在机床上设置一些传感器，测量力场或温度场的变化，将测得的数据输入计算机，根据找出的规律计算出补偿值，采用相应的措施进行误差补偿。

图2-59a所示为提高磨削圆度的误差自动补偿系统的基本原理。在磨头主轴2的前端装有高精密圆盘3和电容测微仪5。主轴的旋转误差可以电容测微仪测出的间隙值δ表示。主轴后端装有脉冲发生器4，主轴转一圈过程中，脉冲发生器发出一定数量时间间隔非常精确的脉冲。每发出一个脉冲，电容测微仪5测量一次主轴选转误差，形成图2-59b所示的主轴旋转一圈时间内主轴旋转误差的校正模型。按这个校正模型控制砂轮切入进给系统的精密补偿装置，驱动砂轮1随主轴的旋转摆动做校正运动，以提高磨削圆度。

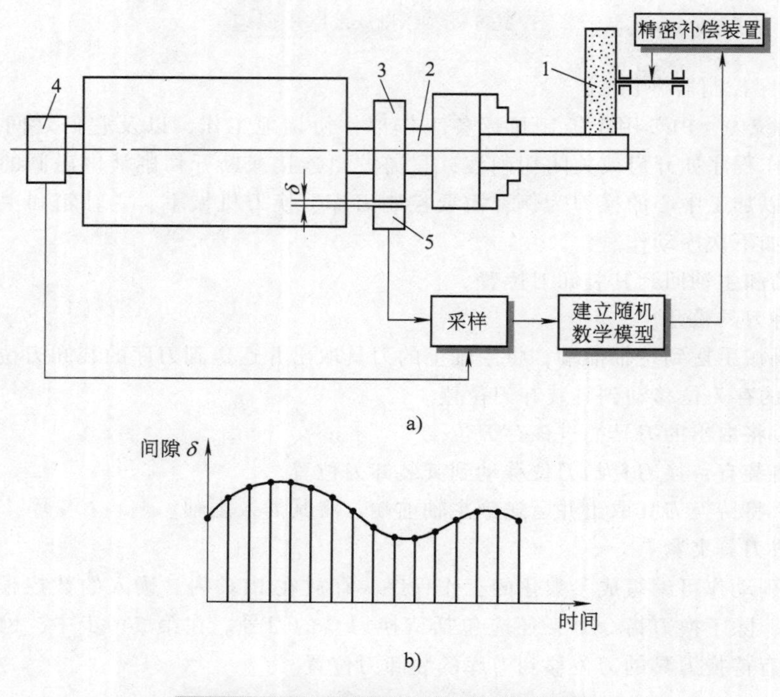

图2-59　误差自动补偿系统的基本原理

1—驱动砂轮　2—磨头主轴　3—高精密圆盘　4—脉冲发生器　5—电容测微仪

六、自适应控制系统

传统的数控机床只能够按照设定的程序，对工件进行切削加工。但是在实际制造过程中，常常会出现一些在编制程序时没有或无法考虑到的情况，如毛坯的形状和余量误差、材料硬度的误差、刀具在加工过程中的磨损、切削时产生颤振等。由于这些情况是随机发生的，在编制数控程序时无法考虑进去，导致制造过程有时不是在最佳状态下进行。

以图2-60所示为例说明机床自适应控制系统的基本原理。铣削过程中，传感器将切削转矩、切削力、颤振和刀具磨损等参数测量出来，传送到CNC的计算机中，按控制目标函数和约束条件进行优化，得出应如何进行校正的决策，控制伺服电动机改变主轴转速、切削深度和进给量等，使铣削始终在最佳状态下进行。目标函数是指希望通过控制达到的最佳切削状态的数学模型，如最大生产率、最低成本或最佳的加工质量等。

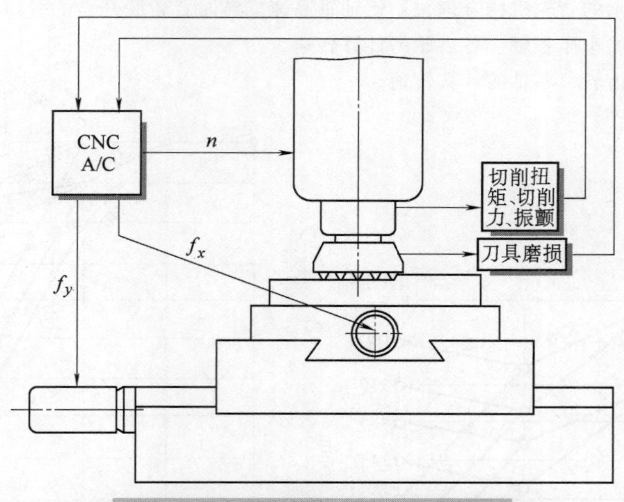

图 2-60 自适应控制系统的基本原理

习题与思考题

1. 机床设计应满足哪些基本要求？其理由是什么？
2. 机床设计的主要内容及步骤是什么？
3. 机床系列型谱的含义是什么？
4. 简述金属切削机床设计的基本理论。
5. 工件表面的形成原理是什么？
6. 工件表面发生线的形成方法有哪些？
7. 机床的运动功能有哪些？
8. 举例说明机床的主运动和进给运动。
9. 举例说明机床加工时的复合运动。
10. 简述机床运动功能方案设置的步骤。
11. 数控机床的坐标系如何选取？
12. 机床运动原理图和机床传动原理图各表达什么含义？
13. 简述机床总体结构方案设计的过程。
14. 机床的主参数及尺寸参数根据什么确定？
15. 机床的运动参数和动力参数如何确定？数控机床与普通机床的确定方法有什么不同？
16. 机床主传动系都有哪些类型？由哪些部分组成？
17. 什么是传动组的级比和级比指数？常规变速传动系的各传动组的级比指数有什么规律性？
18. 什么是传动组的变速范围？各传动组的变速范围之间有什么关系？

19. 某车床的主轴转速为 $n=40\sim1800\text{r/min}$，公比 $\varphi=1.41$，电动机的转速 $n_{电}=1440\text{r/min}$。试拟订结构式、转速图；确定齿轮齿数、带轮直径、验算转速误差；画出主传动系图。

20. 某机床主轴转速 $n=100\sim1120\text{r/min}$，转速级数 $Z=8$，电动机转速 $n_{电}=1440\text{r/min}$。试设计该机床主传动系，包括拟订结构式和转速图，画出主传动系图。

21. 试从 $\varphi=1.26$，$Z=18$ 级变速机构的各种传动方案中选出其最佳方案，并写出结构式，画出转速图和传动系图。

22. 用于成批生产的车床，主轴转速 $n_{电}=45\sim500$r/min，为简化机构采用双速电动机，$n_{电}=720/1440$r/min。试画出该机床的转速图和传动系图。

23. 试将图 2-19 所示的背轮机构合理化，使轴Ⅲ高速旋转时背轮脱开。

24. 求图 2-61 所示的车床各轴、各齿轮的计算转速。

25. 求图 2-62 中各齿轮、各轴的计算转速。

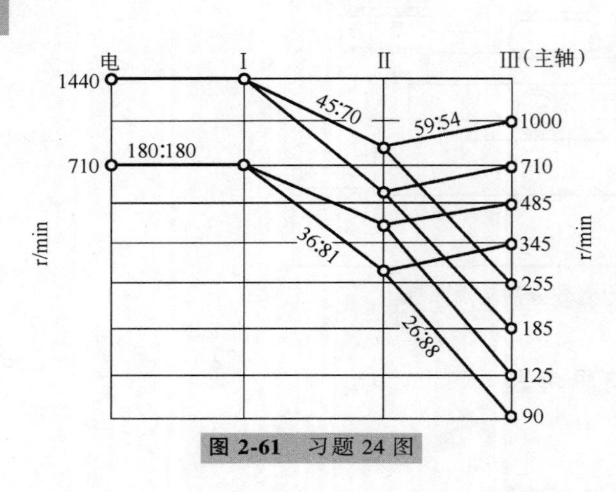

图 2-61　习题 24 图

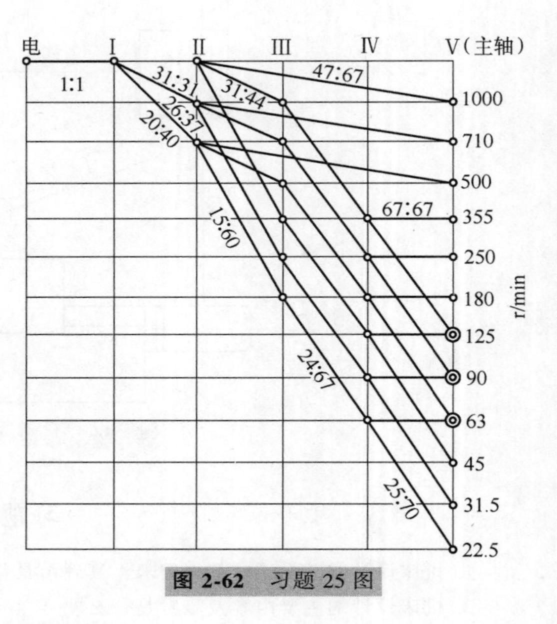

图 2-62　习题 25 图

26. 某数控车床，主轴最高转速 $n_{max}=4000$r/min，最低转速 $n_{min}=40$r/min，计算转速 $n_j=160$r/min，采用直流电动机，电动机功率 $n_{电}=15$kW，电动机的额定转速为 $n_d=1500$r/min，最高转速为 4500r/min。试设计分级变速箱的传动系，画出其转速图和功率特性图，以及主传动系图。

27. 数控机床主传动系设计有哪些特点？

28. 进给传动系设计应满足的基本要求是什么？

29. 试述进给传动设计有哪些特点？

30. 进给伺服系统驱动部件有哪几种类型？其特点和应用范围分别是什么？

31. 试述滚珠丝杠螺母机构的特点，其支承方式有哪几种？

32. 机床控制系统有几种分类方法？是如何进行分类的？

33. 一般机床自动控制系统由哪几部分组成？

34. 简述数控机床开环和闭环伺服驱动系统的工作原理。

第三章

典型部件设计

第一节　主轴部件设计

主轴部件是机床重要部件之一，它是机床的执行件。它的功用是支承并带动工件或刀具旋转进行切削，承受切削力和驱动力等载荷，完成表面成形运动。

主轴部件由主轴及其支承轴承、传动件、密封件及定位元件等组成。

主轴部件的工作性能对整机性能和加工质量以及机床生产率有着直接影响，是决定机床性能和技术经济指标的重要因素。因此，对主轴部件要有较高的要求。

一、主轴部件应满足的基本要求

1. 旋转精度

主轴的旋转精度是指装配后，在无载荷、低速转动条件下，在安装工件或刀具的主轴部位的径向圆跳动和轴向圆跳动。

旋转精度取决于主轴、轴承、箱体孔等的制造、装配和调整精度。例如，主轴支承轴颈的圆度、轴承滚道及滚子的圆度、主轴及随其回转零件的动平衡等因素，均可造成径向圆跳动误差；轴承支承端面、主轴轴肩及相关零件端面对主轴回转中心线的垂直度误差、推力轴承的滚道及滚动体误差等将造成主轴轴向圆跳动误差；主轴主要定心面（如车床主轴端的定心短锥孔和前端内锥孔）的径向圆跳动和轴向圆跳动。

对于通用机床和数控机床的旋转精度，国家已有统一规定，详见各类机床的精度检验标准。

2. 刚度

主轴部件的刚度是指其在外加载荷作用下抵抗变形的能力，通常以主轴前端产生单位位移的弹性变形时，在位移方向上所施加的作用力来定义，如图 3-1 所示。

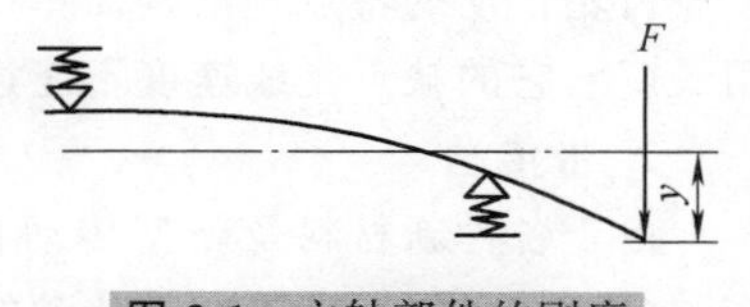

图 3-1　主轴部件的刚度

如果引起弹性变形的作用力是静力 F_j，变形为 y_j，则由此力和变形所确定的刚度称为静刚度，写成 $K_j=F_j/y_j$；如果引起弹性变形的作用力是交变力，其振幅为 y_d，则由该力和变形所确定的刚度称为动刚度，可写成 $K_d=F_d/y_d$。静、动刚度的单位均为，N/μm。

主轴部件的刚度是综合刚度，它是主轴、轴承等刚度的综合反映。因此，主轴的尺寸和形状、滚动轴承的类型和数量、预紧和配置形式、传动件的布置方式、主轴部件的制造和装配质量等都影响主轴部件的刚度。

主轴静刚度不足对加工精度和机床性能有直接影响，并会影响主轴部件中的齿轮、轴承的正常工作，降低工作性能和寿命，影响机床抗振性，容易引起切削颤振，降低加工质量。目前，对主轴部件尚无统一的刚度标准。

3. 抗振性

主轴部件的抗振性是指主轴抵抗受迫振动和自激振动的能力。在切削过程中，主轴部件不仅受静力作用，同时也受冲击力和交变力的干扰，从而产生振动。冲击力和交变力是由材料硬度不均匀、加工余量的变化、主轴部件不平衡、轴承或齿轮存在缺陷以及切削过程中的颤振等引起的。主轴部件的振动会直接影响工件表面的加工质量、刀具的使用寿命，并产生噪声。随着机床向高速、高精度发展，对抗振性要求越来越高。影响抗振性的主要因素是主轴部件的静刚度、质量分布以及阻尼。主轴部件的低阶固有频率与振型是其抗振性的主要评价指标。低阶固有频率应远高于激振频率，使其不容易发生共振。目前，抗振性的指标尚无统一标准，只有一些实验数据供设计时参考。

4. 温升和热变形

主轴部件运转时，因各相对运动处的摩擦生热、切削区的切削热等使主轴部件的温度升高，形状尺寸和位置发生变化，造成主轴部件的热变形。主轴热变形可引起轴承间隙变化，润滑油温度升高后黏度降低，这些变化都会影响主轴部件的工作性能，降低加工精度。因此，各种类型机床对温升都有一定限制。例如高精度机床连续运转下的允许温升为8~10℃，精密机床的允许温升为15~20℃，普通机床的允许温升为30~40℃。

5. 精度保持性

主轴部件的精度保持性是指主轴长期地保持其原始制造精度的能力。主轴部件丧失其原始精度的主要原因是磨损，如主轴轴承、主轴轴颈表面、装夹工件或刀具的定位表面的磨损。磨损的速度与摩擦的种类有关，也与结构特点、表面粗糙度、材料的热处理方式、润滑、防护及使用条件等许多因素有关。要长期保持主轴部件的精度，必须提高其耐磨性。对耐磨性影响较大的因素有主轴及轴承的材料、热处理方式、轴承类型及润滑防护方式等。

二、主轴部件的传动方式

主轴部件的传动方式主要有齿轮传动、带传动、电动机直接驱动等。主轴传动方式的选择，主要取决于主轴的转速、所传递的转矩、对运动平稳性的要求，以及结构紧凑、装卸维修方便等要求。

1. 齿轮传动

齿轮传动的特点是结构简单、紧凑，能传递较大的转矩，能适应变转速、变载荷工作，应用最广。它的缺点是线速度不能过高，通常小于12m/s，不如带传动平稳。

2. 带传动

由于各种新材料及新型传动带的出现，带传动的应用日益广泛。常用的传动带有平带、V带、多楔带和同步带等。带传动的特点是靠摩擦力传动（除同步带外）、结构简单、制造容易、成本低，特别适用于中心距较大的两轴间传动。带有弹性可吸振，传动平稳，噪声小，适宜高速传动。带传动在过载时会打滑，能起到过载保护作用。其缺点是有滑动，不能用在速比要求准确的场合。

同步带是通过带上的齿形与带轮上的轮齿相啮合传递运动和动力的，如图3-2a所示。同步带的齿形有两种：梯形齿和圆弧齿。圆弧齿形受力合理，较梯形齿同步带能够传递更大的转矩。

同步带无相对滑动，传动比准确，传动精度高；采用伸缩率小、抗拉及抗弯强度高的承载

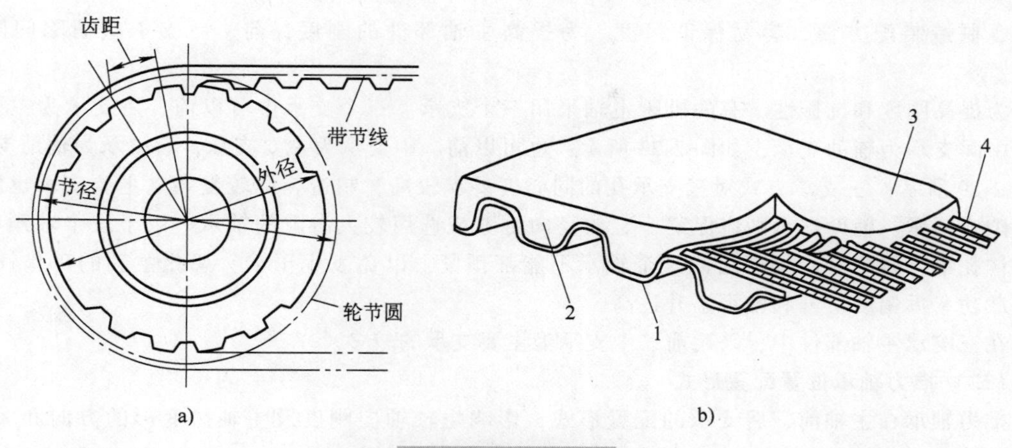

图 3-2 同步带传动

a）同步带传动 b）同步带结构

1—包布层 2—带齿 3—带背 4—承载绳

绳 4（图 3-2b），如钢丝、聚酯纤维等，因此强度高，可传递超过 100kW 以上的动力；厚度小、重量轻、传动平稳、噪声小，适用于高速传动，可达 50m/s；无须特别张紧，对轴和轴承压力小，传动效率高；不需要润滑，耐水、耐腐蚀，能在高温下工作，维护保养方便；传动比大，可达 1∶10 以上。其缺点是制造工艺复杂，安装条件要求高。

3. 电动机直接驱动

如果主轴转速不太高，可采用普通异步电动机直接带动主轴，如平面磨床的砂轮主轴。如果转速很高，可将主轴与电动机制成一体，成为主轴单元，如图 3-3 所示，电动机转子轴就是主轴，电动机座就是机床主轴单元的壳体。主轴单元大大简化了结构，有效地提高了主轴部件的刚度，降低了噪声和振动，有较宽的调速范围，有较大的驱动功率和转矩，便于组织专业化生产，因此广泛地用于精密机床、高速加工中心和数控车床中。

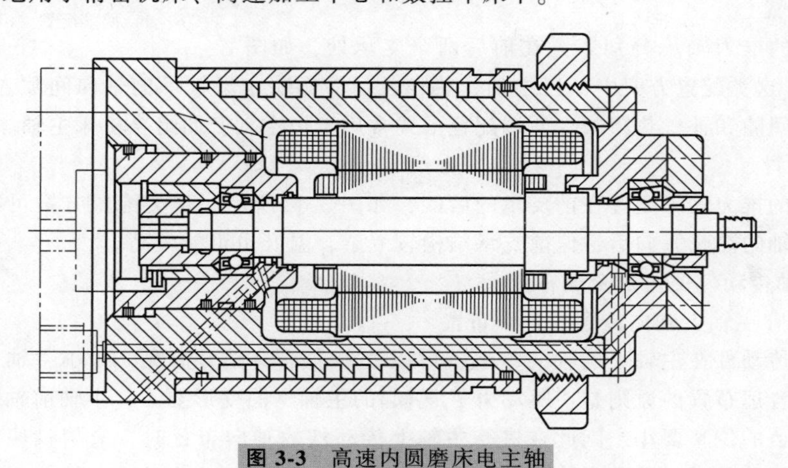

图 3-3 高速内圆磨床电主轴

三、主轴部件结构设计

（一）主轴部件的支承数目

多数机床的主轴采用前、后两个支承。典型的两支承方式如图 3-5 所示，这种方式结构简单，制造装配方便，容易保证精度。为提高主轴部件的刚度，前、后支承应消除间隙或预紧。

为提高刚度和抗振性，有的机床主轴采用三个支承。三个支承中可以前、后支承为主要支承，中间支承为辅助支承，如图2-23所示；也可以前、中支承为主要支承，后支承为辅助支承，如图2-29所示。三支承方式对三支承孔的同心度要求较高，制造装配较复杂。主要支承也应消除间隙或预紧，辅助支承则应保留一定的径向游隙或选用较大游隙的轴承。由于三个轴颈和三个箱体孔不可能绝对同轴，因此三个轴承不能都预紧，以免发生干涉，恶化主轴的工作性能，使空载功率大幅度上升和轴承温升过高。

在三支承主轴部件中，采用前、中支承为主要支承的较多。

（二）推力轴承位置配置形式

推力轴承在主轴前、后支承的配置形式，影响主轴轴向刚度及主轴热变形的方向和大小。为使主轴具有足够的轴向刚度和轴向位置精度，并尽量简化结构，应恰当地配置推力轴承的位置。

1. 前端配置

两个方向的推力轴承都布置在前支承处，如图3-4a所示。这类配置方案中，在前支承处轴承较多，发热大，温升高；但主轴受热后向后伸长，不影响轴向精度，精度高，对提高主轴部件刚度有利。前端配置形式用于轴向精度和刚度要求较高的高精度机床或数控机床。

2. 后端配置

两个方向的推力轴承都布置在后支承处，如图3-4b所示。这类配置方案中，前支承处轴承较少，发热小，温升低；但是主轴受热后向前伸长，影响轴向精度。后端配置形式用于轴向精度要求不高的普通精度机床，如立铣床、多刀车床等。

3. 两端配置

两个方向的推力轴承分别布置在前后两个支承处，如图3-5c、d所示。这类配置方案中，当主轴受热伸长后，影响主轴轴承的轴向间隙。为避免松动，可用弹簧消除间隙和补偿热膨胀。两端配置形式常用于短主轴，如组合机床主轴。

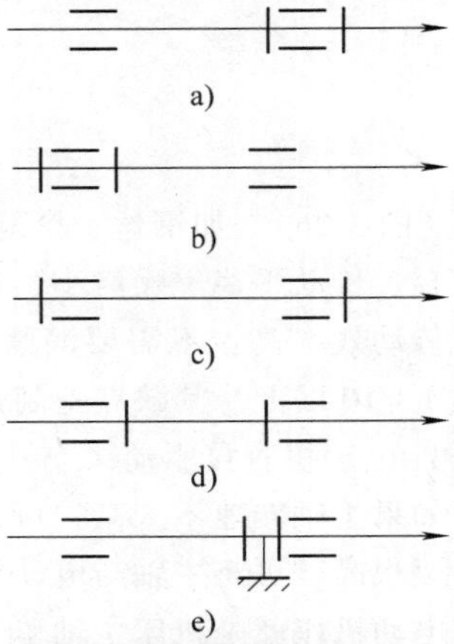

a)

b)

c)

d)

e)

图3-4　推力轴承配置形式
a）前端配置　b）后端配置
c、d）两端配置　e）中间配置

4. 中间配置

两个方向的推力轴承配置在前支承的后侧，如图3-4e所示。这类配置方案可减少主轴的悬伸量，并使主轴的热膨胀向后；但前支承结构较复杂，温升也可能较高。

（三）主轴传动件位置的合理布置

1. 传动件在主轴上轴向位置的合理布置

合理布置传动件在主轴上的轴向位置，可以改善主轴的受力情况，减小主轴变形，提高主轴的抗振性。合理布置的原则是：驱动力F_Q引起的主轴弯曲变形要小；主轴前轴端在影响加工精度敏感方向上的位移要小。因此在进行主轴上传动件的轴向布置时，应尽量使传动件靠近前支承，有多个传动件时，最大的传动件应靠近前支承。

主轴上传动件的轴向布置方案如图3-5所示。图3-5a中的传动件放在两个支承中间靠近前支承处，受力情况较好，用得最为普遍；图3-5b中的传动件放在主轴前悬伸端，主要用于具有大转盘的机床，如立式车床、镗床等，传动齿轮直接安装在转盘上；图3-5c中的传动件放在主轴的后悬伸端，较多地用于带传动，为了更换传动带方便，如磨床。

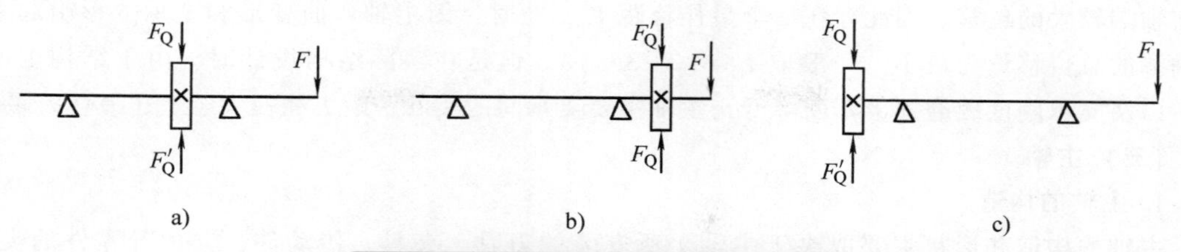

图 3-5　主轴上传动件的轴向布置方案

a）位于主轴前支承内侧　b）位于主轴前悬伸端　c）位于主轴后悬伸端

2. 驱动主轴的传动轴位置的合理布置

主轴受到的驱动力 F_Q 相对于切削力 F_P 的方向取决于驱动主轴的传动轴位置。应尽可能将该驱动轴布置在合适的位置，使驱动力引起的主轴变形可抵消一部分因切削力引起的主轴轴端精度敏感方向上的位移。

（四）主轴主要结构参数的确定

主轴的主要结构参数有主轴前、后轴颈直径 D_1 和 D_2，主轴内孔直径 d，主轴前端悬伸量 a 和主轴主要支承间的跨距 L，如图 3-6 所示。这些参数直接影响主轴的旋转精度和刚度。

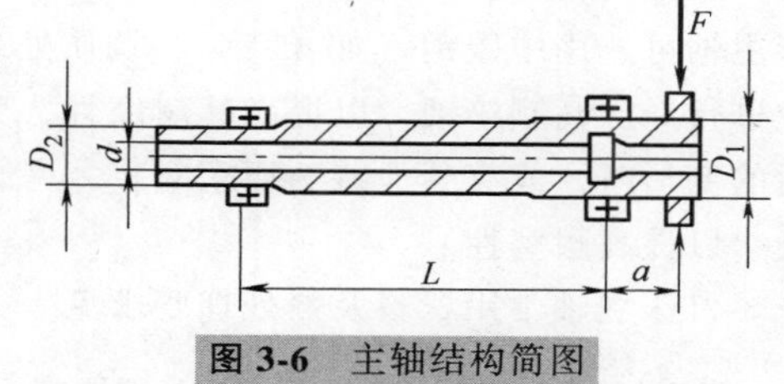

图 3-6　主轴结构简图

1. 主轴前轴颈直径的选取

一般按机床类型、主轴传递的功率或最大加工直径，参考表 3-1 选取。车床和铣床后轴颈的直径 $D_2 \approx (0.7 \sim 0.85) D_1$。

表 3-1　主轴前轴颈的直径 D_1　　（单位：mm）

功率/kW		2.6~3.6	3.7~5.5	5.6~7.2	7.4~11	11~14.7	14.8~18.4
直径 D_1	车床	70~90	70~105	95~130	110~145	140~165	150~190
	升降台铣床	60~90	60~95	75~100	90~105	100~115	—
	外圆磨床	50~60	55~70	70~80	75~90	75~100	90~100

2. 主轴内孔直径 d 的确定

很多机床的主轴是空心的，内孔直径与其用途有关。例如，车床主轴内孔用来通过棒料或安装送夹料机构，铣床主轴内孔可通过拉杆来拉紧刀杆等。为不过多地削弱主轴的刚度，卧式车床的主轴内孔直径 d 通常不小于主轴平均直径的 55%~60%，铣床主轴内孔直径 d 可比刀具拉杆直径大 5~10mm。

3. 主轴前端悬伸量 a 的确定

主轴前端悬伸量 a 是指主轴前端面到前轴承径向反力作用中点（或前径向支承中点）的距离。它主要取决于主轴端部的结构、前支承轴承配置形式，以及密封装置的形式和尺寸，在结构设计时确定。由于前端悬伸量对主轴部件的刚度、抗振性的影响很大，因此在满足结构要求的前提下，设计时应尽量缩短前端悬伸量。

4. 主轴主要支承间跨距 L 的确定

合理确定主轴主要支承间的跨距 L，是获得主轴部件最大静刚度的重要条件之一。支承跨距过小，主轴的弯曲变形固然较小，但因支承变形引起主轴前轴端的位移量增大；反之，支承跨距过大，支承变形引起主轴前轴端的位移量尽管减小了，但主轴的弯曲变形增大，也会引起主轴前轴端较大的位移。因此存在一个最佳跨距 L_0，此时，因主轴弯曲变形和支承变形引起主轴前轴端的总位移量为最小。一般取 $L_0=(2\sim3.5)a$。但是在实际结构设计时，由于结构上的原因，以及支承刚度因磨损会不断降低，主轴主要支承间的实际跨距 L 往往大于上述最佳跨距 L_0。

（五）主轴

1. 主轴的构造

主轴的构造和形状主要取决于主轴上所安装的刀具、夹具、传动件、轴承等零件的类型、数量、位置和安装定位方法等。设计时还应考虑主轴加工工艺性和装配工艺性。主轴一般为空心阶梯轴，前端径向尺寸大，中间径向尺寸逐渐减小，尾部径向尺寸最小。

主轴的前端形式取决于机床类型和安装夹具或刀具的形式。主轴头部的形状和尺寸已经标准化，应遵照标准进行设计。

2. 主轴的材料和热处理

主轴的材料应根据载荷特点、耐磨性要求、热处理方法和热处理后变形情况选择。普通机床主轴可选用中碳钢（如45钢），调质处理后，在主轴端部、锥孔、定心轴颈或定心锥面等部位进行局部高频淬硬，以提高其耐磨性。只有载荷大和有冲击时，或精密机床需要减小热处理后的变形时，或有其他特殊要求时，才考虑选用合金钢。当支承为滑动轴承时，则轴颈也需淬硬，以提高耐磨性。

机床主轴常用材料及热处理要求见表3-2。

表3-2 机床主轴常用材料及热处理要求

钢材	热处理	用途
45	调质22~28HRC，局部高频淬硬50~55HRC	一般机床主轴、传动轴
40Cr	淬硬40~50HRC	载荷较大或表面要求较硬的主轴
20Cr	渗碳、淬硬56~62HRC	中等载荷、转速很高、冲击较大的主轴
38CrMoAl	氮化处理850~1000HV	精密和高精密机床主轴
65Mn	淬硬52~58HRC	高精度机床主轴

对于高速、高效、高精度机床的主轴部件，热变形及振动等一直是国内外研究的重点课题，特别是对高精度、超精密加工机床的主轴。据资料介绍，目前出现一种叫玻璃陶瓷，又称微晶玻璃的新材料，其线膨胀系数几乎接近于零，是制作高精度机床主轴的理想材料。

3. 主轴的技术要求

主轴的技术要求应根据机床精度标准有关项目制订。首先制订出满足主轴旋转精度所必需的技术要求，如主轴前、后轴承轴颈的同轴度，锥孔相对于前、后轴颈中心连线的径向圆跳动，定心轴颈及其定位轴肩相对于前、后轴颈中心连线的径向圆跳动和轴向圆跳动等。然后再考虑其他性能所需的要求，如表面粗糙度、表面硬度等。主轴的技术要求要满足设计要求、工艺要求、检测方法的要求，应尽量做到设计、工艺、检测的基准相统一。

图3-7所示为简化后的车床主轴简图，A 和 B 是主支承轴颈，主轴中心线是 A 和 B 的圆心连线，就是设计基准。检测时以主轴中心线为基准来检验主轴上各内、外圆表面和端面的径向圆跳动和轴向圆跳动，所以也是检测基准。此外，主轴中心线既是主轴前、后锥孔的工艺基准，又是锥孔检测时的测量基准。

主轴各部位的尺寸公差、几何公差、表面粗糙度和表面硬度等具体数值应根据机床的类型、规格、精度等级及主轴轴承的类型来确定。

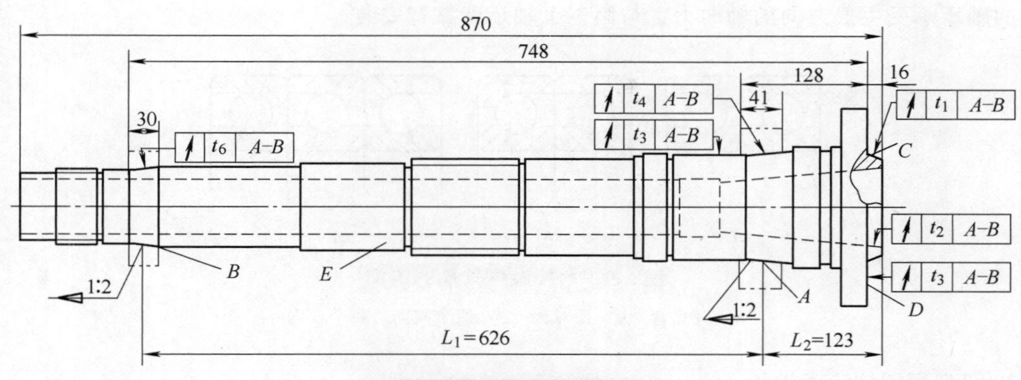

图 3-7 车床主轴简图

四、主轴滚动轴承

主轴部件中最重要的组件是轴承。轴承的类型、精度、结构、配置方式、安装调整、润滑和冷却等状况，都直接影响主轴部件的工作性能。

机床上常用的主轴轴承有滚动轴承、液体动压轴承、液体静压轴承、空气静压轴承等。此外，还有自调磁浮轴承等适应高速加工的新型轴承。

对主轴轴承的要求是旋转精度高、刚度高、承载能力强、极限转速高、适应变速范围大、摩擦小、噪声低、抗振性好、使用寿命长、制造简单、使用维护方便等。因此，在选用主轴轴承时，应根据对该主轴部件的主要性能要求、制造条件及经济效果综合进行考虑。

（一）主轴部件主支承常用滚动轴承

1. 角接触球轴承

接触角 α 是球轴承的一个主要设计参数。接触角是滚动体与滚道接触点处的公法线与主轴轴线垂直平面间的夹角，如图 3-8 所示。当接触角为 0 时，称为深沟球轴承（图 3-8a）；当 $0<\alpha\leqslant45°$时，称为角接触球轴承（图 3-8b）；当 $45°<\alpha<90°$时，称为推力角接触球轴承（图 3-8c）；当 $\alpha=90°$时，称为推力球轴承（图 3-8d）。

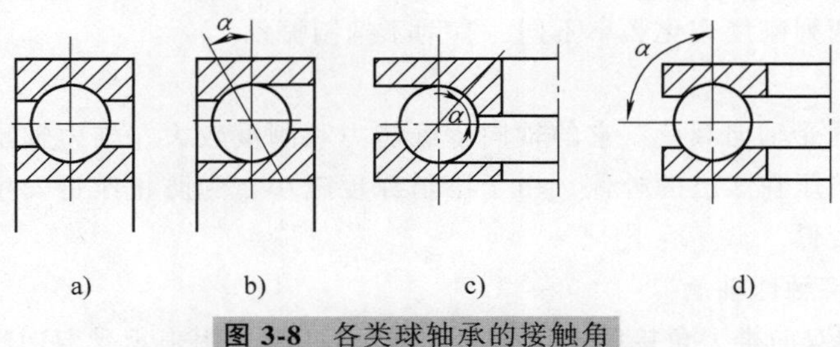

图 3-8 各类球轴承的接触角

a）$\alpha=0$，深沟球轴承 b）$0<\alpha\leqslant45°$，角接触球轴承
c）$45°<\alpha<90°$，推力角接触球轴承 d）$\alpha=90°$，推力球轴承

角接触球轴承的极限转速较高。它可以同时承受径向和一个方向的轴向载荷，接触角有15°、25°、40°和60°等多种，接触角越大，可承受的轴向力越大。主轴用角接触球轴承的接触角多为15°或25°。角接触球轴承必须成组安装，以便承受两个方向的轴向力和调整轴承间隙或进行预紧，如图 3-9 所示。图 3-9a 所示为一对轴承背靠背安装，图 3-9b 所示为面对面安装。背靠背安装比面对面安装的轴承具有较高的抗颠覆力矩的能力。图 3-9c 所示为三个成一组，两个

同向的轴承承受主要方向的轴向力，与第三个轴承背靠背安装。

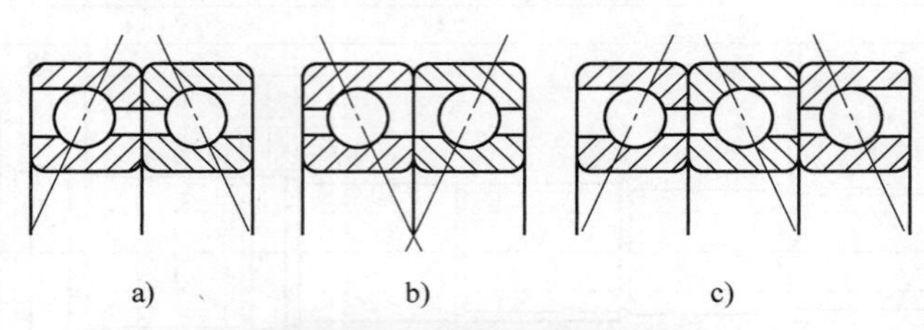

图 3-9　角接触球轴承的组配

a）背靠背　b）面对面　c）两个同向，一个反向

2. 双列短圆柱滚子轴承

双列短圆柱滚子轴承的特点是：内圈有 1∶12 的锥孔，与主轴的锥形轴颈相匹配，轴向移动内圈，可以把内圈胀大，用来调整轴承的径向间隙和预紧；轴承的滚动体为滚子，能承受较大的径向载荷和较高的转速；轴承有两列滚子交叉排列，数量较多，因此刚度较高；不能承受轴向载荷。

双列短圆柱滚子轴承有两种类型，如图 3-10a、b 所示。图 3-10a 中的内圈上有挡边，属于特轻系列；图 3-10b 中的挡边在外圈上，属于超轻系列。同样孔径，后者外径可比前者小些。

3. 圆锥滚子轴承

圆锥滚子轴承有单列（图 3-10d、e）和双列（图 3-10c、f）两类，每类又有空心（图 3-10c、d）和实心（图 3-10e、f）两种。单列圆锥滚子轴承可以承受径向载荷和一个方向的轴向载荷，双列圆锥滚子轴承能承受径向载荷和两个方向的轴向载荷。双列圆锥滚子轴承由外圈 2、两个内圈 1 和隔套 3（也有的无隔套）组成，修磨隔套 3 就可以调整间隙或进行预紧。轴承内圈仅在滚子的大端有挡边，内圈挡边与滚子之间为滑动摩擦，所以发热较多，允许的最高转速低于同尺寸的圆柱滚子轴承。

图 3-10c、d 所示的空心圆锥滚子轴承是配套使用的，双列用于前支承，单列用于后支承。这类轴承滚子是中空的，润滑油可以从中流过，冷却滚子，降低温升，并有一定的减振效果。单列圆锥滚子轴承的外圈上有弹簧，用于自动调整间隙和预紧。双列圆锥滚子轴承的两列滚子数目相差一个，使两列刚度变化频率不同，有助于抑制振动。

4. 推力轴承

推力轴承只能承受轴向载荷，它的轴向承载能力和刚度较大。推力轴承在转动时滚动体产生较大的离心力，挤压在滚道的外侧。由于滚道深度较小，为防止滚道发生剧烈磨损，推力轴承允许的极限转速较低。

5. 双向推力角接触球轴承

图 3-10g 所示的双向推力角接触球轴承的接触角为 60°，用来承受双向轴向载荷，常与双列短圆柱滚子轴承配套使用。为保证轴承不承受径向载荷，轴承外圈的公称外径与它配套的同孔径双列滚子轴承相同，但外径公差带在零线的下方，使外圆与箱体孔有间隙。轴承间隙的调整和预紧通过修磨隔套 3 的长度实现。双向推力角接触球轴承转动时滚道体的离心力由外圈滚道承受，允许的极限转速比上述推力轴承高。

6. 陶瓷滚动轴承

陶瓷滚动轴承的材料为氮化硅（Si_3N_4），密度为 $3.2\times10^3kg/m^3$，仅为钢（$7.8\times10^3kg/m^3$）的 40%；线膨胀系数为 $3\times10^{-6}℃^{-1}$，比轴承钢小得多（$12.5\times10^{-6}℃^{-1}$）；弹性模量为 $315000N/mm^2$，

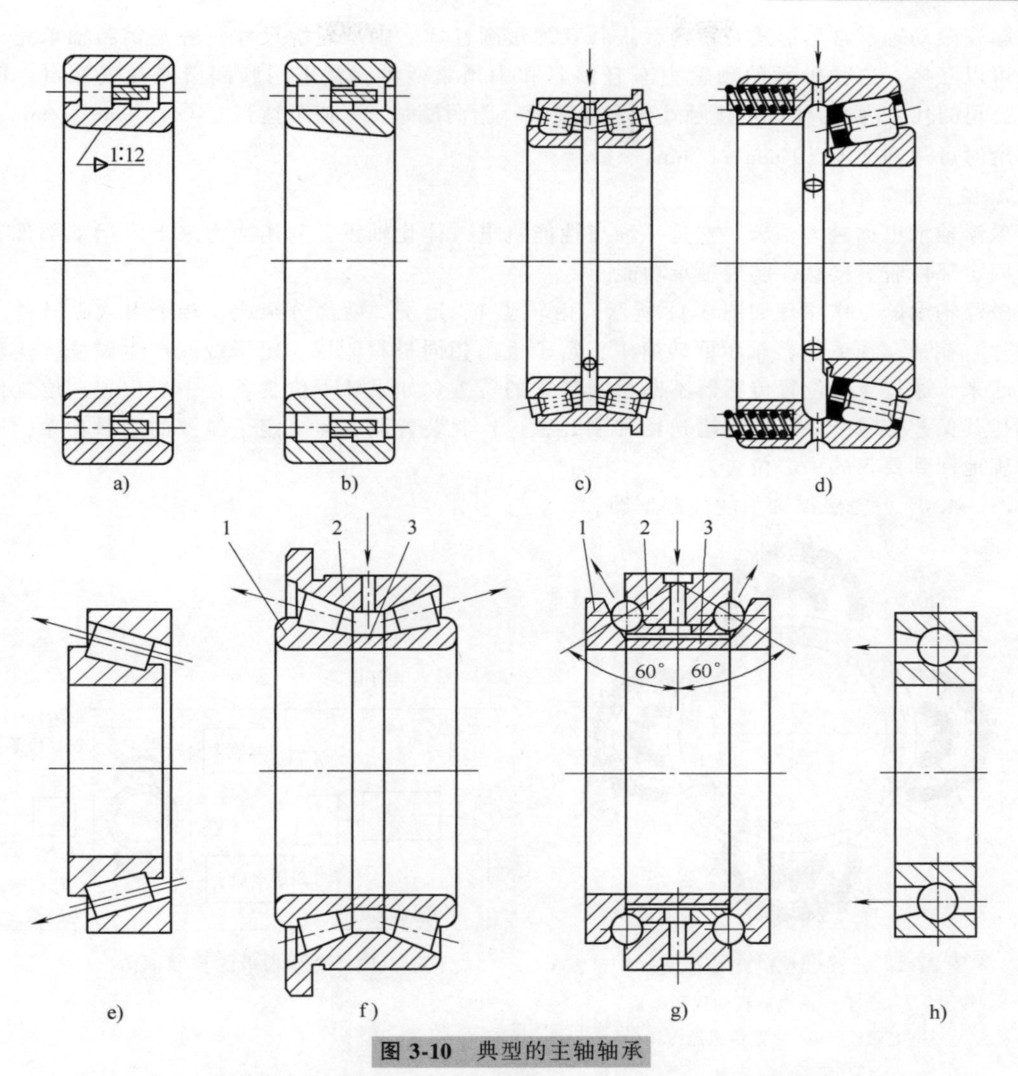

图 3-10 典型的主轴轴承

a、b）双列短圆柱滚子轴承 c）双列空心圆锥滚子轴承 d）单列空心圆锥滚子轴承
e）圆锥轴承 f）双列圆锥轴承 g）双向推力角接触球轴承 h）角接触球轴承
1—内圈 2—外圈 3—隔套

比轴承钢大。在高速下，陶瓷滚动轴承与钢制滚动轴承相比：重量轻，作用在滚动体上的离心力及陀螺力矩较小，从而减小了压力和滑动摩擦；滚动体热胀系数小，温升较低，轴承在运转中预紧力变化缓慢，运动平稳；弹性模量大，轴承的刚度增大。

常用的陶瓷滚动轴承有三种类型。

1）滚动体用陶瓷材料制成，而内、外圈仍用轴承钢制造。

2）滚动体和内圈用陶瓷材料制成，外圈用轴承钢制造。

3）全陶瓷轴承，即滚动体、内外圈全都用陶瓷材料制成。

第一种和第二种陶瓷轴承的滚动体和套圈采用不同材料，运转时分子亲合力很小，摩擦系数小，并有一定的自润滑性能，可在供油中断无润滑情况下正常运转，轴承不会发生故障，适用于高速、超高速、精密机床的主轴部件。

第三种陶瓷滚动轴承适用于耐高温、耐腐蚀、非磁性、电绝缘或要求减轻重量和超高速场合。陶瓷滚动轴承常用形式有角接触式和双列短圆柱式。轴承轮廓尺寸一般与钢制轴承完全相同，可以互换。这种轴承的预紧力有轻预紧和中预紧两种，常采用脂润滑或油气润滑。例如SKF公司的代号为CE/HC角接触式陶瓷球轴承，脂润滑时 $d_m n$ 值可达到 1.4×10^6 mm · r/min，油气润滑时可达到 2.1×10^6 mm · r/min。

7. 磁浮轴承

磁浮轴承也称磁力轴承。它是一种高性能机电一体化轴承，利用磁力来支承运动部件，使其与固定部件脱离接触，实现轴承功能。

磁浮轴承的工作原理如图3-11所示，由转子1、定子2两部分组成。转子由铁磁材料（如硅钢片）制成，压入回转轴承回转筒中，定子也由相同材料制成。定子线圈产生磁场，使转子悬浮起来，通过4个位置传感器不断检测转子的位置。如果转子位置不在中心位置，位置传感器测得其偏差信号，并将信号输送给控制装置，控制装置调整4个定子线圈的励磁功率，使转子精确地回到要求的中心位置。

图3-12所示为磁浮轴承的控制框图。

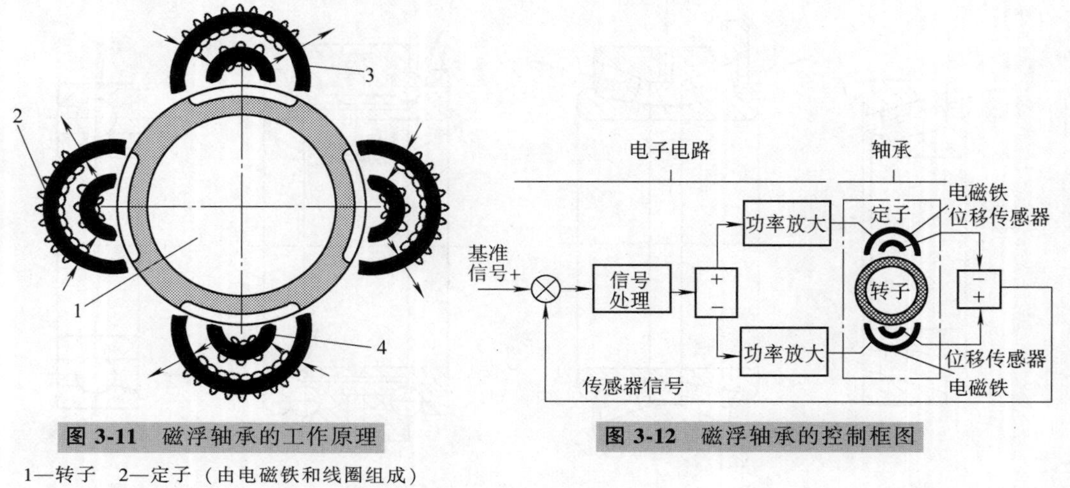

图3-11 磁浮轴承的工作原理

1—转子 2—定子（由电磁铁和线圈组成） 3—电磁铁 4—位置传感器

图3-12 磁浮轴承的控制框图

磁浮轴承的特点是：无机械磨损，理论上无速度限制；运转时无噪声，温升低，能耗小；不需要润滑，不污染环境，省去润滑系统和设备；可在超低温和高温下正常工作，也可用于真空、蒸汽腐蚀性环境中。装有磁浮轴承的主轴可以适应控制，通过监测定子线圈的电流，灵敏地控制切削力，通过检测切削力微小变化控制机械运动，以提高加工质量。因此磁浮轴承特别适用于高速、超高速加工。国外已有高速铣削磁力轴承主轴头和超高速磨削主轴头，并已标准化。

磁浮轴承主轴的结构如图3-13所示。

（二）几种典型的主轴轴承配置形式

主轴轴承的配置形式应根据刚度、转速、承载能力、抗振性和噪声等要求来选择。常见典型的配置形式有速度型、刚度型、刚度速度型，如图3-14所示。

1. 速度型

如图3-14a所示，主轴前、后轴承都采用角接触球轴承（两联或三联）。当轴向切削力较大时，可选用接触角为25°的球轴承；轴向切削力较小时，可选用接触角为15°的球轴承。在相同的工作条件下，前者的轴向刚度比后者大一倍。角接触球轴承具有良好的高速性能，但它的承载能力较小，因此速度型主轴单元适用于高速轻载或精密机床，如高速镗削单元、高速CNC车床

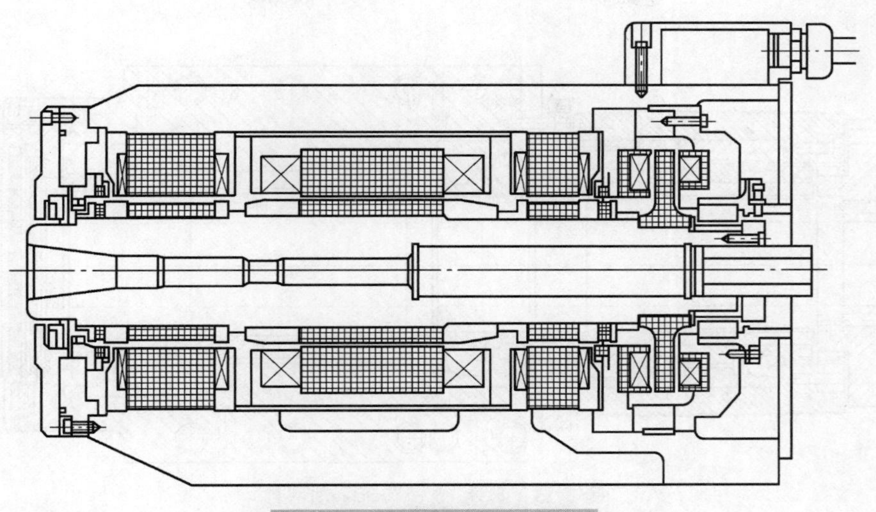

图 3-13　磁浮轴承主轴的结构

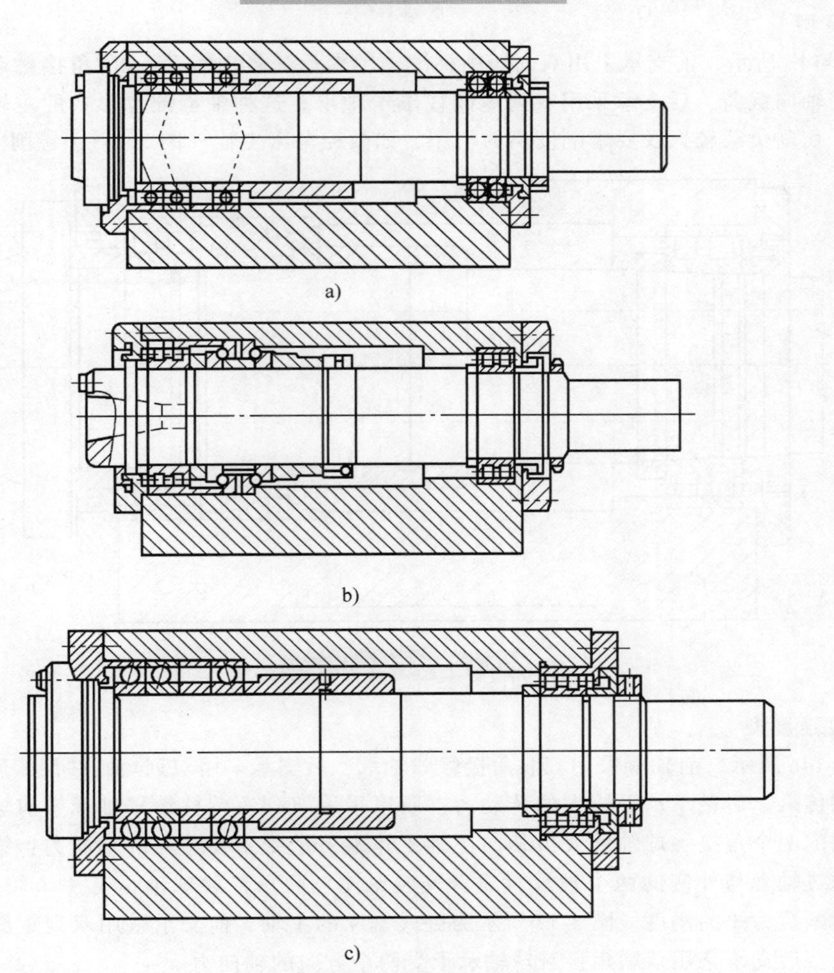

图 3-14　三种类型的主轴单元

a）速度型　b）刚度型　c）刚度速度型

（图 3-15）等。

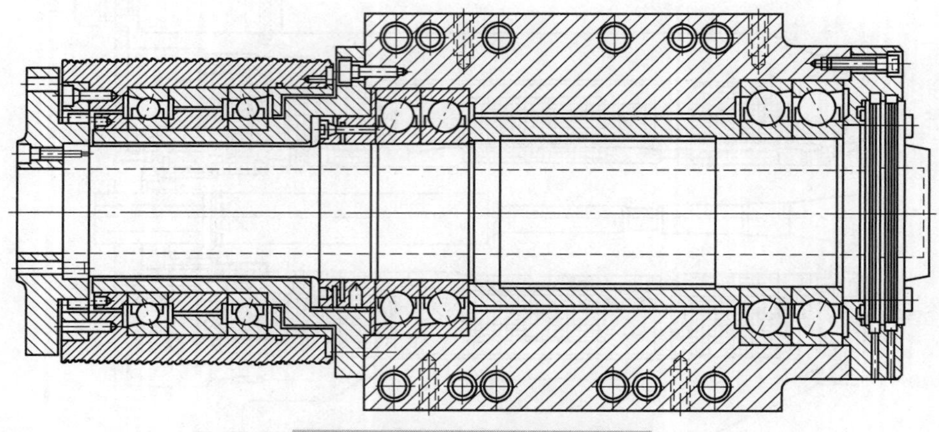

图 3-15　高速 CNC 车床主轴部件

2. 刚度型

如图 3-14b 所示，前支承采用双列短圆柱滚子轴承承受径向载荷，60°角接触双列向心推力球轴承承受轴向载荷，后支承采用双列短圆柱滚子轴承。这种轴承配置形式的主轴部件适用于中等转速、切削负载较大及要求刚度高的机床，如数控车床主轴（图 3-16）、镗削主轴单元等。

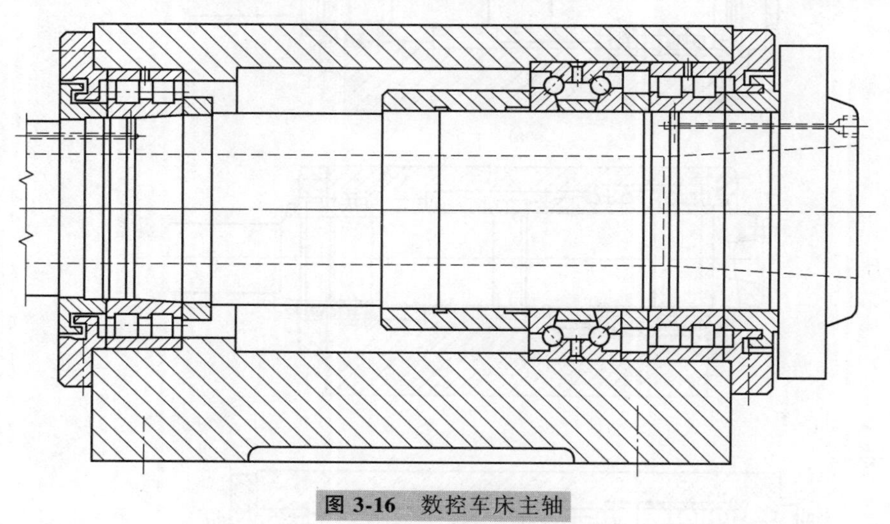

图 3-16　数控车床主轴

3. 刚度速度型

如图 3-14c 所示，前轴承采用三联角接触球轴承，后支承采用双列短圆柱滚子轴承。主轴的动力从后端传入，后轴承承受较大的传动力，所以采用双列短圆柱滚子轴承。前轴承的配置特点是：外侧的两个角接触球轴承大口朝向主轴工作端，承受主要方向的轴向力；第三个角接触球轴承则通过轴套与外侧的两个轴承背靠背安装，使三联角接触球轴承有一个较大支承跨距，以提高承受颠覆力矩的刚度。图 3-17 所示为卧式铣床的主轴，前支承采用双列短圆柱滚子轴承承受径向力，后支承采用双联角接触球轴承承受两个方向的轴向力。

图 3-18 所示为采用圆锥滚子轴承的主轴部件，其结构比采用双列短圆柱滚子轴承简单，承载能力和刚度比采用角接触球轴承高。但是，因为圆锥滚子轴承发热量大，温升高，允许的极

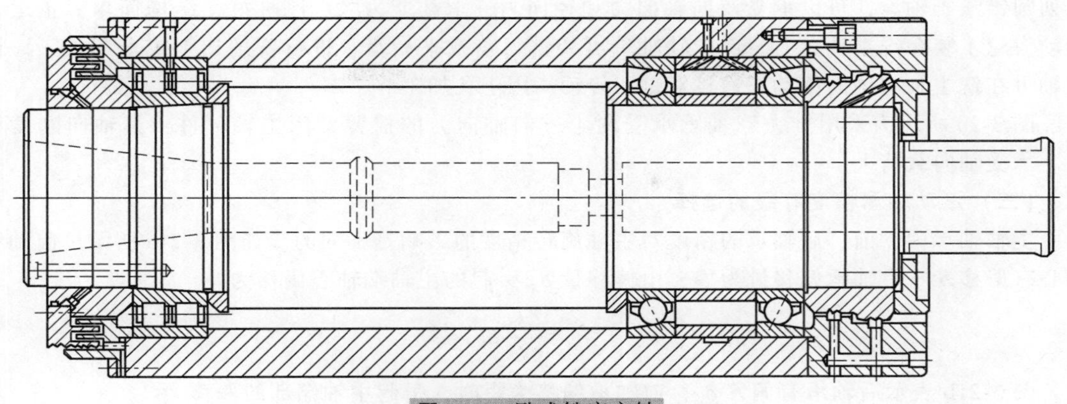

图 3-17 卧式铣床主轴

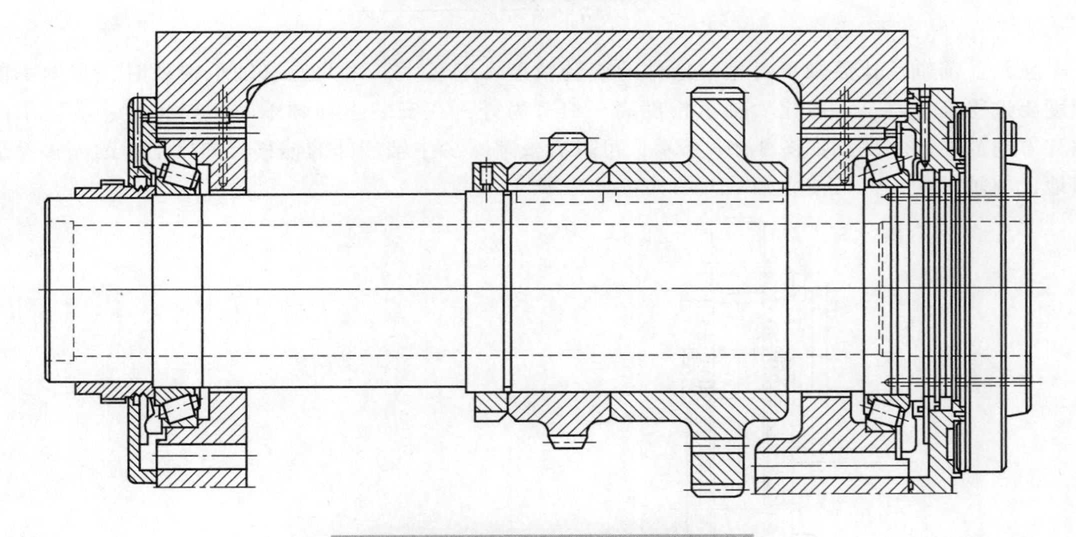

图 3-18 采用圆锥滚子轴承的主轴部件

限转速要低些。这种主轴部件适用于载荷较大、转速不太高的普通精度的机床。

图 3-19 所示为卧式镗铣床主轴部件，由镗主轴 2 和铣主轴 3 组成。铣主轴 3 的前轴承采用

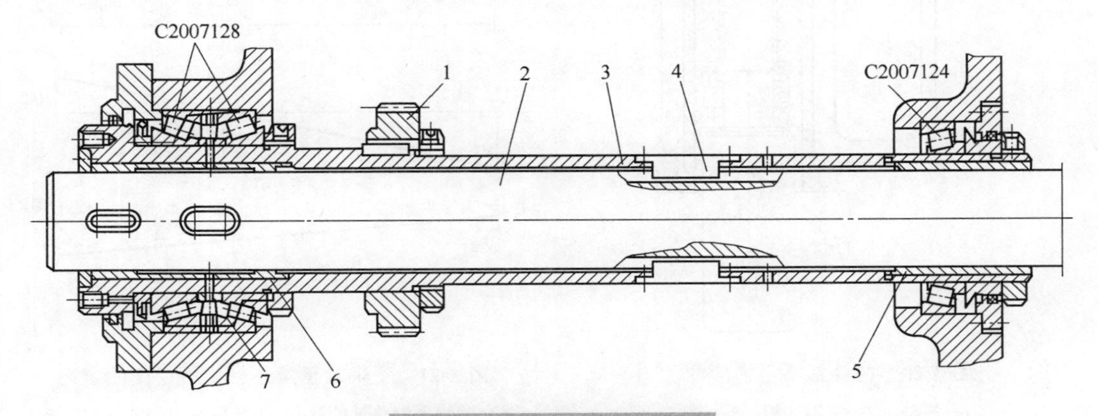

图 3-19 卧式镗铣床主轴部件

1—齿轮 2—镗主轴 3—铣主轴 4—双键 5、6—镗主轴套 7—前轴承

双列圆锥滚子轴承，可以承受双向轴向力和径向力，承载能力大，刚性好，结构简单。主运动传动齿轮1装在铣主轴3上。铣主轴轴端可装铣刀盘或平镟盘，进行铣削加工或车削加工。镗主轴可在铣主轴内轴向移动，通过双键4传动，用于孔加工。

图3-20所示为采用推力球轴承承受两个方向轴向力的摇臂钻床主轴部件，其轴向刚度很高。承受轴向载荷大。

（三）滚动轴承精度等级的选择

主轴轴承中，前、后轴承的精度对主轴旋转精度的影响是不同的。如图3-21a所示，前轴承轴心有偏移 δ_A，后轴承偏移量为零，由偏移量 δ_A 引起的主轴端轴心偏移为

$$\delta_{A1}=\frac{L+a}{L}\delta_A$$

图3-21b表示后轴承有偏移 δ_B，前轴承偏移为零时，引起主轴端部的偏移为

$$\delta_{B1}=\frac{a}{L}\delta_B$$

显然，前轴承比后轴承对主轴部件的旋转精度影响较大。因此选取轴承精度时，前轴承的精度要选得高一点，一般比后轴承精度高一级。另外，在安装主轴轴承时，如将前、后轴承的偏移方向放在同一侧，如图3-21c所示，可以有效地减少主轴端部的偏移。如后轴承的偏移量适当地比前轴承的大，可使主轴端部的偏移量为零。

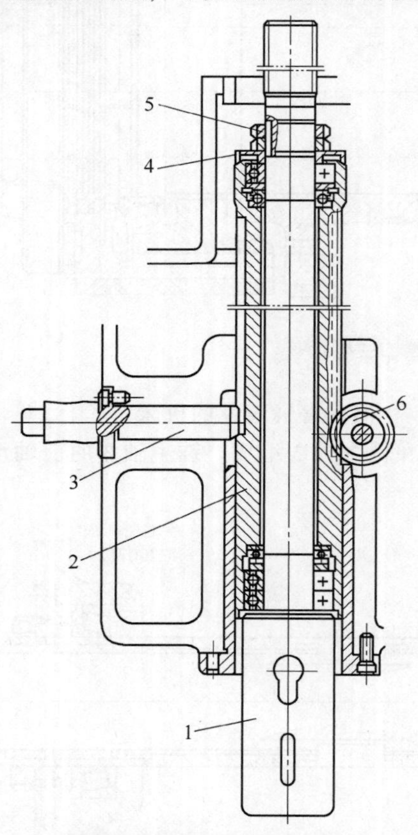

图3-20 摇臂钻床主轴部件

1—主轴 2—主轴套筒 3—键
4—挡油盖 5—螺母 6—进给齿轮

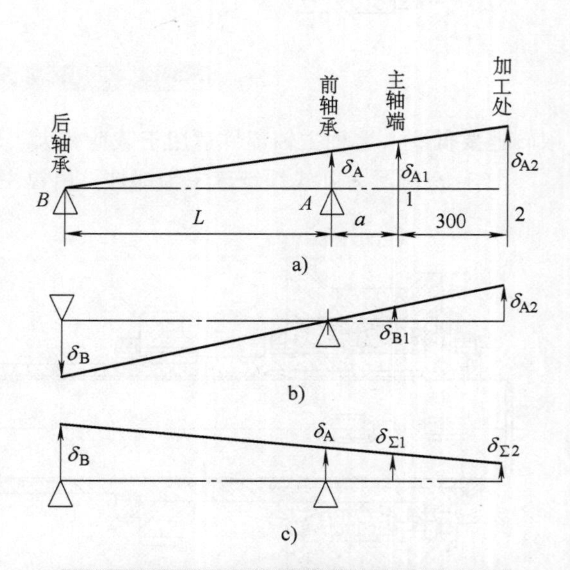

图3-21 主轴轴承对主轴旋转精度的影响

a）前轴承偏移量的影响 b）后轴承偏移量的影响
c）前、后轴承的综合影响

机床主轴轴承的精度除 P2、P4、P5、P6 四级外，新标准中又补充了 SP 和 UP 级。SP 和 UP 级轴承的旋转精度，分别相当于 P4 级和 P2 级，而内、外圈尺寸精度则分别相当于 P5 级和 P4 级。不同精度等级的机床，主轴轴承精度选择可参考表 3-3。数控机床可按精密级或高精密级选择。

表 3-3 主轴轴承精度

机床精度等级	前 轴 承	后 轴 承
普通精度级	P5 或 P4(SP)	P5 或 P4(SP)
精密级	P4(SP)或 P2(UP)	P4(SP)
高精密级	P2(UP)	P2(UP)

轴承的精度不但影响主轴部件的旋转精度，而且还影响其刚度和抗振性。随着机床向高速、高精度发展，目前普通机床主轴轴承都趋向于取 P4（SP）级，P6 级轴承在新设计的机床主轴部件中已很少采用。

（四）主轴滚动轴承的预紧

预紧是提高主轴部件的旋转精度、刚度和抗振性的重要手段。所谓预紧就是采用预加载荷的方法消除轴承间隙，而且要有一定的过盈量，使滚动体和内外圈接触部分产生预变形，增加接触面积，提高支承刚度和抗振性。主轴部件的主要支承轴承都要预紧，预紧有径向和轴向两种。预紧量要根据载荷和转速来确定，不能过大，否则预紧后发热量较大、温升高，会使轴承寿命降低。预紧力或预紧量需用专门仪器测量。

预紧力通常分为三级：轻预紧、中预紧和重预紧，代号分别为 A、B、C。轻预紧适用于高速主轴，中预紧适用于中低速主轴，重预紧用于分度主轴。

下面以双列短圆柱滚子轴承和角接触球轴承为例，说明轴承如何进行预紧。

1. 双列短圆柱滚子轴承

双列短圆柱滚子轴承的预紧有两种方式：一种是用螺母使轴承内圈轴向移动，因内圈孔是 1∶12 的锥孔，这样会使内圈径向胀大，从而实现预紧；另一种如图 3-16 所示，用调整环的长度实现预紧，采用过盈套进行轴向固定。过盈套也称阶梯套，是将过盈配合的轴、孔制成直径尺寸略有差别的两段，形成如图 3-22 所示的小阶梯状。配合轴颈两段轴径分别为 d_1 和 $d_2=d_1-s_1$，过盈套两段孔径分别为 D_2 和 $D_1=D_2+S_2$。装配时套的 D_1 段与轴的 d_1 段配合，套的 D_2 段与轴的 d_2 段配合，配合处全是过盈配合，用过盈套紧紧地将轴承固定在主轴上。拆卸时，通过过盈套上的小孔往套内注射高压油，因过盈套两段孔径的尺寸差产生轴向推力，将过盈套从主轴上拆下。

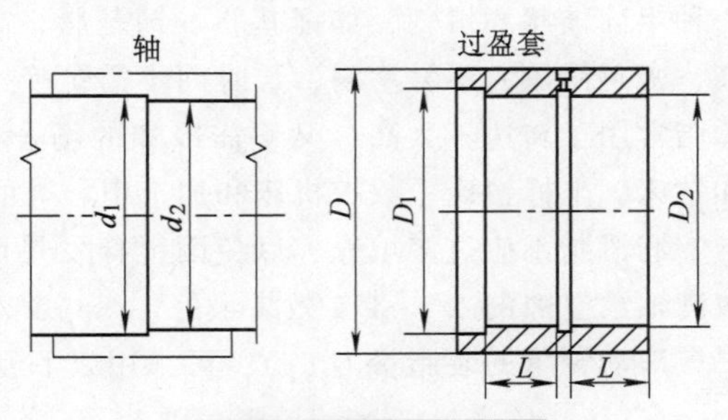

图 3-22 过盈套的结构

采用过盈套替代螺母的优点是保证套的定位端面与轴线垂直；主轴不必因加工螺纹而直径减小，增加了主轴刚度；最大限度降低了主轴的不平衡量，提高了主轴部件的旋转精度。

2. 角接触球轴承

角接触球轴承是用螺母使内、外圈产生轴向错位，同时实现径向和轴向预紧。为精确地保证预紧量，如一对轴承是背靠背安装的，如图 3-23a 所示，将一对轴承的内圈侧面各磨去按预紧量确定的厚度 δ，当压紧内圈时即可得到设定的预紧量。图 3-23b 所示为在两轴承内、外圈之间分别装入厚度差为2δ的两个调整环来达到预紧目的。图3-23c所示为用弹簧自动预紧图示的一对轴承。当然还有其他许多方法可以实现预紧，这里不一一列举。

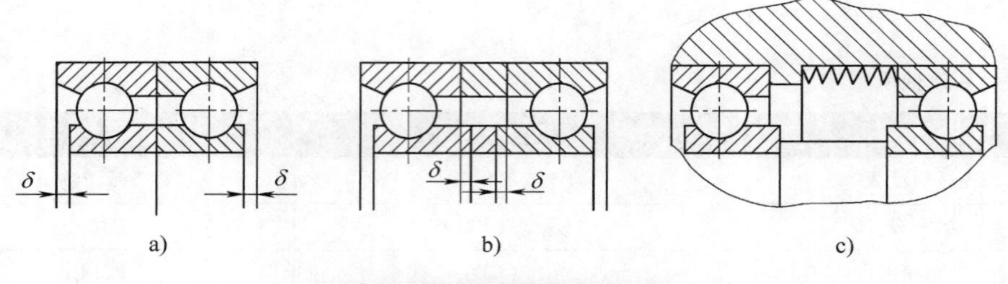

图3-23　角接触球轴承预紧

a）修磨轴承内圈侧面　b）修磨调整环　c）用弹簧自动预紧

值得一提的是，各轴承厂对各类轴承、不同尺寸、各级预紧的预紧力规定是不同的，确定预紧力时要多加注意。

（五）滚动轴承的润滑和密封

1. 润滑

滚动轴承在运转过程中，滚动体和滚道间会产生滚动摩擦和滑动摩擦，由此产生的热量使轴承温度升高，产生热变形，改变了轴承的间隙，引起振动和噪声。润滑的作用是利用润滑剂在摩擦面间形成润滑油膜，减小摩擦系数和发热量，并带走一部分热量，以降低轴承的温升。润滑剂和润滑方式的选择主要取决于轴承的类型、转速和工作负荷。滚动轴承所用的润滑剂主要有润滑脂和润滑油两种。

（1）润滑脂　润滑脂是由基油、稠化剂和添加剂（有的不含添加剂）在高温下混合而成的一种半固体状润滑剂，如锂基脂、钙基脂、高速轴承润滑脂等。其特点是黏附力强，油膜强度高，密封简单，不易渗漏，长时间不需更换，维护方便，但摩擦阻力比润滑油略大。因此，润滑脂常用于转速不太高、又不需冷却的场合，特别是立式主轴或装在套筒内可以伸缩的主轴，如钻床、坐标镗床、数控机床和加工中心等的主轴。

润滑脂不应过多填充，以免因搅拌发热而融化、变质，失去润滑作用。根据经验，润滑脂填满轴承空隙的1/3~1/2效果最好。

滚动轴承的装脂量G（g），可采用以下经验公式计算

$$G=\frac{d^{2.5}}{K}$$

式中　d——轴承的内径（mm）；

　　K——与轴承类型有关的系数，对于球轴承$K=900$，对于滚子轴承$K=350$。

润滑脂的使用期限与许多因素有关，如轴承类型，尺寸，转速、负荷、工作温度等。应定期补充和更换润滑脂。

（2）润滑油　润滑油的种类很多，其黏度随温度的升高而降低，选择润滑油时应保证其在轴承工作温度下黏度保持在10~23mm^2/s（40℃时）。转速越高，选的润滑油的黏度应越低；负荷越大，所选择的润滑油的黏度应越高。主轴轴承的油润滑方式主要有油浴、滴油、循环润滑、油雾润滑、油气润滑和喷射润滑等。一般根据轴的转速和轴承的内径乘积dn值，查轴承厂提供的经验图表，选择具体的润滑油名称牌号和润滑方式。

当 dn 值较低时，可用油浴润滑。油平面不应超过最低滚动体的中心，以免过多的油搅入轴承引起发热。

当 dn 值略高一些时，可用滴油润滑。滴的油太少则润滑不足，太多将引起轴承的发热，一般约每分钟 1~5 滴为宜。

当 dn 值较高时，采用循环润滑，由油泵将过滤后的润滑油（压力为 0.15MPa 左右）输送到轴承部位，润滑后润滑油返回油箱，经过滤、冷却后循环使用。循环润滑油因循环能带走一部分热量，可使轴承的温度降低。

高速轴承发热大，为控制其温升，希望润滑油同时兼起冷却作用，可采用油雾或油气润滑。油雾润滑是将油雾化后喷向轴承，既起润滑作用，又起冷却作用，效果较好。但是用过的油雾散入大气会污染环境，目前已较少采用。油气润滑是间隔一定时间由定量柱塞分配器定量输出微量（0.01~0.06mL）润滑油，与压缩空气管道中的压力为 0.3~0.5MPa、流量为 20~50L/min 的压缩空气混合后，经细长管道和喷嘴连续喷向轴承。

油气润滑与油雾润滑主要区别在于供给轴承的油未被雾化，而且呈滴状进入轴承。因此，采用油气润滑不会污染环境，用过后还可回收。采用油气润滑时轴承温升比采用油雾润滑低。油气润滑用于 $dn>10^6$mm · r/min 的高速轴承。

当轴承高速旋转时，滚动体与保持架也以相当高的速度旋转，使其周围空气形成气场，用一般润滑方法很难将润滑油输送到轴承中，这时必须采用高压喷射润滑方式。即使用油泵，通过位于轴承内圈和保持架中心的一个或几个直径为 0.5~1 mm 的喷嘴，以 0.1~0.5MPa 的压力，将流量>500mL/min 的润滑油喷射到轴承上，使之穿过轴承内部，经轴承的另一端流入油箱，同时对轴承进行润滑和冷却。高压喷射润滑方式通常用于 $dn\geqslant 1.6\times10^6$mm · r/min 并承受重负荷的轴承。

角接触球轴承及圆锥滚子轴承有泵油效应，润滑油必须由小口进入，如图 3-10e、f、g、h 中箭头所示方向。

2. 密封

滚动轴承密封的作用是防止切削液、切屑、灰尘、杂质等进入轴承，并使润滑剂无泄漏地保持在轴承内，保证轴承的使用性能和寿命。

密封主要有非接触式和接触式密封两大类。非接触式密封又分为间隙式密封、曲路式密封和垫圈式密封。接触式密封可分为径向密封圈和毛毡密封圈。

选择密封形式时，应综合考虑如下因素：轴的转速、轴承润滑方式、轴端结构、轴承工作温度、轴承工作时的外界环境等。

脂润滑的主轴部件多使用非接触的曲路（迷宫）式密封，如图 3-18 所示。

油润滑的主轴部件的密封如图 3-19 和图 3-20 所示，在前螺母的外圈上有锯齿环形槽，锯齿方向应沿着油流的方向，主轴旋转时将油甩向压盖的空气腔，经回油孔流回油箱。

五、主轴滑动轴承

滑动轴承因具有良好的抗振性、旋转精度高、运动平稳等特点，应用于高速或低速的精密、高精密机床和数控机床中。

主轴滑动轴承按产生油膜的方式可以分为动压轴承和静压轴承两类，按照流体介质不同可分为液体滑动轴承和气体滑动轴承。

（一）动压轴承

动压轴承的工作原理是当主轴旋转时，带动润滑油从间隙大处向间隙小处流动，形成压力油楔而产生油膜压力 p，将主轴浮起。

油膜的承载能力与工作状况有关，如速度、润滑油的黏度、油楔结构等。转速越高，间隙越小，油膜的承载能力越大。油楔结构参数包括油锲的形状、长度、宽度、间隙以及油楔入口与出口的间隙比等。

动压轴承按油楔数分为单油楔轴承和多油楔轴承。多油楔轴承因有几个独立油楔，形成的油膜压力在几个方向上支承轴颈，轴心位置稳定性好，抗振动和冲击性能好。因此，机床主轴上采用多油楔轴承较多。

多油楔轴承有固定多油楔滑动轴承和活动多油楔滑动轴承两类。

1. 固定多油楔滑动轴承

在轴承内工作表面上加工出偏心圆弧面或阿基米德螺旋线来形成油楔。如图 3-24 所示，用于外圆磨床砂轮架主轴的固定多油楔轴承，轴瓦 1 为外柱（与箱体孔配合）内锥（与主轴颈配合）式，前后两个止推环 2 和 5 是滑动推力轴承，转动螺母 3 可使主轴相对于轴瓦做轴向移动，通过锥面调整轴承间隙，螺母 4 用于可调整滑动推力轴承的轴向间隙。固定多油楔轴承的油楔形状由主轴工作条件而定。如果主轴旋转方向恒定，不需换向，转速变化很小或不变速时，油楔可采用阿基米德螺旋线。

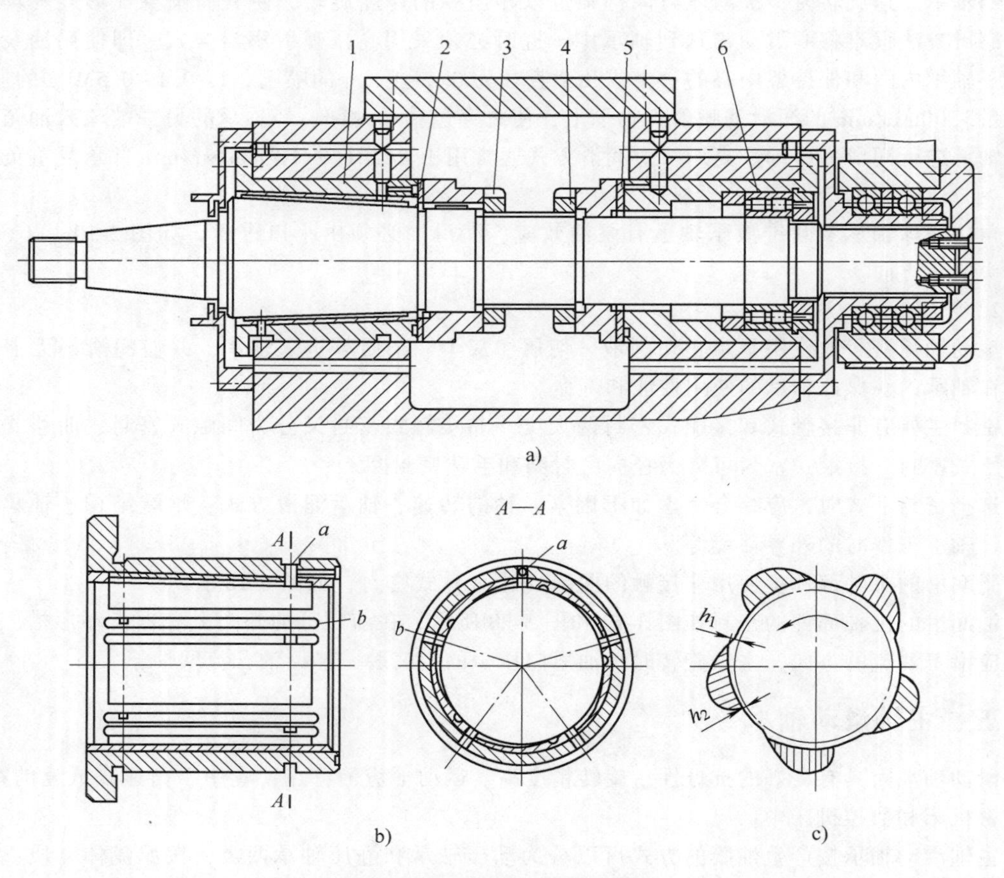

图 3-24　固定多油楔滑动轴承

a）主轴组件　b）轴瓦　c）轴承工作原理

1—轴瓦　2、5—止推环　3—转动螺母　4—螺母　6—轴承

如果主轴转速是变化的，而且要换向，油楔形成采用偏心圆弧面，如图 3-24b 所示。车床主轴轴承采用此方式。

2. 活动多油楔滑动轴承

活动多油楔滑动轴承利用浮动轴瓦自动调位来实现油楔，如图 3-25 所示。这种轴承由 3 块或 5 块瓦组成，各由一球头螺钉支承，可以稍做摆动以适应转速或载荷的变化。瓦块的压力中心 O 离油楔出口处距离 b_0 约等于瓦块宽 B 的 0.4 倍，即 $b\approx0.4B$，也就是该瓦块的支承点不通过瓦块宽度的中心。这样当主轴旋转时，由于瓦块上压力的分布，瓦块可自动摆动至最佳间隙比 $h_1/h_2=2.2$（进油口间隙与出油口间隙之比）后处于平衡状态。这种轴承只能朝一个方向旋转，不允许反转，否则不能形成压力油楔。轴承径向间隙靠螺钉调节。活动多油楔滑动轴承的刚度比固定多油楔滑动轴承低，多用于各种外圆磨床、无心磨床和平面磨床中。

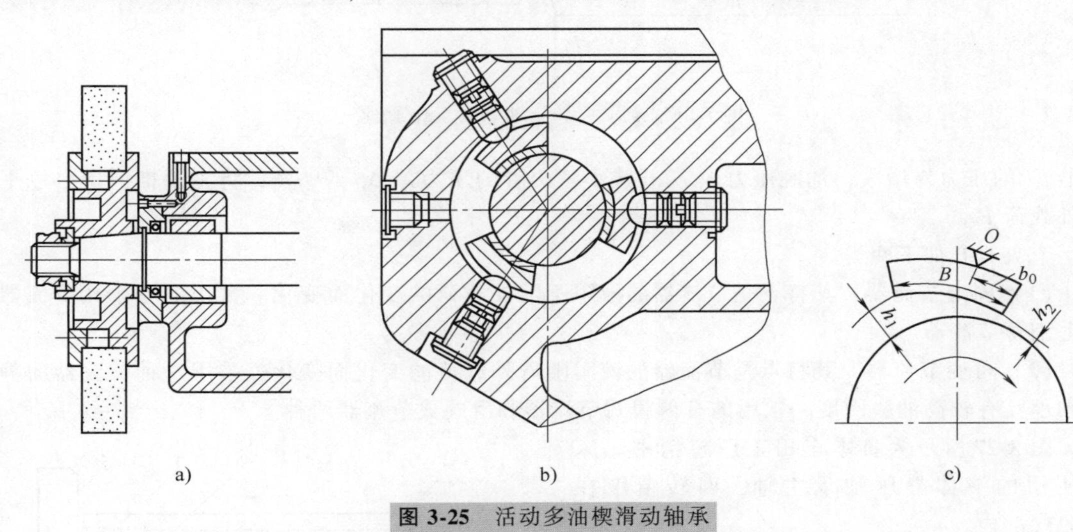

图 3-25　活动多油楔滑动轴承

a、b）轴承结构　c）轴承工作原理

（二）液体静压轴承

液体静压轴承系统由一套专用供油系统、节流器和轴承三部分组成。静压轴承由供油系统供给一定压力油，输入轴和轴承间隙中，利用油的静压力支承载荷，使轴颈始终浮在压力油中。所以，轴承油膜压力与主轴转速无关，承载能力不随转速而变化。静压轴承与动压轴承相比有如下优点：承载能力高；旋转精度高；油膜有均化误差的作用；可提高加工精度；抗振性好；运转平稳；既能在极低转速下工作，也能在极高转速下工作；摩擦小；轴承寿命长。

静压轴承的主要缺点是需要一套专用供油设备，轴承制造工艺复杂，成本较高。

定压式静压轴承的工作原理如图 3-26 所示，在轴承的内圆柱上，开有四个对称的油腔 1~4。油腔之间由轴向回油槽隔开，油腔四周有封油面，封油面的周向宽度为 a，轴向宽度为 b。油泵输出油压为定值 p_S 的油液，分别流经节流器 T_1、T_2、T_3 和 T_4 进入各个油腔。节流器的作用是使各个油腔的压力随外载荷的变化自动调节，从而平衡外载荷。当无外载荷作用（不考虑自重）时，各油腔的油压相等，即 $p_1=p_2=p_3=p_4$，保持平衡，轴在正中央，各油腔封油面与轴颈的间隙相等，即 $h=h_1=h_2=h_3=h_4$，间隙液阻也相等。

当有外载荷 F 向下作用时，轴颈失去平衡，沿载荷方向偏移一个微小位移 e。油腔 3 间隙减小，即 $h_3=h-e$，间隙液阻增大，流量减小，节流器 T_3 的压力降减小，因供油压力 p_S 是定值，故油腔压力 p_3 随着增大。同理，上油腔 1 间隙增大，即 $h_1=h+e$，间隙液阻减小，流量增大，节

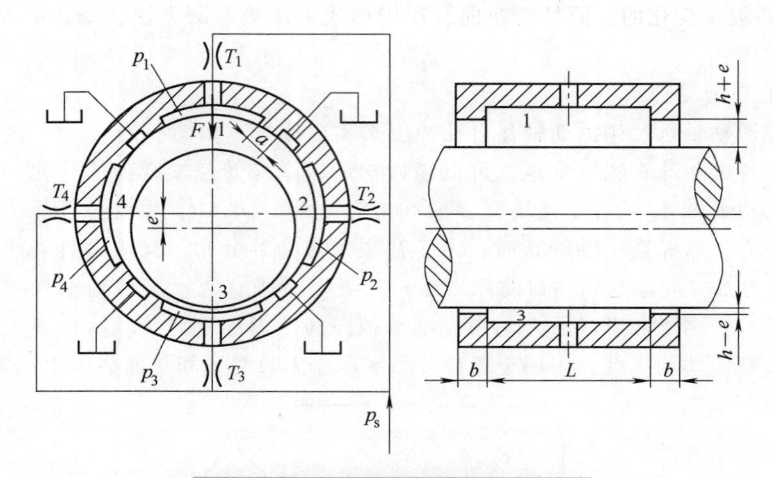

图 3-26　定压式静压轴承的工作原理

流器 T_1 的压力降增大，油腔压力 p_1 随着减小。两者的压力差 $\Delta p = p_3 - p_1$，将主轴推回中心以平衡外载荷 F。

节流器有如下两类。

(1) 固定节流器　其特点是节流器的液阻不随外载荷的变化而变化。常用的有小孔节流器和毛细管节流器。

(2) 可变节流器　其特点是节流器的液阻随着外载荷的变化而变化，采用这种节流器的静压轴承具有较高油膜刚度。常用的有薄膜式节流器和滑阀式节流器两种。

图 3-27 所示为日本丰田工厂超精密车床上使用的液体静压轴承主轴，回转精度在 0.025μm 内。

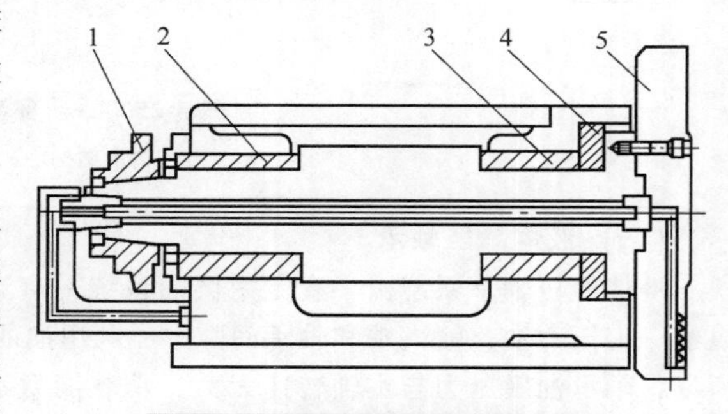

图 3-27　丰田液体静压轴承主轴

1—带轮　2、3—静压轴承

4—推力轴承　5—真空吸盘

(三) 气体静压轴承

用空气作为介质的静压轴承称为气体静压轴承，也称气浮轴承或空气轴承，其工作原理与液体静压轴承相同。由于空气的黏度比液体小得多，摩擦小，功率损耗小，气体静压轴承可在极高转速或极低温度下工作，振动、噪声特别小，旋转精度高（一般 0.1μm 以下），寿命长，基本上不需要维护，用于高速、超高速、高精度机床主轴部件中。

目前，具有气体静压轴承的主轴结构形式主要有三种。

1) 具有径向圆柱与平面止推型轴承的主轴部件，如图 3-28 所示，CUPE 高精度数控金刚石车床主轴采用内装式电子主轴，电动机转子就是车床主轴。

2) 采用双半球形气体静压轴承，如图 3-29 所示，大型超精加工车床的主轴部件采用空气静压轴承。此种轴承的特点是气体轴承的两球心连线就是机床主轴的回转轴线，它可以自动调心，前后轴承的同心性好，采用多孔石墨，可以保证刚度达 300N/μm 以上，回转误差在 0.1μm 以下。

3) 前端为球形，后端为圆柱形或半球形，如图 3-30a、b 所示。

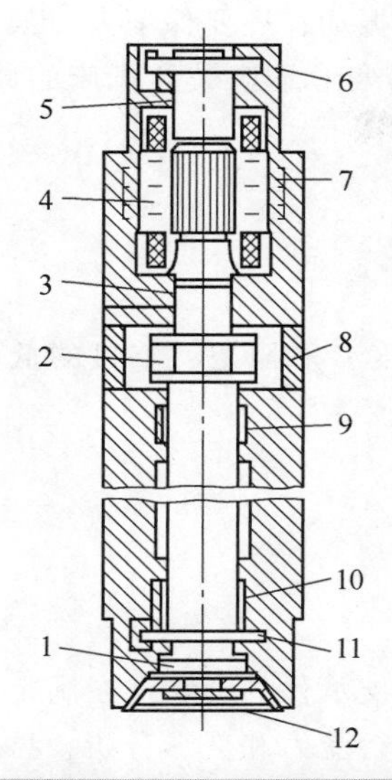

图 3-28　CUPE 高精度数控金刚石车床

1—低膨胀材料　2—联轴器　3、5、9、10—径向轴承　4—驱动电动机　6、11—推力轴承　7—冷却装置　8—热屏蔽装置　12—金刚石砂轮

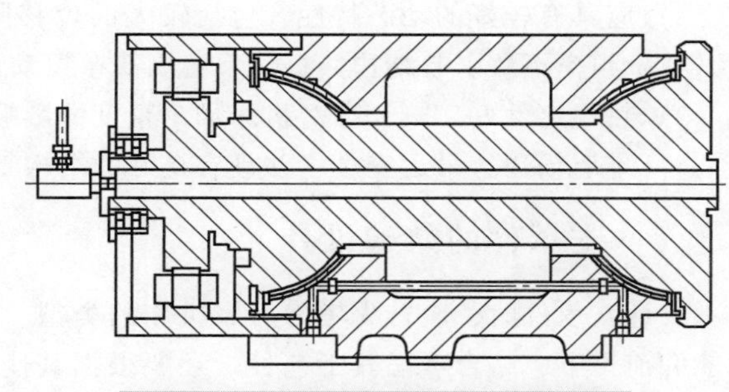

图 3-29　大型超精加工车床主轴部件

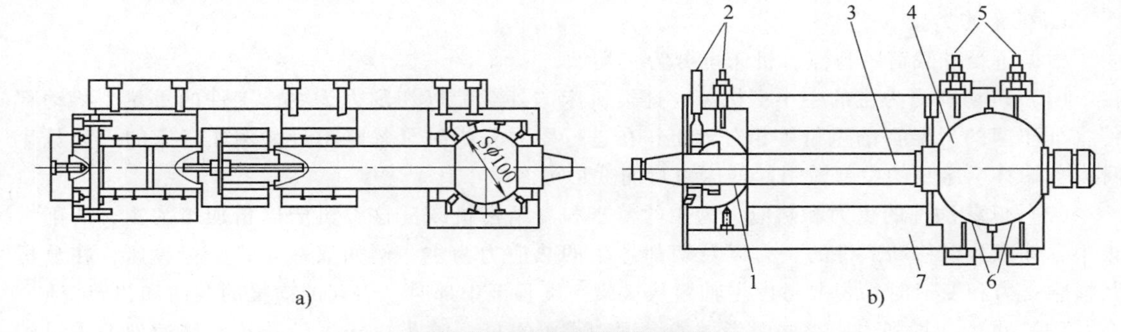

图 3-30　两种空气静压球轴承

1—径向轴承　2、5—压缩空气　3—轴　4—球体　6—球面轴承　7—球面座

第二节　支承件设计

一、支承件的功能和应满足的基本要求

（一）支承件的功能

机床的支承件是指床身、立柱、横梁、底座等大件，相互固定连接成机床的基础和框架。机床上其他零部件可以固定在支承件上，或者工作时在支承件的导轨上运动。因此，支承件的主要功能是保证机床各零部件之间的相互位置和相对运动精度，并保证机床有足够的静刚度、抗振性、热稳定性和耐用度。所以，支承件的合理设计是机床设计的重要环节之一。

以车床为例，支承件是床身，固定连接着主轴箱、进给箱和三杠（丝杠、光杠、操纵杠），大刀架与溜板箱沿着床身导轨运动。床身不仅承受这些部件的重量，而且还要承受切削力、传动力和摩擦力等，在这些力的作用下，不应产生过大的变形和振动；还要保证大刀架沿床身导轨运动的直线度，和相对主轴轴线的平行度；受热后产生的热变形不应破坏机床的原始精度；床身导轨应有一定的耐用度等。

（二）支承件应满足的基本要求

支承件应满足下列要求。

1）应具有足够的刚度和较高的刚度-重量比。

2）应具有较好的动态特性，包括较大的位移阻抗（动刚度）和阻尼；整机的低阶频率较高，各阶频率不致引起结构共振；不会因薄壁振动而产生噪声。

3）热稳定性好，热变形对机床加工精度的影响较小。

4）排屑畅通，吊运安全，并具有良好的结构工艺性。

二、支承件的结构设计

设计支承件时，应首先考虑所属机床的类型、布局及常用支承件的形状。在满足机床工作性能的前提下，综合考虑其工艺性。还要根据其使用要求，进行受力和变形分析，再根据所受的力和其他要求（如排屑、吊运、安装其他零件等）进行结构设计，初步决定其形状和尺寸。然后，利用计算机进行有限元计算，求出其静刚度和动态特性，再对设计进行修改和完善，选出最佳结构形式，既能保证支承件具有良好的性能，又能尽量减轻重量，节约金属。

（一）机床的类型、布局和支承件的形状

1. 机床的类型

根据所受外载荷的特点，机床可分为三类。

（1）以切削力为主的中小型机床　这类机床的外载荷以切削力为主，工件的重量、移动部件（如车床的刀架）的重量等相对较小，在进行受力分析时可忽略不计。例如车床的刀架从床身的一端移至床身的中部时引起的床身弯曲变形可忽略不计。

（2）以移动件的重力和热应力为主的精密和高精密机床　这类机床以精加工为主，切削力很小，外载荷以移动部件的重力以及切削产生的热应力为主。例如双柱立式坐标镗床，在分析其横梁受力和变形时，主要考虑主轴箱从横梁一端移至中部时，引起的横梁的弯曲和扭转变形。

（3）重力和切削力必须同时考虑的大型和重型机床　这类机床工件较重，移动件的重量较大，切削力也很大，因此受力分析时必须同时考虑工件重力、移动件重力和切削力等载荷，如重型车床、落地镗铣床及龙门式机床等。

2. 机床的布局形式对支承件形状的影响

机床的布局形式直接影响支承件的结构设计。如图3-31所示，卧式数控车床因采用不同布局，其床身构造和形状也不同。图3-31a所示为平床身、平滑板；图3-31b所示为后倾床身、平滑板；图3-31c所示为平床身、前倾滑板；图3-31d所示为前倾床身、前倾滑板。床身导轨的倾斜角度有30°、45°、60°、75°。小型数控车床采用倾斜45°、60°的导轨较多。中型卧式车床，采用前倾床身、前倾滑板布局形式较多，其优点是：排屑方便，不使切屑堆积在导轨上将热量传给床身而产生热变形；容易安装自动排屑装置；床身设计成封闭的箱形，能保证有足够的抗弯和抗扭强度。

3. 支承件的形状

支承件的形状基本上可以分为三类。

（1）箱形类　支承件在三个方向的尺寸上都相差不多，如各类箱体、底座、升降台等。

（2）板块类　支承件在两个方向的尺寸上比第三个方向上的尺寸大得多，如工作台、刀架等。

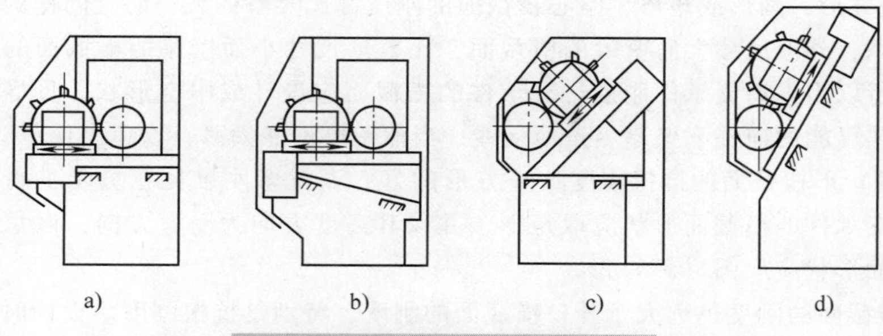

图 3-31 卧式数控车床的布局形式

a）平床身、平滑板 b）后倾床身、平滑板 c）平床身、前倾滑板 d）前倾床身、前倾滑板

（3）梁类 支承件在一个方向的尺寸比另两个方向上的尺寸大得多，如立柱、横梁、摇臂、滑枕、床身等。

（二）支承件的横截面形状和选择

支承件结构的合理设计是应在最小重量条件下，具有最大静刚度。静刚度主要包括弯曲刚度和扭转刚度，均与截面惯性矩成正比。支承件横截面形状不同，即使同一材料、相等的横截面面积，其抗弯惯性矩和抗扭惯性矩也不同。表 3-4 列出了横截面面积皆近似为 100mm^2 的八种不同横截面形状的抗弯和抗扭截面系数的比较。比较后可知：

表 3-4 不同截面形状的抗弯和抗扭截面系数

序号	横截面形状尺寸/mm	截面系数计算值/mm^4		序号	横截面形状尺寸/mm	截面系数计算值/mm^4	
		抗弯	抗扭			抗弯	抗扭
1	φ113	$\frac{800}{1.0}$	$\frac{1600}{1.0}$	5	100, 100	$\frac{833}{1.04}$	$\frac{1400}{0.88}$
2	23.5, φ113, φ160	$\frac{2412}{3.02}$	$\frac{4824}{3.02}$	6	100, 100, 142, 142	$\frac{2555}{3.19}$	$\frac{2040}{1.27}$
3	18, φ160, φ196	$\frac{4030}{5.04}$	$\frac{8060}{5.04}$	7	200, 50	$\frac{3333}{4.17}$	$\frac{680}{0.43}$
4	18, φ160, φ196	—	$\frac{108}{0.07}$	8	85, 200, 235, 50	$\frac{5860}{7.325}$	$\frac{1316}{0.82}$

1）无论是方形、圆形或矩形，空心横截面的刚度都比实心的大，而且同样的横截面形状和相同大小的面积，外形尺寸大而壁薄的横截面，比外形尺寸小而壁厚的横截面的抗弯刚度和抗扭刚度都高。所以为提高支承件刚度，支承件的横截面应设计成中空形状，且尽可能加大横截面尺寸，在工艺可能的前提下壁厚尽量薄一些。当然壁厚不能太薄，以免出现薄壁振动。

2）圆（环）形横截面的抗扭刚度比正方形的好，而抗弯刚度比正方形的低。因此，以承受弯矩为主的支承件的横截面形状应取矩形，并以其高度方向为受弯方向；以承受扭矩为主的支承件的横截面形状应取圆（环）形。

3）封闭横截面的刚度远远大于开口横截面的刚度，特别是抗扭刚度。设计时应尽可能把支承件的横截面做成封闭形状。但是为了排屑和在床身内安装一些机构的需要，有时不能做成全封闭形状。

图3-32所示为机床床身横截面图，均为空心矩形横截面。图3-32a所示为典型的车床类床身横截面，工作时承受弯曲和扭转载荷，并且床身上需有较大空间排除大量切屑和切削液。图3-32b所示为镗床、龙门刨床类机床的床身横截面，主要承受弯曲载荷，由于切屑不需要从床身排除，所以顶面多采用封闭的形式，台面不太高，以便于工件的安装调整。图3-32c所示床身横截面用于大型和重型机床的床身，采用三道壁。重型机床还可采用双层壁结构床身，以便进一步提高刚度。

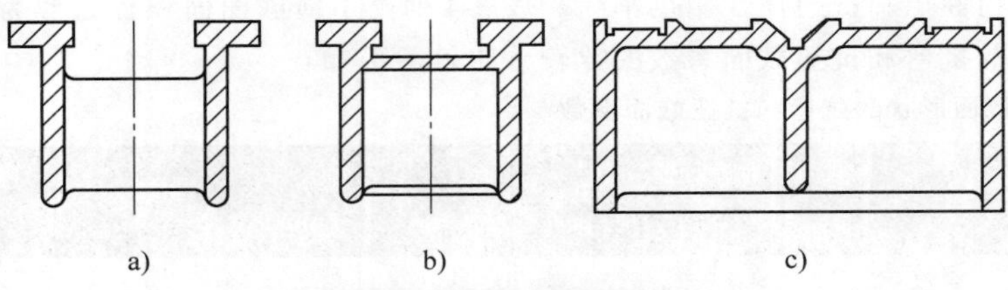

图3-32　机床床身横截面图

a）车床类床身横截面　b）镗床、龙门刨床类床身横截面　c）大型和重型机床类床身横截面

（三）支承件肋板和肋条的布置

肋板是指连接支承件四周外壁的内板，它能将支承件外壁的局部载荷传递给其他壁板，从而使整个支承件承受载荷，加强支承件的自身和整体刚度（图3-33）。肋板的布置取决于支承件的受力变形方向，其中，水平布置的肋板有助于提高支承件水平面内的抗弯刚度；垂直放置的肋板有助于提高支承件垂直面内的抗弯刚度；而斜向肋板能同时提高支承件的抗弯和抗扭刚度。图3-34所示为在立柱中采用肋板的两种结构形式。其中，图3-34a中的立柱加有菱形加强肋，

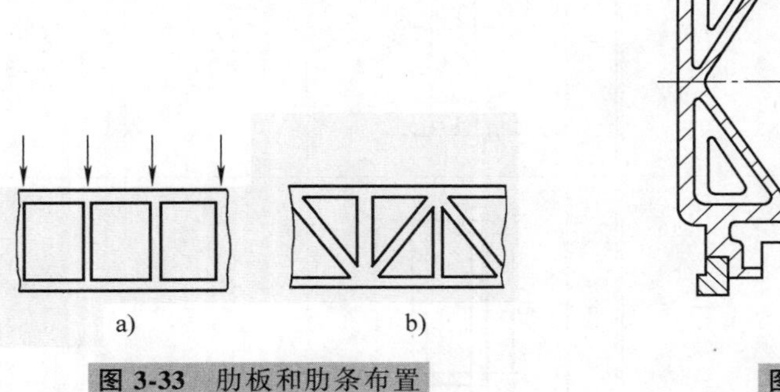

图3-33　肋板和肋条布置

a）正方形布置　b）X形布置

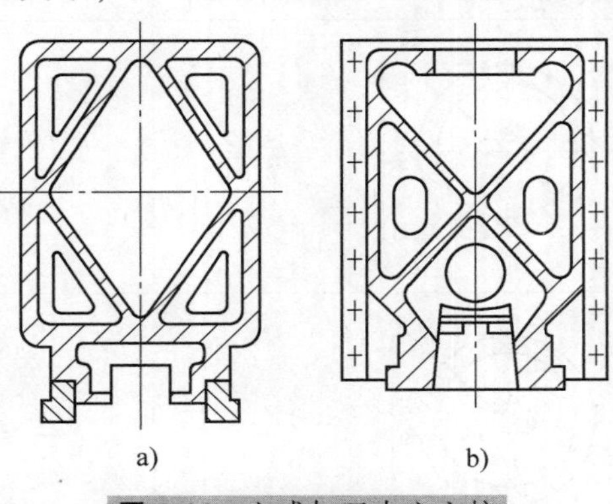

图3-34　立式加工中心立柱

a）菱形加强肋　b）X形加强肋

形状近似正方形；图 3-34b 中的结构加有 X 形加强肋，形状也近似为正方形。因此，两种结构的抗弯和抗扭刚度都很高，应用于受复杂的空间载荷作用的机床，如加工中心、镗铣床等。

一般将肋条配置于支承件某一内壁上，主要为了减小局部变形和薄壁振动，提高支承件的局部刚度，如图 3-35 所示。肋条可以纵向、横向和斜向布置，常常布置成交叉排列，如井字形、米字形等。必须使肋条位于壁板的弯曲平面内，才能有效地减少壁板的弯曲变形。肋条厚度一般是床身壁厚的 0.7~0.8 倍。

局部增设肋条，提高局部刚度的例子如图 3-36 所示。图 3-36a 所示为在支承件的固定螺栓、联接螺栓或地脚螺栓处布置加强筋。图 3-36b 所示为在床身导轨处布置加强肋。

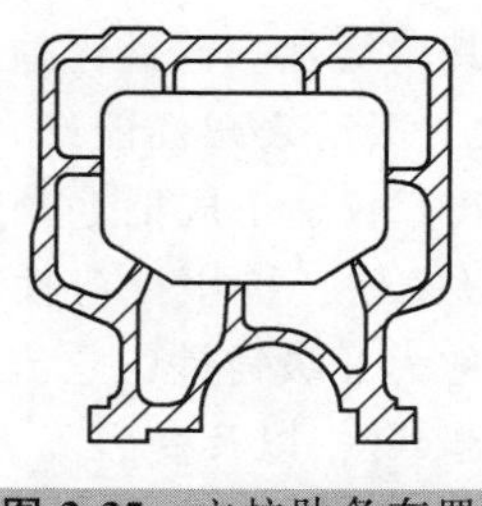

图 3-35　立柱肋条布置

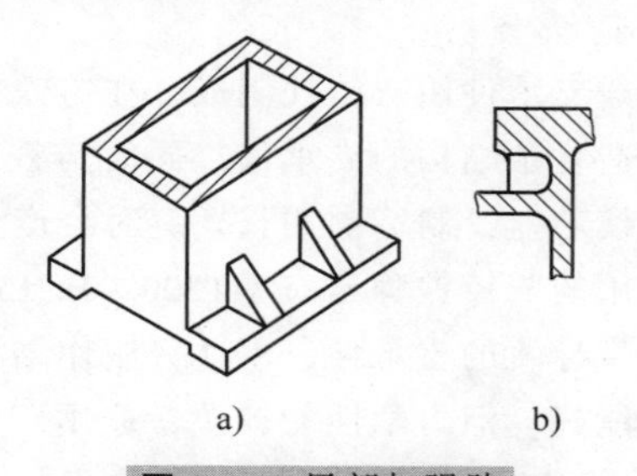

图 3-36　局部加强肋

a）底板加强肋　b）导轨加强肋

（四）合理选择支承件的壁厚

为减轻机床的重量，支承件的壁厚应根据工艺上的可能选择得薄些。

铸铁支承件的外壁厚可根据当量尺寸 C 来选择。当量尺寸 C（m）可由下式确定

$$C=\frac{2L+B+H}{3}$$

式中　L、B、H——支承件的长（m）、宽（m）、高（m）。

根据算出的 C 值按表 3-5 选择最小壁厚 t，再综合考虑工艺条件、受力情况，可适当加厚。壁厚应尽量均匀。

表 3-5　根据当量尺寸选择最小壁厚

C/m	0.75	1.0	1.5	1.8	2.0	2.5	3.0	3.5	4.0
t/mm	8	10	12	14	16	18	20	22	25

焊接支承件一般采用钢板与型钢焊接而成。由于钢的弹性模量约比铸铁大一倍，所以钢板焊接床身的抗弯刚度约为铸铁床身的 1.45 倍。因此在承受同样载荷的情况下，壁厚可做得比铸件薄 2/3~4/5，以减轻重量，可参考表 3-6 选用。但是，钢的阻尼是铸铁的 1/3，抗振性较差，所以焊接支承件在结构和焊缝上要采取抗振措施。

表 3-6　焊接床身壁厚选择

壁或肋的位置及承载情况	壁　厚/mm	
	大型机床	中型机床
外壁和纵向主肋	20~25	8~15
肋	15~20	6~12
导轨支承壁	30~40	18~25

焊接支承件靠采用封闭横截面形状、正确布置肋板和肋条来提高刚度。壁厚过薄将会使支承件的壁板动刚度急剧降低，在工作过程中产生振动，从而引起较大的噪声。所以应根据壁板刚度合理地确定壁厚，防止产生薄壁振动。

大型机床以及承受载荷较大的导轨处的壁板，往往采用双层壁结构，以提高刚度。一般选用双层壁结构的壁厚 $t \geq 3 \sim 6$mm。

三、支承件的材料

支承件常用的材料有铸铁、钢板和型钢、预应力钢筋混凝土、天然花岗岩、树脂混凝土等。

1. 铸铁

一般支承件用灰铸铁制成，在铸铁中加入少量合金元素可提高其耐磨性。铸铁铸造性能好，容易制造复杂结构的支承件。同时铸铁的内摩擦力大，阻尼系数大，振动衰减性能好。但铸件需要木模芯盒，制造周期长，有时会产生缩孔、气泡等缺陷，成本高，仅适于成批生产。

常用的灰铸铁牌号有 HT200、HT150、HT100。HT200 称为Ⅰ级铸铁，抗压抗弯性能较好，可制成带导轨的支承件，不适宜制作结构太复杂的支承件。HT150 称为Ⅱ级铸铁，它流动性好，铸造性能好，但力学性能较差，适用于形状复杂的铸件和重型机床床身，以及受力不大的床身和底座。HT100 称为Ⅲ级铸铁，力学性能差，一般用作镶装导轨的支承件。为增加耐磨性，可采用高磷铸铁、磷铜钛铸铁、铬钼铸铁等合金铸铁。

铸造支承件需经过时效处理，以消除内应力。

2. 钢板和型钢

用钢板和型钢等焊接支承件，其优点是：制造周期短，省去制作木模和铸造工艺；支承件可制成封闭结构，刚性好；便于产品更新和结构改进；钢板焊接支承件固有频率比铸铁高，在刚度要求相同情况下，采用钢焊接支承件可比铸铁支承件壁厚减少一半，重量减轻 20%～30%。随着计算机技术的应用，可以对焊接件结构负载和刚度进行优化处理，即通过有限元法进行分析，根据受力情况合理布置肋板，选择合适厚度的材料，以提高大件的动刚度和静刚度。因此，近 20 年来在国外支承件用钢板焊接结构件代替铸件的趋势不断扩大，并开始从单件和小批生产的重型机床和超重型机床上应用，逐步发展到一定批量的中型机床上应用。

钢板焊接结构的缺点是钢板材料内摩擦阻尼约为铸铁的 1/3，抗振性较铸铁差，为提高机床抗振性，可采用提高阻尼的方法来改善动态性能。

3. 预应力钢筋混凝土

预应力钢筋混凝土主要用于制作不常移动的大型机械的机身、底座、立柱等支承件。预应力钢筋混凝土支承件的刚度和阻尼比铸铁大数倍，抗振性好，成本较低。用钢筋混凝土制成支承件时，钢筋的配置对支承件影响较大。一般三个方向都要配置钢筋，总预拉力为 120～150kN。缺点是脆性大，耐蚀性差，油渗入导致材质疏松，所以表面应进行喷漆或喷涂塑料。

图 3-37 所示为数控车床的底座和床身，底座 1 为钢筋混凝土，混凝土的内摩擦阻尼很高，所以机床的抗振性很高。床身 2 为内封砂芯的铸铁床身，也可提高床身的阻尼。

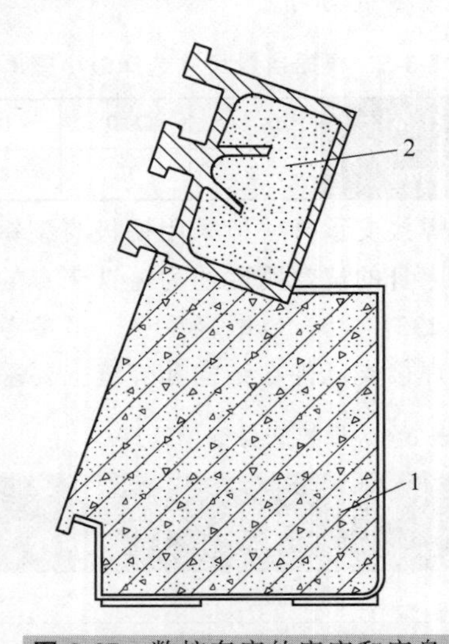

图 3-37　数控车床的底座和床身

1—钢筋混凝土底座　2—内封沙芯的铸铁床身

4. 天然花岗岩

天然花岗岩性能稳定，精度保持性好，抗振性好，阻尼系数比钢大 15 倍，耐磨性比铸铁高 5~6 倍，导热系数和线胀系数小，热稳定性好，抗氧化性强，不导电，抗磁，与金属不粘合，加工方便，通过研磨和抛光容易得到很高的精度和表面质量，目前用于三坐标测量机、印制电路板数控钻床、气浮导轨基座等。其缺点是：结晶颗粒粗于钢铁的晶粒，抗冲击性能差，脆性大，油和水等液体易渗入晶界中，使表面局部变形胀大，难于制作复杂的零件。

5. 树脂混凝土

树脂混凝土是制造机床床身的一种新型材料，出现在 20 世纪 70 年代。树脂混凝土与普通混凝土不同，它是用树脂和稀释剂代替水泥和水，将骨料固结成为树脂混凝土，也称人造花岗岩。树脂混凝土采用合成树脂（不饱和聚脂树脂、环氧树脂、丙烯酸树脂）为粘结剂，加入固化剂、稀释剂、增韧剂等将骨料固结而成。固化剂的作用是与树脂发生反应，使原有的线型结构的热塑性材料转化成体型结构的热固性材料。稀释剂的作用是降低树脂的黏度，使浇注时有较好的渗透力，防止固化时产生气泡。增韧剂用来提高韧性，提高抗冲击强度和抗弯强度。骨料可分为细骨料（河沙、硅沙）和粗骨料（卵石、花岗岩、石灰石等碎石）。有时还要添加些粉末填料，以便改善树脂混凝土的物理力学性能，如提高耐磨性、抗拉压强度。

树脂混凝土的优点是：刚度高；具有良好的阻尼性能，阻尼比为灰铸铁的 8~10 倍，抗振性好；热容量大，导热系数小，只有铸铁的 1/25~1/40，热稳定性高，构件热变形小；比重为铸铁的 1/3，重量轻；可获得良好的几何形状精度，表面粗糙度值也较低；对切削油、润滑剂、切削液有极好的耐蚀性；与金属粘接力强，可根据不同的结构要求，预埋金属件，使机械加工量减少，降低成本；浇注时无大气污染；生产周期短，工艺流程短；浇注出的床身静刚度比铸铁床身提高 16%~40%。总之，它具有刚度高、抗振性好、耐水、耐化学腐蚀和耐热特性。其缺点是某些力学性能低，但可以预埋金属或添加加强纤维。树脂混凝土在高速、高效、高精度加工机床上具有广泛的应用前景。

树脂混凝土与铸铁的性能比较见表 3-7。

表 3-7　树脂混凝土与铸铁的性能比较

性能	单位	树脂混凝土	铸铁	性能	单位	树脂混凝土	铸铁
密度	kg/m^3	2.4×10^3	7.8×10^3	对数衰减率	—	0.04	—
弹性模量	MPa	3.8×10^4	21.2×10^4	线胀系数	$℃^{-1}$	16×10^{-6}	11×10^{-6}
抗压强度	MPa	145	—	导热系数	W/(m·K)	1.5	54
抗拉强度	MPa	14	250	比热容	J/(kg·K)	1250	437

树脂混凝土床身有整体结构形式、分块结构形式和框架结构形式，如图 3-38 所示。

（1）整体结构形式　用树脂混凝土制造出床身的整体结构，如图 3-38a 所示。其中，导轨部分可以是金属件，预先加工好，作为预埋件直接浇注在床身上；或采用预留导轨等部件的准确安装面，床身浇注好之后，将这些部件粘接在机床床身上，如图 3-39 所示。这种结构适用于形状不复杂的中小型机床床身。

（2）分块结构形式　为简化浇注模具的结构和实现模块化，对于结构较复杂的大型床身构件，可把它分成几个形状简单、便于浇注的部件，如图 3-38b 所示。各部分分别浇注后，再用粘

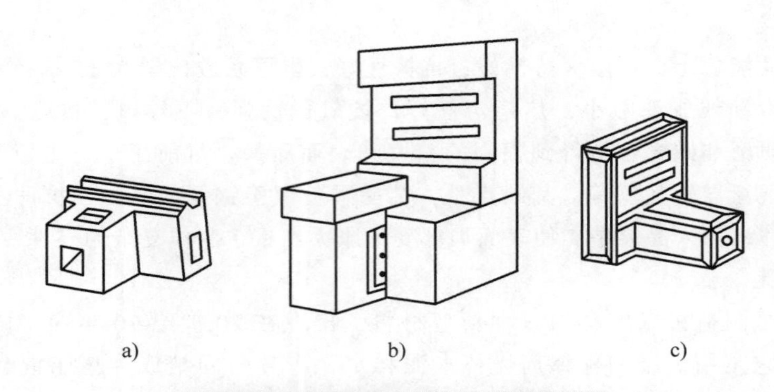

图 3-38　树脂混凝土床身的结构形式

a）整体结构　b）分块结构　c）框架结构

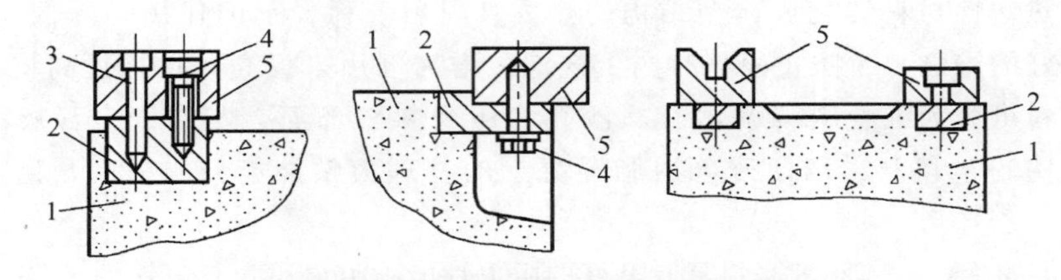

图 3-39　树脂混凝土床身与金属部件连接

1—树脂混凝土　2—预埋件　3—销钉　4—螺钉　5—导轨

结剂或其他形式连接起来。

(3) 框架结构形式　这种结构先采用金属型材焊接出床身的周边框架，然后在框架内浇注树脂混凝土，如图 3-38c 所示。这种结构刚性好，适用于结构较简单的大中型机床床身。

四、提高支承件结构性能的措施

（一）提高支承件的静刚度和固有频率

提高支承件的静刚度和固有频率的主要方法是根据支承件受力情况合理地选择支承件的材料、横截面形状和尺寸、壁厚，合理地布置肋板和肋条，以提高结构整体和局部的抗弯刚度和抗扭刚度。可以用有限元方法进行定量分析，以便在较轻重量下得到较高的静刚度和固有频率；在刚度不变的前提下，减轻重量可以提高支承件的固有频率，改善支承件间的接触刚度以及支承件与地基连接处的刚度。

图 3-40 所示为数控车床的床身横截面图。床身采用倾斜式空心封闭箱形结构，排屑方便，抗扭刚度高。图 3-41 所示为加工中心床身横截面图，采用三角形肋板结构，抗扭和抗弯刚度均较高。图 3-34 是立式加工中心立柱采用的两种结构形式。图 3-42 所示为大型滚齿机立柱和床身横截面的立体示意图，采用双层壁加强肋的结构，其内腔设计成供液压油循环的通道，使床身温度场一致，防止热变形；立柱设计成双层壁加强肋的封闭式框架结构，刚度好。

（二）提高动态特性

1. 改善阻尼特性

对于铸铁支承件，铸件内砂芯不清除，或在支承件中充填型砂或混凝土等阻尼材料，可以起到减振作用。如图 3-43 所示的封砂结构床身和图 3-44 所示的镗床主轴箱横截面，为增大阻尼，提高动态特性，将铸造砂芯封装在箱内。

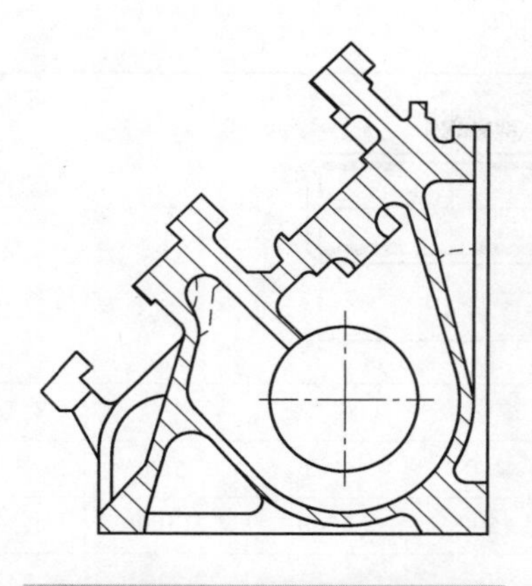

图 3-40 数控车床床身横截面图

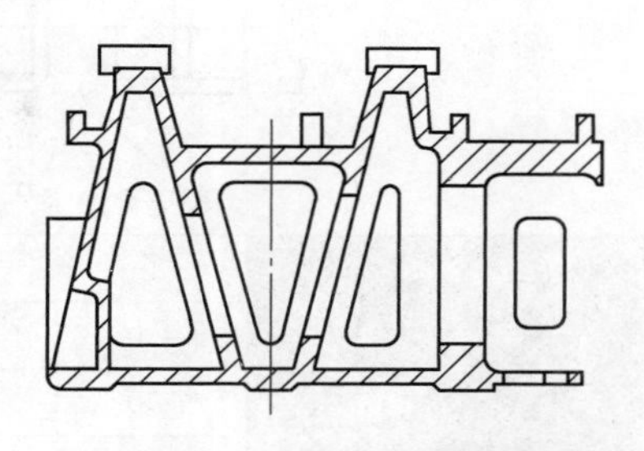

图 3-41 加工中心床身横截面图

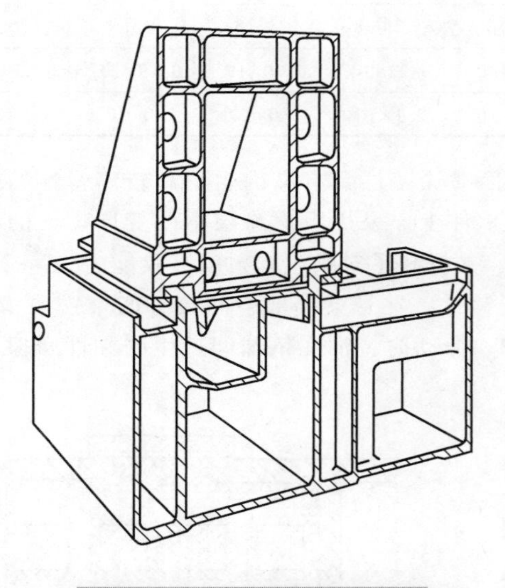

图 3-42 大型滚齿机立柱和床身横截面的立体示意图

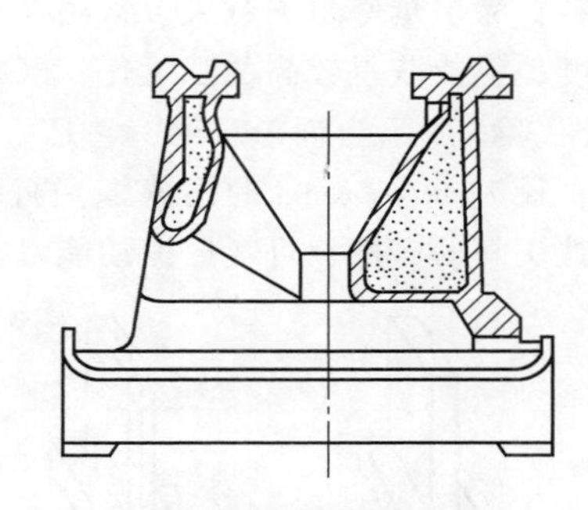

图 3-43 封砂结构床身

对于焊接支承件，除了可以在内腔中填充混凝土减振外，还可以充分利用结合面间的摩擦阻尼来减小振动。即两焊接件之间留有贴合而未焊死的表面，在振动过程中，两贴合面之间产生的相对摩擦起阻尼作用，使振动减小。间断焊缝虽使静刚度有所下降，但阻尼比大为增加，使动刚度大幅度增大。不同焊缝尺寸对构件动刚度的影响参见表 3-8。

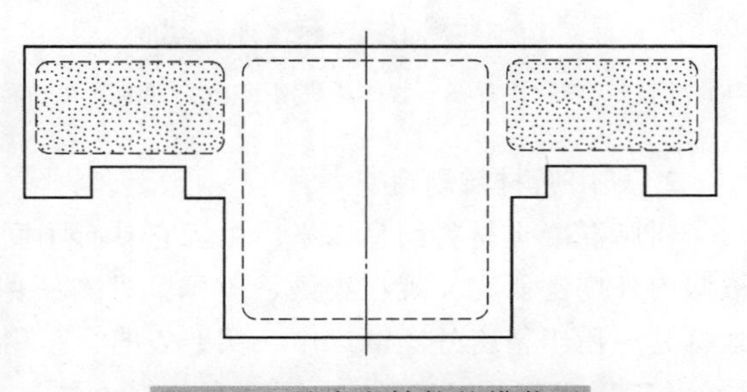

图 3-44 镗床主轴箱的横截面

图 3-45 表示了三种板状结构。其中，图 3-45a 所示为厚度 20mm 的铸铁板；图 3-45b 所示为两块厚度均为 10mm 的钢板点焊在一起，中间构成摩擦面，其阻尼比已超过图 3-45a 所示的铸铁板；图 3-45c 所示为两块厚度均为 10mm 的钢板，四周焊在一起，中间摩擦面构成的阻尼比大大超过铸铁板。采用合理焊缝设计得到的阻尼比可以是材料本身阻尼的 10～100 倍。

表 3-8　不同焊缝尺寸对构件动刚度的影响

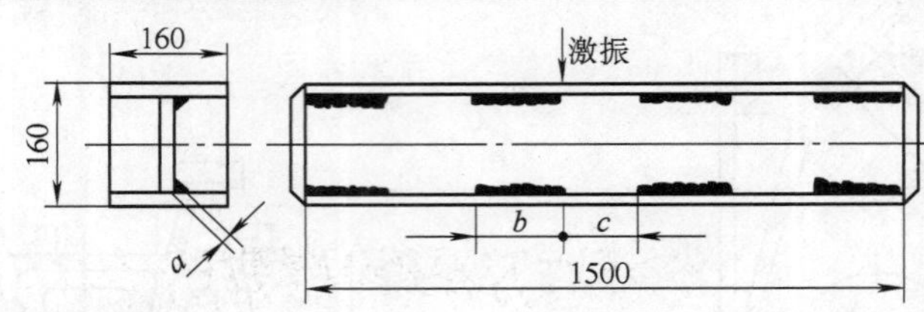

焊缝情况		单侧焊						双侧焊
焊缝尺寸	a/mm	4.0	4.0	4.0	4.0	4.5	5.5	5.5
	b/mm	270	270	320	1500	1500	1500	1500
	c/mm(间隙量)	203	140	73	0	0	0	0
固有频率 f_n/Hz		175	183	190	196	196	201	210
静刚度 K/(N/μm)		28.4	30.8	32.6	33.0	33.5	35.0	35.8
阻尼比 ξ		2.3×10^{-3}	0.34×10^{-3}	0.33×10^{-3}	0.32×10^{-3}	0.30×10^{-3}	0.29×10^{-3}	0.25×10^{-3}
动刚度 K_d/(N/μm)		13×10^{-2}	2.1×10^{-2}	2.15×10^{-2}	2.1×10^{-2}	2.0×10^{-2}	2.0×10^{-2}	1.8×10^{-2}

在支承件表面采用阻尼涂层，如在弯曲构件表面喷涂一层具有高内阻尼和较高弹性的黏弹性材料，涂层越厚阻尼越大，常用于钢板焊制的支承件上。采用阻尼涂层不改变原设计的结构和刚度，就能获得较高的阻尼比，既提高了抗振性，又提高了对噪声辐射的吸收能力。

图 3-46 所示为铣床悬梁，它是一个封闭的箱形铸件。在悬梁端部空间装有四个铁块 1，并填满直径为 $\phi6\sim\phi8$mm 的钢球 2，再注入高黏度油 3。振动时，油在钢球间产生的黏性摩擦及钢球、铁块间的碰撞，可耗散振动能量，增大阻尼。

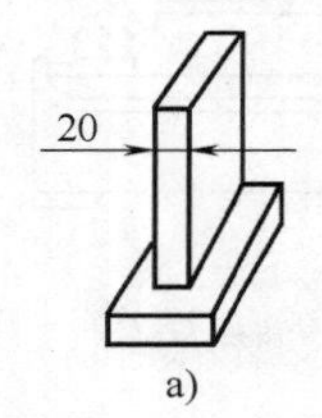

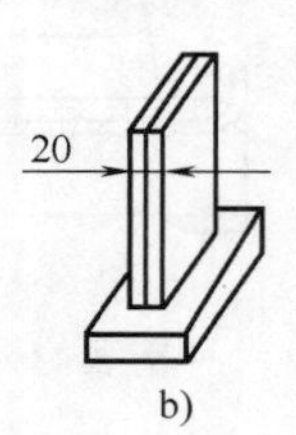

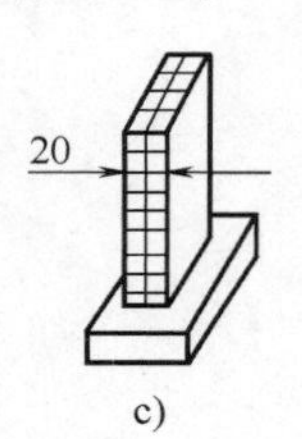

图 3-45　焊接件减振板

a）铸铁板　b）点焊在一起的两块钢板　c）四周焊在一起的两块钢板

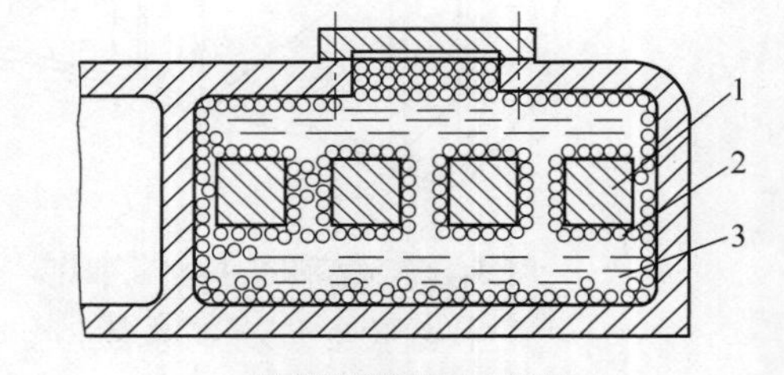

图 3-46　铣床悬梁

1—铁块　2—钢球　3—高黏度油

2. 采用新材料制造支承件

树脂混凝土材料问世以来，由于它具有刚度高、抗振性好、热变形小、耐化学腐蚀的特点，被国内外广泛研究，现在英国、美国、日本、德国、瑞士都已获得实际中应用。我国也已成功地将其应用于精密外圆磨床中。实践表明，采用这种材料，可以使动刚度提高数倍。

（三）提高热稳定性

机床热变形是影响加工精度的重要因素之一，应设法减少热变形，特别是不均匀的热变形，以降低热变形对精度的影响。主要方法有：

1. 控制温升

机床运转时，各种机械摩擦使电动机、液压系统发热。如果能适当地采取加大散热面积、加设散热片、设置风扇等措施改善散热条件，迅速将热量散发到周围空气中，则机床的温升不会很高。此外，还可以采用分离或隔绝热源方法，如把主要热源（液压油箱、变速箱、电动机）移到与机床隔离的地基上；在支承件中布置隔板来引导气流经过大件内温度较高的部位，将热量带走；在液压马达、液压缸等热源外面加隔热罩，以减少热源热量的辐射；采用的双层壁结构之间有空气层，使外壁温升较小，又能限制内壁的热胀作用。

2. 采用热对称结构

所谓热对称结构是指机床在发生热变形时，工件或刀具回转中心的位置基本不变，因而减小了对加工精度的影响。如图 3-47 所示双立柱结构，主轴箱装在框式立柱内，且左右两立柱的侧面定位。由于两侧热变形的对称性，主轴轴线的升降轨迹不会因立柱热变形而左右倾斜，保证了定位精度。

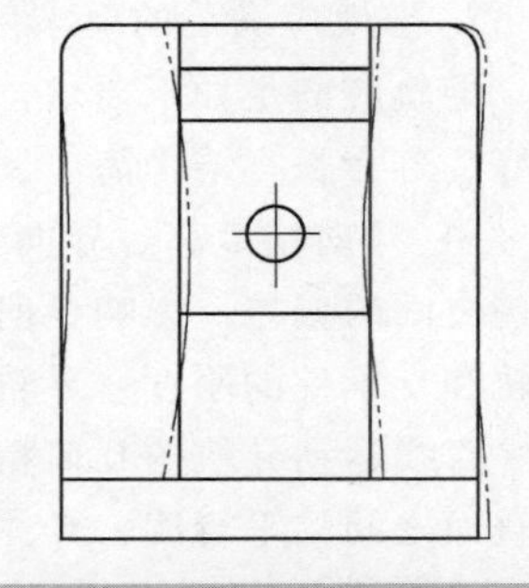

图 3-47　双立柱热对称结构

3. 采用热补偿装置

采用热补偿的基本方法是：在热变形的相反方向上采取措施，产生相应的反方向热变形，使两者之间影响相互抵消，减少综合热变形。

目前，国内外都已能利用计算机和检测装置进行热位移补偿。即先预测热变形规律，然后建立数学模型，将其存入计算机中进行实时处理，进行热补偿。现在，国外已把热变形自动补偿修正装置作为产品生产和销售。

第三节　导轨设计

一、导轨的功用和应满足的要求

1. 导轨的功用和分类

导轨的功用是承受载荷和导向。它承受安装在导轨上的运动部件及工件的重量和切削力，运动部件可以沿导轨运动。运动的导轨称为动导轨，不动的导轨称为静导轨或支承导轨。动导轨相对于静导轨可以做直线运动或者回转运动。

导轨按结构形式可以分为开式导轨和闭式导轨。开式导轨是指在部件自重和外载荷作用下，运动导轨和支承导轨的工作面（如图 3-48a 中 c 面和 d 面）始终保持接触、贴合。其特点是结构简单，但不能承受较大颠覆力矩的作用。

闭式导轨借助于压板能承受较大的颠覆力矩作用，如车床床身和床鞍导轨。如图 3-48b 所示，当颠覆力矩 M 作用在导轨上时，仅靠自重已不能使主导轨面 e、f 始终贴合，需用压板 1 和 2 形成辅助导轨面 g 和 h，保证支承导轨与动导轨的工作面始终保持可靠的接触。

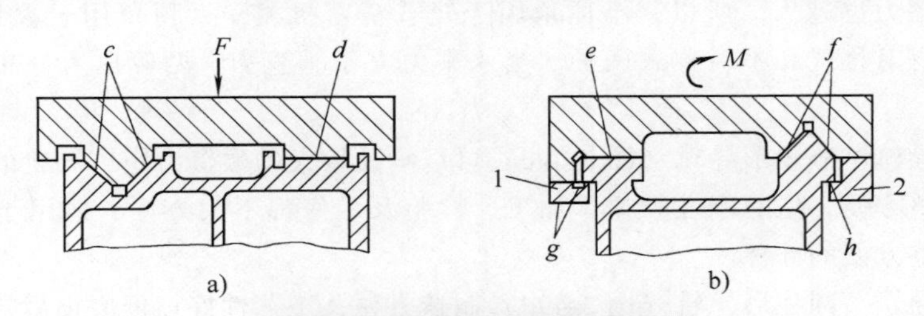

图 3-48　开式导轨和闭式导轨
a）开式导轨　b）闭式导轨
1、2—压板

导轨副按导轨面的摩擦性质可分为滑动导轨副和滚动导轨副。滑动导轨副中又有普通滑动导轨、静压导轨和卸荷导轨等。

2. 导轨应满足的要求

导轨应满足如下要求：精度高，承载能力大，刚性好，摩擦阻力小，运动平稳，精度保持性好，寿命长，结构简单，工艺性好，便于加工，装配，调整和维修，成本低等。

1）导向精度高。导向精度是导轨副在空荷或切削条件下运动时，实际运动轨迹与给定运动轨迹之间的偏差。影响导向精度的因素很多，如导轨的几何精度和接触精度、导轨的结构形式、导轨和支承件的刚度、导轨的油膜厚度和油膜刚度、导轨和支承件的热变形等。

直线运动导轨的几何精度一般包括导轨在竖直平面内的直线度、导轨在水平面内的直线度、导轨面之间的平行度，具体要求可参阅国家有关机床精度检验标准。

接触精度指导轨副间摩擦面实际接触面积占理论接触面积的百分比，可用着色法检查25mm×25mm面积内的接触点数。用不同加工方法生成的导轨表面，检查标准是不相同的。

2）承载能力大，刚度好。根据导轨承受载荷的性质、方向和大小，合理地选择导轨的横截面形状和尺寸，使导轨具有足够的刚度，保证机床的加工精度。

3）精度保持性好。精度保持性主要是由导轨的耐磨性决定的。常见的导轨磨损形式有磨料（或硬粒）磨损、黏着磨损或咬焊、接触疲劳磨损等。影响耐磨性的因素有导轨材料、载荷状况、摩擦性质、工艺方法、润滑和防护条件等。

4）低速运动平稳。当动导轨做低速运动或微量进给时，应保证运动始终平稳，不出现爬行现象。影响低速运动平稳性的因素有导轨的结构形式，润滑情况，导轨摩擦面的静、动摩擦系数的差值，以及传动导轨运动的传动系刚度。

5）结构简单，工艺性好。

二、导轨的横截面形状选择和导轨间隙的调整

1. 直线运动导轨的横截面形状

直线运动导轨的横截面形状主要有四种：矩形、三角形、燕尾形和圆柱形，并可互相组合，每种导轨副之中还有凸、凹之分。

（1）矩形导轨　如图3-49a所示，上图是凸形导轨，下图是凹形导轨。凸形导轨容易清除掉切屑，但不易存留润滑油；凹形导轨则相反。矩形导轨具有承载能力大、刚度高、制造简便、检验和维修方便等优点；但存在侧向间隙，需用镶条调整，导向性差。矩形导轨适用于载荷较大而导向性要求略低的机床。

（2）三角形导轨　如图3-49b所示三角形导轨，导轨面磨损时，动导轨会自动下沉，自动补偿磨损量，不会产生间隙。三角形导轨的顶角 α 一般在90°~120°范围内变化，α 角越小，导向性越好，但摩擦力也越大。所以，小顶角用于轻载精密机械，大顶角用于大型或重型机床。三角形导轨结构有对称式和不对称式两种。当水平力大于垂直力，两侧压力分布不均时，采用不对称导轨。

（3）燕尾形导轨　燕尾形导轨（图3-49c）可以承受较大的颠覆力矩，导轨的高度较小，结构紧凑，间隙调整方便，但是刚性较差，加工、检验及维修都不大方便，适用于受力小、层次多、要求间隙调整方便的部件。

（4）圆柱形导轨　圆柱形导轨（图3-49d）制造方便，工艺性好，但磨损后较难调整和补偿间隙，主要用于受轴向载荷的导轨，应用较少。

上述四种横截面的导轨尺寸已经标准化了，可参看有关机床标准。

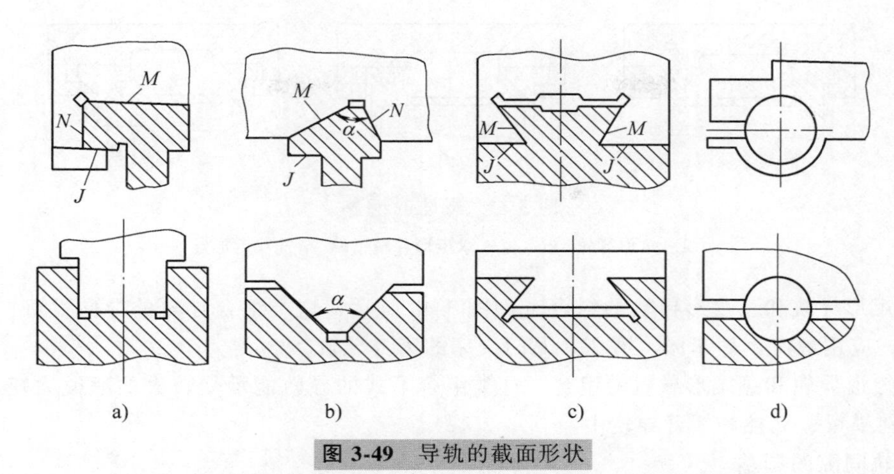

图 3-49 导轨的截面形状

a）矩形导轨 b）三角形导轨 c）燕尾形导轨 d）圆柱形导轨

2. 回转运动导轨的横截面形状

回转运动导轨的横截面形状有三种：平面环形、锥面环形和双锥面导轨，如图 3-50 所示。

（1）平面环形导轨　平面环形导轨（图 3-50a）结构简单，制造方便，能承受较大的轴向力，但不能承受径向力，因而必须与主轴联合使用，由主轴来承受径向载荷。此外，平面环形导轨还具有摩擦小、精度高的特点，适用于由主轴定心的各种回转运动导轨的机床，如高速大载荷立式车床、齿轮机床等。

（2）锥面环形导轨　锥面环形导轨（图 3-50b）除能承受轴向载荷外，还能承受一定的径向载荷，但不能承受较大的颠覆力矩，其导向性比平面环形导轨好，制造较难。

（3）双锥面导轨　双锥面导轨（图 3-50c）能承受较大的径向力、轴向力和一定的颠覆力矩，但制造、研磨均较困难。

3. 导轨的组合形式

机床直线运动导轨通常由两条导轨组合而成，根据不同要求，主要有如下形式的组合：

（1）双三角形导轨　双三角形导轨（图 3-51a）不需要镶条调整间隙，接触刚度高，导向性和精度保持性好，但是工艺性差，加工、检验和维修不方便，多用在精度要求较高的机床中，如丝杠车床、导轨磨床、齿轮磨床等。

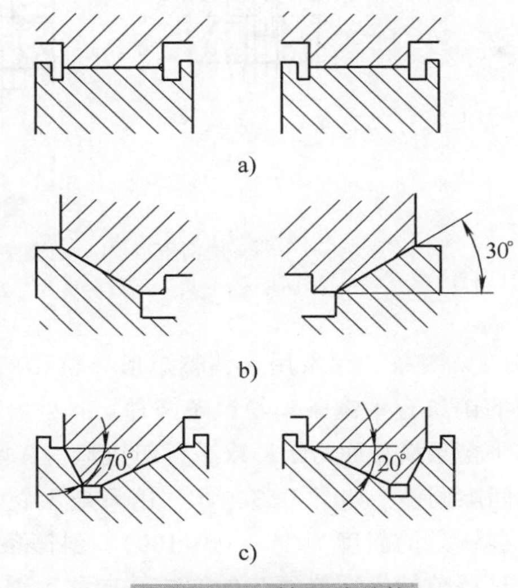

图 3-50 回转运动导轨

a）平面环形导轨 b）锥面环形导轨 c）双锥面导轨

（2）双矩形导轨　双矩形导轨承载能力大，制造简单，多用在普通精度机床和重型机床中，如重型车床、组合机床、升降台铣床等。双矩形导轨的导向方式有两种：由两条导轨的外侧导向时，称为宽式组合，如图 3-51b 所示；分别由一条导轨的两侧导向时，称为窄式组合，如图 3-51c 所示。机床热变形后，宽式组合导轨的侧向间隙变化比窄式组合导轨大，导向性不如窄式组合导轨。无论是宽式还是窄式组合，导轨的侧导向面都需用镶条调整间隙。

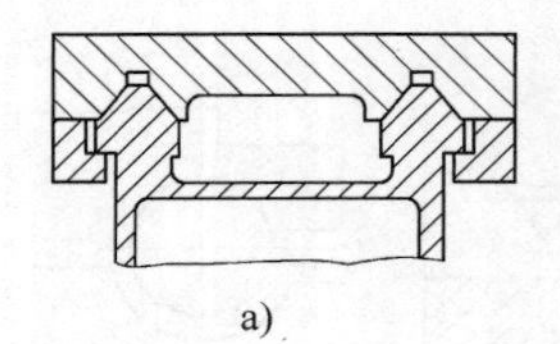
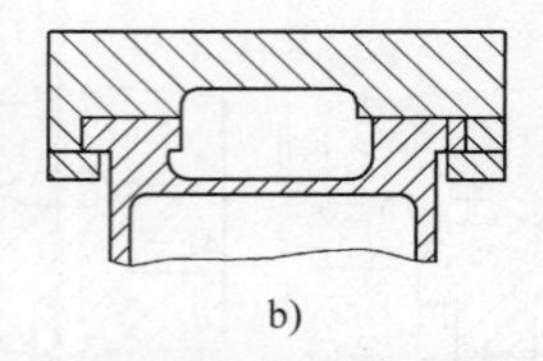
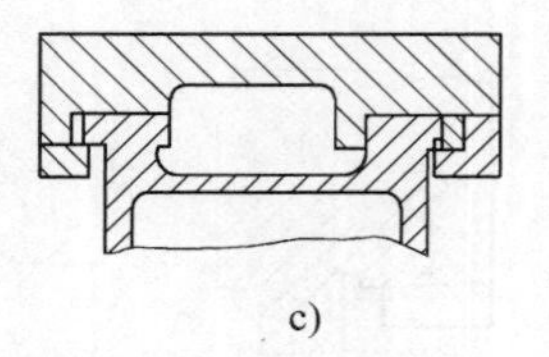

图 3-51　导轨的组合

a）双三角形导轨　b）宽式双矩形导轨　c）窄式双矩形导轨

（3）矩形导轨和三角形导轨的组合　如图 3-48 所示，这类组合导轨的导向性好，刚度高，制造方便，应用最广，如车床、磨床、龙门铣床的床身导轨。

（4）矩形导轨和燕尾形导轨的组合　这类组合形式的导轨能承受较大的颠覆力矩，调整方便，多用在横梁、立柱和摇臂导轨中。

4. 导轨间隙的调整

导轨面间的间隙对机床工作性能有直接影响。间隙过大，将影响运动精度和平稳性；间隙过小，运动阻力大，导轨的磨损加快。因此必须保证导轨具有合理间隙，磨损后又能方便地调整。导轨间隙常用压板、镶条来调整。

（1）压板　压板用来调整辅助导轨面的间隙和承受颠覆力矩。压板用螺钉固定在运动部件上，用配刮、垫片来调整间隙。图 3-52 所示为矩形导轨的三种压板结构：图 3-52a 所示为用磨或刮压板 3 的 e 面和 d 面来调整间隙；图 3-52b 所示为用改变垫片 1 的厚度来调整间隙；图 3-52c 所示为在压板和导轨之间用平镶条 2 调节间隙，调整方便，但刚性差。

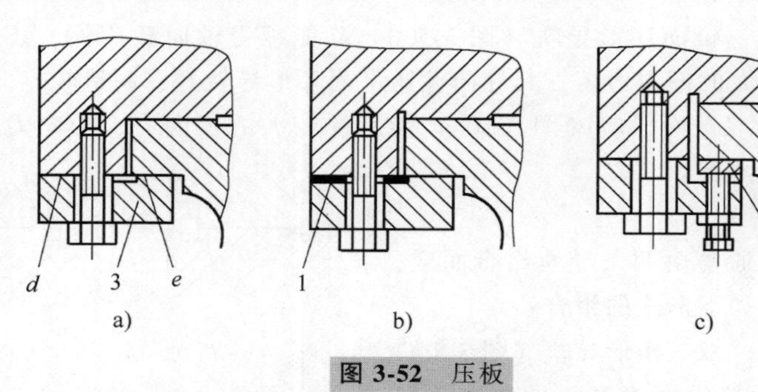

图 3-52　压板

a）磨刮压板　b）改变垫片厚度　c）用螺钉调整平镶条厚度

1—垫片　2—平镶条　3—刮压板

（2）镶条　镶条用来调整矩形导轨和燕尾形导轨侧向间隙。镶条应放在导轨受力较小一侧。常用的镶条有平镶条和斜镶条两种。

平镶条横截面为矩形或平行四边形，其厚度全长均匀相等。平镶条由全长上的几个调整螺钉进行间隙调整，如图 3-53 所示。因只是几个点上受力，易变形，刚度较低，平镶条目前应用较少。

斜镶条的斜度为 1∶(40~100)。斜镶条两个面分别与动导轨和支承导轨均匀接触，刚度高，可通过调节螺钉或修磨垫的方式轴向移动镶条，以调整导轨的间隙。图 3-54 所示用修磨垫的办法来调整镶条，从而调整间隙。这种办法虽然麻烦些，但导轨移动时，镶条不会移动，可保持间隙恒定。斜镶条由于厚度不等，在加工后应力分布不均，容易弯曲，在调整、压紧或在机床工作状态下也会弯曲。对于两端用螺钉调整的镶条，更易弯曲。因此，镶条在导轨间沿全长的弹性变形和比压是不均匀的。镶条斜度和厚度增加时，不均匀度将显著增加。为了增加镶条柔

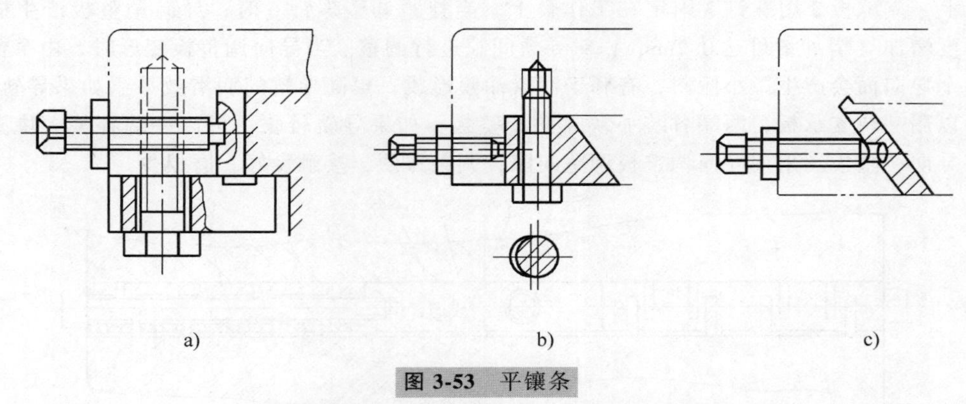

图 3-53　平镶条

a）矩形平镶条　b）梯形镶条　c）平行四边形平镶条

度，应选用较小的厚度和斜度。当镶条尺寸较大时，可在中部削低下去一段，使镶条两端保持良好接触，并可减少刮研度，如图 3-55a 所示；或者在其上开横向槽，增加镶条柔度，如图 3-55b 所示。

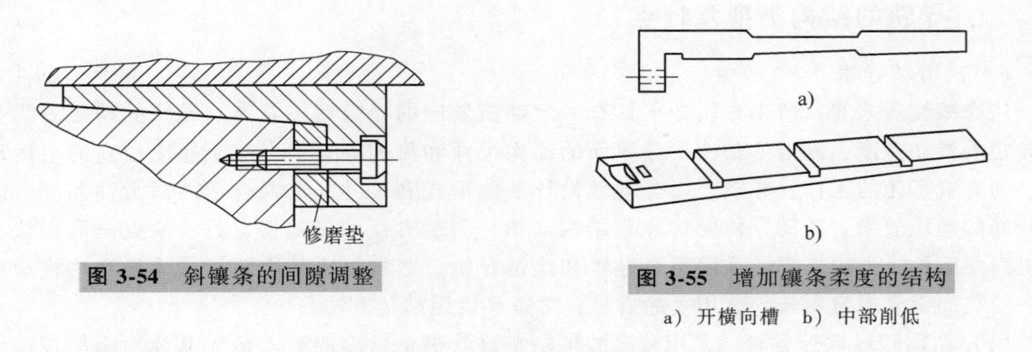

图 3-54　斜镶条的间隙调整

图 3-55　增加镶条柔度的结构

a）开横向槽　b）中部削低

（3）导向调整板　图 3-56 所示为装有导向调整板的机床工作台和滑座横截面。工作台 2 与双矩形导轨间的侧向间隙由导向调整板 4 进行调整。床身导轨接触面上贴有塑料软带 3，以改善摩擦润滑性能。

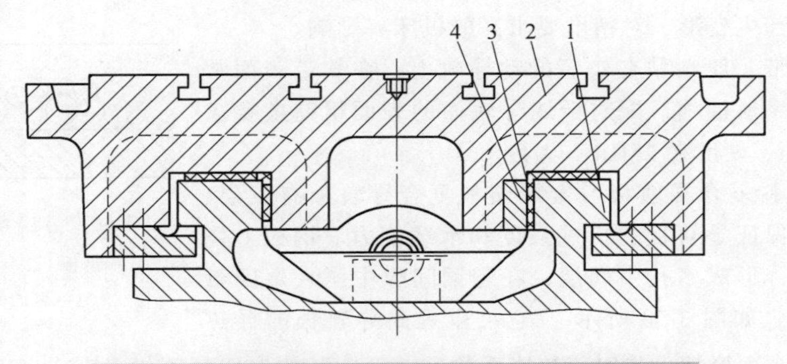

图 3-56　装有导向调整板的机床工作台和滑座横截面

1—导轨　2—工作台　3—塑料软带　4—导向调整板

图 3-56 中用的导向调整板是一种新型镶条，其调整原理如图 3-57 所示。工作台导向面的一侧两端各装有一个导向调整板 4，在 4 上开了许多横向窄槽。导向调整板用调整螺钉 6 固定在支

承板2上，支承板2用螺钉3固定在工作台上。当拧紧调整螺钉6时，导向调整板产生横向变形，厚度增加（增加量可达0.2mm），对导轨间隙进行调整。当导向调整板变形时，由窄槽分隔开的各个导向面会产生微小倾斜，有利于润滑油膜形成，提高导轨的润滑效果。如果导轨不长，中间可以用一块支承板，两端各装一块导向调整板；如果导轨较长，可以一端各装一块支承板和一块导向调整板。采用导向调整板调整间隙，调整方便，接触良好，磨损少。

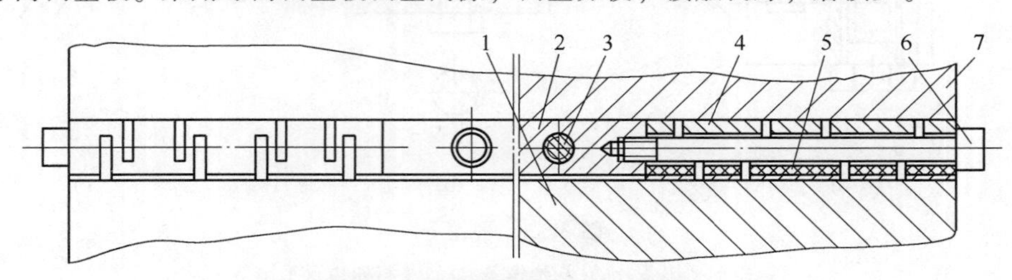

图 3-57　导向调整板的调整原理

1—滑座　2—支承板　3—螺钉　4—导向调整板　5—塑料软带
6—调整螺钉　7—工作台

三、导轨的结构类型及特点

（一）滑动导轨

从摩擦性质来看，滑动导轨处于具有一定动压效应的混合摩擦状态。导轨的动压效应主要与导轨的滑动速度、润滑油黏度、导轨面的油沟尺寸和形式等有关。对于速度较高的主运动导轨，如立式车床的工作台导轨，应合理地设计油沟形式和尺寸，选择合适的润滑油黏度，以产生较好的动压效果。滑动导轨的优点是结构简单、制造方便和抗振性良好，缺点是磨损快。为了提高耐磨性，国内外广泛采用塑料导轨和镶钢导轨。塑料导轨是用粘接法或喷涂法将塑料覆盖在导轨面上。通常对长导轨用喷涂方法，对短导轨用粘接方法。

（1）粘贴塑料软带导轨　采用较多的粘贴塑料软带是以聚四氟乙烯为基体，添加各种无机物和有机粉末等填料制成的。其特点是：摩擦系数小，耗能低；动、静摩擦系数接近，低速运动平稳性好；阻尼特性好，能吸收振动，抗振性好；耐磨性好，有自润滑作用，没有润滑油也能正常工作，使用寿命长；结构简单，维护修理方便，磨损后容易更换，经济性好。但是，刚性较差，受力后产生变形，对精度要求高的机床有影响。

粘贴塑料软带一般粘贴在较短的动导轨上，在软带表面常开出直线形或三字形油槽。配对金属导轨面的表面粗糙度要求在 $Ra0.4\sim0.8\mu m$、硬度在25HRC以上。

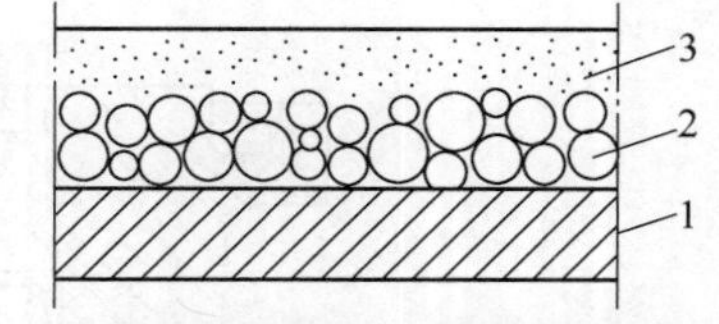

图 3-58　金属塑料复合导轨板

1—钢板　2—多孔青铜颗粒
3—聚四氟乙烯层

（2）金属塑料复合导轨板　金属塑料复合导轨板有三层，内层为钢板，它保证导轨板的机械强度和承载能力。钢板上烧结一层多孔青铜，形成多孔中间层，在青铜间隙中压入聚四氟乙烯及其他填料，如图3-58所示 。它可以提高导轨板的导热性，当青铜与配合面摩擦发热时，热胀系数远大于金属的聚四氟乙烯及其他填料从多孔层的孔隙中被挤出，向摩擦表面转移补充，形成厚度为0.01~0.05mm的表面自润滑塑料层。

这种复合板与铸铁导轨组合，静摩擦系数小（0.04~0.06），摩擦阻力显著降低；具有良好摩擦阻尼特性、良好的低速平稳性，成本低，刚度高。

（3）塑料涂层导轨　应用较多的塑料涂层有环氧涂层、含氟涂层和HNT耐磨涂层。它们是以环氧树脂为基体，加固体润滑剂二硫化钼和胶体石墨及其他铁粉填充剂制成的。这种涂层有较高的耐磨性、硬度、强度和较大的导热系数；在无润滑油情况下，能防止爬行，改善导轨的运动特性特别是低速平稳性。

（4）镶钢导轨　镶钢导轨是将淬硬的碳素钢或合金钢导轨，分段地镶装在铸铁或钢制的床身上，以提高导轨的耐磨性。在铸铁床身上镶装钢导轨常用螺钉或楔块挤紧固定，如图 3-59 所示，在钢制床身上镶装导轨一般用焊接方法连接。

（二）静压导轨

静压导轨的工作原理同静压轴承相似，通常在动导轨面上均匀分布有油腔和封油面，把具有一定压力的液体或气体介质经节流器送到油腔内，使导轨面间产生压力，将动导轨微微抬起，与支承导轨脱离接触，浮在压力油膜或气膜上。静压导轨摩擦系数小，在起动和停止时没有磨损，精度保持性好。其缺点是结构复杂，需要一套专门的液压或气压设备；维修、调整比较麻烦。因此，静压导轨多用于精密和高精度机床或低速运动机床中。

静压导轨按结构形式分开式静压导轨和闭式静压导轨两大类。

图 3-60 所示为定压式开式静压导轨。来自液压泵 1 的压力油 p_s 经节流器 4 节流后压力降为 p_b 进入导轨油腔，然后从油腔四周的油封间隙处流出，压力降为零。油腔内的压力油产生上浮力，与工作台 5 和工件的自重 F_W 和切削力 F 平衡，将动导轨浮起，上、下导轨面间成为纯液体摩擦。当作用在动导轨上的载荷 $F+F_W$ 增大时，工作台失去平衡而下降，导轨油封间隙减小，液阻增大，油液外泄的流量减小，由于节流器的调压作用，使油腔压力 p_b 随之增大，上浮力提高，平衡了外载荷。由于上浮力的调整是因油封间隙变化而引起的，因此工作台随载荷的变化位置略有变动。

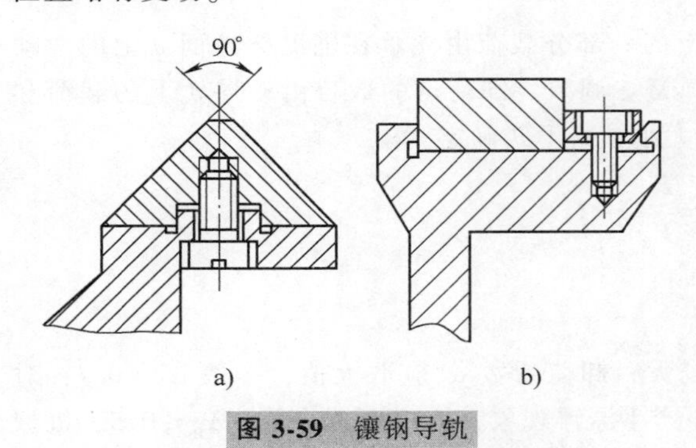

图 3-59　镶钢导轨

a）用螺钉固定　b）用楔块挤紧

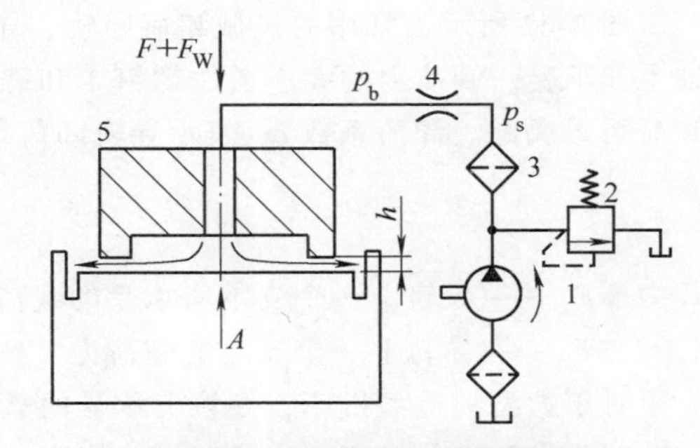

图 3-60　定压式开式静压导轨

1—液压泵　2—溢流阀　3—滤油器
4—节流器　5—工作台

图 3-61 所示为闭式静压导轨，多采用可变节流器。当动导轨上受载荷 $F+F_W$ 作用时，平衡破坏，动导轨下降，上油封间隙 h_1 减小，上油封液阻 F_{R1} 增大；下油封间隙 h_2 增大，下油封液阻 F_{R2} 减小。流经节流器上腔的流量减小，压力降减小，上油腔 1 中的压力 p_{b1} 升高；流经节流器下腔的流量增大，压力降增大，下油腔压力 p_{b2} 降低。也因 $p_{b1}>p_{b2}$，节流器内的薄膜向下变形，使其上间隙增大，节流液阻 F_{Rj1} 减小；下间隙减小，液阻 F_{Rj2} 增大。四个液阻组成一个威斯顿桥，油腔压力 p_{b1} 和 p_{b2} 可由下式算出：

$$p_{b1}=\frac{p_s F_{R1}}{F_{Rj1}+F_{R1}},\ p_{b2}=\frac{p_s F_{R2}}{F_{Rj2}+F_{R2}}$$

由上式可见，可变节流器上、下油腔的节流液阻与导轨上、下油封液阻的阻值做相反的变化，增强了油腔压力随外载荷变化的反馈能力，减少因外载荷变化引起的工作台位置的变化，即提高了导轨的刚度。因此采用闭式导轨，油膜刚度较高，能承受较大载荷，并能承受偏载和颠覆力矩作用。

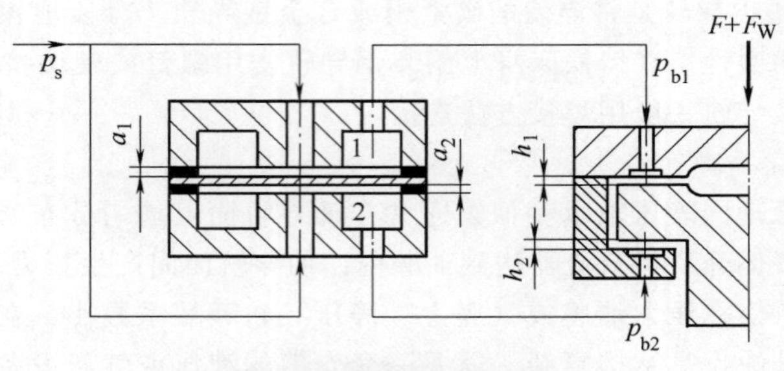

图 3-61　闭式静压导轨

气体静压导轨的工作原理与液体静压导轨类似。但由于气体的可压缩性，其刚度不如液体静压导轨。

（三）卸荷导轨

卸荷导轨用来降低导轨面的压力，减少摩擦阻力，从而提高导轨的耐磨性和低速运动的平稳性。尤其是对大型、重型机床来说，工作台和工件的重量很大，导轨面上的摩擦阻力很大，常采用卸荷导轨。

导轨的卸荷方式有机械卸荷、液压卸荷和气压卸荷。

1. 机械卸荷导轨

图 3-62 所示为常用的机械卸荷导轨，导轨上的一部分载荷由支承在辅助导轨面 a 上的滚动轴承 3 承受。卸荷力的大小通过螺钉 1 和碟形弹簧 2 调节。卸荷点的数目由动导轨上的载荷和卸荷系数决定。卸荷系数 α_H 表示导轨卸荷量的大小，由下式确定

$$\alpha_H = \frac{F_H}{F_W}$$

式中　F_W——导轨上一个支承所承受的载荷（N）；

F_H——导轨上一个支座的卸荷力（N）。

对于大型、重型机床，导轨上承受的载荷较大，卸荷系数 α_H 应取大值，一般 $\alpha_H = 0.7$；对于精度要求较高的机床，为保证加工精度，防止产生漂浮现象，α_H 应取较小值，$\alpha_H \leqslant 0.5$。机械卸荷方式的卸荷力不能随外载荷的变化而调节。

2. 液压卸荷导轨

将高压油压入工作台导轨上的一串纵向油槽，产生向上的浮力，分担工作台的部分外载，起到卸荷的作用。如果工作台上工件的重量变化较大，可采用类似静压导轨的节流器调整卸荷压力。如果工作台全长上受载不均匀，可用节流器调整各段导轨的卸荷压力，以保证导轨全长保持均匀的接触压力。带节流器的液压卸荷导轨与静压导轨不同之处是：后者的上浮力足以将工作台全部浮起，形成纯流体摩擦；而前者的上浮力不足以将工作台全部浮起。但由于介质的黏度较大，由动压效应产生的干扰较大，难于保持摩擦力基本恒定。

3. 气压卸荷导轨

气压卸荷导轨的基本原理如图 3-63 所示。压缩空气进入工作台的气囊，经导轨面间由表面粗糙度而形成的微小沟槽流入大气，导轨间的气压呈梯形分布，形成一个气垫，产生的上浮力对导轨进行卸荷。气垫的数量根据工作台的长度和刚度而定，长度较短或刚度较大时，气垫数

量可取少些，每个导轨面至少应有两个气垫。

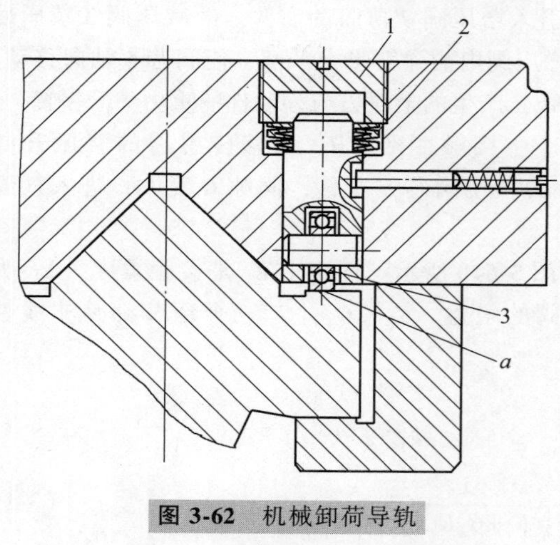

图 3-62 机械卸荷导轨

1—螺钉 2—碟形弹簧 3—滚动轴承

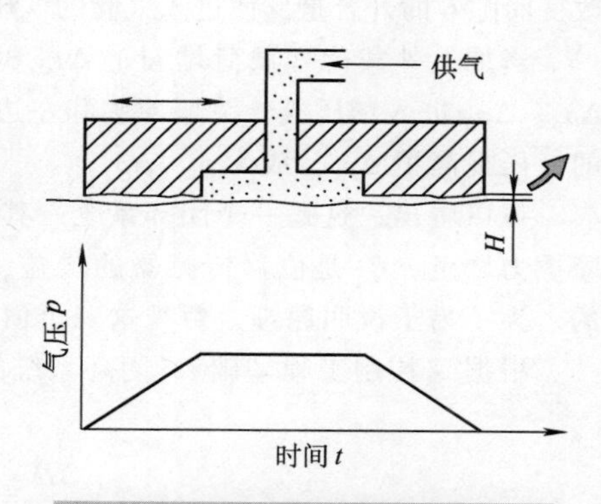

图 3-63 气压卸荷导轨的基本原理

气压卸荷导轨以压缩空气作为介质，无污染，无回收问题；且黏度小，动压效应影响小。但由于气体的可压缩性，气体静压导轨的刚度不如液体静压导轨。为了兼顾精度和阻尼的要求，应使摩擦力基本保持恒定，即卸荷应力应随外载荷变化能自动调节，出现了自动调节气压卸荷导轨，也称半气浮导轨。自动调节气压卸荷导轨的气垫的工作原理如图 3-64a 所示。当载荷只是移动件的重力 F_{W0} 时，导轨面间的平均间隙为 H_0。

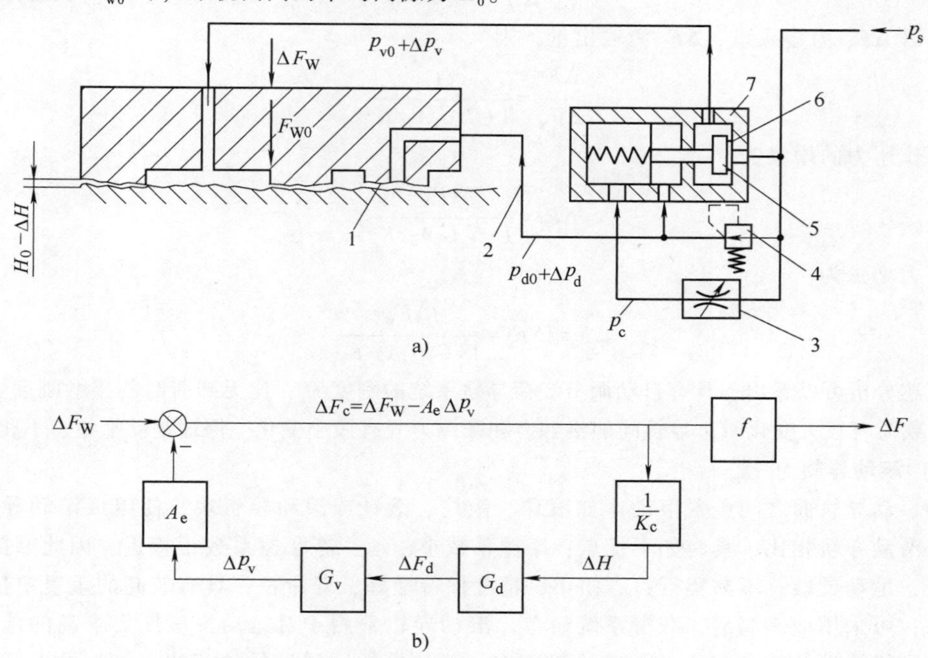

图 3-64 自动调节气压卸荷导轨

a）工作原理 b）原理框图

1—位移传感器 2—油管 3—减压阀 4—节流器 5—阀芯 6—间隙 7—增压阀

气囊右侧为位移传感器1。供气气压为 p_s 的压缩空气经节流器4、位移传感器1的间隙两次降压后流入大气，使传感器得到背压 p_{d0}。这个背压被引入增压阀7薄膜的右侧。经减压阀3减压后的气压 p_c 被引入薄膜的左侧。薄膜两侧的气压差与增压阀内的弹簧张力平衡，使阀芯5轴向移动，改变间隙6的开合量，使进入气囊的气压由 p_s 降为 p_{v0}，产生的上浮力与移动件的重力 F_{W0} 平衡。

当加上外载荷（载荷增量）ΔF_W 时，导轨间产生接触变形 ΔH，位移传感器的背压升高 Δp_d。Δp_d 进入增压阀，克服薄膜和左边弹簧的弹性力，使阀芯5左移，间隙6变大，进入气囊的气压提高了 Δp_v，成为 $p_{v0}+\Delta p_v$。

可以看出，这是一个闭环系统。其原理框图如图3-64b所示。图中 $1/K_c$ 是接触柔度，ΔF 为摩擦力增量，G_d 是位移传感器的增益，G_v 是增压阀的增益。K_c、G_d、G_v 三个环节都是非线性的。为了易于说明原理，暂视这三个值为定值。

根据《控制工程基础》，闭环系统的增益为

$$\frac{\Delta H}{\Delta F_W}=\frac{\dfrac{1}{K_c}}{1+\dfrac{1}{K_c}G_d G_v A_e}=\frac{1}{K_c+G_d G_v A_e} \tag{3-1}$$

平均间隙的变化量为

$$\Delta H=\frac{\Delta F_W}{K_c+G_d G_v A_e} \tag{3-2}$$

系统刚度为

$$K_s=\frac{\Delta F_W}{\Delta H}=K_c+G_d G_v A_e \tag{3-3}$$

如果以 ΔF_W 为输入量，ΔF_c 为输出量，则

$$\frac{\Delta F_c}{\Delta F_W}=\frac{1}{1+G_d G_v A_e/K_c} \tag{3-4}$$

故导轨间作用力的增量为

$$\Delta F_c=\frac{\Delta F_W}{1+G_d G_v A_e/K_c}$$

摩擦力增量为

$$\Delta F=f\Delta F_c=\frac{f\Delta F_W}{1+G_d G_v A_e/K_c} \tag{3-5}$$

从上述分析可以看出，具有自动调节卸荷导轨系统的刚度 K_s，比无卸荷时的接触刚度 K_c 提高了。当外载荷有较大变化时，导轨间的接触力和摩擦力只有微小变化，保证运动平稳、不爬行。

(四) 滚动导轨

在静、动导轨面之间放置滚动体如滚珠、滚柱、滚针或滚动导轨块，便组成滚动导轨。滚动导轨与滑动导轨相比，具有如下优点：摩擦系数小，动、静摩擦系数很接近，因此摩擦力小，起动轻便，运动灵敏，不易爬行；磨损小，精度保持性好，寿命长；具有较高的重复定位精度，运动平稳；可采用油脂润滑，润滑系统简单。滚动导轨常用于对运动灵敏度要求高的地方，如数控机床和机器人及精密定位微量进给机床中。滚动导轨同滑动导轨相比，抗振性差，但可以通过预紧方式提高，结构复杂，成本较高。

1. 滚动导轨的类型

(1) 按滚动体类型分类　机床滚动导轨常用的滚动体有滚珠、滚柱和滚针三种，如图3-65

所示。滚珠式滚动导轨为点接触，承载能力差，刚度小，多用于小载荷情况。滚柱式滚动导轨为线接触，承载能力比滚珠式高，刚度大，多用于较大载荷情况。滚针式滚动导轨为线接触，常用于径向尺寸小的导轨。

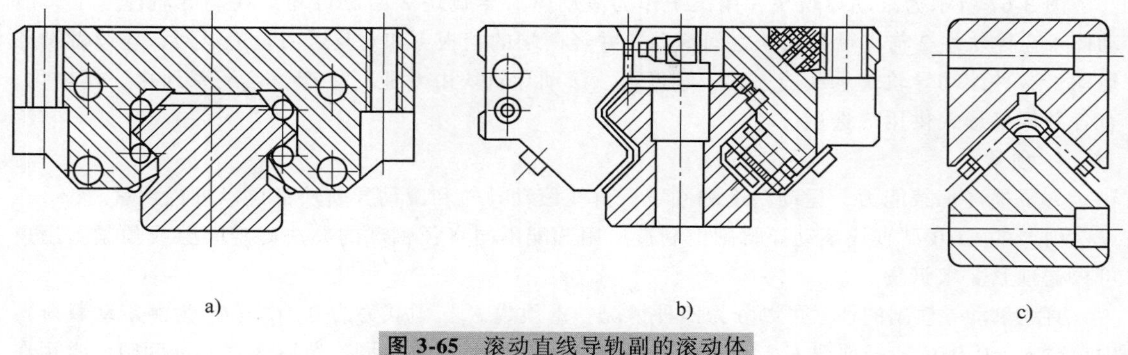

图 3-65 滚动直线导轨副的滚动体

a）滚珠 b）滚柱 c）滚针

（2）按循环方式分为循环式和非循环式

1）循环式滚动导轨的滚动体在运行过程中沿自己的工作轨道和返回轨道做连续循环运动，如图 3-66 所示。因此，运动部件的行程不受限制。这种结构装配和使用都很方便，防护可靠，应用广泛。

2）非循环式滚动导轨的滚动体在运行过程中不循环，因而行程有限，运行中滚动体始终同导轨面保持接触，如图 3-65c 所示。

滚动体材料一般用滚动轴承钢，淬火后硬度达 60HRC 以上。滚动导轨中的支承导轨可用淬硬钢或铸铁制造。钢导轨具有承载能力大和耐磨性较好等特点，常用材料为低碳合金钢、合金结构钢、合金工具钢等。铸铁导轨常用材料为 HT200，硬度为 200~220HBW，适用于中小载荷，不需预紧且不承受动载荷的导轨。

2. 直线滚动导轨副的工作原理

如图 3-66 所示，它是数控机床中常采用的直线滚动导轨副，由导轨条 1 和滑块 5 组成。导轨条是支承导轨，一般有两根，安装在支承件（如床身）上，滑块安装在运动部件上，它可以沿导轨条做直线运动。每根导轨条上至少有两个滑块。若运动件较长，可在一根导轨条上装 3 个或更多的滑块。如果运动件较宽，也可用 3 根导轨条。滑块 5 中装有两组滚珠 4，两组滚珠各有自己

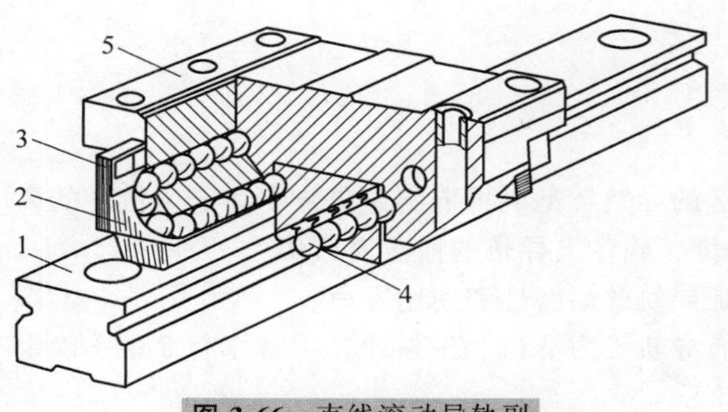

图 3-66 直线滚动导轨副

1—导轨条 2—端面挡板 3—密封垫

4—滚珠 5—滑块

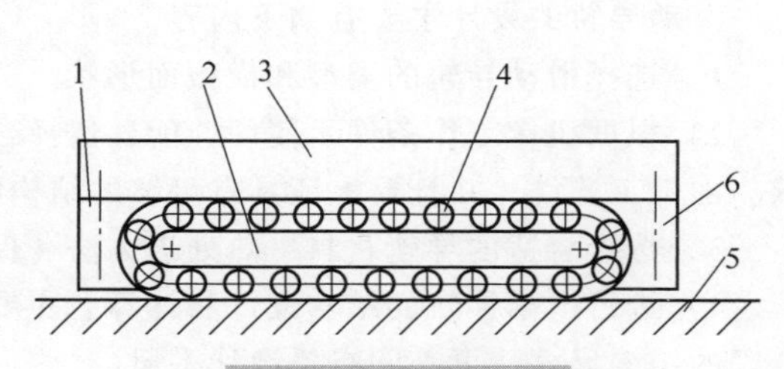

图 3-67 滚动导轨块

1、6—挡板 2—导轨块 3—动导轨体

4—滚动体 5—支承导轨

的工作轨道和返回轨道，当滚珠从工作轨道滚到滑块的端部时，经端面挡板2和滑块中的返回轨道孔返回，在导轨条和滑块的滚道内连续地循环滚动。为防止灰尘进入，采用密封垫3密封。

3. 滚动导轨块

图3-67所示为滚动导轨块，用滚子作为滚动体。导轨块2用螺钉固定在动导轨体3上，滚动体4在导轨块2与支承导轨5之间滚动，并经两端的挡板1和6及返回轨道返回，连续做循环运动。这种滚动导轨块承载能力大，刚度大。滚动导轨块由专业厂生产，已经系列化、模块化，有各种规格形式供用户选用。

4. 预紧

为了提高承载能力、运动精度和刚度，直线滚动导轨和滚动导轨块都可以进行预紧。

国产的GGB型直线滚动导轨副由制造厂用选配不同直径钢球的办法确定间隙或预紧，用户可根据预紧要求订货。

直线滚动导轨副的预紧可以分为四种情况：重预载 F_0，预载力为 $0.1C_d$（C_d 为额定动载荷）；中预载 $F_1=0.05C_d$；轻预载 $F_2=0.025C_d$；无预载 F_3。根据规格不同，留有3~28μm间隙，常用在辅助导轨、机械手等。轻预载用于精度要求高、载荷小的机床，如磨床进给导轨、工业机器人等。中预载用于对刚度和精度均要求较高的场合，如数控机床导轨。重预载多用在重型机床上。

预加载荷的方法可分为两种：一种是靠调整螺钉、垫块或楔块移动导轨来实现预紧，如图3-68所示。另一种是利用尺寸差来实现预紧。

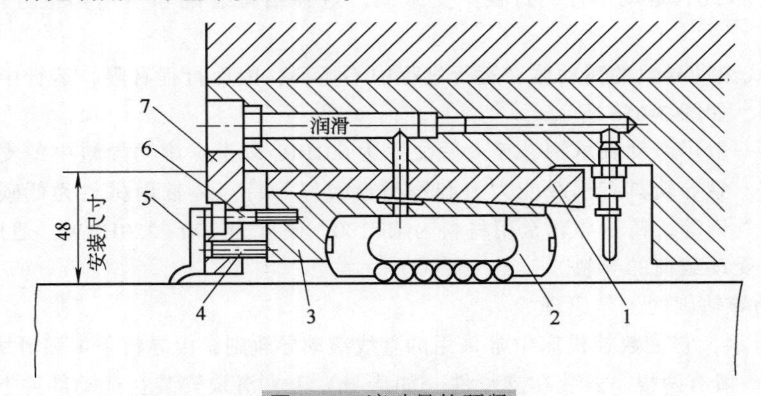

图3-68　滚动导轨预紧

1—楔块　2—标准导轨块　3—楔块（支承导轨）　4、6—调整螺钉　5—刮屑板　7—楔块调节板

（五）导轨的设计

1. 滑动导轨的设计

滑动导轨的设计主要有如下内容。

1）选择滑动导轨的类型和横截面形状。

2）根据机床工作条件、使用性能，选择合适的导轨类型。再依照导向精度和定位精度的要求、加工工艺性，并且要保证具有足够的结构刚度，确定出导轨的横截面形状。

3）选择合适的导轨材料、热处理方法，保证导轨的耐磨性和使用寿命。

4）进行滑动导轨的结构设计和计算，主要有导轨受力分析、压强计算、验算磨损量、确定合理的结构尺寸。可查阅有关设计手册。

5）设计导轨间隙调整装置和补偿方法。

6）设计润滑、防护系统装置。

7）制订出导轨制造加工、装配的技术要求。

2. 滚动导轨的设计

目前，直线滚动导轨副和滚动导轨块基本上已系列化，规格化和模块化，有专门制造厂生产，用户可根据需要外购。例如国产的 GGB 型直线滚动导轨是四方向等载荷型，有 AA、AB 两种尺寸系列，以导轨条的宽度 B 表示规格大小，每个系列中，有 16~65 共 9 种规格。滚动导轨块有 HJG-K 和 6192 型两种系列产品。国外的直线滚动导轨副，如日本的 IKO 直线运动系列中滚珠、滚子导轨副有预压调整型、高刚度型、模组型、微小型等多种类型，供用户选择使用。

因此，滚动导轨的设计，主要是根据导轨的工作条件、受力情况、使用寿命等要求，选择直线滚动导轨副或滚动导轨块的型号、数量，并进行合理的配置。设计时，先要计算直线滚动导轨副或滚动导轨块的受力，再根据导轨的工作条件和寿命要求计算动载荷，依此选择出直线滚动导轨副或滚动导轨块的型号，再验算寿命是否符合要求，最后进行导轨的结构设计。滚动导轨的计算可查阅有关设计手册。

四、提高导轨精度、刚度和耐磨性的措施

1. 合理选择导轨的材料和热处理方法

导轨材料和热处理方法对导轨性能、精度有直接影响，要合理地选择，以便降低摩擦系数，提高导轨的耐磨性，降低成本。

导轨的材料有铸铁、钢、有色金属、塑料等。

（1）铸铁导轨　铸铁导轨有良好的抗振性、工艺性和耐磨性，因此应用最广泛。对灰铸铁、孕育铸铁常进行表面淬火来提高硬度，如高频淬火、电接触淬火硬度为 50~55HRC，耐磨性提高 1~2 倍。铸铁导轨常用在车床、铣床、磨床上。为提高导轨的力学性能和耐磨性，在铸铁中加入不同合金元素，生成高磷铸铁、磷铜钛铸铁、钒钛铸铁等，多用在精密机床，如坐标镗床和螺纹磨床上。

（2）镶钢导轨　为提高导轨的耐磨性，采用淬火钢和氮化钢的镶钢支承导轨，抗磨损能力比灰铸铁导轨提高 5~10 倍。

（3）有色金属导轨　采用有色金属材料，如锡青铜和铝青铜镶装在重型机床、数控机床的动导轨上，可以防止撕伤，保证运动的平稳性和提高运动精度。

（4）塑料导轨　塑料导轨具有摩擦系数小、耐磨性好、抗撕伤能力强、低速不易爬行、运动平稳、工艺简单、化学性能好，成本低等优点，在各类机床都有应用，特别是用在精密、数控、大型、重型机床动导轨上。

为提高导轨耐磨性和防止撕伤，在导轨副中，动导轨和支承导轨应分别采用不同的材料。如果采用相同的材料，也应采用不同的热处理方法，使两者具有不同的硬度。滑动导轨中，一般动导轨采用粘贴氟塑料软带，支承导轨用淬火钢或淬火铸铁；或者动导轨采用铸铁，不淬火，支承导轨采用淬火钢或淬火铸铁。

2. 导轨的预紧

对于精度要求较高、受力大小和方向变化较大的场合，滚动导轨应预紧。合理地将滚动导轨预紧可以提高其承载能力、运动精度和刚度。

3. 导轨的润滑和防护

导轨的良好润滑和可靠防护，可以降低摩擦力，减少磨损，降低温度和防止生锈，延长寿命。因此，必须有专门的供油系统，采用自动和强制润滑。应根据导轨工作条件和润滑方式，选择合适黏度的润滑油。

4. 导轨的磨损

磨损的原因是由于导轨结合面在一定压强作用下直接接触并相对运动而造成的。因此，争取不磨损的条件是让结合面在运动时不接触，方法是保证完全的液体润滑，用油膜隔开相接触的导轨面，如采用静压导轨。争取少磨损，可采用加大导轨接触面和减轻负荷的办法来降低导轨面的压强，如采用卸荷导轨，尤其是采用自动调节气压卸荷导轨，可以使摩擦力基本保持恒定，卸荷力能随外载荷变化而自动调节。

争取均匀磨损要使摩擦面上压强分布均匀，尽量减少扭转力矩和颠覆力矩，导轨的形状尺寸要尽可能对集中载荷对称。磨损后间隙变大，设计时要考虑如何补偿、调整间隙，如采用可以自动调节间隙的三角形导轨，采用镶条、压板结构，定期调整、补偿。

第四节 机床刀架和自动换刀装置设计

一、机床刀架的功能、类型和应满足的要求

1. 机床刀架的功能和类型

机床上的刀架用于夹持切削用的刀具，是机床上的重要部件。许多刀架还直接参与切削工作，如卧式车床上的四方刀架、转塔车床的转塔刀架、回轮式转塔车床的回轮刀架、自动车床的转塔刀架和天平刀架等。这些刀架既安放刀具，而且还直接参与切削，承受极大的切削力，往往成为工艺系统中的较薄弱环节。

机床刀架按照安装刀具的数目可分为单刀架和多刀架，如自动车床上的前、后刀架，天平刀架；按结构形式可分为方刀架、转塔刀架、回轮式刀架等；按驱动刀架转位的动力可分为手动转位刀架和自动（电动和液动）转位刀架。

2. 机床刀架应满足的要求

1）满足工艺过程所提出的要求。机床依靠刀具和工件间相对运动形成工件表面，而工件表面形状和表面位置的不同，要求刀架和刀库上能够布置足够多的刀具，而且能够方便而正确地加工各工件表面。为了实现在工件的一次安装中完成多工序加工，要求刀架、刀库可以方便地转位。

2）在刀架、刀库上要能牢固地安装刀具，并能精确地调整刀具的位置。采用自动交换刀具时，应保证刀具交换前后都能处于正确位置，以保证刀具和工件间准确的相对位置。刀架的运动精度将直接反映到工件的几何形状精度和表面粗糙度上，为此，刀架的运动轨迹必须准确，运动应平稳，刀架运转的终点到位应准确。刀架的精度保持性要好，以便长期保持刀具的正确位置。

3）刀架、刀库、换刀机械手都应具有足够的刚度，可靠性要高。

4）刀架和自动换刀装置的换刀时间应尽可能短，以利于提高生产率。

5）操作方便和安全。刀架上应便于工人装刀和调刀，切屑流出方向不能朝向工人，而且操作调整刀架的手柄（或手轮）要省力，应尽量设置在便于操作的地方。

二、机床的几种典型刀架

1. 卧式车床刀架

图3-69所示为卧式车床的四方刀架。逆时针转动手柄1，通过销子2带动轴套3、4和端面凸轮5回转，抬起定位销7。继续逆时针转动手柄1，由销子8带动四方刀架转位。转位后靠弹簧10将钢球9压在刀架座的圆锥孔内，实现方刀架粗定位。然后，顺时针方向转动手柄1，端面凸轮被复位，定位销7在弹簧6的作用下，重新插入另一定位孔内完成精定位。继续转动手柄1，依靠螺纹夹紧刀架。

2. 转塔车床的转塔刀架

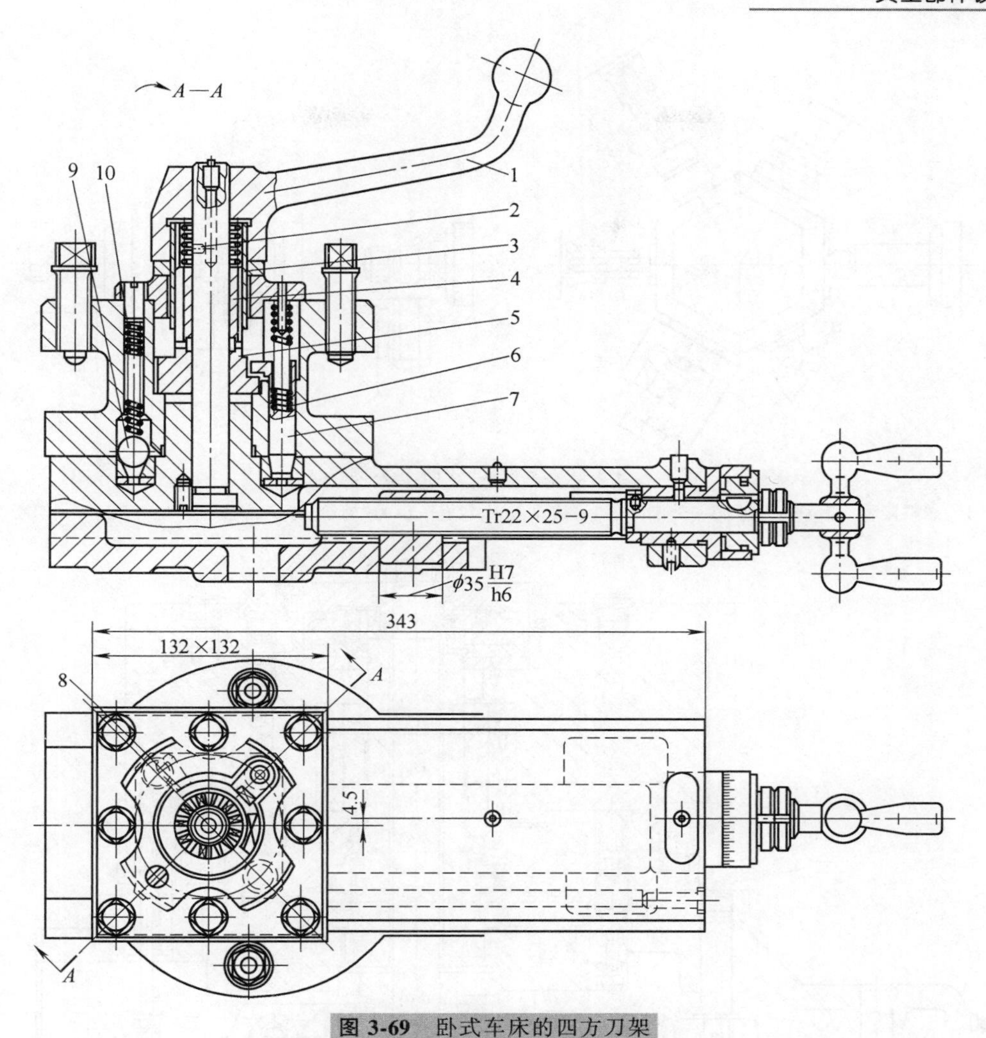

图 3-69 卧式车床的四方刀架

1—手柄 2、8—销子 3、4—轴套 5—凸轮 6、10—弹簧 7—定位销 9—钢球

卧式车床刀架只能装四把刀，加上尾座也最多装五把刀。而有些零件加工表面很多，需要更多的刀具才能完成，因此出现了将尾座去掉，在此位置上安装能纵向移动的多工位转塔刀架，在转塔上可装六把刀具，加上前刀架、后刀架，刀具增加到 10 把以上，形成转塔车床的转塔刀架。这样工件在一次安装中，就可以加工完更多的表面，如图 3-70 所示，只不过这种转塔刀架的转位换刀一般是由液压来完成的。

图 3-71 所示为半自动转塔车床的转塔刀架装配图，转塔刀架鞍座 1 在进给液压缸活塞 2 的驱动下沿床身三角形导轨和平导轨做纵向进给运动。

转位时鞍座退回床身尾部，松夹液压缸的下腔进高压油，活塞 12 带动刀架体 5 抬起，端面齿盘 7、8 脱离啮合，同时端面齿形离合器 10 结合。转位时，转位活塞杆 14 上的齿条带动转位齿轮 9、离合器 10、轴Ⅰ、刀架体 5 转位。调整转位活塞杆 14 上的挡块位置（图中未显示）可以控制刀架体正确地转过 60°或 120°。转位后由弹簧销 6 粗定位，最后松夹液压缸上腔通压力油，刀架体随即被压下，端面齿盘在新的位置啮合，完成精定位，重复定位精度较高。刀架上可以安装六组刀具，顺序转位，依次参加切削，也可间隔安装三组刀具进行切削，实现三工步

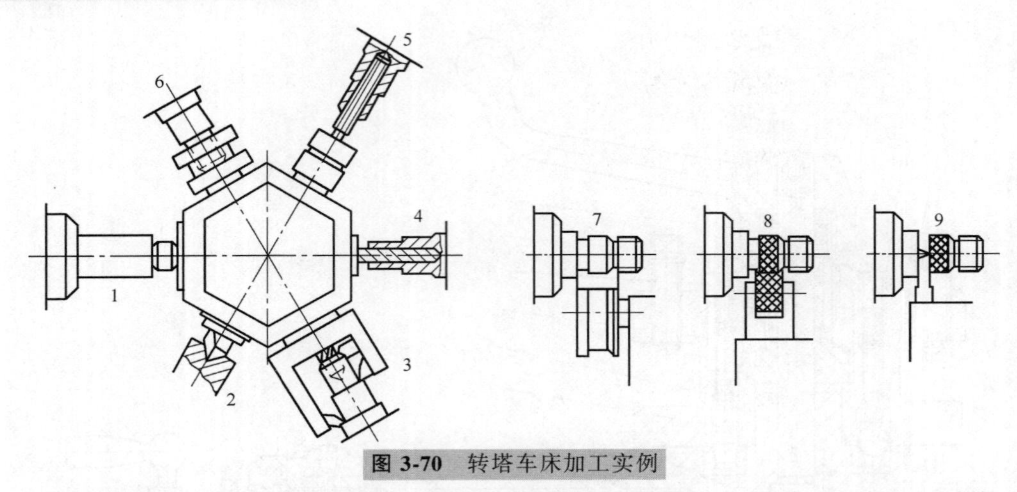

图 3-70　转塔车床加工实例

1—送料定程　2—中心钻　3—外圆车　4—钻孔　5—铰孔　6—攻螺纹　7—成形车　8—滚花　9—切断

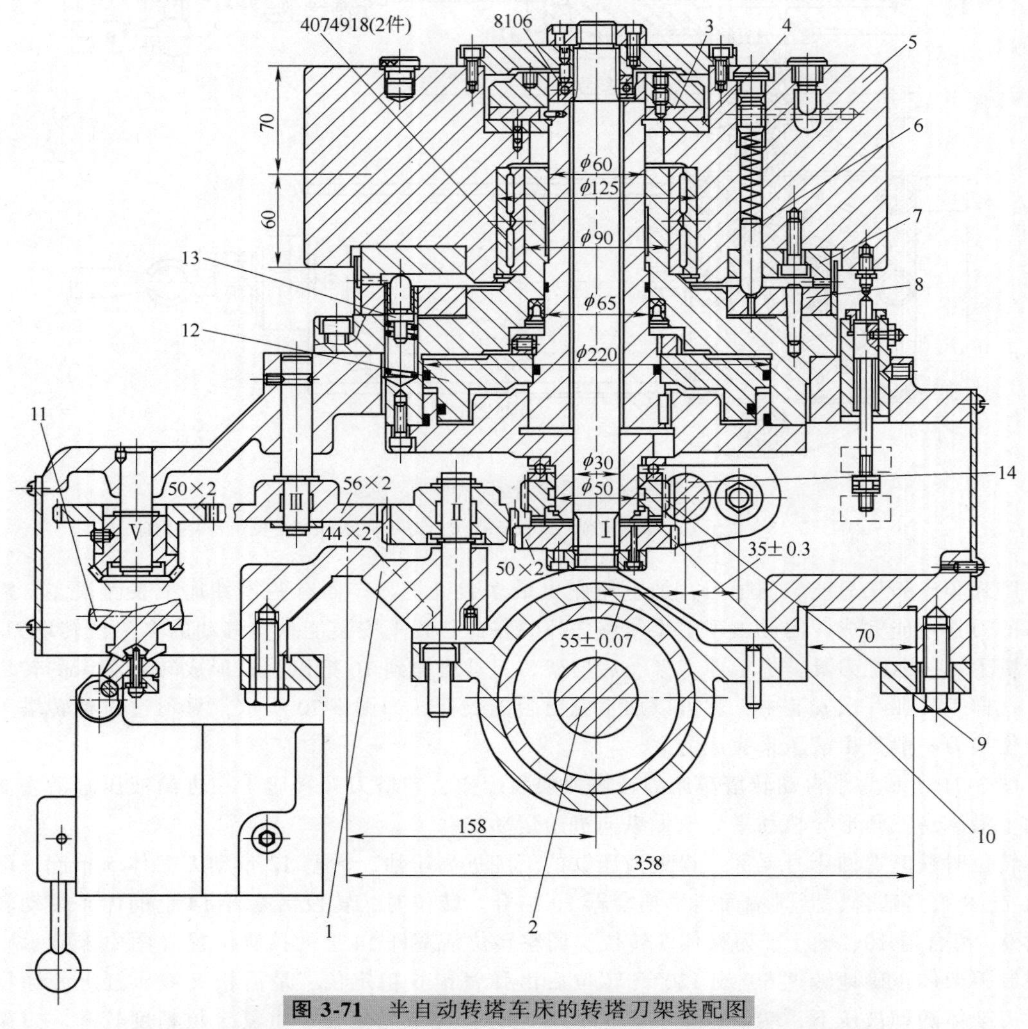

图 3-71　半自动转塔车床的转塔刀架装配图

1—刀架鞍座　2—进给液压缸活塞　3、4—圆垫　5—刀架体　6、13—弹簧销
7、8—端面齿盘　9—转位齿轮　10—离合器　11—六角花轴　12—活塞　14—转位活塞杆

或六工步两种半自动循环。

刀架转位的同时，通过轴Ⅰ下端的齿轮传动轴Ⅴ上的齿轮，再经一对锥齿轮传动六角花轴 11（总传动比为 1∶1），六角花轴 11 六个面上的挡块可分别控制相应的六组刀具纵向进给的极限位置。

3. 数控车床采用的自动转位刀架

数控机床是一种高度自动化的机床，它的刀架一般都采用自动（电气或液压）转位方式。

图 3-72 所示为经济型数控车床采用的自动转位刀架。转位时，微电动机通过齿轮传动、蜗杆传动带动丝杠转动，使丝杠螺母连同方刀架一起上升，使端面齿脱离啮合。当螺母上升到一定高度时，粗定位销插入斜面槽，粗定位开关发出信号，停转，控制系统将该位置的编码与所需刀具编码加以比较，如相同，则选定此位，控制系统指令电动机反转。由于斜面销的棘轮作

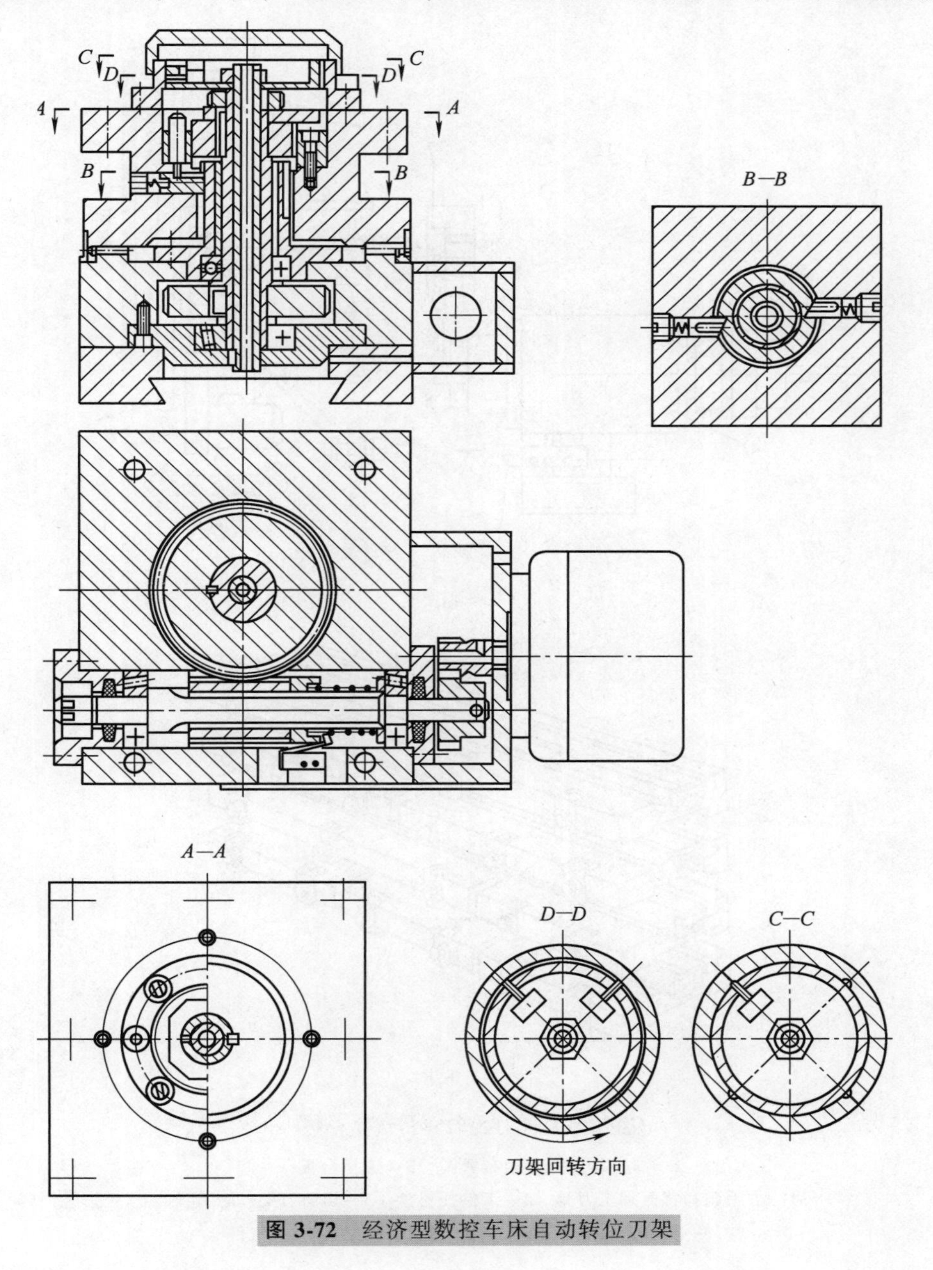

图 3-72　经济型数控车床自动转位刀架

用，方刀架只能下降而不能转动，使端面齿轮啮合（即精定位）。当方刀架下降到底后，电动机继续回转，使方刀架被压紧。当压紧力（弹簧力）达到预定值（一般为切削力的两倍）时，压力开关发出停机信号，整个转位过程结束。

4. 数控车床采用的排刀式刀架

排刀式刀架（图3-73a）一般用于小规格数控车床，以加工棒料为主的机床上较为常见。它的结构形式为夹持着各种不同用途刀具的刀夹沿着机床的X坐标轴方向排列在横向滑板或一种称之为快换台板（图3-73b）上。这种刀架的特点之一是使用时刀具布置和机床调整都比较方便。可以根据具体工件的车削工艺要求，任意组合各种不同用途的刀具，一把刀完成车削任务后，横向滑板只要按程序沿X轴方向移动预先设定的距离，第二把刀就达到加工位置，这样就

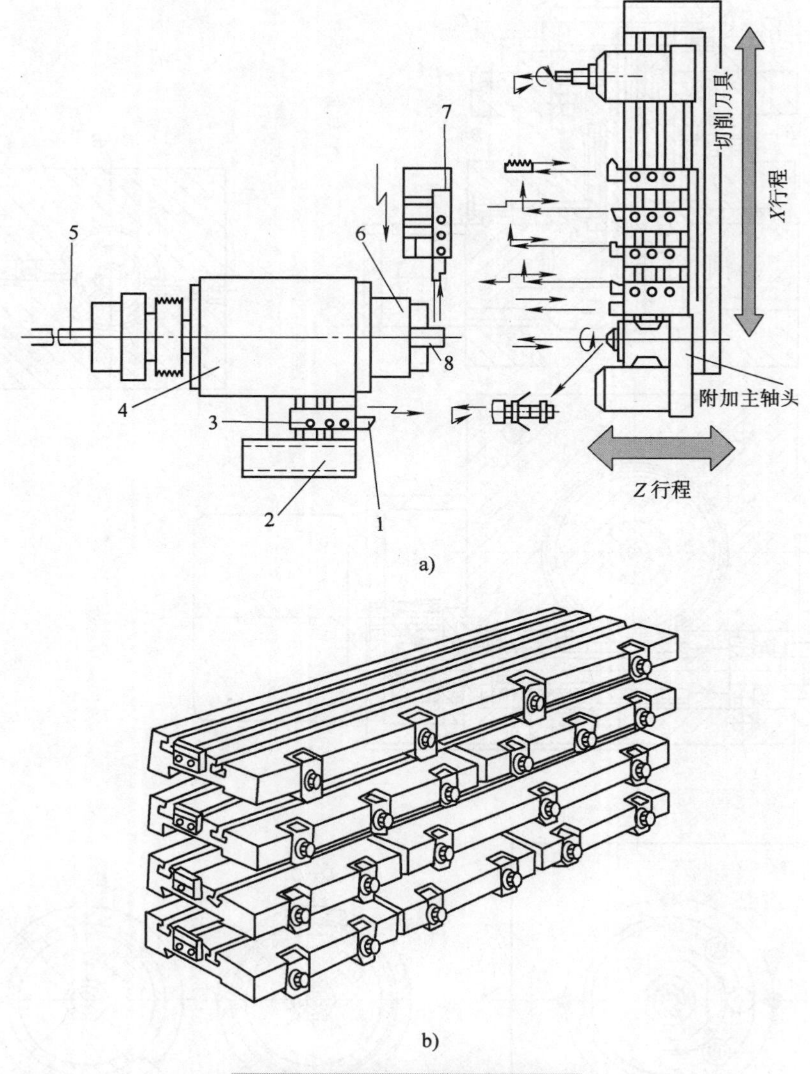

图3-73 排刀式刀架与快换台板

a）排刀式刀架布置图 b）快换台板

1—去毛刺和背面加工刀具 2—工件托料盘 3—切向刀架 4—主轴箱

5—棒料送进装置 6—卡盘 7—切断刀架 8—工件

完成了机床的换刀动作。这种换刀方式迅速省时，有利于提高机床的生产率。当使用快换台板时，可实现成组刀具的机外预调。即当机床在加工某一工件的同时，可以利用快换台板在机外组成加工同一种零件或不同零件的排刀组，利用对刀装置进行预调。当刀具磨损或需要更换加工零件品种时，可以通过更换台板来成组地更换刀具，从而使换刀的辅助时间大大缩短。而且还可以在排式刀架上安装不同用途的动力刀架，如钻、扩、铣、攻螺纹等二次加工工序，以使机床在一次装夹中完成工件的全部或大部分加工工序。排刀式刀架结构简单，制造成本低，但仅适用于加工直径小于 ϕ100mm 的车床，直径大于 ϕ100mm 的车床多采用转塔刀架。

5. 数控车床用的液压回转刀架

图 3-74 所示为数控车床用的液压回转刀架结构，有 12 个刀位。刀架的夹紧和转位都由液压缸驱动。接到转位信号后，液压缸 1 的右腔进油，使中心轴 2 和刀盘 3 左移，端面齿盘 4 与 5 分离。然后液压马达驱动凸轮 6 旋转，凸轮每转一周拨过一个柱销，使刀盘转过一个工位，同时，固定在中心轴尾端的 12 面选位凸轮，压合相应的计数开关 XK_1 一次；当刀盘转到新预选工位时，液压马达制动，液压缸 1 左腔进油，将中心轴和刀盘向右拉紧，使两端面齿盘啮合夹紧。此时，中心轴尾部平面压下开关 XK_2，发出转位结束信号。该刀架可以向正反两个方向旋转，并可自动选择最近的回转路线，以缩短辅助时间。

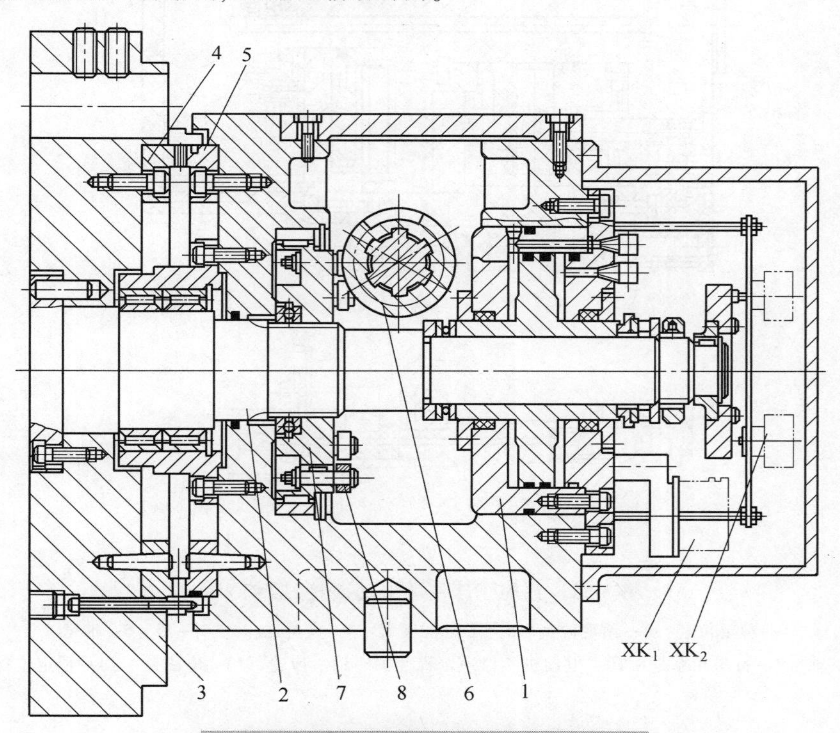

图 3-74 数控车床用的液压回转刀架结构

1—液压缸 2—中心轴 3—刀盘 4、5—端面齿盘 6—凸轮
7—柱销盘 8—柱销 XK_1、XK_2—计数开关

6. 数控车床用的电动回转刀架

图 3-75 所示为数控车床用的电动回转刀架结构。当转塔刀架接到转位指令后，电动机 10 通过齿轮带动行星轮系杆 9 旋转，再通过轴 8 带动套 5 转动，套 5 沿圆周方向均布有 3 个夹紧轮 4，此时夹紧轮沿着下定位齿盘 3 上的凸轮槽移动，当夹紧轮进入槽中的凹部时，将使下定位齿

盘向右移动，从而使上、上定位齿盘脱离啮合，完成转塔打开动作。接着套5带着夹紧轮继续旋转，推动与转塔头连在一起的套7同步转动，进行分度转位工作，当达到预选位置时，电磁铁13动作，将预定位杆14向左推出，使预定位销2进入转塔的预定位套1中，当预定位销到位后，接近开关发出信号使电动机停止转动，并立即进行反转，即使夹紧套带动夹紧轮反向转动，从而使下定位齿盘3向左移动，上、下定位齿盘啮合（精定位），靠下定位齿盘凸轮槽中的凸起部分夹紧转塔。该转塔刀架的特点是靠移动下定位齿盘来完成打开动作，整个过程中转塔不抬起。

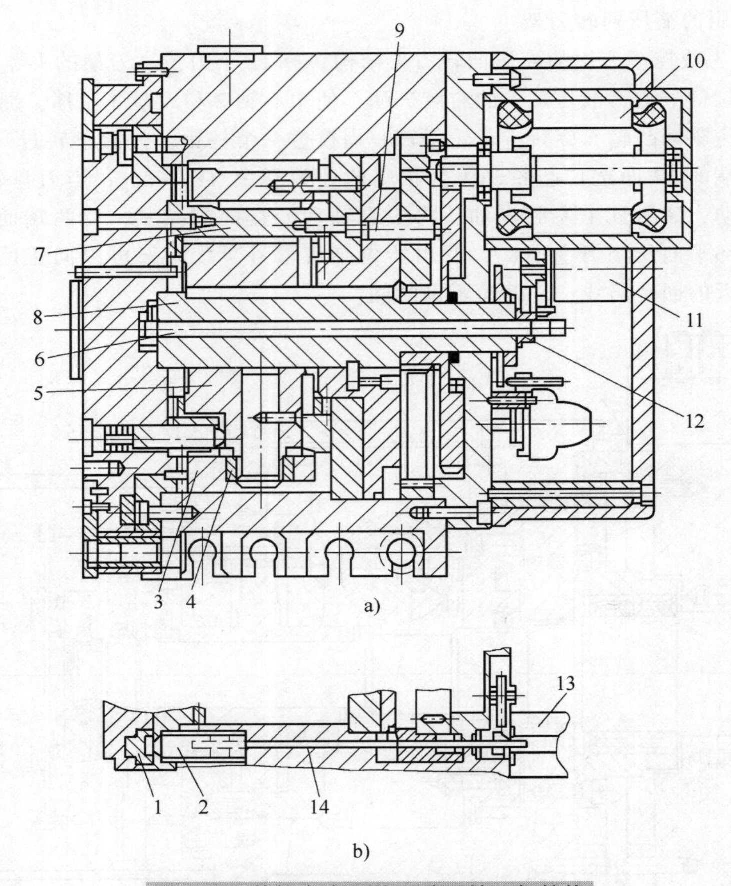

图3-75　数控车床用的电动回转刀架结构

1—预定位套　2—预定位销　3—下定位齿盘　4—夹紧轮　5、7—套　6—轴销
8—轴　9—行星轮系杆　10—电动机　11—定程开关　12—齿轮　13—电磁铁　14—预定位杆

三、机床刀架的转位机构和定位机构设计

（一）机床刀架的转位机构设计

从前面介绍的几种刀架结构看，刀架转位机构有卧式车床采用的手柄、转轴、端面凸轮、销子带动方刀架转位，转塔车床的转塔刀架采用的液压缸活塞、齿条齿轮转动刀架体转位，以及电动机驱动转位机构。

1. 液压（或气动）驱动的活塞、齿条齿轮转位机构

由液压驱动的转位机构调速范围大，缓冲制动容易，转位速度可调，运动平稳，结构尺寸

较小，制造容易，因而应用较广泛。其转位角度大小可由活塞杆上的限位挡块来调整。也有采用气动转位机构的，其优点是结构简单，速度可调，但运动不平稳，有冲击，结构尺寸大，驱动力小，故多用在非金属切削的自动化机械和自动线的转位机构中。

2. 圆柱凸轮步进式转位机构

圆柱凸轮步进式转位机构依靠凸轮轮廓强制刀架做转位运动，运动规律完全取决于凸轮轮廓形状，如图 3-76 所示。圆柱凸轮是在圆周面上加工出一条两端有头的凸起轮廓，从动回转盘（相当于刀架体）端面有多个柱销，销子数量与刀位数相等。当圆柱凸轮按固定的旋转方向运动时，*B* 销先进入凸轮轮廓的曲线段，这时凸轮开始驱动回转盘转位，与此同时 *A* 销与凸轮轮廓脱离。当凸轮转过 180°时转位动作终止，*B* 销接触的凸轮轮廓由曲线段过渡到直线段，同时与 *B* 销相邻的 *C* 销开始与凸轮直线轮廓的另一侧面接触。此时即使凸轮继续旋转，回转盘也不会转动，在此间歇阶段 *B* 销和 *C* 销同时与凸轮直线轮廓两侧接触，限制了回转盘的转动，此时刀架即处于预定位状态，至此全部分度（转位）动作完成。由于凸轮是一个两端开口的非闭合曲线轮廓，所以当凸轮正反转时均可带动刀盘做正反两个方向的旋转。这种转位机构转位速度高、精度较低，运动特性可以自由设计选取，但制造较困难、成本较高、结构尺寸较大。实际应用中，可以通过控制系统中的逻辑电路或 PLC 程序来自动选择回转方向，以缩短转位辅助时间。

3. 伺服电动机驱动的刀架转位

随着现代技术的发展，可以采用直流（交流）伺服电动机驱动蜗杆蜗轮（消除间隙）实现刀架转位，转位的速度和角度均可通过半闭环反馈进行精确控制，如图 3-77 所示。

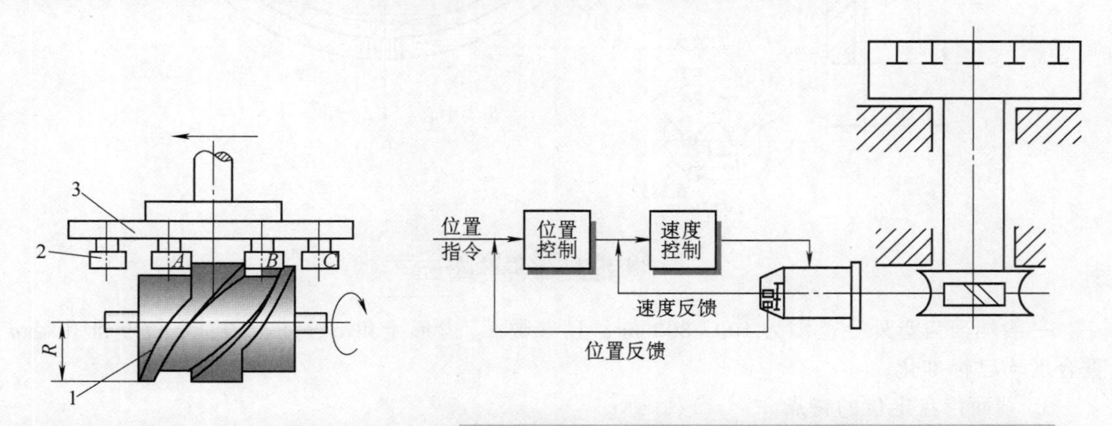

图 3-76 圆柱凸轮步进式转位机构

1—凸轮 2—分度柱销 3—回转盘

图 3-77 直流（交流）伺服电动机驱动的刀架转位机构

（二）定位机构设计

目前在刀架的定位机构中多采用圆锥销定位和端面齿盘定位。

1. 圆锥销定位

圆柱销和斜面销定位时容易出现间隙，而圆锥销定位精度较高，它进入定位孔时一般靠弹簧力或液压、气动，并且圆锥销磨损后仍可以消除间隙，以获得较高的定位精度。

2. 端面齿盘定位

端面齿盘定位机构由两个齿形相同的端面齿盘相啮合而成（图 3-78），由于啮合时各个齿的误差相互抵偿，起着误差均化的作用，因此定位精度高。

端面齿盘的齿形角 2α 一般有90°和60°两种。端面齿盘的齿数 z 的选择应根据所要求的分度数以及齿盘外径 D 的大小来确定。齿形半角 α 和齿数 z 与齿顶半角 φ 的关系为

$$\tan\varphi=\frac{\sin\dfrac{180°}{z}}{z\tan\alpha}$$

例如 $\alpha=45°$，$z=150$，$\varphi=36'$；$\alpha=45°$，$z=120$，$\varphi=45'$。

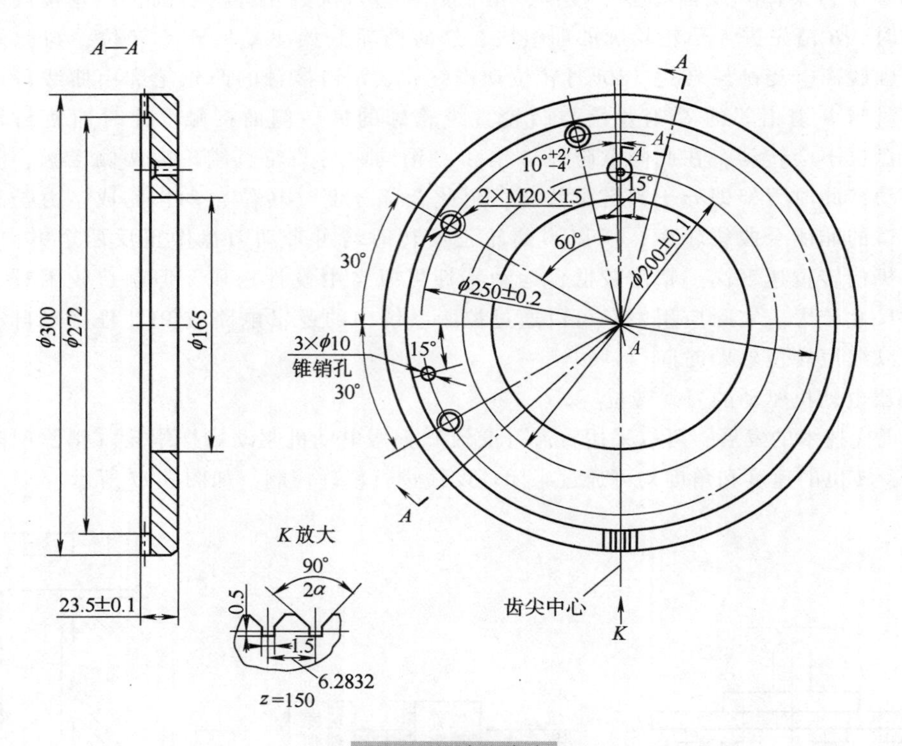

图3-78　端面齿盘

一般端面齿盘外径范围为100~800mm，且参数 z、齿形半角 α、外径 D、定位基准孔径 d、重合度均已标准化。

3. 端面齿盘定位的特点

（1）定位精度高　由于端面齿盘定位齿数多，且沿圆周均布，是向心多齿结构，经过研齿的齿盘其分度精度一般可达±3″左右，最高可达0.4″。一对齿盘啮合时具有自动定心作用，所以中心轴的回转精度、间隙及磨损对定心精度几乎没有影响，对中心轴的精度要求低，装配容易。

（2）重复定位精度好　由于多齿啮合相当于上、下齿盘齿的反复磨合对研，越磨合精度越高，重复定位精度也越好。

（3）定位刚性好，承载能力大　两齿盘多齿啮合，由于齿盘齿部强度高，并且一般齿数啮合率不少于90%，齿面啮合长度不少于60%，故定位刚性好，承载能力大。

四、带有刀库的自动换刀装置

目前自动换刀装置主要用在加工中心和车削中心上，但在数控磨床上自动更换砂轮、电加

工机床上自动更换电极，以及数控冲床上自动更换模具等，也日渐增多。自动换刀装置的刀库和换刀机械手的驱动都是采用电气或液压自动实现的。

（一）数控车床的自动换刀装置

数控车床的自动换刀装置主要采用回转刀盘，刀盘上安装8~12把刀。有的数控车床采用两个刀盘，实行四坐标控制，少数数控车床也具有刀库形式的自动换刀装置。图3-79a所示为一个刀架上的回转刀盘，刀具与主轴中心平行安装，回转刀盘既有回转运动又有纵向进给运动

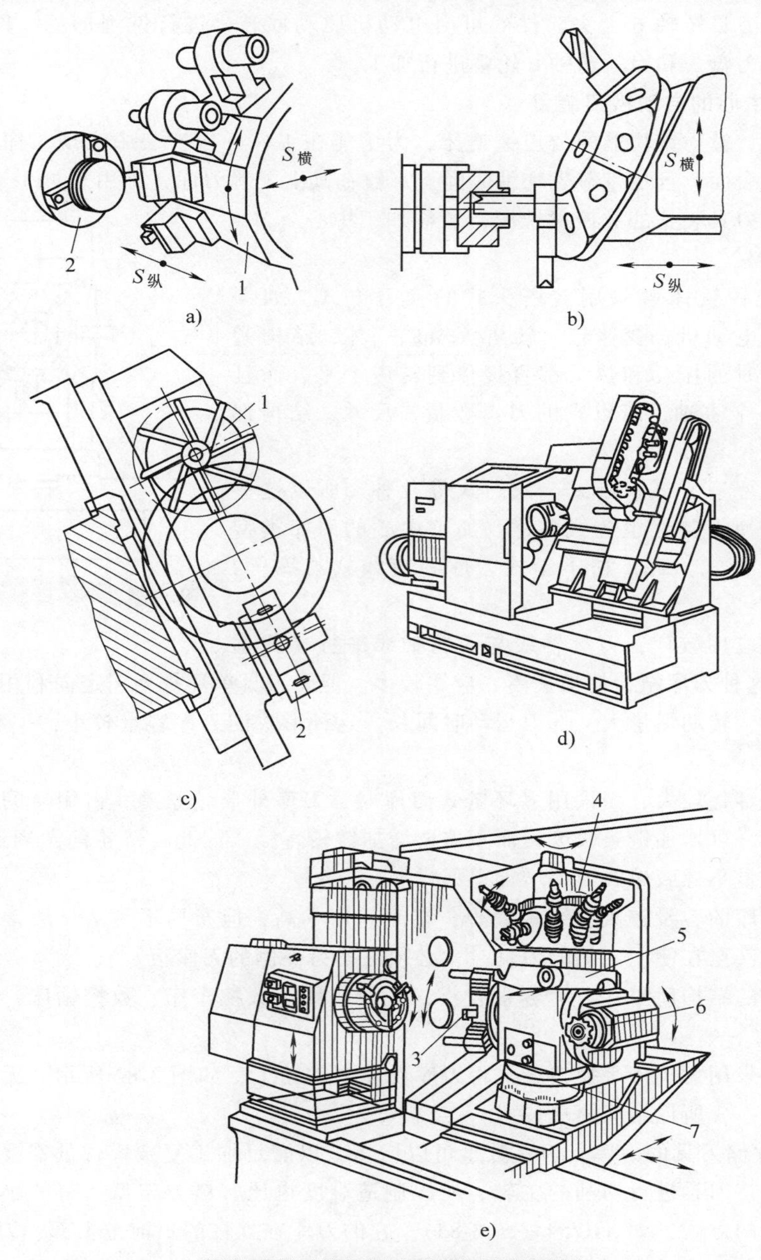

图3-79 数控车床上自动换刀装置

a、b）回转刀盘 c）双回转刀盘 d）安装有链式刀库的数控车床 e）带鼓轮式刀库的数控车床

1、2—刀盘 3—回转刀盘 4—鼓轮式刀库 5—机械手 6—刀具转轴 7—回转头

($S_{纵}$) 和横向进给运动 ($S_{横}$)。图3-79b所示为刀盘中心线相对于主轴轴线倾斜的回转刀盘，刀盘上有6~8个刀位，每个刀位上可装两把刀具，分别用于加工外圆和内孔。图3-79c所示为装有两个刀盘的数控车床，刀盘1的回转中心线与主轴轴线平行，用于加工外圆；刀盘2的回转中心线与主轴轴线垂直，用于加工内表面。图3-79d所示为安装有链式刀库的数控车床，刀库也可以是回转式的，通过机械手交换刀具。图3-79e所示为带鼓轮式刀库的数控车床，件3为回转刀盘，上面装有多把刀具，件4为鼓轮式刀库，其上可装6~8把刀，件5为机械手，可将刀库中的刀具换到刀具转轴6上去，件6可由电动机驱动回转，进行铣削加工，件7为回转头，可交换采用回转刀盘3和刀具转轴6轮番进行加工。

(二) 加工中心的自动换刀装置

对于具有钻、镗、铣功能的数控镗铣床，为了能在工件一次安装中实现工序高度集中，加工完最多的工件表面，且尽量节省辅助时间，一般在其上配置刀库，并由机械手进行自动换刀，形成带自动交换刀具装置的数控镗铣床，通称加工中心（Machining Center，MC）。

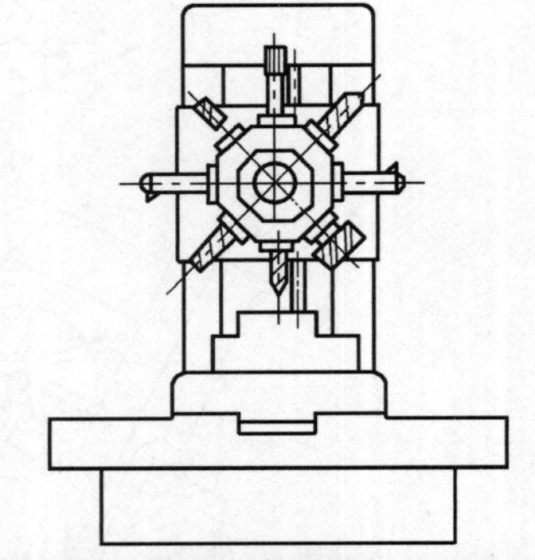

图3-80　数控镗铣床的转塔刀架

初期的数控镗铣床曾采用转塔头式的换刀方式，如图3-80所示，它的电动机、变速箱、转塔头做成一体，结构紧凑；变速箱工作时的振动和热量都直接传到转塔上来，而且每把刀都需要一个主轴，所以它的刀具数量、尺寸、结构都受到很多限制。

因为加工中心有立式、卧式、龙门式等几种，所以这些机床上的刀库和换刀装置也各式各样。加工中心的刀库类型有鼓轮式刀库、链式刀库、格子箱式刀库和直线式刀库等，如图3-81所示。

鼓轮式刀库应用较广，刀具轴线与鼓轮轴线平行（或垂直或成锐角）。这种刀库结构简单紧凑，应用较多。但因刀具单环排列、定向利用率低，大容量刀库的外径较大，转动惯量大，选刀运动时间长。这种形式的刀库容量较小，一般不超过32把刀具。

链式刀库的容量较大，当采用多环链式刀库时，刀库外形较紧凑，占用空间较小。在增加存储刀具数目时，可增加链条长度，而不需要增加链轮直径。因此，链轮的圆周速度不会增加，且刀库的运动惯量不像鼓轮式刀库增加得那样多。

格子箱式刀库的容量较大，结构紧凑，空间利用率高，但布局不灵活，通常将刀库安放于工作台上。有时甚至在使用一侧的刀具时，必须更换另一侧的刀座板。

直线式刀库的结构简单，刀库容量较小，一般应用于数控车床、数控钻床，个别加工中心也有采用。

此外，还有采用无机械手换刀方式将刀库设在主轴箱上，如图3-82所示。无机械手换刀的刀库因没有机械手，所以结构简单。

采用单独存储刀具的刀库，刀具数量可以增多，以满足加工复杂零件的需要，这时的加工中心只需一个夹持刀具进行切削的主轴，所以制造难度也比转塔刀架低。有的小型加工中心采用无机械手换刀的方式，如XH754（图3-83）。它的刀库在立柱的正前方上部，刀库中刀具的存放方向与主轴方向一致。换刀时，主轴箱带动主轴沿立柱导轨上升至换刀位置，主轴上的刀具正好进入刀库的某一个刀具存放位置（刀具被夹持住）。随后主轴内夹刀机构松开，刀库沿着主轴方向向前移动，从主轴中拔出刀具，然后刀库回转，将下一步所需的刀具转到与主轴对齐的

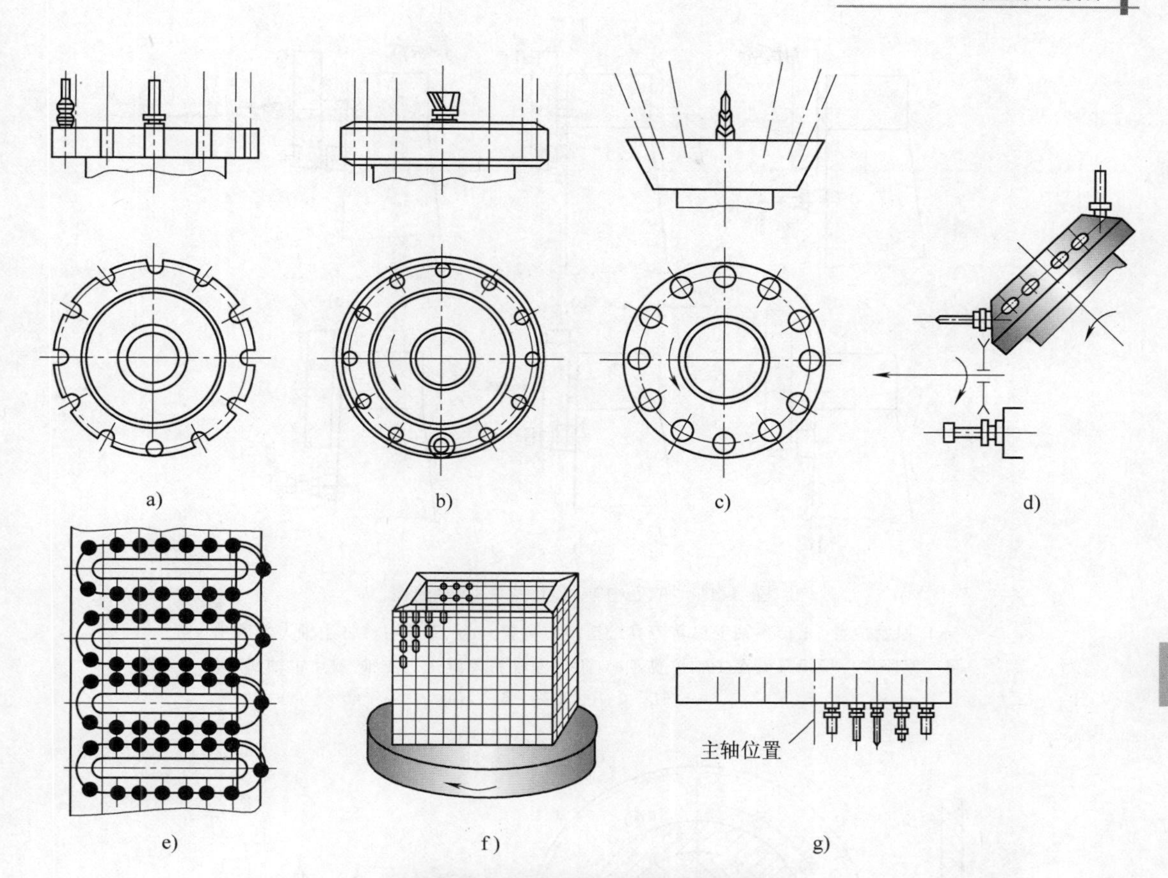

图 3-81 加工中心刀库的各种类型

a、b、c、d）鼓轮式刀库 e）链式刀库 f）格子箱式刀库 g）直线式刀库

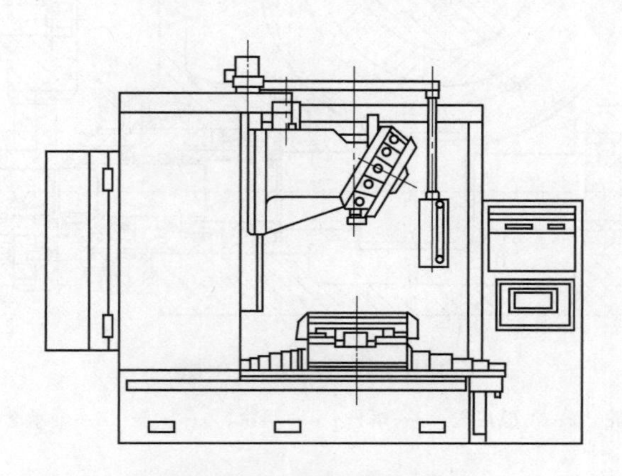

图 3-82 刀库设在主轴箱上

位置；刀库退回，将新刀具插入主轴中，刀具随即被夹紧，主轴箱下移，开始新的加工。这种自动换刀系统中，刀库整体前后移动，不仅刀具数量少（30 把），而且刀具尺寸也较小。这种刀库旋转是在工步与工步之间进行的，即旋转所需的辅助时间与加工时间不重合。

单独存储刀具刀库的驱动是由伺服电动机经齿轮、蜗杆传动刀库的（图 3-84）。为了消除齿

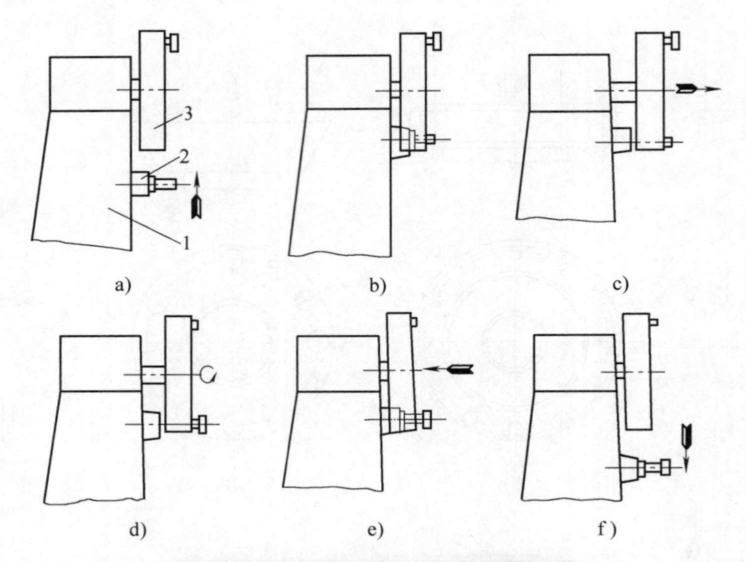

图 3-83　加工中心无机械手换刀简图

a）原始位置　b）主轴上移将刀具送至换刀位置　c）刀库右移将主轴刀具取出
d）刀库将待换刀具转至主轴位置　e）刀库左移将刀具送进主轴　f）主轴回原位
1—立柱　2—主轴箱　3—刀库

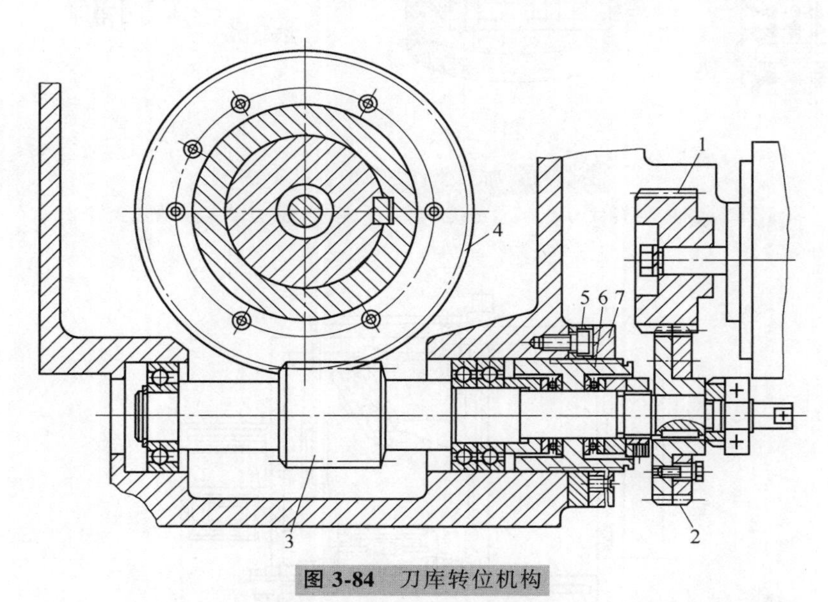

图 3-84　刀库转位机构

1—主动齿轮　2—消隙齿轮　3—蜗杆　4—蜗轮　5—压盖　6—轴承套　7—螺母

侧间隙而采用双片齿轮。蜗杆采用单头双导程蜗杆（左齿面导程为 9.6133mm，右齿面导程为 9.2363mm）消除蜗杆蜗轮啮合间隙，压盖 5 和轴承套 6 之间用螺纹联接。转动轴承套 6 就可使蜗杆轴向移动以调整间隙，螺母 7 用于在调整后锁紧，刀库的最大转角为 180°。在控制系统中有一个自动判别机能，决定刀库正反转，以使转角最小。刀库及转位机构装在一个箱体内，用滚动导轨支承在立柱顶部，用液压缸驱动箱体的前移和后退。

图 3-85 所示为刀库中刀具存储方向与主轴方向在空间相差 90°的自动换刀系统。20 把刀的

圆盘刀库由伺服电动机经十字滑块联轴器、蜗杆、蜗轮带动旋转。机床加工时，刀库先按程序中的T指令将待换的刀具转到刀库最下端的位置；加工完毕，气缸4的活塞杆带动拨叉5上升，拨动刀座6的右部滚子，使刀座、刀具旋转90°，刀头向下。

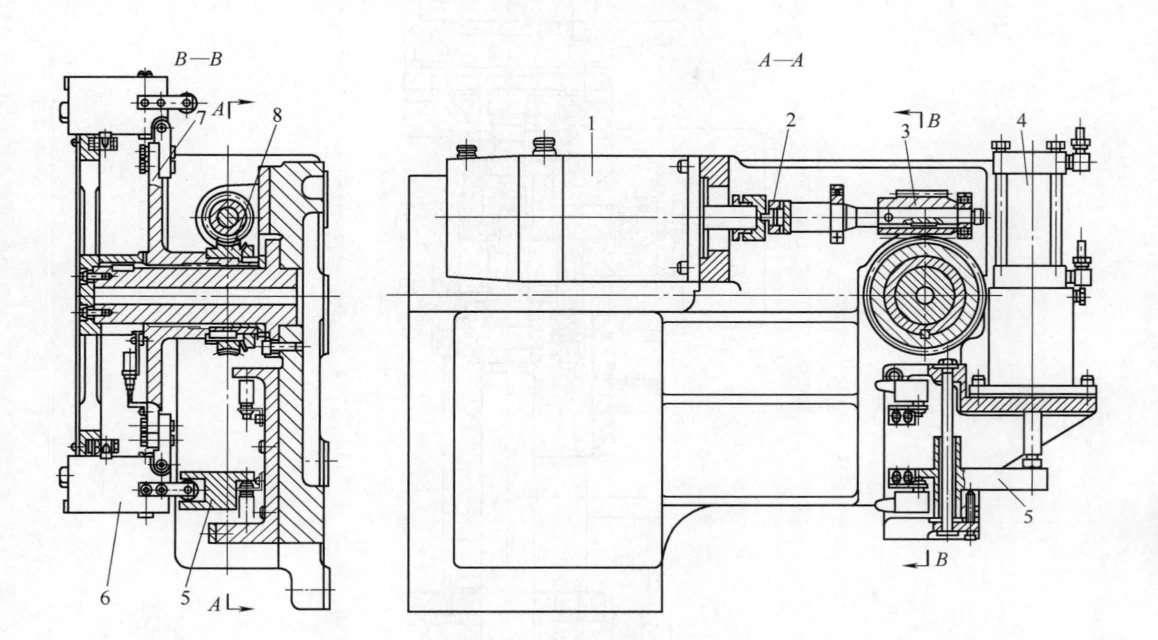

图 3-85　刀库中刀具存储方向与主轴方向在空间相差90°的自动换刀系统

1—驱动电动机　2—十字滑块联轴器　3—蜗杆　4—气缸　5—拨叉
6—刀座　7—刀库体　8—蜗轮

图3-86所示为换刀机械手的驱动机构。换刀时主轴箱上升至换刀位置，机械手由液压缸活塞齿条2、齿轮3、传动盘4、杆5带动回转75°。两机械手分别抓住主轴和刀座中的刀具拨出，在气缸活塞齿条7、齿轮6、传动盘4、杆5带动下机械手手臂回转180°。气缸1使机械手手臂上升，将新刀具插入主轴，将旧刀具插入刀座中。主轴内的夹紧机构自动夹紧刀具，在液压缸活塞齿条2的作用下，机械手手臂反向回转75°，回到原位。在图3-85中气缸4的作用下，刀座向上转90°，与刀库同向。整个换刀过程约为6~10s。

图3-87中，机械手手臂的两端各有一个手爪。刀具被弹簧的活动销4顶靠在固定手爪5中。锁紧销2被弹簧3弹起，使活动销4被锁住，不能后退，这就保证了在机械手运动过程中，手爪中的刀具不会被甩出。当手臂处于上换刀位置的75°时，锁紧销2被挡块压下，活动销4就可以活动，使得机械手可以抓住（或放开）主轴或刀座中的刀具。

图3-88a所示为JCS-013型卧式加工中心的自动换刀装置，它的刀库中的刀具与主轴同方向，刀库中有60把刀，其自动换刀过程如图3-88b所示。

从以上几种自动换刀装置可以看出，刀库的驱动方式一般采用液压和电气两种方式。小型刀库可直接由蜗杆蜗轮传动，大型刀库还需采用链条传动。

采用蜗杆蜗轮传动时，可以使伺服电动机工作在最佳状态下（不采用伺服电动机的低速段工作）。有时为了结构上的原因，还在蜗杆蜗轮后再加一对齿轮。在圆盘式刀库上，为了提高刀库的转位分度精度，一般采用单头双导程蜗杆，以便在使用中随时调整蜗杆蜗轮的传动间隙，

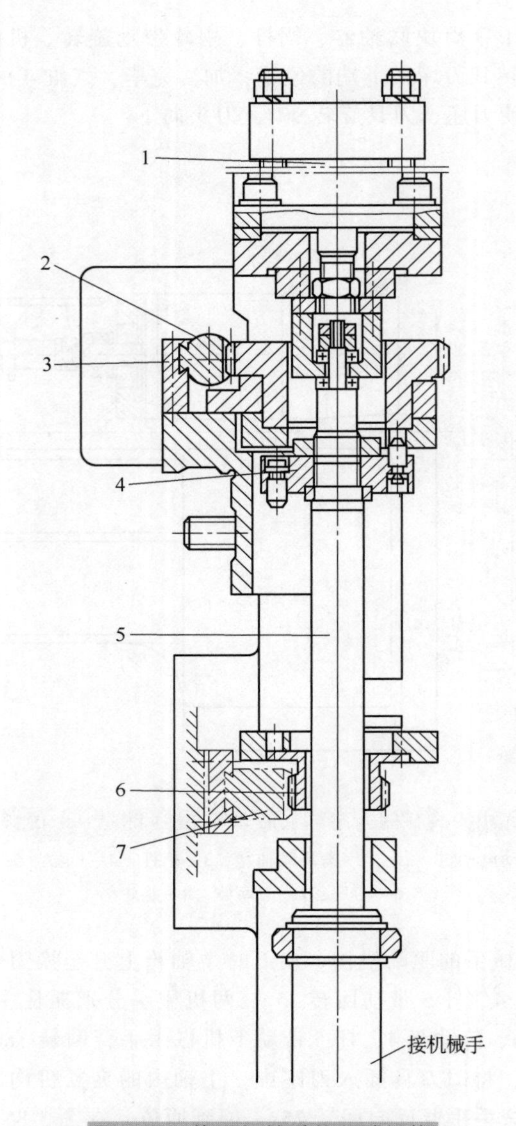

图 3-86　换刀机械手的驱动机构

1—气缸　2、7—活塞齿条　3、6—齿轮　4—传动盘　5—杆

实现准确的转位分度，保证刀库工作的可靠性。

刀库的刀座运动线速度影响选刀效率，但是过快的线速度又影响刀库工作的可靠性，一般推荐采用 $v=22\sim30\text{m/min}$。

（三）链式刀库的构成

1. 链式刀库的类型

链式刀库是目前用得最多的一种刀库形式，由一个主动链轮带动装有刀座的链条。

图 3-89 所示为方形链式刀库的典型结构示意。主动链轮 4 由直流（交流）伺服电动机通过蜗杆蜗轮减速装置驱动（根据结构需要有时还可加一对齿轮副）。这种传动方式不仅应用在链式刀库中，而且在其他形式的刀库传动中，也多有采用。导向轮 3 一般都做成光轮，圆周表面硬化处理。兼起张紧轮作用的左侧两个导向轮，其轮座必须带导向槽（或导向键），以免松开螺钉

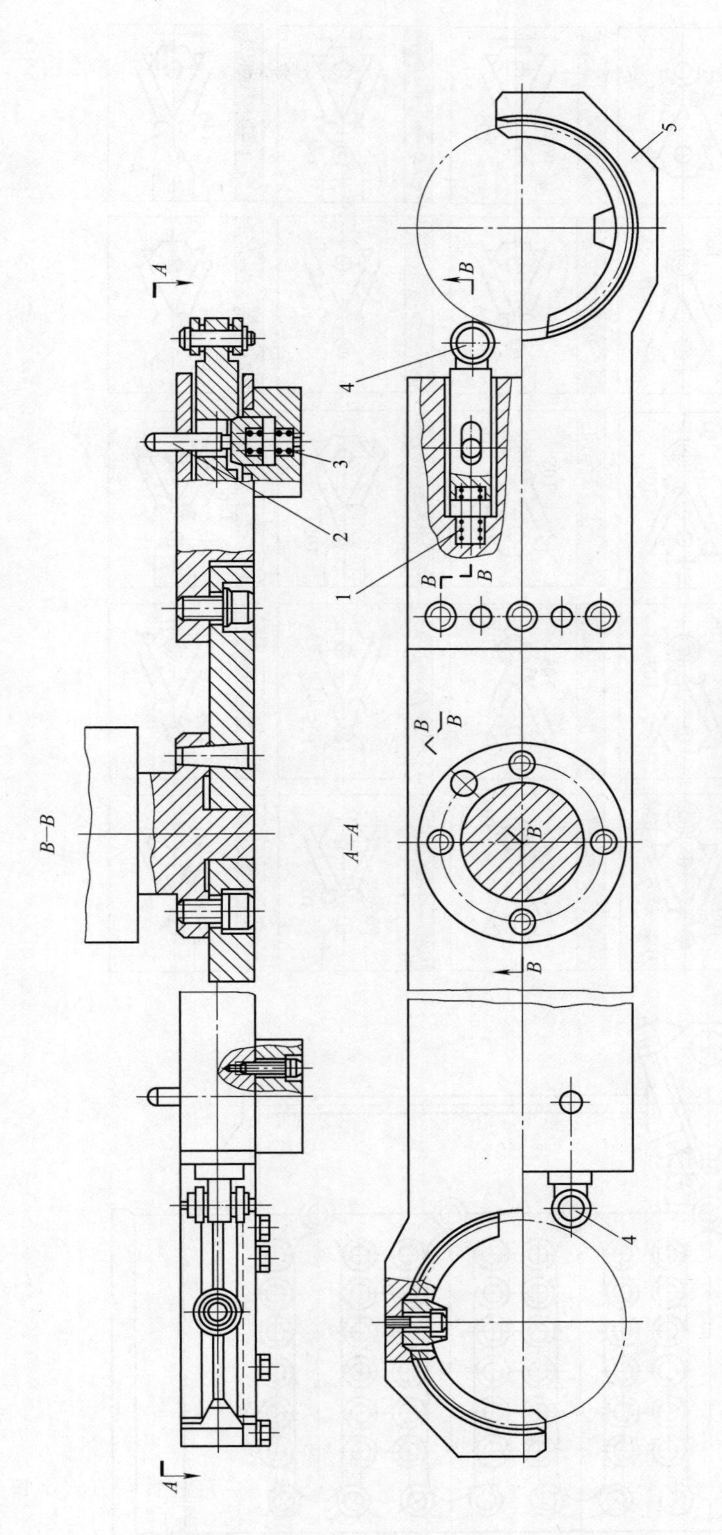

图 3-87 机械手手臂和手爪

1、3—弹簧 2—锁紧销 4—活动销 5—手爪

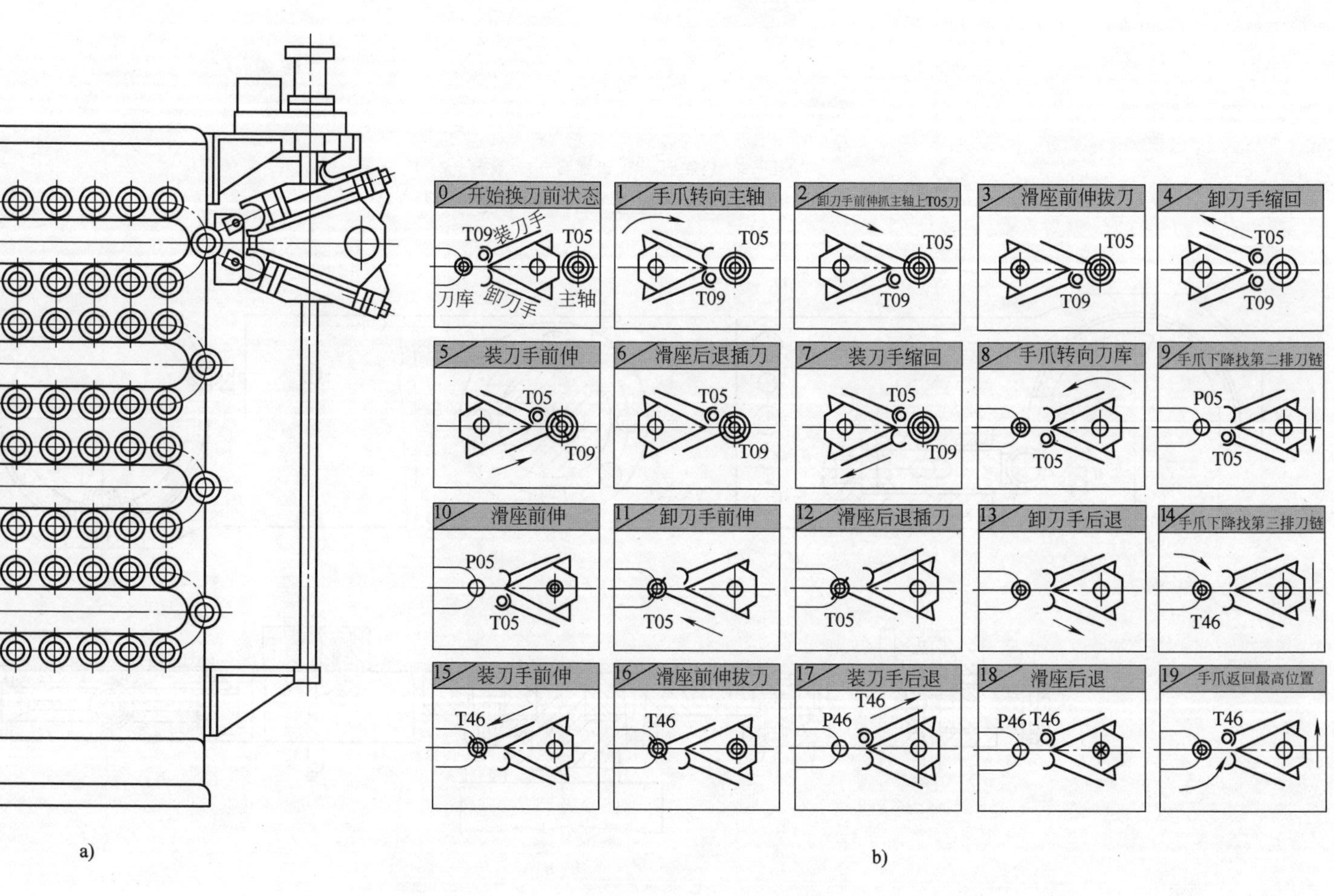

图 3-88　JCS-013 型卧式加工中心的自动换刀装置

a）双臂单手机械手　b）自动换刀过程

时轮座位置歪扭，给张紧调节带来麻烦。

目前我国一些厂家采用日本椿本链条公司（TSUBAKI CHAIN CO.）生产的装有刀座的刀库专用链条来装备刀库，效果很好。考虑到刀具重量和刀库工作的平稳性，推荐采用以下几种：

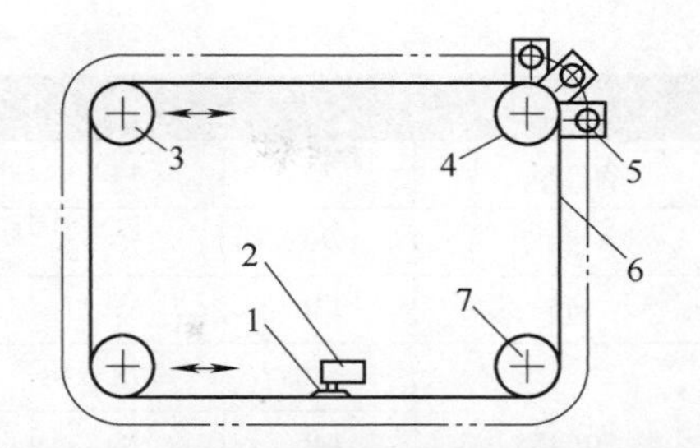

图 3-89　方形链式刀库的典型结构示意

1—回零撞块　2—回零开关（左右可移）　3—导向轮（张紧轮）　4—主动链轮　5—刀座　6—链条　7—导向轮

1）带导向轮的 SK04 型链条。其型号和尺寸见表 3-9。

表 3-9　SK04 型链条型号及尺寸

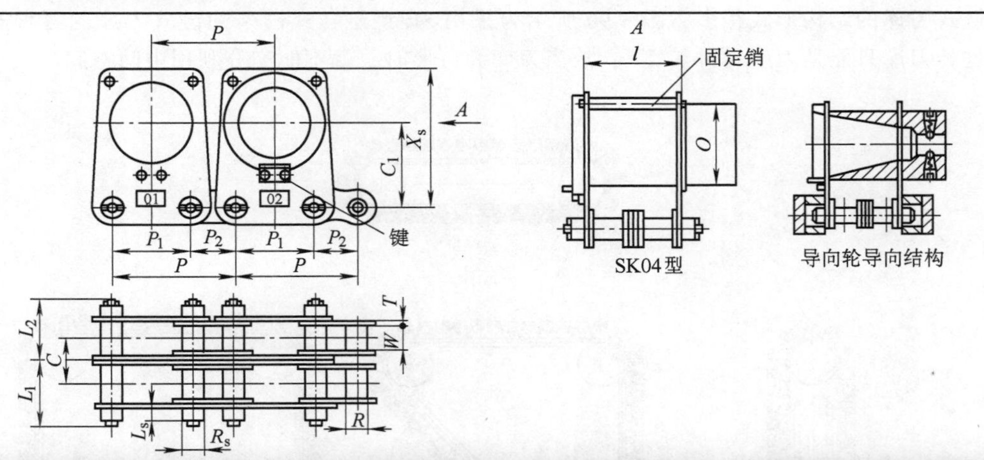

链条型号	刀具锥柄号	P	P_1	P_2	O	C_1	l	X_s	L_1	L_2	C	W	R	T	R_s	L_s
SK04	40	95.25	63.50	31.75	55	53	71.6	92	52.3	52.3	35.8	19.05	19.05	4	19.05	9.4
	50(45)	114.30	76.20	38.1	78	80	90.8	132.5	65.05	65.05	45.4	25.4	22.23	4.8	22.23	12.6
		133.35	88.9	44.45	78	80	97.8	133	68.55	68.55	48.9	25.4	25.4	5.6	22.23	12.6

2）HP 型链条。它是一种套筒式链条，其辊子本身就是刀座，链条的型号和尺寸见表 3-10。

表 3-10　HP 型套筒式链条型号及尺寸

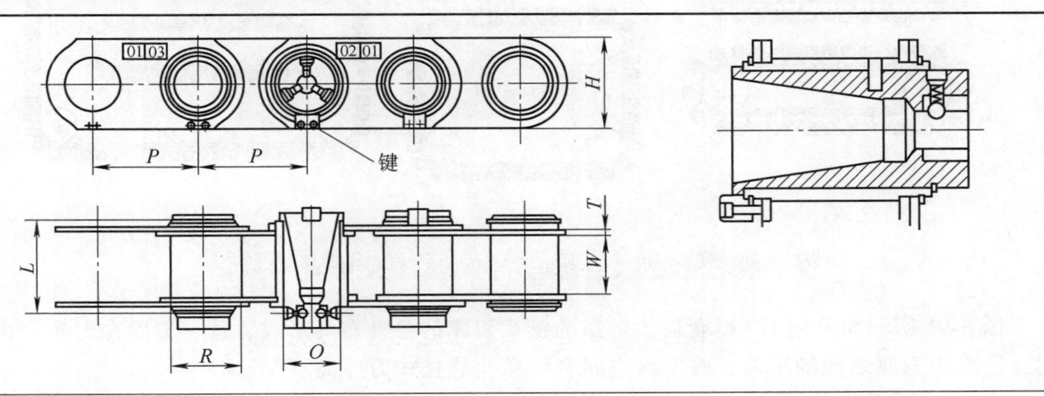

（续）

链条型号	刀具锥柄号	P	O	L	H	W	R	T
HP	30(35)	75	44	50	72	28	52	3.2
	40	90	55	86.5	88	60	68	4.0
	45	110	65	90	105	58	78	4.8
	50(45)	130	78	122.5	120	83	92	6.3
		140	78	122.5	120	83	92	6.3
		160	78	122.5	120	83	92	6.3

对于上述链条，选用时应确定刀柄号和拉钉种类、刀座间距、定位安装位置及刀座号标牌位置。

链式刀库的结构形式很多，图3-90所示为采用SK型悬挂式链条的链式刀库的各种布局形式，这种刀库只能是刀座“外转型”，故当刀库为方形时，就不能充分利用中间空间。

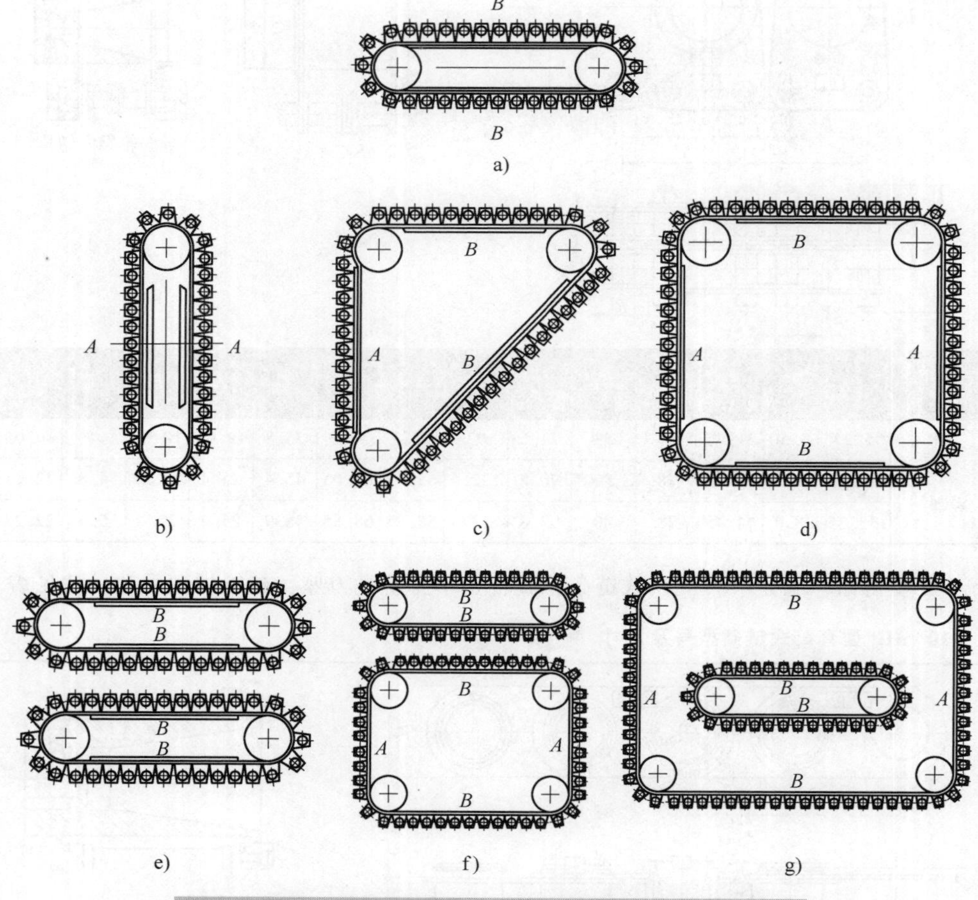

图3-90　采用SK型悬挂式链条的链式刀库的各种布局形式

图3-91所示为采用HP型套筒式链条的链式刀库的各种布局形式，这种刀库在刀座“内转”时，不发生刀座之间的干涉，故刀库空间利用率比悬挂式刀库高。

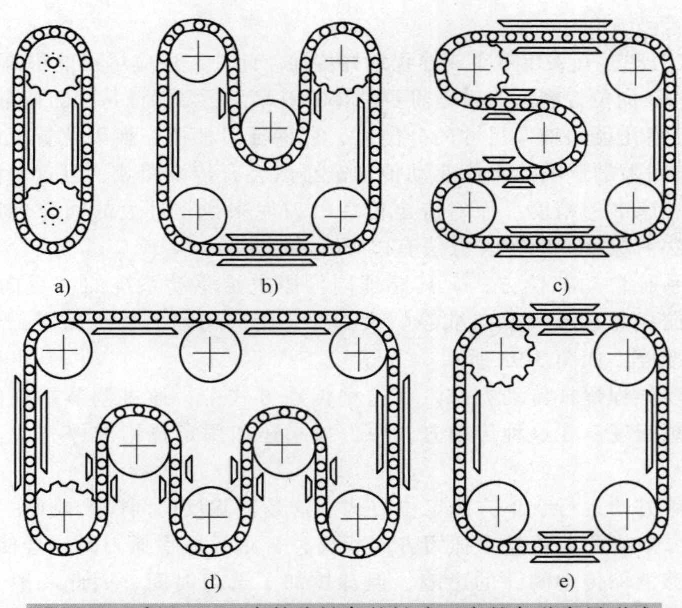

图 3-91　采用 HP 型套筒式链条的链式刀库的各种布局形式

2. 刀库的准停

如果刀座不能准确地停在换刀位置上，将会使换刀机械手抓刀不准，以致在换刀时容易发生掉刀现象。因此，刀座的准停问题，是影响换刀动作可靠性的重要因素之一。

为了确保刀座准确地停在换刀位置上，需要采取如下措施：

1）定位盘准停。液压缸推动定位销，插入定位盘的定位槽内，以实现刀座的准停。为了保证刀座的准停精度和刀座定位的刚性，链式刀库的换刀位置一般设在主动链轮上（图 3-92a），或者尽可能设置在靠近主动链轮的刀座处（图 3-92b）。定位盘上的每个定位槽（或定位孔），都对应于一个相应的刀座，而且定位槽（或定位孔）的节距要一致。这种准停方式的优点是：能有效地消除传动链反向间隙的影响；保护传动链，使其免受换刀撞击力；驱动电动机可不用制动自锁装置。

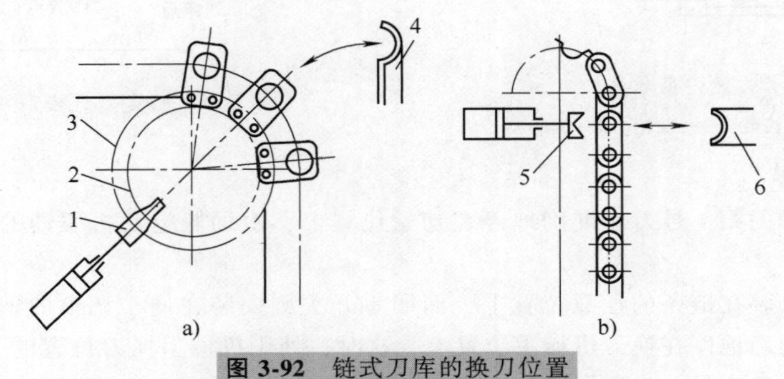

图 3-92　链式刀库的换刀位置

a）设在主动链轮上　b）靠近主动链轮的刀座处

1—定位销　2—定位盘　3—链轮　4、6—手爪　5—定位块

2）对于链式刀库，应选用节距精度较高的套筒滚子链和链轮，而且在把刀座装到链条上时，要用专用夹具来定位，以保证刀座间距一致。链式刀库的链条要有导向轮，沿导向槽移动，如图 3-90 所示，这样就能防止链条在运动中的抖动现象，保证刀库工作可靠性和回零开关工作

可靠性以及高重复精度。

3）对于圆盘式刀库，宜采用单头双导程蜗杆传动。此外，还应尽可能提高刀座在圆盘上沿圆周安装的等分精度和径向位置精度。刀座需要翻转的刀库，还要保证每个刀座翻转的角度一致。

4）尽量减小刀座孔径和轴向尺寸的分散度，以保证刀柄槽在换刀位置上的轴向位置精度。

5）要消除反向间隙的影响。刀库驱动传动链必然会有传动间隙，且这种间隙还随机械磨损而增大，这将影响刀座准停精度。而对有定位盘的刀库来说，过大的间隙会影响定位盘的正常工作。因此必须设法消除反向间隙，方法有以下几种：

第一种，电气系统自动补偿方式。其原理同伺服进给驱动系统的“反向间隙补偿”一样，这种方式能保证双向任意选刀和双向准停。第二种，在链轮轴上装编码器，通过对链轮传动进行补偿的方法实现准停，如图 3-93 所示。

第三种，单头双导程蜗杆传动方式。在这种传动方式中，通过调节蜗杆的轴向位置，可把传动间隙调整到理想程度。在这种传动方式中，如果还加用定位销准停方式，就容易出现“过定位”现象。

第四种，刀座单方向运行、单方向定位方式。这是消除反向间隙影响的一个“笨方法”。这时，刀库单向运行方向必须与机械手抓刀方向相反，否则机械手抓刀时，会使刀座“挪位”。这种定位方式虽然能够消除传动间隙的影响，但却增加了选刀时间，因此一般只用于小容量刀库或顺序选刀的刀库上，且尽量少用。

第五种，刀座双向运行、单向定位方式。这种方式可进行任意方向选刀，但当刀座选刀方向与设定的定位方向相反时，要使刀座在选刀方向上多转过一个刀座位，然后再向设定定位方向运转一个刀座位进行定位，以此来消除反向间隙的影响。这种方式中的刀座定位运行方向必须与机械手抓刀时的运动方向相反，以避免机械手抓刀时刀座“挪位”。

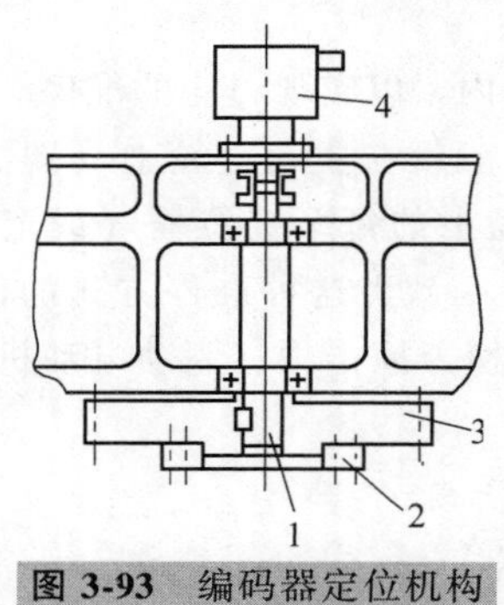

图 3-93　编码器定位机构

1—传动轴　2—传动齿轮　3—链轮　4—编码器

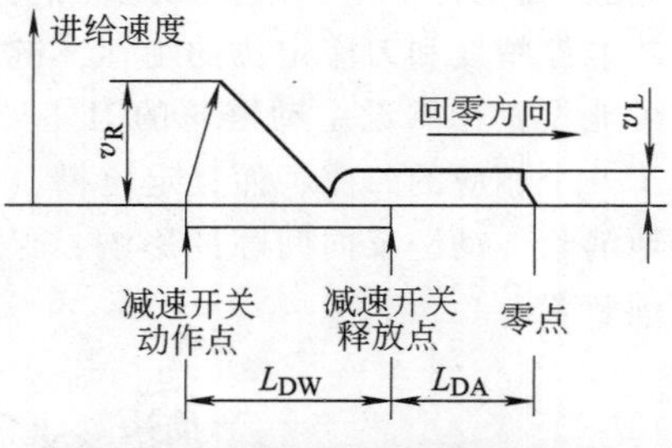

进给速度
回零方向
v_R
v_L
减速开关动作点
减速开关释放点
零点
L_{DW}
L_{DA}

图 3-94　回零减速撞块尺寸计算

3. 刀库的回零

为了保证刀库的第 1 号刀座准确地停在初始位置上，由伺服电动机驱动的刀库必须设置回零撞块。

回零撞块可以装在链条的任意位置上，而回零开关则安装在便于调整的地方。调整回零开关位置，使刀座准确地停在换刀机械手位置上，这时，处于机械手抓刀位置的刀座编号为 1 号。然后依次编上其他刀座号。刀库回零时，只能从一个方向回零，至于是顺时针回转回零还是逆时针回转回零，可由机电设计人员商定。

为了准确地回到零点，在零点前设置减速行程开关，其回零减速撞块尺寸按图 3-94 计算。

$$L_{DW} > \frac{v_R\left(\frac{t_R}{2}+30+t_S\right)+40v_L t_S}{60000} \tag{3-6}$$

式中　v_R——快速移动速度（mm/min）；

t_R——快速移动时间常数（ms），通常取150~200ms；

t_S——伺服时间常数（ms），$t_S=33$ms；

v_L——减速后速度（mm/min），可在6~1500mm/min范围内设定，一般在30mm/min左右为好。

待 L_{DW} 计算后，往大取整数就是减速撞块的有效工作长度。

L_{DA} 为由减速行程开关释放点到零点的距离，约等于电动机转动半圈的移动量。

4. 链轮的计算及链轮中心距的确定

（1）SK型　椿本公司推荐的SK型链轮直径计算公式为

$$D_P=\frac{\sqrt{P_1^2+P_2^2+2P_1P_2\cos\dfrac{180°}{N}}}{\sin\dfrac{180°}{N}} \tag{3-7}$$

式中　D_P——链轮的节圆直径；

P_1——长节距，见表3-9；

P_2——短节距，见表3-9；

N——当量齿数（实际齿数/3）。

$$D_0=D_P+(0.8\sim1.0)D_r$$

式中　D_0——链轮外径；

D_r——辊子外径。

（2）HP-T型　其链轮节圆直径 D_P 和外径 D_0 计算公式为

$$D_P=\frac{P}{\sin\dfrac{180°}{N}},\ D_0=P\left[(0.2\sim0.6)\ +\cos\frac{180°}{N}\right]$$

式中　P——链条节距。

链轮齿数一般大于9，为了提高链条的使用寿命和运行效率，齿数尽可能多些为好。链轮中心距以取链条节距整数倍为宜。

（四）刀库驱动电动机的选择

刀库驱动电动机的选择应同时满足刀库运转时的负载转矩 T_F 和起动时的加速转矩 T_J 的要求。

1. 刀库负载转矩 T_F 的计算

圆盘式刀库和链式刀库的负载转矩 T_F 估算方法如下：

（1）圆盘式刀库负载转矩 T_F　这种刀库的负载转矩主要用来克服刀具重量的不平衡。估算按如下两种情况进行：

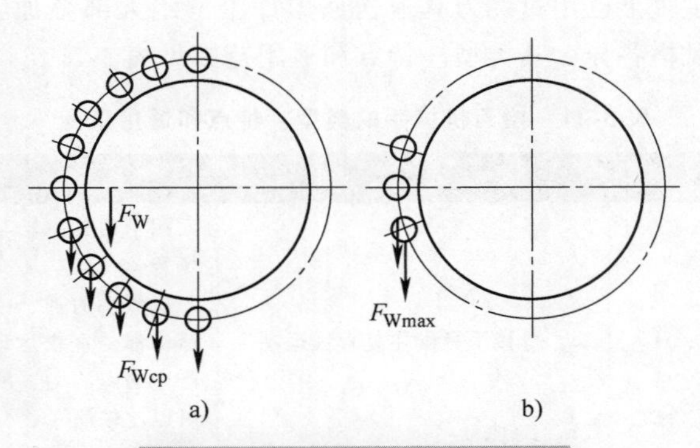

图3-95　圆盘式刀库刀具的分布

a）刀具插满圆盘半个圆　b）三把最重的刀具插在一起

1）用平均重量的刀具插满圆盘的半个圆，如图3-95a所示，根据工艺要求所需的各种刀具，确定每个刀具的（包括刀柄）平均重量 F_{Wcp}，而其重心则设定为离刀库回转中心2/3半径处。

2）将三把重的刀具插在一起，如图3-95b所示，按加工中心规格规定的最大刀具重量 F_{Wmax}

计算，其重心则设定为离刀库回转中心半径处。

(2) 链式刀库负载转矩 T_F 链式刀库的负载转矩用来克服刀具不平衡重量 F_{Wmax} 和导向面（或支承面）的摩擦力 F，如图 3-96 所示。

不平衡重量 F_{Wmax}，可按在一个垂直方向刀座上装有 1/10 刀库容量数的最大刀具重量来计算。F_1 和 F_3 是支承面的摩擦力；F_2、F_4 则是导向面上因刀具下垂而引起的摩擦力。计算摩擦力时，刀具重量均按刀具平均重量计算。

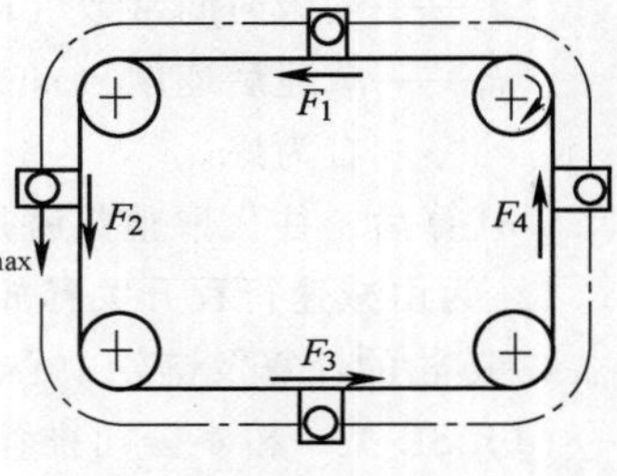

F_{Wmax}：不平衡重力；F：摩擦力

图 3-96 链式刀库刀具的分布

2. 刀库加速转矩 T_J(N·m) 的计算

$$T_J=\frac{2\pi n_m}{60t_J}(J_m+J_L)$$

式中 n_m——刀库选刀时的电动机转速（r/min）；

t_J——加速时间（ms），通常取 150~200ms；

J_m——电动机转子的转动惯量（N·m·s²），可查样本；

J_L——负载惯量折算到电动机轴上的转动惯量（N·m·s²）。

3. 驱动电动机输出转矩 T_D 的计算

驱动电动机的输出转矩 T_D 应等于刀库负载转矩 T_F 和加速转矩 T_J 之和。将以上计算的刀库负载转矩和加速转矩转换为驱动电动机轴上的输出转矩 T_D 的公式为

$$T_D=\frac{T_F+T_J}{i\eta}$$

式中 i——电动机轴至刀库轴的速比；

η——传动效率。

考虑到实际情况比计算时所设定条件复杂，电动机额定转矩 T_S 应为负载转矩 T_D 的 1.2~1.5 倍，即

$$T_S>(1.2\sim1.5)T_D$$

(五) 换刀机械手

换刀机械手是自动换刀装置中交换刀具的主要工具，它把刀库上的刀具送到主轴上，再把主轴上已用过的刀具返送回刀库上。绝大部分加工中心都采用机械手换刀。机械手种类繁多、风格各异，其类型、特点和适用范围见表 3-11。

表 3-11 换刀机械手的类型、特点和适用范围

<table>
<tr><th colspan="3">类型</th><th colspan="2">特点和适用范围</th></tr>
<tr><td rowspan="3">单臂单手爪机械手</td><td colspan="2">机械手只做往复直线运动</td><td>用于刀具主轴与刀库刀座轴线平行的场合
机械手的插、拔刀运动和传递刀具的运动都是直线运动，因而无回转运动所产生的离心力，所以机械手的握刀部分可以比较简单，只需用两个弹簧卡销卡住刀柄</td><td rowspan="3">结构较简单
换刀各动作均需顺序进行，时间不能重合，故换刀时间较长
在转塔头带刀库的换刀系统中，不工作主轴的换刀时间与工作主轴的加工时间重合，故可用这类机械手
这类机械手亦可在刀库与主轴头上的换刀机械手之间传递刀具</td></tr>
<tr><td rowspan="2">机械手做往复摆动的</td><td>机械手摆动轴线与刀具主轴平行</td><td>用于刀库换刀位置的刀座轴线与主轴轴线相平行的场合</td></tr>
<tr><td>机械手摆动轴线与刀具主轴垂直</td><td>用于刀库换刀位置的刀座轴线与主轴轴线相垂直的场合</td></tr>
</table>

（续）

<table>
<tr><th colspan="3">类　型</th><th colspan="2">特点和适用范围</th></tr>
<tr><td rowspan="4">回转式单臂双手爪机械手</td><td rowspan="3">两手爪部成 180°</td><td>固定式双手爪</td><td colspan="2" rowspan="4">这类机械手可以同时抓住和拔、插位于主轴和刀库（或运输装置）里的刀具。与单臂单手爪机械手相比，可以缩短换刀时间，应用较广泛，形式也较多</td></tr>
<tr><td>可伸缩式双手爪</td></tr>
<tr><td>剪式双手爪</td></tr>
<tr><td colspan="2">两手爪部不成 180°（一般成 90°）</td></tr>
<tr><td rowspan="5">双手爪机械手</td><td rowspan="2">机械手只做往复直线运动</td><td>双手爪平行式</td><td rowspan="2">这种机械手还起运输装置的作用，适用于容量较大的、距主轴较远的、特别是分置式的刀库的换刀</td><td rowspan="2">向刀库还回用过的刀具和选取新刀，均可在主轴正在加工时进行，故换刀时间较短</td></tr>
<tr><td>双手爪交叉式</td></tr>
<tr><td colspan="2" rowspan="3">机械手有回转运动</td><td>在主轴处换刀时转角为 180°，可用于刀库距主轴较远者</td><td rowspan="3">—</td></tr>
<tr><td>在主轴处换刀时转角为 90°，适用于刀库距主轴较近者</td></tr>
<tr><td>在主轴处换刀时转角<90°，适用于刀库距主轴较近者</td></tr>
<tr><td rowspan="2">多手爪机械手</td><td colspan="2" rowspan="2">各个机械手爪顺次使用</td><td>只能用于单主轴机床（机械手与刀库为一体）</td><td rowspan="2">—</td></tr>
<tr><td>适用于带双刀库的双主轴转塔头机床</td></tr>
</table>

单臂单手爪机械手（图 3-97a）结构简单，换刀时间较长，适用于刀具主轴与刀库刀座轴线平行、刀库刀座轴线与主轴轴线平行以及刀库刀座轴线与主轴轴线垂直的场合。单臂双手爪机械手（图 3-97b、c）可同时抓住主轴和刀库中的刀具，并进行拔出、插入，换刀时间短，广泛应用于加工中心上的刀库刀座轴线与主轴轴线平行的场合。双手爪机械手（图 3-97d）结构较复杂，换刀时间短，除完成拔刀、插刀外，还起运输刀具的作用。

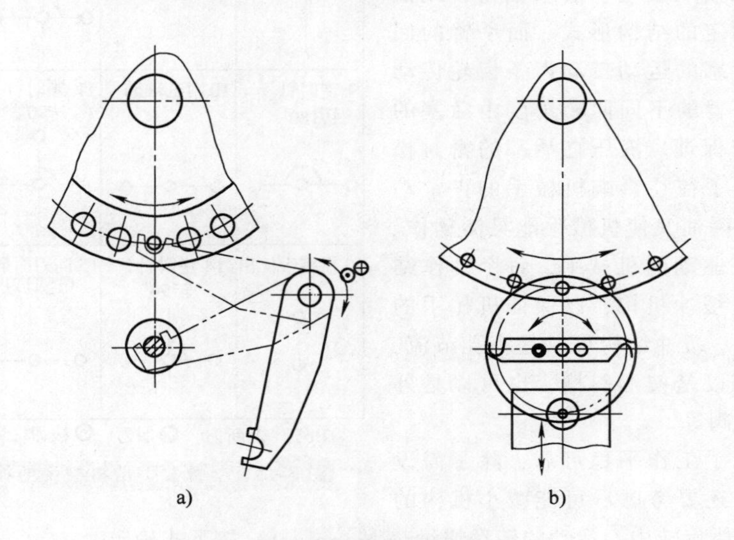

图 3-97　换刀机械手

a）单臂单手爪　b）单臂双手爪

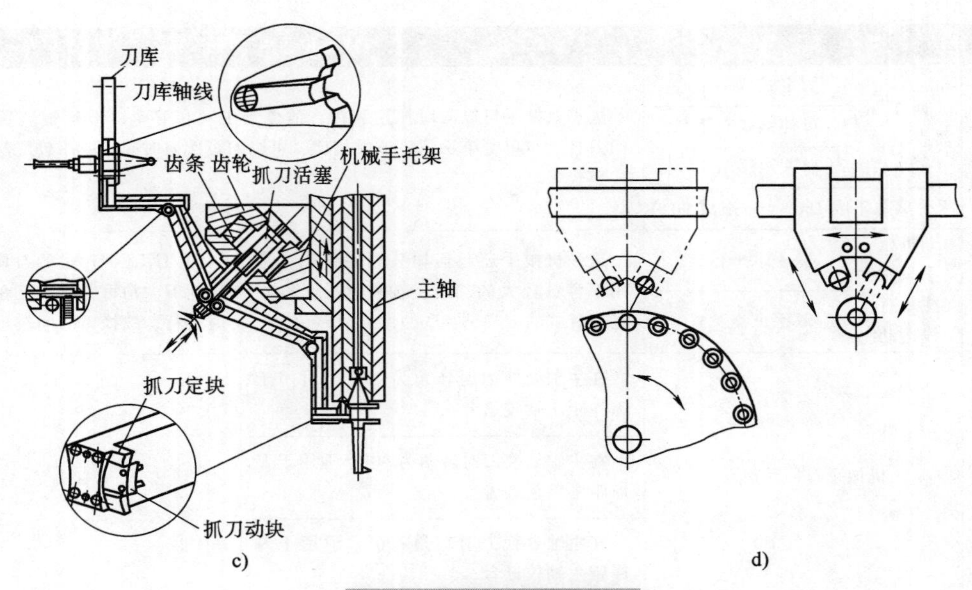

图 3-97　换刀机械手（续）

c）单臂双手爪　d）双手爪

1. 单臂双手爪机械手

单臂双手爪机械手也称扁担式机械手，它是目前加工中心上用得较多的一种。它的换刀动作顺序如图 3-98 所示，其手臂手爪结构如图 3-97b、c 所示。这种机械手的拔刀、插刀动作都由液压缸动作来完成，根据结构要求，可以采取液压缸动、活塞固定，或活塞动、液压缸固定的结构形式。而手臂的回转动作则通过活塞的运动带动齿条齿轮传动来实现。机械手臂的不同回转角度由活塞的可调行程挡块来保证。液压缸活塞的密封松紧要适当，太紧了往往影响机械手的正常动作，要保证既不漏油又使机械手能灵活动作。这种液压缸活塞驱动的机械手，每个动作结束之前均需设置缓冲机构，以保证机械手的工作平稳、可靠。缓冲结构可以是小孔节流，可以是针阀，可以是楔形斜槽，也可以是外接节流阀或缓冲阀等。

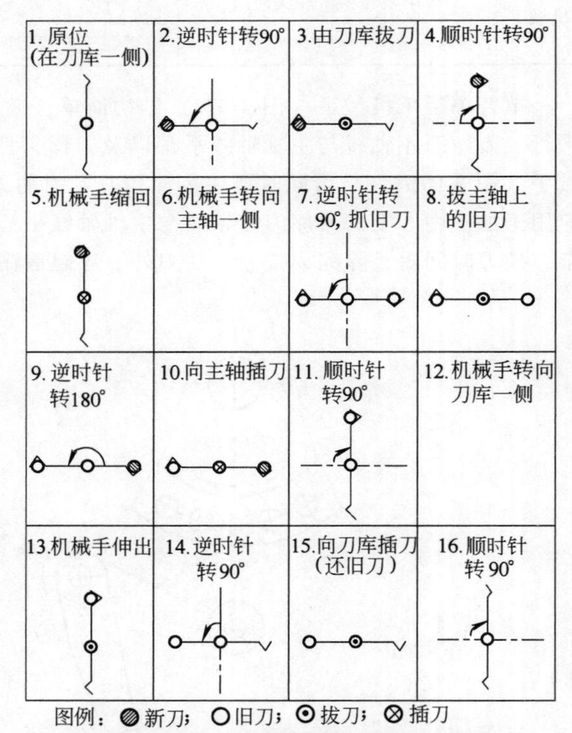

图 3-98　单臂双手爪机械手的换刀动作顺序

为了使机械手工作平稳可靠，除了需设置缓冲机构外，还要考虑尽可能减小机构的惯量。圆柱体围绕旋转中心运动的转动惯量 J（N · m · s^2）按下式确定

$$J=J_0+mR^2$$

式中　J_0——圆柱体绕其自身中心的转动惯量（N · m · s^2）；

m——圆柱体的质量（kg）；

R——旋转半径（m）。

由此可见，转动惯量与物体质量、旋转半径的二次方成正比，因此要尽可能采用密度小、质量小的材料制造有关零件，并尽可能减小机械手的回转半径。

由于液动驱动的机械手需要采用严格的密封装置和复杂的缓冲机构，且控制机械手动作的电磁阀都有一定的时间常数，换刀速度较慢，故近年来出现了凸轮联动式单臂双手爪机械手，其工作原理如图 3-99 所示。这种机械手的优点是由电动机驱动，不需要复杂的液压系统及密封装置和缓冲机构，没有漏油现象，结构简单、工作可靠。同时，机械手的手臂回转和插刀、拔刀的分解动作是联动的，部分时间常数可重叠，从而大大缩短了换刀时间，一般约为 2.5s。

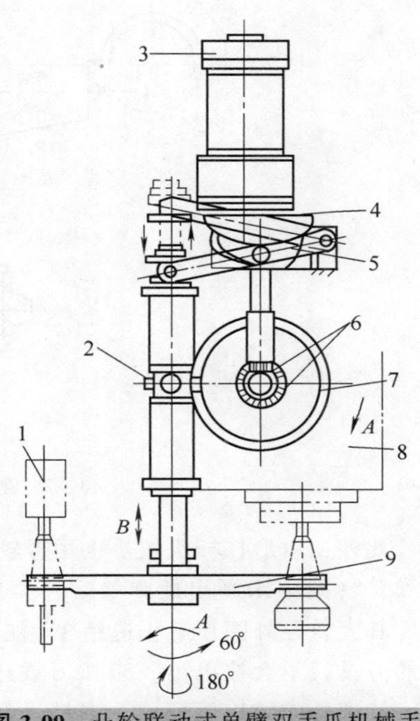

图 3-99　凸轮联动式单臂双手爪机械手

1—刀座　2—十字轴　3—电动机
4—圆柱槽凸轮（手臂上下）　5—杠杆
6—锥齿轮　7—凸轮滚子（手臂旋转）
8—主轴箱　9—换刀手臂
A、B—运动方向

2. 双臂单手爪交叉型机械手

双臂单手爪交叉型机械手应用于 JCS-013 型卧式加工中心上，如图 3-88 所示。

3. 单臂双手爪且手臂回转轴与主轴成 45°的机械手

单臂双手爪且手臂回转轴与主轴成 45°的机械手如图 3-97c 所示。这种机械手换刀动作可靠，换刀时间短，但对刀柄精度要求高，结构复杂联机调整的相关精度要求较高，机械手离加工区较近。

4. 手爪

机械手的手爪在抓住刀具后，还必须具有锁刀功能，以防止在换刀过程中掉刀或刀具被甩出。

当机械手松刀时，刀库的夹爪既起着刀座的作用，又起着手爪的作用。图 3-100 所示为无机械手换刀方式的刀库夹爪，件 3 为弹簧。对于单臂双手爪机械手的手爪，大多采用机械锁刀方式，有些大型加工中心上采用机械加液压锁刀方式。

图 3-101 所示为目前加工中心上用得较多的一种手爪结构。手臂的两端各有一个手爪，刀具被弹簧 2 推着活动销 4（类似于人手的拇指）顶靠在固定手爪 5 中。锁紧销 3 被弹簧 1 顶起，活

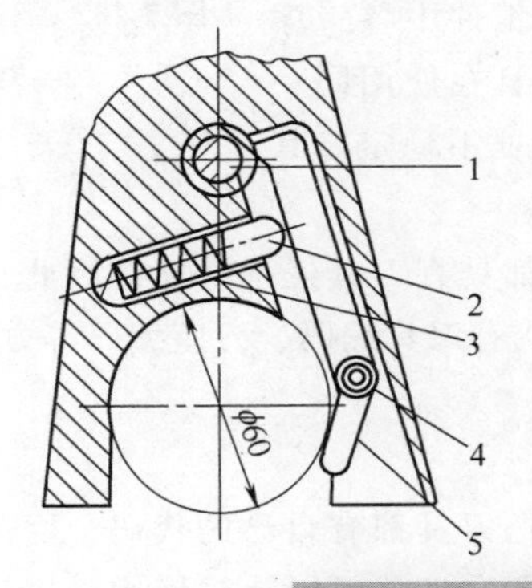

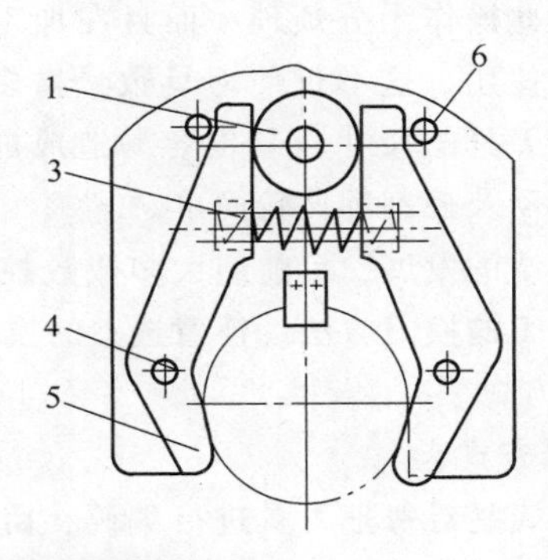

图 3-100　无机械手换刀的刀库夹爪

1—锁销　2—顶销　3—弹簧　4—支点轴　5—手爪　6—挡销

动销4被锁住，不能后退，这就保证了机械手在换刀过程中手爪中的刀具不会被甩出。当手柄处于抓刀位置时，锁紧销3被设置在主轴伸出端或刀库上的撞块压下，活动销4就可以活动，使得机械手可以抓住（或放开）主轴或刀库刀座中的刀具。

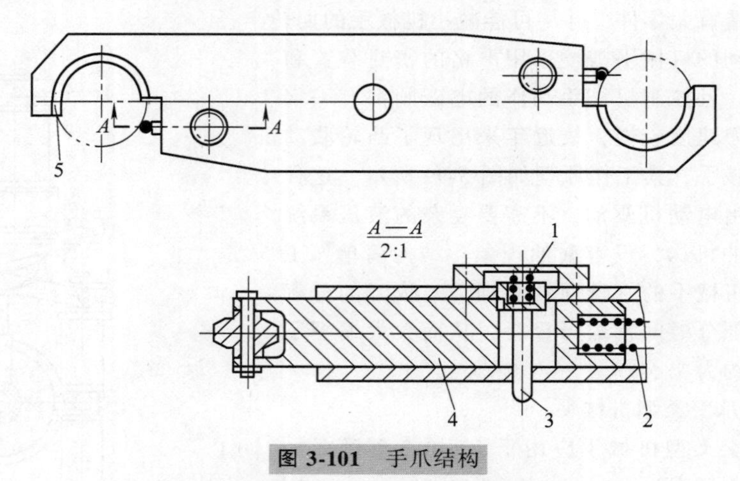

图 3-101　手爪结构

1、2—弹簧　3—锁紧销　4—活动销　5—手爪

此外，钳形杠杆机械手也用得较普遍，图3-102中的锁紧销2在弹簧（图中未画出此弹簧，它类似于图3-101中的件2）作用下，其大直径外圈顶着止退销3，杠杆手爪6就不能摆动张开，手中的刀具就不会被甩出。当抓刀或还刀时，锁紧销2被装在刀库或主轴端处的撞块压回，止退销3和杠杆手爪6就能够摆动、张开，刀具就能装入或取出。钳形手和杠杆手均为直线运动抓刀。

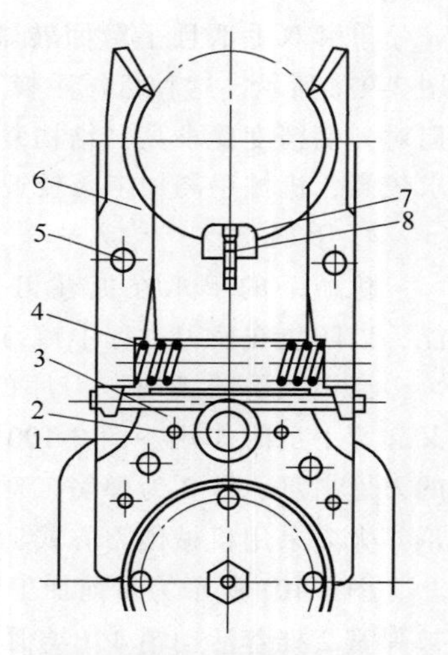

图 3-102　钳形杠杆机械手

1—手臂　2—锁紧销　3—止退销　4—弹簧　5—支点轴　6—手爪　7—键　8—螺钉

五、刀具编码和识别装置

刀具（或刀座）识别装置是自动换刀装置的重要组成部分。有了它就可以将所需刀具从刀库中准确地调出来。刀具识别装置决定了选刀方式，常用的有顺序选刀和任意选刀两种。顺序选刀是按照工艺要求依次将所用的刀具插入刀库的刀座中，顺序不能错，加工时按顺序调刀。更换不同的工件时必须重新排列刀库中的刀具顺序，因此操作十分烦琐，而且在加工同一工件中各工序的刀具不能重复使用。这不仅使刀具数量增多，而且在使用同一种刀具时，由于刀具的尺寸误差也容易造成加工精度不稳定。其优点是刀库的驱动及控制都比较简单。

由于数控系统的发展，目前绝大多数数控系统都具有刀具任选功能，因此目前多数加工中心都采用任意选刀的换刀方法。任意选刀的换刀方式有刀具编码、刀座编码等方式。

（一）编码方式

1. 刀具编码方式

刀具编码方式是对每把刀具进行编码，由于每把刀具都有自己的代码，因此，可以存放于刀库的任一刀座中。这样刀库中的刀具在不同的工序中也就可以重复使用，用过的刀具也不一定放回原刀座中，避免了因刀具存放在刀库中的顺序差错而造成的事故，同时也缩短了刀库的运转时间，简化了自动换刀控制线路。

刀具编码的结构原理如图 3-103 所示。在刀柄 1 后面的拉杆 4 上套装有等间隔的编码环 2，由螺母 3 固定。编码环既可以是整体的，也可由圆环组装而成。编码环直径有大小两种，大直径的为二进制的“1”，小直径的为“0”。通过这两种圆环的不同排列，可以得到一系列代码。

例如由 6 个大小直径的圆环组合便可区别 63（$2^6-1=63$）种刀具。通常全部为 0 的代码不许使用，以免与刀座中没有刀具的状况相混淆。为了便于操作者的记忆和识别，也可采用 二—八进制编码来表示。例如 THK6370 型自动换刀数控镗铣床的刀具编码采用了二—八进制，六个编码环相当八进制的二位。

这种编码环中，若所有的编码环都是凸的，其号码二进制时为（111111），相当于二—八进制的（77），也就是十进制的（63）。

2. 刀座编码方式

刀座编码方式是对每个刀座都进行编码，刀具也编号，并将刀具放到与其编号相符的刀座中。换刀时刀库旋转，使各个刀座依次经过识刀器，直至找到规定的刀座，刀库便停止旋转。由于这种编码方式取消了刀柄中的编码环，使刀柄结构大为简化。因此，识刀器的结构不受刀柄尺寸的限制，而且可以放在较适当的位置。另外，在自动换刀过程中必须将用过的刀具放回原来的刀座中，增加了换刀动作。与顺序选刀的方式相比，刀座编码的突出优点是刀具在加工过程中可以重复使用。

图 3-104 所示为圆盘式刀库的刀座编码装置。在圆盘的圆周上均布若干个刀座，其外侧边缘上装有相应的刀座编码块 1，在刀库的下方装有固定不动的刀座识别装置 2。刀座编码的识别原理与刀具编码的识别原理完全相同。

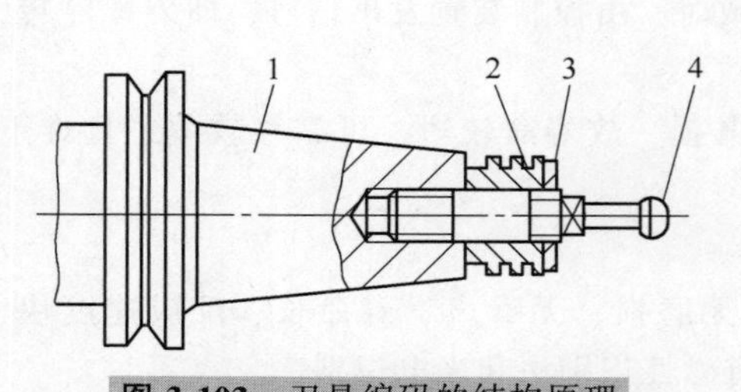

图 3-103　刀具编码的结构原理

1—刀柄　2—编码环　3—螺母　4—拉杆

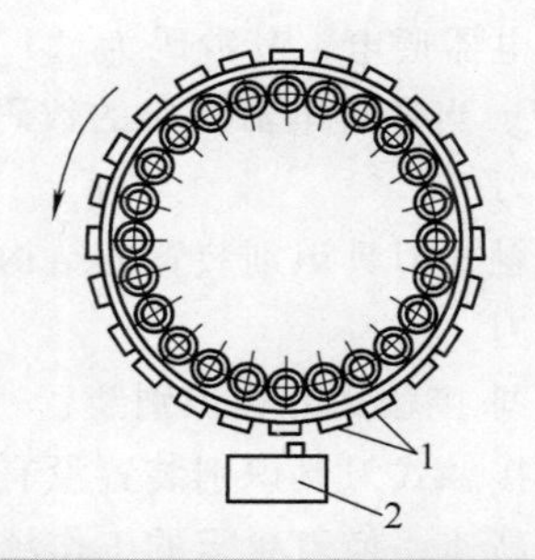

图 3-104　圆盘式刀库的刀座编码装置

1—刀座编码块　2—刀座识别装置

3. 刀具、刀座编码附件方式

编码附件方式可分为编码钥匙、编码卡片、编码杆和编码盘等，其中应用最多的是编码钥匙。这种方式是先给各刀具都缚上一把表示该刀具号的编码钥匙，当把各刀具存放到刀库的刀座中时，将编码钥匙插进刀座旁边的钥匙孔中。这样就把钥匙的号码转记到刀座中，给刀座编上了号码。识别装置可以通过识别钥匙上的号码来选取该钥匙旁边刀座中的刀具。

编码钥匙的形状如图 3-105a 所示。图中除导向凸起外，共有 16 个凸出或凹下的位置，故有 $2^{16}-1=65535$ 种凹凸组合，可区别 65535 把刀具。

图 3-105b 所示为编码钥匙孔的剖视图，钥匙沿着水平方向的钥匙缝插入钥匙孔座，然后顺时针方向旋转 90°，处于钥匙凸起 6 的第一弹簧接触片 5 被撑起，表示代码“1”，处于凹处的第二弹簧接触片 7 保持原状，表示代码“0”。由于钥匙上每个凸凹部分的旁边均有相应的电刷 4 或 1，故可将钥匙各个凸凹部分均识别出来，即识别出相应的刀具。

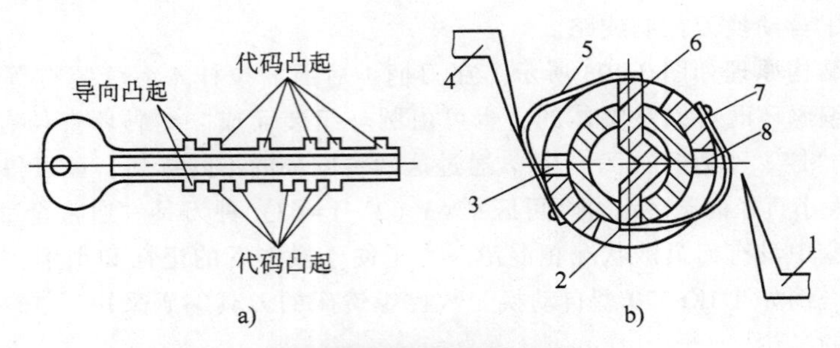

图 3-105　编码钥匙方式

a）编码钥匙形状　b）编码钥匙孔剖视图

1、4—电刷　2—钥匙凹处　3、8—钥匙孔座　5、7—弹簧接触片　6—钥匙凸起

这种编码方式称为临时性编码，因为从刀座中取出刀具时，刀座中的编码钥匙也取出，刀座中原来的编码随之消失。因此，这种方式具有更大的灵活性。采用这种编码方式用过的刀具必须放回原来的刀座中。

（二）刀具（刀座）识别装置

1. 接触式刀具识别装置

接触式刀具识别装置应用较广，特别适用于空间位置较小的编码，其识别原理如图 3-106 所示。在刀柄 1 上装有两种直径不同的编码环，规定大直径的环表示二进制的“1”，小直径的环为“0”，图中有 5 个编码环 4。在刀库附近固定一刀具识别装置 2，从中伸出若干触针 3，触针数量与刀柄上的编码环个数相等。每个触针与一个继电器相连，当编码环是大直径时与触针接触，继电器通电，其数码为“1”。当编码环是小直径时与触针不接触，继电器不通电，其数码为“0”。当各继电器读出的数码与所需刀具的编码一致时，由控制装置发出信号，使刀库停转，等待换刀。

接触式刀具识别装置的结构简单，但由于触针有磨损，故寿命较短，可靠性较差，且难于快速选刀。

2. 非接触式刀具识别装置

非接触式刀具识别装置没有直接机械接触，因而无磨损、无噪声、寿命长、反应速度快，适用于高速、换刀频繁的工作场合。常用的识别方法有磁性识别法和光电识别法。

（1）非接触式磁性识别法　磁性识别法是利用磁性材料和非磁性材料磁感应强弱不同，通过感应线圈读取代码。编码环的直径相等，分别由导磁材料（如软钢）和非导磁材料（如黄铜、塑料等）制成，规定前者编码为“1”，后者编码为“0”。图 3-107 所示为一种用于刀具编

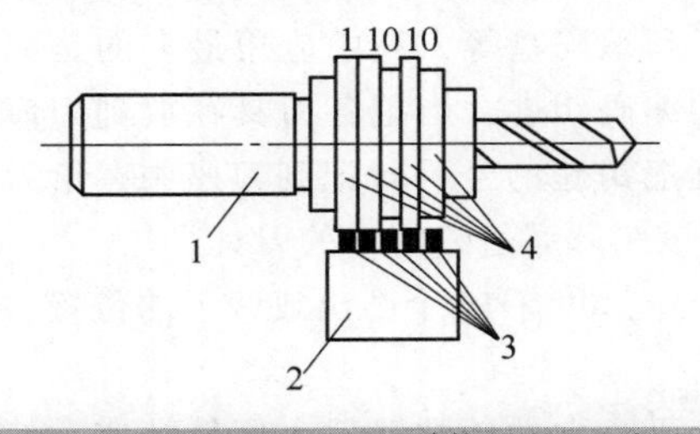

图 3-106　接触式刀具识别装置的识别原理

1—刀柄　2—刀具识别装置　3—触针　4—编码环

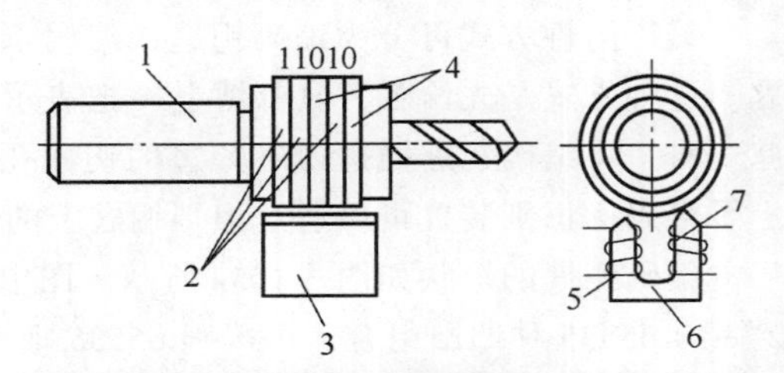

图 3-107　用于刀具编码的磁性识别装置

1—刀柄　2—导磁材料编码环

3—非接触式识别装置　4—非导磁材料编码环

5—一次线圈　6—检测线圈　7—二次线圈

码的磁性识别装置。图中刀柄 1 上装有导磁材料编码环 2 和非导磁材料编码环 4，与编码环相对应的有一组检测线圈组成非接触式识别装置 3。在检测线圈 6 的一次线圈 5 中输入交流电压时，如编码环为导磁材料，则磁感应较强，在二次线圈 7 中产生较大的感应电压。如编码环为非导磁材料，则磁感应较弱，在二次线圈中感应的电压较弱。利用感应电压的强弱，就能识别刀具的号码。当编码环的号码与指令刀号相符时，控制电路便发出信号，使刀库停止运转，等待换刀。

当尺寸受到限制时，不能采用由标准无触点开关组成的识刀器。此时可采用小型的磁性识刀器，它将六组磁心叠合在一起的宽度只有 30mm。其选刀控制框图如图 3-108 所示。当数控装置发出选刀指令 T 后，选刀控制电路使刀库快速旋转，刀柄上的编码依次经过识刀器。识刀器感应出每把刀具的不同信号，经“刀号读出电路”将编码环所表示的号码读出，并经输入控制存入“刀号寄存器”内，然后送入“符合电路”与数控装置的 T 代码比较。如读出的刀具号码与给定的 T 代码不一致，刀库旋转继续，进行识别比较，直至识刀器读出刀具号码与给定的 T 代码一致时，发出选刀符合信号，选刀控制电路使刀库减速慢转，由刀库定位销定位，等待换刀。

（2）光学纤维刀具识别装置　这种装置利用光导纤维良好的光传导特性，采用多束光导纤维构成阅读头，如图 3-109a 所示。用靠近的两束光导纤维来阅读二进制码的一位时，其中一束将光源投射到能反光或不能反光（被涂黑）的金属表面，另一束光导纤维将反射光送至光电转换元件转换成电信号，以判断正对这两束光导纤维的金属表面有无反射光；有反射时（表面光亮）为“1”，无反射时（表面涂黑）为“0”，如图 3-109b 所示。在刀具的某个磨光部位按二进制规律涂黑或不涂黑，就可给刀具编上号码。正当中的一小块反光部分用来发出同步信号。阅读头端面正对刀具编码部位，沿箭头方向相对运动时，在同步信号的作用下，可将刀具编码读入，并与给定的刀具号进行比较而选刀。

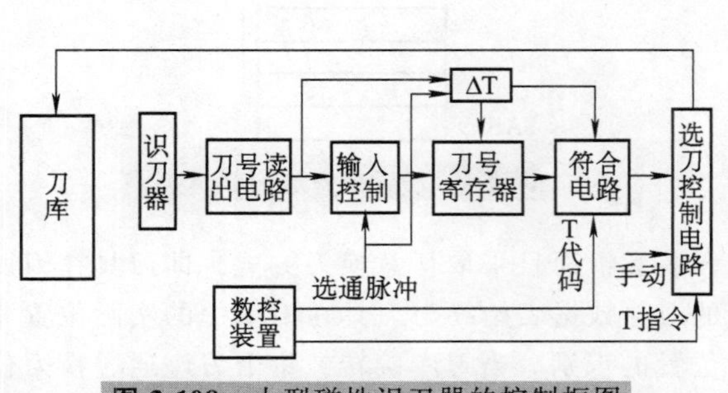

图 3-108　小型磁性识刀器的控制框图

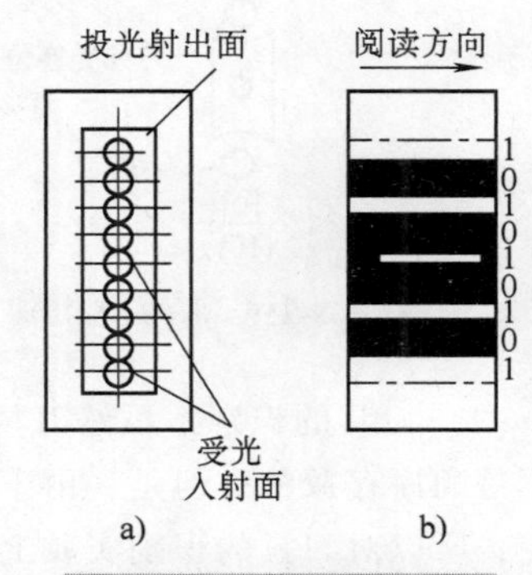

图 3-109　光纤识别刀具

a）光导纤维阅读头　b）刀具编码面

在光导纤维中传播的光信号比在导体中传播的电信号具有更高的抗干扰能力。光导纤维可任意弯曲，这给机械设计、光源及光电转换元件的安装都带来很大的方便。因此，这种识别方法很有发展前途。

近年来，图像识别技术也开始用于刀具识别，不必给刀具编码，而是在刀具识别位置上利用光学系统将刀具的形状投影到由许多光电元件组成的屏板上，从而将刀具的形状变为光电信号，经信息处理后存入记忆装置中。选刀时，数控指令 T 所指的刀具在刀具识别位置出现图形，并与记忆装置中的图形进行比较，选中时发出选刀符合信号，刀具便停在换刀位置上。这种识别方法虽然有很多优点，但系统价格较昂贵。

3. 利用PLC（可编程序控制器）实现随机换刀

由于计算机技术的发展，可以利用软件选刀，它代替了传统的编码环和识刀器。在这种选刀与换刀的方式中，刀库上的刀具能与主轴上的刀具任意地直接交换，即随机换刀。主轴上换来的新刀号及还回刀库上的刀具号，均在PLC内部相应地存储于单元记忆中。随机换刀控制方式需要在PLC内部设置一个模拟刀库的数据表，其长度和表内设置的数据与刀库的位置数和刀具号相对应。这种方法主要由软件完成选刀，从而消除了由于识刀装置的稳定性、可靠性所带来的选刀失误。

（1）自动换刀（ATC）控制和刀号数据表　如图3-110所示，刀库有8个刀座，可存放8把刀具。刀座固定位置编号为方框内1~8号，方框□为主轴刀位置号，由于刀具本身不附带编码环，所以刀具编号可任意设定，如图中（10）~（18）的刀号。一旦给某刀编号后，这个编号不应随意改变。为了使用方便，刀号也采用BCD码（Binary-Coded Decimal notation，二进制编码的十进制）。

在PLC内部建立一个模拟刀库的刀号数据表，如图3-111所示。数据表的表序号与刀库刀座编号相对应，每个表序号中的内容就是对应刀座中所插入的刀具号。图中刀号表首地址TAB单元固定存放主轴上刀具的号，TAB+1~TAB+8存放刀库上的刀具号。由于刀号数据表实际上是刀库中存放刀具的位置的一种映射，所以刀号表与刀库中刀具的位置应始终保持一致。

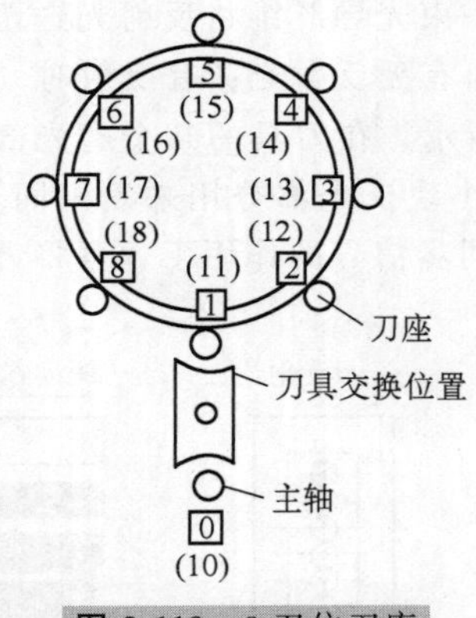

图3-110　8刀位刀库

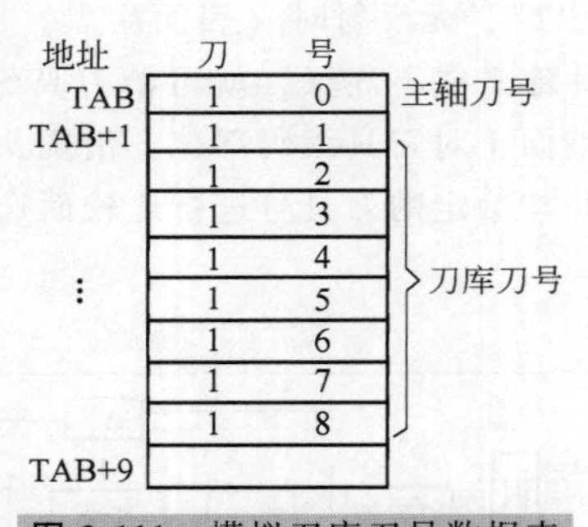

图3-111　模拟刀库刀号数据表

（2）刀具的识别　虽然刀具不附带任何编码装置，而且采取任意换刀方式，即刀具在刀库中不是顺序存放的，但是，由于PLC内部设置的刀号数据表始终与刀具在刀库中的实际位置相对应，所以对刀具的识别实质上转变为对刀库位置的识别。当刀库旋转，每个刀座通过换刀位置（基准位置）时，产生一个脉冲信号送至PLC，作为计数脉冲。同时，在PLC内部设置一个刀库位置计数器，当刀库正转（CW）时，每发一个计数脉冲，该计数器递增计数；当刀库反转（CCW）时，每发一个计数脉冲，则计数器递减计数。于是计数器的计数值始终在1~8之间循环，而通过换刀位置时的计数值（当前值）总是指示刀库的现在位置。

当PLC接到寻找新刀具的指令（T××）后，在模拟刀库的刀号数据表中进行数据检索，检索到T代码给定的刀具号，将该刀具号所在数据表中的表序号数存放在一个缓冲存储单元中。这个表序号数就是新刀具库中的目标位置。刀库旋转后，测得刀库的实际位置与要求得到的刀库目标位置一致时，即识别了所要寻找的新刀具，刀库停转并定位，等待换刀。

识别刀具的PLC程序流程如图3-112所示。

（3）刀具的交换及刀号数据表的修改　当前一工序加工结束后需要更换新刀加工时，数控系统发出自动换刀指令 M06，控制机床主轴准停，机械手执行换刀动作，将主轴上用过的旧刀和刀库上选好的新刀进行交换。与此同时，应通过软件修改 PLC 内部的刀号数据表，使相应刀号表单元中的刀号与交换后的刀号相对应。修改刀号表的流程如图 3-113 所示。

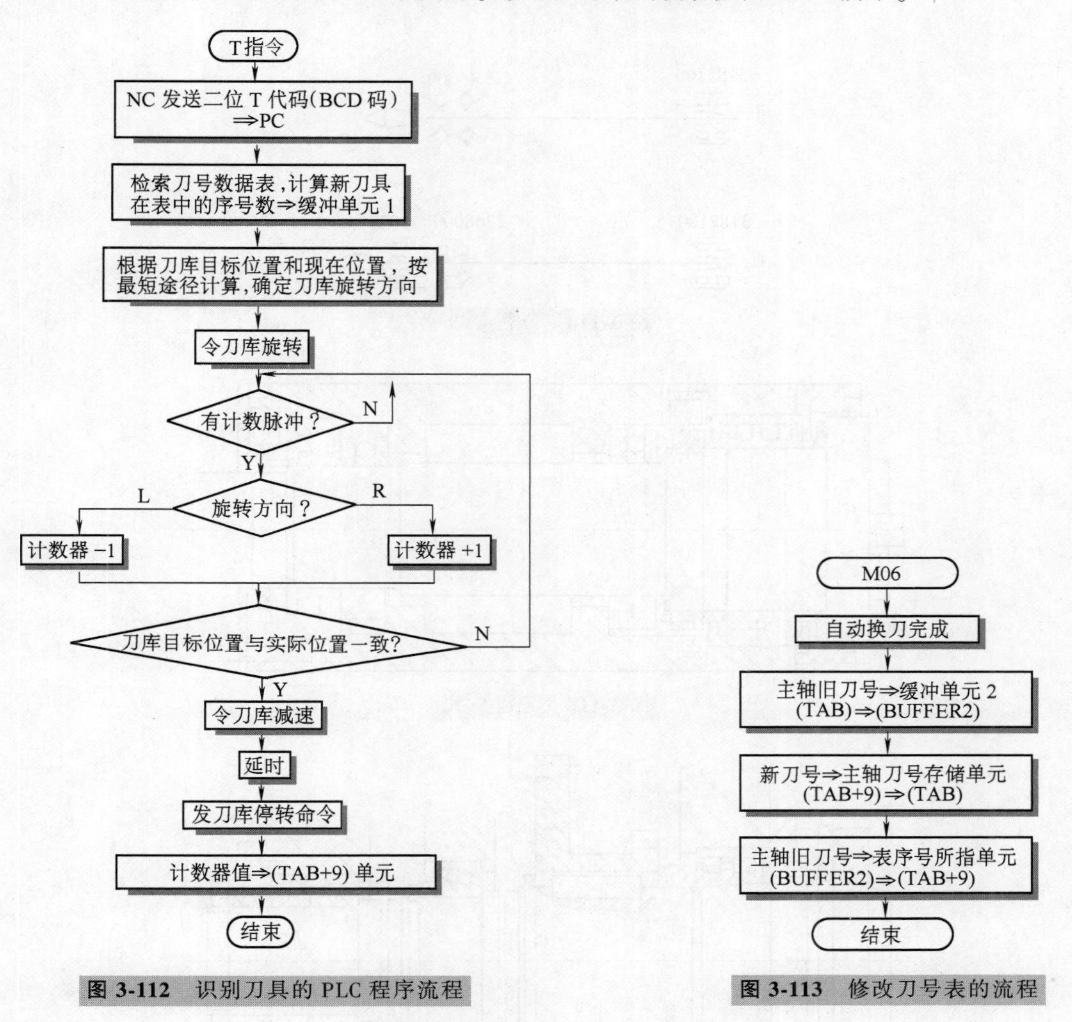

图 3-112 识别刀具的 PLC 程序流程

图 3-113 修改刀号表的流程

习题与思考题

1. 主轴部件应满足哪些基本要求？

2. 主轴轴向定位方式有哪几种？各有什么特点？适用于哪些场合？

3. 试述主轴静压轴承的工作原理。

4. 试分析图 3-114 所示三种主轴轴承配置形式的特点和适用场合。

5. 按图 3-115 所示的主轴部件，分析轴向力如何传递？间隙如何调整？

6. 试检查图 3-116 所示主轴部件中有否错误；如有，请指出错在哪里？应怎样改正？用另画的正确简图表示出来。

7. 试设计一主轴部件，前支承用两个圆锥滚子轴承承受径向力和双向轴向力，后支承用一个双列圆柱滚子轴承，画出前、后支承部分的结构简图。

8. 在支承件设计中，支承件应满足那哪些基本要求？

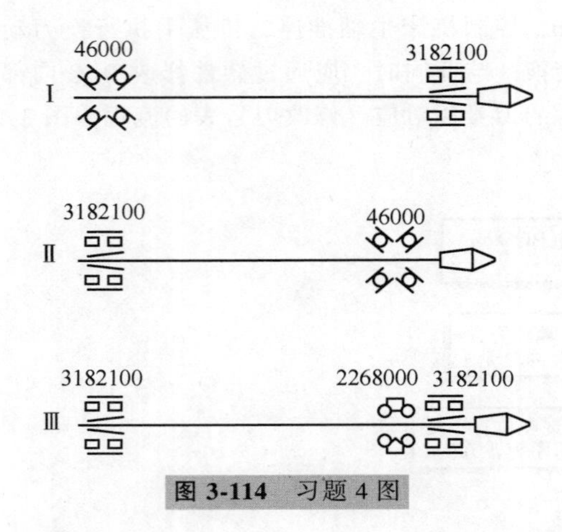

图 3-114　习题 4 图

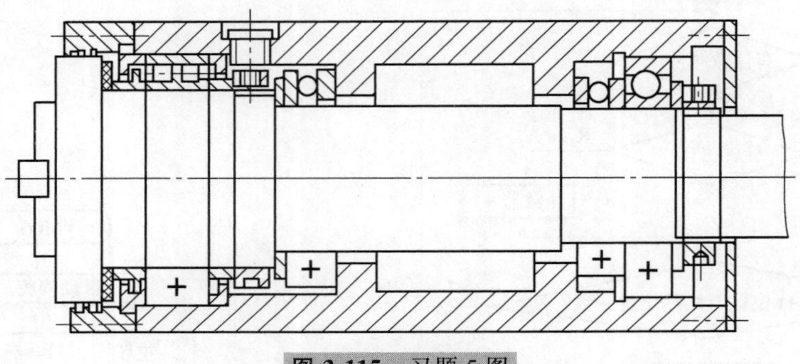

图 3-115　习题 5 图

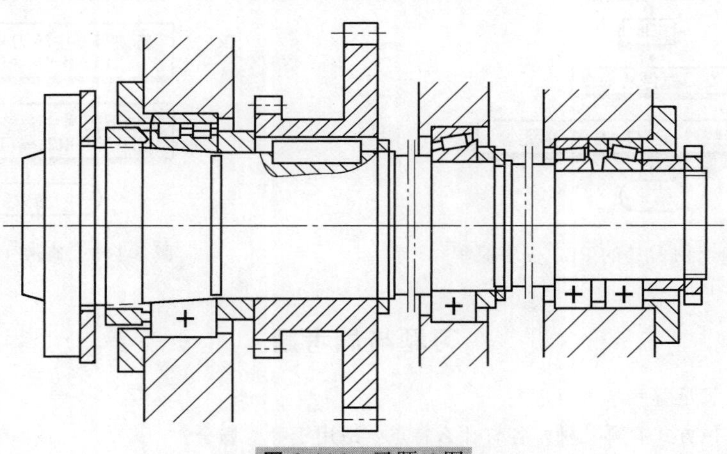

图 3-116　习题 6 图

9. 支承件常用的材料有哪些？有什么特点？

10. 根据什么原则选择支承件的横截面形状？如何布置支承件上的肋板和肋条？

11. 提高支承件结构刚度和动态性能有哪些措施？

12. 导轨设计中应满足哪些要求？

13. 镶条和压板有什么作用？

14. 导轨的卸荷方式有哪几种？各有什么特点？

15. 提高导轨耐磨性有哪些措施？

16. 数控机床的刀架和卧式车床的刀架有什么不同？为什么？
17. 机床刀架自动换刀装置应满足什么要求？
18. 何谓端面齿盘定位？有何特点？
19. 加工中心的自动换刀装置包括些什么？
20. 加工中心上刀库的类型有哪些？各有何特点？
21. 刀库驱动电动机选择的依据有哪些？
22. 典型换刀机械手有几种？各有何特点？其使用范围如何？

第四章

工业机器人设计

第一节　概　　述

工业机器人是面向工业领域的多关节机械手或多自由度的机器装置，靠自身动力和控制能力来自动执行工作，其涉及机械、自动控制、计算机、传感、气动液压及材料等多方面的综合性技术。

一、工业机器人的定义

工业机器人是机器人家族中的重要一员，也是目前在技术上发展最成熟、应用最多的一类机器人。世界各国对工业机器人的定义不尽相同。美国工业机器人协会定义工业机器人“是用来搬运物料、部件、工具或专门装置的可重复编程的多功能操作器，可通过改变程序的方法来完成各种不同任务”。日本工业机器人协会定义工业机器人“是一种能够执行与人体上肢类似动作的多功能机器”。国际标准化组织（ISO）定义工业机器人“是一种具有自动控制的操作和移动功能，能够完成各种作业的可编程操作机”。我国国家标准 GB/T 12643—2013 将工业机器人定义为“是一种能自动控制的、可重复编程、多用途的操作机”。

国际上第一台工业机器人产品诞生于 20 世纪 60 年代，当时其作业能力仅限于上料、下料这类简单的工作，此后机器人进入了一个缓慢的发展期。1980 年被称为“机器人元年”，为满足汽车行业蓬勃发展的需要，开发出点焊机器人、弧焊机器人、喷涂机器人以及搬运机器人这四大类型的工业机器人，机器人产业得到了巨大的发展。进入 20 世纪 80 年代以后，为了进一步提高产品质量和市场竞争力，装配机器人和柔性装配技术得到了广泛的应用。当前，已开始出现具有智能感知和作业能力的人机协作新型工业机器人。工业机器人与数控（NC）、可编程序控制器（PLC）一起成为工业自动化的三大技术，应用于制造业的各个领域之中。

二、工业机器人的构成及分类

（一）工业机器人的组成

工业机器人一般由操作机、驱动系统（图上未示出）和控制系统等部分组成，如图 4-1 所示。也可以认为工业机器人是操作机，是一种机械制造装备。

（1）操作机　操作机也称执行机构，由末端执行器（又称手部）、手腕、手臂（可分为大臂和小臂）和机座（又称机身或立柱）等组成。末端执行器是操作机直接执行操作的装置，可安装夹持器、工具、传感器等。操作机具有和人手臂相似的动作功能。

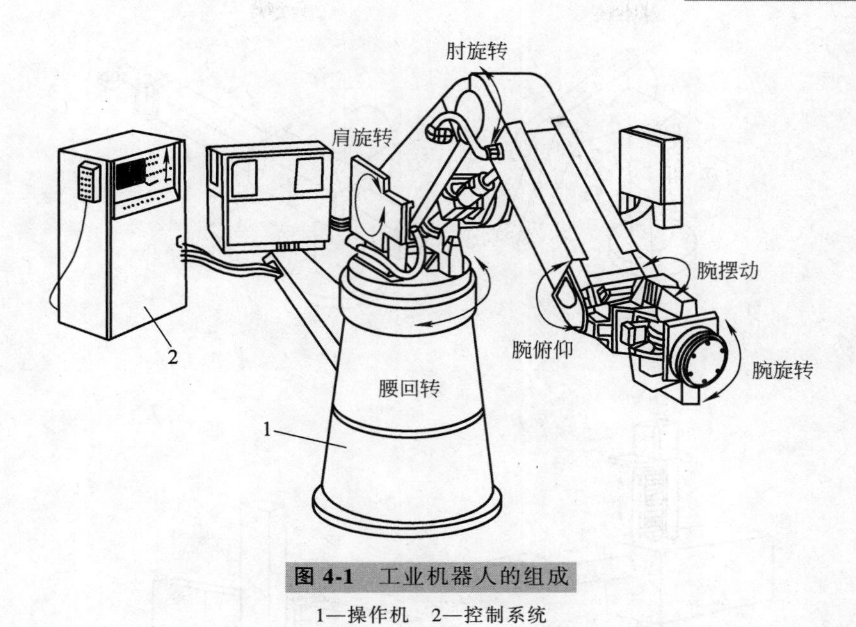

图 4-1 工业机器人的组成

1—操作机 2—控制系统

(2) 驱动系统 驱动系统为操作机工作提供动力，按所采用的动力源分为电动、液动和气动三种类型。

(3) 控制系统 控制系统由检测和控制两部分组成。控制系统分为开环控制系统和闭环控制系统，其功能是控制工业机器人按照要求动作。

(二) 工业机器人的分类

1. 按坐标形式分类

移动关节用 P 表示，旋转关节用 R 表示。

(1) 关节坐标式（RRR） 如图 4-2a 所示，关节坐标式机器人的动作类似人的关节动作，故将其运动副称为关节。一般的关节指回转运动副，但关节坐标式机器人中有时也包含有移动运动副。为了方便，可统称为关节，包括回转运动关节和直线运动关节。

(2) 球坐标式（RRP） 如图 4-2b 所示，又称极坐标式，机器人手臂的运动由一个直线运动和两个转动组成，即沿 Y 轴的伸缩，绕 θ 轴的转动和绕 φ 轴的俯仰。

(3) 圆柱坐标式（RPP） 如图 4-2c 所示，机器人末端执行器空间位置的改变是由两个移动坐标和一个旋转坐标实现的。这种机器人结构简单，便于几何计算，通常用于搬运。

(4) 直角坐标式（PPP） 如图 4-2d 所示，机器人末端执行器空间位置的改变是通过三个互相垂直的坐标 X 轴、Y 轴、Z 轴的移动来实现的。直角坐标式机器人易于实现高定位精度，空间轨迹易于求解。

2. 按应用领域分类

工业机器人按应用领域可划分为焊接机器人、装配机器人、搬运机器人、喷涂机器人、切削加工机器人、检测机器人、挖掘机器人等。

3. 按驱动方式分类

(1) 电驱动 电驱动机器人使用最多，驱动元件可以是步进电动机、直流伺服电动机和交流伺服电动机。目前交流伺服电动机使用范围最广。

(2) 液压驱动 液压驱动机器人有很大的抓取能力，传动平稳，动作也较灵敏，但液压驱

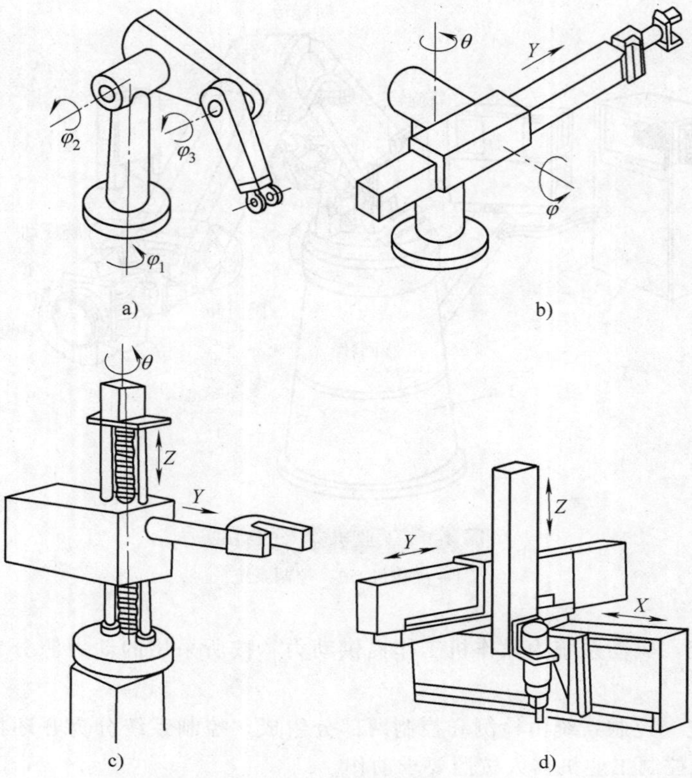

a）

b）

c）

d）

图4-2 机器人按坐标形式分类

a）关节坐标式 b）球坐标式 c）圆柱坐标式 d）直角坐标式

动对密封性的要求高，对温度比较敏感。

（3）气压驱动 气压驱动机器人结构简单、动作迅速、价格低，但由于空气可压缩而使工作时速度的稳定性差，抓取力小。

三、工业机器人的主要特征

为了用简洁的符号来表达机器人的各种运动，GB/T 12643—2013 规定了机器人各种运动功能的图形符号，见表4-1。利用这些符号可以简明地绘出工业机器人的运动原理简图。下面简要介绍几种工业机器人的主要特征。

（一）机器人自由度

工业机器人的自由度是表示其动作灵活程度的参数，通常由几个电动机驱动就有几个自由度。工业机器人需要有6个自由度，才能随意地在工作空间内放置物体。具有6个自由度的机器人称为6自由度机器人或6轴机器人。如果机器人具有较少的自由度，则不能够随意指定位置和姿态，只能移动到期望的位置及较少关节所限定的姿态。例如3自由度机器人只能沿 X 轴、Y 轴、Z 轴运动，不能指定机械手的姿态，此时机器人只能夹持物件做平行于参考坐标轴的运动而姿态保持不变。如果一个机器人有7个自由度，那么机器人可以有无穷多种方法为末端在期望位置定位和定姿。此时，控制器需有附加的决策程序，使机器人能够从无数种控制方案中只选择所期望的一种。

表 4-1 工业机器人运动功能图形符号（GB/T 12643—1990）

名　称	图形符号 正　视	图形符号 侧　视	工业机器人结构简图
移动副	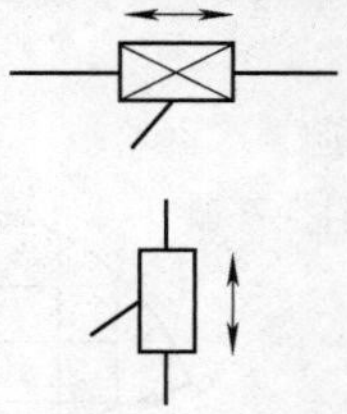	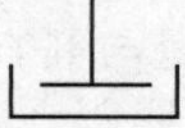	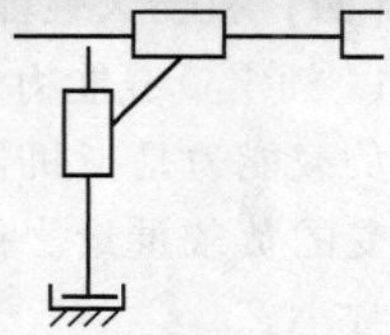 直角坐标式
回转副	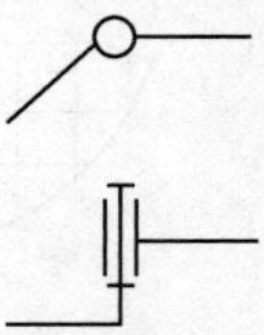		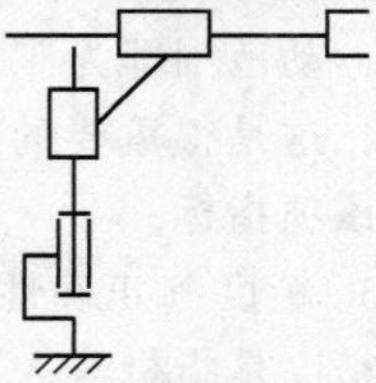 圆柱坐标式
螺旋副	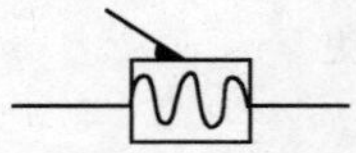	—	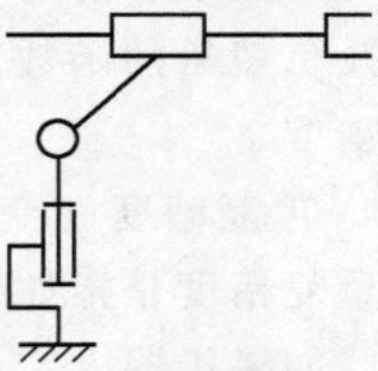 球坐标式
球面副		—	
末端执行器	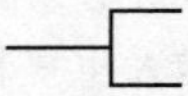	—	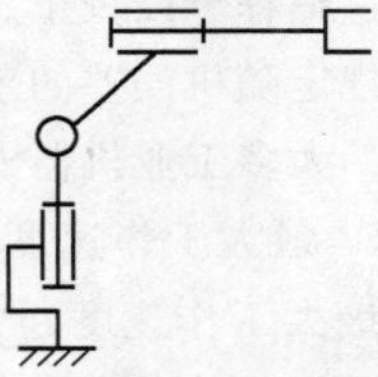
机座	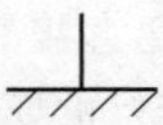	—	关节坐标式

（二）参考坐标系

坐标系按右手法则确定，如图 4-3 所示。XYZ 为绝对坐标系，也称为世界坐标系。$X_0Y_0Z_0$ 为全局参考坐标系，该坐标系为机器人坐标系，通常用于定义机器人相对于其他物体的运动、与机器人通信的其他部件的位置，以及运动轨迹。关节坐标系 $X_iY_iZ_i$ 表示第 i 个关节的坐标系，i 关节是 i 构件和（i-1）构件之间的运动副。工具参考坐标系 $X_mY_mZ_m$ 用于描述机器人手相对于固连在手上的坐标系的运动，因此所有的运动均相对于该坐标系。

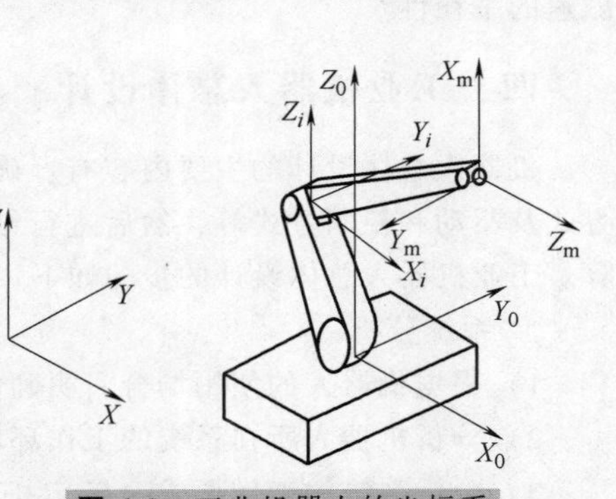

图 4-3 工业机器人的坐标系

（三）工作空间

根据机器人的构型、连杆及腕关节的大小，机器人能到达的点的集合称为工作空间，也就是机器人在其工作区域内可以到达的最大位置，如图 4-4 所示。工作空间是机器人关节长度及其构型的函数，规定机器人连杆与关节的约束条件，该约束条件为每个关节的运动范围。工作空间还可以凭经验确定，可以使每个关节在其运动范围内运动，然后将其可以到达的所有区域连接起来，再去除机器人无法达到的区域。

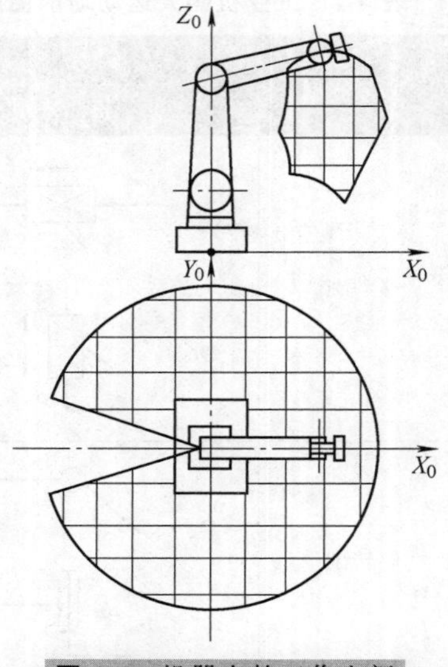

图 4-4　机器人的工作空间

（四）机器人性能指标

1. 额定负载能力

负载能力是指机器人在满足其他性能要求的情况下，能够承受的负载重量。机器人的负载量与其自身的重量相比往往非常小。

2. 运动范围

运动范围即为工业机器人的工作空间。对于工业机器人来说，这是很重要的性能指标，在选择和安装机器人前必须考虑该项指标。

3. 精度（正确性）

精度是指机器人到达指定点的精确程度，它与驱动器的分辨力和反馈装置有关。精度是机器人的位置、姿态、运动速度及负载量的函数。大多数工业机器人具有 0.5mm 或者更高的精度。

4. 重复精度（变化性）

重复精度是指如果动作重复多次，机器人到达同样位置的精确程度。重复精度比精度更为重要。如果机器人定位不够精确，通常会显示一个固定的误差，这个误差是可以预测的，因此可以通过编程予以校正。然而，如果误差是随机的，那就无法进行预测，因此也就无法消除。重复精度规定随机误差的范围，通常通过重复运行机器人一定次数来测定，测试次数越多越接近实际情况。大多工业机器人的重复精度都在±(0.03~0.08)mm，负载增大重复精度会有所降低。

5. 最大工作速度

最大工作速度通常指机器人手臂末端的最大速度。工作速度直接影响工作效率，提高工作速度可以提高工作效率。因此，机器人的加速/减速能力显得尤为重要，需要保证机器人加速/减速的平稳性。

四、工业机器人总体设计

机器人总体设计的主要内容有：确定基本参数，选择运动方式、手臂配置形式、位置检测方式及驱动和控制方式等，然后进行结构设计，同时，要对各部件的强度、刚度进行必要的验算。工业机器人总体设计的步骤如下：

1. 系统分析

1）根据机器人的使用场合，明确使用机器人所要完成的任务，如搬运、装配等。

2）分析机器人所在系统的工作环境，包括机器人与已有设备的兼容性。

3）分析系统的工作要求，确定机器人的基本功能和方案。具体来说，确定机器人的自由度、动作速度、定位精度、允许的运动空间的大小、环境条件（如温度、是否存在振动），抓取工件的重量和外形尺寸的大小、生产批量等。

2. 技术设计

1）确定机器人的基本参数　根据被抓取物体的重量变化来确定工业机器人的臂力。根据工艺要求和操作运动的轨迹来确定工作范围。根据生产需要的工作节拍分配每个动作的时间，进而根据机械手各部位的运动行程确定其运动速度。根据使用要求确定定位精度，该精度取决于机器人的定位方式、运动速度、控制方式、臂部刚度、驱动方式、缓冲方法等。

2）选择机器人的运动形式。根据机器人的运动参数确定其运动形式，然后确定其结构。

3）拟订检测传感器系统和控制系统总体方案框图。

4）进行机械结构设计。

3. 机器人的机械结构设计

（1）机器人的驱动方式　机器人的驱动方式有电动、液压驱动和气动三种方式。一台机器人可以只有一种驱动方式，也可以几种方式联合驱动。

液压驱动：具有较大的功率体积比，常用于大负载的场合。

气压驱动：气动系统简单、成本低，适合于节拍快、负载小且精度要求不高的场合，常用于点位控制、抓取、弹性握持和真空吸附。

电驱动：适合于中等负载，特别适合动作复杂、运动轨迹严格的工业机器人和各种微型机器人。

（2）关节驱动方式　关节驱动方式有直接驱动和间接驱动两种。

直接驱动：一般指驱动电动机通过机械接口直接与关节连接。其特点是驱动电动机和关节之间没有速度和转矩的转换。这种驱动方式具有机械传动精度高、振动小、结构刚性好、结构紧凑、可靠性高等特点，但电动机的重量会增加转动负担。

间接驱动：大部分机器人采用间接驱动方式。由于驱动器的输出转矩远小于驱动关节所要求的转矩，所以必须使用减速器。间接驱动可以获得比较大的转矩，减轻关节的负担，把电动机作为一个平衡质量，但也导致了传动误差增加、结构庞大等缺点。

（3）材料的选择　选择机器人本体的材料，应从机器人的性能要求出发，满足机器人的设计和制造要求。例如机器人的手臂和机器人整体是运动的，则要求采用轻质材料；对于精密机器人，则要求材料具有较好的刚性；另外还要考虑材料的可加工性等。机器人常用的材料有碳素结构钢、铝合金、硼纤维增强合金、陶瓷等。

（4）平衡系统的设计　平衡系统的设计是机器人设计中一个不可忽视的问题。通常采用平行四边形机构构成平衡系统。其原理是在系统中增加一个质量，与原构件的质量形成一个力的平衡，该平衡系统不随机器人位姿的变化而失去平衡。借助平衡系统能减小机械臂结构柔性所引起的不良影响，降低因机器人运动导致惯性力矩引起关节驱动力矩峰值的变化。

（5）模块化结构设计　将每一自由度的轴作为一个单独模块，并由独立的单片机控制，然后用户可根据自己的需要进行多轴组装。模块化结构设计具有经济和灵活的特点。

第二节　工业机器人基本理论

一、工业机器人的位姿描述

工业机器人的位姿是位置和姿态的合称。位置变换是由坐标系平移引起的，姿态变换是由坐标系旋转引起的。研究工业机器人运动，不仅仅是研究连杆之间的位姿关系，还要研究手臂与目标、手臂与工具或者环境障碍等之间的关系。为简化起见，手臂连杆、工具、障碍物等都可以当成刚体。因此，刚体之间的位姿关系需要通过某种方法来描述。描述的方法有很多，如齐次变换法、矢量法、四元数法等。其中，齐次变换法常用于对刚体位姿进行描述。

在笛卡儿空间直角坐标系 {A} 下，空间任一点 P 可以用矢量 ${}^{A}\boldsymbol{P}$ 表示，即

$$ {}^{A}\boldsymbol{P}=[P_x \quad P_y \quad P_z]^{\mathrm{T}} \tag{4-1}$$

其中，P_x、P_y、P_z 是点 P 在坐标系 {A} 中的三个坐标分量。假设空间另一刚体命名为 B，并将坐标系 {B} 与刚体固接在一起，坐标系 {B} 相对于坐标系 {A} 有旋转，于是用坐标系 {B} 的三个单位矢量 $[\boldsymbol{X}_B,\ \boldsymbol{Y}_B,\ \boldsymbol{Z}_B]$ 相对于坐标系 {A} 的方向余弦组成一个 3×3 矩阵 ${}^{A}\boldsymbol{R}_B$，表示为

$$ {}^{A}\boldsymbol{R}_B=\begin{bmatrix} r_{11} & r_{12} & r_{13} \\ r_{21} & r_{22} & r_{23} \\ r_{31} & r_{32} & r_{33} \end{bmatrix} \tag{4-2}$$

式中，${}^{A}\boldsymbol{R}_B$ 称为旋转矩阵，三个列矢量作为单位主矢量两两正交，因此 ${}^{A}\boldsymbol{R}_B$ 满足 ${}^{A}\boldsymbol{R}_B^{-1}={}^{A}\boldsymbol{R}_B^{\mathrm{T}}$ 且 $|{}^{A}\boldsymbol{R}_B|=1$。刚体 B 相对于坐标系 {A} 不仅有旋转上的偏差，也有位置上的偏差。为了描述刚体 B 的位置偏差，将坐标系 {B} 的原点 O 建立在刚体特征点处，位置矢量 ${}^{A}\boldsymbol{P}_{BO}$ 用来描述坐标系 {B} 原点在坐标系 {A} 中的位置（图 4-5），${}^{A}\boldsymbol{R}_B$ 用来表示坐标系 {B} 在坐标系 {A} 中的姿态。矩阵 $[{}^{A}\boldsymbol{R}_B,\ {}^{A}\boldsymbol{P}_{BO}]$ 用来表示刚体 B 在坐标系 {A} 中的位姿。

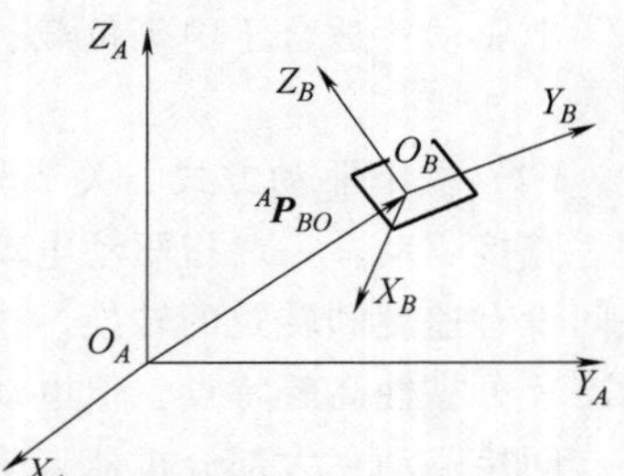

图 4-5　笛卡儿空间刚体描述

矩阵 $[{}^{A}\boldsymbol{R}_B,\ {}^{A}\boldsymbol{P}_{BO}]$ 本身是非齐次的，为了方便位姿矩阵在坐标转换中的计算，可以采用齐次方阵来描述刚体 B 在笛卡儿坐标系 {A} 中的位姿，表示为

$$ {}^{A}\boldsymbol{T}_B=\begin{bmatrix} {}^{A}\boldsymbol{R}_B & {}^{A}\boldsymbol{P}_{BO} \\ 0 & 1 \end{bmatrix} \tag{4-3}$$

其中，旋转矩阵 ${}^{A}\boldsymbol{R}_B$ 可以绕 X 轴、Y 轴或 Z 轴旋转一个角度 θ，根据源旋转轴的不同，旋转变换矩阵分别为

$$\boldsymbol{R}(x,\theta)=\begin{bmatrix} 1 & 0 & 0 \\ 0 & \cos\theta & -\sin\theta \\ 0 & \sin\theta & \cos\theta \end{bmatrix} \tag{4-4}$$

$$\boldsymbol{R}(y,\theta)=\begin{bmatrix} \cos\theta & 0 & \sin\theta \\ 0 & 1 & 0 \\ -\sin\theta & 0 & \cos\theta \end{bmatrix} \tag{4-5}$$

$$\boldsymbol{R}(z,\theta)=\begin{bmatrix} \cos\theta & -\sin\theta & 0 \\ \sin\theta & \cos\theta & 0 \\ 0 & 0 & 1 \end{bmatrix} \tag{4-6}$$

矩阵 ${}^{A}\boldsymbol{R}_B$ 以 4×4 齐次变换矩阵的方式作用于源坐标系来进行坐标旋转运算。旋转算子用 Rot（K，θ）表示，K 为源旋转轴，θ 为旋转角度。同理，矢量 ${}^{A}\boldsymbol{P}_{BO}$ 可以 4×4 齐次变换矩阵的方式作用于源坐标系来进行坐标平移运算。平移算子用 Trans（${}^{A}\boldsymbol{P}_{BO}$）表示。齐次变换矩阵 ${}^{A}\boldsymbol{T}_B$ 可由两种算子表示，即

$$ {}^{A}\boldsymbol{T}_B=\mathrm{Trans}({}^{A}\boldsymbol{P}_{BO})\cdot\mathrm{Rot}(K,\theta) \tag{4-7}$$

$$\mathrm{Rot}(K,\theta)=\begin{bmatrix} {}^{A}\boldsymbol{R}_B(K,\theta) & 0 \\ 0 & 1 \end{bmatrix} \tag{4-8}$$

$$\mathrm{Trans}({}^{A}\boldsymbol{P}_{BO})=\begin{bmatrix}\boldsymbol{I}_{3\times3} & {}^{A}\boldsymbol{P}_{BO}\\ 0 & 1\end{bmatrix} \tag{4-9}$$

二、工业机器人的运动学方程

由已知的各关节运动变量求出作业功能的位姿为运动学方程式的正解，如果已知所有机器人的关节变量，用正运动学方程就能计算机器人任一瞬间的位姿。由作业变量求出各关节的运动量为运动学方程式的逆解。机器人控制器就是用逆运动学方程来计算关节值，并以此来运行机器人到达期望的位姿。如图 4-6 所示的 2 自由度机械手，其正运动学方程为

$$^{B}\boldsymbol{T}_{E}={}^{B}\boldsymbol{T}_{1}{}^{1}\boldsymbol{T}_{2}{}^{2}\boldsymbol{T}_{E} \tag{4-10}$$

对于复杂的多自由度工业机器人，通常采用 Denavit-Hartenberg（D-H）法表示求解机器人的正运动学。如图 4-7 所示，连杆长度 a、扭角 α、连杆偏置 d 以及关节角 θ，用上述 4 个参数可以描述一个连杆的空间几何状态。4 个参数中前两个描述连杆本身，后两个描述连杆与连杆之间的位置关系。关节角 θ 是关节变量，其余三者对于旋转关节来说是固定不变的，因此称其为连杆参数。分别建立连杆 i-1 和 i 的坐标系，然后再确定两坐标系之间的位置和姿态关系。坐标系变换过程如下：

1）绕 Z_{i-1} 轴旋转 θ_i，使得 X 轴互相平行。

2）沿 Z_{i-1} 轴平移 d_i 距离，使得 X 轴共线。

3）沿 X_i 轴平移 a_i 的距离，使得原点重合。

4）绕 X_i 轴旋转 α_i 的角度，使得 Z 轴对齐。

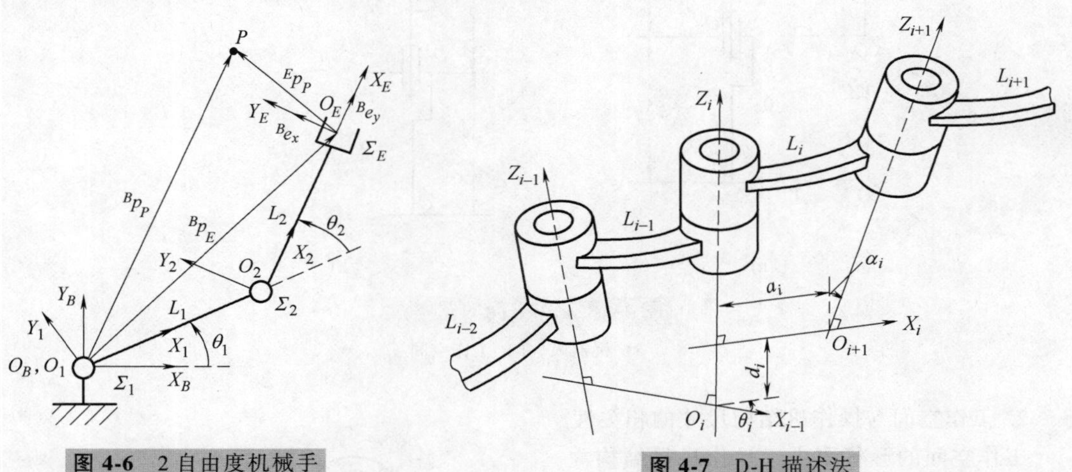

图 4-6 2 自由度机械手　　**图 4-7** D-H 描述法

$$^{i-1}\boldsymbol{T}_i=\mathrm{Rot}(x_{i-1},\alpha_{i-1})\cdot\mathrm{Trans}(x_{i-1},a_{i-1})\cdot\mathrm{Rot}(z_i,\theta_i)\cdot\mathrm{Trans}(z_i,d_i)$$

$$=\begin{bmatrix}\cos\theta_i & -\sin\theta_i & 0 & a_{i-1}\\ \cos\alpha_{i-1}\sin\theta_i & \cos\alpha_{i-1}\cos\theta_i & -\sin\alpha_{i-1} & -d_i\sin\alpha_{i-1}\\ \sin\alpha_{i-1}\sin\theta_i & \sin\alpha_{i-1}\cos\theta_i & \cos\alpha_{i-1} & d_i\cos\alpha_{i-1}\\ 0 & 0 & 0 & 1\end{bmatrix} \tag{4-11}$$

机器人逆运动学方程通常采用未知的逆变换逐次左乘的解析方法求得。

三、工业机器人的工作空间分析

1. 工作空间

求解工业机器人的工作空间可以用运动学方程式，其求解过程是矩阵相乘的问题。此外，也可以用作图法解析。确定工作空间的几何法是一种改变某个关节变量而固定其他关节变量的方法，用几何作图法可画出工作空间的部分边界，然后改变其他关节变量，又可得到部分边界。重复此方法，可得到完整的工作空间。

例如对图4-8a所示的机器人，若其关节运动范围限定为$-120°\leqslant\theta_1\leqslant120°$，$-90°\leqslant\theta_2\leqslant0°$，$-150°\leqslant\theta_3\leqslant0°$，则用作图法可求得其工作空间，如图4-8b所示。

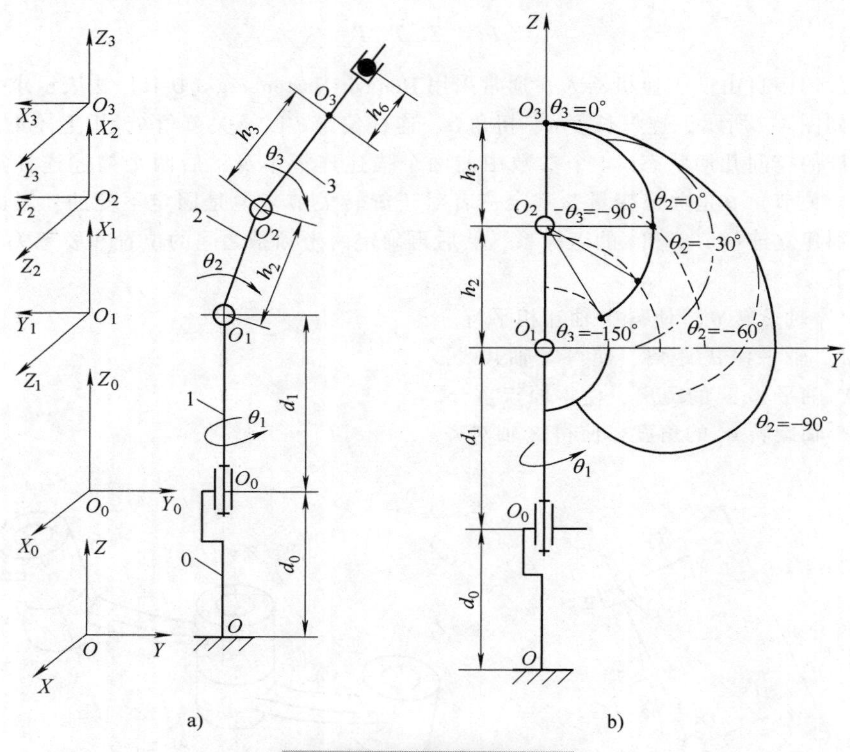

图4-8　工作空间的图解法

a）机器人　b）工作空间

2. 工作空间与操作机结构尺寸的相关性

工作空间的形状取决于操作机的结构型式，如图4-9所示。直角坐标式机器人的工作空间为长方体，工作空间的大小取决于沿X、Y、Z三个方向行程的大小。圆柱坐标式机器人的工作空间为中空的圆柱体，工作空间的大小不仅取决于立柱的尺寸和水平臂沿立柱的上下行程，还取决于水平臂尺寸及其水平伸缩行程。球坐标式机器人的工作空间为球体的一部分，工作

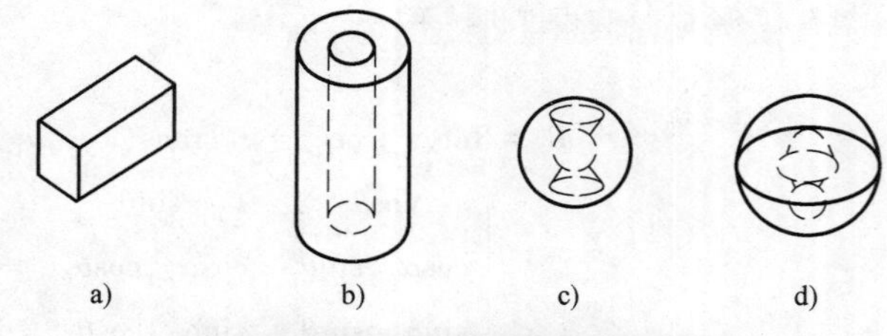

图4-9　常见机器人的典型工作空间

a）直角坐标式机器人　b）圆柱坐标式机器人　c）球坐标式机器人　d）关节坐标式机器人

空间的大小取决于工作臂的尺寸、工作臂绕垂直轴转动的角度及绕水平轴俯仰的角度。关节坐标式机器人的工作空间比较复杂，一般为多个空间曲面拼合的回转体的一部分，工作空间的大小取决于大小臂的尺寸、大小臂关节转角的角度以及大臂绕垂直轴转动的角度。

四、工业机器人的作业路径解析

1. 作业路径描述方法

机器人在执行作业任务时，末端执行器的位姿可用一系列节点来表示。因此，在直角坐标空间中进行路径规划的首要问题是由 P_i 节点和 P_{i+1} 节点所定义的路径起点和终点之间如何生成一系列中间点。两节点之间最简单的路径是在空间的一个直线移动和绕某定轴的转动。如图 4-10 所示，要生成从节点 P_0、(原位) 运动到 P_2、(目标物体) 的路径。更一般地，从一节点 P_i 到下一节点 P_{i+1} 的运动可表示为从

$$^{0}\boldsymbol{T}_6 = {^{0}\boldsymbol{T}_B}\,{^{B}\boldsymbol{P}_i}\,{^{6}\boldsymbol{T}_E^{-1}} \tag{4-12}$$

到

$$^{0}\boldsymbol{T}_6 = {^{0}\boldsymbol{T}_B}\,{^{B}\boldsymbol{P}_{i+1}}\,{^{6}\boldsymbol{T}_E^{-1}} \tag{4-13}$$

的运动。其中$^{6}\boldsymbol{T}_E$ 是工件坐标系 {E} 相对于末端连杆坐标系 {6} 的变换。$^{B}\boldsymbol{P}_i$ 和$^{B}\boldsymbol{P}_{i+1}$ 分别为两节点 P_i 和 P_{i+1} 相对于坐标系 {B} 的齐次变换，根据两节点之间的运动，可得到一系列的中间点，最终实现到目标值的运动。

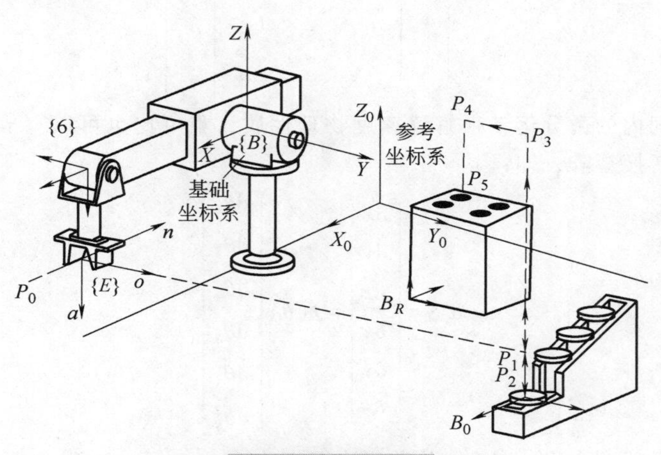

图 4-10 作业描述

2. 轨迹规划

工业机器人的轨迹规划是根据作业任务的要求计算出预期的运动轨迹，该轨迹依赖于速度和加速度。轨迹规划的一般过程如图 4-11 所示。

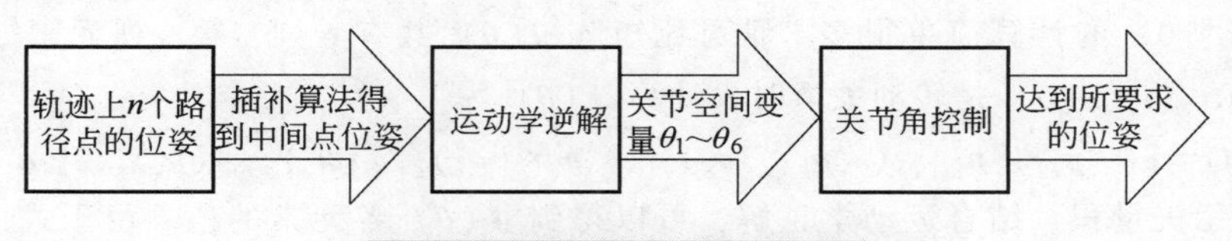

图 4-11 轨迹规划的一般过程

轨迹规划的方法主要分为笛卡儿空间轨迹规划和关节空间轨迹规划两类。笛卡儿空间轨迹规划也称为任务空间轨迹规划，是对机器人末端作业空间的轨迹进行规划。在笛卡儿空间中进

行轨迹规划，最重要的是把机器人末端的位姿、速度、加速度、加加速度表示成时间的函数。笛卡儿空间轨迹规划比较直观，机器人末端的轨迹易于观察，但计算量大，会耗费大量的运算时间。再者，在机械臂按照笛卡儿空间路径运动的过程中，难免会遇到奇异点，使得关节角度无法计算。

关节空间轨迹规划是在关节空间，将关节角度、角速度、角加速度以及角加加速度等表示成时间的函数，并添加静态约束条件如各关节运动范围等，以及动态阈值条件如力矩、角速度等。关节空间的控制以关节角度为输入，所以关节的轨迹规划在操作时比较简便。

五、工业机器人的速度和加速度描述

1. 速度描述

雅可比矩阵表示机构部件随时间变化的几何关系。机器人雅可比矩阵 $\boldsymbol{J}(\theta)$ 是机器人关节向末端传递运动速度的传动比矩阵。以6R型机器人为例，末端操作速度矢量记为${}^{e}\boldsymbol{V}$，有

$$
{}^{e}\boldsymbol{V}=\begin{bmatrix} v_x \\ v_y \\ v_z \\ w_x \\ w_y \\ w_z \end{bmatrix}=\boldsymbol{J}(\theta)\dot{\theta}=\boldsymbol{J}(\theta)\begin{bmatrix} \dot{\theta}_1 \\ \dot{\theta}_2 \\ \dot{\theta}_3 \\ \dot{\theta}_4 \\ \dot{\theta}_5 \\ \dot{\theta}_6 \end{bmatrix} \tag{4-14}
$$

如果从单位时间内的微分运动来解读速度物理性质，雅可比也可以写成关节空间和操作空间微分运动之间的转换矩阵，即

$$
\mathrm{d}^{e}\boldsymbol{S}=\begin{bmatrix} \mathrm{d}x \\ \mathrm{d}y \\ \mathrm{d}z \\ \delta x \\ \delta y \\ \delta z \end{bmatrix}=\boldsymbol{J}(\theta)\begin{bmatrix} \mathrm{d}\theta_1 \\ \mathrm{d}\theta_2 \\ \mathrm{d}\theta_3 \\ \mathrm{d}\theta_4 \\ \mathrm{d}\theta_5 \\ \mathrm{d}\theta_6 \end{bmatrix} \tag{4-15}
$$

其中 $\mathrm{d}^{e}\boldsymbol{S}$ 是末端微分运动矢量，$\mathrm{d}\boldsymbol{\theta}$ 是关节微分运动矢量。对于6R型工业机器人来说，雅可比矩阵应该是一个6×6阶的矩阵，前3行和后3行分别代表对机器人末端线速度和角速度的传递。

采用微分变换法对雅可比矩阵进行计算。由于没有单一的方程用来描述绕轴的运动，也没有方程可以用于描述绕三个轴的微分转动，无法直接计算 $\boldsymbol{J}(\theta)$。基于给定坐标系 $\{T\}$ 的 ${}^{T}\boldsymbol{J}(\theta)$ 计算要比基于 $\{0\}$ 的计算简单很多。雅可比矩阵 ${}^{T}\boldsymbol{J}(\theta)$ 共有6列，第 i 列元素 ${}^{T}\boldsymbol{J}_i(\theta)$ 由 ${}^{i-1}\boldsymbol{T}_6$ 决定。当关节 i（$i=1\sim6$）是转动关节时，计算 ${}^{T}\boldsymbol{J}_i(\theta)$ 为

$$
{}^{T}\boldsymbol{J}_i(\theta)=[({}^{i-1}\boldsymbol{p}_6\times{}^{i-1}\boldsymbol{n}_6)_z,({}^{i-1}\boldsymbol{p}_6\times{}^{i-1}\boldsymbol{o}_6)_z,({}^{i-1}\boldsymbol{p}_6\times{}^{i-1}\boldsymbol{a}_6)_z,{}^{i-1}(\boldsymbol{n}_z)_6,{}^{i-1}(\boldsymbol{o}_z)_6,{}^{i-1}(\boldsymbol{a}_z)_6]^{\mathrm{T}} \tag{4-16}
$$

符号“×”表示矢量积。结合运动学正解，可以得到 ${}^{T}\boldsymbol{J}_i(\theta)$ 各元素的值。由于式（4-16）的雅可比矩阵 $\boldsymbol{J}(\theta)$ 是基于极坐标系计算的，所以 ${}^{T}\boldsymbol{J}(\theta)$ 与 $\boldsymbol{J}(\theta)$ 的转换关系为

$$
\boldsymbol{J}(\theta)=\begin{bmatrix} {}^{0}\boldsymbol{R}_6 & 0 \\ 0 & {}^{0}\boldsymbol{R}_6 \end{bmatrix}{}^{T}\boldsymbol{J}(\theta) \tag{4-17}
$$

由此，得到雅可比行列式 $J(\theta)$，继而计算关节运动速度对末端操作速度的函数关系。

机器人末端相对于坐标系 {6} 的速度矢量定义为 $[{}^e\boldsymbol{v}, {}^e\boldsymbol{\omega}]^T$，${}^e\boldsymbol{J}(\theta)$ 为参考坐标系 {6} 的雅可比矩阵，有

$$\begin{bmatrix} {}^e\boldsymbol{v} \\ {}^e\boldsymbol{\omega} \end{bmatrix} = {}^e\boldsymbol{J}(\theta)\dot{\theta} = \begin{bmatrix} {}^e\boldsymbol{J}_{11} & 0 \\ {}^e\boldsymbol{J}_{21} & {}^e\boldsymbol{J}_{22} \end{bmatrix}\dot{\theta} \tag{4-18}$$

${}^e\boldsymbol{J}_{11}$ 等为该行列式的分块矩阵，当 ${}^e\boldsymbol{V}$ 在坐标系 {0} 中描述时，对应的速度向量为 $[{}^e_0\boldsymbol{v}, {}^e_0\boldsymbol{\omega}]^T$。

2. 加速度描述

回转关节有

$$\begin{aligned} {}^0\dot{\boldsymbol{\omega}}_i &= {}^0\dot{\boldsymbol{\omega}}_{i-1} + {}^0\boldsymbol{R}_i e_z \ddot{\boldsymbol{q}}_i + {}^0\boldsymbol{\omega}_{i-1} \times ({}^0\boldsymbol{R}_i e_z \dot{\boldsymbol{q}}_i) \\ {}^0\ddot{\boldsymbol{p}}_i &= {}^0\ddot{\boldsymbol{p}}_{i-1} + {}^0\dot{\boldsymbol{a}}_{i-1} \times ({}^0\boldsymbol{R}_{i-1}{}^{i-1}\boldsymbol{p}_i) + {}^0\boldsymbol{\omega}_{i-1} \times [{}^0\boldsymbol{\omega}_{i-1} \times ({}^0\boldsymbol{R}_{i-1})^{i-1}\boldsymbol{p}_i)] \end{aligned} \tag{4-19}$$

移动关节有

$$\begin{aligned} {}^0\dot{\boldsymbol{\omega}}_i &= {}^0\dot{\boldsymbol{\omega}}_{i-1} \\ {}^0\ddot{\boldsymbol{p}}_i &= {}^0\ddot{\boldsymbol{p}}_{i-1} + {}^0\boldsymbol{R}_i e_z \ddot{\boldsymbol{q}}_i + 2{}^0\boldsymbol{\omega}_{i-1} \times ({}^0\boldsymbol{R}_i e_z \dot{\boldsymbol{q}}_i) + \\ &\quad {}^0\dot{\boldsymbol{\omega}}_{i-1} \times ({}^0R_{i-1}{}^{i-1}p_i) + {}^0\omega_{i-1} \times [{}^0\omega_{i-1} \times ({}^0R_{i-1}{}^{i-1}p_i)] \end{aligned} \tag{4-20}$$

质心加速度为

$${}^0\ddot{\boldsymbol{S}}_i = {}^0\ddot{\boldsymbol{p}}_i + {}^0\dot{\boldsymbol{\omega}}_i \times ({}^0\boldsymbol{R}_i{}^i\boldsymbol{S}_i) + {}^0\dot{\boldsymbol{\omega}}_i \times [{}^0\dot{\boldsymbol{\omega}}_i \times ({}^0\boldsymbol{R}_i{}^i\boldsymbol{S}_i)] \tag{4-21}$$

式中 ${}^0\dot{\boldsymbol{\omega}}_i$——$\Sigma_i$ 坐标系在 Σ_0 坐标系的运动角速度；

${}^0\dot{\boldsymbol{p}}_i$——$\Sigma_i$ 坐标系在 Σ_0 坐标系的运动线速度；

$\dot{\boldsymbol{\omega}}_i$——关节 i 的运动速度；

${}^0\boldsymbol{R}_i$——Σ_i 在 Σ_0 的姿态阵；

${}^{i-1}\boldsymbol{p}_i$——Σ_i 原点在 $\Sigma_{(i-1)}$ 中的坐标向量；

$e_z = [0 \quad 0 \quad 1]^T$；

${}^0\ddot{\boldsymbol{S}}_i$——第 i 杆质心的加速度在 Σ_0 中度量；

${}^i\boldsymbol{S}_i$——第 i 杆质心到 Σ_i 坐标原点的向量在 Σ_i 中度量。

六、工业机器人的静力与动力分析

1. 静力学分析

机器人进行作业时，其末端执行器上作用有工作阻力（力矩），而机器人中的各驱动器则对各运动关节施加驱动力矩，驱使操作机运动。此外各杆件还将受到重力和惯性力的作用。当机器人在较低速度下工作时，惯性力常可略去不计。在不计惯性力的条件下，对操作机进行的力分析称为静力分析。当考虑惯性力的影响时，所进行的分析则称为动力分析。静力分析和动力分析是机器人操作机和控制器设计以及动态仿真的基础。进行机器人操作机设计时，往往首先进行初步的静力分析，为操作机的方案和结构设计提供依据。

静力学矩阵可描述为

$$\begin{bmatrix} {}^BF_C \\ {}^BM_C \end{bmatrix} = {}^B\boldsymbol{J}_C \begin{bmatrix} {}^CF_C \\ {}^CM_C \end{bmatrix} \tag{4-22}$$

$${}^B\boldsymbol{J}_C = \begin{bmatrix} {}^B\boldsymbol{R}_C & 0 \\ [{}^B\boldsymbol{P}_C] \times {}^B\boldsymbol{R}_C & {}^B\boldsymbol{R}_C \end{bmatrix} \tag{4-23}$$

$$
{}^{B}\boldsymbol{P}_{C}=\begin{bmatrix} 0 & -{}^{B}P_{Cz} & {}^{B}P_{Cy} \\ {}^{B}P_{Cz} & 0 & -{}^{B}P_{Cx} \\ -{}^{B}P_{Cy} & {}^{B}P_{Cx} & 0 \end{bmatrix} \tag{4-24}
$$

式中　　${}^{B}\boldsymbol{J}_{C}$——静力学雅可比矩阵；

${}^{B}P_{Cx}$、${}^{B}P_{Cy}$、${}^{B}P_{Cz}$——Σ_C 在 Σ_B 中的坐标值；

${}^{C}F_{C}$、${}^{C}M_{C}$——作用在 C 点的力和力矩在 Σ_C 中度量；

${}^{B}F_{C}$、${}^{B}M_{C}$——作用在 C 点的力和力矩在 Σ_B 中度量。

对于回转关节，有

$$
\boldsymbol{M}_i={}^{0}\boldsymbol{z}_i^{\mathrm{T}}\,{}^{0}\boldsymbol{M}_{\mathrm{m}}+({}^{0}\boldsymbol{z}_i\times{}^{0}\boldsymbol{p}_{i,\mathrm{m}})^{\mathrm{T}}\boldsymbol{F}_{\mathrm{m}}^{0} \tag{4-25}
$$

对于移动关节，有

$$
\boldsymbol{M}_i={}^{0}\boldsymbol{z}^{\mathrm{T}}{}_{i}\,{}^{0}\boldsymbol{M}_{\mathrm{m}} \tag{4-26}
$$

2. 动力学分析

动力分析常用牛顿欧拉运动方程式和拉格朗日运动方程式。对于复杂的操作机，运用拉格朗日运动方程式进行分析相对简单。定义拉格朗日函数为

$$
\mathrm{L}=K-P \tag{4-27}
$$

式中　L——拉格朗日算子；

K——动能；

P——势能。

于是有

$$
\tau=\frac{\mathrm{d}}{\mathrm{d}t}\left(\frac{\partial \mathrm{L}}{\partial \dot{\theta}}\right)-\frac{\partial \mathrm{L}}{\partial \theta} \tag{4-28}
$$

式中　τ——广义力，对于线运动为所有外力之和，对于转动为所有外力矩之和；

θ——系统变量。

一般多轴机器人最终的运动方程式为

$$
\tau=\boldsymbol{M}(\theta)\ddot{\theta}+\boldsymbol{c}(\theta,\dot{\theta})+\boldsymbol{g}(\theta) \tag{4-29}
$$

$$
\boldsymbol{M}(\theta)=\begin{bmatrix} M_{11} & M_{12} \\ M_{21} & M_{22} \end{bmatrix},\quad \boldsymbol{c}(\theta,\dot{\theta})=\begin{bmatrix} c_1 \\ c_2 \end{bmatrix},\quad \boldsymbol{g}(\theta)=\begin{bmatrix} g_1 \\ g_2 \end{bmatrix} \tag{4-30}
$$

式中　$\boldsymbol{M}(\theta)\ddot{\theta}$——惯性力；

$\boldsymbol{c}(\theta,\dot{\theta})$——离心力；

$\boldsymbol{g}(\theta)$——加在机械手上的重力项。

在机器人动力分析的基础上，可进一步分析机器人各关节的驱动功率。

七、工业机器人的运动与动力学设计举例

1. 正运动学实例

如图4-12a所示，SCARA装配机器人的三个关节轴线是相互平行的，{0}、{1}、{2}、{3}分别表示固定坐标系、连杆1的动坐标系、连杆2的动坐标系、连杆3的动坐标系，分别位于关节1、关节2、关节3和手部中心。坐标系{3}即为手部坐标系。连杆运动为旋转运动，连杆参数 θ_i 为变量，其余参数均为常量。

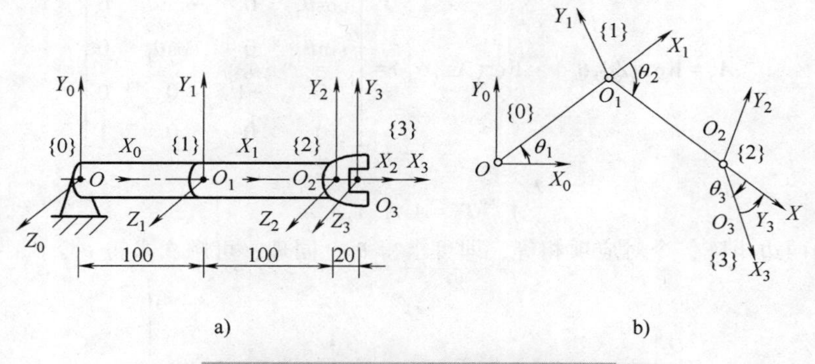

图 4-12　SCARA 装配机器人的坐标系

a）关节轴线相互平行　b）转角变量$\theta_1=30°$，$\theta_2=-60°$，$\theta_3=-30°$

该平面关节坐标式机器人的运动学方程为

$$\boldsymbol{T}_3=\boldsymbol{A}_1\boldsymbol{A}_2\boldsymbol{A}_3 \tag{4-31}$$

式中　$\boldsymbol{A}_1$——连杆 1 的坐标系相对于固定坐标系的齐次变换矩阵；

$\boldsymbol{A}_2$——连杆 2 的坐标系相对于连杆 1 坐标系的齐次变换矩阵；

$\boldsymbol{A}_3$——手部坐标系相对于连杆 2 坐标系的齐次变换矩阵。

$$A_1=\mathrm{Rot}(z_0,\theta_1)\cdot\mathrm{Trans}(l_1,0,0) \tag{4-32}$$

$$A_2=\mathrm{Rot}(z_1,\theta_2)\cdot\mathrm{Trans}(l_2,0,0) \tag{4-33}$$

$$A_3=\mathrm{Rot}(z_2,\theta_3)\cdot\mathrm{Trans}(l_3,0,0) \tag{4-34}$$

$\boldsymbol{T}_3$ 为手部坐标系（即末端执行器）的位姿。由于其可写成 4×4 的矩阵形式，把 θ_1、θ_2、θ_3 代入即可得向量 $\boldsymbol{p}$、$\boldsymbol{n}$、$\boldsymbol{o}$、$\boldsymbol{a}$。如图 4-12b 所示，当转角变量分别为 $\theta_1=30°$，$\theta_2=-60°$，$\theta_3=-30°$时，则可根据平面关节坐标式机器人运动学方程求解出运动学正解，即手部的位姿矩阵表达式为

$$\boldsymbol{T}_3=\begin{bmatrix}0.5 & 0.866 & 0 & 183.2\\ -0.866 & 0.5 & 0 & -17.32\\ 0 & 0 & 1 & 0\\ 0 & 0 & 0 & 0\end{bmatrix} \tag{4-35}$$

2. 逆运动学实例

逆运动学解决的问题是：已知手部的位姿，求各个关节的变量。在机器人的控制中，往往已知手部到达的目标位姿，需要求出关节变量，以驱动各关节的电动机，达到期望的手部位姿。如图 4-13 所示，以 6 自由度斯坦福（STANFORD）机器人为例，其连杆坐标系如图 4-14 所示，设坐标系{6}与坐标系{5}原点重合，其运动学方程为

$$\boldsymbol{T}_6=\boldsymbol{A}_1\boldsymbol{A}_2\boldsymbol{A}_3\boldsymbol{A}_4\boldsymbol{A}_5\boldsymbol{A}_6 \tag{4-36}$$

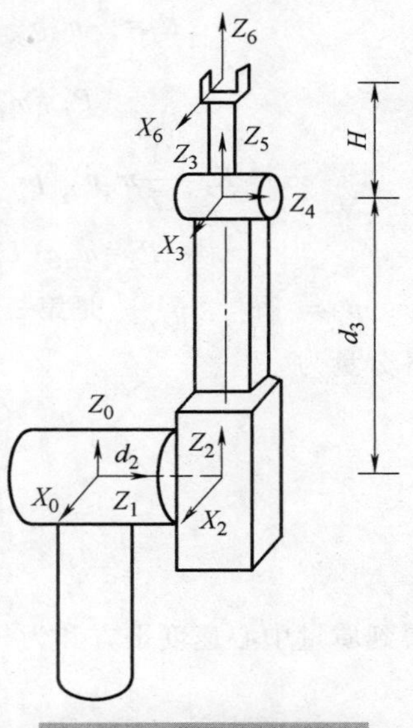

图 4-13　斯坦福机器人

给出 $\boldsymbol{T}_6$ 矩阵及各杆参数：连杆长度 a、扭角 α、连杆偏置 d，求关节变量 $\theta_1\sim\theta_6$，其中 $\theta_3=d_3$。其中，$\boldsymbol{A}_1$ 为坐标系{1}，相当于固定坐标系｛O｝的 Z_0 轴旋转 θ_1，然后绕自身坐标系 X_1 轴做 α_1 的旋转变换，$\alpha_1=-90°$，所以

$$A_1=\mathrm{Rot}(Z_0,\theta_1)\cdot\mathrm{Rot}(X_1,\alpha_1)=\begin{bmatrix}\cos\theta_1 & 0 & -\sin\theta_1 & 0\\ \sin\theta_1 & 0 & \cos\theta_1 & 0\\ 0 & -1 & 0 & 0\\ 0 & 0 & 0 & 1\end{bmatrix} \tag{4-37}$$

列出

$$A_1^{-10}T_6=A_2A_3A_4A_5A_6 \tag{4-38}$$

展开方程两边矩阵，令对应项相等，即可求得 θ_1；同理，可顺次求得 θ_2，$\theta_3\cdots$，θ_6。

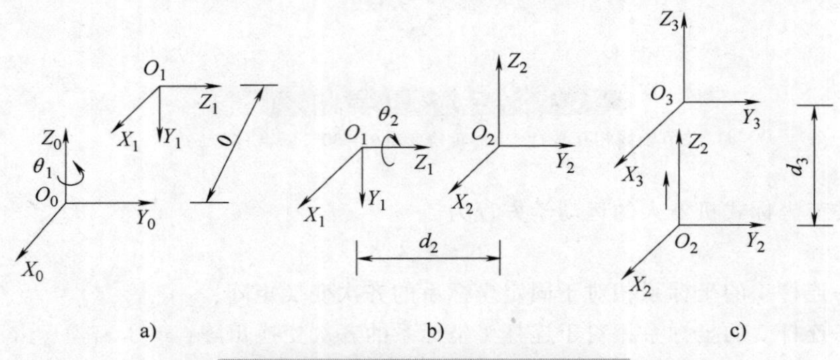

图 4-14　斯坦福机器人的连杆坐标系

3. 动力学实例

以图4-15所示2自由度机械手为例，进行动力学分析。

第一个和第二个连杆的动能和势能分别为 K_1、K_2、P_1、P_2，有

$$K_1=\frac{1}{2}m_1\dot{p}_{c_1}^{\mathrm{T}}\dot{p}_{c_1}+\frac{1}{2}I_{c_1}\dot{\theta}_1^2 \tag{4-39}$$

$$P_1=m_1gL_{c_1}S_1 \tag{4-40}$$

$$K_2=\frac{1}{2}m_2\dot{p}_{c_2}^{\mathrm{T}}\dot{p}_{c_2}+\frac{1}{2}I_{c_2}(\dot{\theta}_1+\dot{\theta}_2)^2 \tag{4-41}$$

$$P_2=m_2g(L_1S_1+L_{c_2}S_{12}) \tag{4-42}$$

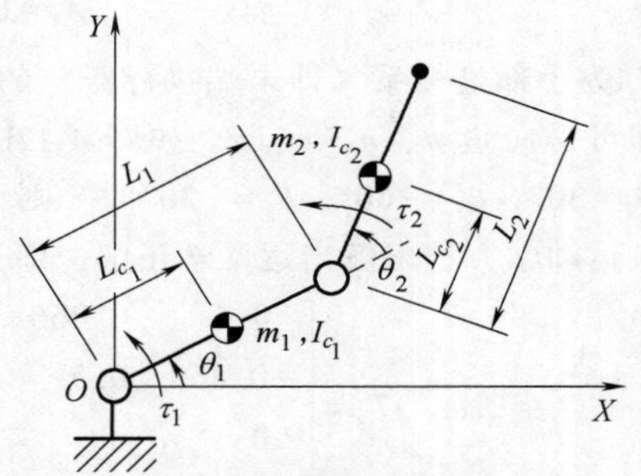

图 4-15　2自由度机械手

$p_{c_i}=[p_{c_ix},\ p_{c_iy}]^{\mathrm{T}}$ 是第 i 个连杆质量中心的位置向量，各分量为

$$p_{c_1x}=L_{c_1}C_1 \tag{4-43}$$

$$p_{c_1y}=L_{c_1}S_1 \tag{4-44}$$

$$p_{c_2x}=L_1C_1+L_{c_2}C_{12} \tag{4-45}$$

$$p_{c_2y}=L_1S_1+L_{c_2}S_{12} \tag{4-46}$$

得到质量中心速度平方和为

$$\dot{p}_{c_1}^{\mathrm{T}}\dot{p}_{c_1}=L_{c_1}^2\dot{\theta}_1^2 \tag{4-47}$$

$$\dot{p}_{c_2}^{\mathrm{T}}\dot{p}_{c_2}=L_1^2\dot{\theta}_1^2+L_{c_2}^2(\dot{\theta}_1+\dot{\theta}_2)^2+2L_1L_{c_2}C_2(\dot{\theta}_1^2+\dot{\theta}_1\dot{\theta}_2) \tag{4-48}$$

通过

$$L=K_1+K_2-P_1-P_2 \tag{4-49}$$

代入拉格朗日方程式整理得到

$$M(\theta)\ddot{\theta}+c(\theta,\dot{\theta})+g(\theta)=\tau \tag{4-50}$$

第三节　工业机器人驱动与传动系统设计

要使机器人运行，需给机器人各个关节即每个运动自由度安装传动装置，同时需要提供机器人各部位、各关节动作的原动力。

一、工业机器人的驱动系统设计

工业机器人的驱动系统是带动操作机各运动副的动力源，常用的驱动方式包括电动机驱动、液压驱动、气压驱动三种，还有把它们结合起来应用的综合方式。工业机器人主要驱动方式的性能特点比较见表4-2。

表 4-2　工业机器人主要驱动方式的性能特点比较

驱动方式	性能特点				
	输出功率和使用范围	控制性能和安全性	结构性能	安装和维护要求	效率与制造成本
气压驱动	气压较低，输出功率小，当输出功率增大时，结构尺寸将增大，适于中小型、快速驱动	压缩性大，对速度、位置精确控制困难，阻尼效果差，低速不易控制，排气有噪声，泄漏对环境无影响	结构体积较大，易于标准化，易实现直接驱动，密封问题不突出	安装要求不高，能在恶劣环境中工作，维护方便	成本低，效率低（为0.15～0.2），气源方便，结构简单
液压驱动	油压高，可获得较大的输出功率，适于重型、低速驱动	液体不可压缩，压力、流量易控制，反应灵敏，可无级调速，能实现速度、位置的精确控制，传动平稳，泄漏污染环境	结构尺寸较气动要小，易于标准化，易实现直接驱动，密封问题显得重要	安装要求高（防泄漏），要配置液压源设备，安装面积大，维护要求较高	成本高，效率中等（为0.3～0.6），管路结构较复杂
电动机驱动：交、直流普通电动机	输出力较大，适用于抓取重量较重而速度低的中型、重型机器人的驱动	控制性能差，惯性大，不易精确定位，对环境无影响	电动机驱动易实现标准化，需减速装置，传动体积较大	安装维修方便	成本低，效率为0.5左右
电动机驱动：步进、伺服电动机	步进电动机输出力较小，伺服电动机可大一些，适用于运动控制要求严格的中小型机器人	控制性能好，控制灵活性强，可实现速度、位置的精确控制，对环境无影响	体积小，需减速装置	维修使用较复杂	成本较高，效率为0.5左右

1. 电动机驱动

图4-16所示为电动机驱动系统的组成。电动驱动装置的能源简单，速度变化范围大，效率高，速度和位置精度都很高。其多与减速装置相连，直接驱动比较困难。电动驱动装置又可分为直流（DC）电动机驱动、交流（AC）伺服电动机驱动和步进电动机驱动。直流伺服电动机

的原理是：电枢气流与气隙磁通的作用产生电磁转矩，使伺服电动机转动。交流伺服电动机驱动中，将交流电信号转换为轴上的角位移或角速度。步进电动机驱动多为开环控制，控制简单但功率不大，多用于低精度小功率机器人系统。

直流伺服电动机分为有刷和无刷两种。有刷直流伺服电动机成本低、结构简单、起动转矩大，调速范围宽。无刷直流伺服电动机体积小、重量轻、出力大、响应快、速度高、惯量小、转动平滑、力矩稳定、容易实现智能化，并且其电子换相方式灵活，可以方波换相或正弦波换相，效率很高。

交流伺服电动机由定子和转子构成。定子上有励磁绕组和控制绕组，这两个绕组在空间相差90°电角度。伺服电动机内部的转子是永磁铁，驱动器控制的U/V/W三相电形成电磁场，转子在此磁场的作用下转动。

步进电动机是一种将电脉冲信号转换成机械角位移的机电执行元件。当有脉冲信号输入时，每个输入脉冲对应电动机的一个固定转角。它是唯一能够以开环结构用于机器人的伺服电动机。

2. 液压驱动

液压驱动通过液压缸体和活塞杆的相对运动实现直线运动。其优点为功率大、结构紧凑、刚性好、响应快、伺服驱动精度较高，可省去减速装置而直接与被驱动的杆件相连；缺点是需要增设液压源，易产生液体泄漏，不适合高、低温场合。液压驱动目前多用于特大功率的机器人系统。液压驱动中所使用的压力为0.5~14MPa，最高可达20~30MPa，但机器人中多采用0.6~7MPa。液压系统的工作温度一般控制在30~80℃为宜。图4-17所示为液压系统及其组成部件示意。

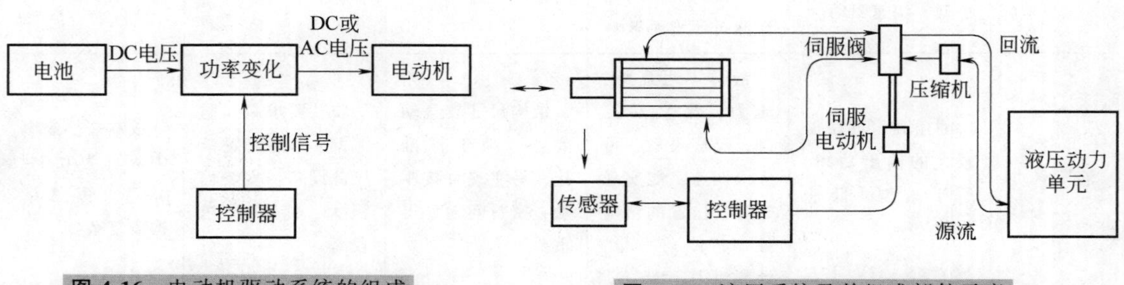

图4-16　电动机驱动系统的组成

图4-17　液压系统及其组成部件示意

3. 气压驱动

气压驱动具有速度快、系统结构简单、维修方便、价格低等特点，适于在中、小负荷的机器人中采用。但其难于实现伺服控制，多用于程序控制的机器人中，如上、下料和冲压机器人。与液压驱动装置相比，气压驱动系统功率较小、刚度差、噪声大、速度不易控制，所以多用于精度不高的点位控制机器人。气压驱动的机器人使用的空气压力通常为0.4~0.6MPa，最高可达10MPa。

二、工业机器人的传动系统设计

工业机器人的运动是由驱动系统经各种机械传动装置减速后（若采用直接驱动系统，则不配置减速装置）实现的。传动部件是构成工业机器人的重要部件，用户要求机器人速度高、加/减速度特性好、运动平稳、精度高，这跟传动部件设计的合理性有直接关系。工业机器人中常用的机械传动机构有齿轮传动、蜗杆传动、滚珠丝杠螺母副传动、同步带传动、链传动、绳传动和钢带传动等。在工业机器人中，齿轮传动较为常见，其比较常用的齿轮传动减速装置有谐波传动减速装置和 RV 传动减速装置。

（一）谐波传动减速装置

谐波减速器是谐波传动减速装置的一种，主要用于负载小的工业机器人或大型机器人末端。谐波减速器主要包括刚轮、柔轮、轴承和波发生器。其中，刚轮的齿数略多于柔轮的齿数，通常多 2 个齿；柔轮的外径略小于刚轮的内径。波发生器的椭圆形形状决定了柔轮和刚轮的轮齿接触点分布在介于椭圆中心的两个对立面。波发生器转动的过程中，柔轮和刚轮轮齿接触部分开始啮合。波发生器每顺时针旋转 180°，柔轮就相对于刚轮逆时针旋转 1 个齿数差。在 180°对称的两处，全部齿数的 30%以上同时啮合，这也实现了其高转矩传递。

1. 工作原理

谐波齿轮传动是基于一种变形原理，即通过柔轮变形时其径向位移和切向位移间的转换关系，从而实现传动机构的力和运动的转换。谐波齿轮传动通过柔轮所产生的可控弹性变形来传递运动和动力，可实现减速或增速（固定传动比），也可实现两个输入一个输出，组成差动传动。

当刚轮固定，波发生器为主动，柔轮为从动时，柔轮在椭圆凸轮的作用下产生变形，在波发生器长轴两端的柔轮轮齿与刚轮轮齿完全啮合；在短轴两端的柔轮轮齿与刚轮轮齿完全脱开；在波发生器长轴与短轴之间的区域，柔轮轮齿与刚轮轮齿有的处于半啮合状态（称为啮入），有的则逐渐退出啮合处于半脱开状态（称为啮出）。由于波发生器的连续转动，使得啮入、完全啮合、啮出、完全脱开这四种情况依次循环变化。由于柔轮比刚轮的齿数少 2，所以当波发生器转动一周时，柔轮向相反方向转过两个齿的角度，从而实现了大的减速比。图 4-18 所示为谐波齿轮传动啮合过程。

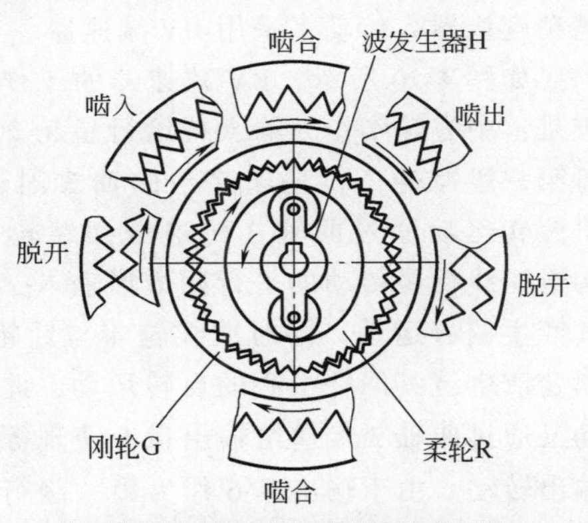

图 4-18 谐波齿轮传动啮合过程

2. 传动比计算

在传动过程中，波发生器转一周，柔轮上某点变形的循环次数称为波数，用 n 表示。常用的是双波和三波两种，双波传动的柔轮应力较小，结构比较简单，易于获得大的传动比，为目前应用最广的一种。从传动效率考虑和实际应用需要，常用的谐波齿轮传动可分为以下两种情况。

1）波发生器主动，刚轮固定，柔轮从动时，波发生器与柔轮的减速传动比为

$$i_{HR}^{G}=\frac{n_H}{n_R}=-\frac{z_R}{z_G-z_R} \tag{4-51}$$

式中 z_G、z_R——刚轮与柔轮的齿数；

n_H、n_R——波发生器和柔轮的转速。

2）波发生器主动，柔轮固定，刚轮从动时，波发生器和刚轮的减速传动比为

$$i_{HG}^{R}=\frac{n_H}{n_G}=\frac{z_G}{z_G-z_R} \tag{4-52}$$

式中 n_G——刚轮的转速，其他变量含义同式（4-51）。

波发生器固定时，若刚轮主动而柔轮从动，其传动比略大于 1；反之，柔轮主动而刚轮从动时，其传动比略小于 1。而当波发生器从动时，无论刚轮固定、柔轮主动，还是柔轮固定、刚轮

主动，均具有较大的增速传动比。

3. 工业机器人中的应用

由于谐波减速传动装置具有传动比大（一级谐波齿轮减速比可以达到50~500，采用多级或复波式传动时，传动比可以更大）、承载能力强、传动精度高、传动平稳、效率高（一般可达0.70~0.90）、体积小、重量轻等优点，已广泛用于工业机器人中。目前工业机器人中常用的谐波减速器有带杯形柔轮的谐波传动、带环形柔轮的外啮合复波式谐波传动和带环形柔轮的谐波减速传动三种传动形式。

（二）RV传动减速装置

1. 工作原理

RV减速器由一个行星齿轮减速机的前级和一个摆线针轮减速机的后级组成，是以中心圆盘支承结构为特征的二级减速器，如图4-19所示。相比机器人中常用的谐波减速传动装置，其疲劳强度、刚度和寿命高，且回差精度稳定，不像谐波齿轮传动装置那样随着使用时间增长运动精度显著降低，故高精度机器人传动多采用RV减速器。

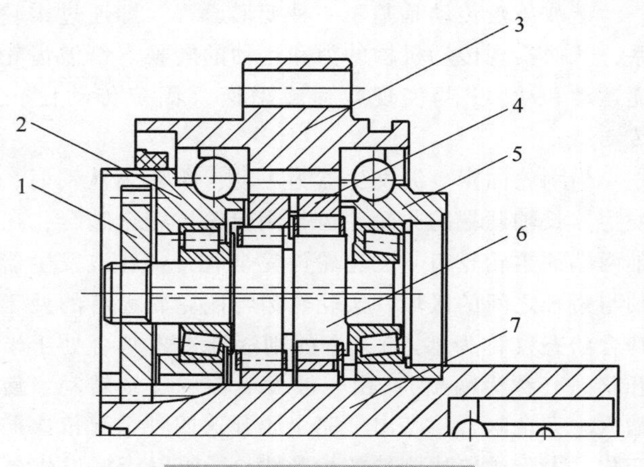

图4-19　RV减速器的结构

1—直齿轮　2—输出机构　3—外壳　4—摆线轮　5—法兰　6—曲轴　7—输入轴

如图4-20所示，RV减速器的工作原理是：中心轮1作为输入传给行星轮2进行第一级减速。行星轮2与曲轴3固连，将旋转运动通过曲轴3传递给摆线轮4，构成摆线行星传动的平行四边形输入，使其产生偏心运动。同时摆线轮4与针轮5啮合产生绕其回转中心的自转运动，此运动又通过曲轴3传递给输出盘6实现等速输出转动。由于输出盘6作为第一级行星齿轮传动的行星架，因此其运动也将通过曲轴3反馈给第一级差动机构形成运动封闭。

2. 传动比计算

如图4-20所示，RV传动减速器为二级减速，第一级为行星轮传动，第二级为滚针轮少差

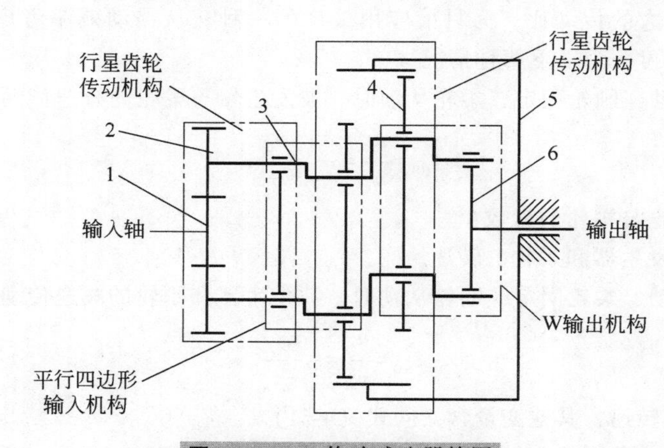

图4-20　RV传动减速器简图

1—中心轮　2—行星轮　3—曲轴　4—摆线轮　5—针轮　6—输出盘（行星架）

齿传动。当行星轮自转一周的时候，第二级转动一个齿，这就是所谓的少差齿。滚针轮转动方向与行星轮自转方向相反，即输入轴和输出轴转动方向同向。传动比为 i=外圈滚针数×行星轮齿数/太阳轮齿数。外圈滚针数=滚针轮齿数+1，用于增大啮合线长度，增加负载性能。

第一级行星传动比为

$$i_{12}^{6}=\frac{n_1-n_6}{n_2-n_6}=-\frac{z_2}{z_1} \tag{4-53}$$

第二级摆线针轮行星传动比为

$$i_{45}^{3}=\frac{n_4-n_3}{n_5-n_3}=\frac{z_5}{z_4} \tag{4-54}$$

由其传动原理可知，二级系杆转速等于一级传动的行星轮转速，即 $n_3=n_2$。行星架的转速等于摆线轮的自转转速，即 $n_6=n_4$。因此，RV 减速器的传动比为

$$i_{16}=\frac{n_1}{n_6}=1+\frac{z_2z_5}{z_1(z_5-z_4)} \tag{4-55}$$

式中　z_1——输入轴太阳轮齿数；

z_2——行星轮齿数；

z_4——摆线轮齿数；

z_5——针轮齿数。

由式（4-55）可以看出，RV 减速器的传动比不等于两级速比的乘积。行星轮自转方向与公转方向相反，且当公转一转时，才自转（z_5-z_4）/z_4 转，即

$$\frac{n_6}{n_3}=-\frac{z_5-z_4}{z_4} \tag{4-56}$$

3. RV 减速器在机器人中的应用

RV 减速器具有抗冲击力强、转矩大、定位精度高、振动小、减速比大等优点，广泛应用于工业机器人和机床等设备。为了进一步满足关节小型化、轻量化的要求，设计出了主轴承内装形式的 RV 减速器，即 RV-A 系列减速器。这种 RV-A 系列减速器重量轻、构件少、成本低，同时不需要严格控制装配精度，减少了组装工时和装配失误带来的麻烦。起初，RV-A 系列减速器是作为机器人的手腕关节部件而研制的，但由于其成本低廉，现在不仅应用于手腕关节，还应用于肩、胳膊等关节。

（三）其他传动装置

1. 滚珠丝杠螺母副传动

丝杠螺母副是把回转运动变换为直线运动的重要传动部件。由于丝杠螺母机构是连续的面接触，因此传动中不会产生冲击，传动平稳，无噪声，并且能自锁。丝杠的螺旋升角较小，所以用较小的驱动力矩即可获得较大的牵引力。但丝杠螺母副的螺旋面之间的摩擦为滑动摩擦，故传动效率低。滚珠丝杠采用滚珠滚动代替普通丝杠螺母的滑动，故其传动效率高，而且传动精度和定位精度均很高，在传动时灵敏度和平稳性亦很好；由于磨损小，使用寿命比较长。缺点是不能自锁。滚珠丝杠及螺母的材料对热处理和加工工艺要求高，故成本较高。

2. 活塞缸和齿轮齿条传动

齿轮齿条机构是通过齿条的往复移动，带动与手臂连接的齿轮做往复回转运动，即实现手臂的回转运动。带动齿条往复移动的活塞缸可以由压力油或压缩空气驱动。

3. 链传动、同步带传动、绳传动和钢带传动

这四种传动方式常用在机器人采用远距离传动的场合。链传动具有高的载荷/重量比；同步带传动与链传动相比重量轻、传动均匀、平稳；绳传动广泛应用于机器人的手爪开合传动上，特别适合有限行程的运动传递；钢带传动是把钢带末端紧固在驱动轮和被驱动轮上，适合于有限行程的传动。

第四节 工业机器人的机械结构系统设计

工业机器人机械结构系统由机身、手臂、手腕和末端执行器等部分组成。机身是机器人的基础部分，起支承作用。手臂、手腕由驱动系统通过传动机构带动，以实现机器人末端执行器在空间中所要求的位置和姿态。

由于机器人系统自由度数目多，其机械系统结构也比较复杂。下面分别介绍工业机器人的机身、手臂、手腕以及末端执行器的结构特点和设计。

一、工业机器人的机身

工业机器人的机身是机器人手臂的支承部分，是直接连接、支承和转动手臂的部件。

（一）设计要求

1）要有足够大的安装基面，以保证机器人工作时整体的稳定性。

2）机器人机身的腰部轴及轴承的结构要有足够大的强度和刚度，以保证其承载能力。

3）特别注意轴系及传动链的精度与刚度，以保证末端执行器的运动精度。

（二）典型机身结构

工业机器人机身由手臂运动（升降、平移、回转和俯仰）机构及有关的导向装置、支承件等组成。

1. 回转与升降型机身

1）回转运动采用摆动液压缸驱动，回转液压缸在下，升降液压缸在上，相比之下，回转液压缸的驱动力矩要设计得大一些，如图4-21a所示。

2）回转运动采用摆动液压缸驱动，升降液压缸在下，回转液压缸在上。因摆动液压缸安置在升降活塞杆的上方，故活塞杆的尺寸要加大。

3）链条传动机构。链条传动是将链条的直线运动变为链轮的回转运动，它的回转角度可大于360°，如图4-21b所示。

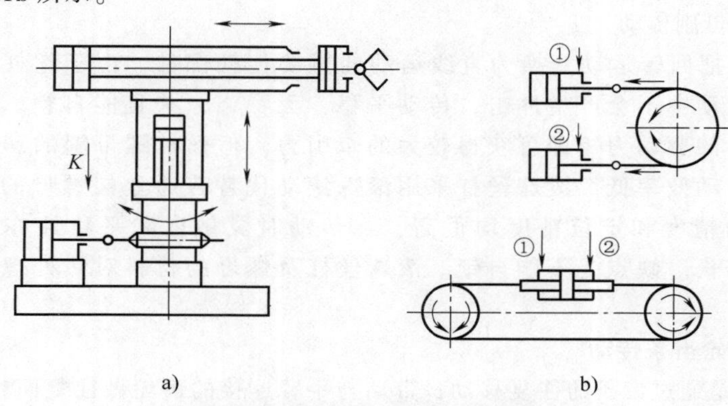

图 4-21 回转与升降型机身结构

a）回转液压缸在下、升降液压缸在上型机身 b）链条传动

回转升降型机身结构的工作原理是：图 4-22 所示回转升降型机身包括两个运动，即机身的回转和升降。机身回转机构置于升降液压缸 5 之上，手臂部件与回转液压缸 5 的上端盖连接，回转缸液压 1 的动片与升降液压缸 5 的活塞杆为一体。活塞杆采用空心，内装一花键轴套和花键轴 3 配合，活塞升降由花键轴 3 导向。花键轴 3 与升降液压缸 5 的下端盖用键来固定，下端盖与连接地面的底座固定。这样就固定了花键轴 3，也就通过花键轴 3 固定了活塞杆。这种结构中的导向杆在内部，因此比较紧凑。

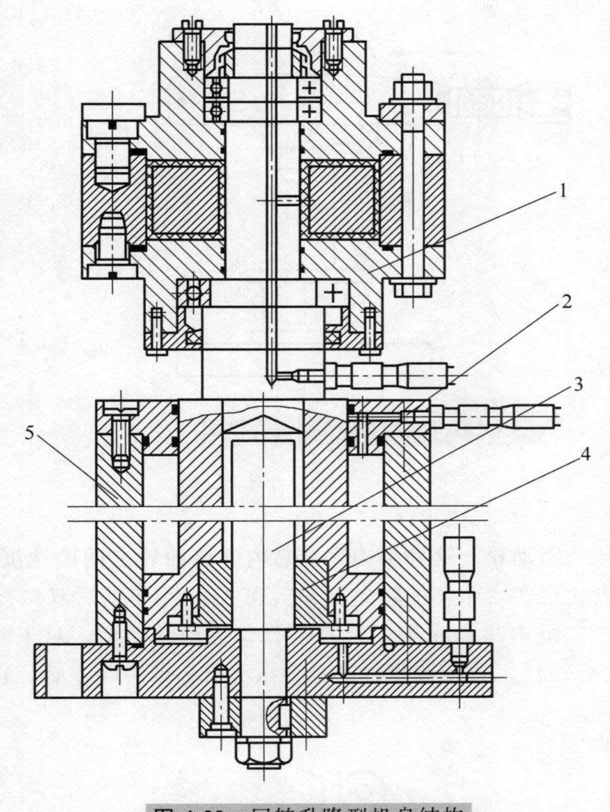

图 4-22　回转升降型机身结构

1—回转液压缸　2—活塞　3—花键轴
4—花键轴套　5—升降液压缸

2. 回转与俯仰型机身

俯仰型机身结构由实现左右回转的手臂和上下俯仰的部件组成，其用手臂的俯仰运动部件代替手臂的升降运动部件。机器人俯仰运动大多采用摆式直线缸驱动，一般采用活塞缸与连杆机构实现。手臂俯仰运动用的活塞缸位于手臂的下方，活塞杆和手臂用铰链连接，缸体采用尾部耳环或中部销轴等方式与立柱连接，如图 4-23 所示。此外，也可采用无杆活塞缸驱动齿条齿轮或四连杆机构实现手臂的俯仰运动。

3. 移动式机身

移动式机身是一种可以移动的平台载体，可在规定的较大工作场所完成事先为其规划好的工作任务。根据移动机构的不同类型，又可以分为轮式移动机身、履带式移动机身和步足移动机身等。在机械制造领域，移动式机身以轮式移动机身中的自动导航车（Automated Guided Vehicle，AGV）出现的形式最多，其功能是：末端执行器上装载货物，即物料，如毛坯、半成品、成品工件、刀具、夹具等，按照导航及控制装置要求的路径，通过车轮相对地面自动行驶，将货物运送到作业站点（如加工装备、检测装备、仓储装备等工作站点）。

（1）轮式移动机身的分类　可以根据轮子约束类型将轮式移动机身划分为两种：非完整约束类型移动机身和完整约束移动机身。非完整约束类型移动机身不能够实现全方位移动，其轮式结构主要是普通车辆橡胶轮。完整约束条件下的全方位移动机身的轮式结构则不同，其轮式结构较为特殊，种类也比较复杂，主要有瑞典轮、连续切换轮和正交轮等。完整约束条件下的全方位移动机身拥有独特的行走方式和灵活的移动方式，广泛应用于工业领域中通道狭窄、空间有限的环境。不论是完整约束类型还是非完整约束类型的移动机身，都存在多种轮式分类。其中，最为常见的是两轮式移动机身、三轮式移动机身以及四轮式移动机身，如图 4-24～图 4-26 所示。

（2）AGV 运动学　图 4-27 所示为用运动功能图形符号描述的 AGV 运动原理。该 AGV 有两组差速驱动转向装置，每组通过承重回转支承与车体连接，每个车轮装备一个驱动电动机，其

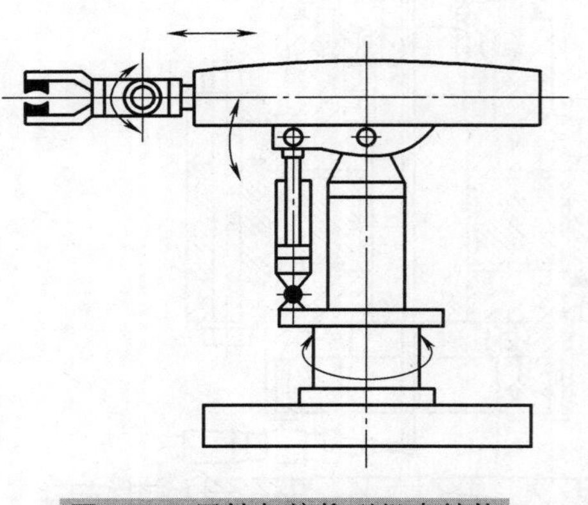

图 4-23　回转与俯仰型机身结构

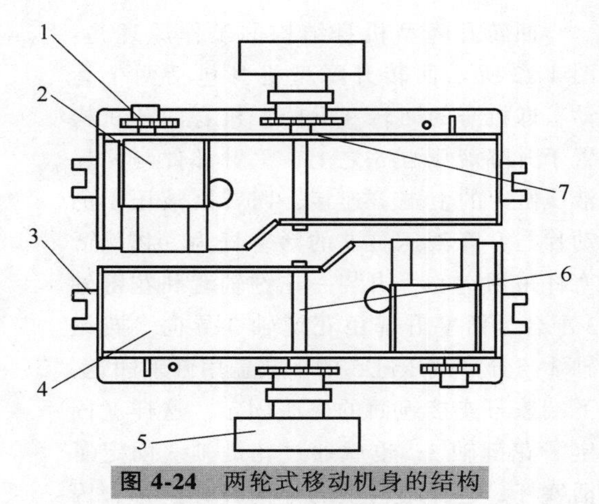

图 4-24　两轮式移动机身的结构

1—链轮　2—电动机　3—直线导轨　4—驱动壳体　5—驱动轮　6—传动轴　7—轴承

他为随动轮。这种结构完全靠内外转向轮之间的速度差来实现转向。通过控制后面两个轮的速度比可实现车体的转向，并实现 AGV 小车前后双向行驶和转向。

图 4-28 所示为两轮差速驱动运动学模型。对于两轮差速驱动移动机身，C 为机身的质心，$(X_C,\ Y_C)$ 为质心坐标，R 为驱动轮半径，$\boldsymbol{P}=[X_C,\ Y_C,\ \theta]^{\mathrm{T}}$ 为机身的位姿向量。

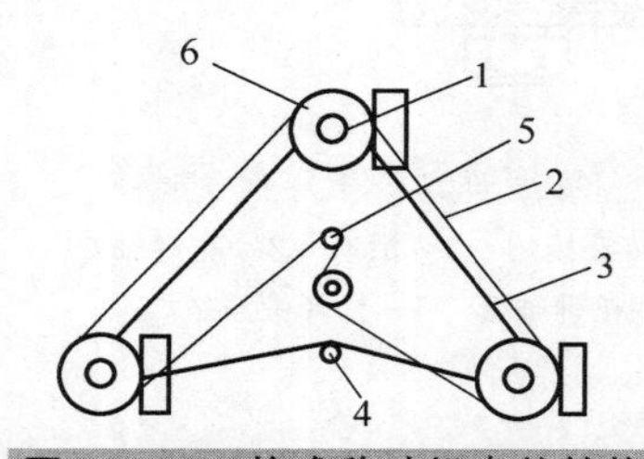

图 4-25　三轮式移动机身的结构

1—导向轮　2—导向带　3—传动带　4—驱动电动机　5—导向电动机　6—主动轮

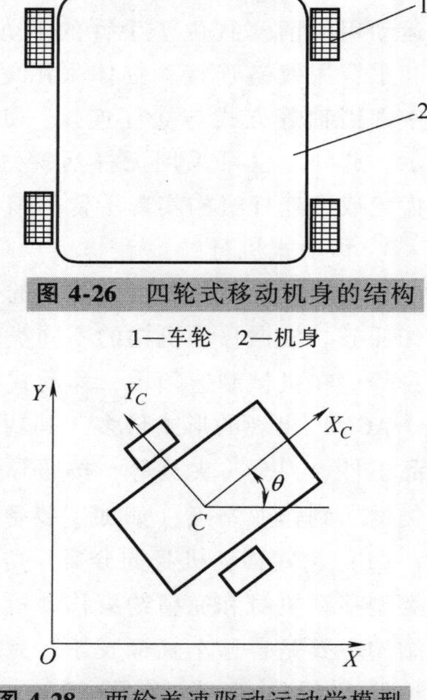

图 4-26　四轮式移动机身的结构

1—车轮　2—机身

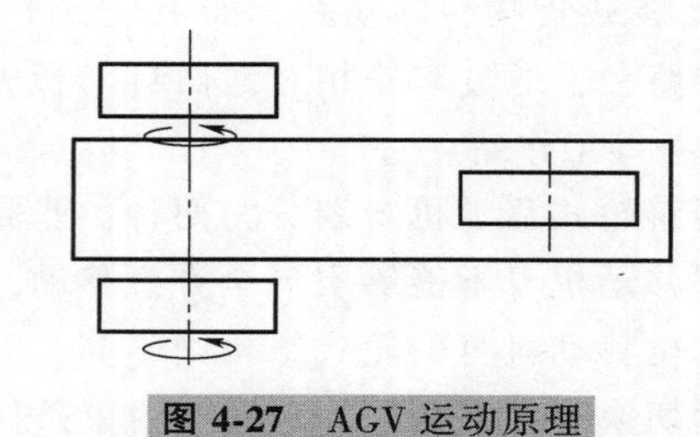

图 4-27　AGV 运动原理

图 4-28　两轮差速驱动运动学模型

两轮差速驱动移动机身的运动学方程为

$$\begin{bmatrix} v \\ \omega \end{bmatrix} = \begin{bmatrix} \dfrac{1}{2} & \dfrac{1}{2} \\ \dfrac{1}{l} & -\dfrac{1}{l} \end{bmatrix} \begin{bmatrix} v_{\mathrm{R}} \\ v_{\mathrm{L}} \end{bmatrix} \tag{4-57}$$

$$\begin{bmatrix} \dot{X}_C \\ \dot{Y}_C \\ \dot{\theta} \end{bmatrix} = \begin{bmatrix} \sin\theta & 0 \\ \cos\theta & 0 \\ 0 & 1 \end{bmatrix} \begin{bmatrix} v \\ \omega \end{bmatrix} \tag{4-58}$$

式中 v——机身质心 C 处的线速度；

ω——机身质心 C 处的转向角速度；

v_L 和 v_R——机身的左、右驱动轮线速度；

θ——方向角，即机身的运动方向与 X 轴的夹角；

l——机身两轮间距。

（3）多 AGV 调度　机械制造车间通常由多个 AGV 实现配送调度，其大都由装配区和配件区两部分组成。装配区主体为设备装配线，线上包含多个工位，每个工位旁设有缓存区，用以临时存放装配所需配件和相关材料。缓存区空间有限，存货过多会影响工人活动或者阻碍工位旁交通，降低生产率；存货不足则无法完成装配任务，导致生产停滞。配件区按照生产计划和当前工位需求为装配区各工位配送所需配件和相关材料。配送工具选用多辆 AGV，当多个工位同时发出配送请求时，调度中心需要根据优化目标确定将任务按照何种顺序分配给哪些 AGV 完成。整体逻辑结构如图 4-29 所示。

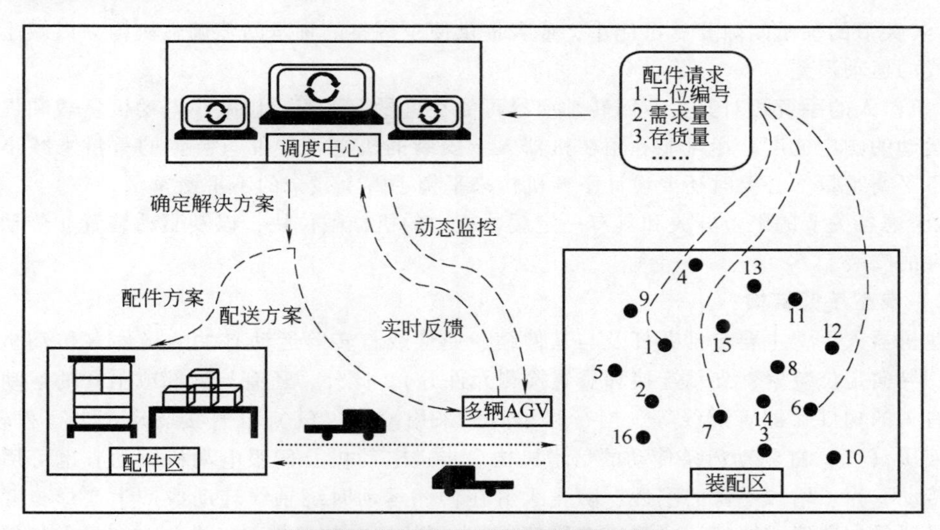

图 4-29　多 AGV 调度整体逻辑结构

在实际生产过程中由于制造装配车间的多 AGV 任务调度问题较为复杂，因此做如下假设。

1）配件区到装配区各工位以及装配区各工位之间的路径固定且距离已知。

2）可供调度的 AGV 的数量已知。

3）每个工位发出的配件请求由且只由一台 AGV 接受并执行，不可重复执行。

4）所有 AGV 的型号相同，并且有足够的负载能力。

5）所有 AGV 初始停放在配件区，完成所有配送任务后返回出发点。

6）每台 AGV 可同时接受多个工位的配件请求并按顺序完成，完成一项任务后直接前往下一个请求工位，中途不返回配件区。

7）所有 AGV 电量充足，且行驶过程中不会发生冲突、碰撞以及运行故障等问题。

该调度问题的优化目标是在满足约束条件的前提下，所有 AGV 完成全部配送任务的总行驶距离最短。装配区工位根据实际加工任务及当前配件储量不定时向调度中心发出配货请求。调度中心确定配件方案并发送到配件区，配件区完成配件后，通过多台 AGV 完成配送任务。

二、工业机器人的手臂

关节式工业机器人的手臂是由关节连在一起的多个机械连杆的集合体，实质上是一个拟人手臂的空间开链式机构，一端固定在机身上，另一端连接手腕。

（一）设计要求

1）尽可能使手臂各关节轴相互平行，相互垂直的轴相交于一点，以简化机器人正逆运动学计算。

2）结构尺寸应满足机器人工作空间的要求。工作空间的形状和大小与机器人手臂的长度、手臂关节的转动范围有密切的关系。但机器人手臂末端工作空间并没有考虑机器人手腕的空间姿态要求，如果对机器人手腕的姿态提出具体的要求，则其手臂末端可实现的空间要小于上述没有考虑手腕姿态的工作空间。

3）在保证机器人手臂有足够强度和刚度的条件下，选用轻质材料（高强度铝合金、碳纤维复合材料等），并进行结构轻量化设计，减轻机器人手臂的重量，以提高机器人的运动速度与控制精度。

4）各关节的轴承间隙要尽可能小，或者提供便于调整的轴承间隙调整机构，以减小机械间隙所造成的运动误差。

5）机器人的手臂相对其关节回转轴应尽可能在重量上平衡，以减小电动机负载和提高机器人手臂运动的响应速度。尽可能利用在机器人上安装的机电元器件与装置的重量来减小机器人手臂的不平衡重量，必要时还要设计平衡机构来平衡手臂上残余的不平衡重量。

6）考虑各关节的限位开关和具有一定缓冲能力的机械限位块，以及驱动装置、传动机构及其他元件的安装。

（二）典型手臂结构

工业机器人手臂主要包括臂杆及与其伸缩、屈伸或自转等运动有关的构件（传动机构、驱动装置、导向定位装置、支承连接和位置检测元件等）。此外，还有与腕部或手臂的运动和连接支承等有关的构件、配管配线等。当行程小时，采用液压（气）缸直接驱动；当行程较大时，可采用液压（气）缸驱动齿条传动的倍增机构、步进电动机及伺服电动机驱动，也可用滚珠丝杠螺母传动。为了增加手臂的刚性，防止手臂在伸缩运动时绕轴线转动或产生变形，臂部伸缩机构需设置导向装置或臂杆（方形、花键等）。常用的导向装置有单导向杆和双导向杆等。

1. 手臂直线运动机构

机器人手臂的伸缩、升降及横向（或纵向）移动均属于直线运动，而实现手臂往复直线运动的机构很多，常用的有活塞液压（气）缸、活塞缸和齿轮齿条机构、滚珠丝杠螺母机构及活塞缸和连杆机构等形式。如图 4-30 所示，手臂的垂直伸缩运动由液压缸 3 驱动，其特点是行程长，能够抓取的重量大，适合于抓举工件形状不规则、有偏转力矩的场合。工件形状不规则时，为了防止产生较大的偏转力矩，可采用 4 根导向柱，这种结构多用于箱体加工线上。

2. 手臂俯仰和回转机构

机器人的手臂俯仰运动，一般采用活塞缸与连杆机构来实现。手臂俯仰运动用的活塞缸位于手臂的下方，其活塞杆和手臂用铰链连接，缸体采用尾部耳环或中部销轴等方式与立柱连接。如图 4-31 所示，采用铰接活塞缸 5、7 和连杆机构，使小臂 4 相对大臂 6 和大臂 6 相对立柱 8 实现俯仰运动。某些场合也采用无杆活塞缸驱动齿条齿轮或四连杆机构实现手臂的俯仰运动。

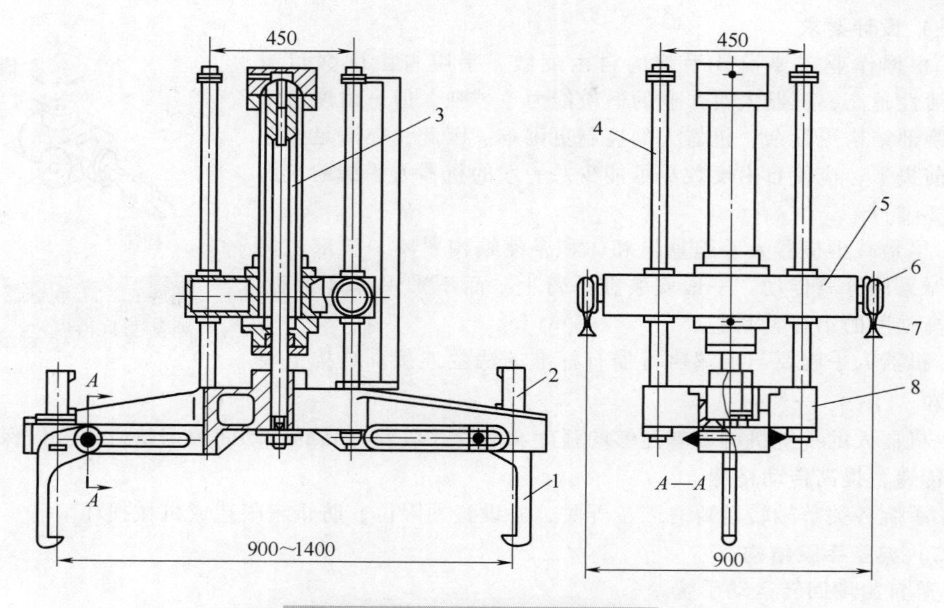

图 4-30　四导向柱式臂部伸缩机构

1—手部　2—夹紧缸　3—液压缸　4—导向柱　5—运行架
6—行走车轮　7—导轨　8—支座

3. 手臂回转与升降机构

实现机械手回转运动的机构有叶片式回转缸、齿轮传动机构、链传动机构、连杆机构等。齿轮齿条机构是通过齿条的往复移动，带动与手臂连接的齿轮做往复回转，即实现手臂的回转运动。带动齿条往复移动的活塞缸可以由压力油或压缩气体驱动。手臂回转和升降机构常采用回转液压缸与升降液压缸单独驱动，适用于升降行程短而回转角度小于 360°的情况，也有用升降液压缸与气动马达锥齿轮传动的机构。

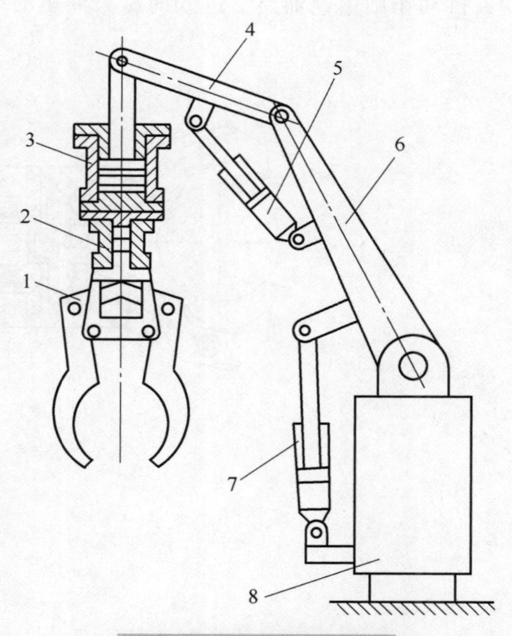

图 4-31　铰接活塞缸实现手臂俯仰运动结构示意图

1—手部　2—夹紧缸　3—升降缸　4—小臂
5、7—铰接活塞缸　6—大臂　8—立柱

三、工业机器人的手腕

工业机器人腕部是手臂和末端执行器的连接部件，起支承末端执行器和改变末端执行器空间姿态的作用。机器人一般具有六个自由度才能使手部达到目标位置和处于期望的姿态，腕部上的自由度主要用于实现所期望的姿态。

为了使末端执行器能处于空间任意方向，要求腕部能实现绕空间三个坐标轴 X、Y、Z 的转动，即具有翻转、俯仰和偏转三个自由度，如图 4-32 所示。通常把腕部的回转称为 Roll，用 R 表示；腕部的俯仰称为 Pitch，用 P 表示；腕部的偏转称为 Yaw，用 Y 表示。

（一）设计要求

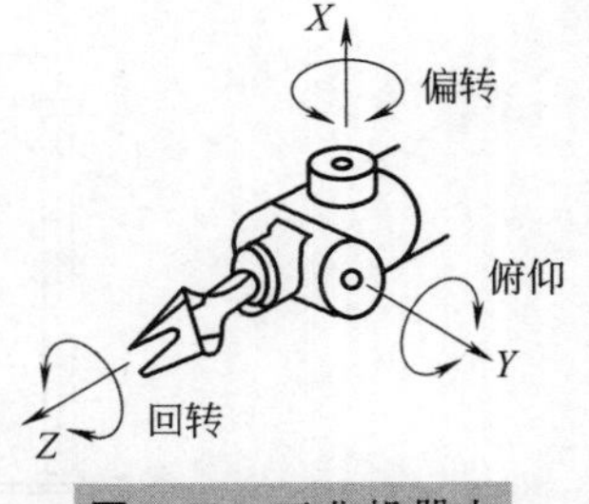

图 4-32　工业机器人腕部的自由度

1）根据作业需要设计手腕的自由度数。手腕自由度数目越多，灵活性越高，机器人对作业的适应能力也越强。但自由度的增加会使腕部结构更复杂，机器人的控制更困难。因此，在满足作业要求的前提下，应使自由度数尽可能少。一般的机器人手腕的自由度数为 2~3 个。

2）尽量减少机器人手腕重量和体积，使结构紧凑。腕部机构的驱动器采用分离传动，一般安装在手臂上，而不采用直接驱动，并选用高强度的铝合金制造。

3）机器人手腕要与末端执行器有标准的法兰连接，结构上要便于装卸。

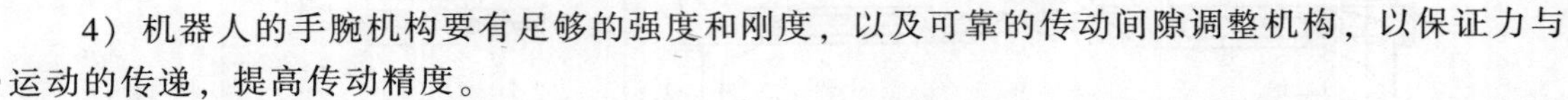

4）机器人的手腕机构要有足够的强度和刚度，以及可靠的传动间隙调整机构，以保证力与运动的传递，提高传动精度。

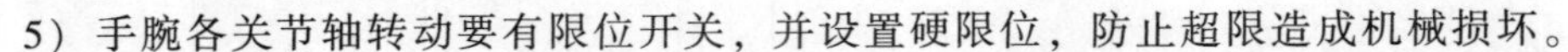

5）手腕各关节轴转动要有限位开关，并设置硬限位，防止超限造成机械损坏。

（二）典型手腕结构

1. 单自由度回转运动手腕

图 4-33 所示为摆动液压马达驱动手腕结构，压力油从手腕的右下部经油路 2 和 4（两条）分别由进（排）油孔 3 和 7 进入（排出）液压缸，进入的压力油驱动动片 6 做正、反方向回转，当定片 5 与动片 6 侧面接触时，即停止回转。动片的最大回转角度由其接触位置决定。夹持器的夹持动作则由经油路 2 进入的压力油驱动单作用液压缸的活塞 1 来完成。腕部回转运动的位

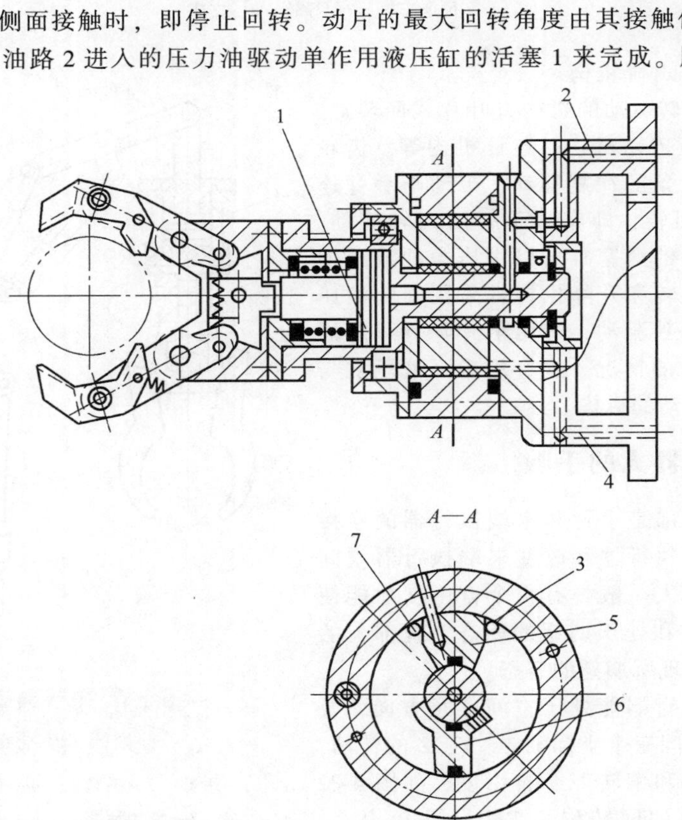

图 4-33　摆动液压马达驱动手腕结构

1—活塞　2、4—油路　3、7—进（排）油孔　5—定片　6—动片

置控制可采用机械挡块定位，用位置检测器检测。这种腕部结构紧凑、体积小，但最大回转角度小于 360°，只能实现一个腕部自由度。

2. 具有两个自由度的机械传动手腕

2 自由度手腕可以是由一个 P 关节和一个 R 关节组成的 PR 手腕，如图 4-34a 所示；也可以是由一个 P 关节和一个 Y 关节组成的 PY 手腕，如图 4-34b 所示。但不能由两个 R 关节组成 RR 手腕，因为两个 R 关节共轴时会减少一个自由度，实际只构成单自由度手腕，如图 4-34c 所示。2 自由度手腕中最常用的是 PR 手腕。

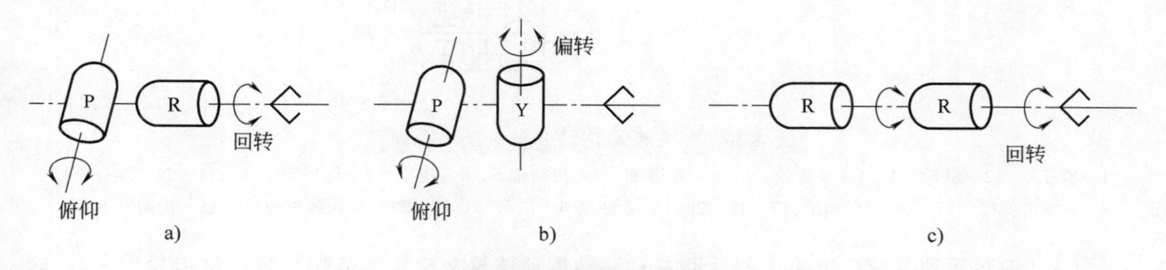

图 4-34 2 自由度手腕

a）PR 手腕 b）PY 手腕 c）RR 手腕

图 4-35 所示为一种采用远距离齿轮传动机构来实现手腕回转、俯仰、附加回转运动的 2 自由度手腕。

（1）回转运动 手腕的回转运动由传动轴 S 传递，轴 S 旋转带动锥齿轮 1 回转，并带动锥齿轮 2、3、4 转动。因手腕与锥齿轮 4 连为一体，从而实现手腕绕轴 C 的回转运动。

（2）俯仰运动 手腕的俯仰运动由传动轴 B 传递，轴 B 旋转带动锥齿轮 5 回转，并带动锥齿轮 6 绕轴 A 回转，因手腕的壳体 7 与传动轴 A 用销连接为一体，从而可实现手腕的俯仰运动。

（3）附加回转运动 当轴 S 不转而轴 B 回转时，轴 B 除带动手腕绕轴 A 上、下摆动外，还带动锥齿轮 4 绕轴 A 转动。由于轴 S 不动，故锥齿轮 3 不转，但锥齿轮 4 与锥齿轮 3 相啮合，因此迫使锥齿轮 4 有一个附加的绕轴 C 的自转，即为手腕的附加回转运动。因手腕俯仰运动引起的手腕附加回转运动称为诱导运动。

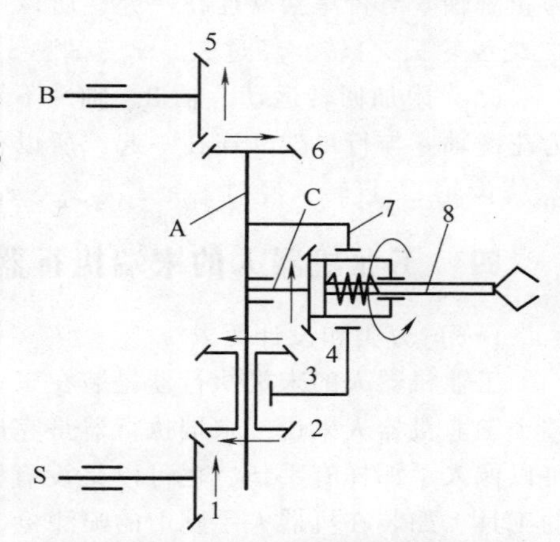

图 4-35 2 自由度远距离传动手腕

1~6—锥齿轮

7—壳体 8—传动轴

3. 具有三个自由度的机械传动手腕

图 4-36 所示为齿轮链轮传动 3 自由度手腕原理。驱动手腕运动的三个电动机安装在手臂后端，减速后经传动轴将运动和力矩传给 B、S、T 三根轴，产生手爪回转、手腕俯仰和手腕偏转以及附加运动等。具体分析如下：

（1）回转运动 轴 S 旋转带动齿轮副 z_{10}/z_{23}、z_{23}/z_{11} 转动，齿轮 z_{11} 带动锥齿轮副 z_{12}/z_{13} 转动，将回转运动传递到锥齿轮副 z_{14}/z_{15}，手腕与锥齿轮 z_{15} 为一体，最终实现手腕的旋转运动。

（2）俯仰运动 轴 B 旋转带动齿轮副 z_{24}/z_{21}，z_{21}/z_{22} 转动，齿轮 z_{22} 带动齿轮副 z_{20}/z_{16} 转动，将运动传递给锥齿轮副 z_{16}/z_{17}、z_{17}/z_{18}，继而实现摆动轴 19 的旋转，因手腕壳体与轴 19 固联，最终实现手腕的俯仰运动。

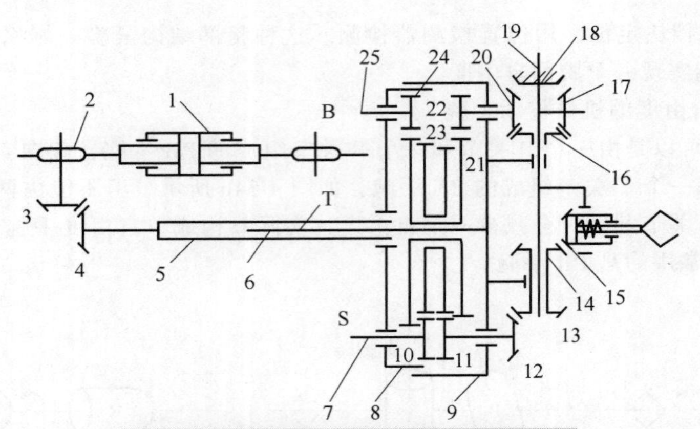

图 4-36　齿轮链轮传动3自由度手腕原理

1—液压缸　2—链轮　3、4—锥齿轮　5、6—花键轴　7—传动轴S　8—腕架　9—行星架　10、11、22、24—圆柱齿轮　12、13、14、15、16、17、18、20—锥齿轮　19—摆动轴　21、23—双联圆柱齿轮　25—传动轴B

(3) 偏转运动　液压缸1中的活塞左右移动带动链轮2旋转，链轮2带动锥齿轮副 z_3/z_4 转动，从而带动花键轴5、6旋转，因为花键轴6与行星架9连在一起，继而带动行星架及手腕做偏转运动。

(4) 附加俯仰运动　轴B、轴S不转而轴T回转时，齿轮副 z_{23}/z_{21} 不转动。轴T回转时因为花键轴6与行星架9连在一起，所以行星架9产生回转运动，当行星架9回转时会迫使齿轮 z_{22} 绕齿轮 z_{21} 自转，经过 z_{20}、z_{16}、z_{17}、z_{18} 实现附加俯仰运动。

(5) 附加回转运动　轴B、轴S不转而T轴回转时，齿轮副 z_{23}/z_{21} 不转动。轴T回转时因为花键轴6与行星架9连在一起，所以行星架9产生回转运动，当行星架9回转时会迫使齿轮 z_{11} 绕齿轮 z_{23} 自转，经过 z_{12}、z_{13}、z_{14}、z_{15} 实现附加回转运动。

四、工业机器人的末端执行器

(一) 分类和设计要求

工业机器人的末端执行器是装在工业机器人手腕上直接抓握工件或执行作业的部件。对于整个工业机器人来说，末端执行器是完成作业好坏的关键部件之一。工业机器人的末端执行器可以像人手那样有手指，也可以是没有手指的手；可以是类人的手爪，也可以是进行专业作业的工具，如装在机器人手腕上的喷漆枪、焊接工具等。

1. 按用途分类

(1) 手爪　手爪具有一定的通用性，其主要功能是：抓住工件—握持工件—释放工件。

(2) 专用操作器　专用操作器也称作工具，是进行某种作业的专用工具，如机器人涂装用的喷漆枪、机器人焊接用的焊枪等。

2. 按夹持方式分类

末端执行器按照夹持方式划分，可以分为外夹式末端执行器、内撑式末端执行器和内外夹持式末端执行器三类。

3. 按工作原理分类

(1) 夹持类末端执行器　夹持类末端执行器通常又称为机械手爪，可分为靠摩擦力夹持和吊钩承重两种。

(2) 吸附类末端执行器　吸附类末端执行器有磁力类吸盘和真空（气吸）类吸盘两种。磁力类吸盘主要是磁力吸盘，有电磁吸盘和永磁吸盘两种。

设计末端执行器时的要求是：不论是夹持或吸附，末端执行器需具有满足作业需要的足够的夹持（吸附）力和所需的夹持位置精度。应尽可能使末端执行器结构简单、紧凑、重量轻，以减轻手臂的负荷。专用的末端执行器结构简单，工作效率高，而能完成多种作业的“万能”末端执行器则有结构复杂和费用昂贵的缺点。因此建议设计可快速更换的系列化、通用化专用末端执行器。

（二）夹持类末端执行器的结构和设计

夹持类末端执行器按照形状可分为夹钳式手部、钩拖式手部和弹簧式手部。

1. 夹钳式手部

夹钳式手部根据手指开合的动作特点分为回转型手部和平移型手部。回转型夹钳式手部又有一支点回转和多支点回转之分。根据手爪夹紧是摆动还是平动，回转型夹钳式手部又可分为摆动回转型和平动回转型。

回转型夹钳式手部如图 4-37 所示。其中，楔块杠杆式回转型夹钳式手部如图 4-37a 所示，

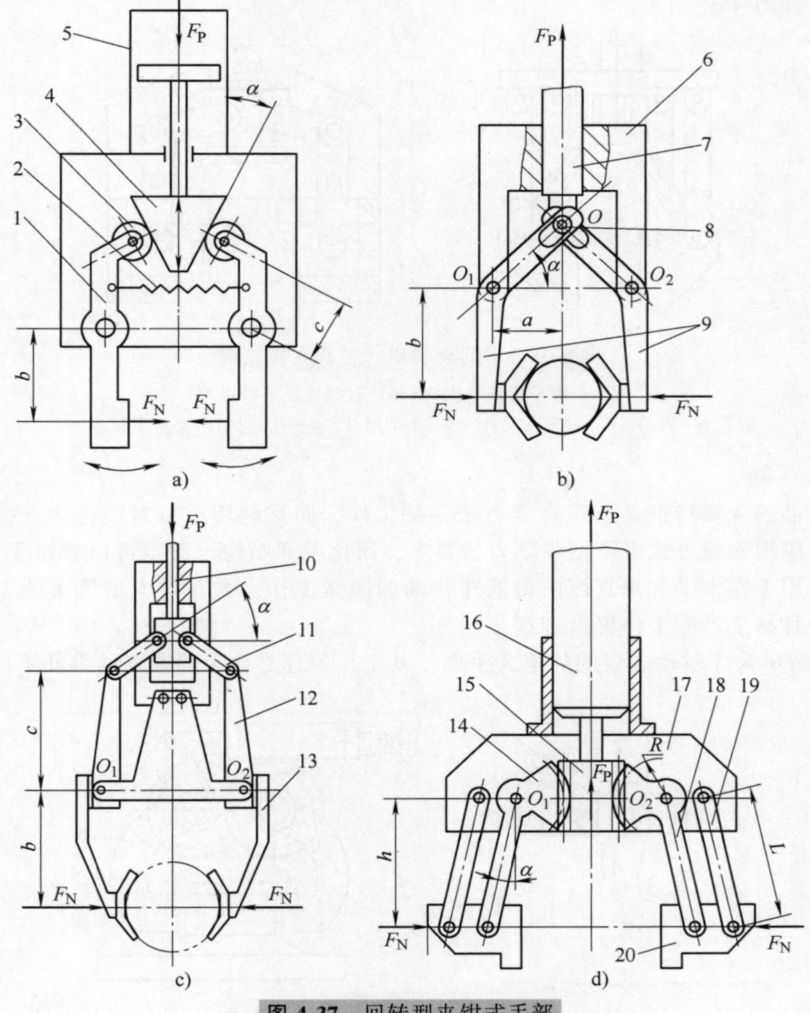

图 4-37　回转型夹钳式手部

a）楔块杠杆式回转型　b）滑槽杠杆式回转型　c）双支点连接杠杆式回转型　d）齿条齿轮平行连杆式平移型
1、9—杠杆　2—弹簧　3—滚子　4—楔块　5—气缸　6—支架　7、10—杆　8—圆柱销　11、18、19—连杆
12—摆动钳爪　13—夹持器　14—扇形齿轮　15—齿条杆　16—电磁式驱动器　17—机座　20—钳爪

驱动器可以是气动或液压活塞缸，也可以是电磁式直线驱动器，图中采用气动，当气缸将楔块4向前推进时，楔块上的斜面推动杠杆1，使两个手爪产生夹紧动作和夹紧力。当楔块后移时，靠弹簧2的拉力使手指松开。装在杠杆上端的滚子3与楔块为滚动接触。滑槽杠杆式回转型夹钳式手部如图4-37b所示，当驱动器推动杆7向上运动时，圆柱销8在两杠杆9的滑槽中移动，迫使与支架6相铰接的两手爪（钳爪）产生夹紧动作和夹紧力。双支点连接杠杆式回转型夹持式手部如图4-37c所示，当驱动器推动连杆11上、下运动时，杆10、连杆11、摆动钳爪12和夹持器构成四杆机构，迫使钳爪完成夹紧和松开动作。齿条齿轮平行连杆式平移型夹钳式手部如图4-37d所示，电磁式驱动器16以驱动力 F_P 推动齿条杆15和两个扇形齿轮14，扇形齿轮带动连杆18（它们连接成一整体），绕 O_1、O_2 转动。连杆18、19，钳爪20和夹持器的机座17构成平行四杆机构，驱动两钳爪平移，夹紧和松开工件。

平移型夹钳式手部通过手指的指面做直线往复运动或平面移动来实现张开或闭合动作，常用于夹持具有平行平面的工件（如箱体等）。其夹持结构有平面平行移动机构和直线往复移动机构两种类型，如图4-38所示。

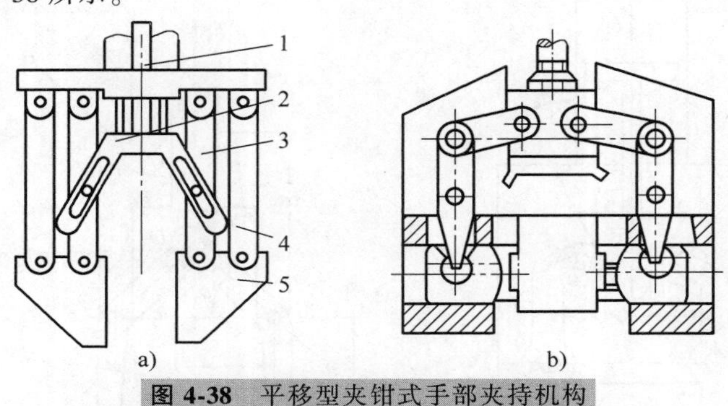

图4-38 平移型夹钳式手部夹持机构

a）平面平行移动机构 b）直线往复移动机构

1—驱动器 2—驱动元件 3—主动摇杆 4—从动摇杆 5—手指

2. 钩拖式手部

钩拖式手部的主要特征是不靠夹紧力来夹持工件，而是利用手指对工件钩、拖、捧等动作来拖持工件。应用钩拖方式可降低驱动力的要求，简化手部结构，甚至可以省略手部驱动装置。钩拖式手部适用于在水平和垂直面内做低速移动的搬运工作，尤其对大型笨重的工件或结构粗大而重量较轻且易变形的工件更为有利。

图4-39a所示为无驱动装置的钩拖式手部，其工作原理是：手部在臂的带动下向下移动，当

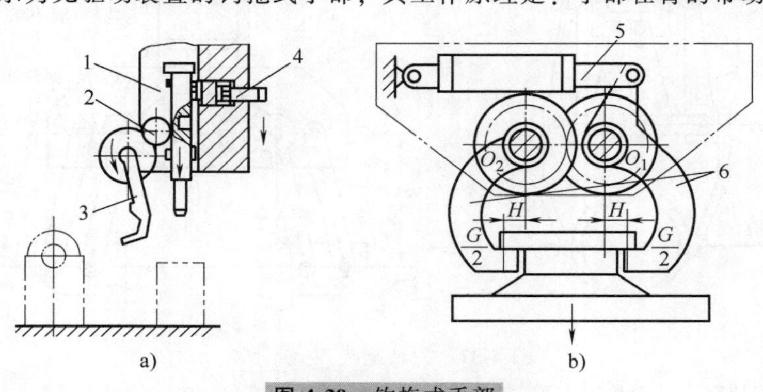

图4-39 钩拖式手部

a）无驱动装置 b）有驱动装置

1—齿条 2—齿轮 3—手指 4—销 5—液压缸 6—杠杆手指

手部下降到一定位置时齿条1下端碰到撞块，臂部继续下移，齿条便带动齿轮2旋转，手指3即进入工件钩拖部位。手指拖持工件时，销4在弹簧力作用下插入齿条缺口，保持手指的钩拖状态，可使手臂携带工件离开原始位置。在完成钩拖任务后，由电磁铁将销向外拔出，手指又呈自由状态，可继续下个工作循环程序。

图4-39b所示为有驱动装置的钩拖式手部，其工作原理是：依靠机构内力来平衡工件重力而保持拖持状态。驱动液压缸5以较小的力驱动杠杆手指6回转，使手指闭合至拖持工件的位置。手指与工件的接触点均在其回转支点 O_1、O_2 的外侧，因此在手指拖持工件后，工件本身的重量不会使手指自行松脱。

3. 弹簧式手部

弹簧式手部靠弹簧力的作用将工件夹紧，如图4-40所示，手部不需要专用的驱动装置，结构简单。其使用特点是工件进入手指和从手指中取下工件都是强制进行的。由于弹簧力有限，故弹簧式手部只适于夹持轻小工件。

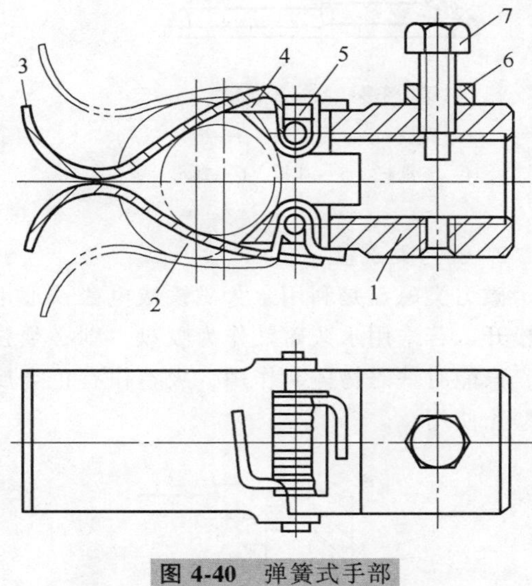

图4-40 弹簧式手部

1—套筒 2—工件 3—弹簧片 4—扭簧 5—销钉 6—螺母 7—螺钉

（三）吸附式末端执行器的结构与设计

1. 气吸类吸盘

气吸类吸盘由吸盘、吸盘架及进排气系统组成，利用吸盘内的压力和大气压之间的压力差工作，具有结构简单、重量轻、使用方便可靠、对工件表面没有损伤、吸附力分布均匀等优点，广泛应用于非金属材料或不可有剩磁材料的吸附，但要求物体表面较平整光滑、无孔无凹槽、冷搬运环境。按形成压力差的原理，气吸类吸盘可分为真空吸盘、气流负压吸盘和挤气负压吸盘三种。

（1）真空吸盘　真空吸盘如图4-41所示。利用真空泵产生真空，真空度较高。碟形橡胶吸盘1，通过固定环2安装在支承杆4上，支承杆由螺母6固定在基板5上。取料时，碟形橡胶吸盘与物体表面接触在边缘起到密封和缓冲作用，然后真空抽气，吸盘内腔形成真空，吸取物料。放料时，管路接通大气，失去真空，物体放下。为避免在取、放料时产生撞击，有的真空吸盘还在支承杆上配有弹簧起缓冲作用。

（2）气流负压吸盘　气流负压吸盘如图4-42所示。利用伯努利效应，当压缩空气通入时，由于喷嘴的开始一段是逐渐收缩的，使气流速度逐渐增加，当管路横截面收缩到最小处时气流速度达到临界速度，然后喷嘴管路的截面逐渐增加，与橡胶皮碗相连的吸气口处产生很高的气流速度，形成其出口处的气压低于吸盘腔内的气压，于是腔内的气体被高速气流带走而形成负压，完成取物动作。切断压缩空气即可释放物体。

（3）挤气负压吸盘　挤气负压吸盘如图4-43所示。当吸盘压向工件表面时，将吸盘内空气挤出；当吸盘与工件去除压力时，吸盘恢复弹性变形，使吸盘内腔形成负压，将工件牢牢吸住，即可进行工件搬运；到达目标位置后，可用碰撞力或电磁力使压盖动作，空气进入吸盘腔内，释放工件。这种挤气负压吸盘不需要真空泵也不需要压缩空气气源，经济方便，但可靠性比真空负压吸盘和气流负压吸盘差。

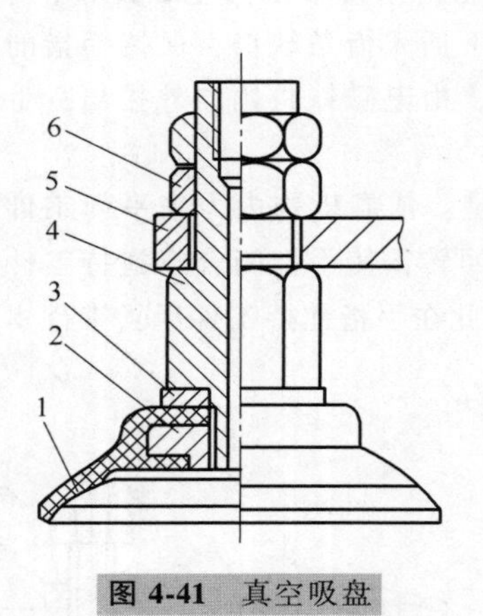

图4-41　真空吸盘

1—吸盘　2—固定环　3—垫片
4—支承杆　5—基板　6—螺母

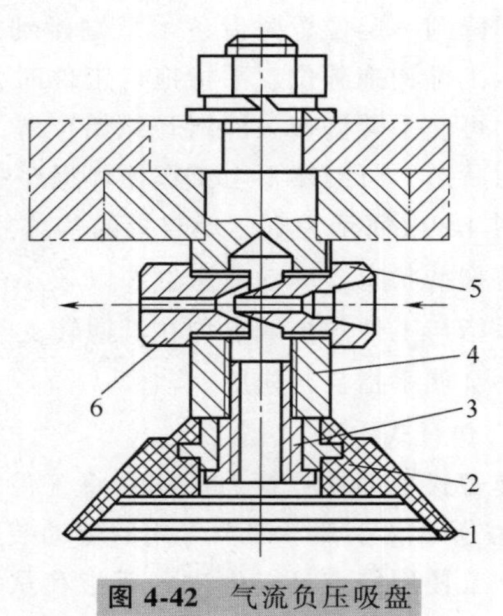

图4-42　气流负压吸盘

1—橡胶吸盘　2—芯套　3—通气螺钉
4—支承杆　5—喷嘴　6—喷嘴套

2. 磁力类磁盘

磁力类磁盘是利用永久磁铁或电磁铁通电后产生的电磁吸力取料，断电后磁力消失，将工件松开。若采用永久磁铁作为吸盘，则必须强迫性取下工件。磁力类吸盘的使用有一定的局限性，只能对铁磁物体起作用，吸不住有色金属和非金属材料工件，对某些不允许有剩磁的零件要禁止使用。

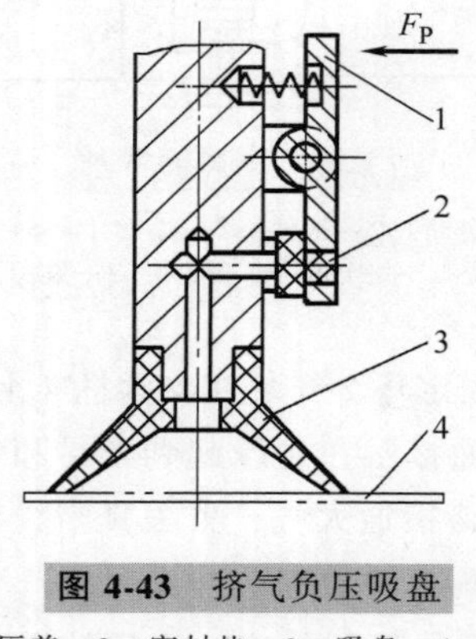

图4-43　挤气负压吸盘

1—压盖　2—密封垫　3—吸盘　4—工件

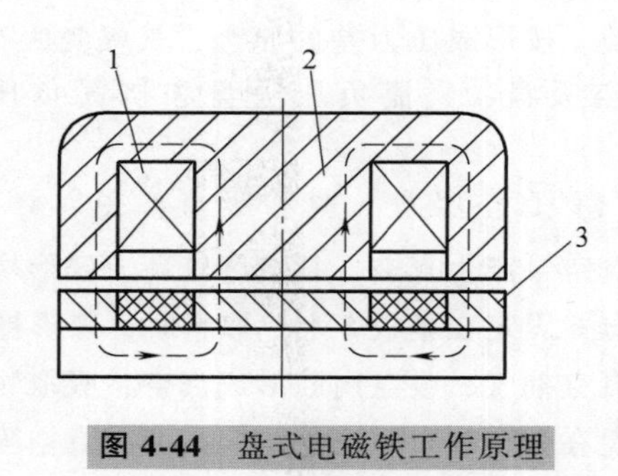

图4-44　盘式电磁铁工作原理

1—线圈　2—铁心　3—衔铁

实际使用时常采用盘式电磁铁，其工作原理如图4-44所示：当线圈1通电后，在铁心2内外产生磁场，磁力线经过铁心、空气隙和被磁化的衔铁3形成回路，衔铁受到电磁吸力的作用被牢牢吸住。盘式电磁铁中衔铁是固定的，在衔铁内用隔磁材料将磁力线切断，当衔铁接触由铁磁材料制成的工件时，工件被磁化，形成磁力线回路，工件受到电磁力被吸住。一旦断电，电磁力消失，工件被松开。

五、工业机器人在机械制造系统中的应用

工业机器人是一种生产设备，作业时一般需要由外围设备（如下上料装置、工件自动定向装置等）完成一些辅助工作。机械制造系统的硬件由许多装备组成，作为系统的一个组成部分，

工业机器人要与系统的其他部分（如机床、输送带等）协调工作。在满足作业需求的同时，要在不干涉的情况下，优化工业机器人与其外围设备的空间布局，以减小占地面积，优化生产节拍。以下为工业机器人在制造系统中几个应用实例。

（1）装配作业系统中的应用　图 4-45 和图 4-46 所示为用于装配系统中的机器人。其中，图 4-46 所示为具有视觉、触觉的双臂智能机器人，用于装配吸尘器。视觉信息系统采用 8 台工业用电视摄像机，用来识别工件，其中第 1~7 台为固定式摄像机，第 8 台为可转式摄像机，件 9 为抓握手臂，件 10 为感知手臂。触觉信息由手臂上的 20 个传感器获取，两臂（各有八个自由度）配合完成复杂作业。

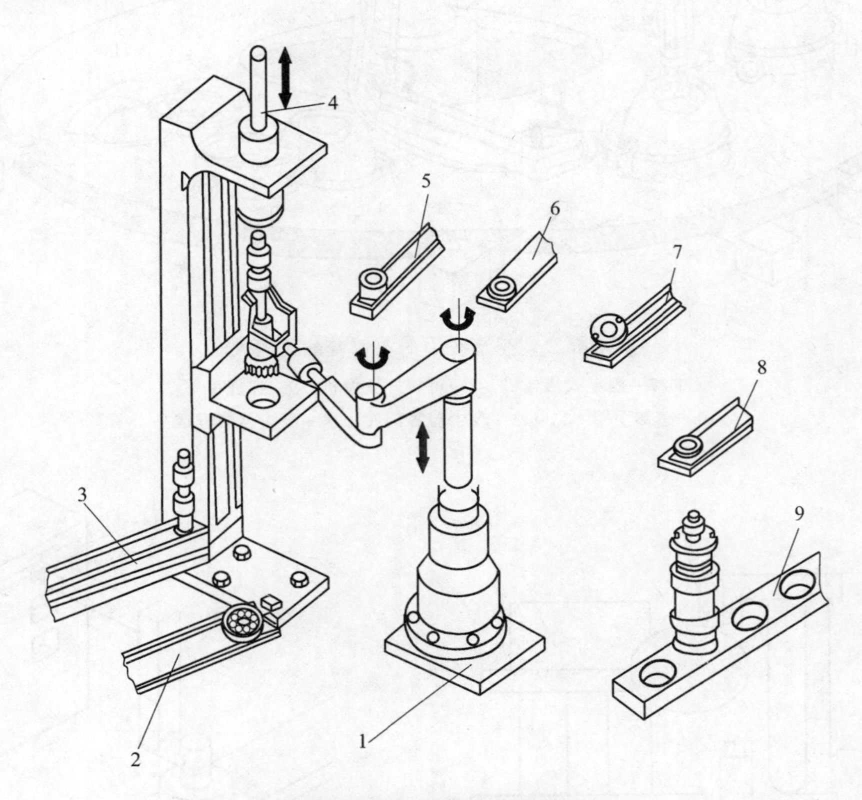

图 4-45　装配系统中的机器人

1—机器人　2—轴承　3—轴　4—压力机　5—套　6—垫圈　7—法兰　8—螺母　9—产品传送带

（2）打磨作业系统中的应用　图 4-47 所示为机器人打磨系统，由工件台 1、打磨机 2、抛光轮 3、工业机器人 5、机器人底座 6 及机器人末端抓具 4 组成，可实现工件自动打磨和抛光。

（3）钻铆作业系统中的应用　图 4-48 所示为工业机器人应用于钻铆系统中。系统集成了结构光传感器、视觉传感器等，可实现钻铆过程在线检测与闭环控制，保证钻铆作业质量。

（4）增材制造系统中的应用　图 4-49 所示为工业机器人在增材制造系统中的应用。激光熔覆增材制造系统主要由计算机、工业机器人及其控制器、高能激光器、焊接头和送粉器等其他辅助设备组成。

（5）焊接作业系统中的应用　图 4-50 所示为机器人焊接系统，由机器人、控制系统、焊接系统、焊接传感器、中央控制计算机、安全设备等组成，其柔性化程度高，可实现小批量产品的焊接自动化。

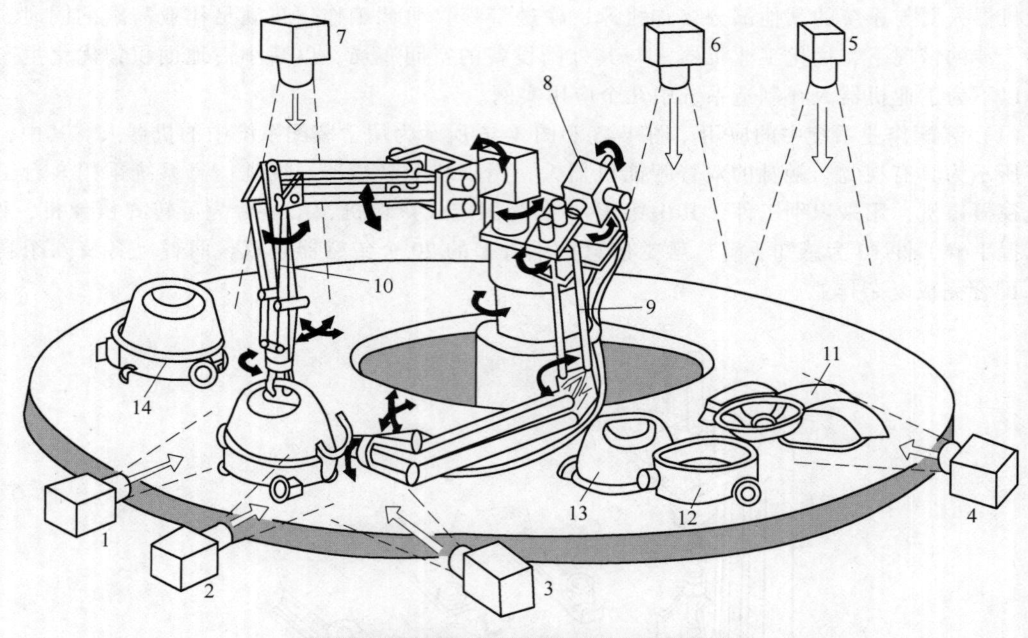

图 4-46　装配系统中的双臂智能机器人

1~7—固定式摄像机　8—可转式摄像机　9—抓握手臂
10—感知手臂　11~13—吸尘器零部件　14—吸尘器装配成品

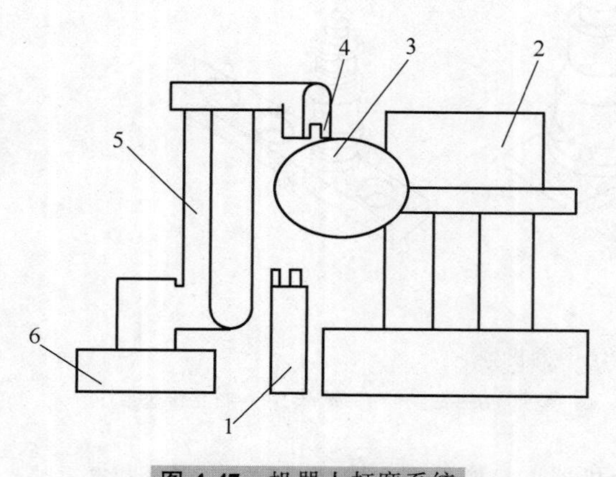

图 4-47　机器人打磨系统

1—工件台　2—打磨机　3—抛光轮　4—机器人末端抓具　5—工业机器人　6—机器人底座

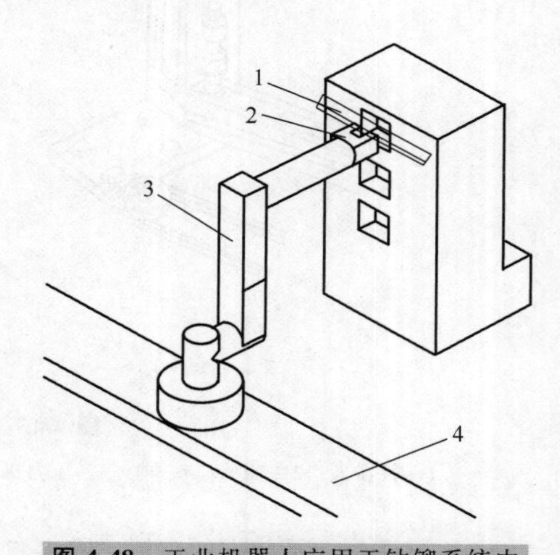

图 4-48　工业机器人应用于钻铆系统中

1—异形曲面工件　2—多功能末端执行器
3—机器人　4—移动导轨

（6）搬运作业系统中的应用　图 4-51 所示为一种圆柱坐标型搬运机器人，共有三个基本关节 1、2、3 和两个选用关节 4、5，能够持重 30kg，可实现搬运、检测、装配等功能。

（7）基于自动导航车的物料搬运系统　图 4-52 所示为机器人（自动导航车）在物料搬运系统中的应用。

（8）移动式机器人在极端工况下的应用　图 4-53 为全液压坑道钻机示意图，用于煤矿井下钻瓦斯抽排放孔、注浆灭火孔、煤层注水孔、防突卸压孔、地质勘探等工程孔。

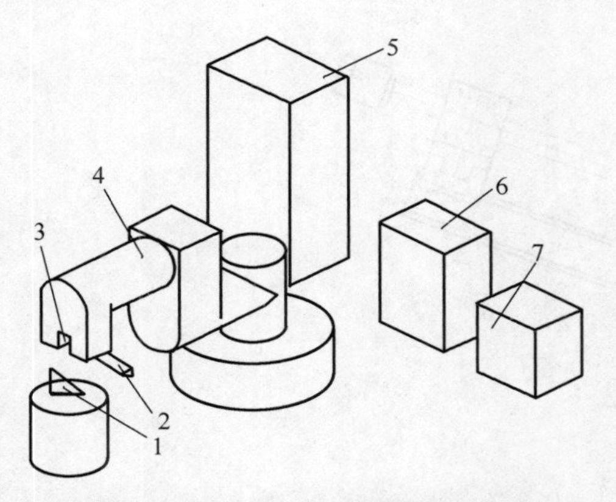

图 4-49　工业机器人应用增材制造系统中

1—工件　2—熔覆焊接头　3—扫描仪　4—机器人　5—高能激光器　6—控制箱　7—送粉器

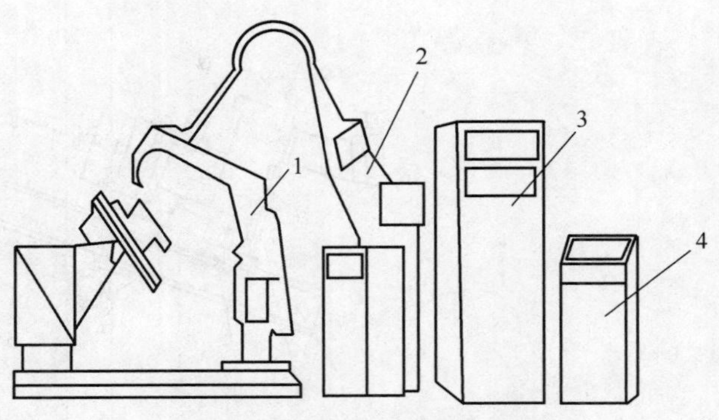

图 4-50　机器人焊接系统

1—机器人　2—焊接电源及相关装置控制　3—控制系统　4—远距离控制工作站

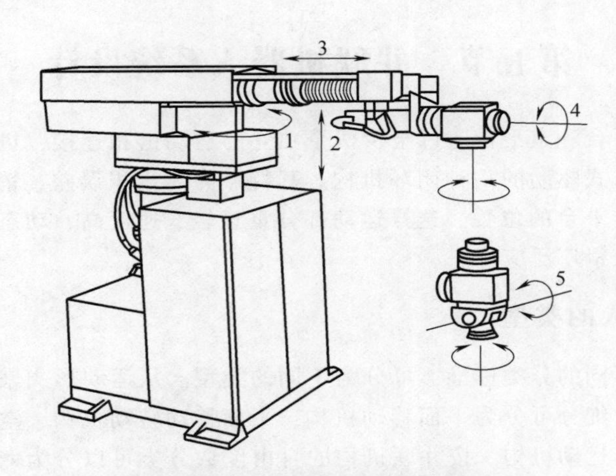

图 4-51　圆柱坐标型搬运机器人

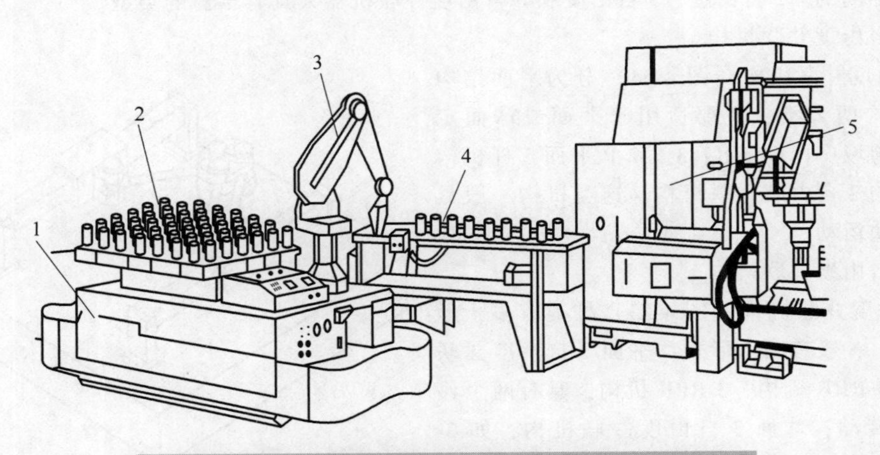

图 4-52　机器人（自动导航车）在物料搬运系统中的应用

1—AGV　2—物料托盘　3—物料搬运机器人　4—工件储存处　5—数控机床

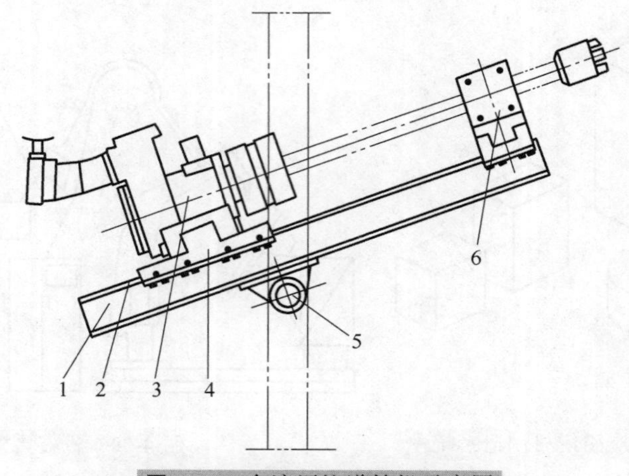

图4-53　全液压坑道钻机示意图

1—机架　2—滑轨　3—动力头　4—滑动座　5—调整支座　6—夹持器

第五节　并联机器人系统设计

并联机器人为动平台和定平台通过至少两个独立的运动链相连接，机构具有两个或两个以上自由度，且以并联方式驱动的一种闭环机构。其特点为无累积误差、精度较高。驱动装置可置于定平台上或接近定平台的位置，这样运动部分重量轻、速度高、动态响应好。并联机器人已经在机械制造领域获得广泛应用。

一、并联机器人的类型

并联机器人按照不同的分类标准，可分为不同的类型。从运动形式来看，并联机构可分为平面机构和空间机构，细分可分为平面移动机构、平面移动转动机构、空间纯移动机构、空间纯转动机构和空间混合运动机构。按并联机构的自由度数分类可以分为六种，但是相同自由度的并联机器人不完全相同，如3自由度旋转运动的并联机器人和3自由度平移移动的并联机器人是完全不同的。2自由度、3自由度和6自由度并联机器人具有丰富的类型。

1. 2自由度并联机构

2自由度并联机构（图4-54）分为平面结构和球面结构两大类，主要适用于平面或球面定位，应用领域广，如5-R、3-R-2-P平面5杆机构是最典型的2自由度并联机构，这类机构一般具有两个移动运动。

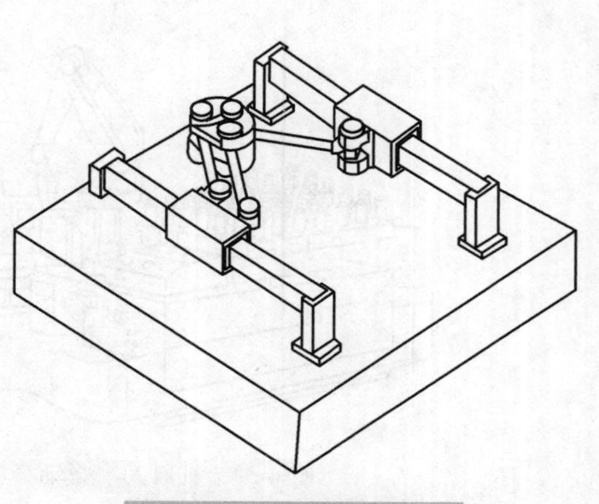

图4-54　2自由度并联机构

2. 3自由度并联机构

3自由度并联机构（图4-55）种类较多，形式较复杂，一般有以下形式：平面3自由度并联机构，如3-RRR机构、3-RPR机构，具有两个移动和一个转动；球面3自由度并联机构，如3-RRR球面机构、3-UPS-1-S球面机构。3-RRR球面机构所有运动副的轴线汇交于空间一点，这点称为机构的中心。3-UPS-1-S 球面机构则以球副 S 的中心点为机构的中心，机构上所有点的运动都是绕该点的转动运动。在 3 自由度并联机构的基础上增加一个转动自由度，形成 4 自由度并联机器人。

3. 6 自由度并联机构

6 自由度并联机构（图 4-56）是并联机器人中的一大类，如 stewart 并联机器人，广泛应用在并联机床、6 维力与力矩传感器和飞行与驾驶模拟器等领域，如图 4-56 所示。

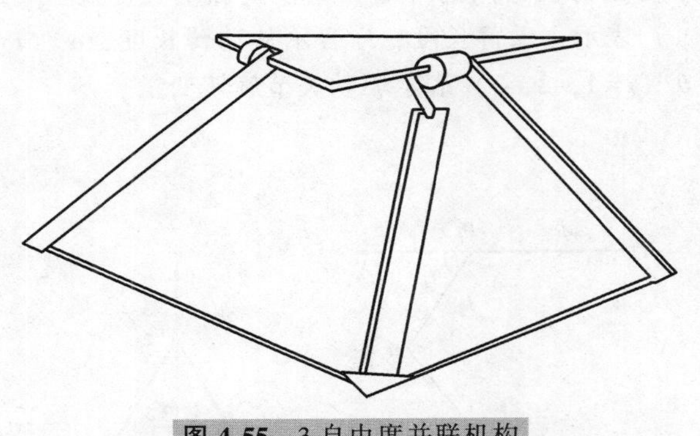

图 4-55　3 自由度并联机构

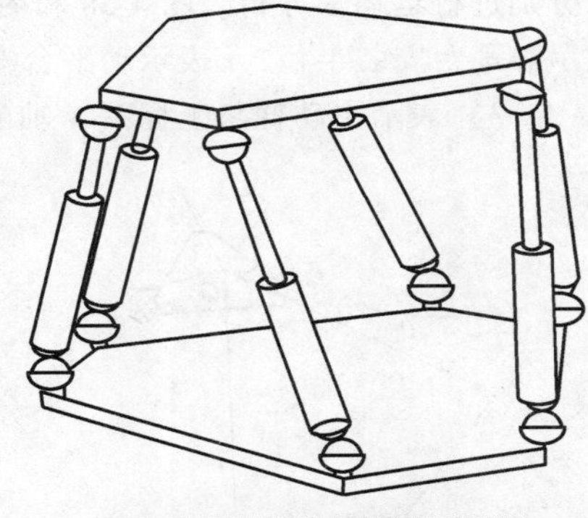

图 4-56　6 自由度并联机构

二、并联机器人工作原理

以 Delta 并联机器人为例描述并联机器人的工作原理。Delta 并联机器人主要由静平台 1、动平台 4、三条支链、旋转伸缩轴 5 和驱动机构 6 等组成，如图 4-57 所示，其中每条单支链包括一个主动臂和一个从动臂。从动臂是由一对连杆和两对球关节组成的平行四边形机构。主动臂一端通过旋转副（R）和静平台连接，另一端通过球铰（S）和从动臂连接；从动臂两端分别通过球铰（S）与主动臂和动平台连接；旋转伸缩轴两端分别通过胡克铰（U）与静平台和动平台连接。在机器人进行拾取操作时，三个主动臂的旋转运动经过耦合传递到动平台，会使动平台最终沿着空间三个方向做平移运动。旋转伸缩轴可以实现末端旋转运动。

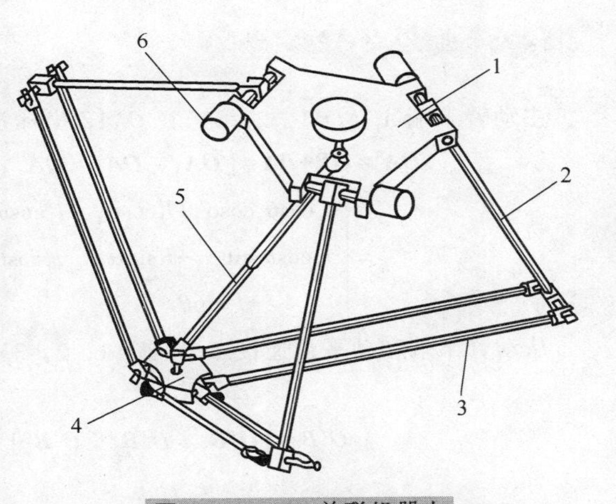

图 4-57　Delta 并联机器人

1—静平台　2—主动臂　3—从动臂
4—动平台　5—旋转伸缩轴　6—驱动机构

三、Delta 并联机器人运动功能描述方法

Delta 并联机器人采用平行四边形支链形式，可实现末端在三个坐标方向的平移运动和旋转运动。

1. 参考坐标系

将从动臂平行四边形结构等效为单杆，以静平台和动平台几何中心为坐标原点分别建立坐标系 $OXYZ$ 和 $O'X'Y'Z'$。

2. 运动自由度描述

典型的 Delta 机器人拥有四个自由度，分别是：操作空间沿 X 轴、Y 轴、Z 轴三个方向的平移自由度及通过旋转伸缩轴扩展的一个绕 Z 轴的旋转自由度。

3. Delta 机器人运动学方程

由于 Delta 机器人绕 Z 轴的旋转自由度独立，所以主要分析耦合的三条支链机构的运动关系。三条支链在静平台中呈正三角分布，建立其矢量数学模型，采用解析法将三条支链分离出来分别进行运动学分析。图 4-58 和图 4-59 所示分别为机器人的等效矢量模型和单支链模型。R 表示静平台安装半径，r 表示动平台安装半径，l_1 表示主动臂长度，l_2 表示从动臂长度，α_i（i=1，2，3）表示主动臂与坐标系 X 轴的夹角，θ_i（i=1，2，3）表示驱动关节旋转变量。

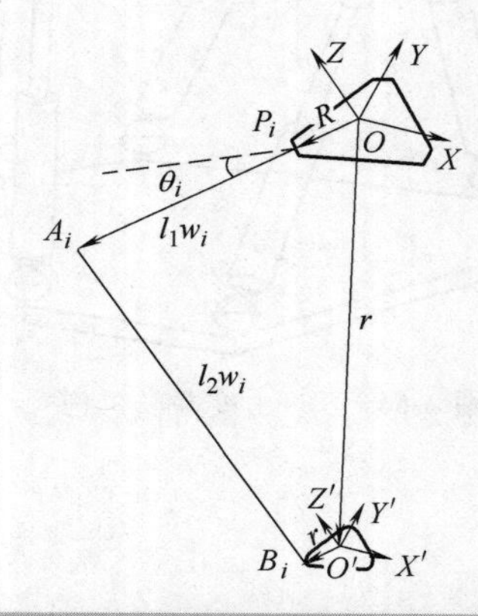

图 4-58　机器人的等效矢量模型

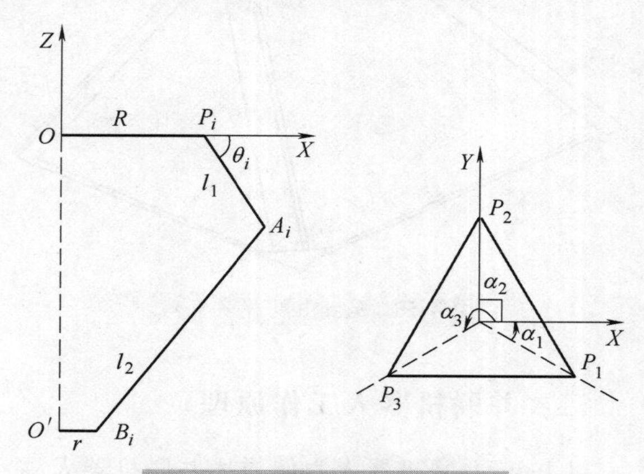

图 4-59　机器人的单支链模型

主动臂末端 A_i（i=1，2，3）在 $OXYZ$ 坐标系中表示为

$$\boldsymbol{OA}=\boldsymbol{OP}+\boldsymbol{PA}=[\boldsymbol{OA}_1\quad \boldsymbol{OA}_2\quad \boldsymbol{OA}_3]$$

$$=\begin{bmatrix} l_1\cos\theta_1\cos\alpha_1+R\cos\alpha_1 & l_1\cos\theta_2\cos\alpha_2+R\cos\alpha_2 & l_1\cos\theta_3\cos\alpha_3+R\cos\alpha_3 \\ l_1\cos\theta_1\sin\alpha_1+R\sin\alpha_1 & l_1\cos\theta_2\sin\alpha_2+R\sin\alpha_2 & l_1\cos\theta_3\sin\alpha_3+R\sin\alpha_3 \\ -l_1\sin\theta_1 & -l_1\sin\theta_2 & -l_1\sin\theta_3 \end{bmatrix} \tag{4-59}$$

从动臂末端和动平台连接点 B_i（i=1，2，3）在 $O'X'Y'Z'$ 坐标系中可表示为

$$\boldsymbol{O'B}=[\boldsymbol{O'B}_1\quad \boldsymbol{O'B}_2\quad \boldsymbol{O'B}_3]=r\times\begin{bmatrix} \cos\alpha_1 & \cos\alpha_2 & \cos\alpha_3 \\ \sin\alpha_1 & \sin\alpha_2 & \sin\alpha_3 \\ 0 & 0 & 0 \end{bmatrix} \tag{4-60}$$

设动平台中心点 O' 在坐标系 $OXYZ$ 中的 X 轴、Y 轴、Z 轴方向位置坐标分别为 P_x、P_y、P_z，则从动臂末端 B_i（i=1，2，3）在 $OXYZ$ 坐标系中可表示为

$$\boldsymbol{OB}=\boldsymbol{OO'}+\boldsymbol{O'B}=[\boldsymbol{OB}_1\quad \boldsymbol{OB}_2\quad \boldsymbol{OB}_3]$$

$$=\begin{bmatrix} P_x+r\cos\alpha_1 & P_x+r\cos\alpha_2 & P_x+r\cos\alpha_3 \\ P_y+r\sin\alpha_1 & P_y+r\sin\alpha_2 & P_y+r\sin\alpha_3 \\ P_z & P_z & P_z \end{bmatrix} \tag{4-61}$$

从动臂的长度为定值 l_2，所以向量 $\boldsymbol{AB}$ 的模为 l_2，即 $||\boldsymbol{OB}-\boldsymbol{OA}||^2=l_2^2$，可得

$$\begin{aligned} l_2^2=&(P_x+rc\alpha_i-Rc\alpha_i-l_1c\alpha_ic\theta_i)2+ \\ &(P_y+rs\alpha_i-Rs\alpha_i-l_1s\alpha_ic\theta_i)^2+(P_z-l_1s\theta_i)^2 \end{aligned} \tag{4-62}$$

其中，$c\alpha_i$ 表示 $\cos\alpha_i$，$s\alpha_i$ 表示 $\sin\alpha_i$，$c\theta_i$ 表示 $\cos\theta_i$，$s\theta_i$ 表示 $\sin\alpha_i$。

将式（4-62）化简可写成

$$I_i\cos\theta_i - J_i\sin\theta_i - K_i = 0 \tag{4-63}$$

$$I_i = 2l_1[(P_x + r\cos\alpha_i - R\cos\alpha_i)\cos\alpha_i + (P_y + r\sin\alpha_i - R\sin\alpha_i)\sin\alpha_i]$$

$$J_i = 2l_1P_z$$

$$K_i = (P_x + r\cos\alpha_i - R\cos\alpha_i)^2 + (P_y + r\sin\alpha_i - R\sin\alpha_i)^2 + P_z^2 + l_1^2 - l_2^2$$

求解，选取最优解后可求得驱动关节旋转变量 θ_i 为

$$\theta_i = 2a\tan\left(\frac{-J_i - \sqrt{J_i^2 + I_i^2 - K_i^2}}{K_i + I_i}\right) \tag{4-64}$$

4. Delta 机器人动力学分析

Delta 机器人动力学模型的复杂性在于从动臂在运动过程中同时拥有平移运动和绕质心的转动，在进行动力学建模时，可以做出以下两点假设。

1）运动副为理想运动副，即无摩擦引起的能量耗散。

2）考虑从动臂为轻质材料（碳纤维杆），因此，忽略其转动惯量，将质量分为两部分，一部分在和主动臂连接的质点处，另一部分在和动平台连接的质点处。

机器人各部件质量分布如图 4-60 所示，m_b、m_1、m_P 分别为主动臂、从动臂和动平台质量，$\boldsymbol{\tau} = [\tau_1 \quad \tau_2 \quad \tau_3]^T$ 为主动臂关节转矩矢量，$\boldsymbol{\delta}_Q = [\delta_{Q_1} \quad \delta_{Q_2} \quad \delta_{Q_3}]^T$ 为对应虚拟角位移，$\boldsymbol{\delta}_P = [\delta_x \quad \delta_y \quad \delta_z]^T$ 为动平台虚拟线性位移，在考虑关节力、重力和惯性力并忽略关节间摩擦力的情况下，运用虚功原理可以建立该机器人的动力学方程为

$$\boldsymbol{\tau}^T\boldsymbol{\delta}_Q + \boldsymbol{M}_{Gb}^T\boldsymbol{\delta}_Q + \boldsymbol{F}_{Gb}^T\boldsymbol{\delta}_P - \boldsymbol{M}_b^T\boldsymbol{\delta}_Q - \boldsymbol{F}_P^T\boldsymbol{\delta}_P = 0 \tag{4-65}$$

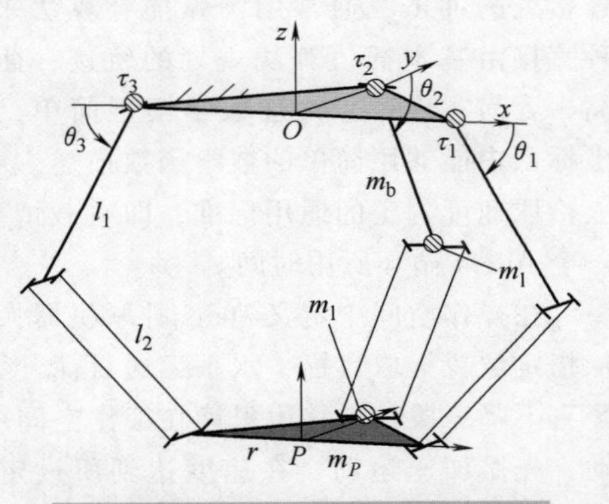

图 4-60　机器人各部件质量分布图

式中　$\boldsymbol{M}_b$——主动臂的惯性力矩阵，对于绕一端旋转的细棒来说其转动惯量为$\frac{1}{3}mL^2$，对于绕一轴旋转的质点来说其转动惯量为 mL^2。

因此，可以推导主动臂惯性力矩表达式为

$$\boldsymbol{M}_b = \hat{I}_b\ddot{\boldsymbol{Q}} = \left(\frac{1}{3}m_bl_1^2 + m_1l_1^2\right)\boldsymbol{I}[\ddot{Q}_1 \quad \ddot{Q}_2 \quad \ddot{Q}_3]^T \tag{4-66}$$

式中　$\boldsymbol{F}_P$——动平台惯性力矩阵，其表达式为

$$\boldsymbol{F}_P = \hat{\boldsymbol{M}}_P\ddot{\boldsymbol{P}} = (m_P + 3m_1)\boldsymbol{I}[\ddot{x} \quad \ddot{y} \quad \ddot{z}]^T \tag{4-67}$$

3 自由度并联机器人的速度逆运算方程为

$$\dot{\boldsymbol{\theta}} = \boldsymbol{J}\dot{\boldsymbol{X}} \tag{4-68}$$

其中，$\boldsymbol{J} = -\begin{bmatrix} \boldsymbol{S}_1{}^T\boldsymbol{T}_1 & 0 & 0 \\ 0 & \boldsymbol{S}_2{}^T\boldsymbol{T}_2 & 0 \\ 0 & 0 & \boldsymbol{S}_3{}^T\boldsymbol{T}_3 \end{bmatrix}^{-1}\begin{bmatrix} \boldsymbol{S}_1{}^T \\ \boldsymbol{S}_2{}^T \\ \boldsymbol{S}_3{}^T \end{bmatrix}$，表示逆向雅可比矩阵。

$$\dot{\boldsymbol{P}} = \boldsymbol{J}^{-1}\dot{\boldsymbol{Q}} \tag{4-69}$$

根据微分原理，将式（4-69）变形可以得到

$$\boldsymbol{\delta}_P=\boldsymbol{J}^{-1}\boldsymbol{\delta}_Q \tag{4-70}$$

将式（4-69）两边同时对时间求导，可以得到

$$\dot{\boldsymbol{P}}=\boldsymbol{J}^{-1}\ddot{\boldsymbol{Q}}+\dot{\boldsymbol{J}}^{-1}\dot{\boldsymbol{Q}} \tag{4-71}$$

最终可以得到

$$\tau=\boldsymbol{M}(\boldsymbol{Q})\ddot{\boldsymbol{Q}}+\boldsymbol{C}(\boldsymbol{Q},\dot{\boldsymbol{Q}})\dot{\boldsymbol{Q}}+\boldsymbol{G}(\boldsymbol{Q}) \tag{4-72}$$

式中，$\boldsymbol{M}(\boldsymbol{Q})=\hat{\boldsymbol{I}}_b+\boldsymbol{J}^{-T}\hat{\boldsymbol{M}}_P\boldsymbol{J}^{-1}$，$\boldsymbol{C}(\boldsymbol{Q},\dot{\boldsymbol{Q}})=\boldsymbol{J}^{-T}\hat{\boldsymbol{M}}_P\dot{\boldsymbol{J}}^{-1}$，$\boldsymbol{G}(\boldsymbol{Q})=-\boldsymbol{M}_{Gb}-\boldsymbol{J}^{-T}\boldsymbol{F}_{Gb}$，$\boldsymbol{Q}\in\boldsymbol{R}^3$ 为主动臂关节控制变量，$\boldsymbol{M}(\boldsymbol{Q})\in\boldsymbol{R}^{3\times3}$ 为对称正定惯性矩阵，$\boldsymbol{C}(\boldsymbol{Q},\dot{\boldsymbol{Q}})\in\boldsymbol{R}^{3\times3}$ 为离心力和 Coriolis 力矩阵，$\boldsymbol{G}(\boldsymbol{Q})\in\boldsymbol{R}^3$ 为重力矢量，$\boldsymbol{J}$ 为逆向雅克比矩阵。

5. 作业路径描述方法

Delta 并联机器人作业路径是：通常沿着既定的 Adept 门字形拾取轨迹循环运动，其长为 305mm，高为 25mm，也可在路径转换处做过渡处理，如图 4-61 所示。该轨迹具有以下优点：①由三条简单路径组成，因此，可以直接通过直线插补算法实现，但在实际使用过程中为减小直线段连接处的冲击，通常用圆弧插补算法来过渡，这种直接由基本插值算法规划的轨迹，插补效率较高，容易实现；②轨迹数学模型简单，在笛卡儿坐标系中能够用简单的数学函数描述，可有效减小控制器运算负担。该轨迹也是 Delta 并联机器人拾取速度判定的通用标准，即空载情况下机器人每分钟所完成的 Adept 循环次数或者说完成一个 Adept 循环所用时间。

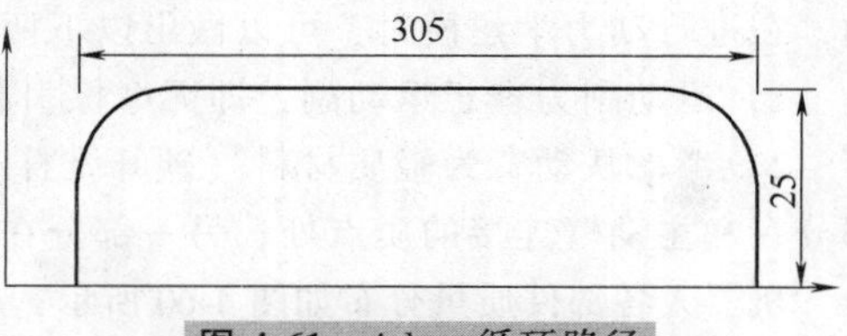

图 4-61 Adept 循环路径

在操作空间中定义 Delta 并联机器人门字形运动轨迹时，将整个拾取过程分解成三个动作：从指定位置提取目标，水平运送目标，然后在终止位置放置目标。运动可分为竖直上升、平移、竖直下降三段，平移段只能在工作空间中的给定水平面上平移。并联机器人沿着门字形轨迹运动，先做加速运动，在速度达到所设定目标值后则会恒速运动，然后在末端快到终点时做减速运动，直到在终点处速度刚好减为 0。为使 Delta 机器人在运动过程中平稳，可将其在笛卡儿空间的轨迹离散化，采用插补算法规划减小控制器计算难度。

四、并联机器人在机械制造系统中的应用

（1）并联机床　图 4-62 所示为三轴并联机床，其传动链短、刚度大、重量轻、成本低，可加工复杂的三维曲面，具有环境适应性强的特点，便于重组和模块化设计，可组成形式多样的布局和自由度组合。

（2）分拣分类系统　图 4-63 所示为工件高速并联分拣单元，通常与视觉系统结合，可实现小型工件的高速分拣与分类，节拍可达 120 次/min。

（3）精密检测系统　图 4-64 所示为精密定位用的小型六轴并联机器人，可用于光学器件微操作，其特点为工作空间不大，但精度和分辨力非常高。

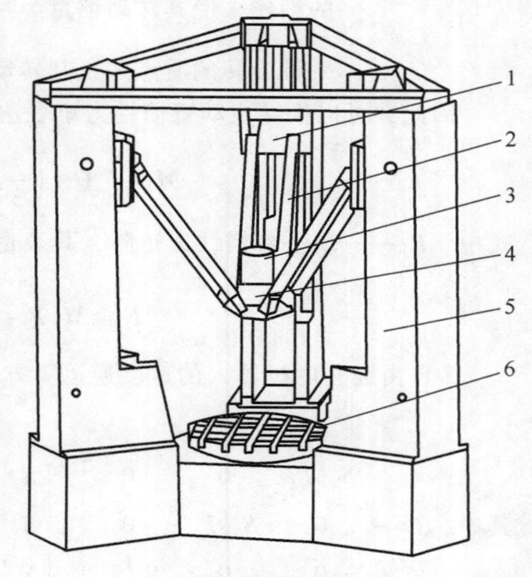

图 4-62 三轴并联机床

1—滑鞍 2—连杆 3—主轴电动机 4—动平台 5—立柱 6—底座

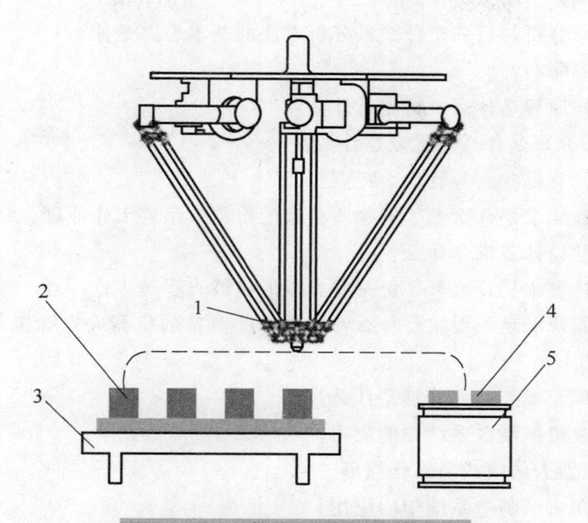

图 4-63 工件高速并联分拣单元

1—并联机器人 2—工件 3—托盘 4—包装盒 5—传送带

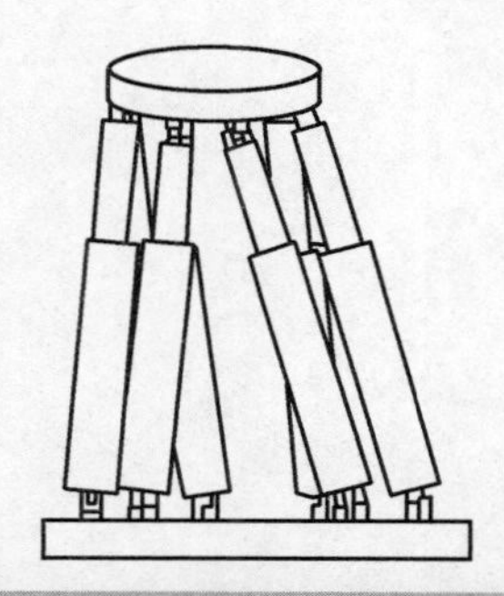

图 4-64 精密定位用的小型六轴并联机器人

习题与思考题

1. 工业机器人的定义是什么？操作机的定义是什么？
2. 工业机器人由哪几部分组成？并比较它与数控机床组成的区别。
3. 工业机器人的结构有哪几类？各种类型结构的特点如何？
4. 如何选择和确定机器人的坐标系？
5. 机器人的自由度表示什么？它与机床中的轴数与原动件是否相等？
6. 机器人的性能指标有哪些？比较精度和重复定位精度的区别。
7. 工业机器人的设计内容与步骤大致如何？
8. 机器人的运动如何用齐次坐标变换来表示？
9. 工业机器人的位姿含义是什么？
10. 如何用关节运动来描述机器人的位姿？
11. 什么是机器人正运动学解析？什么是逆运动学解析？
12. 确定机器人的工作空间有哪些方法？图 4-8 所示的机器人工作空间是如何确定的？
13. 机器人的逆运动学解析可以用来解决什么问题？
14. 常见机器人构型的典型工作空间有哪几种？
15. 进行机器人静力学分析的目的是什么？分析方法的基本思路是什么？

16. 进行机器人动力学分析的目的是什么？分析方法的基本思路是什么？

17. 轨迹规划的方法有哪些？

18. 谐波减速器的工作原理是什么？特点是什么？

19. RV减速器的工作原理是什么？优点是什么？

20. 机器人的驱动方式有哪些？各有什么特点？

21. 机器人手臂的设计要求是什么？了解一些典型的机器人手臂工作原理、结构及特点。

22. 机器人机身结构的设计要求是什么？

23. 机器人手腕的设计要求是什么？了解一些典型的机器人手腕工作原理、结构及特点。

24. 机器人末端执行器应满足的要求是什么？了解一些典型的机器人末端执行器的工作原理、结构及特点。

25. 轮式移动机器人的组成与功能分别是什么？

26. 了解移动机器人在机械制造系统中的应用。

27. 试述 Delta 并联机器人的组成及工作原理。

28. 了解并联机器人在机械制造系统中的应用。

第五章

机械加工生产线总体设计

第一节　概　述

一、机械加工生产线及其基本组成

在机械产品生产过程中，对于一些加工工序较多的工件，为保证加工质量、提高生产率和降低成本，往往把加工装备按照一定的顺序依次排列，并用一些输送装置与辅助装置将它们连接成一个整体，使之能够完成工件的指定加工过程。这类生产作业线称为机械加工生产线。机械加工生产线是按劳动对象专业化组织起来，完成一种或几种同类型机械产品的生产组织形式。它拥有完成该产品加工任务所需的加工装备，并按生产线上多数产品或主要产品的工艺路线和工序来配备、排列。这种生产组织形式一般要求产品的结构和工艺具有一定的稳定性，在成批和大量生产条件下都可采用。

机械加工生产线由加工装备、工艺装备、输送装备、辅助装备和控制系统等组成。由于不同工件的加工工艺复杂程度不同，机械加工生产线的结构及复杂程度也常常有很大差别。图 5-1 所示为以数控机床为主的加工盘类工件的机械加工生产线。

图 5-1　机械加工生产线

二、机械加工生产线的类型

机械加工生产线根据不同的特征，可有不同的分类方法。按照工件外形和加工过程中工件运动状态、工艺设备、设备连接方式和产品类型可做如下分类。

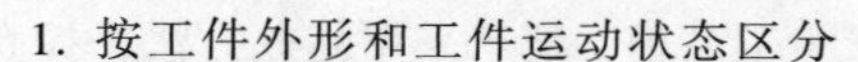

1. 按工件外形和工件运动状态区分

(1) 旋转体工件加工生产线　主要用于加工轴、盘和环状工件，加工过程中工件旋转。典型加工工艺是车或磨内外圆、内外槽、内外螺纹和端面。

(2) 非旋转体工件加工生产线　主要用于加工箱体和杂类工件，加工过程中工件往往固定不动。典型加工工艺是钻孔、扩孔、镗孔、铰孔、铣平面和铣槽。

2. 按工艺设备类型区分

（1）通用机床生产线　这类生产线建线周期短、成本低，多用于加工盘类、轴类、套类、齿轮等中小旋转体工件。

（2）组合机床生产线　由组合机床联机构成，主要适用于箱体及杂类工件的大批量生产。

（3）专用机床生产线　主要由专用机床构成，设计和制造周期长、投资较大，适用于结构特殊、复杂的工件加工或产品结构稳定的大量生产类型。

（4）数控机床生产线　以数控机床为主要加工装备，适应工件品种变化的能力强。

3. 按设备连接方式区分

（1）刚性连接生产线　工件传送装置按工位逐一传送工件，各工位之间不设储料库，如一个工位因故停车，则全线被迫停车。

（2）柔性连接生产线　将生产线分割成若干段，在段与段之间设有储料库。如某一工段因故停车，其前后工段因有储料库存放和供给工件，仍可继续工作。

4. 按生产线适应产品类型变化的能力区分

（1）单一产品固定节拍生产线

1）生产线用于制造单一品种的产品，生产率高、产品质量稳定。这类生产线的专用性强，投资大，较难进行改造以适应其他产品的生产，故制造的产品应属大量生产类型，可持续生产多年。

2）生产线所有设备的工作节拍等于或成倍于生产线的生产节拍。工作节拍成倍于生产线生产节拍的设备需配置多台并行工作，以满足每个生产节拍完成一个工件的生产任务。

3）生产线的制造装备按产品的工艺流程布局，工件沿固定的路线，采用自动化的物流输送装置，严格按生产线的生产节拍，强制地从一台设备输送到下一台设备接受加工、检验、转位或清洗等，以缩短工件在工序间的搬运路线，节省辅助时间。

4）由于工件的输送和加工严格地按生产节拍运行，工序间不必储存供周转用的半成品，因此在制品数量少。但如果生产线上的某台设备出现故障，将导致整条生产线瘫痪。

（2）单一产品非固定节拍生产线

1）生产线主要由专用制造装备组成，一些次要的工序也可采用一般的通用设备，用于制造大量生产类型的单一品种的产品，生产率较高，产品质量稳定，投资强度低于固定节拍生产线。

2）生产线的制造装备按产品工艺流程布局，工件沿固定的路线流动，以缩短工件在工序间的搬运路线，节省辅助时间。

3）生产线上各设备的工作周期，是其完成各自工序需要的实际时间，它是不一样的。工作周期最长的设备将一刻不停地工作，而工作周期较短的设备会经常停工待料。

4）生产线相邻设备之间，或相隔若干个设备之间需设置储料装置，将生产线分成若干工段。储料装置前后的设备或工段可以彼此独立地工作。

5）生产线各设备间工件的传输没有固定的节拍，工件在工序间的传送是从加工设备到半成品暂存地，或从半成品暂存地到下一个加工设备。

（3）成组产品可调整生产线

1）按零件族组织加工生产线，扩大了产品批量，减少了品种，便于采用高效方法，提高了生产率。对成组产品中的每个产品来说，属于批量生产类型，持续生产的时间可相对短一些。

2）生产线的制造装备按成组工艺流程布局，各产品的流动路线大致相同。成组工序允许采用同一设备和工艺装置，以及相同或相近的机床调整加工全组零件。成组工艺过程是成组工序的集合，能保证按标准化的工艺路线采用同一组机床加工全组零件。

3）与第二类生产线一样，生产线上各设备的工作节拍是不一样的，设备或工段间需设置储料装置，输送装置的自动化程度通常不是很高。

4）成组夹具具有适应同组零件连续生产的柔性。采用成组夹具代替大量的专用夹具，节约了生产准备时间及设计、制造专用夹具的时间和费用。

（4）柔性制造生产线

1）柔性制造生产线由高度自动化的多功能柔性加工设备、物料输送装置及计算机控制系统组成，主要用于中小批量生产各种结构形状复杂、精度要求高、加工工艺不同的同类工件。

2）组成柔性制造生产线的加工设备数量不多，但在每台加工设备上，通过工作台转位、自动更换刀具、高度的工序集中，完成工件上多个方位、多种加工面、多工种的加工，以减少工件的定位安装次数，减少安装定位误差，简化生产线内工件的运送系统。

3）生产线进行混流加工，即不同种类的工件同时上线，各设备的生产任务是多变的，由生产线的作业计划调度系统根据每台设备的工艺可能性随时分配生产任务。因此每台设备本身的工作不是等节奏的，各设备更不会有统一的生产节拍。

4）每种工件，甚至同一工件在生产线内流动的路线是不确定的。这是因为各工件的加工工艺不同，采用不同的机床；也由于生产线内的机床可以互相顶替，根据各机床的忙闲情况，同样的工序也不一定被安排在固定的机床上加工。

5）由于生产线没有统一的节拍，工序间应有在制品的储存。因为工件在生产线中的流动路线是不确定的，为便于管理，工序间的在制品通常储放在统一的场点。

6）物料输送装置有较大的柔性，可根据需要在任一台设备和储存场点之间进行物料的传送，可以是任两台设备之间，也可以是任一设备与任一储存场点之间。

三、影响机械加工生产线工艺和结构方案的主要因素

1. 工件的几何形状及外形尺寸

工件的几何形状对生产线运输方式有很大的影响，外形规则的箱体件，如气缸体、气缸盖等都具有较好的输送基面，可采用直接输送方式。工件外形尺寸较小，为减少机床的数量，可在一个工位上同时加工几个零件，如气缸体、气缸盖的端面加工的生产线，多采用双工位顺序加工。对于无良好输送基面的工件，可采用随行夹具式生产线，如传动叉、转向节、连杆等。

2. 工件的工艺及精度要求

平面加工的生产线较孔加工的生产线复杂得多，对生产线的结构影响很大。有时为了实现多个平面的粗、精加工，工件需多次翻转，从而增加了生产线的辅助设备。同时，为保证铣削工序与其他机床的节拍相同，要增加铣削的工件数，或采用支线形式，导致生产线结构复杂。

当工件加工精度较高时，为减少生产线停车调整时间，常要采用备用机床在生产线内平行排列；有时由于生产率的需要，还采用平行排列的备用精加工工段。

3. 工件的材料

工件材料决定了加工中是否采用切削液，因而对排屑和运输方式有很大影响。例如，钢件不能很好地断屑是影响生产线正常工作的一个重要因素。对于质地较软的有色金属，即使有合适的输送基面，为避免划伤，也要采用随行夹具式生产线或带抬起输送带的生产线。

4. 要求的生产率

生产率对生产线的配置形式和自动化程度都有较大的影响。工件批量大时，要求生产线能自动上下料；为平衡生产线的工作节拍，有时要在某些工段采用并行支线形式；为平衡个别工序的机动时间，采用不同步距的输送带、增加同时加工的工件数。

如果工件的批量不大，则要求生产线有较大的灵活性和可调性，以便进行多品种加工。对一些批量不大但加工工序很多的箱体件，为提高利用率，在工序安排允许的情况下，让工件几次通过生产线，实现全部工序的加工。

5. 车间平面布置

车间的平面布置对生产线配置形式有很大的影响。对于多工段组成的较长生产线，受车间空间限制可改为折线形式。生产线的配置方案还应考虑前后工序的衔接，毛坯从哪个方向进入车间，加工好的工件往哪里运送，都决定了生产线的流向。切屑的排出方向与车间总排屑沟的布置，车间的电源、压缩空气管道以及下水道总管道的位置、方向，对生产线电气、气动管路及排除冷却水等都有影响，在设计生产线时必须注意这些问题。

6. 装料高度

生产线的装料高度应与车间原有的滚道高度一致，或与使用单位协商决定。根据组合机床通用部件的配置尺寸要求，一般装料高度为850mm，当采用从下方返回的随行夹具生产线，或工件外形尺寸较小时，装料高度可适当加高。

四、机械加工生产线设计的内容及步骤

机械加工生产线的设计一般可分为准备工作阶段、总体方案设计阶段和结构设计阶段。

1）制订生产线工艺方案，绘制工序图和加工示意图。

2）拟订全线的自动化控制方案。

3）确定生产线的总体布局，绘制生产线的总联系尺寸图。

4）绘制生产线的工作循环周期表。

5）进行生产线通用加工装备的选型和专用机床、组合机床的设计。

6）进行生产线输送装置、辅助装置的选型及设计。

7）进行液压、电气等控制系统的设计。

8）编制生产线的使用说明书及维修注意事项等。

由于总体方案设计和结构设计是相互影响、相辅相成的，因此上述各设计步骤有时需要平行或交错进行。

第二节　生产线工艺方案的设计

工艺方案是确定生产线工艺内容、加工方法、加工质量及生产率的基本文件，是生产线设计的关键。生产线工艺方案的设计涉及以下一些问题。

一、生产线工艺方案的制订

（一）工件工艺基准选择

选择工艺基面是制订工艺方案的重要问题。工艺基面选择得正确，将能实现最大限度的工序集中，从而减少机床台数，也是保证加工精度的重要条件。下面重点介绍在设计生产线时，选择定位基面应注意的问题。

1）尽可能在生产线上采用统一的定位基面，以利于保证加工精度，简化生产线的结构。但有时做不到这一点，如有些表面因夹具结构阻碍无法进行加工，需要换另外的定位基准，使这些表面外露出来方可进行加工，此时两套定位基准应有足够的相互位置精度，以减少定位误差。

2）尽可能采用已加工面作为定位基准。如工件是毛坯，上生产线后的第一道工序的定位基

面应选择工件上最重要的平面，这样做能有效地保证这些平面加工余量的均匀分配。若某一不需加工的表面，相对其他要加工的表面有较高精度要求时，也可选择该表面为粗基准。

3）箱体类工件应尽可能采用“一面两销”定位方式，便于实现自动化，也容易做到全线采用统一的定位基面。两个定位销为一个圆柱销和一个菱形销。为保证销定位的可靠性，圆柱销通常放在工件移动方向的前端。如果箱体类工件没有足够大的支承平面，或该支承平面与主要加工表面之间的位置精度较差，可采用两个相互垂直的平面及一个菱形销进行定位。

4）定位基准应有利于实现多面加工，减少工件在生产线上的翻转次数，减少辅助设备数量，简化生产线结构。

5）在较长的生产线上加工材料较软的工件（铝件）时，其定位销孔因多次定位将严重磨损，为了保证精度，可采用两套定位孔，一套用于粗加工，另一套用于精加工；或采用较深的定位孔，粗加工时用定位孔的一半深度，精加工时用定位孔的全部深度。

6）定位基准应使夹压位置及夹紧简单可靠。如果工件没有很好的定位基准、夹压位置或输送基准时，可采用随行夹具。

（二）工件输送基面的选择

工件的输送基准与工艺基准之间在通常情况下具有一定的关联性，如许多情况下随行夹具的输送基准就是定位基准。工件的输送基准包括输送滑移面、输送导向面和输送棘爪推拉面。工件的输送最好采取直接输送的方式，但这要求工件有足够大的支承面和两侧限位面，以防止在运送时产生倾斜和蹿位，还要有推拉面。所有这些平面都应和定位基面（定位面和定位销孔）有一定的精度要求。

形状规则的箱体类工件通常采用直接输送方式，必要时可增加工艺凸台，以便实现直接输送。当该类工件用一面两销方式定位时，通常要求推拉面和侧面限位面到定位销孔中心的距离偏差不大于±0.1mm，所以推拉面和导向面必须经过加工。当毛坯进入生产线时，在结构上应采取措施，保证在输送过程中偏转不大，以使定位销能插入定位孔中。对于异形箱体类工件，采用抬起带走式或托盘式输送装置时，应尽量使输送限位面与工件定位基准一致，整个生产线尽量采用统一的输送基面。

小型回转体类工件一般采取滚动或滑动输送方式。滚动输送时，主要支承面的直径应尽量一致；滑动输送时，以外圆面作为输送基面。当回转体类工件不能以重力输送时，可采用机械手输送，此时要注意被机械手抓取部位与工艺基准的位置要求。

盘类、环类工件以端面作为输送基面，采用板式输送装置输送。对一些外形不规则的工件，由于没有合适的输送基面，可采用随行夹具或托盘输送。

（三）生产线工艺流程的拟订

工艺流程是按照工艺加工顺序连续进行工件加工的过程。工艺流程的拟订是制订机械加工生产线重要的一步，它直接关系生产线的经济效益，以及能否达到要求的精度，甚至影响生产线的工作可靠性。

1. 确定各表面的加工方法

确定各表面加工工艺的依据是：工件的材料、各加工表面的尺寸、加工精度和表面粗糙度要求、加工部位的结构特征、生产类型以及现有的生产条件等。其中，加工表面的技术要求（尺寸、精度、表面粗糙度要求）是决定加工表面加工方法的首要因素。在大批大量生产中，平面加工一般采用铣削工艺，为提高加工效率，较多采用组合铣刀或多头组合铣床，同时对工件上多个平面进行加工。孔精加工时可采用精镗或精铰。铰削可较好地保证孔的尺寸精度，但对孔的位置精度和直线度的校正能力较差，故当孔的位置精度和直线度要求较高时，精加工常以镗代铰。硬度很低而韧性较大的金属材料应采用切削的方法加工，而不宜用磨削的方法加工。反之，硬度高的工件则最好采用磨削加工。

加工表面加工方法选择的步骤是：首先确定工件主要表面的最终加工方法，然后依次向前选定各预备工序的加工方法和各次要表面的加工方法。在此基础上，还要综合考虑为保证各加工表面位置精度要求而采取的工艺措施，并对已选定的加工方法做适当调整。

2. 划分加工阶段

机械加工工艺过程一般可划分为粗加工、半精加工、精加工和光整加工几个阶段。划分加工阶段，使粗加工产生的误差和变形能够在半精加工和精加工中得到纠正，并逐步提高零件的精度和表面质量。粗加工要求采用刚性好、效率高而精度较低的机床，精加工则要求机床精度高。划分加工阶段后，可避免以精干粗，可以充分发挥机床的性能，延长其使用寿命。划分加工阶段还便于安排热处理工序，使冷热加工工序配合得更好。例如，粗加工后一般要安排去应力的时效处理，以消除内应力；精加工前要安排淬火等最终热处理，其变形可以通过精加工消除。此外，划分加工阶段有利于及早发现毛坯的缺陷，从而及时予以报废，以免继续加工造成工时浪费。

当生产批量较小、机床负荷率较低时，从经济性角度考虑，也可用一台机床进行粗、精加工，但应采取相应措施以减少上述不利影响。例如粗加工和精加工不同时进行；粗、精加工采用不同的夹具夹紧力；粗、精加工在机床的不同工位进行；加工孔时采用刚性主轴不带导向，或导向不在夹具上，而在托架上等。

3. 确定工序集中和分散程度

工件表面的加工方法和加工阶段划分后，工件加工的各个工步也就确定了。如何根据这些工步确定工序则需要根据工序集中与分散的原则。工序集中可以实现工件一次装夹情况下的多个表面加工，有利于保证各加工表面间的相互位置精度，减少机床的数量。工序分散则使机床和工夹具比较简单，调整比较容易，易于变换产品。在生产线按机床分配工序时，应力求减少机床的台数，但要注意通用部件性能的可能性，以及生产线的操作、调整、刀具工作情况的观察和更换的方便性等。决定工序集中程度时应考虑的问题如下：

1）为减少机床台数，机床应尽可能采用双面，必要时甚至三面的配置方案。对于小平面上孔的加工，采用多工位的方法。

2）有些工序，如钻孔、钻深孔、铰孔、镗孔和攻螺纹等，它们的切削用量、工件夹紧力、夹具结构、润滑要求等有较大差别，不宜集中在同一工位或同台机床上加工。

3）采用多轴加工是提高工序集中程度的最有效办法，但要注意主轴箱上的主轴不要过密，以保证拆卸刀具的便利性。

4）采用复合刀具在一台机床上完成几道工序的加工，如钻螺纹底孔时复合倒角，或者钻孔时复合倒角及锪端面等，都是提高工序集中程度的手段。

5）工件上相互之间有严格位置精度要求的表面，其精加工宜集中在同一工位或同台机床上进行。

6）确定工序集中的程度应充分考虑工件的刚性，避免因切削力和夹紧力过大影响加工精度。

7）充分考虑粗、精加工工序的合理安排，避免粗加工时热变形以及由于工件和夹具刚性不足产生的变形影响精加工精度。

4. 安排工序顺序

一般工件的加工要经过切削加工、热处理和辅助工序等。因此，确定加工顺序时，要全面地把切削加工、热处理和辅助工序结合起来加以考虑。辅助工序包括工件的检验、去毛刺、清洗和涂防锈油等，其中检验工序是主要的辅助工序，它对保证产品质量有极其重要的作用。安排工件各加工工序在生产线上的加工顺序，一般要遵循以下原则：

1）先粗后精、粗精分开。平面和大孔的粗加工应放在生产线前端机床上进行，对易出现废品的高精度孔也应提前进行粗加工。高精度的精加工工序一般应放在生产线的最后进行，要注意将粗精加工工序拉开一些，以避免粗加工热变形对精加工的影响，以及在精加工后又进行重负荷的粗加工，引起夹压变形，破坏精加工的精度。对于一些不重要的孔，粗加工不会影响其精加工精度时，可以排得近些，以便调整工序余量，及早发现前道工序的废品。

2）特殊处理、线外加工。位置精度要求高的加工面尽可能在一个工位上加工；同轴度小于0.05mm的孔系，其半精加工和精加工都应从一侧进行。易出现废品的粗加工工序，应放在生产线的最前面，或在线外加工，以免影响生产线的正常节拍。精度太高、不易稳定达到加工要求的工序一般也不应放在线内加工，如在线内加工，应自成工段，并有较大的生产潜力，即使产生较高的废品率也不会影响生产线的正常节拍。例如，对于高精度孔的加工，由于尺寸公差要求很严，在生产线上加工时，需采取备用机床、自动测量、刀具自动补偿等相应措施，甚至设计成备有支线的单独精加工线。

3）单一工序。小直径钻孔一般不宜和大直径镗孔放在一起，以免使得主轴箱传动系过于复杂，以及不便于调整和更换刀具。攻螺纹工序分出来较为合适，安排在单独的机床上进行，必要时也可以安排为单独的攻螺纹工段，并放在生产线的最后，这样做便于安排攻螺纹时润滑、切屑的处理，也不致弄脏工件，对处理、减少清洗装置和改善生产线的卫生条件均有好处。当自动线有清洗设备时，攻螺纹机床或工段最好放在清洗设备之前。

4）减少辅助装置。生产线上多一个转位装置，就会造成工段的增加，使生产线结构和控制系统复杂，也增加了在工件输送装置、电气液压设备方面的投资，占地面积加大。

5）基准先行，先主后次，先面后孔。

6）全面考虑辅助工序。这对保证生产线的可靠工作同样具有很大的意义。在不通孔中积存切屑，就会引起丝锥折断；高精度的孔加工没有测量，也可能出现大量的废品。一般还要在零件粗加工阶段结束之后或者重要工序加工前后以及工件全部加工结束之后安排检验工序。

（四）选择合理的切削用量

在工艺文件中一般要规定每一工步的切削用量，它是计算切削力、切削功率和加工时间的必要数据，是设计机床、夹具、刀具的依据。合理选择切削用量是保证生产线加工质量和生产率的必要手段之一。确定生产线切削用量时应注意以下问题：

1）生产线刀具寿命的选择原则目前尚无统一的规定，较多考虑的原则是换刀不占用或少占用上班时间。目前我国一般取生产线中最短的刀具寿命为400min左右或200min左右，相应刀具不磨刀的工作时间为一个班或半个班。这个数值比单台机床刀具寿命要长些，所以生产线上所选用的切削用量比一般机床单刀加工的寿命低15%~30%。

2）对于加工时间长，影响生产线生产节拍的工序，应尽量采用较大的切削用量以缩短加工时间。但是正如上面所指出的，应保证其中寿命最短的刀具能连续工作一个班或半个班，以便利用生产线非工作时间进行换刀。对于加工时间不影响生产线生产节拍的工序，可以采用较低的切削用量，提高刀具寿命，减少生产成本。

3）同一个刀架或主轴箱上的刀具，一般共用一个进给系统，各刀具每分钟的进给量是相同的，此时应注意选择各刀具的转速，确定合理的切削速度和每转进给量，使各刀具具有大致相同的寿命。

4）选择复合刀具的切削用量时，应考虑到复合刀具各个部分的强度、寿命及其工作要求。

二、生产节拍的平衡和生产线的分段

（一）生产节拍的平衡

制造业的生产线多半是在进行了细分之后的多工序连续作业生产线，由于分工作业，简化了作业难度，使作业熟练度容易提高，从而提高了作业效率。然而经过这样的作业细分化之后，各工序的作业时间在理论上、现实上都不能完全相同，存在工序时间不一致的现象。这种现象除了造成的无谓的工时损失外，还造成大量的工序堆积即存滞品发生，严重的还会造成生产的中止。为了解决以上问题，必须对各工序的作业时间平均化，以使生产线能顺畅活动，取得良好的经济效益。

生产线的节拍是指连续完成相同的两个产品之间的间隔时间，或者说，完成一个产品所需的平均时间。生产线工艺平衡即是对生产的全部工序进行平均化，调整各作业负荷，以使各作业时间尽可能相近。通过平衡生产线，可以提高操作者及设备工装的工作效率；减少单件产品的工时消耗，降低成本；减少工序的在制品，真正实现有序流动；在平衡的生产线基础上实现单元生产，提高生产应变能力，应对市场变化。

生产线的生产节拍 t_j（min/件）可根据公式（5-1）计算

$$t_j=\frac{60T}{N}\beta_1 \quad \text{min/件} \tag{5-1}$$

式中　T——年基本工时，一般规定按一班制工作时为2360h/年，按两班制工作时为4650h/年；

β_1——复杂系数，一般取0.65~0.85，复杂的生产线因故障导致开工率低些，应取低值，简单的生产线则取高值；

N——生产线加工工件的年生产纲领（件数/年），$N=qn(1+p_1+p_2)$；

q——产品的年产量（台数/年）；

n——每台产品所需生产线加工的工件数量（件数/台）；

p_1——备品率；

p_2——废品率。

算出生产线的节拍后，就可找出哪些工序的节拍大于 t_j，这些工序限制了生产线的生产率，使生产线达不到生产节拍要求，称为限制性工序。必须设法缩短限制性工序的节拍，以达到平衡工序节拍的目的。当工序节拍比 t_j 慢不多时，可以采用提高切削用量的办法来缩减其工序节拍，但在大多数情况下，工序节拍比 t_j 慢很多，就必须采用下列措施来实现节拍的平衡：

1）综合运用程序分析、动作分析、规划分析、搬运分析、时间分析等方法和手段对限制性工序进行评估优化，改善作业情况。

2）作业转移、分解与合并。将瓶颈工序的作业内容转移给其他工序；合并相关工序，重新排布生产线加工工序，相对来讲在作业内容较多的情况下容易拉平衡；分解作业时间较短的工序，把该工序安排到其他工序当中去。

3）采用新的工艺方法，提高工序节拍。

4）增加顺序加工工位。采用工序分散的方法，将限制性工序分解为几个工步，分摊到几个工位上完成。例如气缸体的纵向油道孔，由于直径较小而孔很长，若只安排在一个加工工位上加工，就满足不了生产线的节拍要求，故可将长孔分成几段，分别在不同工位上加工。采用这种方法平衡节拍，会在工件的已加工表面上留下接刀痕迹，因此适用于粗加工或精度和表面质量要求不高的工序。

5）实行多件并行加工，以提高单件的工序节拍。通常用多台同样的机床对多个同样的工件同时进行加工。这样做需要在限制性工序的前后设立专用的输送装置，将待加工件分送到各台机床和将已加工件从各台机床取出送到生产线的输送装置上，增加了生产线的复杂程度。采用多工位加工机床，各工位完成同样工件不同工步的加工，每次转位就完成一个工件的加工，可以明显地提高单件的工序节拍，又不需要上述的专用输送装置，但这类机床的结构比较复杂。

6）在同一工位上增加同时加工工件的数目。例如在同一工位上加工两个工件，此时输送带每次行程为两个工件的步距。

（二）生产线的分段

生产线属于以下情况时往往需要分段。

1）当工件因为工艺上的需要在生产线上要进行转位或翻转时，工件的输送基面变了，往往使得全线无法采用统一的输送带，而必须分段独立输送。在这种情况下，转位或翻转装置就自然地将生产线分成若干段。

2）如前所述，为了平衡生产线的生产节拍，当采用“增加同时加工的工位数”或“增加同时加工的工件数”等办法，以缩短限制性工序的工时时，往往也需要将限制性工序单独组成工段，以便满足成组输送工件的需要。

3）当生产线的工位数多、生产线较长时，如果生产线不分段，当线内任一工位因故停止工作时，将会导致全线的停产。因此对这样的生产线往往应进行段，并在相邻段之间设立储料库，使各工段在相邻工段停产的情况下还能独立运行一段时间，提高了生产线的设备利用率。

4）当工件加工精度要求较高时，要求工件粗加工后存放一段时间，以减少工件热变形和内应力对后续工序的影响。这时也需要将生产线分段，工件经粗加工后下线，在储料库内存放一定的时间，再进行精加工。

三、生产线的技术经济性能评价

一条生产线的设计和建造过程，实质上是按照被加工产品的生产纲领和技术要求，选择采用相适应的工艺装备、辅助装置和控制系统，在充分论证、分析研究和比较其技术经济效益的基础上，不断地完善设计、试验、制造和调试直到建成的过程。生产线的生产率、技术经济效益依赖于生产线的工作可靠性。生产线的实际生产率随可靠性的提高而提高，并能较充分利用生产线的工艺可能性，从而达到保证和提高技术经济效益的目标。因此，生产线的工作可靠性、生产率和经济效益是设计和建造生产线时首先应该考虑和要协调解决的问题，也是评价生产线优劣的主要指标。

（一）生产线的工作可靠性

生产线的工作可靠性是指在给定的生产纲领所决定的规模下，在生产线规定的全部使用期限内（例如一个工作班），连续生产合格产品的工作能力。生产线的工作可靠性越低，生产率损失就越大，实际生产率和理论生产率之间的差距也越大，而且会使管理人员和调整工人的数目增加，不仅增加了工资费用，而且增加了修理和保养费用。

生产线发生了工作能力遭到破坏的事件，称为生产线的故障。由于生产线所使用的元器件，零部件、各种机构、装置、仪器、工具和控制系统等损坏或不能正常工作引起的故障，称为元器件故障。由于生产线加工的工件不符合技术要求以及组织管理原因引起的生产线停顿，称为参数故障。元器件故障表征动作可靠性，参数故障表征工艺加工精度以及使用管理方面的可靠性。对于生产线而言，参数故障往往是人为因素造成的，为使研究生产线工作可靠性问题简化，常不考虑参数故障。如果只考虑不发生元器件故障的平均工作时间时，设每一个元器件的故障与其他元器件的故障无关，则生产线不发生故障的概率取决于生产线所用元器件工作不发生故障的概率的乘积。随着生产线复杂程度的提高，其组成的元器件随之增多，即使每个元器件的可靠性都很高，生产线不发生故障的概率也将随之急剧降低。

生产线的使用效果在很大程度上还取决于找寻故障原因、排除故障恢复其工作能力所需的时间。通常，生产线工作能力恢复时间概率的分布，也像无故障工作时间概率的分布一样，可以描述成指数形式。设在生产线工作的 T_H 期间，发生了 n 次故障，恢复这些故障共花费了时间 T_x（即总故障停机时间），其恢复工作能力的平均时间为 Q_{cp}，则有

$$Q_{cp}=\frac{T_x}{n} \tag{5-2}$$

设生产线恢复工作能力的平均时间与生产线工作时间之比称为生产线恢复工作的时间比重，并记为 τ，则有

$$\tau=\frac{Q_{cp}}{T_H} \tag{5-3}$$

Q_{cp} 和 τ 说明了生产线恢复工作能力的时间要素的重要性。Q_{cp}、τ 的数值，是衡量生产线工作可靠性和维修度的重要指标，并可明显看出，提高生产线工作可靠性和使用效率的主要措施如下：

1）采用高可靠性的元器件，是提高生产线工作可靠性的主要手段。

2）提高寻找故障和排除故障的速度。例如在电气控制系统中采用自诊断技术，能很快找出故障点，便于排除故障。对于易出故障的元器件以及较复杂的单元电路板，可以增加备件，以便出现故障时及时更换，缩短维修时间。

3）重要的和加工精度要求高的工位，采用并联排列，易于出故障的电路和电气元器件采用并联连接。还有采用容错技术和自诊断技术相结合，自动查找故障并自动转换至并联元器件和电路上运行，也可由人工转换至并联的工位继续运行，这样将大大节省故障停机时间。

4）把生产线分成若干段，采用柔性连接，则每段的组成元器件数将大量减少，可提高生产线的工作可靠性。

5）加强管理，克服由于技术工作和组织管理不完善所造成的生产线停机时间。

（二）生产线的生产率

1. 生产线生产率的分析

生产线在正常运行并处于连续加工时，生产一个工件的工作循环时间就是生产线的节拍。由生产线工作循环时间所决定的生产率称为生产线的循环生产率，它是在假定生产线没有任何故障和停顿而连续工作的条件下计算的，但实际上生产线总是在正常工作和各种不同情况的停顿互相交替出现的状态下运行的。因此，生产线的实际生产率因受到各种停顿的影响而低于循环生产率。生产线的停顿状态通常是由下列原因造成的。

1）调整和更换刀具或工具。

2）生产线组成的元器件、设备、装置和仪器仪表等发生故障。

3）由于组织管理不善，如停工待料等造成停顿。

4）生产线虽能工作，但如果生产出的工件不符合技术要求成为废品，这种用于生产废品的时间或调整加工精度的时间，也属生产线的停顿时间。

5）在多品种生产的生产线上，更换加工对象的调整，使生产线不能正常运行而处于停顿状态。上述生产线的各种停顿越是频繁，停顿时间越长，则生产线的实际生产率越低，单位时间平均生产的合格品越少。

为了估计生产线的循环外停顿对其生产率的影响，必须把生产线的总停顿时间分摊到每一个加工工件的时间中去，此时生产线的实际生产率往往比生产线的循环生产率低很多。

2. 生产线生产率与工作可靠性的关系

生产线的各种停顿，是由于技术和组织管理原因造成的，是和生产线的工作可靠性密切联系的。所以，生产线的工作可靠性直接影响生产线的生产率，工作可靠性高，生产率也随之提高。

生产线的无故障工作的周期，就其长短和起始点来说，是随机的，所以生产线的循环外损失时间的大小也是随机的。因此，生产线的实际生产率也具有随机性。

如果将组织管理等人为因素所造成的生产线停顿包含在故障范畴之内，生产线的实际生产率就取决于三个因素：生产线的工作循环周期、故障强度、发现和排除故障的持续时间。由此可见，生产线的工作可靠性对保证实际生产率非常重要。

（三）生产线的经济效益分析

新设计的生产线，最佳方案的选择必须包含经济效益的分析与比较。符合产品加工全部技术要求的生产线，不一定是一条经济效益好的生产线。对新设计的生产线进行经济效益的计算分析和比较，不仅是为了计算其经济效益，而且是为了对生产线的技术参数和水平进行选择，使得新建的生产线在技术上和经济上都是最佳的，从而保证在采用新技术的同时，能取得最大的经济效益。评价生产线经济效益的指标很多，如机床平均负荷率、制造零件的生产成本和投资回收期等。其中，生产线的投资回收期长短对是否建立新的生产线和建立什么样的生产线的影响很大，直接关系到生产线的经济效益，是生产线设计的重要经济指标。

生产线建线投资回收期限 T（年）为

$$T=\frac{I}{N(S-C)} \tag{5-4}$$

式中 I——生产线建线投资总额（元）；

S——零件的销售价格（元/件）；

C——零件的制造成本（元/件）；

N——计算生产纲领。

生产线建线投资回收期 T 越短，生产线的经济效益越好，应同时满足以下条件才允许建线：

1）投资回收期应小于生产线制造装备的使用年限。

2）投资回收期应小于该产品（零件）的预定生产年限。

3）投资回收期应小于4~6年。

在生产线建线投资总额 I 中，加工装备尤其是关键加工装备的投资所占份额甚大，因此在决定选购复杂昂贵加工装备前，必须核算其投资的回收期限，如在4~6年内收不回设备投资，则不宜选购，应另行选择其他类型的加工装备。

第三节　生产线专用机床的总体设计

一、概述

生产线上的加工装备既有通用机床、数控机床，也有专用机床。通用机床和数控机床一般都有定型产品，可以根据生产线的工艺要求进行选购。专用机床没有定型产品，必须根据所加工零件的工艺要求进行专门设计。虽然生产线所采用的工艺设备类型很多，但归纳起来，可以分为以下几大类：

(1) 通用的自动机床和半自动机床　在生产线上选用这类机床时，只需添加输料和装卸料机构即可形成生产线所需的设备，如单轴或多轴自动机床等。

(2) 经自动化改造的通用机床　在通用机床的基础上，对机床进行机械和电气系统改造，实现加工过程的自动化，以满足生产线的某种特殊加工要求。

(3) 专用机床　专用机床是针对加工某种零件的特定工序设计的，在设计时应充分考虑成组加工工艺的要求，根据相似零件族的典型零件的工艺要求进行设计。典型零件是指具有相似零件族内各个零件全部结构特征和加工要素的零件，它可能是一个真实的零件，更可能是由人工综合而成的假想零件。

由于组合机床在生产线中使用比较广泛，本节以组合机床为例介绍专用机床的总体设计原理。

二、组合机床的组成、特点及基本配置形式

(一) 组合机床的组成及特点

组合机床是根据工件加工需要，以通用部件为基础，配以少量按工件特定形状和加工工艺设计的专用部件和夹具而组成的一种高效专用机床。图5-2所示为典型的双面复合式单工位组合机床，由侧底座1、滑台2、镗削头3、夹具4、多轴箱5、动力箱6、立柱7、垫铁8、立柱底座9、中间底座10、液压装置11、电气控制设备12、刀工具13等组成。通过控制系统，在两次装卸工件间隔时间内完成一个自动工作循环。图中各个部件都具有一定的独立功能，并且大都是已经系列化、标准化和通用化的部件。通常情况下，夹具4、中间底座10和多轴箱5是根据工件的尺寸形状和工艺要求设计的专用部件，但其中的绝大多数零件，如定位夹压元件、传动件等，也都是标准件和通用件。

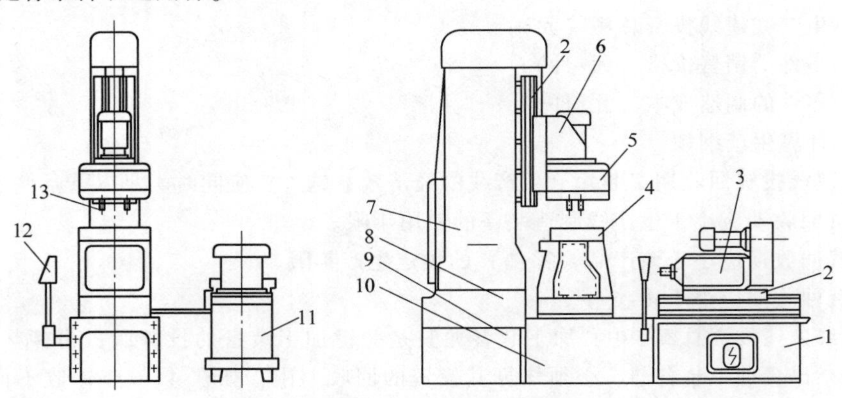

图5-2　典型的双面复合式单工位组合机床

1—侧底座　2—滑台　3—镗削头　4—夹具　5—多轴箱　6—动力箱　7—立柱　8—垫铁
9—立柱底座　10—中间底座　11—液压装置　12—电气控制设备　13—刀工具

通用部件是组成组合机床的基础。用来实现机床切削和进给运动的通用部件，如单轴工艺切削头（即镗削头、钻削头、铣削头等）、传动装置（驱动切削头）、动力箱（驱动多轴箱）、进给滑台（机械或液压滑台）等，为动力部件。用以安装动力部件的通用部件如侧底座、立柱、立柱底座等称为支承部件。

组合机床具有如下特点。

1）主要用于棱体类零件和杂件的孔、面加工。

2）生产率高。因为工序集中，可多面、多工位、多轴、多刀同时自动加工。

3）加工精度稳定。因为工序固定，可选用成熟的通用部件、精密夹具和自动工作循环来保证加工精度的一致性。

4）研制周期短，便于设计、制造和使用维护，成本低。因为通用化、系列化、标准化程度高，通用零部件占70%~90%，可组织批量生产进行预制或外购。

5）自动化程度高，劳动强度低。

6）配置灵活。因为结构模块化、组合化，可按工件或工序要求，用大量通用部件和少量专用部件灵活组成各种类型的组合机床及自动线；机床易于改装；产品或工艺变化时，通用部件一般还可以重复利用。

（二）组合机床的工艺范围与机床配置形式

1. 组合机床的工艺范围

目前，组合机床主要用于平面加工和孔加工两类工序。平面加工包括铣平面、锪（刮）平面、车端面；孔加工包括钻、扩、铰、镗孔以及倒角、切槽、攻螺纹、锪沉孔、滚压孔等。随着综合自动化的发展，组合机床的工艺范围正扩大到车外圆、行星铣削、拉削、推削、磨削、珩磨及抛光、冲压等工序。此外，还可以完成焊接、热处理、自动装配和检测、清洗和零件分类及打印等非切削工作。

组合机床在汽车、拖拉机、柴油机、电动机、仪器仪表、军工及轻工行业大批大量生产中已获得广泛的应用；一些中小批量生产的企业，如机床、机车、工程机械等制造业中也已推广应用。组合机床最适宜于加工各种大中型箱体类零件，如气缸盖、气缸体、变速箱体、电机座及仪表壳等零件；也可用来完成轴套类、轮盘类、叉架类和盖板类零件的部分或全部工序的加工。

2. 大型组合机床的配置形式

（1）具有固定式夹具的单工位组合机床　这类组合机床夹具和工作台都固定不动，由动力滑台实现进给运动，滑台上的动力箱（连接主轴箱）实现切削主运动。根据动力箱和主轴箱的安置方式不同，这类机床的配置形式有图5-3所示种类。

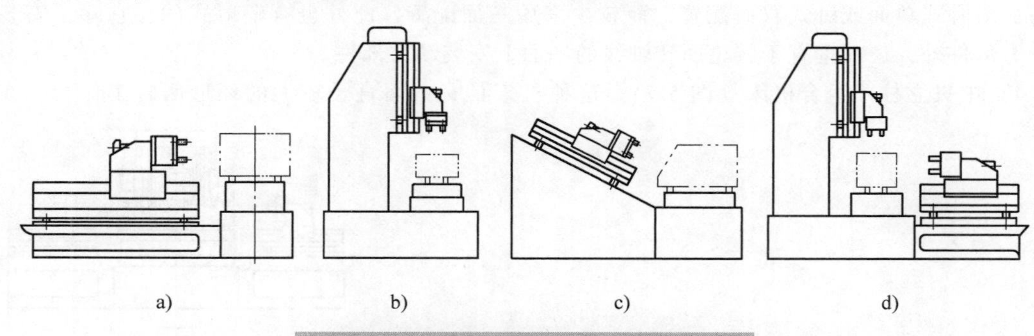

图5-3　具有固定式夹具的单工位组合机床

a）卧式组合机床　b）立式组合机床　c）倾斜式组合机床　d）复合式组合机床

1）卧式组合机床。动力箱水平安装。

2）立式组合机床。动力箱垂直安装。

3）倾斜式组合机床。动力箱倾斜安装。

4）复合式组合机床。动力箱具有上述两种以上的安装状态。

在以上四种配置形式的组合机床中，如果每一种之中再安装一个或几个动力部件时，还可以组成双面或多面组合机床。

（2）具有移动式夹具的多工位组合机床　这类组合机床的夹具安装在直线移动工作台或回转运动工作台上，并按照一定的节拍时间做间歇移动或转动，使工位得到转换。这类机床的配置形式常见的有四种。

1）具有移动工作台的组合机床（图5-4）。这种机床的夹具和工件可做直线往复移动。

2）具有回转工作台的组合机床（图5-5）。这种机床的夹具和工件可绕垂直轴线回转，在回转工作台上每个工位通常都装有工件。

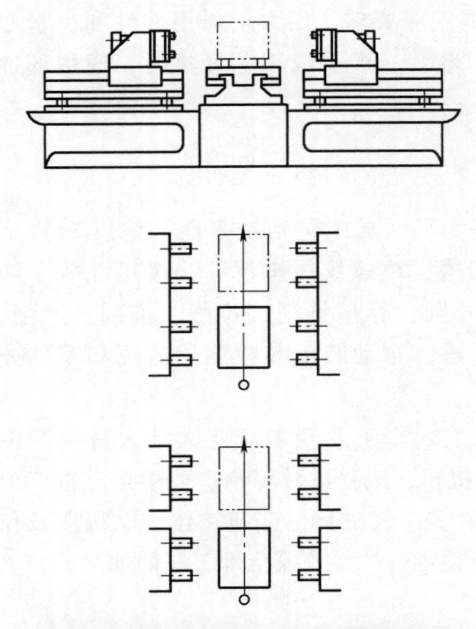

图5-4　具有移动工作台的组合机床

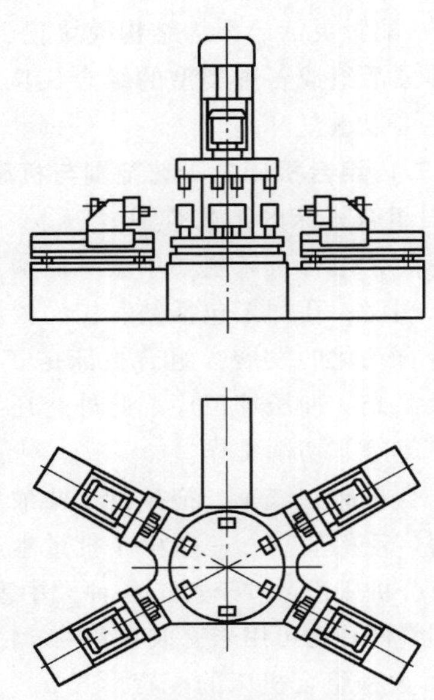

图5-5　具有回转工作台的组合机床

3）鼓轮式组合机床（图5-6）。这种机床的夹具和工件可绕水平轴线回转。鼓轮式组合机床一般为卧式单面或卧式双面配置，而较少采用三面配置。此外也有辐射式的，它除了安装卧式动力部件外，还在垂直于鼓轮回转轴线的平面上安装动力部件。

4）中央立柱式组合机床（图5-7）。这种机床具有台面直径较大的环形回转工作台。在工

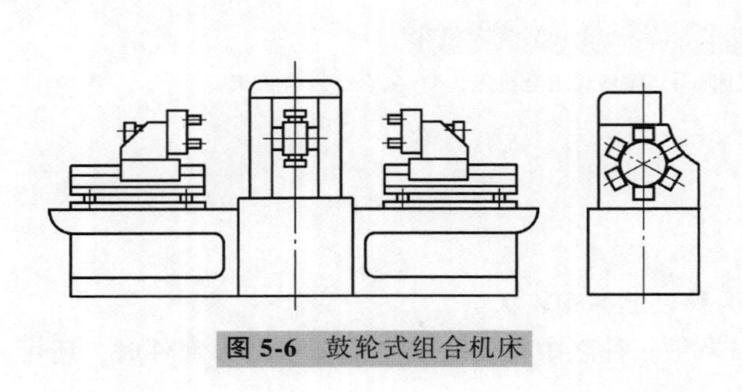

图5-6　鼓轮式组合机床

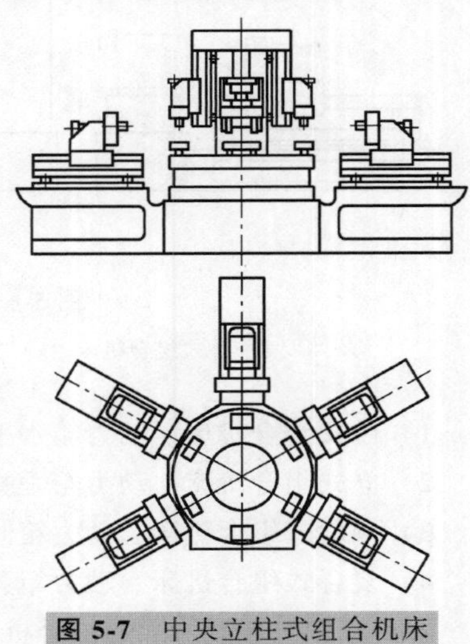

图5-7　中央立柱式组合机床

作台中央安装立柱，立柱上安装动力部件，而在工作台的周围还安装有卧式动力部件，工件和夹具则安装在回转工作台上。中央立柱式组合机床一般都是复合式的。

（3）转塔主轴箱式组合机床　转塔主轴箱式组合机床分为两类：单轴转塔动力头式组合机床和多轴转塔头式组合机床。前者转塔头的每个结合面可安装一个主轴箱。这种机床的一般配置形式有两种。

1）转塔主轴箱 3 安装在进给滑台 6 上，只实现切削运动，由进给滑台实现进给运动，如图 5-8a 所示，工件 4 安装在回转工作台 5 上，转塔主轴箱转位更换刀具，而工件转位改换被加工的平面。

2）转塔主轴箱安装在滑台上，转塔主轴箱 3 既能实现切削主运动又能实现进给运动，如图 5-8b 所示。工件 4 安装在回转工作台 5 上，转塔主轴箱转位更换刀具，而工件转位更换被加工的平面。

转塔主轴箱式组合机床可以组成双面式或三面式，同时对工件的两个或三个平面进行加工。

转塔主轴箱式组合机床切削时间与辅助时间不重合，转塔主轴箱各工位的切削时间串联，因此机床的工作效率较低；但由于各工位切削时间不重合，减少了切削振动的互相干扰，加工精度较高。当机床用于中批生产时，机床的负荷率较高，占地面积较小。

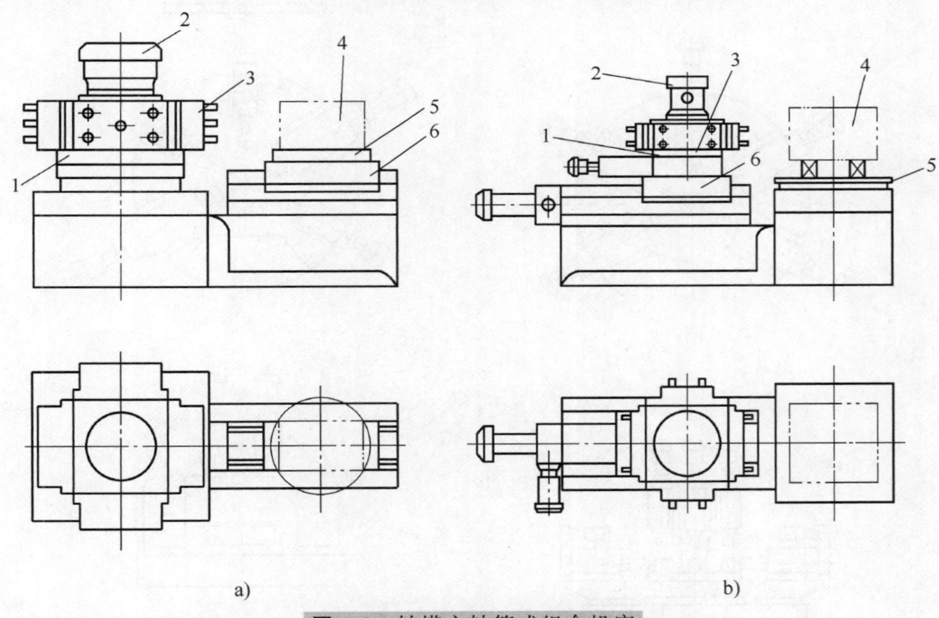

图 5-8　转塔主轴箱式组合机床

a）被加工零件安装在滑台上　b）转塔主轴箱安装在滑台上

1—转塔　2—电动机　3—转塔主轴箱　4—工件　5—回转工作台　6—进给滑台

3. 小型组合机床的配置形式

小型组合机床也是由大量通用零部件组成的，其配置特点是常用两个以上具有主运动和进给运动的小型动力头分散布置、组合加工。动力头有套筒式和滑台式结构，横向尺寸小，配置灵活性大，操作使用方便，易于调整和改装。

图 5-9 所示为几种小型组合机床的配置形式。小型组合机床分单工位（图 5-9a、b、c、d）和多工位（图 5-9e、f、g）两类。目前在生产中使用较多的是各种多工位小型机床，其中最常用的是回转工作台式小型组合机床。

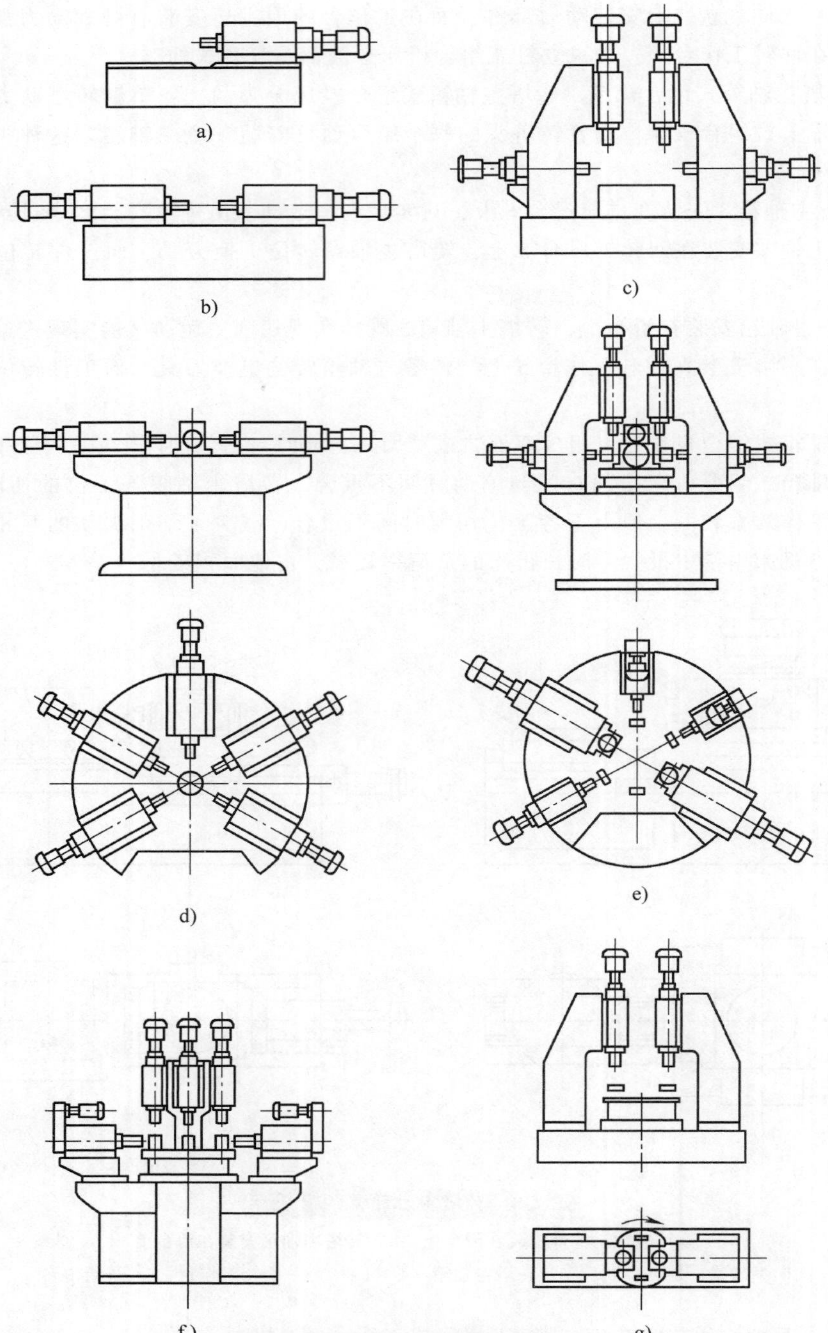

a)

b)

c)

d)

e)

f)

g)

图5-9　小型组合机床的配置形式

a)、b)、c)、d)　单工位配置形式　e)、f)、g)　多工位配置形式

组合机床的配置形式是多种多样的，同一零件的加工可采用几种不同的配置方案。在确定组合机床的配置形式时，应对几个可行的方案进行综合分析，从机床负荷率、能达到的加工精度、使用和排屑的方便性、机床的可调性、机床部件的通用化程度、占地面积等多个方面进行比较，选择合理的机床总体布局方案。

三、组合机床的设计步骤

组合机床一般都是根据和用户签订的设计、制造合同进行设计的。合同中规定了具体的加工对象（工件）、加工内容、加工精度、生产率要求、交货日期及价格等主要的设计原始数据。在设计工程中，应尽量做到采用先进的工艺方案和合理的机床结构方案；正确选择组合机床通用部件及机床布局形式；要十分注意保证加工精度和生产率的措施以及操作使用方便性，力争设计出技术上先进、经济上合理和工作可靠的组合机床。

1. 调查研究

调查研究的主要内容包括以下几个方面。

1）认真阅读零件图样，研究其尺寸、形状、材料、硬度、重量、加工部位的结构及加工精度和表面粗糙度要求等内容。通过对产品装配图样和有关工艺材料的分析，充分认识零件在产品中的地位和作用。同时必须深入到用户现场，对用户原来生产所采用的加工设备、刀具、切削用量、定位基准、夹紧部位、加工质量及精度检验方法、装卸方法、装卸时间、加工时间等做全面的调查研究。

2）深入到组合机床使用和制造单位，全面细致地调查使用单位车间的面积、机床的布置、毛坯和在制品流向、工人的技术水平、刀具制造能力、设备维修能力、动力和起重设备等条件，以及制造单位的技术能力、生产经验和设备状况等条件。

3）研究分析合同要求，查阅、搜集和分析国内外有关的技术资料，吸取先进的科学技术成果。对于为满足合同要求的难点拟采取的新技术、新工艺，应进行必要的试验，以取得可靠的设计依据。

2. 总体方案设计

总体方案的设计主要包括制订工艺方案（确定零件在组合机床上完成的工艺内容及加工方法，选择定位基准和夹紧部位，决定工步和刀具种类及其结构形式，选择切削用量等）、确定机床配置形式、制订影响机床总体布局和技术性能的主要部件的结构方案。总体方案的拟订是设计组合机床最关键的一步。方案制订得正确与否，将直接影响机床能否达到合同要求，保证加工精度和生产率，并且结构简单、成本较低和使用方便。

对于同一加工内容，有各种不同的工艺方案和机床配置方案，在最后决定采用哪种方案时，必须对各种可行的方案做全面分析比较，并考虑使用单位和制造单位等诸方面因素，综合评价，选择最佳方案或较为合理的方案。

总体方案设计的具体工作是编制“三图一卡”，即绘制零件工序图、加工示意图、机床总联系尺寸图，编制生产率计算卡。

在设计机床总联系尺寸图的过程中，不仅要根据动力计算和功能要求选择各通用部件，往往还应对机床关键的专用部件结构方案有所考虑。例如对影响加工精度的较复杂的夹具要画出其草图，以确定可行的结构及其主要轮廓尺寸；多轴箱是另一个重要专用部件，应根据加工孔系的分布范围确定其轮廓尺寸。根据上述确定的通用部件和专用部件结构及加工示意图，即可绘制机床总体布局联系尺寸图。

3. 技术设计

技术设计就是根据总体设计已经确定的“三图一卡”，设计机床各专用部件正式总图，如设计夹具、多轴箱等装配图，以及根据运动部件有关参数和机床循环要求，设计液压和电气控制原理图。设计过程中，应按照设计程序做必要的计算和验算等工作，并对第二、三阶段中初定的数据、结构等进行相应的调整或修改。

4. 工作设计

当技术设计通过审查（有时还须请用户审查）后即可开展工作设计，即绘制各个专用部件的施工图样、编制各零部件明细表。

四、组合机床总体设计

组合机床总体设计主要是绘制“三图一卡”，就是针对具体的零件，在选定的工艺和结构方案的基础上，进行组合机床总体方案图样文件设计。其内容包括：绘制零件工序图、加工示意图、机床总联系尺寸图，编制生产率计算卡等。

（一）零件工序图

1. 零件工序图的作用与内容

零件工序图是根据制订的工艺方案，表示所设计的组合机床（或生产线）上完成的工艺内容，加工部位的尺寸、精度、表面粗糙度及技术要求，加工用的定位基准、夹紧部位，零件的材料、硬度和在本机床加工前的加工余量，毛坯或半成品的图样。它是组合机床设计的具体依据，也是制造、使用、调整和检验机床精度的重要文件。零件工序图是在零件图的基础上，突出本机床或自动线的加工内容，并做必要的说明而绘制的。其主要内容如下：

1）零件的形状和主要轮廓尺寸以及与本工序机床设计有关部位的结构形状和尺寸。当需要设置中间导向时，则应把中间导向邻近的工件内部肋、壁布置及有关结构形状和尺寸表示清楚，以便检查工件、夹具、刀具之间是否相互干涉。

2）本工序所选用的定位基准、夹压部位及夹紧方向，以便据此进行夹具的支承、定位、夹紧和导向等结构设计。

3）本工序加工表面的尺寸、精度、表面粗糙度、几何公差等技术要求以及对上道工序的技术要求。

4）注明零件的名称、编号、材料、硬度以及加工部位的余量。

末端传动壳体精镗孔组合机床的零件工序图如图5-10所示。

2. 绘制零件工序图的规定及注意事项

（1）绘制零件工序图的规定　为使零件工序图表达清晰明了，突出本工序内容，绘制时规定：应按一定的比例，绘制足够的视图及剖面；本工序加工部位用粗实线表示，在保证的加工部位尺寸及位置尺寸数值下方画“—”粗实线，如图5-10中的$\phi90^{+0.06}_{0}$，其余部位用细实线表示；定位基准符号用$\vee$，并用下标数表明消除自由度数量（如$\vee_3$）；夹紧位置符号用↓表示，辅助支承符号用$\triangle$表示。

（2）绘制零件工序图的注意事项

1）本工序加工部位的位置尺寸应与定位基准直接发生关系。当本工序定位基准与设计基准不符时，必须对加工部位的位置精度进行分析和换算，并把不对称公差换算为对称公差，如图5-10中的尺寸152.4±0.1，是由零件图中的尺寸$152.5^{0}_{-0.2}$换算而来的。有时也可将工件某一主要孔的位置尺寸从定位基准面开始标注，其余各孔则以该孔为基准标注，如图5-10中尺寸226.54±0.06。

2）对工件毛坯应有要求，对孔的加工余量要认真分析。在镗阶梯孔时，大孔单边余量应小于相邻两孔半径之差，以便镗刀能通过。

3）当本工序有特殊要求时必须注明。例如精镗孔时，当不允许有退刀痕迹或只允许有某种形状的刀痕时必须注明。又如薄壁或孔底部壁薄上加工螺纹孔时，螺纹底孔深度不够及能否钻通等应注明。

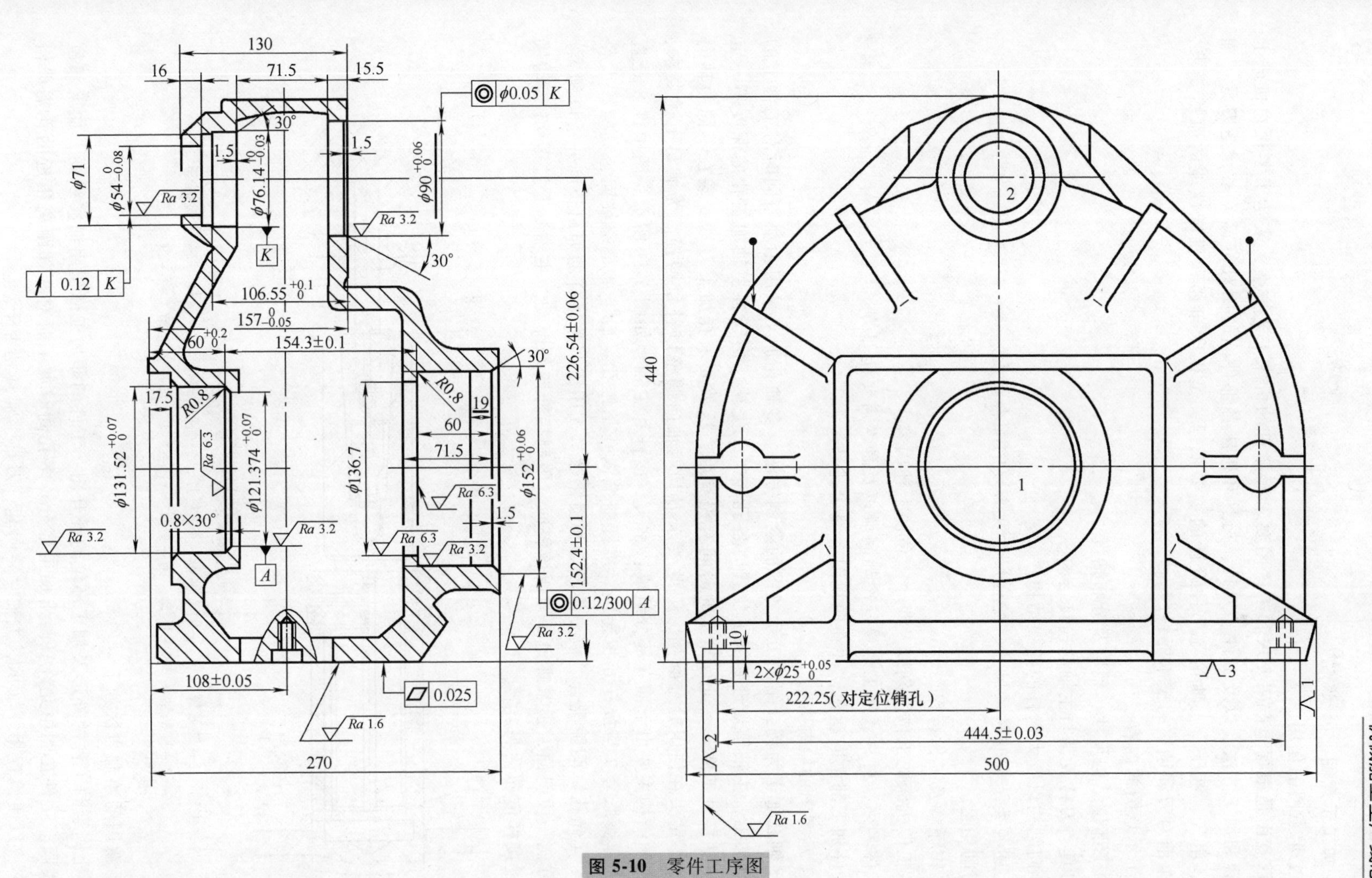

图 5-10　零件工序图

注：1. 零件及其编号：末端传动壳体 Z-1136A；材料及硬度：HT200，170~241HBW。

2. 粗实线上尺寸为本工序保证尺寸。

3. 加工部位余量：1 号孔直径上 0.5mm；2 号孔直径上 0.25mm。

（二）加工示意图

1. 加工示意图的作用

加工示意图是根据生产率要求和工序图要求而拟订的机床工艺方案，表达了零件在机床上的加工过程和加工方法，以及工件、刀具、夹具和机床各部件间的相对位置关系，是刀具、辅具、夹具、电气、液压、主轴箱等部件设计的重要依据，是机床布局和机床性能的原始要求，是机床试车前对刀和调整的技术资料。

2. 加工示意图的内容

1）加工部位结构尺寸、精度及分布情况。

2）刀具、刀杆及其与主轴的连接结构。

3）导向结构以及大镗杆的托架结构。

4）上述各类结构的联系尺寸、配合尺寸及必要的配合精度。

5）切削用量。

6）工作循环及工作行程。

7）多工位机床的工位区别以及每个工位的上述内容。

8）工件名称、材料、加工余量、冷却润滑以及是否需要让刀等。

9）工件加工部位向视图，并在向视图上编出孔号。

3. 加工示意图的绘制方法

现以多轴孔加工为例介绍加工示意图的绘制方法。多轴孔加工采用主轴箱同时对工件上的多个孔进行加工，主轴箱送进到终了位置时各孔应加工完毕。由于各主轴加工孔的深度不一定相同，各主轴接触工件开始进行加工的时间有先有后，这就要求孔加工刀具安装在不同的轴向位置。另外，钻头在使用时有磨损，因此要求刀具能轴向调整以补偿磨损。为满足上述要求，多轴箱的主轴结构主要由下面三部分组成：钻头、接杆和主轴，如图5-11所示。图中件8是直柄钻头，用弹簧胀套7与接杆6相连接。接杆前端内孔是锥孔，后半部是螺纹面，其螺纹大径与主轴内孔（光孔）间隙配合。调整螺母3和锁紧螺母5用于调整接杆的伸出长度并予以锁紧。接杆后上方铣一段斜面，锁紧螺钉2紧压该斜面，限制接杆向外蹿动。主轴1通过键13传动接杆，再通过接杆传动钻头旋转。

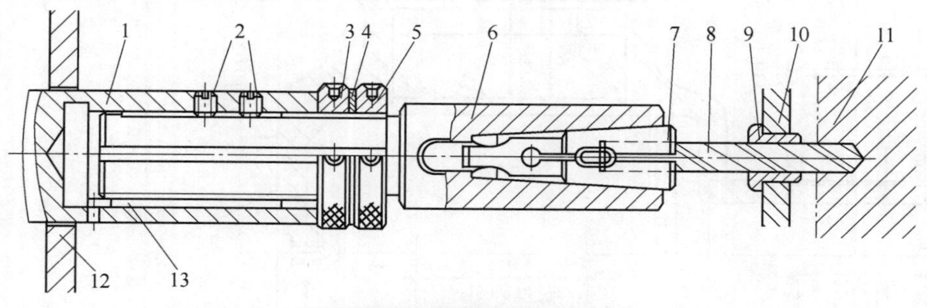

图 5-11　主轴、刀杆的结构

1—主轴　2—锁紧螺钉　3—调整螺母　4—垫片　5—锁紧螺母　6—接杆　7—弹簧胀套
8—直柄钻头　9—钻套　10—夹具　11—工件　12—主轴箱　13—键

加工示意图的绘制方法如下：

1）按比例绘制工件的外形及加工部位的展开图。工件的非加工部位用细实线画，加工部位则用粗实线画。工件在图中允许只画出加工部分。多孔同时加工时对相邻距离很近的孔需严格按比例绘制，以便检查相邻轴承、主轴、导向套、刀具、辅具是否干涉。

2）根据工件加工要求及选定的加工方法确定刀具、导向套或托架的形式、位置及尺寸，选择主轴和接杆。多孔同时加工时，找出其中最深的孔，从其加工终了位置开始，依次画出刀具、导向套和托架示意图、接杆和主轴，确定各部分轴向联系尺寸，最后确定主轴箱端面的位置。以确定的主轴箱端面位置画其余各轴时，先确定刀具和主轴的尺寸，最后确定刀具接杆的长度尺寸。

3）在同一工位、同一加工面上，加工相同结构、尺寸和精度加工表面的主轴结构是相同的，只需画出一根即可。但必须在该主轴上标注出所有相同主轴的轴号（与工件的孔号相对应）。

4）对标准的通用结构，如钻头接杆、丝锥夹头、浮动夹头及钻、镗主轴悬伸部分等，可以不剖视。而专用结构应剖视。

5）标注主轴端部外径和内孔直径（D/d），悬伸长度，刀具各段直径及长度，导向套的直径、长度、配合，工件距导向套端面的距离等。还需标注刀具托架与夹具之间的尺寸、工件本身和加工部位的尺寸和精度等。

6）确定动力部件的工作循环。动力部件的工作循环是根据加工工艺的需要确定的，它是指动力部件从原始位置开始的动作过程，一般包括快速进给、工作进给和快速退回等。有时工作循环还有中间停留、多次往复进给、跳跃进给等。

7）确定工作行程长度。

8）在加工示意图上标注必要的说明，如工件图号、材料、硬度、加工余量、工件有否让刀运动等。

以图 5-12 所示的汽车变速器箱体左端面的加工为例，最深孔是其左端面的 S_9、S_{10}，从其加工终了位置开始，依次画出钻头、导向套、接杆和主轴，并确定各部分轴向联系尺寸，最后确定主轴箱端面的位置。各部分轴向联系尺寸的确定方法如下：

① 导向套的选择。在专用机床上加工孔，除采用刚性主轴加工外，工件的尺寸和位置精度主要取决于夹具导向。因此，必须正确地选择导向结构、导向类型、参数和精度。在本例中，导向套采用单个固定式，导向套的长度取 42mm。

② 确定导向套离工件端面的距离。导向套离工件端面的距离一般按加工孔径的（1~1.5）倍取值，加工铸铁件时取小值，加工钢件时取大值。图 5-12 中取 20mm。

③ 为便于排屑，钻头尾部螺旋槽应露出导向套外端的距离为 30~50mm，图中取大于 40mm。

④ 以上述确定的尺寸为基础，选取钻头的标准长度，刀具的伸出长度定为 175.5mm，即接杆端部离导向套的距离是 69.6mm。

⑤ 初定主轴类型、直径、外伸长度。主轴的尺寸规格应根据选定的切削用量计算出切削转矩，由转矩初定主轴的直径，再根据主轴系列参数标准选择主轴端部的内、外径及外伸长度。对精加工主轴，不能按切削转矩来确定主轴直径，因为精加工时余量很小，转矩就很小，如按此转矩确定主轴直径，将造成主轴刚性不足。确定这类主轴直径时，先根据工件加工部位孔的尺寸确定镗杆直径，由镗杆直径确定浮动夹头的规格尺寸，进而确定主轴尺寸。图中主轴内径和外径分别取 ϕ28mm 和 ϕ40mm，主轴悬伸长度 $L=135$mm。

⑥ 选择接杆的规格和主要尺寸。根据主轴端部的内径或莫氏锥号，在接杆的设计标准中可选择接杆的规格和主要尺寸，其中包括接杆长度的推荐范围，在此可选范围内的最小值。图中接杆尾部 $d=28$mm，钻头柄部莫氏锥度号是 2 号，其长度推荐范围为 230~530mm，取 230mm。

⑦ 确定主轴箱端面的位置。查有关标准，主轴前端插接杆的内孔深度为 85mm。考虑接杆长度的调整，接杆插入主轴前端内孔的长度定为 80mm，就可以画出主轴箱端面的位置，并计算工件左端面到主轴箱端面的距离为 417mm。

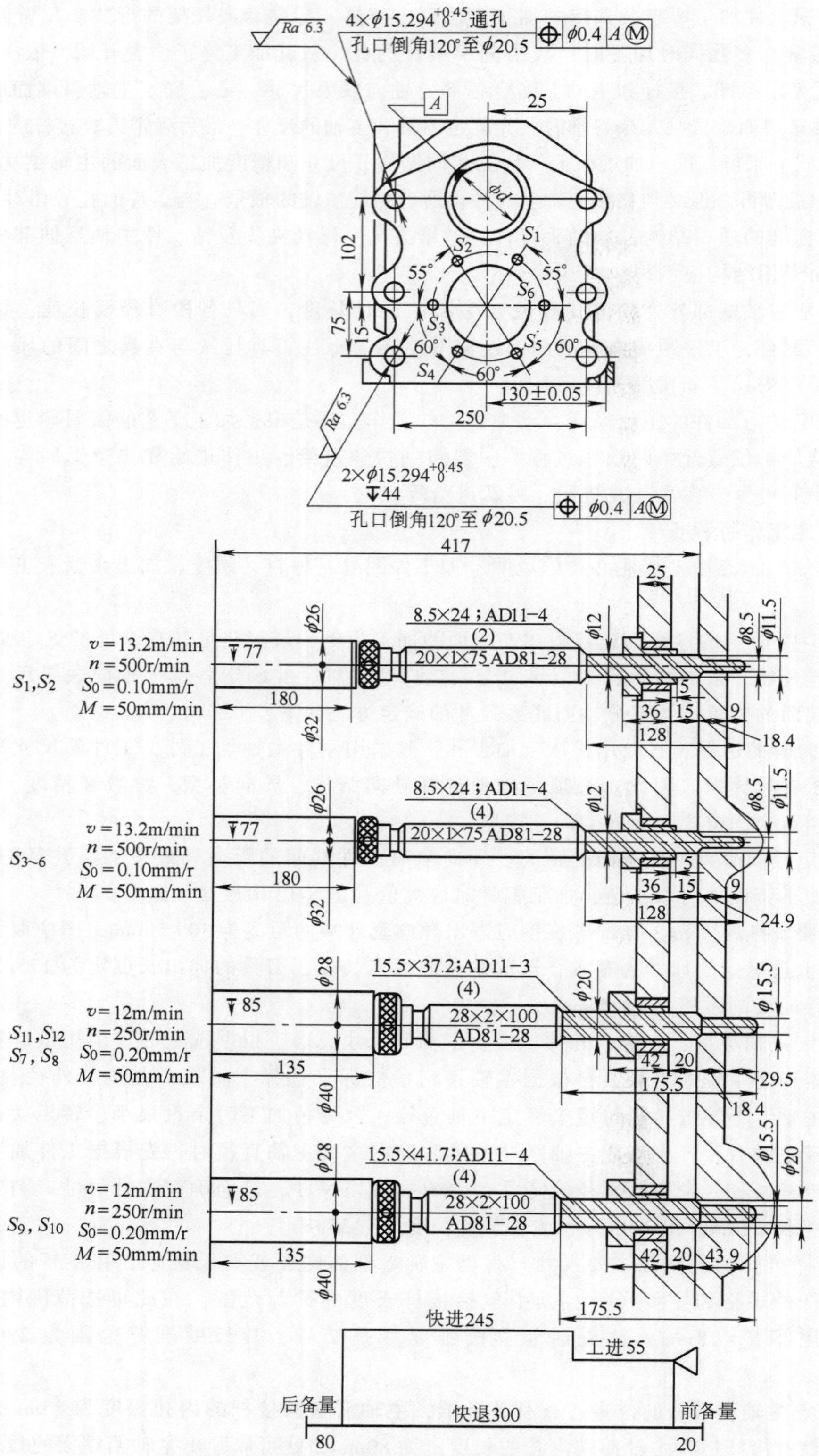

图 5-12　汽车变速器箱体左端面加工示意图实例

此外，在工作行程长度确定时，要明确以下概念：

① 工作进给长度 $L_{工进}$。工作进给长度等于被加工部位的长度（多轴加工时按加工最长的孔计算）与刀具切入长度和切出长度之和，如图 5-13 所示。切出长度根据加工类型的不同，取 5mm+0. 3d，d 为钻头的直径；切入长度可根据工件端面误差确定，一般为 5~10mm。本例中工作进给长度为 55mm。

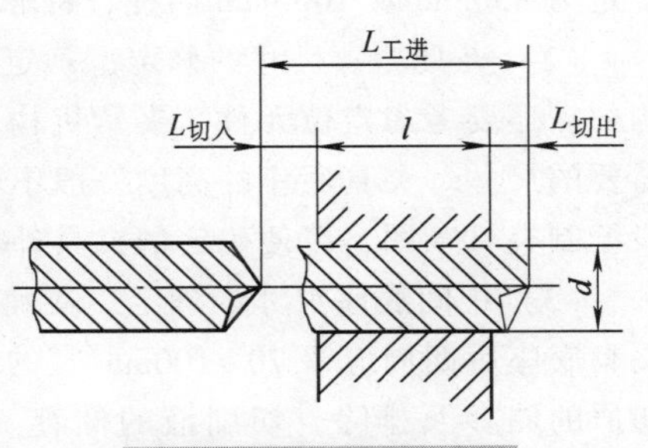

图 5-13　工作进给长度

② 快速退回长度。一般在固定式夹具的钻、扩、铰孔机床上，快速退回长度必须保证所有刀具都退进夹具导向套内，不影响装卸工作即可。对于夹具需要回转和移动的机床，快速退回长度必须保证刀具、托架、活动钻模板以及定位销等都退离到夹具运动时可能碰到的范围以外，或者是不影响装卸工件的距离。图 5-12 中快速退回长度取 300mm。

③ 快速引进长度。快速引进是动力部件把刀具快速送到工作进给开始的位置，本例中应等于快速退回长度减去工作进给长度，取 245mm。

④ 动力部件总行程长度。动力部件总行程长度除必须满足工作循环工作行程要求外，还需考虑调整和装卸刀具的要求，即考虑前备量和后备量，如图 5-14 所示。前备量是指当刀具磨损或补偿安装制造误差时，动力部件可以向前调整的距离。后备量是指刀具连同接杆一起从主轴上取出时，保证刀具退离导向套外的距离大于接杆插入主轴孔内（或刀具从接杆中取出时，大于刀具插入接杆孔内）的长度。

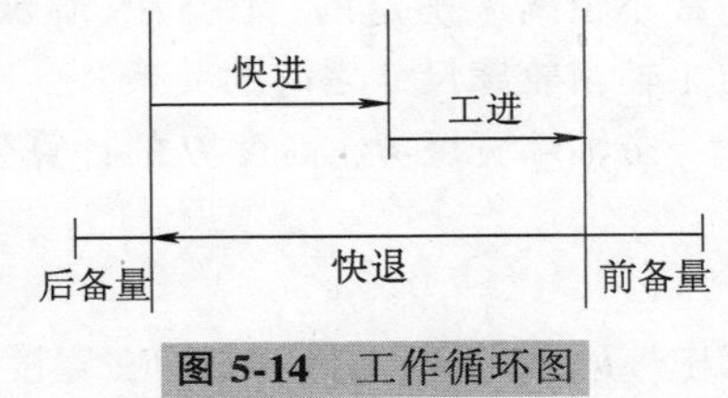

图 5-14　工作循环图

（三）机床总联系尺寸图

1. 机床总联系尺寸图的作用与内容

机床总联系尺寸图是以零件工序图和加工示意图为依据，并按初步选定的主要通用部件以及确定的专用部件的总体结构而绘制的。其作用是：表示机床的配置形式、主要构成及各部件安装位置、相互联系、运动关系和操作方位；用来检验各部件相对位置及尺寸联系能否满足加工要求和通用部件选择是否合适；为多轴箱、夹具等专用部件设计提供重要依据；它可以看成是机床总体外观简图，由其轮廓尺寸、占地面积、操作方式等可判断是否适应用户现场使用环境。

机床总联系尺寸图的内容如下：

1）表明机床的配置形式和总布局。以适当数量的视图（一般至少两个视图，主视图应选择机床实际加工状态），用同一比例画出各主要部件的外廓形状和相关位置；表明机床基本类型（卧式、立式或复合式、单面或多面加工、单工位或多工位）及操作者位置等。

2）完整齐全地反映各部件间的主要装配关系和联系尺寸、专用部件的主要轮廓尺寸、运动部件的运动极限位置、各滑台工作循环总的工作行程及前后行程备量尺寸。

3）标注主要通用部件的规格代号和电动机的型号、功率及转速，并标出机床分组编号及组件名称，全部组件应包括机床全部通用及专用零部件，不得遗漏。

4）标明机床验收标准及安装规程。

2. 机床总联系尺寸图中主要联系尺寸的确定

（1）装料高度尺寸的确定　装料高度是指工件安装基面与地面的距离，应根据工件的大小和车间输送线高度来确定。根据我国具体情况，对于一般卧式机床、生产线和自动线，装料高度定为 850mm 及 1060mm 两种，特殊的机床装料高度可取 1200~1300mm。

（2）夹具轮廓尺寸的确定　确定夹具轮廓尺寸时除考虑工件的轮廓尺寸、形状、具体的结构外，还要考虑定位元件、夹紧机构、导向机构的布置空间，以及夹具底座与其他部件连接所需要的尺寸。夹具底座的高度一般不小于 240mm。如果夹具的结构比较复杂，应在制订方案阶段绘制夹具草图，以便确定的夹具外廓尺寸，这样做比较可靠。

（3）中间底座尺寸的确定　在确定中间底座长、宽方向尺寸时，应考虑中间底座上面安装夹具底座后四周应留 70~100mm 宽的切削液回收凹槽。确定中间底座高度方向尺寸时，应考虑切屑的储存及排除，切削液的储存。切削液池的容量应不小于冷却泵 5~15min 的流量，一般中间底座高度总是大于 540mm。

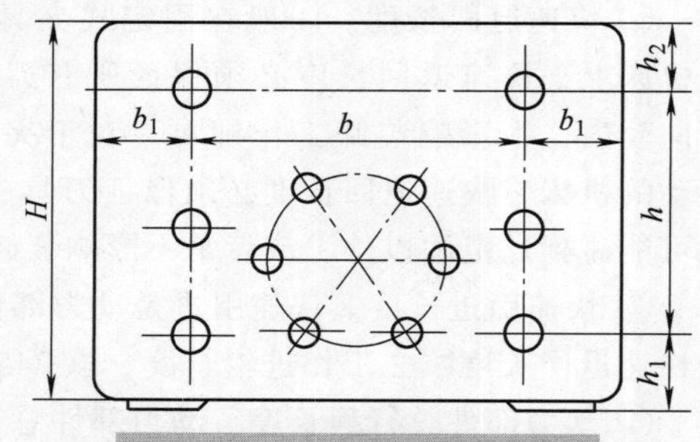

图 5-15　工件孔的分布与主轴箱轮廓尺寸之间的关系

（4）主轴箱轮廓尺寸的确定　对于一般钻、镗类组合机床，主轴箱的厚度有两种尺寸规格：卧式为 325mm，立式为 340mm。确定主轴箱尺寸时主要是确定主轴箱的宽度和高度及最低主轴高度。该尺寸是根据工件需要加工的孔的分布距离、安置齿轮的最小距离来确定的。图 5-15 所示为工件孔的分布与主轴箱轮廓尺寸之间的关系。

主轴箱宽度 B、高度 H 的计算公式为

$$B=b+2b_1 \tag{5-5}$$

$$H=h+h_1+h_2 \tag{5-6}$$

式中　b——工件上待加工的在宽度方向上相隔最远的两孔距离（mm）；

b_1——最边缘主轴中心至主轴箱外壁的距离（mm），通常推荐 $b_1>(70\sim100)$mm；

h——工件上待加工的在高度方向上相隔最远的两孔距离（mm）；

h_1——最低主轴中心至主轴箱底平面的距离（mm），即最低主轴高度，推荐 $h_1>(85\sim120)$mm，h_1 取值过小，润滑油易从主轴衬套处泄漏至箱外；

h_2——最上边主轴中心至主轴箱外壁的距离（mm），推荐 $h_2=b_1>(70\sim100)$mm。

根据式（5-5）、式（5-6）计算出主轴箱的宽度和高度，在主轴箱轮廓尺寸系列标准中，寻找合适的标准轮廓尺寸。选定的主轴箱标准轮廓尺寸通常大于计算值，应根据选定的尺寸重新分配 b_1、h_1、h_2 等。

3. 机床总联系尺寸图的绘制方法与步骤

以双面卧式多轴钻孔机床为例介绍机床总联系尺寸图的绘制方法与步骤，结果如图 5-16 所示。

1）纵向和高度方向尺寸基准线的确定。用细双点画线画出工件的长度和高度轮廓线。以工件两端面间距离的垂直平分线作为机床纵向尺寸的基准线 $O—O$，以工件上被加工的最低孔中心线作为机床高度方向尺寸的基准线 $O_1—O_1$。

2）纵向尺寸的确定。以图 5-16 中机床纵向尺寸基准线 $O—O$ 的左侧为例，根据已确定的加工示意图以及工件左端面位置，画出左主轴箱端面的位置。主轴箱底部离机床高度方向尺寸基准线 $O_1—O_1$ 的距离等于主轴箱最低主轴高度，设 $h_1=118.5$mm。根据已选定的主轴箱轮廓尺寸，可画出左主轴箱的侧视图，设其高和厚分别为 500mm 和 325mm。主轴箱通过后盖与动力箱定位连接，主轴箱底面应高于动力箱底面 0.5mm，以防止动力箱与滑台连接时，主轴箱底面与滑台顶面发生干涉，这样可以将动力箱的轮廓画出。

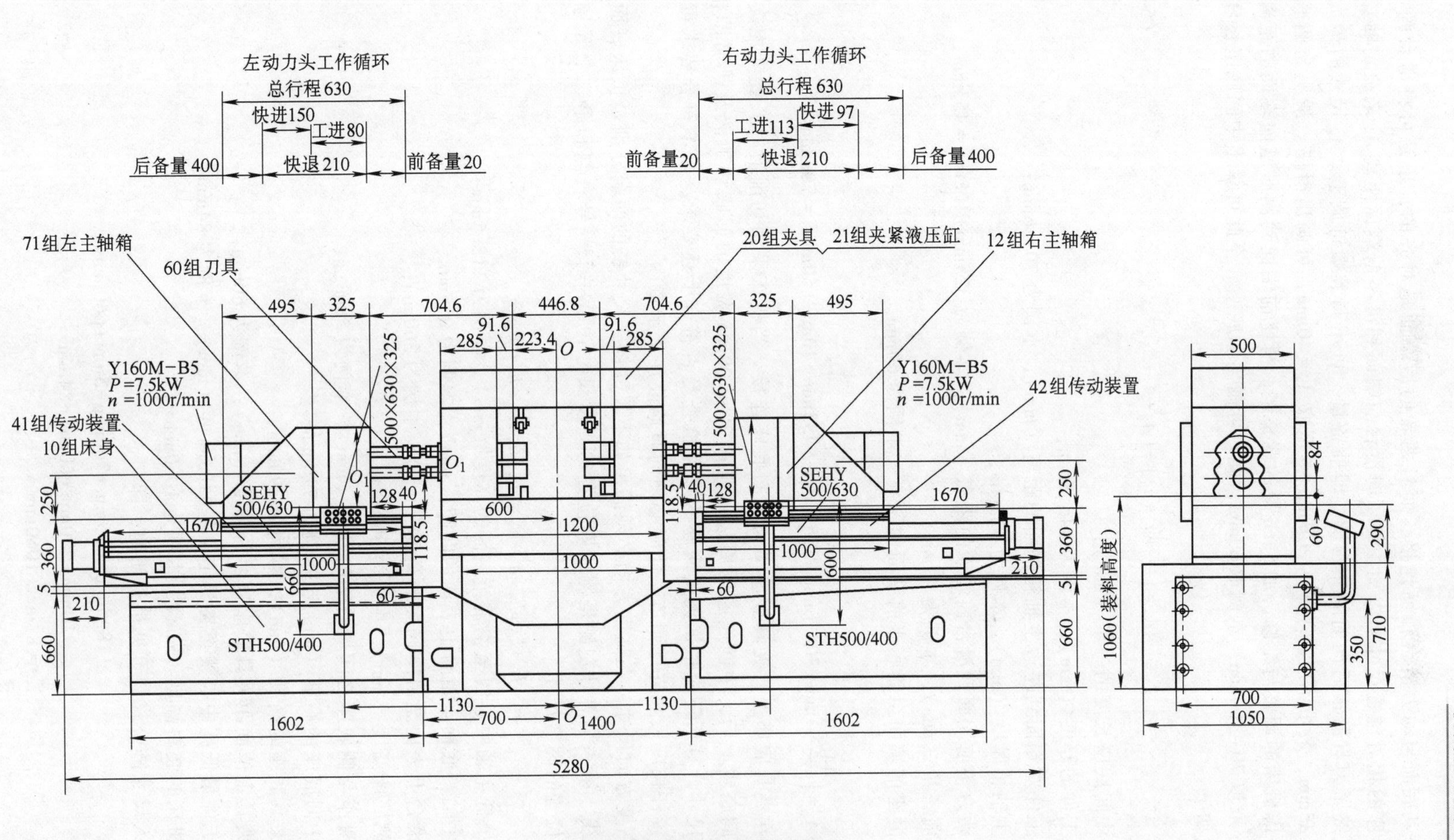

图 5-16 机床总联系尺寸图

动力箱以其底面与动力滑台顶面连接，而且两者的后端面是对齐的，于是可将滑台画出。动力滑台与滑座的相对位置尺寸是以加工终了时滑台前端面到滑座前端面距离 A_4 来决定的。此距离等于加工终了刀具磨损后向前的补偿量，即前备量，可用调节螺钉调整。A_4 尺寸的最大调整范围为 75~85mm，最小不应小于 15~20mm。本例取 $A_4=40\text{mm}$，可画出滑座。滑座与侧底座之间连接时考虑机床的调整与维修，加 5mm 厚的调整垫。滑座前端面到侧底座前端面的距离用 A_3 表示，A_3 一般取 70~100mm。本例取 60mm，此时可画出侧底座。至此可算出中间底座长度方向尺寸，算式如下

$$A_1=\left(\frac{a}{2}+a_1+a_2\right)-(A_5+A_4+A_3) \tag{5-7}$$

式中　A_1——中间底座长度的一半（mm）；

a——工件的厚度（mm），本例为 446.8mm；

a_1——工件左端面到左边主轴箱端面的距离（mm），本例为 704.6mm；

a_2——主轴箱厚度（mm），本例为 325mm；

A_5——动力箱前端面到滑台前端面的距离（mm），本例为 325mm+128mm=453mm；

A_4——前备量（mm），本例为 40mm；

A_3——滑座前端面至侧底座前端面的距离，本例为 60mm。

则有

$$A_1=\left(\frac{446.8}{2}\text{mm}+704.6\text{mm}+325\text{mm}\right)-(453\text{mm}+40\text{mm}+60\text{mm})=700\text{mm}$$

夹具安装在夹具底座上，夹具底座又与中间底座连接。当机床采用切削液时，要考虑夹具底座安装在中间底座上后，中间底座的周边还应留 70~100mm 宽度的回收切削液及排屑凹槽。所以中间底座尺寸计算后还应根据夹具底座的尺寸检查是否符合上述要求，若不符合要求可以通过重新选择接杆长度尺寸进行调节，此时必须同时修改加工示意图。

3）确定高度方向尺寸。在高度方向必须满足如下尺寸链，尺寸链的两端分别是机床底面和最低主轴中心线。第一个等号左侧是侧底座位置的高度尺寸，第一个等号右侧和第二个等号右侧是中间底座位置的高度尺寸。

$$h_1+h_2+h_3+h_4+h_5=h_6+h_7+h_8+h_9=h_9+h_{10}$$

式中　h_1——最低主轴中心线至主轴箱底面的高度（mm），本例为 118.5mm；

h_2——主轴箱底面至滑台上表面的间隙（mm），本例为 0.5mm；

h_3——滑台上表面至滑座底面的高度（mm），本例为 360mm；

h_4——侧底座高度（mm），本例为 660mm；

h_5——滑座与侧底座之间调整垫的厚度（mm），本例为 5mm；

h_6——中间底座的高度（mm），本例为 710mm；

h_7——夹具底座的高度（mm），本例为 290mm；

h_8——夹具定位面距夹具底座顶面的高度（mm），本例为 60mm；

h_9——工件最低孔中心线至夹具定位基面的高度（mm），本例为 84mm；

h_{10}——机床的装料高度（mm），本例为 1060mm。

将以上取值代入尺寸链公式，可见是封闭的，即

$$\begin{aligned}&118.5\text{mm}+0.5\text{mm}+360\text{mm}+5\text{mm}+660\text{mm}\\&=710\text{mm}+290\text{mm}+60\text{mm}+84\text{mm}\\&=84\text{mm}+1060\text{mm}\\&=1144\text{mm}\end{aligned}$$

4）画左视图。画左视图的目的是为了清楚地表示各部件宽度方向的轮廓尺寸及相关位置。

5）表示运动部件的终点和原始状态，以及运动过程中的情况。用细实线表示运动部件的终点和原始状态，以及运动过程中的情况。对于动力部件必须绘出退回到终点的位置，以便确定机床的最大轮廓尺寸。对于回转工作台、移动工作台或回转鼓轮式机床，需绘出工作台或鼓轮运动时的包络范围，以便检查动力部件退回到终点位置时，刀具、托架等已处于该包络范围以外，不会产生碰撞。

6）标注。标明工件、夹具、动力部件、中间底座与机床中心线间的位置关系。特别当工件加工部位对工件中心线不对称时，动力部件对于夹具和中间底座也不对称，此时应注明它们相互间偏离的尺寸。标明电动机的型号、功率、转速，标注各部件的主要轮廓尺寸，并对组成机床的所有部件进行分组编号，作为部件和零件设计的依据。

7）画出各运动部件的工作循环。在进行各部件具体设计过程中，如发现机床总联系尺寸图中确定的某些尺寸不合理，甚至无法实现，不允许孤立地加以修改，必须在机床总联系尺寸图上，对相关的尺寸统筹考虑后再进行修改，以免产生设计工作的混乱和造成错误。在机床各组成部件设计完成后，以机床总联系尺寸图为基础进行细化，添加必要的电气、液压控制装置、润滑冷却装置、排屑装置等，并加注文字说明及技术要求。

（四）机床生产率计算卡

根据加工示意图所确定的工作循环及切削用量等，就可以计算机床生产率并编制生产率计算卡。生产率计算卡是反映机床生产节拍或实际生产率和切削用量、动作时间、生产纲领及负荷率等关系的技术文件。它是用户验收机床生产率的重要依据。

1. 理想生产率 Q

理想生产率 Q（件/h）是指完成年生产纲领 A（包括备品及废品率）所要求的机床生产率。它与全年工时总数 t_k（h）有关，一般情况下，单班制 $t_k=2350\text{h}$，两班制 $t_k=4600\text{h}$，则有

$$Q=\frac{A}{t_k} \tag{5-8}$$

2. 实际生产率 Q_1

实际生产率 Q_1（件/h）是指所设计机床每小时实际可生产的零件数量，即

$$Q_1=\frac{60}{T_{单}} \tag{5-9}$$

其中

$$T_{单}=t_{切}+t_{辅}=\left(\frac{L_1}{v_{f1}}+\frac{L_2}{v_{f2}}+t_{停}\right)+\left(\frac{L_{快进}+L_{快退}}{v_{fk}}+t_{移}+t_{装卸}\right) \tag{5-10}$$

式中 $T_{单}$——生产一个零件所需时间（min）；

L_1、L_2——刀具第Ⅰ、第Ⅱ工作进给长度（mm）；

v_{f1}、v_{f2}——刀具第Ⅰ、第Ⅱ工作进给量（mm/min）；

$t_{停}$——当加工沉孔、止口、锪窝、倒角、光整表面时，滑台在固定挡块上的停留时间（min），通常指刀具在加工终了时无进给状态下旋转5~10转所需的时间；

$L_{快进}$、$L_{快退}$——动力部件快进、快退行程长度（mm）；

v_{fk}——动力部件快速行程速度（m/min），用机械动力部件时取5~6m/min，用液压动力部件时取3~10m/min；

$t_{移}$——直线移动或回转工作台进行一次工位转换时间（min），一般取0.1min；

$t_{装卸}$——工件装、卸（包括定位或撤销定位、夹紧或松开、清理基面或切屑及吊运工件

等）时间（min），它取决于装卸自动化程度、工件重量大小、装卸是否方便及工人的熟练程度，通常取0.5~1.5min。

如果计算出的机床实际生产率不能满足理想生产率要求，即 $Q_1<Q$，则必须重新选择切削用量或修改机床设计方案。

3. 机床负荷率 $\eta_{负}$

当 $Q_1>Q$ 时，机床负荷率为二者之比，即

$$\eta_{负}=\frac{Q}{Q_1} \tag{5-11}$$

组合机床负荷率一般为0.75~0.90，自动线负荷率为0.6~0.7。对于典型的钻、镗、攻螺纹类组合机床，按其复杂程度参照表5-1确定机床负荷率；对于精密度较高、自动化程度高或加工多品种组合机床，宜适当降低负荷率。组合机床生产率计算卡见表5-2。

表5-1　组合机床允许最大负荷率

机床复杂程度	单面或双面加工			三面或四面加工		
主轴数	15	16~40	41~80	15	16~40	41~80
负荷率	≈0.90	0.90~0.86	0.86~0.80	≈0.86	0.86~0.80	0.80≈0.75

表5-2　组合机床生产率计算卡

零件			图号			Z-11362A			毛坯种类		铸件	
			名称			末端传动箱壳体			毛坯重量			
			材料			HT200			硬度		180~220HBW	
工序名称						左右面镗孔及刮止口			工序号			
序号	工步名称	零件数量	加工直径/mm	加工长度/mm	工作行程/mm	切削速度/(m/min)	每分钟转速/(r/min)	进给量/(mm/r)	进给速度/(mm/min)	工时/min		
										机加工时间	辅助时	共计
1	装卸工件	1									1.5	1.5
2	右动力部件											
3	滑台快进											0.016
	右多轴箱工进（镗孔1[#]）		152.4		70	92.6	194	0.08	24	2.92		2.92
	（镗孔2[#]）		90	15.5	70	84.8	300	0.124	24			
	（刮止口）									0.052		0.052
4	滑台快退								8000		0.025	0.025
备注	装卸工件时间取决于操作者熟练程度，本机床计算时取1.5min									总计	4.5min	
										单位工时	4.5min	
										机床生产率	13.3件/h	
										机床负荷率	0.8	

第四节　机械加工生产线的总体布局设计

机械加工生产线总体布局是指组成生产线的机床、辅助装备以及连接这些装备的工件输送

装置的布置形式和连接方式。

一、生产线的工件输送装置

工件输送装置是生产线中的一个重要组成部分，它将工件从一个工位传送到下一工位，为保证生产线按规定节拍连续工作提供条件，并从结构上把生产线上众多加工装备连接成为一个整体。生产线的总体布局和结构型式往往取决于工件的输送方式。

（一）工件输送装置应满足的基本要求

在设计和选择工件输送装置时，除要满足结构简单、工作可靠和便于布置等要求外，还应注意以下几点：

1）输送速度要高，尽量减少生产线的辅助时间。

2）输送装置的工作精度要满足工件（或随行夹具）的定位要求。

3）输送过程中要严格保持工件预定的方位。

4）输送装置应与生产线的总体布局和结构型式相适应。

（二）常用工件输送装置的类型、特点及应用范围

1. 输料槽和输料道

在加工小型回转体零件的生产线中，常常采用输料槽或输料道作为工件输送装置。输料槽和输料道有工件自重输送和强制输送两种类型。利用工件自重输送工件，不需要动力源和驱动装置，结构简单。只有在无法用自重输送或为保证工件输送的可靠性时，才采用强制输送的输料槽或输料道。

2. 步伐式输送装置

步伐式输送装置利用其上的刚性推杆来推动工件，可以采用机械驱动、气压驱动或液压驱动，常用于箱体类零件和带随行夹具的生产线中。常见的步伐式输送装置有棘爪步伐式输送装置、回转步伐式输送装置及抬起步伐式输送装置等类型。步伐式输送装置的结构比较简单，通用性较强，但由于受工件运动惯量的影响，当运动速度较高时，工件的输送精度不易保证。

图 5-17 所示为最常见的棘爪式步伐输送装置。在输送带 1 上装有若干个棘爪 2。每个棘爪都可绕销轴 3 转动，棘爪的前端顶在工件 6 的后端，下端被挡销 4 挡住。当输送带向前运行时，棘爪 2 就带动工件移动一个步距 t。当输送带回程时，棘爪被工件压下，绕销轴 3 回转而将弹簧 5 拉伸，并从工件下面滑过，待退出工件之后，棘爪重新抬起，准备输送下一个工件。

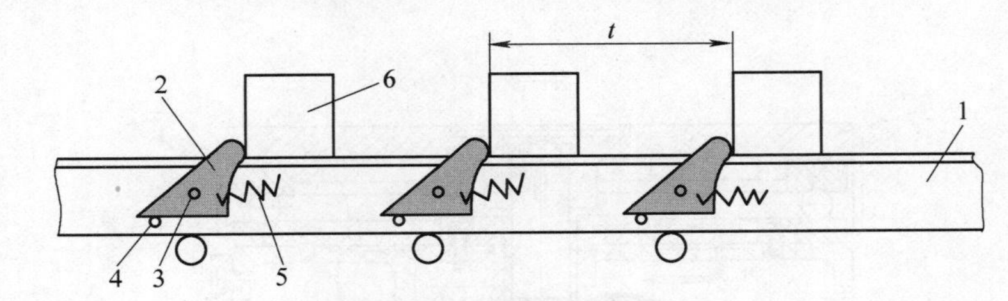

图 5-17 棘爪式步伐输送装置

1—输送带 2—棘爪 3—销轴 4—挡销 5—弹簧 6—工件

回转式步伐输送装置如图 5-18 所示。圆柱形输送杆 1 与拨爪 2 刚性相连，工作时输送杆回转一定角度，使拨爪转向工件 3 并卡住工件的两端；然后，圆柱形输送杆 1 通过拨爪 2 推动工件 3 向前移动到机床加工部位，工件 3 被装夹在机床上之后，圆柱形输送杆 1 反转一定角度，使拨爪 2 脱离工件 3，再退回起始位置。

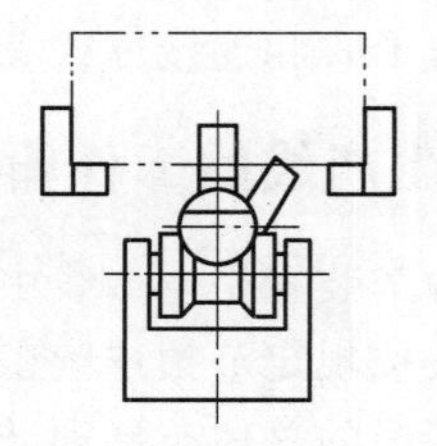

图 5-18 回转式步伐输送装置

1—圆柱形输送杆 2—拨爪 3—工件

有些结构形状比较复杂的工件，没有可靠的支承面和导向面，直接用步伐式输送装置输送有困难，常将这类工件装夹在外形规则的随行夹具上，再用步伐式输送装置将随行夹具连同工件一起输送到机床上加工。为使随行夹具反复应用，工件加工完毕并从随行夹具上卸下后，随行夹具必须重新返回到原始位置。所以在使用随行夹具的生产线上应具有随行夹具的返回装置。

3. 转位装置

在生产线上，为改换工件的加工面或改变自动生产线的方向，常采用转位装置将工件绕水平轴、垂直轴或空间任一轴回转一定的角度。对转位装置的要求是转位时间短，转位精度高，工件输入转位装置和从转位装置输出的方位应分别与上、下工段工件的输送方位一致。

图 5-19 所示为绕垂直轴回转的标准转位台。转台 2 与齿轮轴 4 固定连接，双活塞液压缸 1

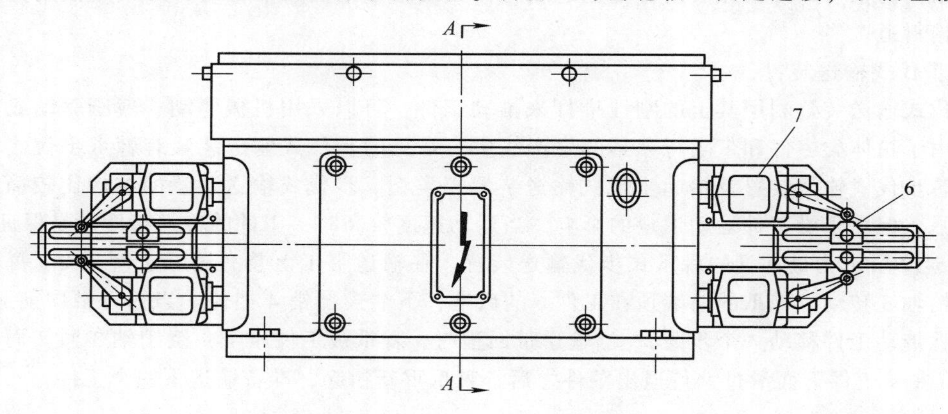

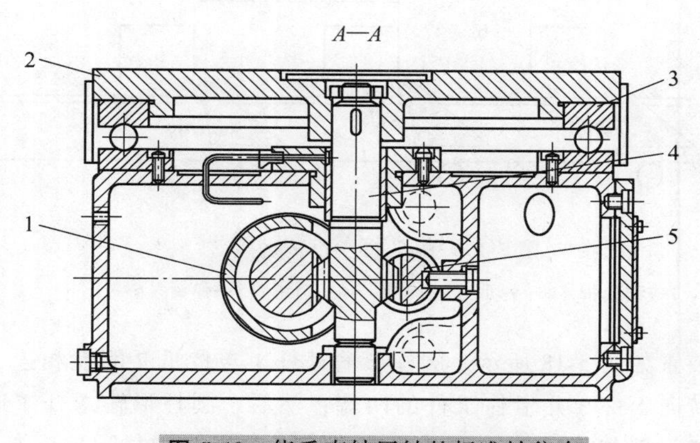

图 5-19 绕垂直轴回转的标准转位台

1—双活塞液压缸 2—转台 3—转台支承轴承 4—齿轮轴 5—操纵杆 6—挡块 7—行程开关

中的活塞杆齿条与齿轮轴4啮合。当活塞杆齿条移动时，就可使转台2转位。更换长度不同的活塞杆可使转台回转90°或180°。回转终点的准确位置由液压缸两端的定程螺钉保证。当齿轮轴4转动时，驱动带有挡块6的操纵杆5移动并压合行程开关7，发出与输送带联锁的动作信号。

二、生产线总体布局形式

机械加工生产线总体布局形式多种多样，它由生产类型、工件结构型式、工件输送方式、车间条件、工艺过程和生产纲领等因素决定。

（一）直接输送方式

直接输送方式是工件由输送装置直接输送，依次输送到各工位，输送基面就是工件的某一表面。这种输送方式可分为通过式和非通过式两种，其中通过式又可分为直线通过式、折线通过式、并联支线形式和框形。

1. 直线通过式

直线通过式生产线如图5-20所示。工件的输送带穿过全线，由两个转位装置将其划分成三个工段，工件从生产线始端送入，加工完后从末端取下。其特点是：输送工件方便，生产面积可充分利用。

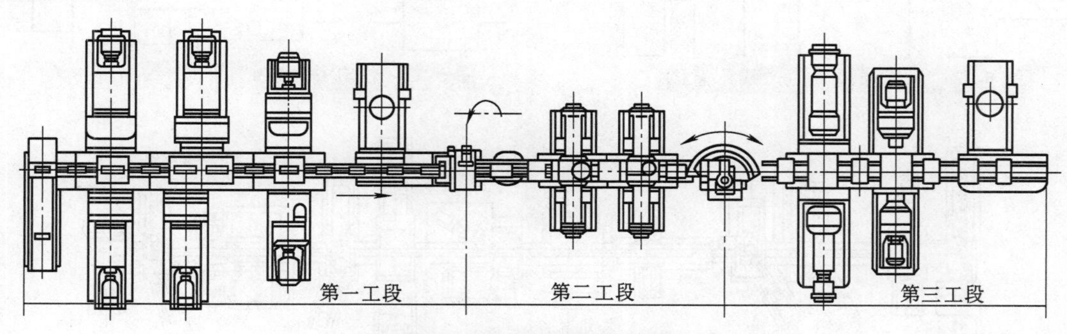

图5-20 直线通过式生产线

2. 折线通过式

当生产线的工位数较多、长度较长时，直线布置常常受到车间布局的限制，或者需要工件自然转位，此时生产线可布置成折线通过式，如图5-21所示。生产线在两个拐弯处工件自然地水平转位90°，并且节省了水平转位装置。折线通过式生产线可设计成多种形式，如图5-22所示。

3. 并联支线形式

在生产线上，有些工序加工时间特别长，采用在一个工序上重复配置几台同样的加工设备，以平衡生产线的生产节拍，其布局形式示意图如图5-23所示。

4. 框形

框形布局适用于采用随行夹具输送工件的生产线，随行夹具自然地循环使用，可以省去一套随行夹具的返回装置。图5-24所示为框形布局生产线。

5. 非通过式

非通过式生产线的工件输送装置位于机床的一侧，如图5-25所示。当工件在输送线上运行到加工工序位时，通过移载装置将工件移入机床或夹具中进行加工，并将加工完毕的工件移至输送线上。该布局形式便于采用多面加工，可保证加工面的相互位置精度，有利于提高生产率，但需增加横向运载机构，生产线占地面积较大。

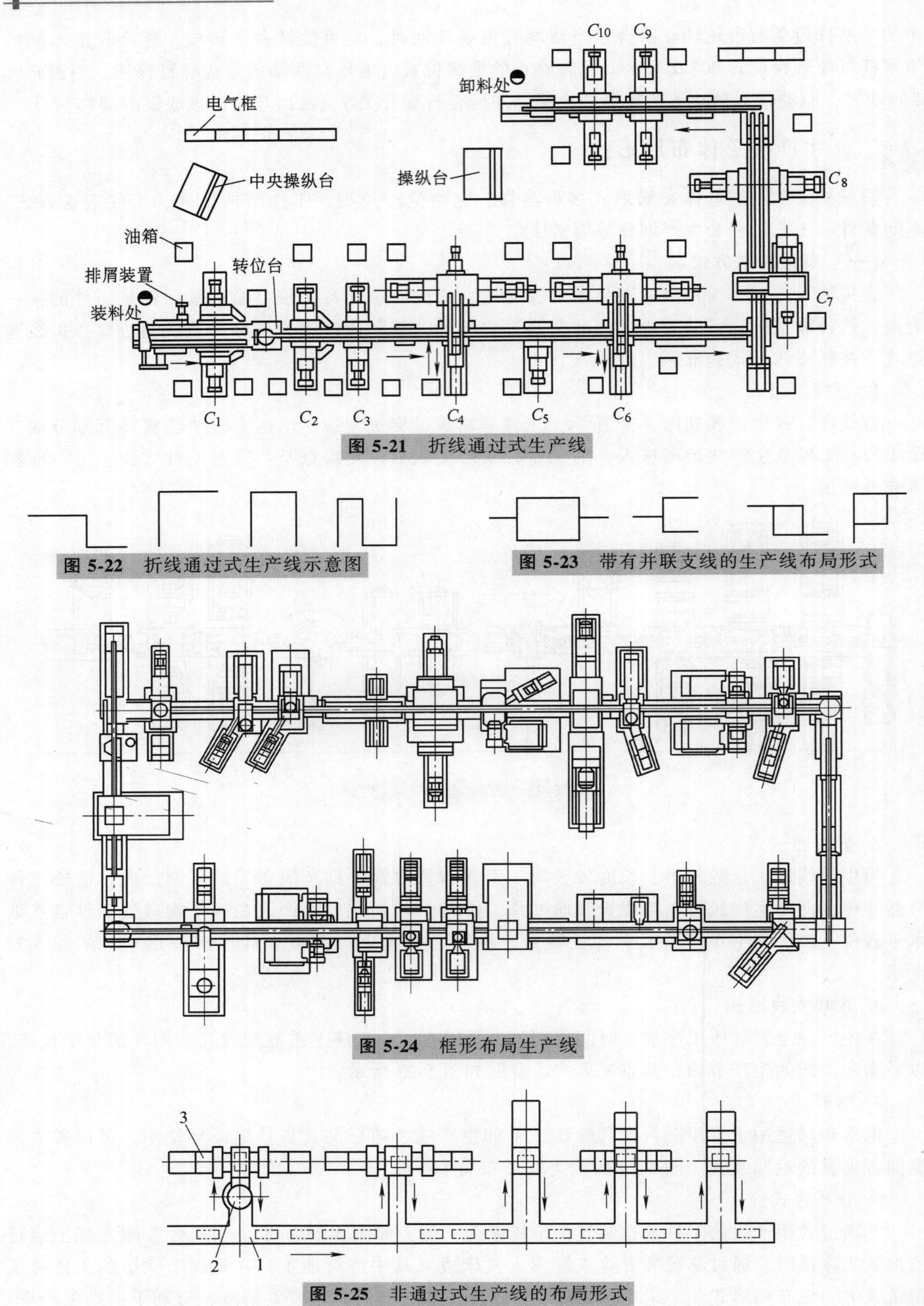

图 5-21　折线通过式生产线

图 5-22　折线通过式生产线示意图

图 5-23　带有并联支线的生产线布局形式

图 5-24　框形布局生产线

图 5-25　非通过式生产线的布局形式

1—输送装置　2—转位台　3—机床

（二）带随行夹具方式

带随行夹具方式生产线是将工件安装在随行夹具上，输送线将随行夹具依次输送到各工位。随行夹具的返回方式有水平返回、上方返回和下方返回三种形式。还有一类生产线的带随行夹具输送方式是由中央立柱带随行夹具，如图 5-26 所示，它适用于同时实现工件两个侧面及顶面加工的场合，在装卸工位装上工件后，随行夹具带着工件绕生产线一周便可完成工件三个面的加工。

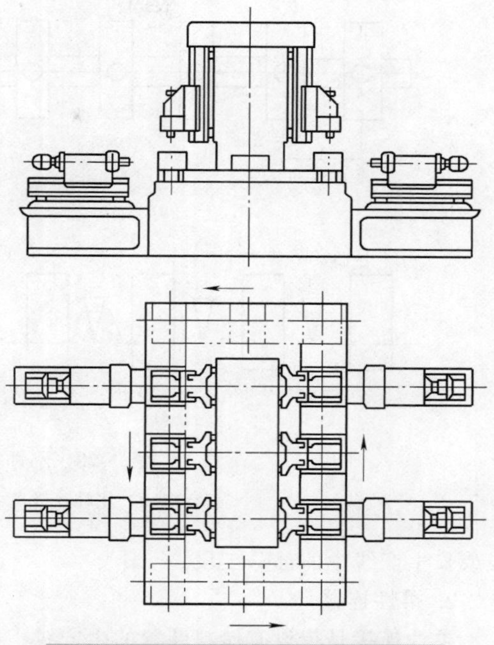

图 5-26　带中央立柱的随行夹具方式

（三）悬挂输送方式

悬挂输送方式（图 5-27）主要适用外形复杂及没有合适输送基准的工件及轴类零件，工件传送系统设置在机床的上空，输送机械手悬挂在机床上方的桁架上。各机械手之间的间距一致，不仅完成机床之间的工件传送，还完成机床的上下料。其特点是结构简单，适用于生产节拍较长的生产线。这种输送方式只适用于尺寸较小、形状较复杂的工件。

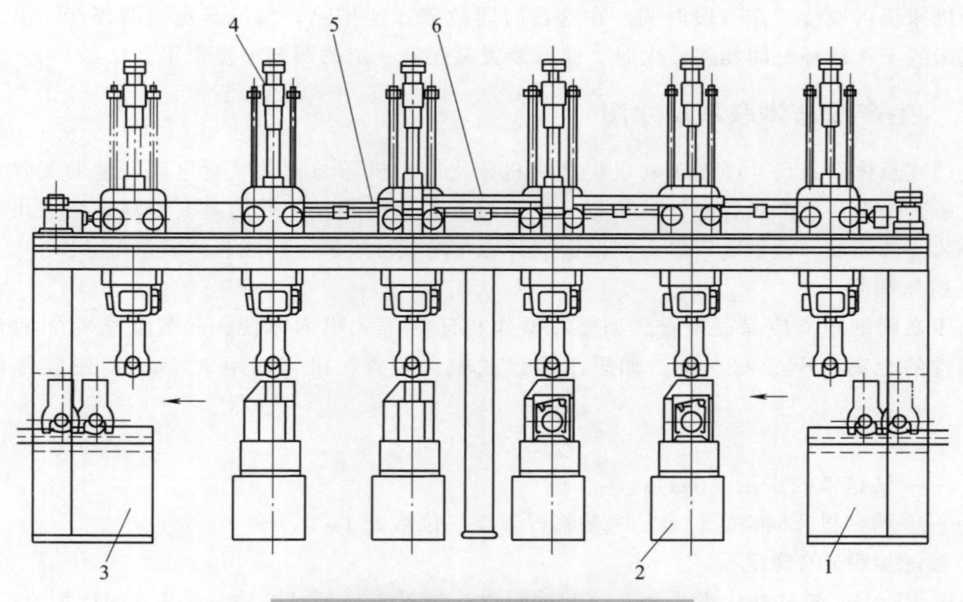

图 5-27　采用悬挂式输送机械手生产线

1—装料台　2—机床　3—卸料台　4—机械手　5—传动钢丝绳　6—传动装置液压缸

（四）生产线的连接方式

1. 刚性连接

刚性连接是指输送装置将生产线连成一个整体，用同一节奏把工件从一个工位传送到另一工位，如图 5-28a、b 所示。其特点是生产线中没有储料装置，工件输送有严格的节奏性，如某一工位出现故障，将影响到全线。此种连接方式适用于各工序节拍基本相同、工序较少的生产

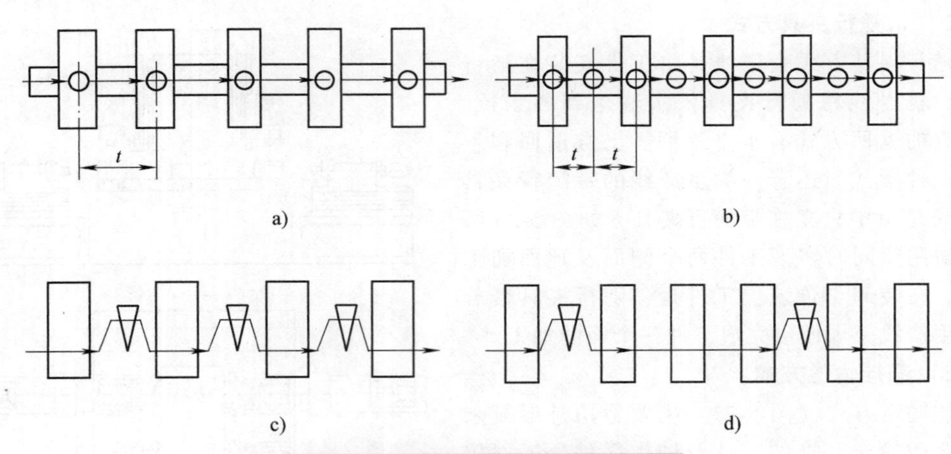

图 5-28　刚性连接与柔性连接生产线

a)、b) 刚性连接自动线　c)、d) 柔性连接自动线

线或长生产线中的部分工段。

2. 柔性连接

柔性连接是指设有储料装置的生产线，如图 5-28c、d 所示。储料装置可设在相邻设备之间，或相隔若干台设备之间。由于储料装置储备一定数量的工件，因此当某台设备因故停歇时，其余各台机床仍可继续工作一段时间。在这段时间故障如能排除，就可避免全线停产。另外，当相邻机床的工作循环时间相差较大时，储料装置又起到一定的调剂平衡作用。

三、生产线总体联系尺寸图

生产线总体联系尺寸图用于确定生产线机床之间、机床与辅助装置之间、辅助装置之间的尺寸关系，是设计生产线各部件的依据，也是检查各部件相互关系的重要资料。当选用的机床和其他装备的类型和数量确定以后，根据拟订的布局就可绘制生产线总体联系尺寸图。

1. 机床间距

机床之间的距离应保证检查、调整和操作机床时工人出入方便，一般要求相邻两台机床运动部件的距离不小于 600mm。如采用步伐式输送装置，机床间距 L（mm）还应符合下列条件

$$L=(n+1)t \tag{5-12}$$

式中　t——输送带的步距（mm）；

n——两台机床间空工位数，一般情况下空工位数为 1~4。

2. 输送步距 t 的确定

输送步距是指输送带上两个棘爪之间的距离。如图 5-29 所示，输送步距 t 的计算公式为

$$t=A+l_4+l_3$$

式中　A——工件在输送方向上的长度（mm）；

l_4——前备量（mm），$l_4=l-l_3$；

l_3——输送带棘爪的起程距离（mm），即后备量；

l——相邻两工件的前面与后面的距离（mm）。

确定生产线步距时，既要保证机床之间有足够的距离，又要尽量缩短生产线的长度。标准输送步距取 350~1700mm。

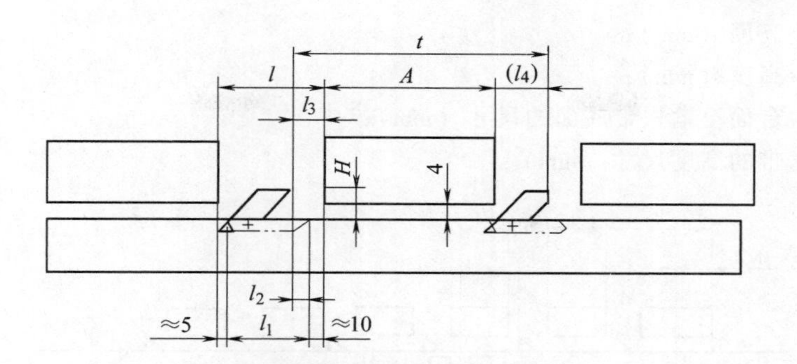

图 5-29 输送步距的确定

3. 装料高度的确定

对于专用机床生产线，装料高度是指机床底面至固定夹具支承面的尺寸，一般取 850~1060mm；对于回转体加工生产线，则指机床底面至卡盘中心线之间的距离。选择装料高度主要考虑生产人员操作、调整、维修设备和装卸料方便。对较大的工件及采用随行夹具下方返回时，装料高度取小值；对于较小的工件，装料高度取大值，同时应使其与车间现有装料高度一致。

4. 转位台联系尺寸的确定

转位台用来改变工件的加工表面。确定转位台中心有两种情况。

1）当步距较大时，可取工件中心作为转位台中心，如图 5-30a 所示。此时工件或限位板的最大回转半径 R 应满足

$$R<L, \quad a_1=a_2, \quad c_1=c_2=a_2-b$$

转位台转位时，输送带应处于原位状态，并保证棘爪离工件端面距离大于 $R-a_1$。

2）当步距较小时，转位台中心不能取工件中心，应按图 5-30b 选取，并要满足

$$R<L, \quad a_1=a_2, \quad c_1=c_2=a_2-b$$

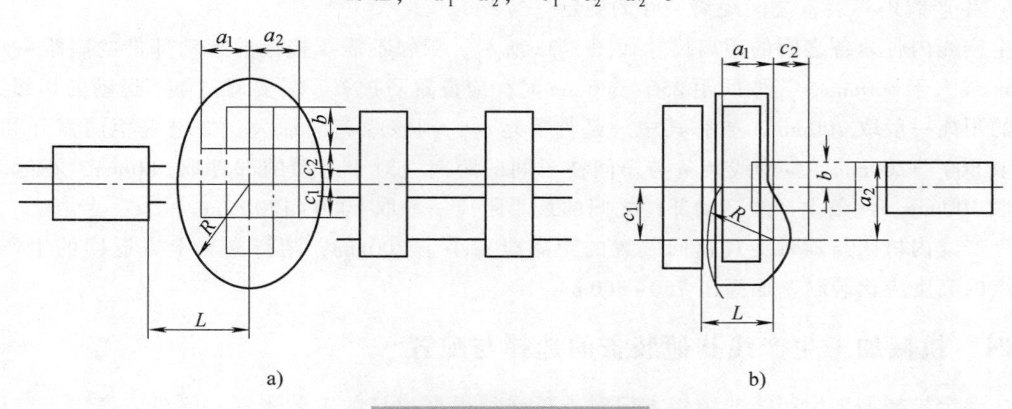

图 5-30 转位台联系尺寸

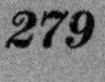

5. 输送带驱动装置联系尺寸

确定输送带驱动装置联系尺寸时，首先应选择输送滑台规格，输送滑台的工作行程 L_D 应等于输送步距 t 与后备量 l_3 之和，即 $L_D=t+l_3$。依据滑台行程即可选择滑台规格。

从图 5-31 可以看出，驱动装置高度方向联系尺寸为

$$H=H_1+H_2+H_3+H_4 \tag{5-13}$$

式中 H——装料高度（mm）；

H_1——底座高度（mm）；

H_2——滑台高度（mm）；

H_3——滑台台面至输送带底面的尺寸（mm）；

H_4——输送带的高度尺寸（mm）。

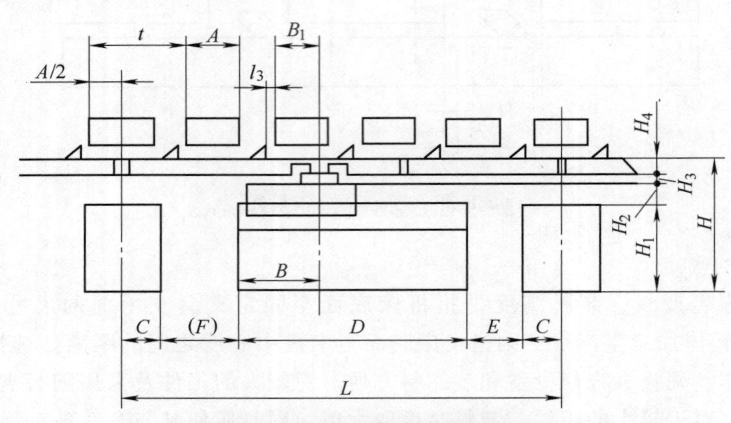

图 5-31　输送带驱动装置联系尺寸图

驱动滑台长度方向尺寸 L（驱动装置在机床间）为

$$L=D+2C+E+F \tag{5-14}$$

式中　D——输送装置（如滑台）底座尺寸（mm）；

C——机床底座尺寸（mm）；

E——输送驱动装置有固定挡块一端至机床底座间的尺寸（mm），$E \geqslant 300$mm；

F——输送驱动装置不带固定挡块一端至机床底座间的尺寸（mm），且 $F<E$。

6. 生产线内各装备之间距离尺寸的确定

生产线内各装备之间的距离尺寸如图5-32所示。相邻不需要接近的运动部件的间距可小于250mm或大于600mm，当取间距250~660mm时，应设置防护罩；需要调整但不运动的相邻部件之间的距离一般取700mm，如有其中一部件需运动，则该距离应加大，如电气柜门需开和关，推荐取800~1200mm；生产线装备与车间柱子间的距离，对于运动的部件取500mm，不运动的部件取300mm；两条生产线运动部件之间的最小距离一般取1000~1200mm。

生产线内机床与随行夹具返回装置的距离应不小于800mm，随行夹具上方返回的生产线，最低点的高度应比装料基面高出750~800mm。

四、机械加工生产线其他装备的选择与配置

在确定机械加工生产线的结构方案时，还必须根据拟订的工艺流程，解决工序检查、切屑处理、工件堆放、电气柜和油箱的位置等问题。

1. 输送带驱动装置的布置

输送带驱动装置一般布置在每个工段零件输送方向的终端，使输送带始终处于受拉状态；在有攻螺纹机床的生产线中，输送带驱动装置最好布置在攻螺纹前的孔深检查工位下方，可防止攻螺纹后工件上的润滑油滴落到驱动装置上面。

2. 小螺纹孔加工检查装置

对于攻螺纹工序，特别是小螺纹孔（小于M8）的加工，攻螺纹前后均应设置检查装置。攻

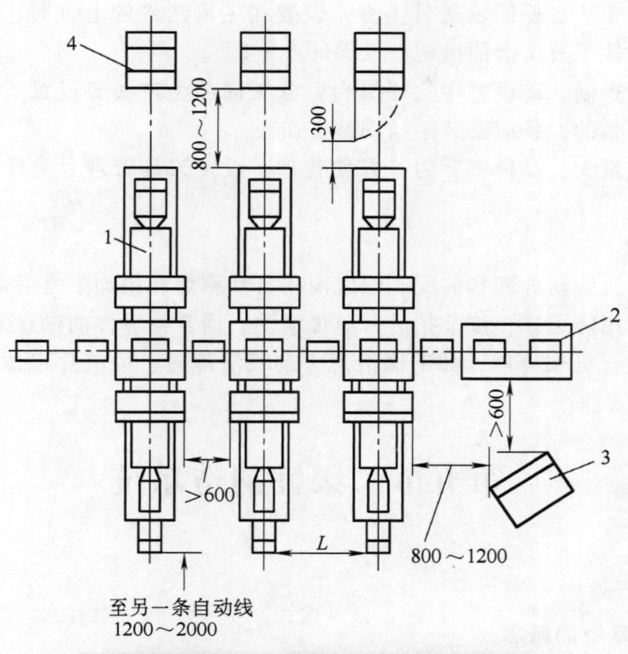

图 5-32 生产线内各装备之间的距离尺寸

1—机床 2—输送装置 3—中央操纵台 4—电气柜及油箱

螺纹前检查孔深是否合适，以及孔底是否有切屑和折断的钻头等；攻螺纹后则检查丝锥是否有折断在孔中的情况。检查装置安排在紧接钻孔和攻螺纹工位之后，以便及时发现问题。

3. 精加工工序的自动测量装置

精加工工序应考虑采用自动测量装置，以便在达到极限尺寸时发出信号，及时采取措施。处理方法有：将测量结果输入自动补偿装置进行自动调刀；自动停止工作循环，通知操作者调整机床和刀具；采用备用机床，当一台机床在调整时，由另一台机床工作，从而减少生产线的停产时间。

4. 装卸工位控制机构

在生产线前端和末端的装卸工位上，要设有相应的控制机构，当装料台上无工件或卸料工位上有工件未取走时，能发出互锁信号，指令生产线停止工作。装卸工位应有足够空间，以便存放工件。

5. 毛坯检查装置

若工件是毛坯，应在生产线前端设置毛坯检查装置，检查毛坯的重要尺寸。当不合格时，检查系统发出信号，并将不合格的毛坯卸下，以免损坏刀具和机床。

6. 液压站、电气柜及管路布置

生产线的动作往往比较复杂，其控制需要较多的液压站、电气柜。确定布置方案时，液压站、电气柜应远离车间的取暖设备，其安放位置应使管路最短、拐弯最少，接近性好。

液压管路敷设要整齐美观，集中管路可设置管槽。电气走线最好采用空中走线，这样便于维护；若采用地下走线，应注意防止切削液及其他废物进入地沟。

7. 桥梯、操纵台和工具台的布置

规格较大的、封闭布置的随行夹具水平返回式生产线，应在适当位置布置桥梯，以便操作者出入，桥梯应尽量布置在返回输送带上方。设置在主输送带的上方时，应力求不占用单独工位，同时一定要考虑扶手及防滑的措施，以保证安全。

生产线进行集中控制，需设置中央操纵台；分工区的生产线要设置工区辅助操纵台；生产线的单机或经常要调整的设备应安装手动调整按钮台。

生产线的刀具数量大、品种多，为了方便管理，设置刀具管理台及线外对刀装置是保证生产率的重要措施。

8. 清洗设备布置

在综合生产线上，防锈处理和装配工位之前、自动测量和精加工之后需要设置清洗设备。

清洗设备一般采用隧道式，按节拍进行单件清洗。通常与零件的输送采用统一的输送装置。也可采用单独工位进行机械清理，如毛刷清理、刮板清理等，以清除定位面、测量表面和精加工面上的积屑和油污。

第五节　柔性制造系统

一、概述

（一）柔性制造系统的概念

本章前几节所介绍的机械加工生产线，多数只适用于成批生产和大量生产的企业，并往往只能固定生产单一或成组产品，要改变产品品种的难度很大。即使是多品种可调生产线，也仅能生产结构形状和加工工艺相似的几个产品，且变换产品时，调整生产线所需的时间很长。由于这类机械加工生产线很难适应多品种、中小批量生产的需要，致使国内机械制造行业75%～85%的企业，仍在传统的生产组织原则指导下，采用生产率较低的工艺方法和通用装备进行生产。

柔性制造系统（Flexible Manufacturing System，FMS）是一个以网络为基础、面向车间的开放式集成制造系统，是实现CIMS的基础，它具有CAD、数控编程、分布式数控、工夹具管理、数据采集和质量管理等功能，能根据制造任务和生产环境的变化迅速进行调整，适用于多品种、中小批量生产。

这里所谓的“柔性”是指一个制造系统适应各种生产条件变化的能力，集中反映在加工、人员和装备等方面。加工的柔性是指能加工不同工件的自由度，它与加工工艺方法、装备的连接形式、作业计划出现干扰时重新安排的余地和生产调度的灵活性有关。人员柔性是指不管加工任务的数量和时间如何变化，操作人员都具备完成加工任务的能力。人员柔性高，就可以利用现有人员完成不同的加工任务。装备柔性是指机床能在短期内适应新工件加工的能力。装备柔性高，改变加工对象时的调整时间就短。

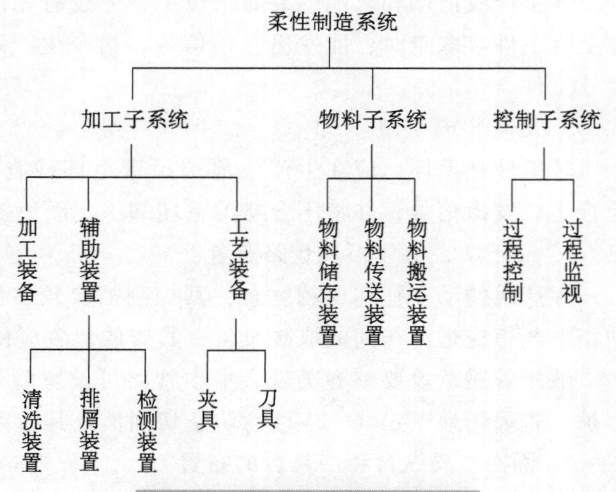

图5-33　柔性制造系统的组成

（二）柔性制造系统的组成

柔性制造系统由下述三个子系统组成，如图5-33所示。

1. 加工子系统

加工子系统包括加工装备、辅助装置和工艺装备。加工装备用于对产品进行加工、装配或其他处理。加工主要采用可自动装卸工件和更换刀具的数控机床、加工中心和可更换主轴箱的数控机床。辅助装置主要包括清洗、排屑和检测装置。其中，检测装置用于中间工序工件和最终成品的自动检测。工艺装备则包括夹具和刀具等。FMS 的加工能力由它所拥有的加工设备决定，而 FMS 里的加工中心所需的功率、加工尺寸范围和精度则由待加工的工件族决定。由于箱体、框架类工件在采用 FMS 加工时经济效益特别显著，故在现有的 FMS 中，加工箱体类工件的占比较大。

2. 物料子系统

物料子系统即物料储运系统，是柔性制造系统的一个重要组成部分。这里的物料指工件和刀具。FMS 的物料储运系统一般包含工件装卸站、托盘缓冲站、物料运送装置和自动化仓库等，主要用来执行工件、刀具、托盘以及其他辅助设备与材料的储存、传送和搬运工作。一个工件从毛坯到成品的整个生产过程中，只有相当小的一部分时间在机床上进行切削加工，大部分时间消耗于物料的储运过程中。合理地选择 FMS 的物料储运系统，可以大大减少物料的运送时间，提高整个制造系统的柔性和效率。通过物料子系统，可以建立起 FMS 各加工设备之间以及加工设备和储存系统之间的自动化联系，并可以调节加工节拍的差异。

典型的物料流过程组成如下：

（1）工件流　从立体仓库将毛坯运送到工件装卸站，由人工或机器人将工件安装在托盘上的夹具内，由运输小车（RGV 或 AGV）将装有工件的托盘运送到缓冲储存站等待加工。运输小车将装有毛坯的托盘运送到机床前，由托盘交换装置将小车上装有毛坯的托盘送上机床进行加工。机床加工完毕，又通过托盘交换装置将已经加工的工件托盘由运输小车运送到缓冲储存站，等待下一道工序的加工。当所有工序完成后，运输小车将成品工件运送到工件装卸站，由人工或机器人将工件从托盘的夹具上卸下，运送到立体仓库储存。

（2）刀具流　在刀具预调工作站上将刀具调好后，储存在中央刀库。由刀具运送装置将刀具从中央刀库取出，送到机床前，通过刀具交换装置将刀具运送装置上的刀具装到机床刀库中去，将机床暂时不用的刀具从机床刀库取出，由刀具运送装置送回中央刀库储存。

3. 控制子系统

控制子系统主要包括过程控制和过程监视两方面。过程控制主要进行加工子系统及物料子系统的自动控制；过程监视主要进行在线状态数据自动采集和处理。控制子系统的核心通常是一个分布式数据库管理系统和控制系统，整个系统采用分级控制结构，即 FMS 中的信息由多级计算机进行处理和控制，其主要任务是：组织和指挥制造流程，并对制造流程进行控制和监视；向 FMS 的加工子系统、物料子系统提供全部控制信息并进行过程监视，反馈各种在线检测数据，以便修正控制信息，保证安全运行。

除了上述三种基本组成外，FMS 还包括 FMS 的管理、操作与调整维护及编程等工作。操作人员的典型工作内容是：运行计算机控制系统和控制程序；监管 FMS 的各种工作；在遇到故障或出现废品或发生误动作时紧急处置；更换或安装调整刀夹量具；一些无自动装卸装置的工作站的上下料。

（三）柔性制造系统的工作原理

FMS 的模型和原理框图如图 5-34 所示。FMS 工作过程可以描述为：柔性制造系统接到上一级控制系统的有关生产信息和技术信息后，由其信息系统进行数据信息的处理、分配，并按照所给的程序对物料流系统进行控制。

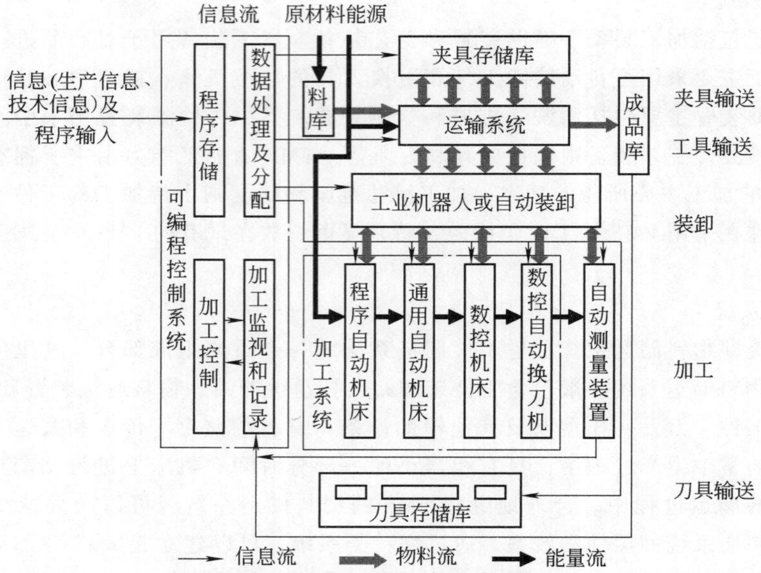

图 5-34　FMS 的模型及原理框图

物料库和夹具库根据生产的品种及调度计划信息提供相应品种的毛坯，选出加工所需要的夹具。毛坯的随行夹具由输送系统送出。工业机器人或自动装卸机按照信息系统的指令和工件及夹具的编码信息，自动识别和选择所装卸的工件和夹具，并将其安装到相应机床上。

机床的加工程序识别装置根据送来的工件及加工程序编码，选择所需的加工程序，并进行校验。全部加工完毕后，由装卸及运输系统送入成品库，同时把加工质量、数量信息送到监视和记录装置，随行夹具被送回夹具库。

当需要改变加工产品时，只要改变传输信息系统的生产信息、技术信息和加工程序，整个系统即能迅速、自动地按照新要求来完成新产品的加工。

中央计算机控制着系统中物料的循环，执行进度安排、调度和传送协调等功能。它不断收集各个工位上的统计数据和其他制造信息，以便做出系统的控制决策。FMS 是在加工自动化的基础上实现物流和信息流的自动化，其“柔性”是指生产组织形式和自动化制造设备对加工任务（工件）的适应性。

（四）柔性制造系统的类型

根据系统所含机床数量、机床结构的不同，可将柔性制造系统分为柔性制造装置（FMU）、柔性加工单元（FMC）和柔性制造线（FML）等。

1. 柔性制造装置

柔性制造装置是以一台加工中心为主的系统。它装备托盘库、自动托盘交换站或机器人和自动化工具交换装置（可以部分无人照管）。

2. 柔性加工单元

柔性加工单元有多种配置形式，但至少有一台加工中心、托盘库、自动托盘交换站和刀具交换装置。柔性加工单元的所有操作均以单元方式进行，并由计算机控制。FMC 通常有固定的加工工艺流程，工件流是按固定工序顺序进行的，它不具有实时加工路线流控制、载荷平衡及生产调度计划逻辑的中央计算机控制。

3. 柔性制造线

柔性制造线与传统生产线不同的是这类加工线中物料的流动路线可以是不固定的，如采用自动导引小车（AGV）可以从任何的缓冲站把材料传送到任何的工位进行加工，所以可采用这类加工线来加工那些不同的但相似的工件。柔性制造线应设置立体仓库，以满足自动存取的要求。

图 5-35 所示为对一般数控机床、自动化生产线和几种制造系统的生产柔性、生产率以及各类制造系统的应用范围所做的简单、直观的比较。可见，FMC、FMS、FML 之间的划分并不严格。一般认为，FMC 可以作为 FMS 中的基本单元，FMS 可由若干个 FMC 发展组成。FMS 与 FML 的区别在于 FML 中的工件输送必须沿着一定的路线，而不像 FMS 那样可以随机输送。FML 更适合于中批量和大批量生产。如果同类工件的数量很少，而且和其他工件的相似性也很小，那么采用自动化系统通常是不经济的。所以就像在制造试制样品那样，用传统的多功能机床才比较合理。另一种极端情况是大量生产，如汽车制造工业中的标准件生产，生产任务不会变动，因此用生产率高的装备，如刚性自动线上的专用机床。如前所述，柔性自动加工系统，除了可在大量生产中用于加工基本相似但不完全相同的工件以外，也可在零散件车间中用于小批量多品种生产。

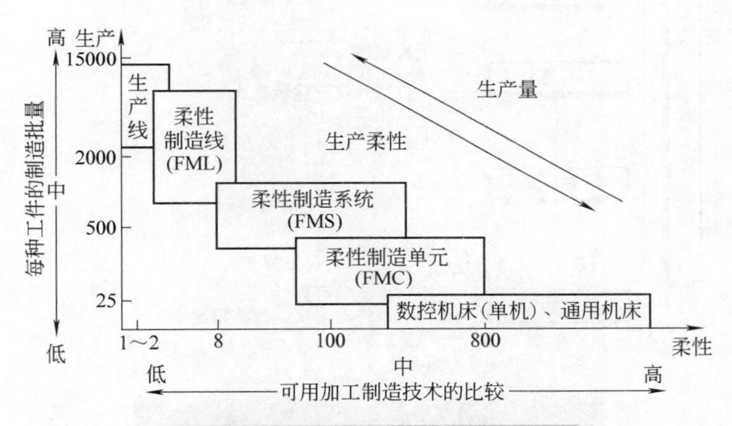

图 5-35 各种类型加工系统的应用比较

二、柔性制造系统的规划方法

生产的发展，使自动化加工系统正在发生着重要的变化，即越来越高地要求加工系统的灵活性（柔性）。正如前面讲过的，柔性制造系统正在大力发展，而用于大量生产的自动线，也越来越向可调的方向发展。因此自动化机械制造系统的结构越来越复杂，投资也越来越大。为了确保所建柔性制造系统获得最大的经济效益，必须进行科学合理的规划和设计。

柔性制造系统的规划，首先应明确包含哪些内容、要达到什么目标。一个柔性制造系统的规划一般包含图 5-36 所示的内容。

从图 5-36 中可见，柔性制造系统的规划可分为四个部分：物料流、加工工位、控制系统和组织管理。每一部分又可分为具体装备的选择和布置以及运行参数的确定，前者构成系统的硬件，后者则属于软件的范畴。在上述四部分中，无论从复杂性还是重要性来看，都以物料流的规划占首要地位，它对整个系统的影响最为显著。而影响物料流结构的参数又很多，如影响柔性制造系统总体规划的参数，可列举如图 5-37 所示。

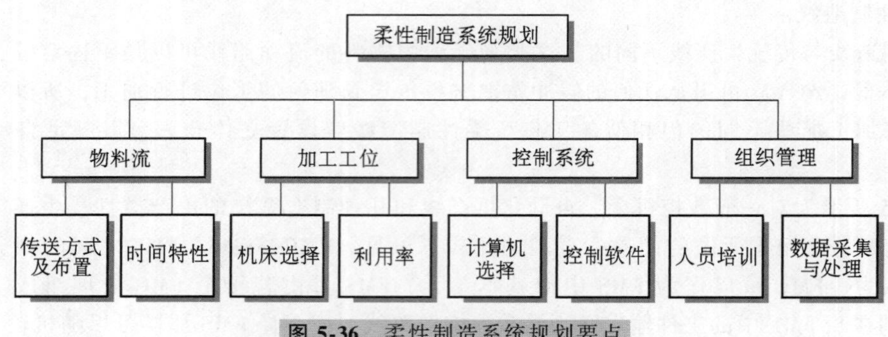

图 5-36　柔性制造系统规划要点

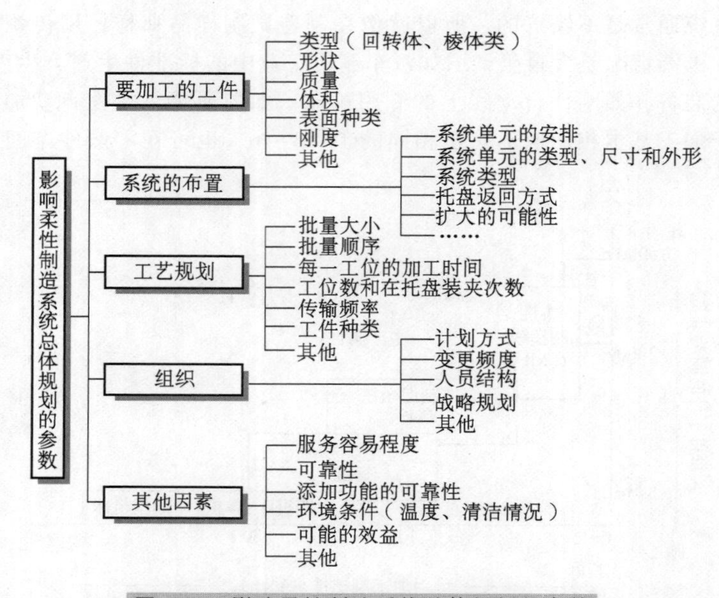

图 5-37　影响柔性制造系统总体规划的参数

柔性制造系统规划的目标，概括地说，就是要以最少的投资来实现高生产率的多品种加工和降低制造成本。这一总目标又可分解为若干具体目标，如图 5-38 所示。为了获得高生产率，就要缩短加工时间，必须通过缩短切削时间和缩短安装时间来实现。而要降低机器的成本，那就要保证机器高利用率和避免不必要的灵活性。

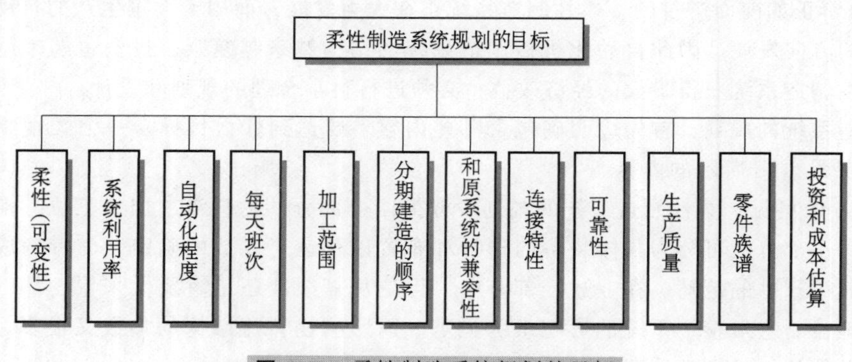

图 5-38　柔性制造系统规划的目标

为了保证加工系统的生产任务和效率之间能高度适应，并避免规划这类装备时在投资上冒大的风险，在计划时需要采用一种分步骤的方法，如图 5-39 所示。

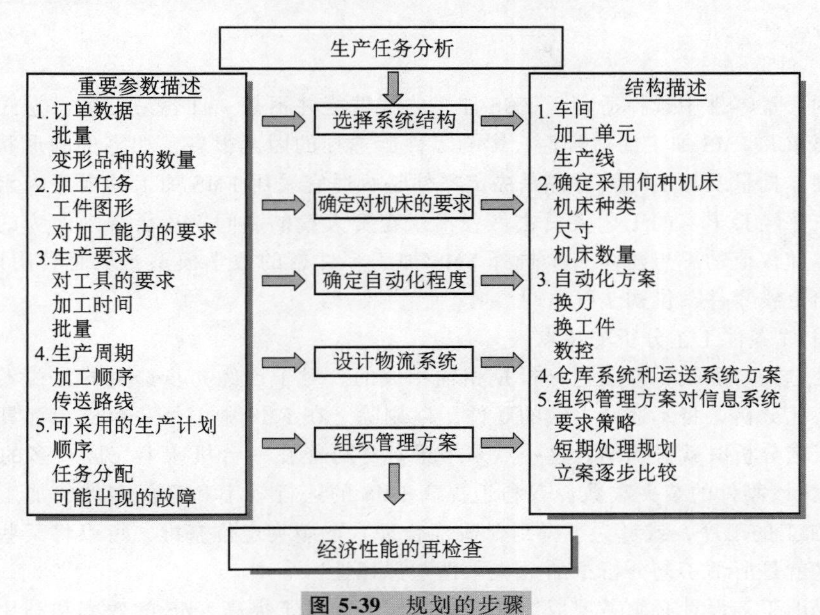

图 5-39　规划的步骤

这种系统规划方法的基本点就是对生产任务做详细分析。分析的内容包括工件的几何形状、技术要求和组织管理方面的信息，如平均批量、各类工件的数量和制造工艺等。在这基础上，根据批量、工件种类和任务变动的频繁程度，明确是否决定建立柔性制造系统，以便进一步进行更加详细的分析和决策。系统规划的主要内容和步骤是：

1）根据工件的几何形状和加工能力的要求确定机床的种类、功能要求和数量。

2）根据相同操作过程的重复频率，确定加工装备的最佳自动化程度。

3）通过分析加工工艺和传送线路，规划出物流系统，特别要悉心做出是否需要采用自动化输送系统的决定。

4）估计生产中可以利用的良机和可能出现的麻烦，然后系统地提出组织管理系统的方案，并提出管理策略和规程。

所有这些步骤的分析结果都为柔性制造系统的规划提供了可供选用的解决办法。在选定各项解决办法前，必须进行技术经济分析，规划过程结束时要对整个系统的技术经济性能做一次集中评估。

三、柔性制造系统的总体设计

柔性制造系统的设计一般分为两步，即初步设计和详细设计。初步设计是柔性制造系统设计工作的第一阶段，其工作重点在系统的总体设计方面，对可行性论证中提出的技术方案做进一步的认证，对方案中考虑不周的内容做进一步的调研并加以完善，对原方案中不确切、不现实的内容予以调整和改正。

（一）零件族的确定及其工艺分析

要使 FMS 具有较高的运行效率，必须从用户的实际要求出发，选择好上线的零件，并进行工艺分析。这是设计或引进机械加工柔性制造系统必须解决的问题。根据确定的零件族和工艺分析，就可以决定FMS的类型和规模、必需的覆盖范围和能力、机床及其他设备的类型和所需的主要附件、夹具的类型和数量、刀具的类型和数量、托盘及其缓冲站点数量，并可初步估算所需的投资额。

1. FMS零件族初选

从工厂的大量零件中选择适合于FMS加工的零件族并不是一件容易的事。零件族的确定要兼顾用户的要求和FMS加工的适合性。影响零件族选择的因素很多，如零件的形状、尺寸、材料、加工精度、批量及加工时间等都是决定零件是否适宜采用FMS加工的重要因素。选择上线零件如果仅依靠经验丰富的工艺人员去做，不仅花费大量的时间，还会带来人为的失误。因此一般采用基本加权值的思想建立一个选择FMS加工零件族的数学模型，从而利用计算机方便、迅速地挑选出上线零件，供初步筛选时参考。

2. FMS上线零件工艺分析的特点

零件族的选择与上线零件工艺分析是相辅相成的。对于已经初步选上的上线零件要进一步进行详细的工艺分析，将不适合上线的零件予以剔除。在FMS中，每一台机床都具有十分完善的功能，在工艺分析时就必须结合这一点来考虑。尽可能在一台机床上完成较多的工序（或工步），从而减少该零件的装夹次数，有利于提高FMS的运行效率和确保零件的加工精度。对于不适合FMS加工的工序，或者为了得到合适（合理）的装夹定位基准，可以将某些工序安排在线外加工。这就是所谓工艺分析中的“集中性与选择性”。

零件加工的工艺设计必须考虑成组技术原则。这样对于提高FMS的效率和利用率、简化夹具设计、减少刀具数量、简化数控程序编制和保证加工质量等都有好处。此外，可以通过选用标准化的通用刀具使刀库容量减至最少，尽量采用复合式刀具从而节省换刀时间。另外在工艺分析中，还必须结合机床、刀具、工件材料、精度、刚度及工厂条件等众多因素，合理选择切削参数。

3. 工艺分析步骤

1）消化和分析。内容包括：零件轮廓尺寸范围、零件刚度（定性分析）；材料、硬度、可切削性；现行工艺或工艺特点；加工精度要求；装夹定位方式。

2）工序划分。其原则是：先粗加工后精加工，以保证加工精度；在一次装夹中，尽可能加工更多的表面；尽可能使用较少的刀具加工较多的表面；使FMS的各台机床负荷均衡。

3）选择工艺基准。其原则是：尽可能与设计基准一致；便于装夹，引起的变形最小；不影响更多的加工面；必要时可以在线外予以加工。

4）安排工艺路线。

5）选择切削刀具，确定切削参数。

6）拟订夹具方案。

7）加工零件的检查安排。

8）工时计算与统计。

9）生产批量。

10）工艺方案的经济性和运行效益的预估。

（二）加工装备的选择与配置

1. FMS对机床的要求

柔性制造系统对集成于其中的加工设备是有一定要求的，不是任何加工设备均可纳入柔性制造系统中。一般来说，纳入FMS运行的机床主要有如下特点：

（1）加工工序集中　由于柔性制造系统是适应小批量多品种加工的高度自动化制造系统，

造价昂贵，这就要求加工工位的数目尽可能少，而且接近满负荷工作。根据统计，80%的现有柔性制造系统的加工工位数目不超过 10 个。此外，加工工位较少，还可减轻工件流的输送负担，所以同一机床加工工位上的加工工序集中就成为柔性制造系统中机床的主要特征。

（2）控制方便　柔性制造系统所采用的机床必须适合纳入整个制造系统，因此，机床的控制系统不仅要能够实现自动加工循环，还要能够适应加工对象的改变，易于重新调整，也就是说要具有“柔性”。近几年发展起来的计算机数字控制（CNC）系统和可编程序逻辑控制器（PLC），在柔性制造系统的机床和输送装置的控制中获得日益广泛的应用。

（3）兼顾柔性和生产率　这是一个有较高难度的要求。为了适应多品种工件加工的需要，既不能像大批量生产那样采用为某一特定工序设计的专用机床，又不能像单件生产那样采用普通万能机床。万能机床虽然具备较大的柔性，但生产率不高，不符合工序集中的原则。

另外，FMS 中的所有装备受到本身数控系统和 FMS 中央计算机控制系统的调度和指挥，要能实现动态调度、资源共享、提高效率，就必须在各机床之间建立必要的接口和标准，以便准确及时地实现数据通信与交换，使各个生产装备、储运系统、控制系统等协调地工作。

2. 选择机床的原则

在选择机床时，要考虑到工件的尺寸范围、工艺性、加工精度、材料，以及机床的成本等因素。对于箱体类工件，通常选择立式和卧式加工中心，以及有一定柔性的专用机床，如可换主轴箱的组合机床、带有转位主轴箱的专用机床等。

带有大孔或圆支承面的箱体工件，也可以采用立式车床进行加工。需要进行大量铣、钻和攻螺纹加工且长径比小于 2 的回转体类工件，通常也可以在加工箱体工件的 FMS 中进行加工。

加工纯粹回转体工件（杆和轴）的 FMS 技术现在仍处在发展阶段。可以把具有加工轴类和盘类工件能力的标准数控车床结合起来，构成一个加工回转体工件的 FMS。

加工中心的类型很多，可以是基本型的卧式或立式三坐标机床，这些机床只加工工件的一个侧面，或者只能对邻近几个面上的一些表面进行加工。采用这类机床一般需要多次装夹才能完成工件各个面的加工。若在卧式加工中心上增加一个或两个坐标轴，如称为第四个坐标轴的托盘旋转，和称为第五坐标轴的主轴头倾斜，就可以对工件进行更多表面的加工。要在立式加工中心上实现工件多面加工，必须在基本型机床上增加一个可倾式回转工作台。通常选用五坐标轴加工中心主要是为了满足一些非正交平面内的特殊加工的需要。

除上述增加坐标轴的方法外，还可在一套夹具上装夹多个工件，以提高 FMS 的生产能力。

FMS 应能完成某一成组零件族的全部工序的加工，系统内需要配置不同工艺范围和精度的机床来实现这一目标。最理想的配置方案是所选机床的工艺范围有较大的兼容性，即每道工序有多台机床可以胜任。这样可以有效地排除因为某道关键工序或某台关键机床出现瓶颈，影响了整条生产线的正常作业，可以大大地提高装备的利用率。但这样做必然提高了每台机床的复杂性，增加了 FMS 的造价。

确定 FMS 中机床种类和数量的方法和步骤如图 5-40 所示。图的上部列出的是分析生产任务用的一些重要参数，据此选用合适的机床。接着首先确定机床切削区的尺寸范围，其次是确定机床的效能，如可进行哪些操作、加工精度、规格和受控轴数等，这就为确定加工工件的成套机床方案提供了基础。根据给定的技术条件，把要进行的各类操作分派给指定的机床并计算出每种操作的加工时间，确定整个工作量是多少，需要多少台机床，或许还可能因此而对选用的方案做出修改。只有对所规划的机床成本加以估计，才有可能估计出选定的机床方案的经济性。如果加工能力低或者经济效果不好，则要对机床的方案进行修改，一直到获得满意的结果为止。

FMS 的所有加工中心都具有刀具存储能力，采用鼓形、链形等各种形式的刀库。为了满足

FMS内工件品种对刀具的要求，通常要求有很大的刀具容量。在一个刀库中需要100个以上的刀座是很常见的。这样的容量连同某些刀具重量，特别是大的镗杆或平面铣刀，都要求对刀具传送和更换机构的可靠性给以很好的注意。

3. FMS的机床配置形式

FMS适用于中小批量生产，既要兼顾对生产率和柔性的要求，也要考虑系统的可靠性和机床的负荷率。因此，就产生了互替形式、互补形式以及混合形式等多种类型的机床配置方案。

所谓互替形式就是纳入系统的机床是可以互相代替的。例如，由数台加工中心组成的柔性制造系统中，由于在加工中心上可以完成多种工序的加工，有时一台加工中心甚至能完成箱体的全部工序，工件可输送到系统中任何恰好空闲的加工工位，使系统具有较大的柔性和较宽的工艺范围，而且可以达到较高的装备利用率。从系统的输入和输出角度来看，这些机床是并联环节，因而增加了系统的可靠性，即当某一台机床发生故障时，系统仍能正常工作。

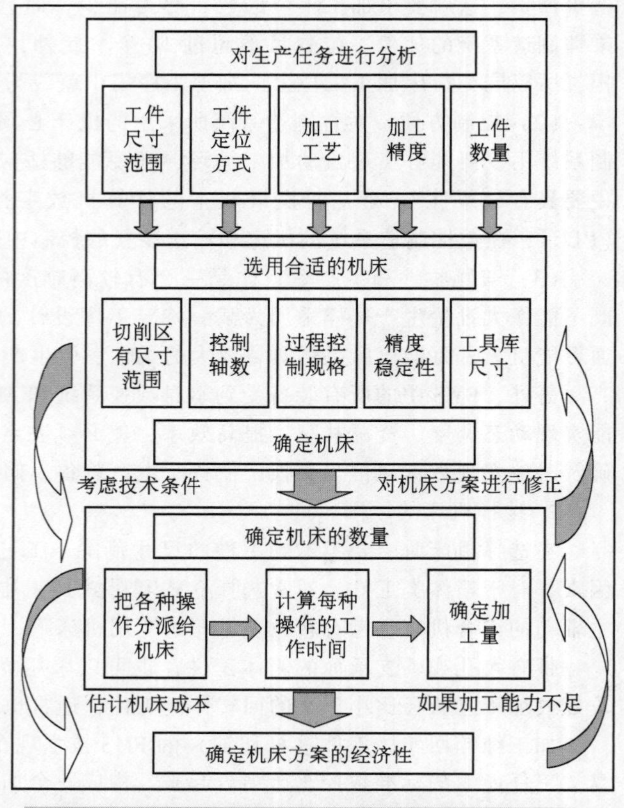

图5-40　确定FMS中机床种类和数量的方法和步骤

所谓互补形式就是纳入系统的机床是互相补充的，各自完成某些特定的工序，各机床之间不能互相替代，工件在一定程度上必须按顺序经过各加工工位。它的特点是生产率较高，对机床的技术利用率较高，即可以充分发挥机床的性能。从系统的输入和输出角度来看，互补机床是串联环节，减少了系统的可靠性，即当一台机床发生故障时，系统就不能正常工作了。

以互替和互补配置形式选择的机床的特性比较见表5-3。

表5-3　互替机床和互补机床的特性比较

特　征	互替机床	互补机床
简　图	输入→机床1 / 机床2 / … / 机床 n→输出	输入→机床1→机床2→机床3…机床 n→输出
柔性	较高	较低
工艺范围	较宽	较窄
时间利用率	较高	较低
技术利用率	较低	较高
生产率	较低	较高
价格	较高	较低
系统可靠性	增加	减少

现有的柔性制造系统中大多是互替机床和互补机床混合使用，即 FMS 中的有些装备按互替形式布置，而另一些机床则以互补方式安排，以发挥其各自的优点。

在某些情况下个别机床的负荷率很低，如基面加工机床（铸件毛坯通常采用铣床，回转体毛坯通常采用铣端面钻中心孔机床等）采用的切削用量较大，加工内容简单，单件时间短，基面加工和后续工序之间往往要更换夹具，要实现自动化有一定困难。因此，常将这类机床放在柔性制造系统外，作为前置工区，由人工操作。

当某些工序加工要求较高或实现自动化还有一定困难时，也可采取类似方法，如精镗加工工序、检验工序、清洗工序等可作为后置工区，由人工操作。

（三）FMS 的总体平面布局

1. 平面布局的原则

影响 FMS 总体平面布局的因素很多，如系统的模型，机床的类型、数量和结构，车间面积和环境，零件类型，生产需求，要求的操作类型与时间，选定的物料输送系统类型，进料、出料及服务的靠近程度与便利程度等。因此，要因地制宜地设计系统的平面布局，一般原则如下：

1）有利于提高加工精度。例如，对于振动较大的清洗工位，其设置应离机床和检测工位较远；三坐标测量机的地基应具有防振沟和防尘隔离室。

2）排屑方便，便于盛切屑小车推出系统或设置排屑自动输送沟。

3）便于整个车间的物流通畅和自动化。

4）避免系统通信线路受到外界磁场干扰。

5）布局模块化，使系统控制简捷。

6）有利于人身安全，设置安全防护网。

7）占地面积小，且便于维修。

8）便于系统扩展。

2. 平面布局的形式

（1）基于装备之间关系的平面布局　按照 FMS 中加工装备之间的关系，平面布局形式可分为随机布局、功能布局、模块布局和单元布局。

1）随机布局。生产装备在车间内可任意安置。当装备少于 3 台时可以采用随机布局形式；当装备较多时，随机布局会使系统内的运输路线复杂，容易出现阻塞，增加系统内的物流量。

2）功能布局。将生产装备按照其功能分为若干组，相同功能的装备安置在一起，也就是传统所谓的“机群式”布局。

3）模块布局。把机床分为若干个具有相同功能的模块。这种布局的优点是可以较快地响应市场变化和处理系统发生的故障；缺点是不利于提高装备利用率。

4）单元布局。按成组技术加工原理，将机床划分成若干个生产单元，每一个生产单元只加工某一族的工件。这是 FMS 采用较多的布局形式。

（2）基于物料输送路径的平面布局　按工件在系统中的流动路径，FMS 总体平面布局有直线形、环形、网络形等多种形式。

1）直线形布局。各独立工位排列在一条直线上。自动引导小车沿直线轨道运行，往返于各独立工位之间。直线形布局最为简单。当独立工位较少，工件生产批量较大时，大多按这种布局形式，且采用有轨式自动引导小车。

2）环形布局。各独立工位按多边形或弧形，首尾相连成封闭形布局，自动引导小车沿封闭形路径运动于各独立工位之间。环形布局形式使得各独立工位在车间中的安装位置比较灵活，且多采用无轨自动引导小车。

3）网络形布局。所谓网络形布局是指各独立工位之间都可能有物料的传送路径，自动引导小车可在各独立工位之间以较短的运行路线输送物料。当系统中有较多的独立工位时，这种布局的装备利用率和容错能力最高，物料输送一般采用无轨自动引导小车，其控制调度比较复杂。

（四）FMS各独立工位及其配置原则

通常情况下，柔性制造系统具有多个独立的工位。工位的设置与柔性制造系统的规模、类型及功能需求有关。

1. 机械加工工位

机械加工工位是指对工件进行切削加工（或其他形式的机械加工）的地点，一般泛指机床。FMS的功能主要由它所采用的机床来确定，被确定的工件族通常决定FMS应包含的机床类型、规格、精度以及各种类型机床的组合。FMS中机床的数量应根据各类零件的生产纲领及工序时间来确定。必要时，应有一定的冗余。加工箱体类零件的FMS通常选用卧式加工中心或立式加工中心，根据工件特别的工艺要求，也可选用其他类型的计算机数控机床。加工回转体类零件的FMS通常选用车削加工中心。卧式加工中心和立式加工中心应具备托盘式交换工作台（APC），加工中心都应具有刀具存储能力，其刀位数的多寡应考虑零件混合批量生产时所用刀具的数量。选择加工中心时，还应考虑它的尺寸、加工能力、精度、控制系统以及排屑装置的位置等。加工中心的尺寸和加工能力主要包括控制坐标轴数、各坐标的行程长度、回转坐标的分度范围、托盘（或工作台）尺寸、工作台负荷、主轴孔锥度、主轴直径、主轴速度范围、进给量范围、主电动机功率等。

加工中心的精度包括工作台和主轴移动的直线度、定位精度、重复定位精度以及主轴回转精度等。加工中心的控制系统应具备上网和所需控制功能。加工中心排屑装置的位置将影响FMS的平面布局，应予以注意。

2. 装卸工位

装卸工位是指在托盘上装卸夹具和工件的地点，它是工件进入、退出FMS的界面。装卸工位设置有机动、液动或手动工作台，通过自动引导小车可将托盘从工作台上取走或将托盘推上工作台。操作人员通过装卸工位的计算机终端可以接收来自FMS中央计算机的作业指令或提出作业请求。装卸工位的数目取决于FMS的规模及工件进入和退出系统的频度。FMS中可设置一个或多个装卸工位，装卸工作台至地面的高度应便于操作者在托盘上装卸夹具及工件。操作人员在装卸工位装卸工件或夹具时，为了防止托盘被自动引导小车取走而造成危险，一般在它们之间设置自动开启式防护闸门或其他安全防护装置。

3. 检测工位

检测工位是指对完工或部分完工的工件进行测量或检验的地点。对工件的检测过程既可以在线进行也可以离线进行。在线测量通常采用三坐标测量机，有时也采用其他自动检测装置。通过数控程序控制测量机的检测过程，测量结果反馈到FMS控制器，用于控制刀具的补偿量或其他控制行为。在CIMS环境下，三坐测量机测量工件的数控检测程序可通过CAD/CAM集成系统生成。离线检测工位的位置往往离FMS较远。一般情况下通过计算机终端由人工将检验信息送入系统。由于整个检测时间及检测过程的滞后性，离线检测信息不能用于对系统进行实时反馈控制。在FMS中，检测系统与监控系统一起往往作为单元层之下的独立工作站层而存在，以便于FMS采用模块化的方式设计与制造。

4. 清洗工位

清洗工位是指对托盘（含夹具及工件）进行自动冲洗和清除滞留在其上的切屑的工位。对于设置在线检测工位的FMS，往往亦设置清洗工位，将工件上的切屑和灰尘彻底清除干净后再进行检测，以提高测量的准确性。有时，清洗工位还应具有干燥（如吹风干燥）功能。如果FMS中的机床本身具备冲洗滞留在托盘、夹具和工件上的切屑的功能，可不单独设置清洗工位。清洗工位接收单元控制器的指令进行工作。

（五）FMS的物料储运系统及其配置

FMS的物料是指工件（含托盘和夹具）和刀具（含刀具柄部）。因此就有工件搬运系统和刀具搬运系统之分。

1. 工件搬运系统

工件搬运系统指工件（含托盘、夹具）经工件装卸站进入或退出系统以及在系统内运送的装置。可供选择的工件运送方案有无轨式自动导引小车（AGV）运送方式、直线轨道式自动导引小车（RGV）运送方式、环形滚道运送方式、缆索牵引拖车运送方式、行走机器人运送方式、固定导轨式（龙门式）机器人运送方式及无轨吊挂运送方式。

通常，工件的搬运由有轨或无轨自动导引小车担任。有轨自动导引小车搬运系统具有结构原理简单、小车的运行速度快、定位精度高、承载能力大和造价低等特点。但是，小车只能在固定的轨道上运行，灵活性差，小车和轨道离机床较近，使检修作业区较为狭窄，一般用于机床台数较少（2~4台）且按直线布局的场合。无轨自动导引小车搬运系统技术目前发展较快，小车行走方式主要有固定路径和自由路径两种。在固定路径中，有电磁感应制导、光电制导、激光制导等多种形式。在自由路径中，一种方法是采用地面支援系统，如用激光灯塔、超声波系统等移动的信号标志进行引导；另一种方法则是靠小车上的环境识别装置来实现自主行走。

工件在托盘上的夹具中装夹，一般由人工操作。工件装夹完毕，操作者通过装卸工位处的计算机终端将操作有关信息向单元反馈，自动导引小车接收到单元控制器的调度指令后，将工件送到指定地点，即机床、清洗站、检测站上的托盘自动交换装置（APC）或托盘缓冲站。

加工回转体零件的FMS中，除了工件搬运之外，还必须采用机器人才能将工件抓往机床。钣金加工FMS中通常采用带吸盘的输送装置来搬运板料。

作为毛坯和完工零件存放地点的仓库分为平面仓库（单层）和立体仓库两大类。广义上讲，自动立体仓库也是FMS托盘缓冲站的扩展与补充，FMS中使用的托盘及大型夹具也可存放在立体仓库中。自动化立体仓库可分为多巷道、单巷道堆垛机控制方式，个别的也有采用单侧叉式控制方式。立体仓库的巷道数及货架数的设置，应考虑车间面积、车间高度、车间中FMS的条数、各种加工设备的能力以及车间的管理模式等。在立体仓库中自动存取物料的堆垛机，能把盛放物料的货箱推上滚道式输送装置或从其上取走。有时，立体仓库还与无轨道自动引导小车进行物料的传递。

钣金加工的FMS通常带有存放钣材的立体仓库，不设其他缓冲站。

立体仓库的管理计算机具有对物料进出货架的管理以及对货架中物料的检索查询功能。

2. 刀具搬运系统

刀具搬运系统指刀具（含刀具柄部）经刀具进出站进入或退出系统以及在系统内运送的装置。可供选择的刀具运送方案有：盒式刀夹——无人自动导引小车方式；直线轨道机器人——中央刀库方式；带中间刀具架及换刀机器人的自动导引小车方式；龙门式机器人——中间刀库方式；直接更换机床刀库方式。

刀具进入系统之前，必须在刀具准备间内完成刀具的刃磨、刀具刀套的组装、刀具预调仪的对刀，并将刀具的有关参数信息送到FMS单元控制器（或刀具工作站控制器）中。刀具准备间的规模及设备配置，由FMS系统的目标、生产纲领确定。

刀具进出站是刀具进出FMS系统的界面，由人工将相应的刀具置于刀具进出站的刀位上，或从刀位上取走退出系统的刀具。在刀具进出站处，通常设置一个条码阅读器，以识别置于刀具进出站的成批刀具，避免出现与对刀参数不吻合的错误。

换刀机器人是FMS系统内的刀具搬运装置，换刀机器人的手爪既要能抓住刀具柄部又要便于将刀具置于刀具进出站、中央刀库和机床刀库的刀位上或从其上取走。换刀机器人的自由度数按动作需要设定，既有采用地面轨道，也有采用架空轨道作为换刀机器人纵向移动之用。

对于换刀不太频繁的较大型的加工中心，可在机床刀库附近设置换刀机械手。进入系统的刀具放在托盘上特制的专门刀盒中，经工件进出站由AGV拉入系统，然后换刀机械手将刀具装到机床刀库的刀位中，或者从机床刀库取下刀具放入刀盒中，由AGV送到工件进出站退出系统。这样，可省去庞大的换刀机器人等刀具运储系统。

中央刀库是FMS系统内刀具的存放地点，是独立于机床的公共刀库，其刀位数的设定，应综合考虑系统中各机床刀库容量、进行混合工件加工时所需的刀具最大数量、为易损刀具准备的姊妹刀数量以及工件调度策略等。中央刀库的安放位置应便于换刀机器人在刀具进出站、机床刀库和中央刀库三者中抓放刀具。

（六）FMS检测监视系统的设置原则及其内容

检测监视系统对于保证FMS各个环节有条不紊地运行起着重要的作用。它的总体功能包括工件流监视、刀具流监视、系统运输过程监视、环境参数及安全监视以及工件加工质量监视。

1. 设置检测监视系统的原则及要求

1）该系统应该具有进一步容纳新技术的能力和进一步扩充的能力，这是为了保证系统的先进性以及便于与即将开发的检测监视技术的集成。

2）应充分考虑该系统的可靠性、可维护性与操作性，应有良好的人机界面，软件采用容错、提示、口令等便于人机对话。

3）便于数据分散采集和集中分析。在FMS中，根据需要在许多部位设置检测或监视点，检测监视装置是分散的。所以，要求检测装置的设置有利于系统的数据采集，并能把从各个部位获得的数据集中起来加以分析，从而得到系统的状态信息。

4）应具有合适的响应速度。检测监视系统应能迅速及时地反映加工过程的状态，其中对设备层的监视要求为毫秒级、工作站层监控和单元层监控为秒级。

5）应能预报故障。在对检测数据分析的基础上，预报故障。

6）应能对工作人员提供可靠保护。通过对作业危险区的保护以及对上下料搬运系统和传送系统的工作监视来保护FMS中的操作人员。

7）该系统应具有预处理测量信号的能力、对复杂参数的判断能力以及测量和处理大量的模拟/数字信号的能力。

2. FMS检测监视系统的监视方式及其内容

（1）检测监视方式

1）对设备或环境进行连续实的地测量并对获得的数据进行分析，给出报警或其他有效方式予以处理。

2）对检测点或环境定时或按约定时间进行采集测量，拾取有关数据进行分析处理。

3）操作者在任意的时间对监测点或环境进行观察测量，并对即时采集的数据进行分析处理。

4）工件加工质量的检测方式有：利用机床所带的测量系统对工件进行在线的主动检测；采用测量设备（如三坐标测量机或其他检验装置）在系统内对工件进行测量；在FMS线外测量。

（2）检测监视内容

1）对工件流系统的监视。检测工件进出站的空、忙状态，自动识别在工件进出站上的工件、夹具；检测自动导引小车的运行与运行路径；检测工件（含托盘、夹具）在工件进出站、托盘缓冲站、机床托盘自动交换装置与自动引导小车之间的引入/引出质量；检测物料在自动立体仓库上的存取质量。

2）对刀具流系统的监视。阅读与识别贴于刀柄上的条码；检测刀具进出站的刀位状态（空、忙、进、出）；检测换刀机器人的运行状态和运行路径；检测换刀机器人对刀具的抓取、存放质量；检测刀具的破损；检测和预报刀具的寿命。

3）对机器加工设备的监视。在 FMS 中主要是监视其工作状态，主要内容有：通过闭路电视系统观察运行状态正常与否；检测主轴切削转矩、主电动机功率、切削液状态、排屑状态以及机床的振动与噪声。

4）环境参数及安全监控。监测电网的电压和电流，监测供水、供气等压力；监控空气的温度和湿度，并对火灾监测及人员进出情况进行统计检测。

3. FMS 检测监视系统

必须根据 FMS 的目标、工艺规划要求及加工设备特性，从全局角度来规划 FMS 检测监视系统的设备，其依据主要是检测监视系统应具有的功能，典型的功能树如图 5-41 所示。

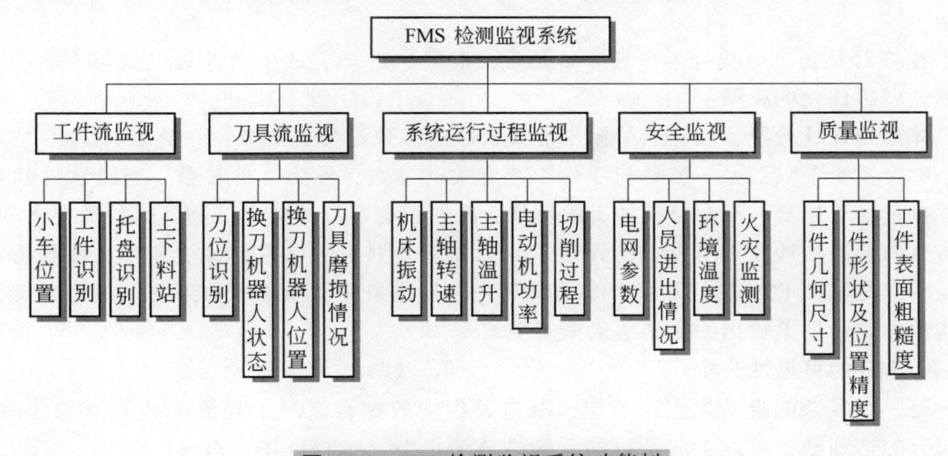

图 5-41　FMS 检测监视系统功能树

（七）FMS 的控制结构体系方案确定

控制系统是 FMS 实现其功能的核心，它管理和协调 FMS 内的各个活动以完成生产计划和达到较高的生产率。整个控制系统由硬件和软件组成，而系统的硬件组成和控制范围往往是决定控制系统结构的主要因素。根据 FMS 目标和企业在自动化技术更新方面的发展规划来考虑确定控制体系的类型。可考虑的类型有：

1）集中式系统控制级—设备控制级两级结构。

2）分布式系统控制级—工作站控制级—设备控制级三级结构。

3）分布式车间级—FMS 级—工作站级—设备级四级结构。

目前这种分级结构趋向于三级控制结构，又称单元级—工作站级—设备级三级递阶控制。控制结构体系类型选定之后，就要确定各职能计算机的分工及其功能指标。多级计算机控制系统硬件配置的一般原则是：横向各层使用同一系列的相同类型计算机，这有利于软件和硬件的标准化，且易于维护；纵向各层使用同一系列的计算机也是有益的，可以简化软件开发。在一些 FMS 中，工作站级并非物理地存在，但是作为整个控制系统的一部分，工作站层的功能在逻辑上是存在的。在这种情况下，通常是在主计算机上设置一个分区以实现对底层的控制功能以及对上层的信息反馈。这种逻辑上的三级递阶控制结构也是FMS控制体系结构的特例和特点。

（八）FMS设计方案的计算与仿真

为了减少投资费用和投资风险，使FMS配置和布局更为合理，使建成的系统在运行中效率更高，采用计算机仿真研究是一种快捷而有效的方法。仿真研究分为两类：一类是FMS的规划设计仿真，另一类是FMS的运行仿真。仿真是一种实验手段，通过输入一些与系统和元器件有关的原始数据，根据输出的各种数据信息，帮助设计人员发现设计方案中的冗余环节和瓶颈问题，为方案的设计改进提供依据。通过对几种方案仿真结果进行比较，可以评价方案的优劣。

FMS各种仿真软件的侧重点不同，但综合起来看，包含以下四个层次的仿真内容。

（1）FMS的基本组成　合理地确定FMS的独立工位和其他基本组成部分，如加工中心、装卸站、托盘缓冲站、自动导引小车、中央刀库、换刀机器人等，以选定零件族及相应的工艺参数等有关参数作为输入，以期给出合理的配置。

（2）工作站层的控制　主要模拟工作站这一独立工艺单元的动作，如机器人与机床之间的动作是否协调。

（3）生产任务调度　根据FMS的状态信息实时做出管理决策，为系统重新进行调度生成新的控制指令。

（4）生产计划仿真　接受生产任务单元后，根据FMS单元的生产计划以及与该活动有关的统计数据，做出优化的决策。

在总体规划设计阶段，设计人员输入仿真软件的参数通常有两类：一类是与FMS系统有关的参数，称为系统参数；另一类是与零件工艺有关的参数，称为零件参数。通过软件就可进行单个零件批量加工仿真、混合分批加工的仿真、改变系统参数的仿真以及其他特殊要求的仿真。此外，仿真内容还可涉及资本投入的评估、劳力要求计划、质量控制评估和可靠性分析等。利用仿真技术只是辅助FMS的规划设计。仿真只是在具体条件下系统所得到的一组特殊解，而最佳解只能由设计者根据输出的众多结果最后决策。

（九）FMS的可靠性分析

FMS是一个复杂的自动化生产系统，制造过程中的物料流及工具流的控制属于实时控制，响应时间有的达到毫秒级。组成系统的元器件成千上万，包括电子、电气、液压、气动、机械等多种类型，某些关键元器件的运行失效，可能导致设备、分系统乃至整个系统失效，严重时可能造成设备损坏，零件报废。如果设计中忽略了可靠性要求，就不能保证系统运行的可靠性，这样系统不仅不能为企业带来经济效益，反而会使生产停顿，造成严重后果。所以可靠性问题是FMS能否实现应用的成败关键之一。可靠性分析是系统设计的重要一环。

FMS的可靠性分为设计可靠性和运行可靠性。FMS的设计可靠性是实现功能的基础，而其运行可靠性是实现功能的保证，二者共同决定了系统的可靠性。在对FMS可靠性评估时必须考虑下列特点。

1）FMS是一种多功能系统，各功能起着不同的作用，因此对各种功能有不同程度的可靠性要求。

2）在FMS运行中可能发生异常情况（紧急、危险），这些异常情况是系统工作故障或错误的产物，它们可导致控制工作的严重破坏（事故）。

3）参与FMS工作的各类人员都不同程度地影响自动控制系统的可靠性。

4）每一套FMS的组成中都包括大量的各种不同的组元（硬件、软件和人员），同时，在完成FMS的某些功能中一般都有多种不同的组元参与工作，而同一个组元也可能同时参与完成几种功能。

四、柔性制造系统实例

1. 实例 1

捷克机床与加工研究所（YUOSO）与捷克的 6 个机床厂针对轴类和箱体类工件的无人加工要求进行开发，在 TOSOTMOVL 公司的铣床制造厂实施了带有刀具自动输送装置的 FMS 设计示意图，如图 5-42 所示。该系统可昼夜不停地在 8 台机床上加工 40 种不同的箱体类灰铸铁件。

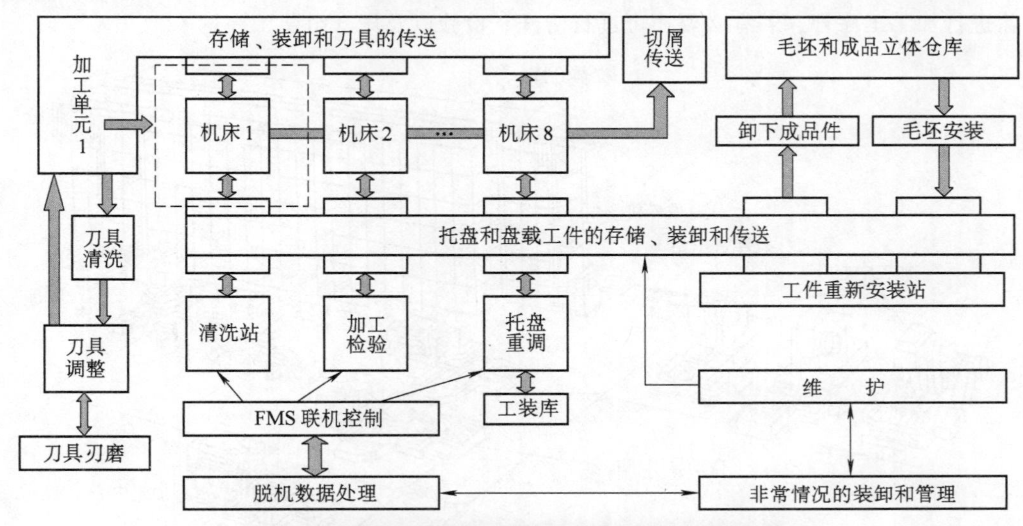

图 5-42 带有刀具自动输送装置的 FMS 设计示意图

系统内有 10 个最大总容量为 144 把刀具的刀库，其中 288 把刀具存放在刀具室内的两个刀库中，其余 1152 把刀具分别存放在 8 台机床附近的刀库中。所有刀库由一台可装载 5 把刀具的输送车进行装卸。40 种被加工工件的成组工艺需要 400 多把不同的刀具，刀库的空余容量可以存放标准刀具、备用刀具或特种刀具。

除了机床、工件和刀具输送装置外，系统还包括刀具、工件托盘和盘载工件清洗站各一个，一台计算机控制的检验机，一套切屑处理装置。此外，还包括一个铸件与成品的仓库、两个装料站，一个卸料站、四个重新装料站、一个托盘重调站和夹具库。而刀具调整、刀具刃磨、维修、脱机数据处理、紧急装卸和管理也可由人工操作来执行。

柔性制造系统的加工机组在这里指的是“带有工件托盘和刀具装卸装置的机床及其控制部分”。数控系统对六个坐标实行连续轨迹同步控制，除了控制 X、Y、Z 三个直线坐标外，系统还控制主轴的 A 向摆角及刀具操作系统的 U、V 两个直线坐标。根据需要，转台可实现 B 坐标旋转。

存储装夹工件的托盘的中央存储库具有 2000 个单元，分置在两个平行货架上。每台机床配有容量 5 件盘载工件的中间站。加工机组设有对盘载工件进行装卸和清理的装备，如工件旋转装卸机，工件翻转清洗机、机组与工件传输装置之间的中间站。工件传输装置和装卸机的机械手配有光学阅读头，用于识别托具。机床和翻转清洗机的切屑由地下传送带运走。

刀尖尺寸、镗孔或铣削平面的几何偏差数据由计算机数控系统处理器处理后，用于误差的自动补偿。而对于高精度的镗孔，已研制出自动补偿直径的镗刀。需要测量或检验加工后的孔或面时，系统可自动地从刀库中取出高精度的测头，并装到主轴上。

2. 实例2

图5-43所示为一个典型的柔性制造系统，该系统由加工中心、托盘交换站、自动导引小车、仓库进出站、立体仓库、堆垛机、检测和清洗装备以及压装设备等组成。在装卸站将毛坯安装在早已固定在托盘上的夹具中，然后物料传送系统把毛坯连同夹具和托盘输送到进行第一道加工工序的加工中心旁边排队等候，一旦加工中心空闲，工件就立即送上加工中心进行加工。每道工序加工完毕以后，物料传送系统还要将该加工中心完成的半成品取出并送至执行下一工序的加工中心旁边排队等候，如此不停地进行至最后一道加工工序。在完成工件的整个加工过程中，除进行加工工序外，若有必要还可进行清洗、检验以及压套组装工序。

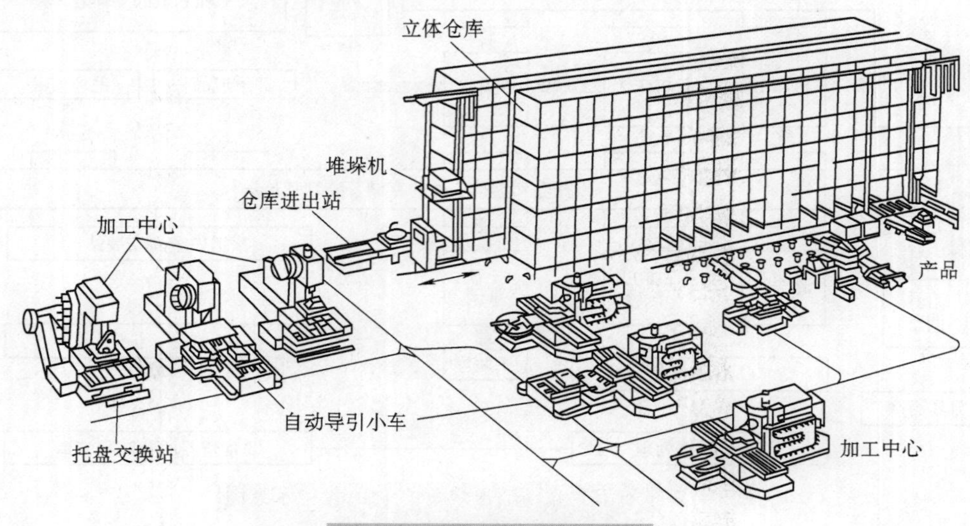

图5-43 典型的柔性制造系统

习题与思考题

1. 什么是机械加工自动线？它的主要组成类型及特点有哪些？
2. 影响机械加工生产线工艺和结构方案的主要因素是什么？
3. 简述机械加工生产线的设计内容和流程。
4. 在拟订自动线工艺方案时应着重考虑哪些方面的问题？如何解决这些问题？
5. 简述生产节拍平衡和生产线分段的意义及相应的措施。
6. 提高生产线工作可靠性的主要手段有哪些？
7. 简述组合机床的组成类型、特点及配置形式。
8. 组合机床总体设计的内容有哪些？
9. 简述机械加工生产线的总体布局形式及特点。
10. 简述柔性制造系统的概念、组成及类型。
11. 柔性制造系统的规划内容、目标是什么？
12. 柔性制造系统对机床的配置要求是什么？
13. FMS各独立工位及其配置原则是什么？
14. FMS总体平面布局的原则和形式是什么？
15. 结合典型零件，进行机械加工生产线的配置形式设计及工序安排。

第六章

注射模具设计

注射模具是一种用于成型塑料制件的重要工艺装备，根据成型制件所用塑料材料性能的不同，可以分为热塑性塑料注射模具和热固性塑料注射模具。本章主要介绍热塑性塑料注射模具设计。

第一节　概　述

一、注射模具的基本结构

（一）注射模具的结构组成

注射模具按主分型面为界，可以分为动模和定模两部分结构，如图 6-1 所示。模具工作时，动模安装在注射机的移动模板上，定模安装在注射机的固定模板上。定模部分始终固定不动；动模部分随注射机移动模板前后移动，实现模具的闭合与开启。当模具闭合时，动模部分在注射机动力驱动下向前移动，与定模接触并合紧，两者一起构成了封闭的模具型腔和浇注系统，如图 6-1a 所示。模具开启时，动模随注射机移动模板向后退移，与定模沿分型面分开，便于取

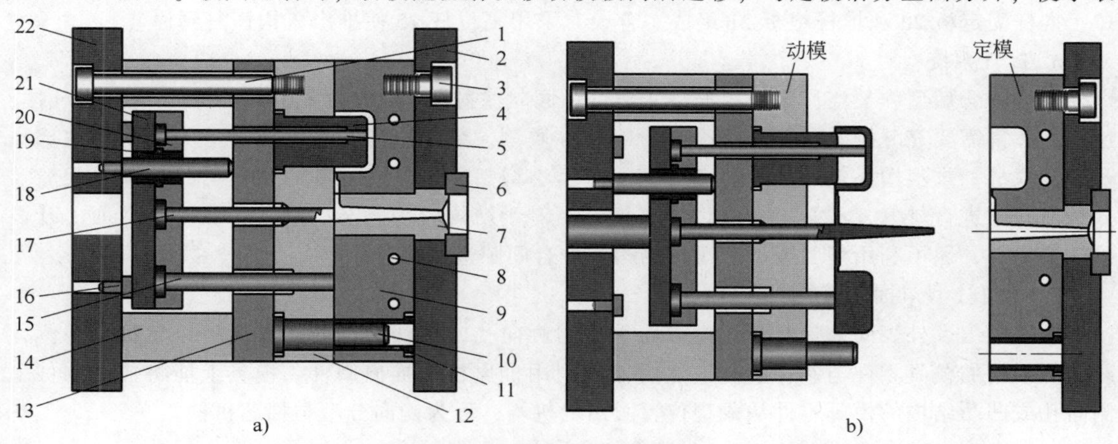

图 6-1　单分型面注射模具

a）模具闭合　b）模具打开

1、3—固定螺钉　2—定模固定板　4—型芯　5—推杆　6—定位圈　7—浇口套　8—冷却水孔　9—定模板　10—导柱　11—导套　12—动模板　13—动模垫板　14—支承块　15—复位杆　16—支承钉　17—拉料杆　18—推板导柱　19—推板导套　20—推杆固定板　21—推杆垫板　22—动模固定板

出塑料制件，如图6-1b所示。按照模具中各零部件所起作用的不同，通常将注射模具分为以下几个基本功能组成部分。

1. 成型零部件

成型零部件主要是指型腔、型芯、镶块及成型杆等零件。这类零件直接成型塑料制件的整体结构形状。型腔成型制件的外表面形状；型芯成型制件的内表面形状或孔、槽等局部结构。图6-1中的件4和件9分别为型芯和定模板。

2. 浇注系统

浇注系统的作用是将来自注射机喷嘴的塑料熔体引入到模具型腔，是直接与模具型腔相连接的熔体流动通道，通常由主流道、分流道、浇口和冷料穴组成。

3. 导向与定位部件

模具工作时，动模与定模闭合后形成封闭的型腔。合模过程中为使动模与定模中心线能够保持准确一致，模具中通常采用四组圆柱形导柱与导套配合来保证合模精度，如图6-1中的导柱10和导套11。为保证推出机构推出制件时运动平稳，不发生倾斜，推出机构也设有导向部件，如图6-1中的推板导柱18和推板导套19。同时，为保证模具整体安装在注射机上时，确保模具中心与注射机料筒中心一致，模具上采用定位圈来保证其安装位置的准确，如图6-1中的定位圈6。而在精密注射模具中除了使用导柱、导套定位之外，还在分型面两侧分别安装有精确定位元件。例如圆锥销和锥套配合或矩形块和矩形槽配合来保证合模精度。

4. 温度调节系统

注射成型时，为保证塑料熔体在模具型腔内的填充流动和型腔充满后的制件快速凝固，模具中需要设有温度调节系统。对于成型热塑性塑料制件的注射模具，通常在模具中设置冷却通道，通过冷却水来降低模具温度；对于成型热固性塑料制件的注射模具，通常需要先对模具进行加热，达到设定温度之后再注射熔体。模具加热通常采用电热元件或通入热水或热油等。

5. 推出复位机构

塑料熔体在模具型腔中成型凝固后，需打开模具才能取出制件。注射模具中通常采用推出机构将制件连同浇注系统凝料一起推出。例如图6-1所示的模具中，推出机构由推杆5、拉料杆17、推杆固定板20和推杆垫板21组成。合模时采用复位杆15使推出机构恢复到原位。

6. 排气系统

模具闭合后型腔及浇注系统内充满了空气，同时注射塑料熔体时材料内部还会挥发出气体，这些气体都需要充分排除干净，否则会影响制件质量。模具中通常在型腔最后充满熔体的部位开设排气槽。排气槽一般开设在分型面上。对于小型制件也可直接利用推杆与孔的配合间隙及分型面间隙进行排气，不必另外开设排气槽。而对于结构较为复杂的制件，除在分型面上开设排气槽之外，还可利用型腔或型芯镶拼结构的配合间隙进行排气。

7. 侧向分型与抽芯机构

制件的内、外表面上带有与开模方向垂直的侧向孔或凹凸结构时，成型后需先将成型侧孔或凹凸结构的模具零件与制件脱开，然后才能利用推出机构推出制件。模具上能将成型制件上侧向孔或凹凸结构的模具零件从成型位置脱出的机构，称为侧向分型与抽芯机构。

8. 模架

注射模具中，由模板和导柱、导套、复位杆及螺钉等零件，按照一定的方式组合在一起的装配体称为模架。模架是实现模具基本功能的基础零部件。模架的尺寸规格已系列化、标准化、商品化，模具设计时可直接选用。例如图6-1所示，模具中的模架是由定模固定板2、定模板9、动模板12 、动模垫板13、支承块14、推杆固定板20、推杆垫板21、动模固定板22以及导柱

10、导套 11、复位杆 15、固定螺钉 1 和支承钉 16 组成。

（二）注射模具的结构类型

注射模具结构复杂，形式多样，其分类方法有多种。其中最常用的方法，是按照注射模具的总体结构分类。根据制件的结构复杂程度、浇注系统的类型和制件推出方式，可将注射模具的结构分为以下几种类型。

1. 单分型面注射模具

开模时只需分开一个模板结合面即可取出制件及浇注系统凝料的模具，称为单分型面注射模具。单分型面注射模具又称为两板式模具，它是注射模具中结构最简单而又最常用的一类。这类模具约占全部注射模具的 70%。单分型面注射模具设计时既可采用单型腔结构，也可采用多型腔结构。适用的浇口类型有直浇口、侧浇口和潜伏式浇口等。图 6-1 所示的单分型面注射模具采用的是侧浇口结构，分流道设计在定模一侧的分型面上，主流道设计在浇口套中。模具闭合后，动模与定模分型面紧密贴合，形成封闭的型腔和浇注系统。

注射熔体充满型腔后，因冷却凝固而抱紧在型芯 4 上，开模时型芯 4 连同制件随动模一起后移，便可将制件从模具型腔中脱出；同时拉料杆 17 也将浇注系统凝料从主流道和分流道中拉出，再由推出机构将制件从模具型芯上推落。

单分型面模具的主要特点是模具结构简单，制造容易，注射成型加工时操作方便。

2. 多分型面注射模具

开模时需要分开两个或多个模板结合面才能取出制件和浇注系统凝料的模具，称为多分型面模具，又称三板式模具。多分型面注射模具与单分型面注射模具相比，通常是在定模固定板和定模板之间增加一块脱流道板。图 6-2 所示的多分型面注射模具，是在定模固定板 1 和定模板 28 之间增加了脱流道板 14 和流道板 15，流道板 15 和定模板 28 之间为紧固连接。开模时动模部分后移，在弹簧 12 作用下，Ⅰ分型面首先开启；此时浇注系统凝料被拉料杆 5 拉住，使其在点浇口处被拉断并与制件分离，但并不能脱落；Ⅰ分型面的开启距离由拉杆螺钉 13 限定。动模继

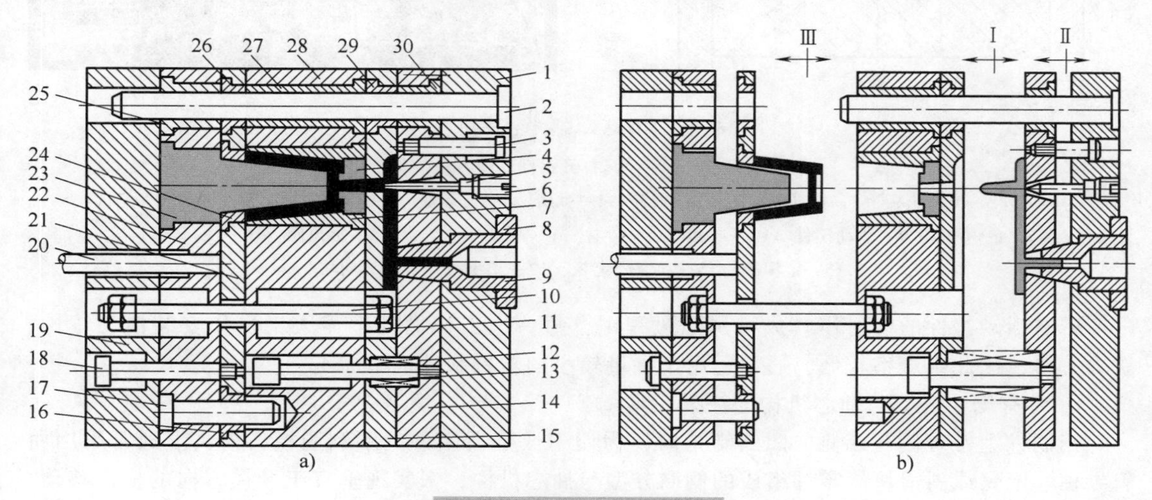

图 6-2　多分型面注射模具

a）模具闭合　b）模具打开

1—定模固定板　2—导柱　3、18—限位螺钉　4—型腔镶块　5—拉料杆　6—紧定螺钉　7—型腔镶套　8—定位圈　9—浇口套　10—限位拉杆　11—螺母　12—弹簧　13—拉杆螺钉　14—脱流道板　15—流道板　16、25、26、27、29、30—导套　17—导柱　19—动模固定板　20—推杆　21—推板　22—型芯固定板　23—动模型芯　24—锥套　28—定模板

续后移，拉杆螺钉 13 开始拉动脱流道板 14，使Ⅱ分型面开启，浇注系统凝料也被脱流道板 14 从主流道孔和拉料杆 5 上拉出并脱落，Ⅱ分型面的开启距离由限位螺钉 3 控制；至此便完成了浇注系统凝料的脱模。随着动模部分的继续不断后移，Ⅲ分型面被打开，同时抱紧在动模型芯 23 上的制件也从型腔镶套 7 中被拉出；当制件被拉出一定距离并达到限位拉杆 10 的最大行程时，推杆 20 便推动推板 21 使制件从动模型芯 23 上推出，由此便完成了制件的脱模。

多分型面注射模具通常采用点浇口方式向模具型腔注入塑料熔体，这可使成型后的制件外观上浇口痕迹小；但模具结构复杂，制造成本较高，要求注射机有较大的开模行程。

3. 带有活动镶件的注射模具

受制件结构形状的限制，有些制件成型后并不能通过简单的开模分型动作从模具中取出，如带有内外侧向凹凸结构的制件。对于这类制件，可采用将模具成型零件设计成可活动的镶件结构方式来成型。脱模时，活动镶件连同制件一起被推出模具，然后在模外采用手工方式或用简单工具将活动镶件与制件分离。

但在下一工作循环开始前，需手工先将活动镶件再次装入模具。安装活动镶件时，要求易于操作，定位准确可靠。图 6-3 所示为带有活动镶件的注射模具，由图可见制件内侧带有与开模方向垂直的凸起结构，开模后无法利用推出机构直接推出制件。

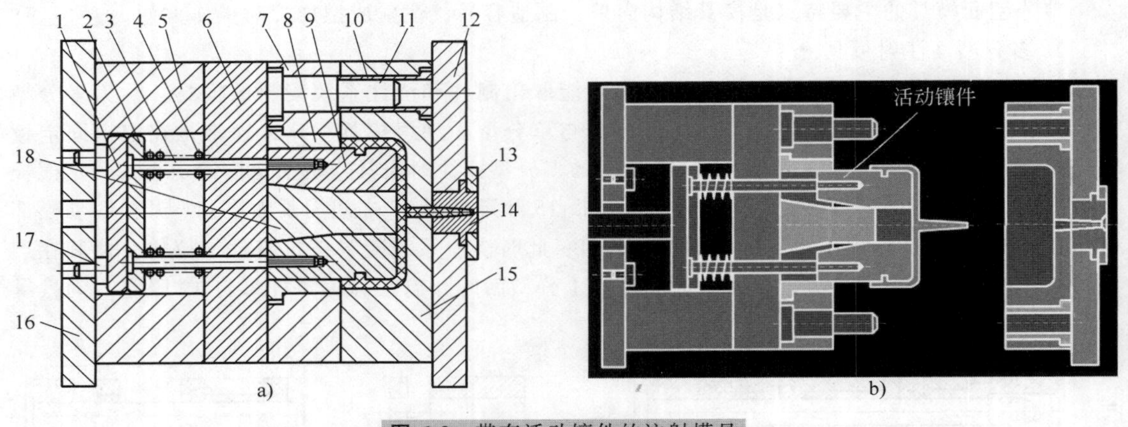

图 6-3 带有活动镶件的注射模具

a）模具闭合 b）模具打开，活动镶件及制件推出

1—推杆垫板 2—推杆固定板 3—推杆 4—弹簧 5—支承块 6—动模垫板 7—动模板 8—型芯 9—活动镶件 10—导套 11—导柱 12—定模固定板 13—定位圈 14—浇口套 15—定模板 16—动模固定板 17—支承钉 18—导向块

带有活动镶件的注射模具成型加工过程中，每一次工作循环都需人工操作安装活动镶件，费力费时，因此生产率较低，通常适用于批量较小的塑料制件成型加工。

4. 带有侧向分型与抽芯机构的注射模具

当制件上带有侧孔或侧向凹凸结构时，为便于成型后制件的顺利脱模，模具上通常采用由斜导柱、弯销或斜滑块等零件组成的侧向分型与抽芯机构，来实现垂直于开模方向的横向移动，以完成侧型芯或侧滑块与制件的分离。图 6-4 所示为一使用斜导柱侧向抽芯机构的注射模具。开模时，斜导柱 10 借助开模力驱动侧滑块 11 做横向移动，使侧滑块成型部分与制件分离，再由推杆 17 将制件从型芯 12 上推出。

除斜导柱、斜滑块等机构可利用开模力实现侧向分型与抽芯运动外，还可在模具上设置液压或气动机构带动侧型芯或侧滑块做侧向分型与抽芯动作。液压抽芯机构通常用于抽芯距离较长或抽芯力较大的场合。侧向分型与抽芯机构已在注射成型生产中广泛应用。

5. 自动脱螺纹的注射模具

当制件上带有内、外螺纹并要求开模时能自动脱卸螺纹时，需在模具中设置可转动的螺纹型芯或型环，成型后可利用注射机的开模运动或专门设置的驱动机构，带动螺纹型芯或型环转动，将螺纹制件脱出。图 6-5 所示为多型腔的自动脱螺纹注射模具。该模具开模时利用具有大升角螺纹的丝杠 1 驱动螺母套 2，再通过固装于螺母套 2 上的齿轮 3 带动带齿轮的螺纹型芯轴 4 旋转，并在动模板 7 和弹簧 5 及推管 6 的作用下，实现了螺纹制件的自动脱模。

这类模具结构复杂，制造成本高，适用于自动化大批量生产。

6. 无流道凝料注射模具

无流道凝料注射模具也称无流道模具或热流道模具，根据成型材料的不同，可分为成型热塑性塑料的绝热流道模具和热流道模具，以及成型热固性塑料的温流道注射模具。这类模具通过对流道内熔体进行加热或采用绝热的方法，来保持模具浇注系统中的熔料始终处于熔融状态，每个注射成型循环只需脱出成型制件而不产生浇注系统凝料。这既节省了浇注系统凝料所消耗的材料，又缩短了成型周期，还可保证注射压力在流道中的有效传递，有利于提高生产率和改善制件质量。此外，无流道凝料注射模具还可避免点浇口模具的复杂多分型面结构，易于实现全自动化生产。但缺点是

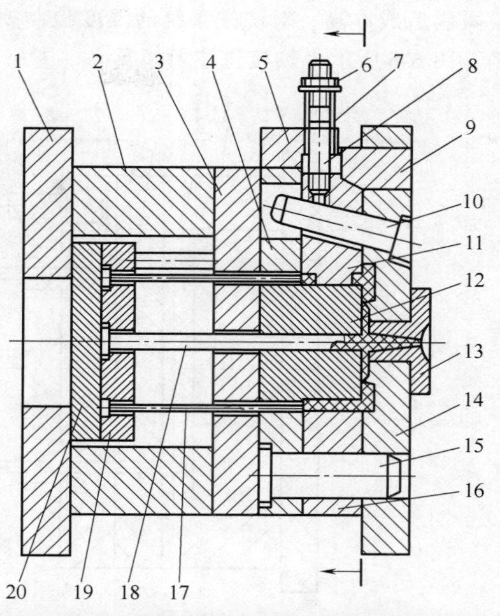

图 6-4 使用斜导柱侧向抽芯机构的注射模具

1—动模固定板 2—支承块 3—动模垫板 4—动模板 5—支架 6—螺母 7—弹簧 8—螺栓 9—楔紧块 10—斜导柱 11—侧滑块 12—型芯 13—浇口套 14—定模固定板 15—导柱 16—定模板 17—推杆 18—拉料杆 19—推杆固定板 20—推杆垫板

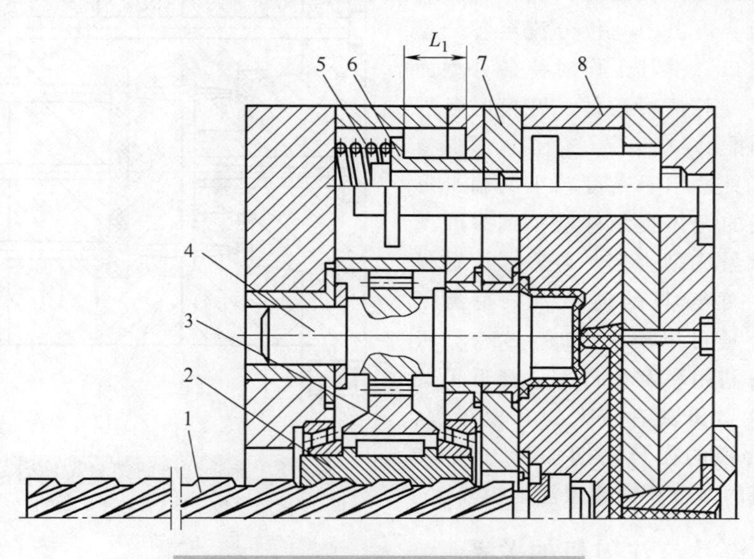

图 6-5 多型腔的自动脱螺纹注射模具

1—丝杠 2—螺母套 3—齿轮 4—带齿轮的螺纹型芯轴 5—弹簧 6—推管 7—动模板 8—定模板

模具制造成本高，对浇注系统的温度控制要求严格，同时对制件形状和塑料品种也有一定的限制。图 6-6 所示为热流道注射模具。

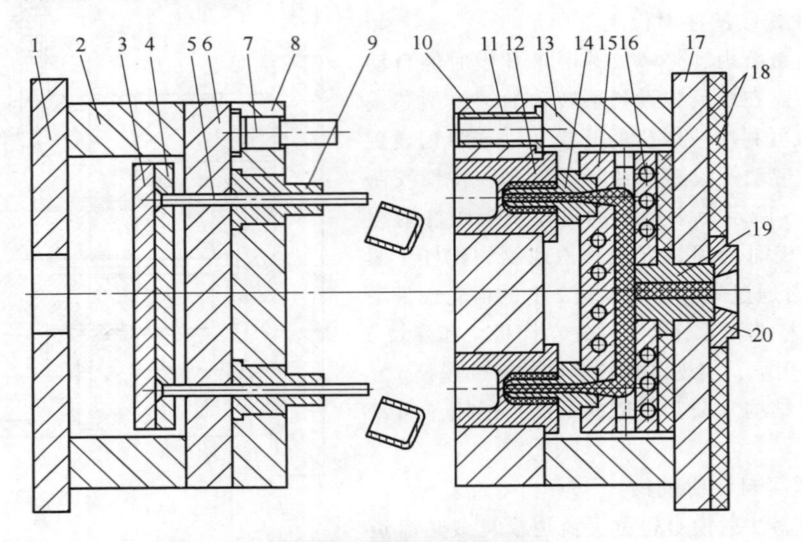

图 6-6　热流道注射模具

1—动模固定板　2—支承块　3—推杆垫板　4—推杆固定板　5—推杆　6—动模垫板　7—导柱　8—动模板　9—型芯　10—导套　11—定模板　12—型腔镶块　13—支架　14—热流道喷嘴　15—热流道板　16—加热器孔　17—定模固定板　18—隔热垫　19—浇口套　20—定位圈

7. 叠层注射模具

叠层模具就是将两个或多个单层模具的型腔、型芯背靠背地装配到一个模架中，形成具有两个或多个分型面且每个分型面都可设置多个型腔的特殊注射模具。叠层注射模具可采用普通流道或热流道方式。热流道叠层注射模具需增加中间板，塑料熔体从注射机喷嘴经热流道先流入中间板，再由中间板分流至各分型面上的流道及浇口。模具工作时待各分型面合紧后同时向各型腔注射熔体，开模时各层型腔的制件分别推出。

叠层注射模具适用于高度较小的扁平形制件、深度较浅的壳体类制件及小型多腔薄壁类制件的大批量成型生产。与普通注射模具相比，叠层注射模具的锁模力只提高了 5%~15%，其产量可以增加 90%~95%，极大地提高了设备利用率和生产率，降低了成本。但它要求注射机具有较大的开模行程，这也使其开、合模的循环周期加长。图 6-7 所示为普通流道的两分型面叠层注射模具。

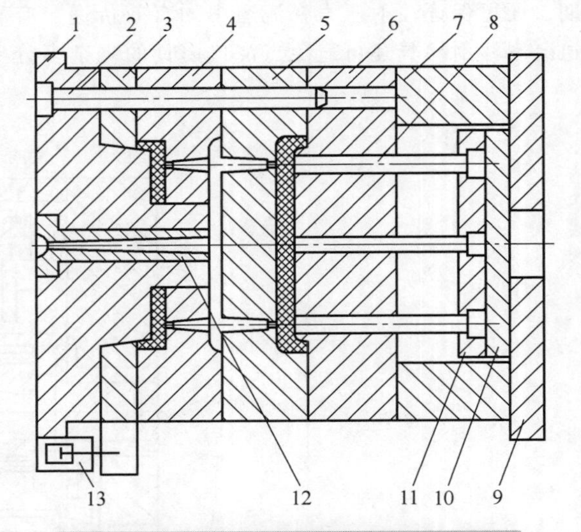

图 6-7　普通流道的两分型面叠层注射模具

1—定模固定板　2—导柱　3—推板　4—左型腔板　5—右型腔板　6—动模板　7—支承块　8—推杆　9—动模固定板　10—推杆垫板　11—推杆固定板　12—浇口套　13—推出液压缸

二、注射模具与注射机的关系

注射模具是安装在注射机上进行工作的，

制件成型时各工艺参数的设定与调整及运动控制都是通过注射机实现的。因此，设计注射模具时，应详细了解注射机的各项技术参数及其许可的范围，以及注射模具与注射机之间的连接关系，这样才能设计出满足制件成型质量要求的注射模具。

（一）注射量的校核

注射机最大注射量是指注射机螺杆或柱塞以最大注射行程注射时，一次所能射出的塑料熔体的体积。注射量一般有两种表示方法：一种是以聚苯乙烯材料（密度为 1.04~1.06g/cm³）为标准，用一次射出的熔料质量（g）表示；另一种是用一次射出熔料的容积（cm³）表示。国产注射机的系列标准均采用容积（cm³）表示方法。

注射成型时，每一工作循环所需注入模具中的塑料熔体的容积或质量，包括了制件和浇注系统两部分容积或质量之和，即

$$V=nV_n+V_j \tag{6-1}$$

$$m=nm_n+m_j \tag{6-2}$$

式中 $V(m)$——一个成型循环所需注射的塑料熔体的容积（cm³）或质量（g）；

n——模具型腔数量；

$V_n(m_n)$——单个制件的容积（cm³）或质量（g）；

$V_j(m_j)$——浇注系统的容积（cm³）或质量（g）；

设计模具时，必须保证每个工作循环实际注入模具的熔体体积不超过注射机额定注射量的80%，即要满足如下关系

$$nV_n+V_j\leqslant 0.8V_e \tag{6-3}$$

$$nm_n+m_j\leqslant 0.8m_e \tag{6-4}$$

式中 $V_e(m_e)$——注射机额定注射量（cm³ 或 g）；

0.8——注射机额定注射量的利用系数。

实际生产中，通常只对注射机最大注射量进行校核，但有时还需注意注射机所能达到的最小注射量。因为当使用热敏性塑料成型制件时，若每次的注射量过小，会使塑化好的熔料在注射机料筒内停留时间过长，易引起熔料产生分解，影响制件的成型质量。因此，对热敏性塑料，最小注射量应不小于注射机额定注射量的20%。

（二）注射压力的校核

注射压力是指注射机螺杆或柱塞轴向移动时，其头部对塑料熔体施加的压力。忽略熔体流动时的阻力，注射压力可表示为

$$p_i=\frac{4F}{\pi D^2}\approx\frac{F}{0.785D^2} \tag{6-5}$$

式中 p_i——注射压力（MPa）；

F——注射机液压系统压力（N）；

D——注射机螺杆直径（mm）。

注射压力主要用于克服熔体在整个注射成型系统中的流动阻力，同时对熔体起到一定程度的压实作用。显然，注射压力过低，熔体在注射成型流动过程中因压力损失过大而导致充模压力不足，很难充满模具型腔。若注射压力过大，则容易发生胀模而损伤模具或产生溢料等不良现象，甚至可能造成注射机过载或压力波动，使成型生产过程难以稳定控制。因此，注射压力的校核，就是验证注射机的最大注射压力能否满足制件成型的要求。

实际生产中，每种塑料材料都有其适于成型的压力范围，具体制件成型时所需的注射压力不仅与塑料品种有关，还与制件形状、壁厚、模具浇注系统、注射机类型和喷嘴形式等因素有

关，通常注射压力为40~200MPa。设计模具时，对所要求的制件成型压力应在注射机所允许的最大注射压力范围之内。部分塑料成型时的注射压力范围参见表6-1。

表6-1　部分塑料成型时的注射压力范围　　（单位：MPa）

塑　料	塑料流动性与制件		
	易流动的厚壁制件	中等流动性的一般制件	难流动的薄壁制件
PE	70~100	100~120	120~150
PVC	100~120	120~150	>150
PS	80~100	100~120	120~150
ABS	80~110	100~130	130~150
POM	85~100	100~120	120~150
PA	90~101	101~140	>140
PC	100~120	120~150	>150
PMMA	100~120	120~150	>150

（三）锁模力的校核

塑料熔体在注射压力作用下经浇注系统注入模具型腔时，浇注系统及型腔内的熔体会产生一个很大的使模具沿分型面分开的胀模力。为克服这一胀模力，注射机合模系统必须提供足够大的锁模力使模具的动模与定模在注射成型过程中始终保持分型面的紧密闭合，以防模具在分型面处产生溢料或飞边而影响制件成型质量。锁模力示意图如图6-8所示。

每一台注射机都有一个额定的锁模力，模具设计时要保证所设计的模具在注射充模过程中，型腔及浇注系统内熔体产生的使分型面张开的力不能超过注射机的额定锁模力。即

$$F_{锁} \geqslant Sq \tag{6-6}$$

$$q = p_i K \tag{6-7}$$

式中　$F_{锁}$——注射机额定锁模力（N）；

S——成型制件和浇注系统在分型面上的投影面积（mm^2），制件和浇注系统在分型面上的投影面积如图6-9所示；

q——型腔内塑料熔体的单位面积压力（MPa）；

p_i——注射压力（MPa）；

K——熔体流经喷嘴和浇注系统时的压力损耗系数，一般为0.3~0.7。

对于三板式模具或热流道模具，由于浇注系统与型腔不在同一个分型面上，则可不计入流道面积。

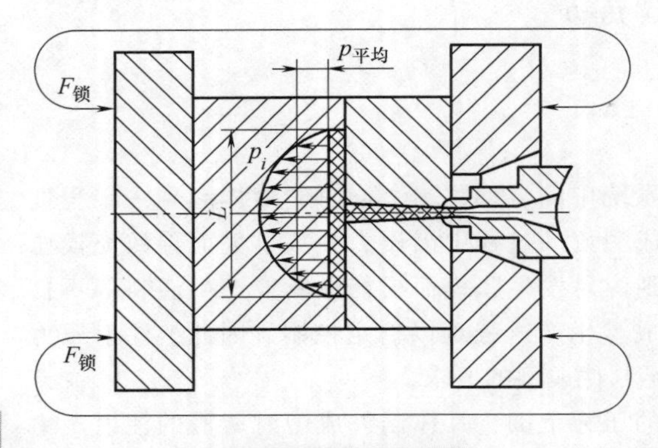

图6-8　锁模力示意图

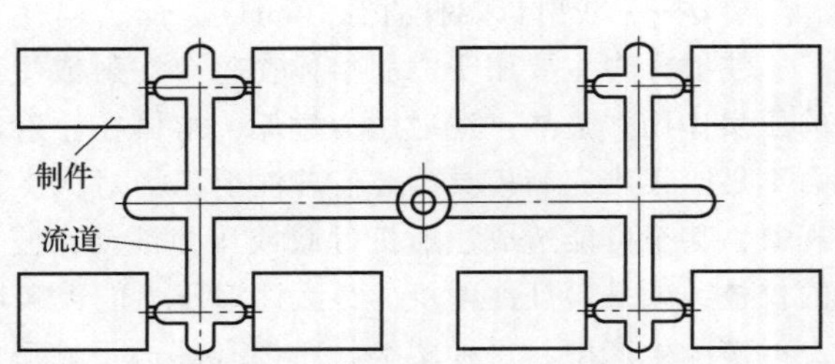

图6-9　制件和浇注系统在分型面上的投影面积

【例 6-1】 图 6-10 所示为矩形壳体制件一模八腔注射模具的型腔布局及浇注系统设计方案。制件长宽尺寸如图所示，制件高度为 20mm，壁厚均为 2mm，主流道小端直径为 ϕ4mm，大端直径为 ϕ11mm，长度为 60mm，制件材料为 ABS。试计算该制件成型加工时所需注射机的注射量和锁模力。计算时忽略材料收缩率、制件脱模斜度以及主流道末端冷料穴的容积。

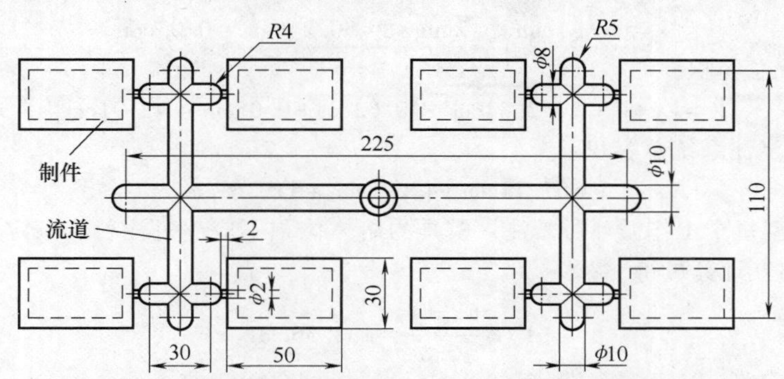

图 6-10　矩形壳体制件一模八腔注射模具型腔布局及浇注系统设计

解　1. 注射量的计算

注射成型时，注射机每一次工作循环所需注入模具的塑料熔体容积量，应为各型腔制件加浇注系统容积量之和，据式（6-1）有

$$V=nV_n+V_j$$

（1）制件容积

1）根据给定制件尺寸，计算单个制件所需容积为

$$V_n=50\text{mm}\times30\text{mm}\times20\text{mm}-[(50\text{mm}-4\text{mm})\times(30\text{mm}-4\text{mm})\times(20\text{mm}-2\text{mm})]$$
$$=30000\text{mm}^3-21528\text{mm}^3=8.47\text{cm}^3$$

2）计算一模八腔制件所需容积 V_z 为

$$V_z=nV_n=8\times8.472\text{cm}^3=67.78\text{cm}^3$$

（2）浇注系统容积　根据图 6-10 所示尺寸可知，主流道为圆锥形结构，各级分流道和浇口均为圆形横截面。

1）主流道容积 V_{sp}

$$V_{sp}=\frac{1}{3}\pi h(r^2+R^2+rR)=\frac{1}{3}\times3.14\times60\text{mm}\times[(2\text{mm})^2+(5.5\text{mm})^2+2\text{mm}\times5.5\text{mm}]$$
$$=2841.7\text{mm}^3=2.84\text{cm}^3$$

2）分流道容积 V_r

图 6-10 中浇注系统采用了三级分流道设计，总的分流道容积应为各级分流道容积之和，即 $V_r=V_{r1}+V_{r2}+V_{r3}$。

$$V_{r1}=\pi\times(5\text{mm})^2\times225\text{mm}+\frac{4}{3}\times\pi\times(5\text{mm})^3$$
$$=18185.8\text{mm}^3=18.18\text{cm}^3$$

$$V_{r2}=[(\pi\times(5\text{mm})^2\times110\text{mm}+\frac{4}{3}\times\pi\times(5\text{mm})^3)\times2]-\pi\times(5\text{mm})^2\times10\text{mm}\times2$$
$$=16746.7\text{mm}^3=16.74\text{cm}^3$$

$$V_{r3}=[(\pi\times(4\text{mm})^2\times30\text{mm}+\frac{4}{3}\times\pi\times(4\text{mm})^3)\times4]-\pi\times(4\text{mm})^2\times10\text{mm}\times4$$

$$=5090.987\text{mm}^3=5.10\text{cm}^3$$

分流道总容积为

$$V_r=V_{r1}+V_{r2}+V_{r3}=18.18\text{cm}^3+16.74\text{cm}^3+5.1\text{cm}^3=40.02\text{cm}^3$$

3）浇口容积 V_g

$$V_g=\pi\times(1\text{mm})^2\times2\text{mm}\times8=50.24\text{mm}^3=0.05\text{cm}^3$$

4）浇注系统总容积

$$V_j=V_{sp}+V_r+V_g=2.84\text{cm}^3+40.02\text{cm}^3+0.05\text{cm}^3=42.91\text{cm}^3$$

（3）制件加浇注系统总容积 V

$$V=67.78\text{cm}^3+42.91\text{cm}^3=110.69\text{cm}^3$$

根据注射成型每个工作循环所需注入模具的熔体体积不应超过注射机额定注射量80%的要求，应用式（6-3）计算可得

$$V_e\geqslant\frac{nV_n+V_j}{0.8}=138.36\text{cm}^3$$

即实际成型加工时，所选用注射机的额定注射量不应小于138.36cm^3。

2. 锁模力计算

依据式（6-6）计算锁模力，即 $F_{锁}\geqslant Sq$。

（1）计算制件加浇注系统在分型面上的投影面积　根据图6-10制件和浇注系统尺寸以及型腔数量，分别计算制件和浇注系统在分型面上的投影面积。

1）一模八腔制件在分型面上的总投影面积为

$$S_{件}=50\text{mm}\times30\text{mm}\times8=12000\text{mm}^2$$

2）浇注系统在分型面上的投影面积为

$$\begin{aligned}S_{浇}=&(225\text{mm}\times10\text{mm}+\pi\times(5\text{mm})^2)+(110\text{mm}\times10\text{mm}+\pi\times(5\text{mm})^2-10\text{mm}\times10\text{mm})\times2+\\&(30\text{mm}\times8\text{mm}+\pi\times(4\text{mm})^2-10\text{mm}\times8\text{mm})\times4+(2\text{mm}\times2\text{mm})\times8\\=&5358.46\text{mm}^2\end{aligned}$$

3）制件加浇注系统总投影面积为

$$S=S_{件}+S_{浇}=12000\text{mm}^2+5358.46\text{mm}^2=17358.46\text{mm}^2$$

（2）计算型腔压力　根据式（6-7）计算型腔压力，即 $q=p_iK$。由ABS材料成型工艺特性可知，其注射压力范围一般为60~100MPa，取 $p_i=85\text{MPa}$，取 $K=0.5$。将 p_i 和 K 代入式（6-7），求得型腔压力为

$$q=p_iK=85\text{MPa}\times0.5=42.5\text{MPa}$$

（3）计算锁模力　将上述计算所得的制件和浇注系统在分型面上的总投影面积 S 和型腔压力 q 代入式（6-6）可得

$$F_{锁}\geqslant Sq=17358.46\text{mm}^2\times42.5\text{MPa}=737734.55\text{N}=737.74\text{kN}$$

因此，使用该模具成型时所用注射机的额定锁模力应大于737.74kN。

（四）模具安装尺寸的校核

为确保所设计的注射模具能顺利地安装到注射机上并成型出合格的制件，模具设计时必须校核所选用注射机上与模具安装相关的尺寸及其连接方式。由于不同型号和规格的注射机，其安装模具的形式和空间尺寸各不相同，模具设计时需根据选用的注射机进行校核。与模具连接与安装相关的主要参数包括注射机喷嘴尺寸、定位圈尺寸、最大和最小模具厚度、模板上的螺纹孔位置分布及推出方式等。

1. 喷嘴尺寸

注射熔体时注射机喷嘴头部的球面 SR_1 应与模具浇口套上的球面 SR 紧密吻合，喷嘴中心小

孔直径 d_1 也应大于浇口套上主流道锥孔小端直径 d，以免塑料熔体从两者结合面处溢出，从而阻碍浇注系统凝料的脱模。模具设计时应满足 $SR=SR_1+(1\sim2)$ mm，如图 6-11a 所示。图 6-11b 所示为喷嘴与浇口套之间不正确的配合关系。

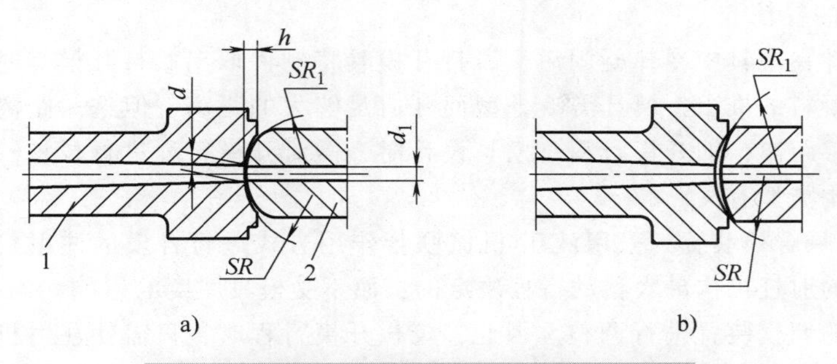

图 6-11　注射机喷嘴与主流道始端配合关系

a）喷嘴与主流道正确配合　b）SR 与 SR_1 配合不正确

1—浇口套　2—喷嘴

2. 定位圈尺寸

定位圈的作用是使模具在注射机上安装时，确保模具主流道的中心与注射机喷嘴中心一致，如图 6-12 所示。定位圈与注射机固定模板上的定位孔之间一般采用较松的间隙配合。定位圈的高度尺寸一般中小型模具为 8~10mm，大型模具为 10~15mm。

3. 模具厚度尺寸

每台注射机都有一个允许的安装模具的最大厚度和最小厚度尺寸范围，所设计的模具厚度必须满足这一尺寸要求，否则模具工作时将不能获得所需的锁模力。所设计模具的厚度尺寸与注射机允许的最大、最小模具厚度之间的关系为

$$H_{min} \leqslant H_m \leqslant H_{max} \tag{6-8}$$

式中　H_m——所设计模具的厚度（mm）；

H_{max}、H_{min}——注射机允许安装的最大模具厚度（mm）和最小模具厚度（mm）。

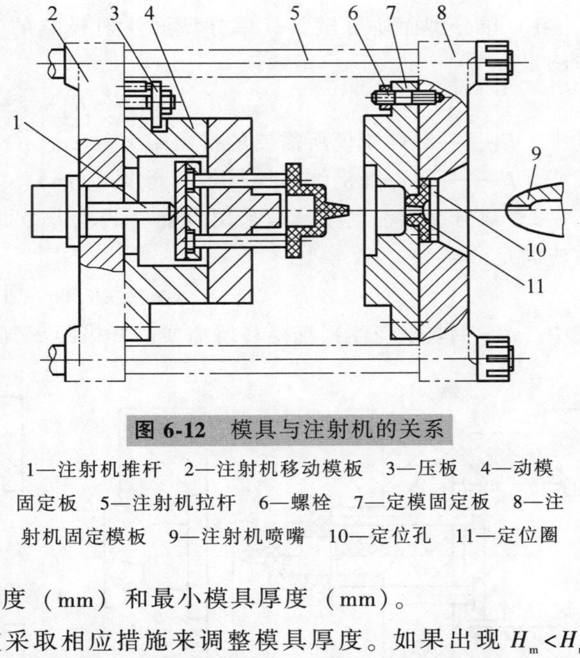

图 6-12　模具与注射机的关系

1—注射机推杆　2—注射机移动模板　3—压板　4—动模固定板　5—注射机拉杆　6—螺栓　7—定模固定板　8—注射机固定模板　9—注射机喷嘴　10—定位孔　11—定位圈

当模具厚度尺寸不满足这一要求时，应采取相应措施来调整模具厚度。如果出现 $H_m<H_{min}$ 的情况，并且没有其他合用的注射机时，可通过在模具动模固定板后面附加垫板或垫块方式来增大 H_m，使其满足要求；对于 $H_m>H_{max}$ 的情况，只能重新设计模具厚度或更换注射机。

4. 模具的长宽尺寸

将模具往注射机上安装固定时，其最大轮廓尺寸应能顺利通过注射机上四根导向柱形成的空间进入固定位置。同时应避免模具最大长宽尺寸遮挡住注射机固定或移动模板上的螺纹孔的位置。模具最大长宽尺寸取决于模具定模固定板或动模固定板的长宽尺寸，模具设计时必须使模板尺寸与注射机上安装模具的螺纹孔位置尺寸相适应。模具在注射机上的安装固定方式有两种：一种是直接使用螺栓固定，如图 6-12 中的螺栓 6；另一种是采用螺钉加压板压紧方式，如

图6-12中的压板3。螺栓直接固定方式固紧力较大，固定安全可靠，适用于大型模具安装。压板压紧方式的压紧力相对较小，但压紧位置相对灵活，适用于中小型模具安装。

（五）开模行程与推出方式的校核

1. 开模行程的校核

注射成型制件在模具中冷却凝固后，需打开模具将制件取出。打开模具时，为方便制件或制件加浇注系统凝料的推出，模具需沿分型面开启足够大的距离，但这一距离不应超过注射机动模板最大的后移距离，即开模行程。模具设计时，需对开模行程进行校核。开模行程与注射机合模装置的结构类型有关。

（1）液压-机械合模装置　采用液压-机械联合作用方式进行合模的注射机，其最大开模行程是由合模装置的肘杆机构最大移动行程决定的，而不受模具厚度的影响。当模具厚度变化时，可通过注射机上的调模装置进行调整。因此，校核开模行程时，只需使注射机的最大开模行程大于所设计模具需要的开模距离，即

$$s_{max} \geqslant s \tag{6-9}$$

式中　s_{max}——注射机最大开模行程（mm）；

s——模具实际需要的开模距离（mm）。

根据模具结构类型的不同，其实际需要的开模具行程也不同。

1）单分型面注射模具。单分型面注射模具的开模行程如图6-13所示。开模行程校核时，应满足

$$s \geqslant H_1 + H_2 + (5 \sim 10)\,\text{mm} \tag{6-10}$$

式中　H_1——制件脱模所需要的推出距离（mm）；

H_2——制件加浇注系统凝料的高度（mm）。

2）双分型面注射模具　采用点浇口的双分型面注射模具的开模行程如图6-14所示，校核时应满足

$$s \geqslant H_1 + H_2 + a + (5 \sim 10)\,\text{mm} \tag{6-11}$$

式中　a——取出浇注系统凝料所需要的开模距离（mm），其他参数含义同前。

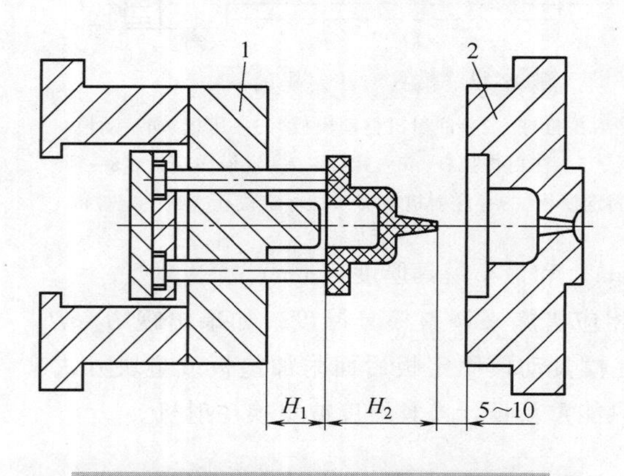

图6-13　单分型面注射模具的开模行程

1—动模板　2—定模板

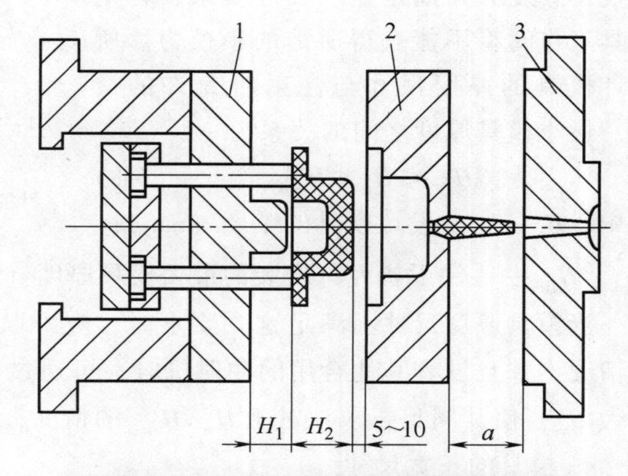

图6-14　双分型面注射模具的开模行程

1—动模板　2—定模板　3—定模固定板

（2）液压合模装置　对于采用全液压式锁模与机械锁模的角式注射机，其最大开模行程等于注射机动模板和定模板之间的最大开距 s_{max} 减去模具厚度 H_m。显然模具厚度增大时，其有效开模距离则相应减小，即开模行程与模具厚度有直接关系。与模具厚度有关的液压合模单分型

面模具和双分型面模具开模行程如图 6-15 和图 6-16 所示。

1）单分型面注射模具。所需开模行程应满足

$$s \geqslant H_m + H_1 + H_2 + (5 \sim 10)\,\text{mm} \tag{6-12}$$

2）双分型面注射模具。所需开模行程应满足

$$s \geqslant H_m + H_1 + H_2 + a + (5 \sim 10)\,\text{mm} \tag{6-13}$$

式中　H_m——模具厚度（mm），其他参数含义同前。

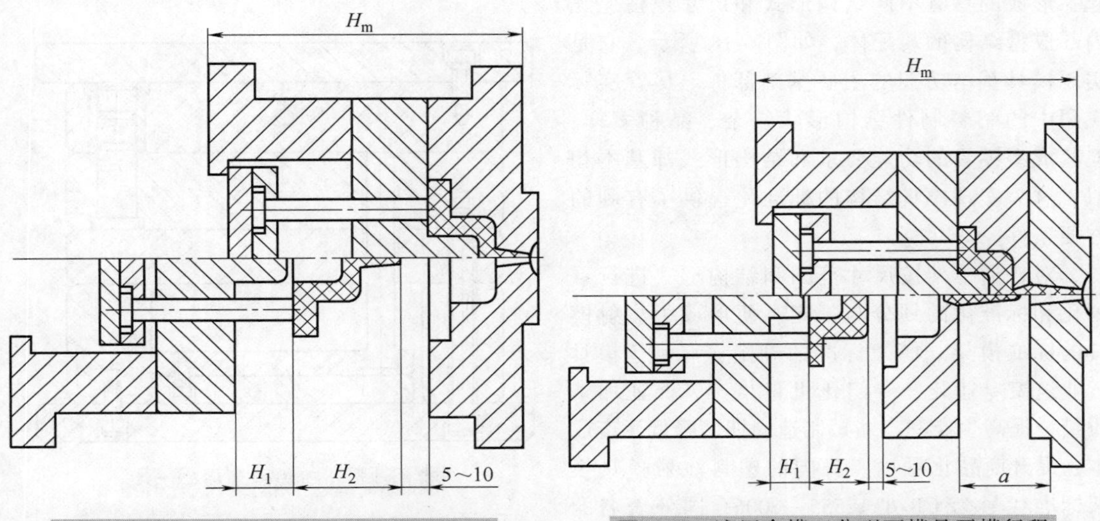

图 6-15　液压合模单分型面模具开模行程　　**图 6-16**　液压合模双分型面模具开模行程

（3）带有侧向分型与抽芯机构的注射模具开模行程　带有侧向孔、槽等凹凸结构的制件成型时，其侧型芯的脱出是靠注射机动模板的纵向移动和模具侧向抽芯机构的横向运动两者协同完成的。其开模行程的校核，应根据所需侧向抽芯距离的要求，并考虑制件结构、推出距离和模具厚度等因素来决定。图 6-17 所示为带有斜导柱侧向抽芯机构的注射模具行程。为完成图中所示的侧向抽芯距离 l，注射机动模板至少需要纵向移动 H_c 的距离。当注射机最大开模行程与模具厚度无关时，其开模行程的校核按以下两种情况进行。

当 $H_c > H_1 + H_2$ 时，最大开模行程应满足式（6-14）的要求，即

$$s \geqslant H_c + (5 \sim 10)\,\text{mm} \tag{6-14}$$

当 $H_c < H_1 + H_2$ 时，按式（6-15）计算，即

$$s \geqslant H_1 + H_2 + (5 \sim 10)\,\text{mm} \tag{6-15}$$

2. 推出方式的校核

注射机的型号不同，其推出方式和推出行程也不同，但大致可分为以下三类：

1）中心推杆机械式推出。

2）两侧推杆机械式推出。

3）中心推杆液压推出与两侧推杆机械推出联合作用。

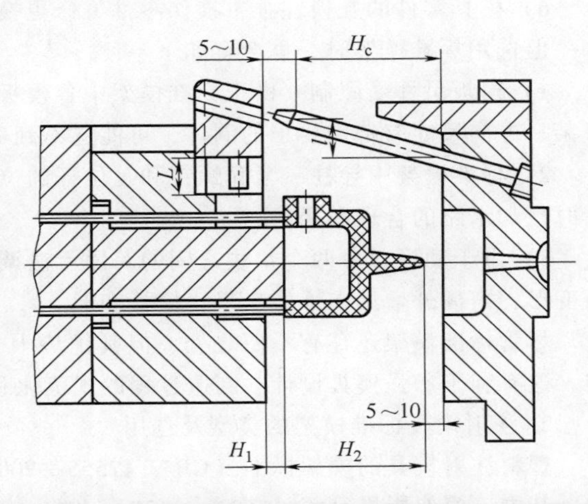

图 6-17　带有斜导柱侧向抽芯机构的注射模具行程

设计模具推出机构时，应使其与注射机的推出方式相适应。所需推出距离应小于注射机的最大推出行程。

三、注射模具标准模架及其选用

1. 注射模具标准模架及其特点

注射模具的模架是指由规整的模板、导柱、导套和螺钉等基础零件按照一定方式组装在一起，形成的具有不同结构形式和尺寸规格但无内部成型结构的装配体，如图 6-18 所示。它是实现模具基本功能的主要基础部件。尽管实际应用中的塑料制件结构形状复杂、品种多样，但其成型模具的功能要求和结构形式却基本相似，这为实现模具结构的标准化提供了有利的方便条件。

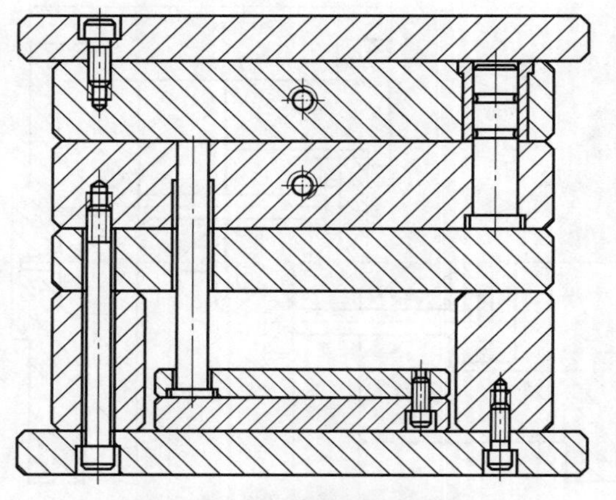

图 6-18　注射模具的模架结构

对普通模架按尺寸范围和结构形式进行系列化和标准化的划分与规定，便形成了注射模具的标准模架。模架标准的确定，有利于模具行业组织专业化、专门化批量生产，保证加工质量，提高生产率，缩短制造周期，降低生产成本，提升商品化程度。我国的塑料注射模具模架标准代号为 GB/T 12555—2006，国外著名的注射模具模架标准主要有 DME（美国）、HASCO（德国）、FUTABA（日本）等。商品化的标准模架具有广泛的通用性和适用性，模具设计时可根据需要灵活选用。使用标准模架具有以下优势。

1）简单便捷，即买即用，不必库存。

2）简化了模具设计和制造过程。

3）降低了模具设计、制造成本。

4）模具制造精度提高，整体性能可靠，使用寿命长。

5）缩短了模具生产周期，赢得了产品投放市场的时间。

6）模具零件的互换性强，损伤零件维修更换方便。

但选用标准模架时，也会有如下不便。

1）模板尺寸受限制。由于标准模架中各模板的长、宽、厚尺寸都限定在一定的范围内，对于某一方向尺寸有特殊要求的制件，可能选不到适用的标准模架。

2）标准模架中导柱、紧固螺钉和复位杆的位置已经确定，且无法改变，这会影响到模具设计时冷却水路的合理布局。

3）由于动模部分两个垫块之间的跨距无法调整，当制件成型压力较大时，可能会引起动模板变形，需额外增加支承柱来阻止模板变形。

尽管标准模架还存有不便之处，但其优势十分明显。因此，模具设计时应优先选用标准模架，这有利于加强模具设计、制造过程的规范化和信息化管理。

2. 注射模具标准模架的类型及选用

塑料注射模具的模架标准（GB/T 12555—2006）中，按其涵盖的尺寸范围把模架分为两部分。其中，模架周界尺寸≤560mm×900mm 的，规定为中小型模架；周界尺寸为 630mm×630mm～1250mm×2000mm 的，规定为大型模架。中小型模架规定以其结构形式作为品种型号，分为 4 个基本型和 9 个派生型，共 13 个品种。基本型模架的 4 个品种分别为 A1、A2、A3、A4 型，如图 6-19 所示。派生型模架的 9 个品种分别为 P1～P9 型，如图 6-20 所示。

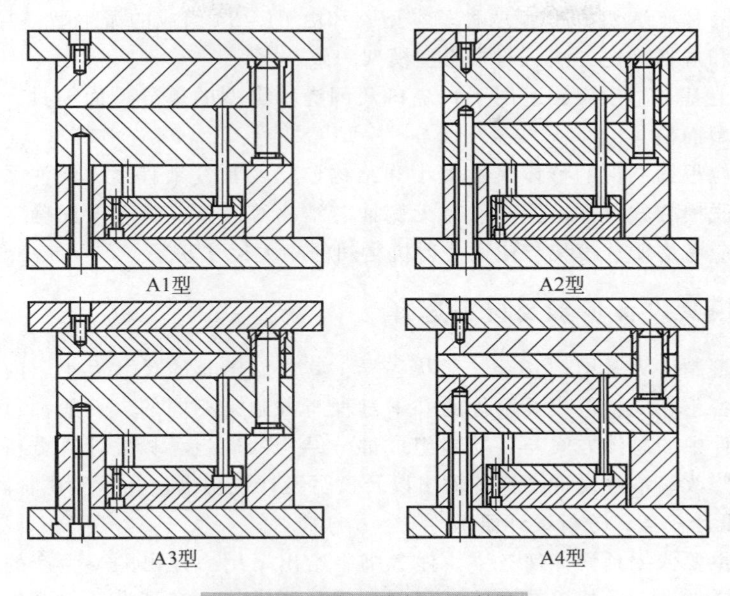

图 6-19 基本型模架品种结构

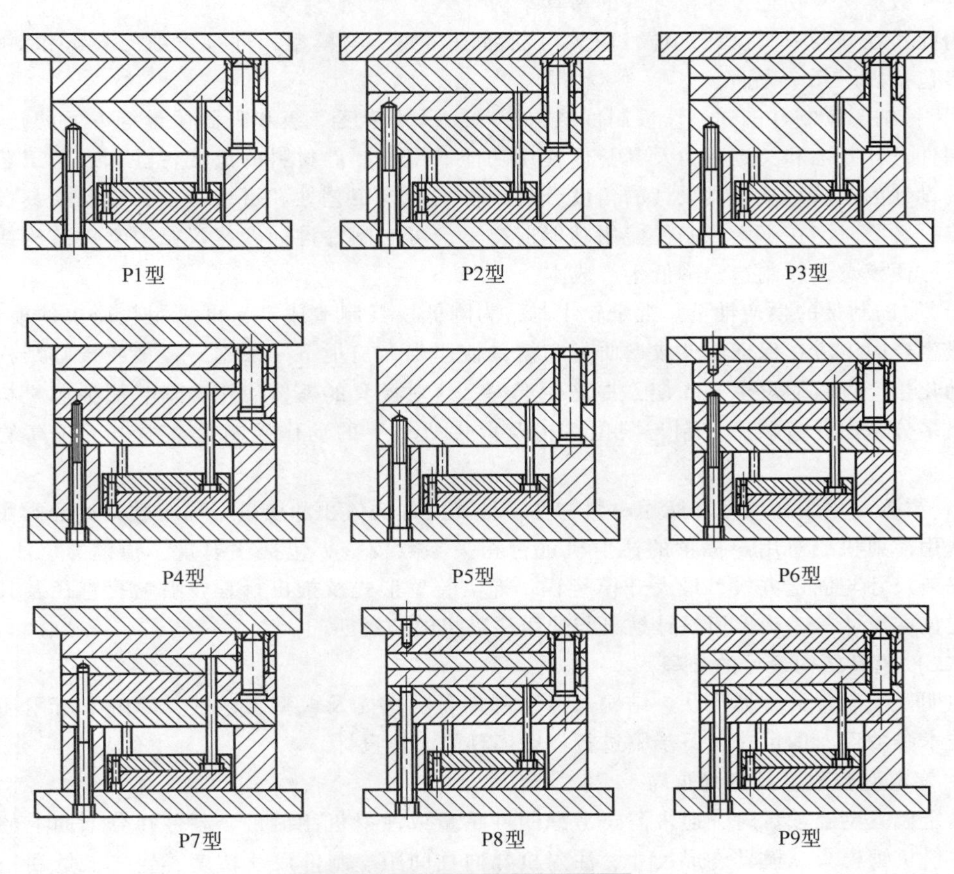

图 6-20 派生型模架品种结构

标准中还规定，按定模和动模座板有肩与无肩进行划分，又增加13个品种，至此共有26个模架品种。模具设计时，可根据实际需要任意组合选用。

大型模架的品种有A型和B型两种基本型，和由P1~P4组成的派生型，共6个品种。大型模架的尺寸系列和规格确定方法，与中小型模架一致。

标准模架中的基本型模架，适用于直浇口及侧浇口类型的单分型面模具，派生型模架适用于点浇口的多分型面模具。

模具设计时应根据制件的整体尺寸大小和结构形状及其复杂程度、浇注系统形式、加热或冷却方法、制件脱模方式及推出距离、有无侧抽芯结构等因素，综合考虑确定标准模架的型号和规格。同时，应考虑所选模架与使用注射机之间的相关尺寸联系。

四、注射模具设计步骤及材料选择

尽管注射成型制件大多结构复杂，形状各异，其成型模具的尺寸大小、内部结构复杂程度及设计要求等也各不相同，但模具设计的基本过程与方法是相同的，一般都包括设计前的任务分析与理解、设计中的总体方案与各功能组成部分结构的确定、相关计算分析与验证、设计后期的图样审核与修改、最终设计图样的输出以及撰写设计说明书这几个主要阶段。

（一）明确设计任务，分析设计要求

模具设计的主要依据是设计任务书。任务书中给出了用户提出的要生产的制件二维图样或三维模型或实物样件，以及相关技术信息和制件质量要求等。模具设计师要根据这些已知的信息或尺寸数据，成功地设计出合理的模具结构。

为此，在开始模具设计之前，应先对制品图样或实物模型，进行详细的分析和消化理解，其内容包括以下几个方面。

1）仔细阅读制件图样，读懂制件结构形状、尺寸精度等级和表面质量等方面的技术要求，明确制件设计基准和关键部位及其整体使用功能。了解制件材料的流变特性和成型工艺性及其对模具设计的要求。从模具设计的角度分析制件的结构工艺性和可成型性，以及模具设计制造的难点；必要时，在不影响制件使用功能前提下，可向制件设计者建议修改某些结构或尺寸精度，以方便模具设计制造，降低生产成本。

2）明确制件的生产批量。批量较小时，为降低模具制造成本，可采用较简单的模具结构；大批量生产时，应在保证制件成型质量和模具使用寿命前提下，采用一模多腔模具结构进行高速自动化生产，以缩短生产周期，提高生产率。这对模具的整体使用寿命、侧抽芯机构、推出机构、多分型面开模顺序控制与限位机构及取件机械手的动作控制等都提出了较高的可靠性要求。

3）根据制件图样尺寸和所用材料物性，计算制件的体积和质量，确定模具型腔数量，以便合理选用注射机或对用户提供的注射机进行相关参数校核，包括注射量、锁模力、注射压力、模具安装尺寸与固定方式、最大开模行程、推出装置形式及推出行程、喷嘴孔直径及其球面半径、定位圈尺寸等，确保所设计模具与使用注射机的合理匹配。

（二）模具结构设计的步骤

在明确了制件的整体形状、结构尺寸、制件材料性能及成型工艺性，了解了所用注射机的相关技术参数后，即可按以下步骤进行注射模具的结构设计。

1. 确定型腔数量及位置布局

确定模具型腔数量时，通常需要考虑制件重量或注射机注射量、制件在分型面上的投影面积、注射机锁模力、模具外形尺寸、注射机导向柱间距、制件尺寸精度、生产批量和经济效益

等因素对制件成型质量和生产率以及模具制造成本的影响。因此需要综合分析，合理确定。有时虽可按照用户提出的要求确定型腔数量，但仍需考虑前述因素的影响。

型腔位置布局是指采用多型腔模具成型制件时，每个型腔在动模板或定模板上的位置分布。它不仅决定了模具的整体轮廓尺寸或标准模架的规格，还影响到浇注系统和冷却系统等功能结构的设计。因此各个型腔之间的距离，应在保证模具其他各个功能结构需要和模板自身强度与刚度要求前提下尺寸最小，以减小模具总体尺寸，节省材料。

2. 确定分型面

分型面的确定是模具结构方案设计中的重要内容，也是其他功能结构设计的基础。既要考虑制件外观质量要求，还要考虑分型面自身的加工难易程度。不合理的分型面设计会造成制件脱模困难。

3. 确定浇注系统形式

浇注系统是整个模具结构设计中的重点，它不仅决定了模具的基本结构类型，还影响到塑料熔体的充模流动形态和制件的成型质量及生产成本。确定浇注系统结构形式时，既要考虑成型材料的流变性能和制件结构尺寸及质量要求，还要考虑浇注系统凝料的脱模方式。

4. 确定冷却系统

确定模具冷却系统时，不仅要考虑制件的成型质量和生产率，还要协调模具推杆位置分布与冷却水路之间的空间位置关系，以保证模具的有效冷却和制件的顺利推出。同时还要考虑冷却水路与成型镶块及斜滑块等结构之间的连接关系，以保证冷却水不发生泄漏。

5. 确定推出方式

确定制件脱模方式时，需要考虑制件的整体形状、局部结构特点和质量要求，确保所选定的推出方式能够保证制件平稳推出，而不发生制件推出变形、泛白或破裂等缺陷。对于带有侧向抽芯机构的模具，还要防止斜滑块回位时与推杆发生碰撞。

6. 确定模具成型零件结构

模具成型零件的结构形状是由制件决定的。结构复杂的成型零件会给模具制造和制件成型及脱模带来困难。确定模具成型零件结构时，应既要保证其易于加工制造和装配时的研磨抛光及维修更换，还要保证其在制件成型时不发生变形或断裂，以及易于模具排气。

7. 确定排气方式

要保证模具型腔填充完整，不产生制件欠注缺陷，模具排气结构设计不可忽视。确定排气方式及气道尺寸时，应考虑制件和浇注系统的体积大小、制件结构复杂程度以及成型材料的流动性能，确保模具排气通畅，不产生制件质量缺陷。

8. 绘制模具结构方案图

在基本确定了上述各组成部分功能结构的具体形式和型腔数量的基础上，需对各不同功能结构进行整体协调与优化调整，形成完整合理的模具设计方案，并绘制出模具整体结构设计方案图。对已形成的模具设计方案，还应与模具制造、成型工艺、产品设计部门和模具用户以及有经验的模具设计师一起进行分析讨论，提出修改意见，进一步完善设计方案。

9. 绘制模具装配图

对经过修改完善的模具设计方案，还需进行具体结构细化，绘制出完整的符合国家制图标准的模具总体结构设计装配图。图中应清楚地表达出各零件的结构形式、装配关系、重要配合尺寸、模具外形尺寸、模板厚度和定位圈尺寸等。同时装配图上还应按顺序标注出模具所有组成零件序号，并填写零件明细栏和标题栏以及相关的技术要求。必要时还需绘制出重要结构部分的部装图和模具开模顺序及制件推出极限位置状态图。

10. 绘制模具零件图

依据模具结构设计装配图，拆绘所有需要加工制造或补充加工零件的零件图。绘制时应先从成型零件开始，再绘制主要模板和其他结构零件。零件图要符合国家制图标准，图中应准确地表达出零件的详细结构、尺寸公差、表面粗糙度、几何公差、零件材料及热处理要求或特殊表面要求等信息。零件图上的标题栏信息要完整准确。

11. 设计审核

完成了全部设计工作并自行检查后，应将完整的设计图和相关设计依据等资料，交由设计主管部门或总设计师进行审核。审核内容一般包括：模具总体方案及结构是否合理；各组成系统结构或机构能否正常可靠地工作；是否使用标准模架和标准零件；模具关键零件选材及使用寿命是否满足用户要求；选用的注射机是否满足模具安装及制件成型质量要求；模具装配图和零件图是否符合国家标准，图形表达是否清楚、准确，技术要求是否合理；模具零件加工工艺性是否合理可行；模具装配过程是否方便且易于调整；零件损伤是否易于更换或修补；模外冷却水管是否影响成型操作及符合车间生产条件。

12. 编写设计说明书

模具设计完成后，应仔细撰写设计说明书。说明书中应包括设计任务书等原始依据、设计总体方案分析比较及模拟验证结果、各功能组成部分设计计算依据及计算过程结果、重要零件强度与刚度校核及机构或结构尺寸确定依据、注射机有关参数校核以及成型工艺要求等相关内容。

(三）模具材料选择

注射模具能否成型出合格的制件并达到要求的使用寿命，主要取决于模具成型零件的强度、刚度、抗疲劳、耐磨损、耐腐蚀等性能。因此，模具设计选材时，应根据制件的质量要求与生产批量、成型塑料材料品种及其组分与性能、模具使用寿命以及经济成本等因素综合分析，合理选择。通常当模具设计选用了标准模架时，其模板、导柱、导套等零件材料即已经确定。模板材料一般采用45钢制造，而模具中的成型零件如型腔、型芯及其镶拼件、侧型芯及侧滑块等应选择力学性能好的优质模具钢，其他辅助零件可选用普通或优质碳素结构钢。

1. 成型零件材料选择

模具组成零件种类多，功能要求各不相同。除标准模架外，对于一般结构零件使用低碳钢或中碳钢即可满足要求；但成型零件是模具结构中的核心零件，它与制件的成型质量和模具使用寿命直接相关。因此选择成型零件材料时，应考虑以下几方面要求。

（1）易于切削，加工变形小　成型零件的特点是结构形状复杂，型面尺寸及几何精度要求高。因此要求材料具有良好的切削加工性能，且不易产生加工变形。

（2）电加工性能好　电火花或线切割加工已成为注射模具成型零件加工的重要工艺方法，选材时应考虑电加工工艺对材料性能的要求。

（3）耐磨损、耐蚀性好　制件的表面质量和尺寸精度与型腔表面的耐磨性直接相关，尤其是塑料材料中添加的玻纤、碳纤、无机填料以及某些颜料或添加剂等成分，在注射充模时会和塑料熔体一起对型腔、型芯表面产生高速冲刷磨损或腐蚀，使型腔、型芯表面磨损加快，腐蚀加剧，损伤制件质量。

（4）抗疲劳性能好　成型零件是在高温高压及冷热交变的周期性应力作用下工作的，其材料必须具有较强的抗疲劳性能，才能保证模具的精度和使用寿命要求。

（5）热处理变形小，淬透性好　模具中的一些细小型芯或镶拼零件，热处理时容易产生变形，应选用热处理变形小的材料。对于较大尺寸的零件，热处理时的淬透性会影响零件的表面硬度和心部韧性，应选用淬透性好的材料。

(6) 尺寸稳定性好　注射模具型腔温度可高达300℃以上，长期处于高温下工作的零件，其内部微观组织结构会逐渐发生变化，并引起模具零件尺寸变化，进而影响制件尺寸精度。因此，应选用尺寸稳定性好的钢材。

(7) 抛光性好　成型制件一般要求表面光泽，甚至要求达到镜面级的表面粗糙度。因此模具型腔表面都需进行光整加工，如抛光、研磨等。选用的零件材料应内部组织致密，易于抛光，且不应有粗糙的杂质和气孔等内部缺陷。

(8) 焊接性能好　模具零件工作中发生局部损伤或碎裂时，需要进行焊接修补。选用焊接性能好的材料，便于零件修补，降低模具维修成本。

模具设计选材时当上述要求相互矛盾时，应首先满足主要要求。

2. 注射模具钢品种

由于塑料的品种很多，不同塑料制件对模具材料性能要求不同，因此注射模具使用钢材的种类有很多，主要有以下几种类型。

(1) 预硬钢　这种钢材在加工前已预先经过热处理，具有30~40 HRC左右的硬度。因其具有良好的切削加工性能，用户可在预硬状态下进行切削，且加工过程中或加工后无须再进行热处理，能有效地保证加工后的零件形状和尺寸精度，并缩短了模具制造周期。

目前在注射模具材料中应用较为广泛的预硬钢种是美国牌号的P20钢，相当于我国牌号的3Cr2Mo合金工具钢，它具有良好的淬透性和抛光性，适合于模具型腔、型芯等成型零件。在P20钢的基础上加入质量分数为0.1%的硫成为改性的P20钢，其切削加工性能更好，可用于大型注射模具的成型零件。国产的55CrNiMnMoVS和5CrNiMnMoVSCa钢，预硬后其硬度可达到35~40HRC，切削性能类似于中碳钢。

其他预硬型塑料模具钢还有3Cr2NiMnMo、42CrMo、30CrMnSiNi2A等。

(2) 镜面钢　镜面钢多为析出硬化钢，或称时效硬化钢。它是采用真空脱气精炼技术生产的优质钢种，钢质纯净，抛光性极佳，切削加工及光刻蚀纹图案加工性能良好。典型牌号有日本的NAK80，广泛应用于要求表面抛光到镜面级别的模具成型零件。国产的有10Ni3CuAlVS钢，供货硬度达30HRC，易于切削加工。这种钢在真空环境下经过500~550℃、5~10h的时效处理，弥散析出合金化合物，硬度可达40~45HRC，既有较强的耐磨性，也有良好的电加工性能。

718钢是瑞典一胜百公司预硬型镜面模具钢，经预硬化处理后，材质均匀，洁净度高，具有很好的抛光性和淬透性，以及良好的电加工性能和皮纹加工性能。我国与之相对应的牌号为3Cr2NiMo，是P20（3Cr2Mo）钢的改进型钢种，品质与性能有较大的提高，满足了P20模具钢达不到的要求。

还有高强度的国产8Cr5MnWMoVS镜面钢，预硬化后硬度可达33~35HRC，易于切削，抛光性好。若采用淬火时空冷处理工艺，硬度可达42~60HRC，可用于大型注射模具。而可氮化处理的高硬度镜面钢25CrNi3MoAl，时效后硬度可达38~42HRC，氮化处理后表层硬度可达70HRC以上，耐磨性好，可用于成型玻璃纤维增强塑料制件的注射模具。

(3) 耐腐蚀钢　注射成型聚氯乙烯或含有溴化物添加剂的塑料材料时，成型过程中会产生对模具有腐蚀作用的气体，因此要求模具成型零件应具有很好的耐蚀性。不锈钢系列是耐腐蚀模具钢材的首选，如20Cr13、30Cr13或40Cr13等钢种。国产6Cr16Ni4Cu3Nb属于不锈钢类钢种，但比普通不锈钢具有更高的强度、更好的切削加工性能和抛光性，且热处理变形小，空冷淬火后硬度可达42~53HRC，适合用于具有腐蚀性的塑料材料的注射模具。

日本生产的通用镜面抗腐蚀塑料模具钢PAK90，具有优良的耐蚀性、抛光性和耐磨性，硬度为 290~330HBW，其切削加工性与焊补性均良好。

S136 为瑞典一胜百公司生产的优质塑料模具钢，经炉外精炼+电渣重熔精炼，组织更加纯洁细微，具有优良的耐蚀性、耐磨性和良好的切削加工性与抛光性，以及热处理时的尺寸稳定性。而 S136SUP 是该公司生产的超高镜面耐腐蚀塑料模具钢，其抛光性及耐蚀性更优。

其他的耐腐蚀型塑料模具钢还有 95Cr18、102Cr17Mo、Cr14Mo4V 等。

模具设计时，可参考相关模具钢材手册，合理选用。

第二节　注射模具浇注系统设计

注射成型加工是将固态颗粒状塑料原料，在注射机料筒中加热塑化至熔融态，然后通过注射机螺杆的轴向移动，对熔融态的塑料熔体施加压力，使其经过模具浇注系统注入模具型腔，再经过冷却凝固而成型为制件。浇注系统是指从注射机喷嘴出口到模具型腔入口之间的塑料熔体流动通道。浇注系统设计不仅涉及熔体流动通道结构形状问题，更是需要考虑熔体充模流动行为及其对制件质量影响的问题。因此，它是注射模具结构设计中的关键与核心内容。浇注系统设计得不合理，难以成型出质量合格的制件。根据制件成型过程中，每一工作循环是否需要取出浇注系统内的材料，可将浇注系统分为两类，即普通浇注系统和无流道凝料浇注系统。

一、普通浇注系统设计

(一) 浇注系统的组成及作用

注射模具的浇注系统一般由主流道、分流道、浇口及冷料穴四部分组成，如图 6-21 所示。浇注系统的作用是将来自注射机喷嘴并携带一定温度和压力的塑料熔体，快速平稳地引入到模具型腔，并在继续充模过程中将注射压力充分传递到模具型腔的各个部位，以获得轮廓清晰，内部质量均匀密实的制件。

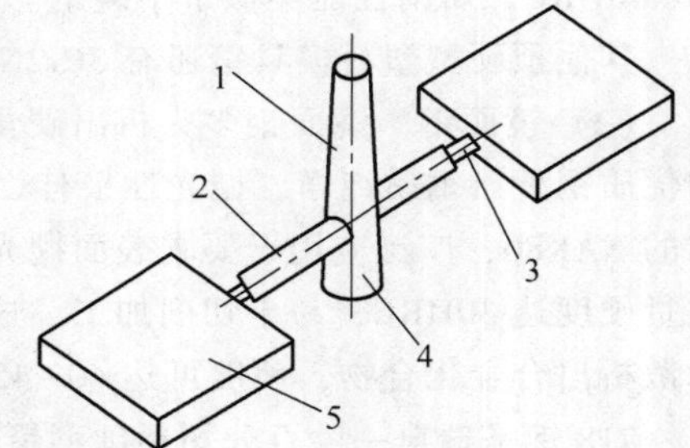

图 6-21　浇注系统及制件

1—主流道　2—分流道　3—浇口　4—冷料穴　5—制件

1. 主流道

主流道是指从注射机喷嘴出口到模具分流道入口之间的一段熔体流动通道，如图 6-21 中的序号 1 所指。主流道的作用是将来自注射机喷嘴的熔体平稳地引入模具。主流道中心与注射机喷嘴中心在同一轴线上，熔体在主流道中不发生流动方向改变。

2. 分流道

分流道是指从主流道末端到浇口入口之间的熔体流动通道，如图 6-21 中的序号 2 所指。通常在单型腔模具中没有分流道，而在多型腔模具中则采用分流道将熔体分流并引入各个型腔。根据型腔数量和布局形式的不同，分流道可分为一级、二级甚至多级。分流道一般加工在模具的分型面上，可以单独加工在定模板一边或动模板一边，也可以在动定、模板两边均加工有分流道，分型面对合后便形成截面封闭的分流道。

分流道的主要作用是将来自主流道的塑料熔体平稳地分流与转向，使其顺利地到达各浇口并快速填充型腔。

3. 浇口

浇口是指由分流道末端到型腔入口之间的一段细而短的进料通道，如图 6-21 中的序号 3 所指。浇口是浇注系统的关键组成部分，主要起着调节熔体流速、控制型腔保压补缩时间和封闭型腔以防熔体倒流等作用。

4. 冷料穴

冷料穴通常设在主流道或分流道的末端。主流道末端的冷料穴可起到储存注射机喷嘴前端的冷料和将主流道凝料从浇口套中拉出的作用，如图 6-21 中的序号 4 所指。分流道末端的冷料穴主要储存流道中的熔体前锋冷料。

（二）浇注系统的设计原则

浇注系统设计直接关系到熔体的流动行为和制品的成型质量。因此，浇注系统设计时应遵循一定的原则。

1. 考虑塑料品种及其流变特性要求

塑料的品种很多，其流变特性及成型工艺性差异较大，尤其是熔体的黏度对温度、压力等的敏感性大不相同。浇注系统的设计应适应材料的流变特性要求，使其能够快速平稳地填充模具型腔。

2. 熔体热量及压力损失小

注射熔体在浇注系统中流动时其热量及压力损失要尽量小，以保证熔体能以较低的黏度和较快的速度流动。熔体流程应尽量短，流道断面尺寸要尽可能大，但转弯应尽量少。流道表面粗糙度值不宜太大，一般可取 $Ra1.6 \sim Ra0.8\mu m$。

3. 材料消耗要少

在满足熔体充模流动要求的前提下，浇注系统的容积要尽量小，以减少凝料的消耗并缩短成型周期。

4. 确保各型腔进料均衡

设计多型腔模具浇注系统时，应采用平衡式布局方式，确保充模熔体能同时到达和充满各个型腔，以使各型腔的制件质量均匀一致。

5. 防止型芯变形和位移

浇注系统设计时应避免高速高压熔体直接冲击模具中的细小型芯或镶件，以免引起型芯变形或镶件位移，从而产生脱模困难或废品。

6. 有利于熔体流动和排气

确定浇口尺寸和位置及数量时，应考虑有利于熔体的平稳充模流动，避免产生紊流、涡流、喷射流和蛇形流动形态。同时应考虑有利于模具型腔内气体的顺利排出，以免出现制件缺料或烧焦等缺陷。

7. 避免和减少熔接痕

制件上熔接痕的位置和大小，与浇口的位置和数量直接相关，浇注系统设计时应预先考虑到熔接痕的部位、形态及其对制件质量的影响。尽量使熔接痕不影响制件的外观质量和力学性能。

8. 脱模方便，易于修剪

浇注系统凝料的脱模要方便可靠，凝料与制件易于分离，修剪浇口的痕迹要小且规整，无损制件外观与使用性能。

（三）浇注系统的结构设计

1. 主流道设计

主流道通常设在定模一侧，位于模具中心线上，其轴线与分型面垂直。成型加工过程中，主流道要与高温熔体和注射机喷嘴频繁接触、碰撞，因此在设计注射模具时，通常都选用优质模具钢材（T8 或 T10）作为主流道材料，并设计成可以更换的浇口套式结构，其热处理硬度可为 50~55HRC，如图 6-22 中的浇口套 3。为便于开模时能够顺利脱出主流道凝料，主流道通常采用圆锥孔形结构。为使注射机喷嘴能与浇口套端面紧密贴合，浇口套端面的中心部位要加工成凹球面形结构，以便与注射机喷嘴密切贴合，如图 6-23 所示。

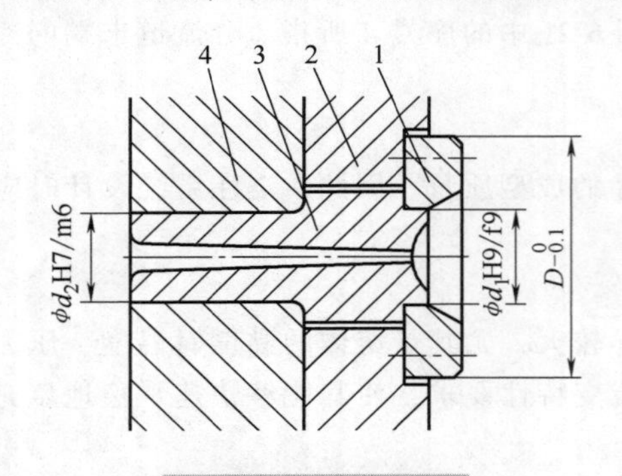

图 6-22　主流道结构

1—定位圈　2—定模固定板　3—浇口套　4—定模板

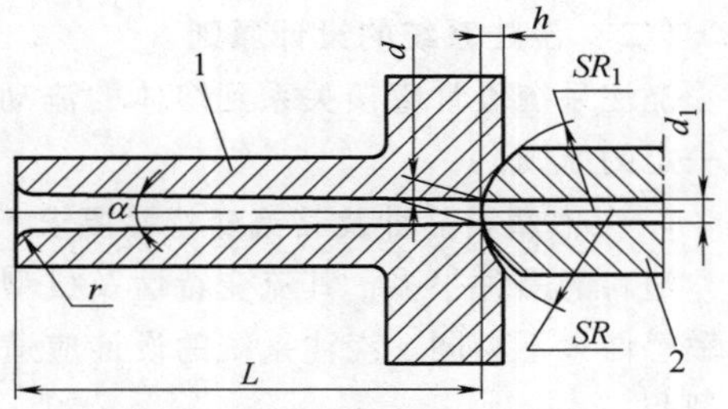

图 6-23　浇口套与注射机喷嘴的关系

1—浇口套　2—注射机喷嘴

主流道的尺寸直接影响熔体的充模流动速度和填充时间，因此浇口套内主流道孔的锥角 α 一般取 2°~4°；对黏度高流动性差的塑料熔体，其锥角 α 可增大至 6°。过大的锥角会使熔体充模时产生湍流或涡流并卷入空气，影响制件质量；过小的锥角则会使熔体流动阻力增大，甚至脱模时产生流道凝料脱出困难。

主流道圆锥孔的小端直径 d，应大于注射机喷嘴孔的直径 d_1，通常为

$$d=d_1+(0.5\sim1)\text{mm} \tag{6-16}$$

主流道端面的球面凹坑深度 h 一般为 3~5mm；凹球面半径 SR 应大于注射机喷嘴凸球面半径 SR_1，通常为

$$SR=SR_1+(1\sim2)\text{mm} \tag{6-17}$$

主流道锥孔表面粗糙度值一般为 $Ra0.8\sim Ra0.4\mu m$，并应轴向抛光。主流道长度 L，一般按模板厚度确定。为减少充模流动时的熔体压力损失和材料消耗，主流道长度应尽量短，一般控制在 60mm 以内。主流道锥孔大端出口部位应有半径 r 为 1~3mm 的圆角，以减小料流转向过渡时的阻力，但锥孔小端不得有圆角。

2. 分流道设计

对于中小型制件的单型腔模具，通常可不设分流道；而大型制件的单型腔模具采用多浇口进料，或者多型腔模具都需要设置分流道。分流道设计的要求是保证横截面面积最大，以减小熔体流动阻力和压力损失，提高压力传递效果。分流道中熔体流动转向的次数应尽量少，且转向处应有圆角过渡。转向次数越少，流动距离越短，其压力损失和热量损失以及流动阻力就越小，越有利于熔体的充模流动。同时还应在保证熔体顺利充模的前提下，使流道的容积最小，这有利于节约塑料。

（1）分流道横截面形状　分流道的横截面形状直接影响熔体的流动阻力及压力和热量损失，因此，应合理设计。常用的分流道横截面形状有圆形、梯形、U 形和六边形等。从减小流道中熔体压力损失的角度考虑，分流道的横截面面积应尽量大一些；但从减小熔体流动时的热量损失角度考虑，又希望流道的表面积越小越好。实际应用中，常用分流道的横截面面积与周长的比值来表示流道的效率。该比值越大，流道的效率就越高，越有利于熔体填充模具型腔。各种横截面形状流道的效率如图 6-24 所示。

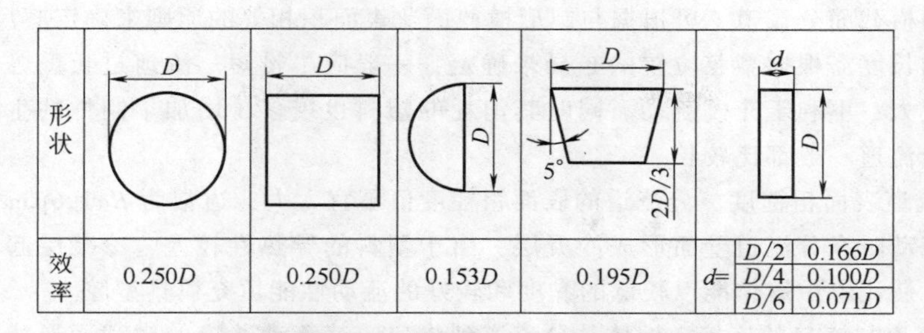

图 6-24　各种横截面形状流道的效率

从图 6-24 中可见，圆形和正方形横截面流道的效率最高，梯形横截面流道的效率次之，其余形状流道的效率较低。正方形横截面的流道虽然效率高，但其周长比圆形长，且流道凝料不易脱出，因此实际应用中常用梯形横截面流道，不用正方形横截面流道。而 U 形和六边形横截面流道作为梯形截面的变异形式，实际中也常使用。六边形横截面流道实质上是一种双梯形截面的流道，即在分型面两边分别加工梯形流道，合模后即成为完整的六边形横截面流道。一般梯形横截面流道的深度为梯形横截面上边宽度的 2/3～3/4，侧壁斜度为 5°～10°。半圆形和窄矩形横截面流道效率低，较少应用。

（2）分流道的尺寸　分流道横截面形状确定之后，其各部分尺寸要根据制件体积、制件形状、制件壁厚、所用材料的流动性能、注射工艺参数等来确定。分流道直径过大，不仅会浪费材料，而且还会延长冷却时间，使成型周期加长，生产成本增加；流道直径过小，则熔体流动阻力增大，易造成型腔充填不满，或者需要增大注射压力才能充满型腔。因此，分流道直径（当量直径）一般应大于制件壁厚。多级分流道时，上一级分流道可比下一级分流道大 10%～20%。由于各种塑料的流动性能的差异，分流道直径一般都在 $\phi3$～$\phi10$mm 范围内，对于黏度高的塑料其分流道直径可增大到 $\phi13$～$\phi16$mm。常用塑料分流道直径的参考尺寸见表 6-2。

表 6-2　常用塑料的分流道直径参考尺寸

塑料品种	分流道直径/mm	塑料品种	分流道直径/mm
ABS、AS	4.8～9.5	聚丙烯	4.8～9.5
聚甲醛	3.2～9.5	聚乙烯	1.6～9.5
丙烯酸酯	8.0～9.5	聚苯醚	6.4～9.5
耐冲击丙烯酸酯	8.0～12.7	聚苯乙烯	3.2～9.5
尼龙-6	1.6～9.5	聚氯乙烯	3.2～9.5
聚碳酸酯	4.8～9.5	—	—

从表 6-2 可见，多数塑料的分流道直径都在 $\phi4.8$～$\phi9.5$mm 范围内，但实际应用中为方便流道加工，可取为整数，即 $\phi5$～$\phi10$mm。

对于壁厚小于 3mm、质量在 200g 以下的制件，可用经验公式确定分流道直径，即

$$D=\frac{0.2654\sqrt{m}}{\sqrt[4]{L}} \tag{6-18}$$

式中　D——分流道直径（mm）；

m——制件质量（g）；

L——分流道长度（mm）。

对于非圆横截面分流道，可根据与圆形横截面比表面积相等的原则来确定其尺寸。

分流道的长度需根据型腔位置的布局来确定，一般应尽量短。流道过长，熔体流动的阻力和热量损失较大，不利于充模流动。同时其消耗的塑料也增多，增加了制件的生产成本。但多型腔模具的分流道一般都比较长。

（3）分流道表面粗糙度　分流道的表面粗糙度值不宜太大，通常为 $Ra1.6\mu m$ 左右。这有利于塑料熔体流动时在分流道壁面形成冷凝层，由于塑料的导热性较差，冷凝层起到了很好的保温绝热作用，使流道中熔体能以较低的黏度和较好的流动性能填充模具型腔。

（4）分流道与浇口的连接　熔体从分流道到浇口，其流动通道的横截面形状和尺寸发生了很大的改变，同时熔体的流动速度和压力也随之发生变化。为使熔体从大横截面分流道过渡到小横截面浇口时仍能平稳地流动，分流道与浇口的连接部位应以斜面或圆弧进行过渡，并在连接面交界处增加圆角，如图 6-25 所示。

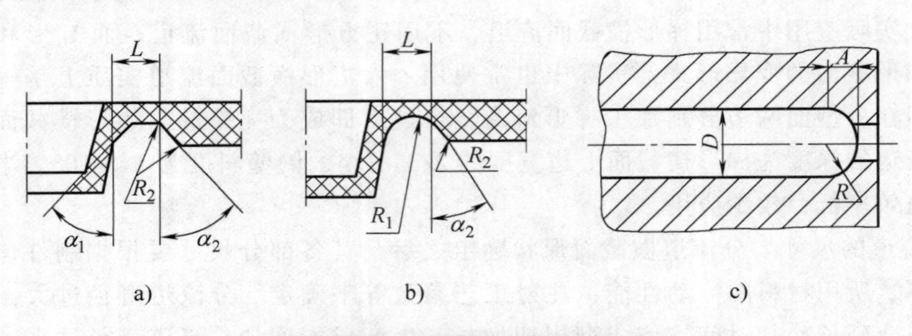

图 6-25　分流道与浇口的连接

a）斜面连接　b）圆弧连接　c）分流道宽度方向的过渡

$\alpha_1=0.5\times45°$，$\alpha_2=30°\sim45°$，$R_1=1\sim2mm$

$L=0.7\sim2mm$，$R_2=0.5\sim2mm$，$R=D/2$，$A=R$

3. 浇口设计

浇口设计的内容包括浇口类型、横截面形状、尺寸、数量和位置的确定。它不仅影响熔体能否顺利填充模具型腔，而且影响制件的成型质量。浇口设计的不合理会引发一系列的制件成型质量缺陷，如缩孔、气泡、缺料、熔接痕及翘曲变形等。因此，浇口设计是浇注系统设计中的关键环节。

（1）浇口设计原则　浇口设计的要求是，在注射熔体时，确保塑料熔体能够快速充满型腔，而保压结束后，又能迅速冻结并封闭型腔。因此浇口的横截面面积要小，长度要短。这既可避免熔体发生倒流，又可减小熔体流动阻力。同时，制件脱模时浇口凝料要易于与制件分离，并使制件表面上的浇口痕迹要小，以免影响制件外观质量。为此，浇口设计时应遵循以下原则。

1）浇口位置应避免熔体产生喷射流动　注射充模时，熔体受注射压力驱动高速流入狭小的浇口时，原本卷曲的大分子链会被迫受到拉伸、取向等形态变化，当这些被拉伸取向了的大分子链突然离开浇口约束，而进入一个较大的型腔空间时，会产生急速无约束的弹性恢复和卷曲，并以蛇形流动（图 6-26a）形态高速冲击到浇口对面的型腔壁面，而后在此不断向浇口方向堆叠（图 6-26b），直至充满型腔（图 6-26c）。由于高速喷射的熔体流会很快地冷却变硬，无法与后续熔体很好地熔合，致使不断堆叠的熔体在制件冷却后，其表面上留下了图 6-26c 所示的明显波纹状熔接痕。这不仅影响制件的外观质量，也影响其力学性能。同时高速喷射的熔体流还会挟裹着气体，使制件产生气穴或焦痕等缺陷。

为避免上述缺陷的发生，可通过增大浇口横截面尺寸或改变浇口位置等方式。增大浇口横

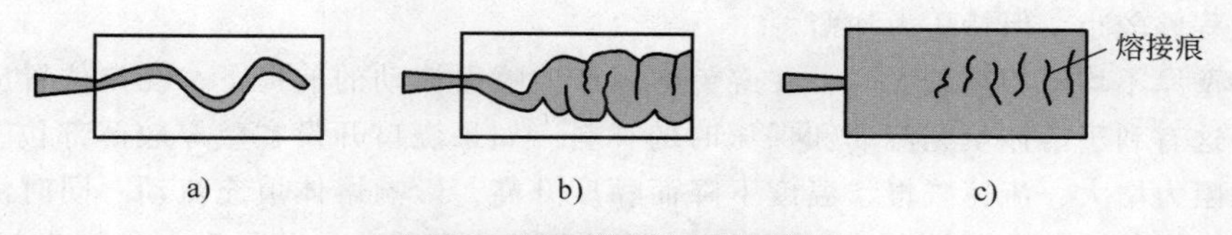

图 6-26 熔体产生喷射流动

a）蛇形流动 b）熔体产生堆叠 c）制件表面熔接痕缺陷

截面尺寸，可大大降低熔体流速，从而避免熔体产生喷射流动。而改变浇口位置或采用护耳形浇口，则可避免流动熔体正对着较大的型腔空间进行填充而产生喷射流动。例如图 6-27a 所示的浇口位置设置，使熔体产生了喷射流动；而图 6-27b 中改变了浇口位置，使熔体流直接冲击型芯，避免了喷射流动，但熔体直接冲击型芯时会使其填充能量损失较大，影响型腔远端的填充。采用护耳形浇口可降低熔体喷射流动的能量，避免熔接痕的产生，如图 6-27c 所示。

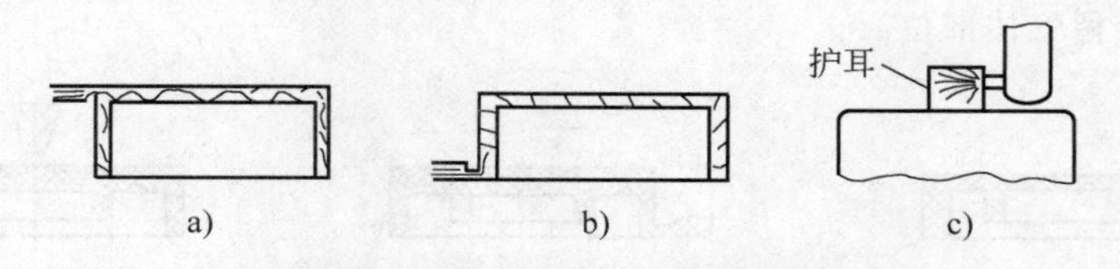

图 6-27 改变浇口位置及使用护耳浇口

a）产生喷射流动 b）不产生喷射流动 c）护耳浇口

2）浇口位置及数量应有利于减少熔接痕或增加熔接痕强度。熔接痕通常是由两股及以上熔体流汇合时，因料流前锋面上熔体温度降低使其不能很好地相互熔合，在制件上形成了线状对接痕迹。熔接痕既影响制件的外观质量，也严重影响制件的力学性能。对于大部分塑料，其成型制件上熔接痕区域的强度可降低 20%左右。

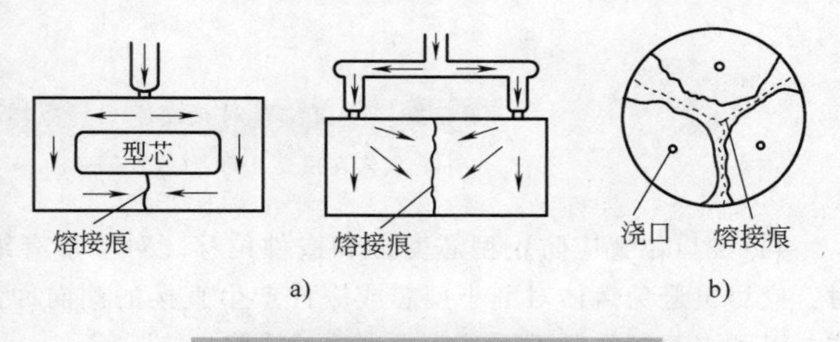

图 6-28 浇口数量不同时的熔接痕

a）侧浇口时的熔接痕 b）多点浇口时的熔接痕

熔接痕的形成与制件结构、浇口的位置和数量有关。制件结构越复杂，浇口数量越多，熔接痕就越多。因此，当制件尺寸或成型面积不大时，不应开设多个浇口。浇口数量不同时的熔接痕如图 6-28 所示。

图 6-29 所示为平板形制件上带有三个一字排开分布的通孔，当浇口位置不同时，其熔接痕位置随之发生变化。图 6-29a 所示的熔接痕与制件上的三个孔中心成一直线，这会大大降低制件的强度；而图 6-29b 所示的熔接痕在各自孔的一侧，对制件强度的影响较小，较为合理。

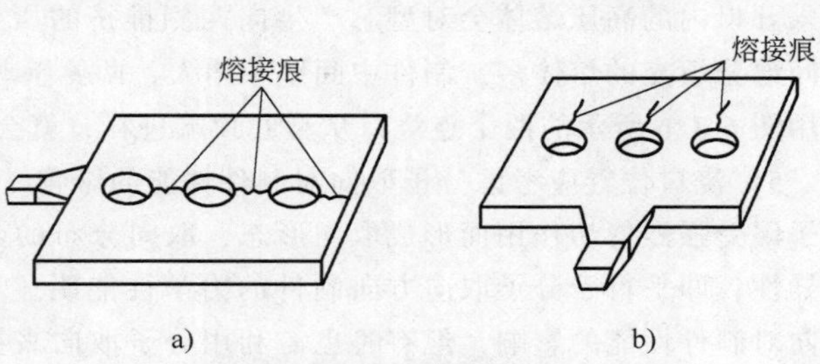

图 6-29 浇口位置与熔接痕

a）熔接痕与孔中心成一直线 b）熔接痕在孔一侧

3）浇口位置应有利于熔体充模流动、补料和排气。对于结构不对称和壁厚不均匀的制件，其浇口位置应使熔体进入型腔时的流动阻力小，到达型腔不同部位的流程差较小，保持压力均衡。

当制件壁厚不均或相差较大时，在避免熔体产生喷射流动的前提下，浇口位置应设计在壁厚较大处，这有利于熔体填充流动和保压时的补料。如果浇口开设在壁厚较薄部位，则会使熔体填充流动阻力增大，流速减慢，温度下降而黏度升高，影响熔体填充流动。同时浇口位置还应有利于型腔内气体的顺利排出；如果型腔内气体不能充分排出，将导致制件产生气泡、缩孔、填充不满，或者由于气体被压缩而产生高温，使制件局部被烧伤或焦化。如图 6-30a，制件的壁厚不均匀，上部壁厚小，侧面壁厚大，浇口设在侧壁圆周底部边缘，熔体填充型腔时，先充满侧壁底部周边，使气体被滞留在型腔上部最后充满部位而形成气穴。图 6-30b 所示制件上部壁厚大，侧面壁厚小，同样浇口设在侧壁底部边缘，填充型腔时上部先充满，浇口对面的侧壁最后充满，气体滞留在浇口对面的侧壁偏下部位，制件上部壁厚大，易发生补料困难，且收缩不均，甚至产生缩孔或表面凹陷等缺陷。图 6-30c 所示为将图 6-30b 的浇口位置改在制件壁厚最大部位，熔体由厚壁部位向薄壁部位填充，上部先充满，然后填充侧壁，这有利于气体排出和补料。图中 A 处为滞留气体部位。

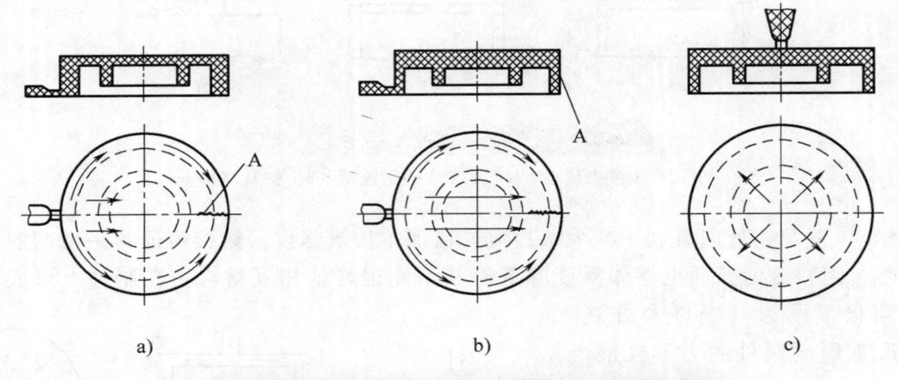

图 6-30 浇口位置对充模流动、补料和排气的影响

a) 气穴在顶面 b) 气穴在侧壁 c) 不产生气穴

4) 浇口位置应防止型芯变形和嵌件位移。对于带有细长孔或嵌件的制件，确定浇口位置时，应尽量避免熔体对细小型芯或嵌件产生直接的侧向冲击，而造成型芯弯曲、折断或嵌件移位，以致引起制件脱模困难或成型质量缺陷。

如图 6-31a 所示，制件采用单侧浇口进料时，细长型芯易受高温高压熔体的直接冲击而变形；而采用图 6-31b 所示的点浇口从型芯顶端进料，则不易引起型芯弯曲变形。图 6-32a 所示为采用直浇口正对着型芯中间的开口位置进行填充，由于开口位置处熔体流动速度快于两侧，先进入开口内的高压熔体会对型芯产生向两侧推挤的压力，而使型芯发生向两侧弯曲变形，导致中间部分填充的熔体多，制件中间壁厚增大，两侧壁厚减小，并产生脱模困难。改变浇口位置，采用图 6-32b 所示的两个点浇口从型芯顶端进料，就会避免型芯弯曲变形。

5) 浇口位置应考虑分子取向对制件性能的影响。熔体经流道、浇口进入型腔时，其内部大分子因受强烈剪切作用而形成取向形态，取向分布的分子会导致制件的力学性能和收缩产生各向异性，即平行于分子取向方向制件的力学性能明显增强。因此确定浇口位置时，应考虑分子取向对制件性能的影响。但有时也需利用分子取向来提高制件的性能，如对于带有铰链结构的盒类制件，如图 6-33 所示，由于铰链处的横截面狭小，分子流经铰链处会产生高度取向作用，因此增大了该处材料的抗弯折疲劳性能，从而延长了铰链的使用寿命。如使用 PP 材料成型铰链

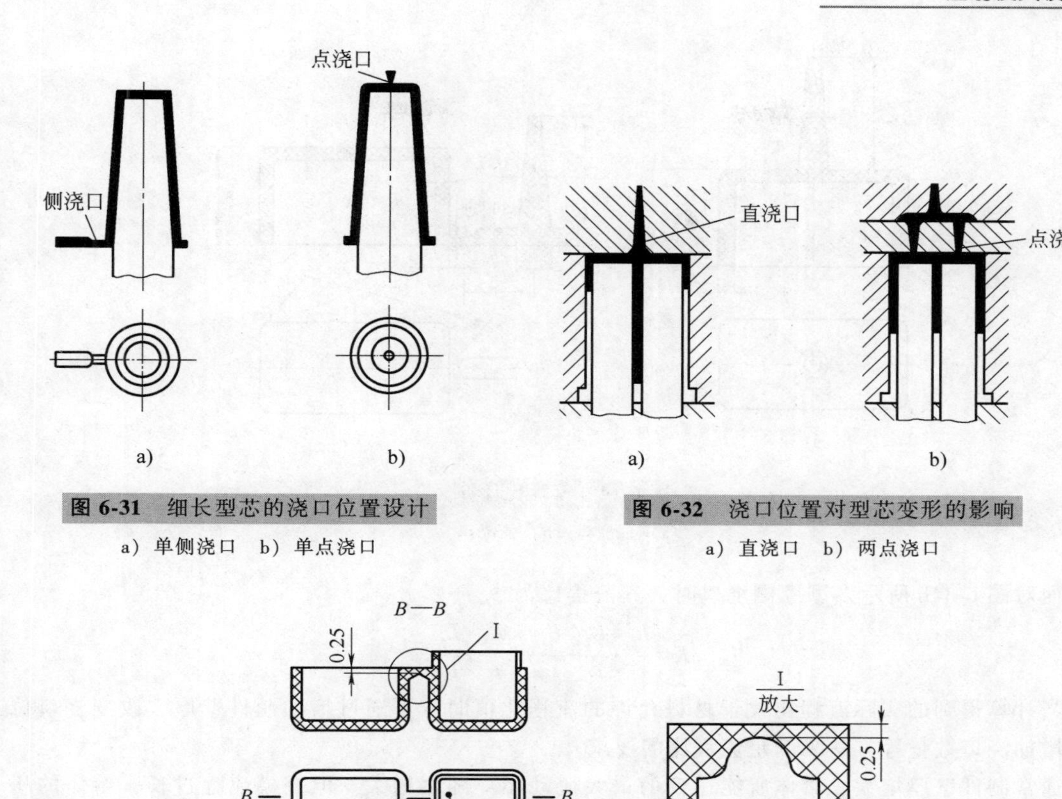

图 6-31 细长型芯的浇口位置设计

a）单侧浇口 b）单点浇口

图 6-32 浇口位置对型芯变形的影响

a）直浇口 b）两点浇口

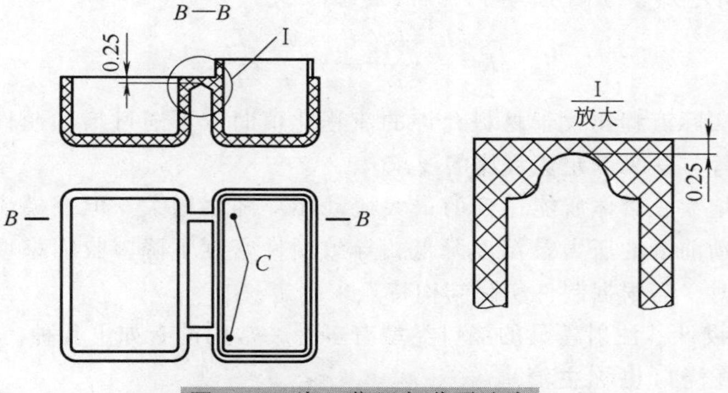

图 6-33 浇口位置与分子取向

时，其可弯折次数达 7×10^7 以上而无明显损伤。

6）考虑流程比。流程比是指塑料熔体在模具型腔内流动的最大距离与相应制件壁厚之比。由于不同塑料的流动性能不同，同样成型工艺参数和流动通道尺寸条件下，其能够达到的最大流动距离是不同的。例如 PP 材料在 70MPa 注射压力下，其最大流动距离为 200~240mm，而同样压力下的 HPVC 材料，其最大流动距离为 70~110mm。因此在大型制件模具设计确定浇口位置时，应充分考虑成型材料的流程比。流程比的计算公式为

$$K=\sum_{i=1}^{n}\frac{L_i}{t_i}\leqslant[K] \tag{6-19}$$

式中 K——流程比；

L_i——流动路径各段长度（mm）；

t_i——流动路径各段型腔壁厚（mm）；

n——流动路径的总段数；

$[K]$——材料允许的流程比。

浇口形式和位置不同时，计算出的流程比也不同。如图 6-34a 所示的直浇口，其流程比为

$$K=\frac{L_1}{t_1}+\frac{L_2+L_3}{t_2}$$

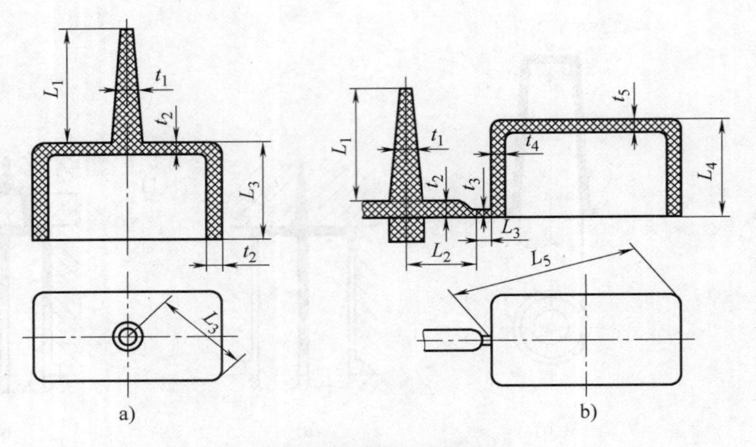

图 6-34　流程比计算

a) 直浇口　b) 侧浇口

而对图 6-34b 所示多型腔侧浇口时，其流程比为

$$K=\frac{L_1}{t_1}+\frac{L_2}{t_2}+\frac{L_3}{t_3}+2\frac{L_4}{t_4}+\frac{L_5}{t_5}$$

当计算得到的实际流程比大于材料允许的流程比值时，可通过增加制件壁厚、改变浇口位置或增加浇口数量等方法来满足流程比的要求。

通常制件壁厚增大，熔体所能达到的最大流动距离随之增大。但充模流程过长，熔体的压力损失会增大，流动前沿的压力及温度降低，导致制件密度下降，收缩率增大，甚至使型腔填充不满。模具设计时，需根据制件实际结构特点来确定。

(2) 常用浇口设计　注射模具的浇口类型有多种，常用的有如下几种。

1) 直浇口。直浇口也称主流道式浇口，是指塑料熔体由主流道直接进入模具型腔的非限制型浇口，如图 6-35a 所示。这种浇口具有熔体流程短、流动阻力小、压力传递效果好及保压补缩作用强等特点，且有利于型腔排气和消除熔接痕。由于直浇口直径尺寸 D 大于制件壁厚 t，使浇口冷凝速度慢，导致制件在浇口处易产生较大的内应力而产生翘曲变形，如图 6-35b 所示。同时，制件脱模后其浇口凝料去除困难，制件上浇口痕迹大，影响外观质量。

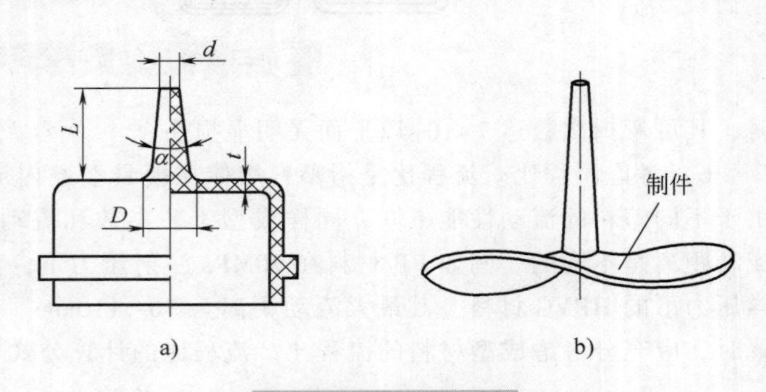

图 6-35　直浇口形式

a) 直浇口　b) 制件翘曲变形

通常直浇口直径 D 至少要大于制件壁厚 1.5mm 以上，但浇口长度 L 不宜过长。

直浇口多用于成型大中型桶类、盆类、箱类或壳体类制件，尤其适合于成型 PC、PSU 等高黏度塑料，且通常只适用于单型腔模具。

2) 侧浇口。侧浇口一般开设在模具分型面上，塑料熔体从分型面上的型腔外侧或内侧边缘进入型腔。其横截面形状多为矩形或梯形，因而加工方便，易于准确控制尺寸；制件成型后浇口去除也较为除方便，浇口痕迹较小。因此，侧浇口适用于多种塑料及制件的单型腔或多型腔单分型面模具。但采用这种浇口成型的制件往往会有熔接痕，且相对于直接浇口其熔体注射压力损失大。侧浇口的结构如图 6-36 所示。

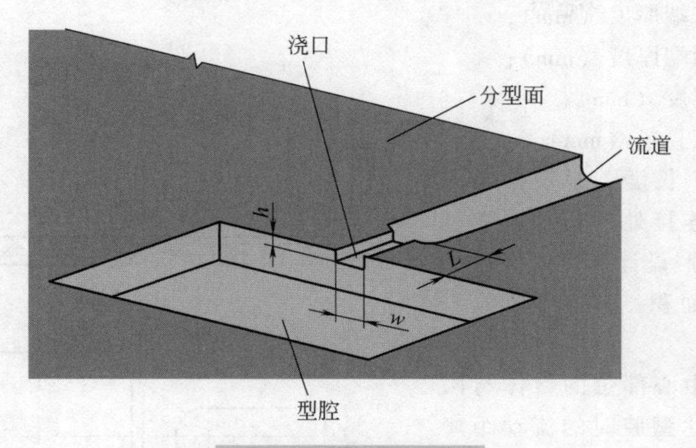

图 6-36 侧浇口的结构

侧浇口的尺寸主要有浇口厚度 h、宽度 w 和长度 L。其中厚度 h 最为重要，宽度 w 次之。改变浇口厚度与宽度可以调节熔体流动时的剪切速率及浇口的冻结时间。通常，浇口厚度约为与其相连接部位制件壁厚的 40%~90%，设计时应先取小值，以留有修整余量。一般制件侧浇口厚度为 0.5~1.5mm，宽度为 1.5~ 5.0mm，长度为 1.5~2.5mm；对于大型复杂制件，侧浇口厚度 2.0~2.5mm，宽度为 7.0~10.0mm，长度为 2.0~3.0mm。实际应用中，侧浇口的宽度与厚度之比大约为 3∶1。浇口长度 L 一般力求短一些，通常取 $L=0.5\sim2$mm。

侧浇口设计时，还可通过经验公式确定其厚度 h 和宽度 w 的尺寸，即

$$h=nt \tag{6-20}$$

$$w=\frac{n\sqrt{A}}{30} \tag{6-21}$$

式中 t——制件壁厚（mm）；

n——塑料系数，见表 6-3；

A——制件外表面面积（mm^2）。

表 6-3 常用塑料系数 n 值

塑料品种	系数 n	塑料品种	系数 n
聚乙烯、聚苯乙烯	0.6	醋酸纤维素、有机玻璃、尼龙	0.8
聚甲醛、聚碳酸酯、聚丙烯	0.7	聚氯乙烯	0.9

3）扇形浇口。扇形浇口实际上是普通侧浇口的变异结构，塑料熔体也是从制件侧面边缘进入型腔的。扇形浇口自流道末端至型腔其宽度方向尺寸逐渐增大，呈扇形扩展形状。为使浇口横截面面积保持处处相等，其厚度尺寸则逐渐减小，如图 6-37 所示。这种浇口结构能够引导塑料熔体在制件宽度方向上更为均匀地流动，使制件的内部应力减小，还可避免流纹及取向效应带来的不良影响，并减少空气的卷入，但制件上的浇口痕迹比较明显，常用于面积较大的平板形及薄壁类制件的成型，如盖板或盘类制件。

扇形浇口的宽度 w 可参照式（6-21）进行计算，并可根据制件尺寸进行适当调整。浇口末端厚度 h_1 可按照式（6-20）进行计算，始端厚度 h_2 的计算公式为

$$h_2=\frac{wh_1}{D} \tag{6-22}$$

式中　h_1——浇口末端厚度（mm）；

h_2——浇口始端厚度（mm）；

w——浇口宽度（mm）；

D——分流道直径（mm）。

扇形浇口的整个长度 L 一般在 6mm 左右，而其与型腔连接处的长度通常可取 $l=1\sim1.3$mm。按照设计确定的浇口尺寸计算浇口横截面面积，其值不应大于流道横截面面积。

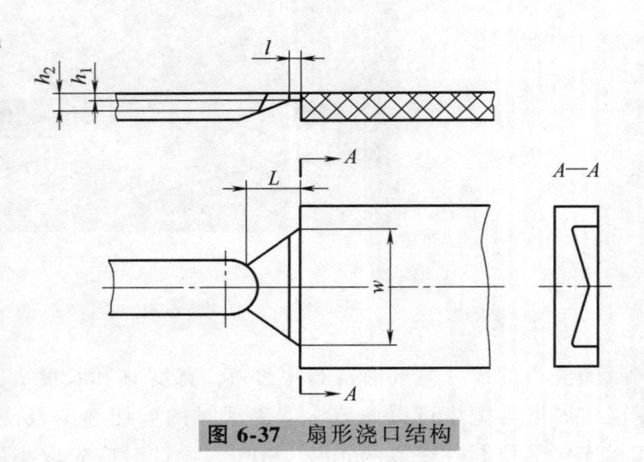

图 6-37　扇形浇口结构

由于扇形浇口中心部位的熔体与两侧边缘处的熔体到达型腔时的流动距离不同，导致进入型腔的熔体流动速度和压力损失也不同，为使流出整个扇形浇口横截面的熔体能以同样的速度进入型腔，设计时可使浇口厚度由中心部位向两侧边缘逐渐增大，如图 6-37 中的 A—A 剖视图所示，这样有利于流经扇形浇口的熔体以同样的流速均匀地填充型腔，易于保证制件质量。

4）点浇口。点浇口又称针点浇口，是一种开设在制件外表面上横截面尺寸很小的圆形限制型浇口，如图 6-38 所示。这种浇口因其前后两端存在较大的压力差，使得塑料熔体流经浇口时产生较高的剪切速率和剪切摩擦热，从而导致熔体的表观黏度下降，流动阻力减小，因而能够快速填充模具型腔，在实际生产中应用广泛，可用于成型薄壁制件。

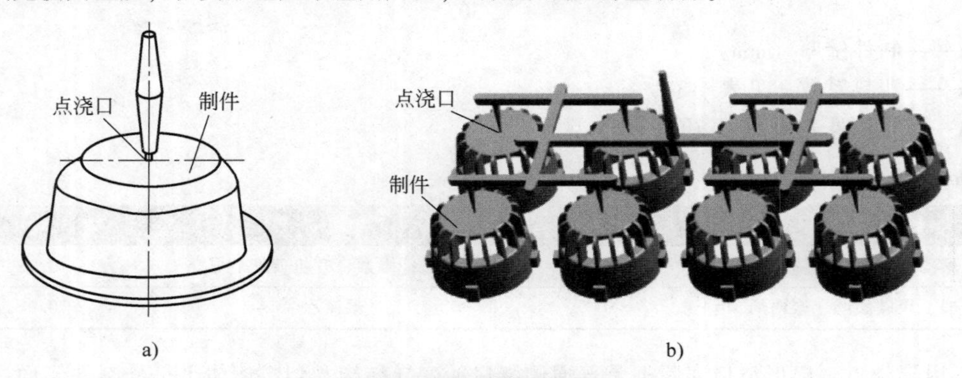

图 6-38　点浇口的结构

a）单型腔　b）多型腔

点浇口的优点是：模具设计时对浇口位置的限制较少，能够较为灵活地选择进料部位；因浇口横截面尺寸小，熔体冷凝速度快，有利于缩短成型周期，提高生产率；同时浇口附近制件内应力小，可减小翘曲变形；制件表面上浇口痕迹小，不需修整，外观质量好；对于多型腔模具采用点浇口，容易实现浇注系统平衡；而对于投影面积较大或易变形的制件，采用多点浇口进料，能有效保证制件质量；点浇口模具开模时，浇口凝料可自动拉断并与制件分离，不需人工切断，易于实现自动化生产。其缺点是：定模部分需要增加一个分型面，用于取出浇注系统凝料，这会使模具结构复杂，制造成本增加；同时，点浇口模具的熔体充模流动阻力和压力损失较大，不适用于成型厚壁制件；点浇口冷凝快，不利于制件保压补缩。

点浇口的特点使其适用于成型聚乙烯、聚丙烯等表观黏度随剪切速率变化较为敏感的塑料；而不适于成型黏度高或黏度对剪切速率变化不敏感以及热敏性强的塑料，如聚砜、聚碳酸酯及聚氯乙烯等。点浇口常用于成型各种壳体、盒类或盘类制件的单型腔或多型腔模具。

点浇口的结构形式有多种。图 6-39a 所示为直接式，浇口直径为 d 的引导锥小端直接与制件相连。图 6-39b 所示为点浇口的另一种形式，引导锥小端有一段直径为 d、长度为 l 的圆柱段浇口与制件相连，这种形式的浇口直径 d 不能太小，浇口长度 l 也不宜太长，否则脱模时浇口凝料会断裂而堵塞浇口，影响正常成型生产。上述两种形式的点浇口制造方便，但去除浇口凝料时容易损伤制件表面，浇口也容易磨损，仅适用于批量不大的制件成型和流动性好的塑料。图 6-39c 所示为引导锥小端带有圆角的形式，其横截面面积相应增大，熔料冷却速度减慢，有利于熔体补缩，但加工不便。图 6-39d 所示为点浇口底部增加一个小锥台，其作用是保证开模时浇口能在锥台小端处拉断，从而保护制件表面不受损伤，但制件表面上会留有凸起的圆锥台，影响表面质量；为避免这种缺陷，设计时可使小锥台低于制件表面。图 6-39e 所示的浇口形式是在图 6-39d 的基础上，将引导锥小端做成圆弧形，这类浇口适用于一模多腔或较大制件多点浇口的情况。

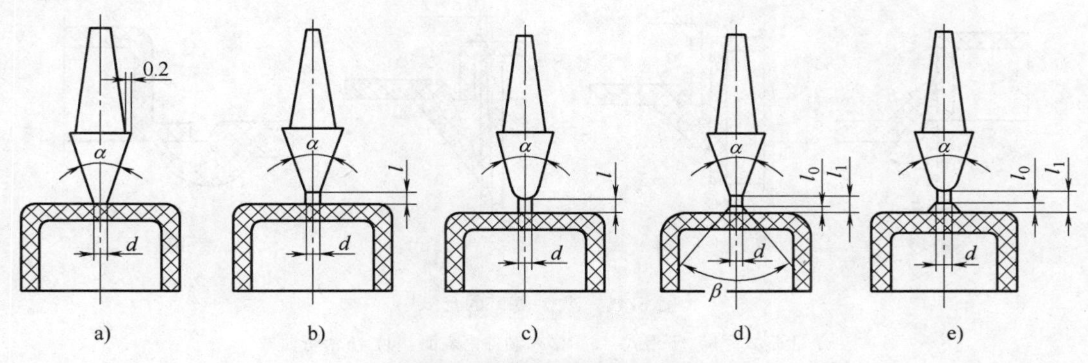

图 6-39　点浇口的结构形式

点浇口的尺寸如图 6-40 所示。常用点浇口直径 d 一般为 0.5~1.8mm，圆柱段长度为 0.5~2mm，具体取值需按制件结构与尺寸及塑料的材料性能确定。点浇口直径也可由如下经验公式

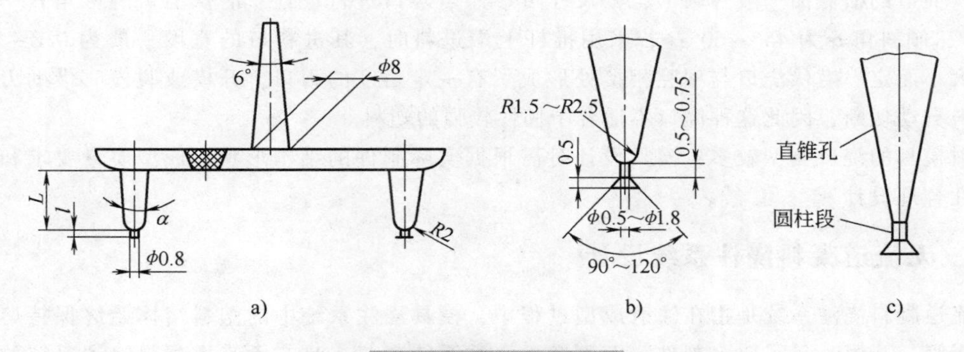

图 6-40　点浇口的尺寸

a）多点进料点浇口　b）球形底锥孔点浇口　c）直锥孔点浇口

计算

$$d=0.206n\sqrt[4]{t^2A} \tag{6-23}$$

式中　d——点浇口直径（mm）；

n——塑料系数，见表6-3；

t——制件壁厚（mm）；

A——型腔表面积（mm^2）。

点浇口引导锥部分的长度 L 一般为15~25mm，锥角 α 为12°~30°。引导锥与分流道连接处以圆弧过渡。点浇口与制件表面连接的倒锥角度为90°~120°，高度为0.5mm。

5）潜伏浇口　潜伏浇口又称剪切式浇口，是由点浇口变异而来的。与点浇口不同的是，潜伏浇口只需采用简单的两板式单分型面模具，而不需要复杂的三板式双分型面模具。潜伏浇口模具的分流道在分型面上，而浇口却像隧道一样倾斜向上潜入到定模型腔或向下潜入到动模型腔的侧表面或制件内表面，如图6-41所示。其中，图6-41a所示为塑料熔体倾斜向上潜入定模型腔侧表面；图6-41b所示为向下潜入到动模型腔侧表面；而图6-41c所示则为塑料熔体通过推杆侧面端部潜入到制件内表面，这使制件外观避免浇口痕迹，不影响制件表面质量与美观效果，但采用这种方式会使熔体流动阻力增大，需提高成型压力；图6-41d所示则是采用弯曲隧道潜入制件端面的结构方式，这种浇口制造不便。

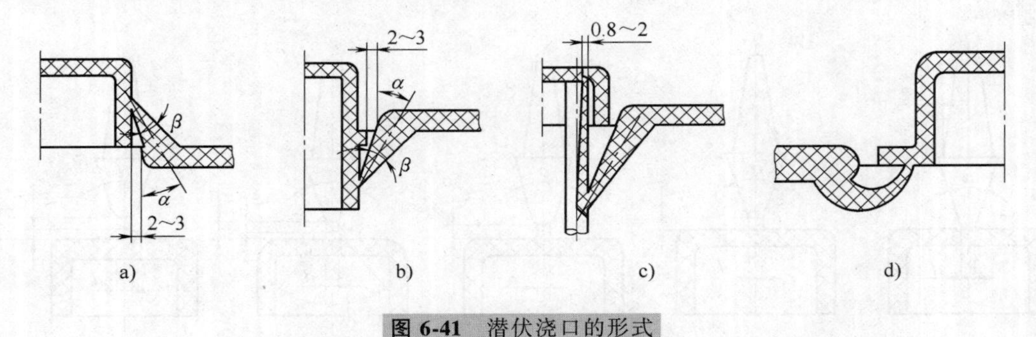

图6-41　潜伏浇口的形式

a）上潜式　b）下潜式　c）潜入制件内表面　d）下潜弯曲式

潜伏浇口的横截面尺寸较小，一般都选在制件侧表面较隐蔽的部位，因而不影响制件的外观质量。模具开模时浇口可自动切断，不需人工修剪，但制件内表面的浇口凝料需人工修剪去除。

潜伏浇口的横截面一般为圆形，其尺寸可参照点浇口进行设计。潜伏浇口的锥角 β 一般取10°~20°，倾斜角 α 为45°~60°；若采用推杆上端进料时，其进料口的宽度一般为0.8~2mm，视制件大小而定。潜伏浇口与型腔相接处形成了有一定角度的刃口，开模或脱模时借助刃口将浇口凝料自动切断，因此这种浇口不适合于韧性较强的塑料。

注射模具的浇口类型较多，模具设计时需根据实际制件的结构形状、成型质量要求和材料流变特性合理设计。

二、无流道凝料浇注系统设计

无流道凝料浇注系统是指在注射成型过程中，模具浇注系统中的塑料熔体始终保持熔融状态而不凝固，开模时只需取出制件，而不产生浇注系统凝料。具有无流道凝料浇注系统的注射模具称为无流道凝料模具。这种模具的主要特点是可提高成型材料的利用率，降低生产成本，保证制件成型质量。热塑性塑料的无流道凝料注射模具（又称热流道注射模具），是通过采用绝热或加热方法，使浇注系统中的塑料熔体始终保持熔融状态，确保熔体在注射成型时能够顺利填充模具型腔。热固性塑料的无流道凝料注射模具（又称温流道注射模具），是通过控制浇注系统中的熔体温度使其保持在设定的温度之内。

（一）无流道凝料浇注系统的特点

1. 无流道凝料浇注系统的优点

1）成型中不产生浇注系统凝料，可节约原材料，同时省去浇注系统凝料的回收、储存和破碎加工等环节，因而节省人力和辅助设备，降低生产成本。

2）开模时，不需取出浇注系统凝料，可缩短成型周期，提高生产率。

3）采用点浇口成型制件，不需使用复杂的三板式结构的多分型面模具；简化了模具结构，降低了对注射机开模行程的要求，节省了开模时间。

4）浇注系统中的熔体压力损失小，易于充模流动和保压补缩，可避免制件产生凹陷、缩孔及变形，提高制件质量。

5）浇口可自动切断，易于实现自动化生产。

6）可降低注射压力和注射量，减小对注射机锁模吨位和塑化能力的要求。

2. 无流道凝料浇注系统的缺点

1）模具结构复杂，设计难度大，制造费用高；热流道系统易出故障，维护保养较困难，运行成本高；不适宜小批量生产。

2）初始生产准备时间长，模具调试要求高。

3）不适宜热敏性和流动性差的塑料及成型周期长的制件成型。

4）流道板易产生热膨胀，对熔体泄漏及加热元件的故障较敏感。

5）流道板及模具温度控制要求严格，需精密的控温元件及系统。

（二）无流道凝料浇注系统的适应性

理论上几乎所有的热塑性塑料都可以采用无流道凝料浇注系统注射成型，但实际应用中有些塑料材料并不适用。因此，无流道凝料浇注系统对塑料材料性能有以下要求。

1）熔融温度范围宽，黏度变化小，热稳定性好，即高温不易分解，低温流动性好。

2）熔体黏度对压力敏感，不施压时不流动，施以较低压力即可流动。

3）塑料的比热容低，易于熔融和固化。

4）塑料的热变形温度高，制件可在较高的温度下凝固并脱模。

能够满足上述要求的热塑性塑料有聚乙烯、聚丙烯、聚苯乙烯及 ABS 等材料。部分适用于无流道凝料浇注系统的热塑性塑料见表 6-4。

表 6-4 适用于无流道凝料浇注系统的热塑性塑料

喷嘴或流道类型	塑料						
	聚乙烯	聚丙烯	聚苯乙烯	ABS	聚甲醛	聚氯乙烯	聚碳酸酯
井坑式喷嘴	可用	可用	稍难	稍难	不可	不可	稍难
延伸式喷嘴	可用	可用	可用	可用	可用	不可	可用
绝热流道	可用	可用	稍难	稍难	不可	不可	不可
热流道	可用	可用	可用	可用	可用	可用	可用

（三）无流道凝料浇注系统的类型

热塑性塑料的无流道凝料浇注系统，按模具流道中熔体温度的保持方式不同，可分为绝热流道浇注系统和热流道浇注系统两种类型。

1. 绝热流道浇注系统

绝热流道浇注系统主要是利用塑料材料的导热性比金属差的特点，将流道的横截面尺寸设计得很大，注射成型时流道内靠近壁面的塑料熔体因模具温度低而冷凝形成了凝固层。由于凝固层具有良好的隔热作用，保证了流道中心部位的熔体始终处于熔融状态，使其能够顺利被注入模具型腔。但高速注射时靠近流道壁面凝固层的低温熔料易被带入型腔，使进入型腔的熔体温度不均，从而影响制件的成型质量。由于流道未实施加热，流道内熔体容易冷凝，浇口易冻结，因此绝热流道浇注系统只适用于成型周期短的小型制件。当生产停机后流道内的熔体完全凝固，下次开机前还需拆开模具清理流道凝料。因此，这类模具目前已较少应用。

2. 热流道浇注系统

热流道模具是通过加热的方法，来保证流道和浇口中的熔料始终保持熔融状态。通常是在流道外周或中心部位设置加热圈或加热棒等电热元件，使得从注射机喷嘴出口到模具型腔入口的整个浇注系统中的塑料都处于熔融状态。停机后也不需拆开模具取出浇注系统凝料，再开机时只需重新加热流道至所需温度，即可继续进行成型加工。由于热流道浇注系统的压力传递效果好，易于保证制件的成型质量，本节只介绍热流道浇注系统设计。

（四）热流道浇注系统设计

热流道浇注系统按照模具型腔数量或浇注系统结构形式，可分为单型腔热流道浇注系统和多型腔热流道浇注系统。

多型腔热流道模具内设有加热流道板，主流道、分流道均设在流道板内，流道横截面形状多为圆形，其直径尺寸为 $\phi5 \sim \phi12$mm。热流道板用电加热元件加热，保持流道内塑料完全处于熔融状态。流道板利用绝热材料（石棉水泥板等）或空气间隙层与模具隔热。其浇口形式有主流道浇口和针点浇口两种。

1. 主流道浇口型热流道

主流道浇口型热流道是指在热分流道之后设有一段冷主流道作为型腔进料浇口，成型之后制件上会带有一段主流道凝料。如图6-42所示，在热分流道和主流道浇口之间设有起过渡作用的热流道喷嘴6与主流道连接。主流道浇口凝料需另外切除。

2. 针点浇口型热流道

针点浇口型热流道是将分流道中的熔体通过各针点浇口引入不同的模具型腔，它能完全消除流道凝料，但浇口的温度控制要求严格。针点浇口型热流道喷嘴的结构形式有多种，可分为带塑料绝热层的导热喷嘴、空气绝热的加热喷嘴、带加热探针的喷嘴、弹簧针阀式喷嘴等。

（1）带塑料绝热层的导热喷嘴　如图6-43所示，流道板采用电热带加热，分流道中熔体由喷嘴注入型腔。喷嘴由导热性良好、强度较高的铍铜合金制造，安装于分流道板上。喷嘴前端设有塑料绝热层，使喷嘴不与型腔板直接接触，两者由导热性较差的滑动压环9隔离，同时浇口衬套8与定模板间有空气绝热间隙，以减少喷嘴热量向外传递。

（2）空气绝热的加热喷嘴　如图6-44所示，喷嘴由加热带加热，设有空气绝热间隙。喷嘴前端直接与冷的型腔外壁接触，但各喷嘴的温度分别被控制在最佳值。空气绝热的加热喷嘴适用于成型热变形温度较高的工程塑料制件。

（3）带加热探针的喷嘴　如图6-45所示，在喷嘴中心的探针芯棒（分流梭、鱼雷体）内装有小型棒状加热器，可保持流道内和浇口处的熔体不凝结。分流梭的前端呈细锥形，可延伸到浇口中心，距型腔约为0.5mm。圆锥形喷嘴头部与型腔板之间设有0.5mm的塑料绝热层。

（4）阀式浇口热流道喷嘴　使用热流道模具成型黏度较低的塑料时，为避免熔体流延或拉

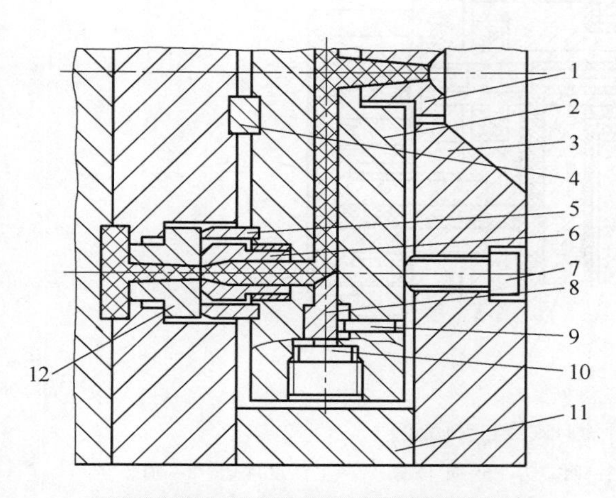

图 6-42　多型腔主流道浇口型热流道

1—主流道衬套　2—热流道板　3—定模固定板　4—垫块　5—滑动压环　6—喷嘴　7—螺钉　8—堵头　9—销钉　10—管式加热器　11—支架　12—浇口衬套

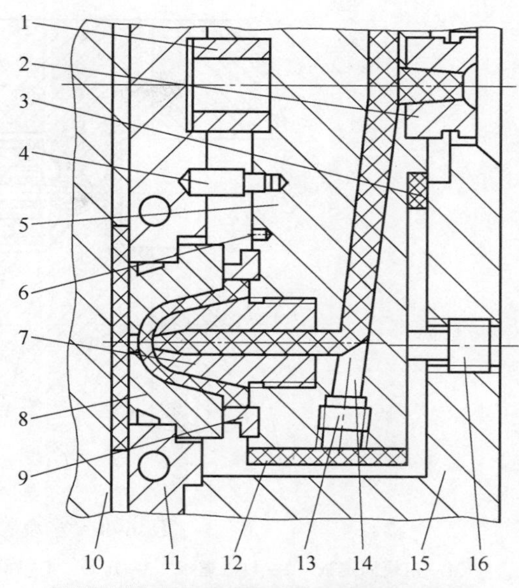

图 6-43　多型腔绝热层导热喷嘴热流道

1—定位套　2—主流道衬套　3—绝热垫　4—支柱　5—热流道板　6—热电偶孔　7—喷嘴　8—浇口衬套　9—滑动压环　10—动模板　11—定模板　12—电加热带　13—螺钉　14—堵头　15—定模固定板　16—支承螺钉

丝，可采用阀式浇口热流道。阀式浇口是将一根可开启和关闭的针形阀芯置于喷嘴中心，使浇口成为可控的阀门。当注射熔体和保压补缩时开启阀芯，冷却时关闭。这种浇口可在高温下快速封闭，避免熔体流延，也能降低制件内应力，减少翘曲变形。

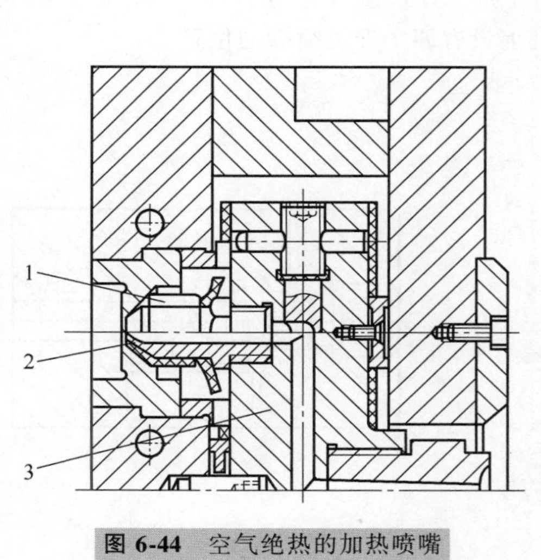

图 6-44　空气绝热的加热喷嘴

1—加热带　2—喷嘴　3—热流道板

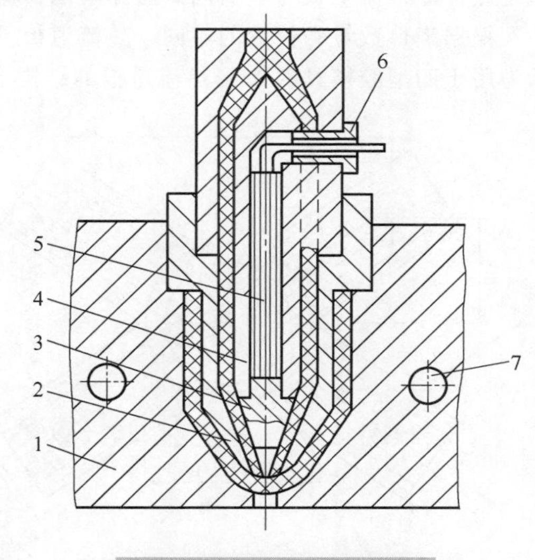

图 6-45　带加热探针的喷嘴

1—定模板　2—喷嘴　3—鱼雷头　4—鱼雷体　5—加热器　6—引线接头　7—冷却水孔

实现阀芯的开闭运动常用熔体压力和液压力驱动。图 6-46 所示为多型腔弹簧针阀式浇口热

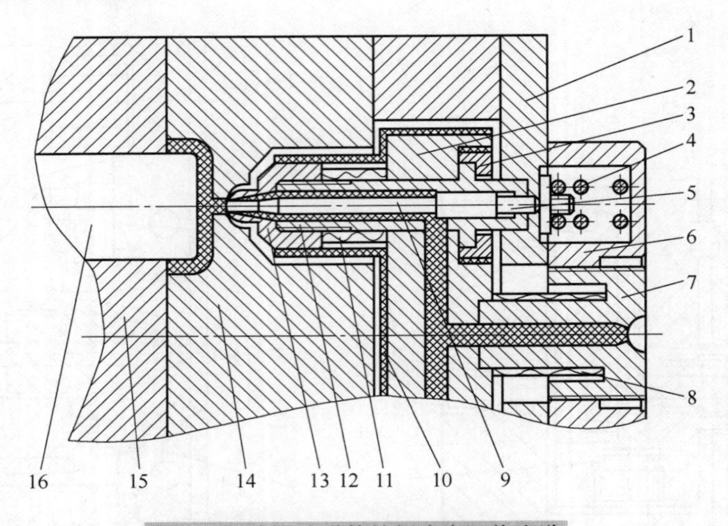

图6-46　多型腔弹簧针阀式浇口热流道

1—定模固定板　2—热流道板　3—压环　4—弹簧　5—阀芯头　6—定位圈　7—主流道衬套　8—加热器　9—针形阀芯　10—隔热层　11—加热器　12—喷嘴体　13—喷嘴头　14—定模板　15—推件板　16—型芯

流道。当注射压力传递至喷嘴的浇口处时，熔体压力推动阀芯后移，克服弹簧压力而开启浇口。注射与保压结束后熔体压力下降，弹簧力即可驱动阀芯关闭浇口。弹簧长期在高温下工作，应采用耐热抗疲劳的优质弹簧钢制造，且弹簧压力应能调节。

3. 热流道板设计

热流道板是热流道模具的核心部件，其作用是将来自注射机的熔体恒温地经分流道输送到模具各型腔的喷嘴。要求熔体输送压力损失小，分流道内没有滞料死角；流道板与其安装模板间绝热良好，流道板与喷嘴间无熔体泄漏；流道板自身还要有足够的刚度。

根据浇口数量和位置的不同，热流道板可采用一字形、H形或X形等各种形状。图6-47所示为用于四型腔模具的X形热流道板的结构形状，其上设有四个安装喷嘴的位置。

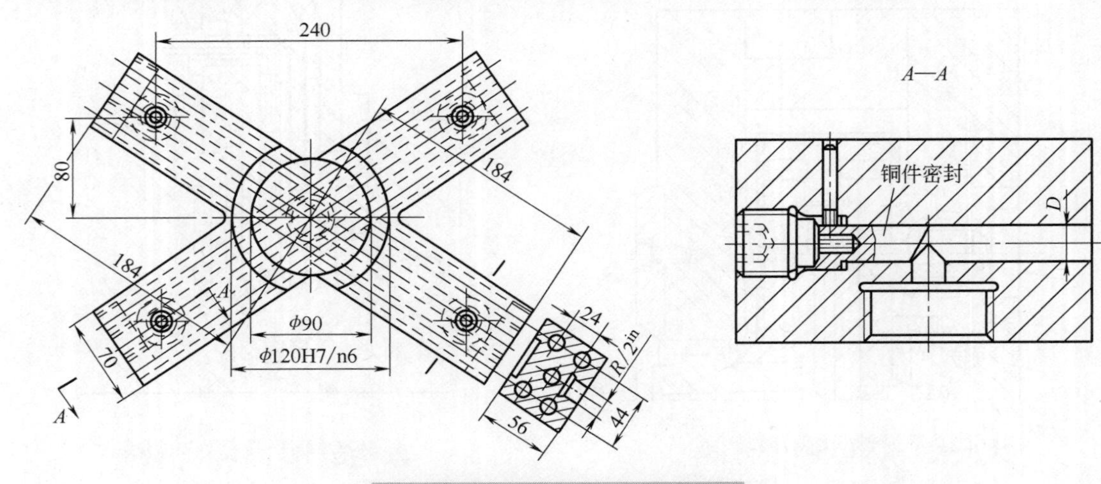

图6-47　X形热流道板的结构形状

1）热流道直径。热流道板中流道直径的确定，必须考虑制件每次成型时所需注入型腔的熔体量、允许的压力损失和成型周期。流道半径为

$$R=\left(\frac{8\eta Lq_v}{\pi\Delta p}\right)^{\frac{1}{4}} \tag{6-24}$$

式中　R——流道半径（cm）；

η——表观黏度（Pa·s）；

L——流动长度（cm）；

q_v——注射速率（cm^3/s）；

Δp——压力损失（Pa）。

2）热流道板加热功率。热流道板升温所需加热功率是指在规定时间内，将流道板从室温加热到工作温度所需的功率。对于钢制的流道板所需加热功率为

$$P=\frac{0.115\Delta Tm}{860t\eta} \tag{6-25}$$

式中　P——所需电功率（kW）；

ΔT——流道板所需温度与室温之差（℃）；

m——热流道板质量（kg）；

t——加热时间（h）；

η——加热器的效率，一般取0.2~0.3。

3）热流道板的热膨胀。由于金属的热胀冷缩特性，热流道板加热到工作温度时会发生明显的热膨胀，进而引起其尺寸或装配间隙发生变化。膨胀量增大，会使流道板上的喷嘴中心偏离模具型腔的浇口中心，从而引起熔体流动不平衡或压力不均匀。膨胀引起的喷嘴和流道板间的配合间隙变化还会导致密封件失效而发生熔体泄漏。因此热流道板设计时，必须考虑热膨胀问题，并采取预留一定的膨胀间隙、设置绝热气隙或其他措施来补偿因热膨胀而产生的尺寸增大问题，避免发生熔体泄漏。

4）温度控制。热流道板中的流道内熔体温度应与注射机料筒内塑化好的物料温度保持基本一致或稍高一些。但整个流道板的温度分布必须均匀恒定，避免局部过热。

热流道板温度的准确控制是保证模具正常工作的重要前提。流道板的温度测量常用热电偶元件。热电偶的安装位置应与加热元件距离流道孔保持相同的距离，但不应过于靠近流道。温度控制常用比例微分积分闭环温度控制方式。

5）流道板的安装和绝热。热流道板的安装位置应准确可靠，并保证热流道板与成型模板同心。外加热的流道板悬装在模具里，装配时应尽可能减少其与模板的接触面积，以保证热流道板和模板之间的热量交换最小。考虑热损失对温度的影响，流道板应有足够的绝热措施。一般在注射机模板和模具定模固定板之间常用厚度为6~10mm的石棉板隔热，而在定模固定板与热流道板及热流道板与成型模板之间采用3~8mm气隙隔热。模具设计时应在分流道板和模具之间留有适当的间隙。

三、浇注系统平衡设计

使用多型腔模具成型制件时，要求每次成型的制件质量应均匀一致。若在注射熔体时各型腔不能被同时充满，则会发生先充满的型腔内熔体停止流动，浇口处熔体也开始冷凝，冷凝了的浇口内熔体阻碍了型腔的继续填充，致使型腔内熔体在较低压力下开始冷凝并产生体积收缩，而收缩引起的体积减少得不到充分的补充和保压，致使制件质量变差；而后充满的型腔在其完全充满的最后时刻，注射压力突然急剧升高，使型腔内熔体被高压力压实，并在后续的保压阶段继续对型腔内熔体进行保压和补缩，制件成型质量得到保证。因此，多型腔模具的浇注系统

必须保证各型腔进料均衡，才能得到质量均匀一致的制件。

（一）多型腔模具浇注系统的平衡

1. 平衡式浇注系统

多型腔模具平衡式浇注系统的特点是，注射充模时熔体经主流道、分流道和浇口到达各型腔的流动距离和时间完全相等，并要求各分流道、浇口和冷料穴的尺寸、横截面形状、加工精度及表面粗糙度等都应严格一致，这样才可使塑料熔体在相同的熔体温度、注射压力和注射速度下，同时充满各个型腔，从而获得尺寸精度高、内在质量性能良好的制件。

图6-48所示为平衡式浇注系统的典型应用。其中图6-48a所示为圆形制件采用圆周式布局，既缩短了流程，还减少了熔体流动时的转折和压力损失。但对矩形制件采用圆周式布局，会导致型腔加工困难，不宜采用。矩形制件常用图6-48b所示的横列式布局。型腔数量较多时，圆形制件也应采用横列式布局，以减小模具尺寸，如图6-48c所示。

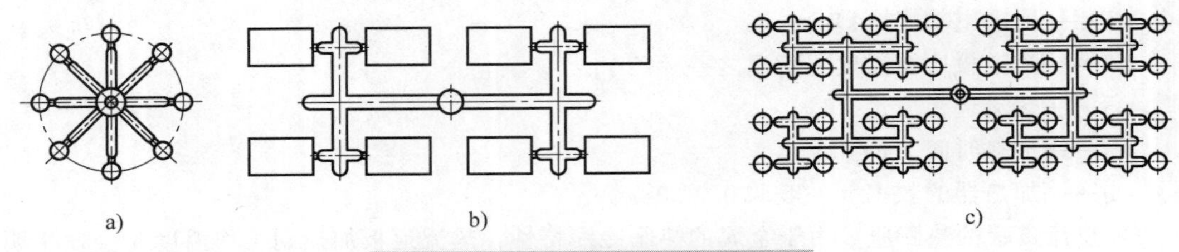

图6-48　平衡式浇注系统的典型应用

a）圆周式布局　b）矩形制件横列式布局　c）圆形制件横列式布局

型腔数量较多时，平衡式浇注系统的流道总长度会较长，因而增大了模板尺寸、流道中的熔体消耗量及模具成本。

2. 非平衡式浇注系统

非平衡式浇注系统可分为两类：一类是各型腔的尺寸、形状与分流道和浇口的尺寸与形状相同，只是各型腔距主流道的距离不同，从而使浇注系统不平衡；另一类是各型腔的尺寸形状和分流道及浇口尺寸均不相同，从而使浇注系统不平衡，如图6-49所示。图6-49a和图6-49b所示分别为同尺寸的圆形制件和矩形制件的非平衡布局。图6-49c所示为同一模具成形多个尺寸与形状不同的制件，其分流道的长度和横截面尺寸也不同。由于各型腔所需填充的熔体量及制件对成型工艺条件的要求不同，很难保证各型腔成型的制件质量均匀一致。

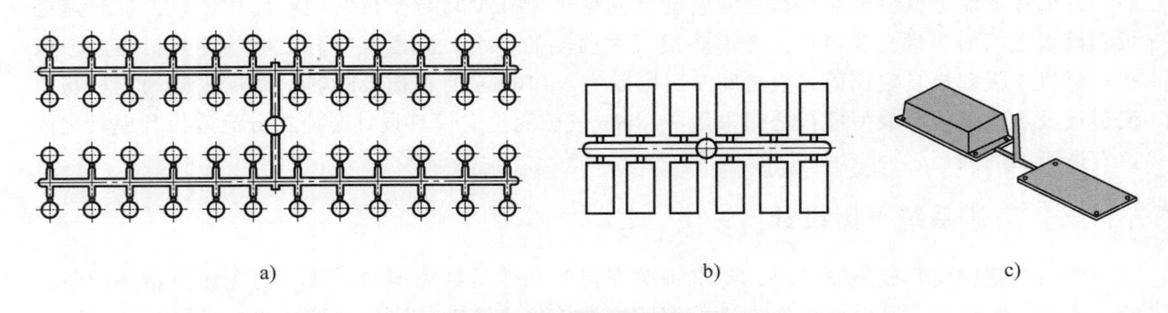

图6-49　非平衡式浇注系统

a）圆形制件非平衡布局　b）矩形制件非平衡布局　c）不同制件非平衡布局

为使非平衡式浇注系统的模具各型腔也能同时充满，可采用一种基于经验的近似计算方法，又称平衡系数法（Balanced Gat Value，BGV），即通过计算浇口平衡值，并根据浇口平衡值将通往各型腔的分流道或浇口做成不同横截面尺寸和长度，来达到各型腔同时充满的目的。计算时可分为两种情况。

（1）一模多腔成型相同制件　同一模具成型相同制件时的浇口平衡公式为

$$BGV=\frac{A_G}{\sqrt{L_R}\,L_G} \tag{6-26}$$

式中　BGV——浇口平衡系数或浇口平衡值；

A_G——浇口横截面面积（mm^2）；

L_R——主流道末端至浇口的分流道长度（mm）；

L_G——浇口长度（mm）。

相同制件的浇口平衡计算要求所有浇口的 BGV 值相等。计算中通常将浇口横截面面积 A_G 与对应分流道的横截面面积 S_r 之比（A_G/S_r）取为 0.07～0.09。

（2）一模多腔成型不同制件　同一模具成型不同制件时，应使不同型腔所需填充的塑料熔体质量与其型腔浇口对应的 BGV 值成正比。其浇口平衡公式为

$$\frac{m_a}{m_b}=\frac{BGV_a}{BGV_b}=\frac{\sqrt{L_{Rb}}\,L_{Gb}}{\sqrt{L_{Ra}}\,L_{Ga}}\cdot\frac{A_{Ga}}{A_{Gb}} \tag{6-27}$$

式中　m_a、m_b——a、b 型腔填充的熔体质量（g）；

A_{Ga}、A_{Gb}——a、b 型腔的浇口横截面面积（mm^2）；

L_{Ra}、L_{Rb}——主流道到 a、b 型腔的分流道长度（mm）；

L_{Ga}、L_{Gb}——a、b 型腔的浇口长度（mm）。

（二）单型腔模具浇注系统的平衡

制件外形或长度尺寸较大时，通常采用单型腔模具成型。单型腔模具浇口设计时若用单点浇口进料，会使熔体填充型腔时的流动距离超过材料允许的流程比，导致型腔填充不满，因此可采用多浇口进料。图 6-50 所示为不同形状制件的单型腔多浇口平衡式设计。图中箭头所指位置为浇口。

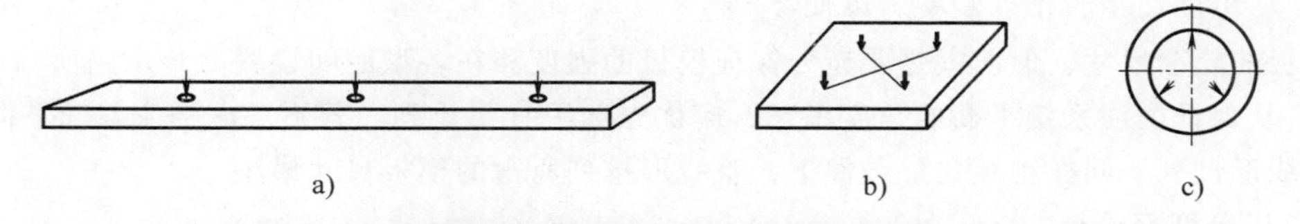

图 6-50　不同形状制件的单型腔多浇口平衡式设计

a）长条形制件　b）方形制件　c）圆环形制件

单型腔多浇口浇注系统，同样需要考虑熔体填充流动的平衡要求。同时，还应考虑浇口位置分布应避免或减少制件成型后，因聚合物分子流动取向导致收缩增大而引起的制件翘曲变形，或因多浇口引起的熔接痕数量增多而导致制件强度降低。

第三节　注射模具成型零件及排气设计

注射模具成型零件主要指成型时直接与塑料熔体接触并参与形成制件内外表面及其结构形状的一类零件，包括型腔、型芯、成型镶块、侧型芯、侧滑块、螺纹型环和螺纹型芯等。成型零件是模具结构中的核心零件，不仅要求其几何形状准确和尺寸精度高，还要有足够的强度、

刚度、硬度及耐磨耐蚀和抗疲劳性能，以及良好的加工与抛光性。

一、型腔位置布置及分型面设计

（一）型腔位置布置

多型腔模具设计时，型腔数量确定之后，需在分型面上合理布置型腔的位置，以便确定模具的整体轮廓尺寸。常用的型腔位置布置形式可分为圆形排列、直线排列和H形排列及其组合形式等，如图6-51所示。设计时需根据制件结构、尺寸及型腔数量综合分析，并考虑以下几点要求。

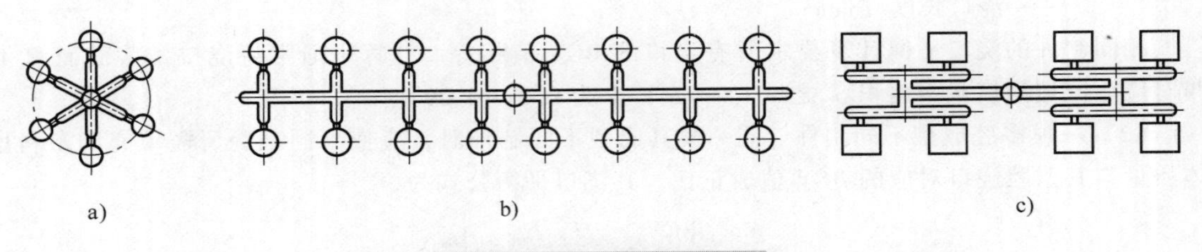

图6-51 型腔位置布置形式

a）圆形排列 b）直线排列 c）H形排列

1）尽可能采用平衡式排列，以便构成平衡式浇注系统，保证各型腔的制件质量均匀一致，如图6-51a、c所示。

2）型腔位置和浇口开设部位应力求对称，以防止模具承受偏心载荷而产生溢料或飞边。图6-52b所示的布置比图6-52a所示的布置更为合理。

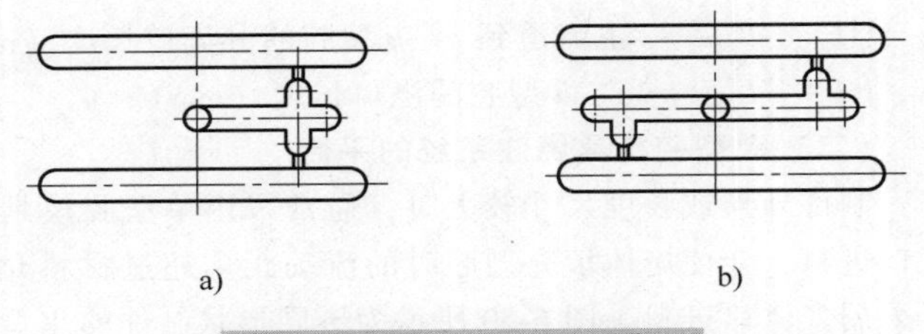

图6-52 浇口位置与型腔布置

a）浇口位置引起偏心载荷 b）浇口位置不产生偏心载荷

3）尽可能使型腔排列紧凑，以便减小模板的轮廓尺寸，但前提是要充分保证模板的强度和在各型腔间设置冷却水路所需的空间。

4）从保证浇注系统平衡的角度考虑，应优先选用H形排列。若不考虑浇注系统平衡，则可选用直线形排列。同样型腔数量条件下，直线形排列所占的模板尺寸最小。

（二）分型面设计

分型面是指模具上用于取出制件和浇注系统凝料所需分开的两模板接触面。模具设计时首先应根据制件的结构形状和浇注系统形式，确定分型面的位置，然后才可进行模具的具体结构设计。分型面对制件的脱模性能、外观质量和模具制造难度都有重要影响，应合理确定。

1. 分型面形状

按照制件的几何形状不同，分型面的形状可分为平面形、斜面形、阶梯形和曲面形几种基本形状，如图6-53所示。

分型面的形状应力求简单，便于制件脱模和模具制造，且不影响制件外观质量。平面形分型面最为简单，且加工方便，易于保证加工精度，如图6-53a所示。曲面形分型面最为复杂，且不易加工，应尽量避免，如图6-53d所示。

2. 分型面设计原则

分型面设计时应遵循以下原则。

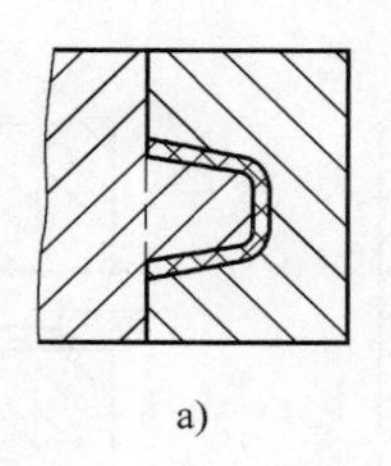
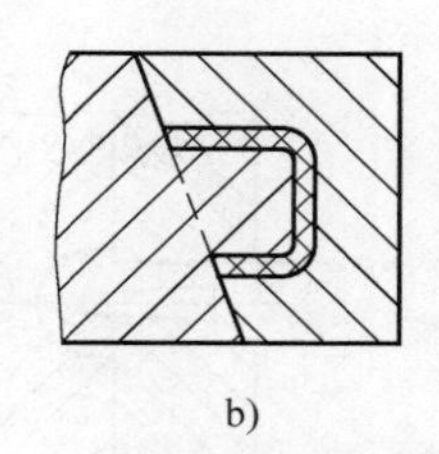
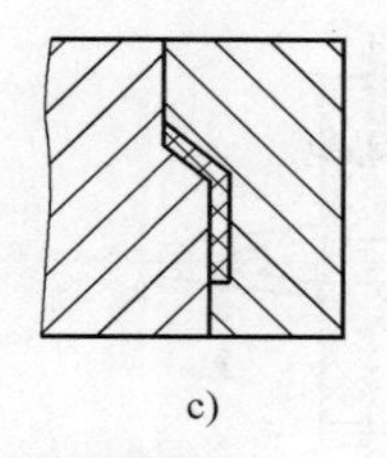
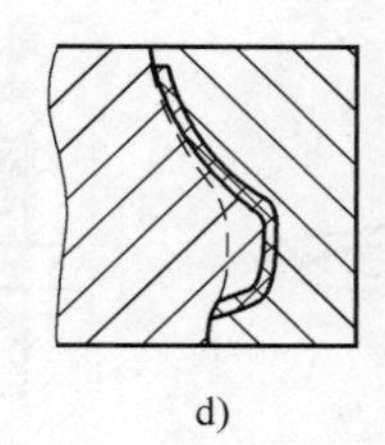

a)　b)　c)　d)

图 6-53　分型面的形状

a）平面形　b）斜面形　c）阶梯形　d）曲面形

1）分型面应选在制件轮廓最大横截面处，否则制件难以脱模。如图 6-54 所示，制件的分型面应选在Ⅱ-Ⅱ处，易于脱模。

2）应使制件留在动模一侧。开模时制件留在动模一侧，便于利用注射机的推出液压缸完成制件的推出动作。图 6-55a 所示分型面结构，制件冷却时会产生收缩而抱紧型芯，开模时制件会随定模型芯脱出型腔，不便于脱模。图 6-55b 所示较为合理。

3）有利于保证制件精度。对有较高几何尺寸或几何精度要求的制件，应避免因分型面设计不合理而影响制件的精度。如图 6-56 所示，双联圆柱齿轮制件的齿廓与中心孔的同轴度有较高要求，分型面设计时将齿轮型腔和型芯都设在动模一侧，则易于保证该同轴度要求。而图 6-56b 所示为将齿轮型腔和型芯分设在动模与定模两侧，因零件装配及合模导向等误差，无法保证其同轴度要求。

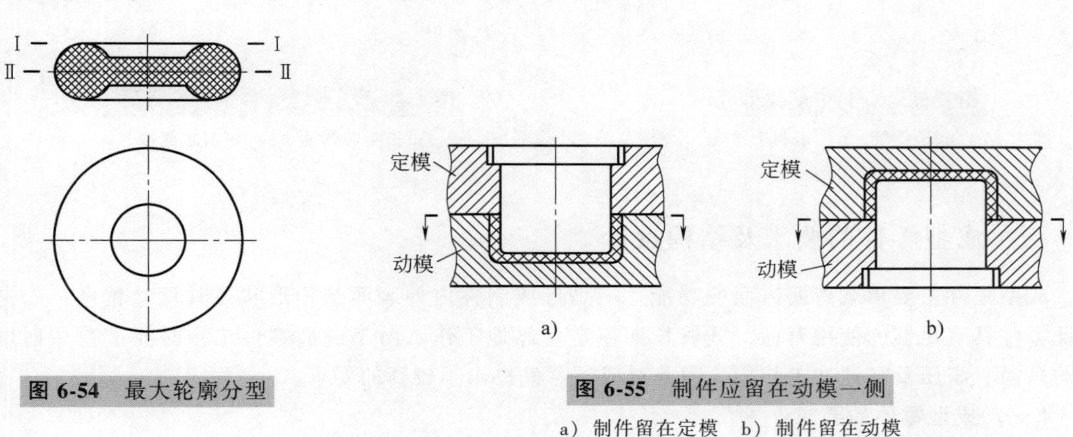

图 6-54　最大轮廓分型

图 6-55　制件应留在动模一侧

a）制件留在定模　b）制件留在动模

4）有利于保证制件外观质量。制件成型后其外表面上或轻或重都会留有分型面的痕迹。为使制件外表面平滑光顺，分型面应尽量选在不影响制件外观质量的位置。图 6-57a 所示的设计较为合理，其分型面与制件的轮廓棱线重合，不影响外观质量；而图 6-57b 所示的设计不合理，因制件成型后其光滑外表面上会留有明显的分型线痕迹，影响外观质量。

5）有利于排气。为便于合模后型腔内的气体能够顺利由分型面间隙排出，分型面应尽可能与熔体充模流动末端重合。图 6-58a 所示的设计较为合理，而图 6-58b 所示的设计则不利于型腔内气体的排出。

6）长型芯应置于开模方向。当制件在互相垂直的两个方向上都需要设置型芯时，应将较短的型芯置入侧抽芯方向，以减小侧向抽芯距离。图 6-59a 所示的设计不合理，而图 6-59b 中将长型芯置入开模方向较为合理。

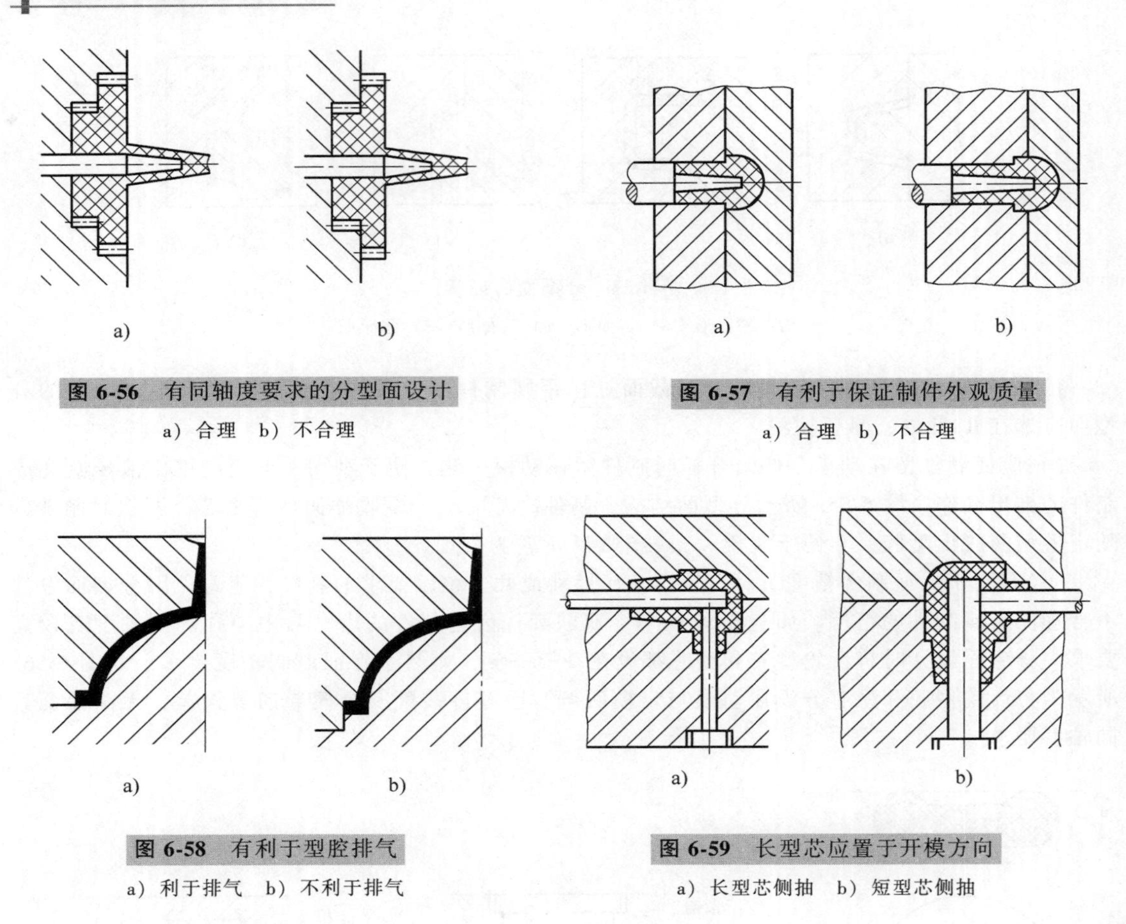

图6-56　有同轴度要求的分型面设计
a）合理　b）不合理

图6-57　有利于保证制件外观质量
a）合理　b）不合理

图6-58　有利于型腔排气
a）利于排气　b）不利于排气

图6-59　长型芯应置于开模方向
a）长型芯侧抽　b）短型芯侧抽

二、成型零件的要求及结构设计

成型零件主要承载着两方面的功能：一是形成制件内外表面结构形状及其尺寸精度；二是保证零件具有足够的使用寿命，能够长期稳定可靠地工作。由于成型零件工作时要遭受注射熔体的高温、高压及高速冲击作用，因此对成型零件提出了较高的要求。

（一）成型零件的要求

1）具有足够的强度、刚度，以承受较高的工作应力。

2）具有足够的硬度、耐磨性和抗疲劳性能，以抵抗充模时高速熔体的冲蚀和制件脱模时的刮磨，以及连续的冷热交变应力作用。成型零件的硬度一般要求达到40HRC或更高。

3）具有优良的耐蚀性。有些塑料（如PVC、POM等）成型加工时会产生某些有害的腐蚀性气体，造成成型零件表面腐蚀损伤。因此，应选用优质耐蚀钢或对成型零件表面进行防腐处理（如镀硬铬、化学镀Ni-P合金等）。

4）成型零件材料的抛光性要好。成型零件表面粗糙度值一般要求在$Ra0.4\mu m$以下，有些成型零件甚至要求达到镜面级表面粗糙度。

5）切削加工性能好，不易产生加工变形；热处理变形要小，淬透性好。

6）材料焊接性能好，便于损伤时修补。

7）成型零件的结构应合理，便于加工、装配与拆卸、维修。

（二）成型零件结构设计

1. 型腔结构设计

型腔用于成型制件外表面的结构形状，要求尺寸、形状准确，表面粗糙度值低。型腔有整体式、镶拼式及组合式等多种结构形式。

（1）整体式型腔　整体式型腔是由整块模具钢材加工而成的，如图 6-60 所示。整体式型腔的特点是强度高，刚性强，型腔表面没有拼接痕迹，成型制件外观质量好。但整体式型腔加工不便，特别是型腔尺寸较大时，切削加工量大，加工时间长，浪费钢材，热处理不够方便。因此，整体式型腔仅适用于形状简单的中小型制件。

（2）镶拼式型腔　镶拼式型腔便于加工，且易于保证加工精度，还可节约优质钢材。根据型腔的结构特点和复杂程度，可分为整体镶拼式型腔和局部镶拼式型腔。

整体镶拼式型腔是由整块模具钢加工制成并镶装在模板上，如图 6-61 所示。其特点是加工方便，镶块可采用与模板不同的材料及热处理工艺，维修更换方便，适用于制件尺寸较小的多型腔模具。

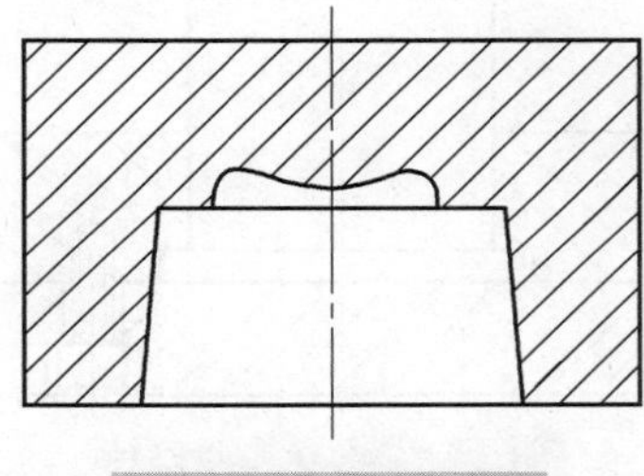

图 6-60　整体式型腔

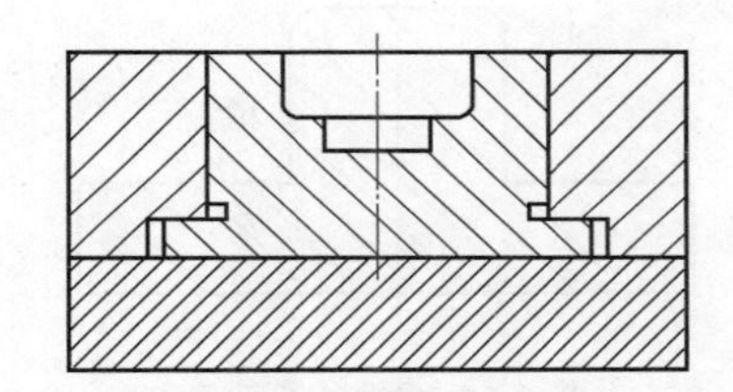

图 6-61　整体镶拼式型腔

局部镶拼式型腔是指型腔的某一局部结构不与型腔整体一起加工，而是单独加工在另外一个镶块上，然后再镶装到型腔主体结构上，如图 6-62 所示。局部镶拼式型腔可解决型腔加工与抛光困难，便于采用不同材料或热处理工艺，拆卸维修方便，同时成型时排气好，但制件外表面会有镶拼痕迹。

（3）组合式型腔　组合式型腔的侧壁和底部均由不同的零件组合而成，如图 6-63 所示，各组成零件分别加工后通过精确装配组合在一起。为保证型腔整体的刚性，可将组成型腔四面侧壁的零件采用互相扣锁式结构拼合在一起，再用整体模框将其套装起来形成一个紧密配合的组合体，模框与底板可用螺钉紧固联接。若型腔四壁均为侧滑块式结构，则其拼块需靠合模后，

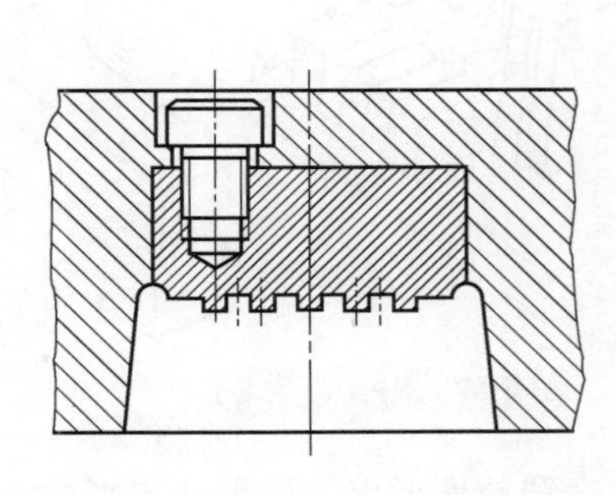

图 6-62　局部镶拼式型腔

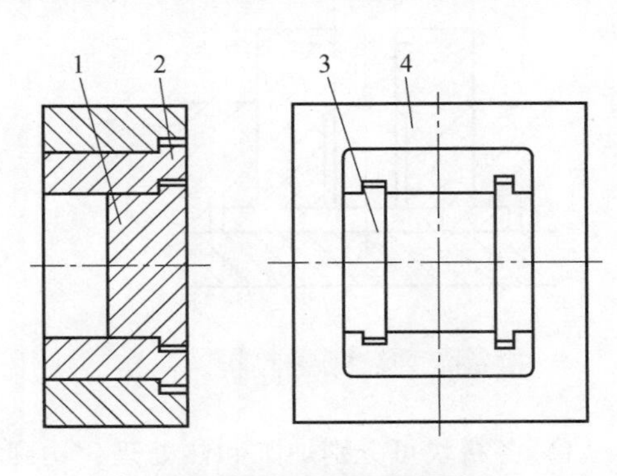

图 6-63　组合式型腔

1—底部镶块　2、3—侧壁镶块　4—模框

锁紧机构来保证型腔拼合的精度。

组合式型腔的特点是型腔加工与抛光方便，成型时排气效果好，但制件外观会有拼合线痕迹，适合大型或结构复杂的制件。

2. 型芯结构设计

型芯用于成型制件内表面的结构与形状。要求型芯尺寸、形状准确，尤其当制件内廓尺寸有配合要求时。型芯表面粗糙度的要求一般可低于型腔。型芯按结构的不同也可分为整体式、镶拼式及组合式。

（1）整体式型芯　整体式型芯的结构是将模板与型芯做成一体，采用同一种材料加工而成，如图6-64所示。其特点是结构简单，强度与刚性好，但浪费材料，加工时间长；磨损和损伤时，不易修复和更换；适用于内表面形状简单的小型模具。

（2）镶拼式型芯　镶拼式型芯也可分为整体镶拼和局部镶拼的结构。整体镶拼结构就是将主体型芯做成一个单独的零件，然后再镶装到模板中并紧固，如图6-65所示。其特点是节约优质模具钢材，便于加工和热处理，常用于大中型模具。

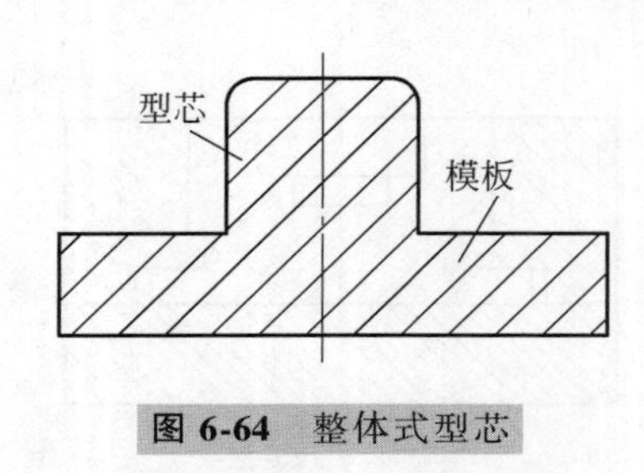

图6-64　整体式型芯

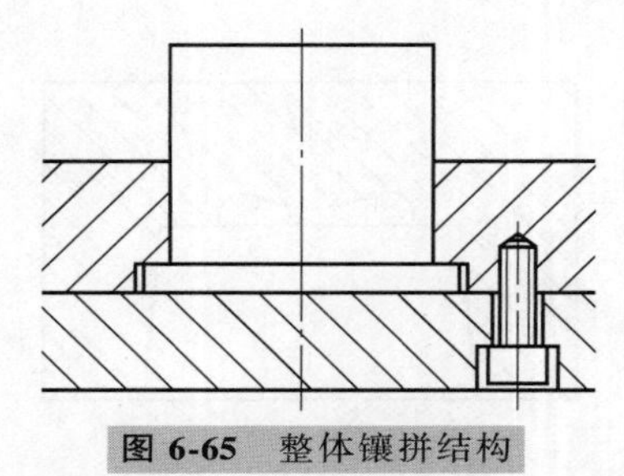
图6-65　整体镶拼结构

局部镶拼型芯是在整体镶拼型芯中可再镶入局部的小型芯或镶块，形成局部镶拼结构，如图6-66所示。局部镶拼式型芯便于加工和型芯表面抛光，但设计时要考虑强度与刚度要求，避免型芯工作时发生弯曲变形或断裂。型芯的安装固定应牢固可靠，不允许有任何松动。通常采用台肩或螺钉紧固，方便可靠。

（3）组合式型芯　组合式型芯是由多个分解独立的小型芯镶拼组合而成为主体型芯，多用于难以整体加工的复杂型芯，如图6-67所示。其特点如下：

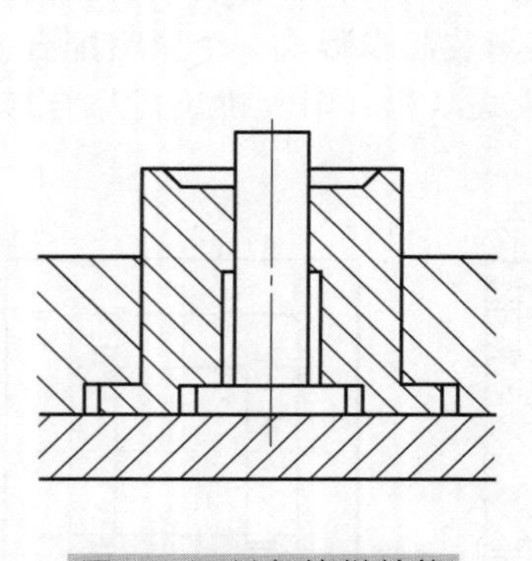
图6-66　局部镶拼结构

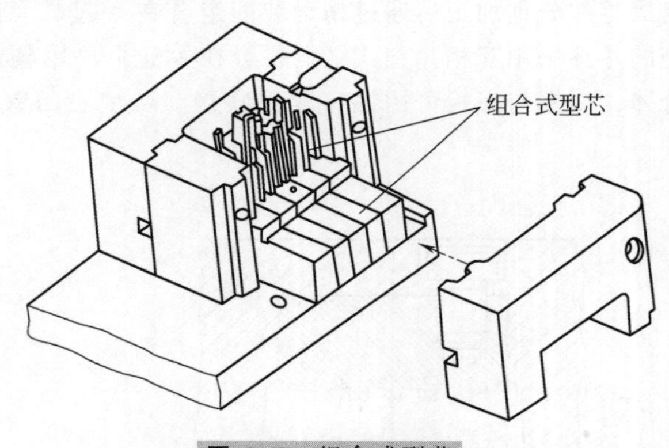

图6-67　组合式型芯

1）各拼块可分别加工和热处理，达到不同的尺寸精度和硬度要求，以提高成型零件的强度、刚度和耐磨性，延长模具的精度保持性和使用寿命。

2）便于进行精密磨削加工，提高零件尺寸精度及互换性，有利于成型零件维修与更换。

3）对每一个拼块可分别加工脱模斜度和进行表面抛光，拼合间隙有利于制件成型时排气。

4）由于组合拼块数量较多，每块的加工误差要求严格，提高了加工难度。

5）组合式型芯不利于模具冷却系统的设计。

三、成型零件工作尺寸

成型零件工作尺寸直接影响制件的尺寸精度。模具设计时应根据制件的尺寸精度等级要求，合理确定相应的成型零件工作尺寸。

（一）工作尺寸分类和规定

成型零件工作尺寸，是指成型零件上直接与塑料熔体接触并形成制件整体几何形状和结构的尺寸。根据制件结构形状及其与模具零件的对应关系，可将成型零件工作尺寸分为型腔尺寸、型芯尺寸和中心距尺寸。型腔尺寸包括径向尺寸和深度尺寸；型芯尺寸包括径向尺寸和高度尺寸；其中型腔径向尺寸属于包容尺寸，当型腔工作磨损后，该尺寸趋于增大；型芯径向尺寸属于被包容尺寸，型芯工作磨损后该尺寸趋于减小。中心距尺寸一般指成型零件上某些对称结构之间的距离，如孔间距、柱间距、凹槽间距和凸块或凸台间距等。这类尺寸通常不受摩擦磨损的影响，因此可视为不变的尺寸。

不同类型的工作尺寸需采用不同的设计计算方法。为使成型零件尺寸计算规范统一，计算之前，需对制件和成型零件工作尺寸的标注形式和偏差分布做出相应的规定，如图 6-68 所示。具体规定的原则如下：

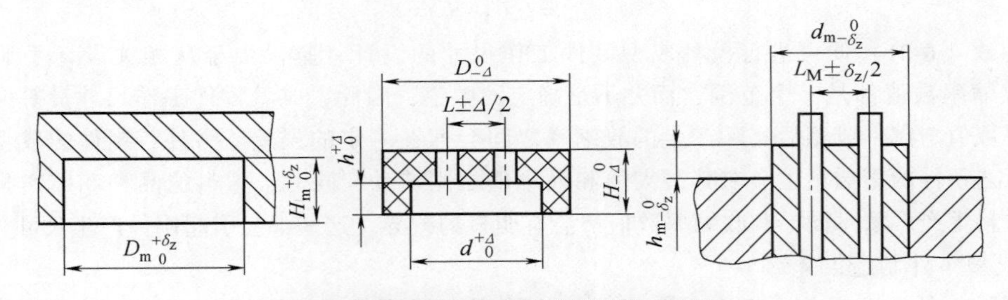

图 6-68 制件与成型零件尺寸标注

1）制件的外形尺寸采用单向负偏差，名义尺寸为最大值；形成制件外形尺寸的型腔尺寸采用单向正偏差，名义尺寸为最小值。

2）制件的内形尺寸采用单向正偏差，名义尺寸为最小值；形成制件内形尺寸的型芯尺寸采用单向负偏差，名义尺寸为最大值。

3）制件和成型零件上的中心距尺寸均采用双向等值正、负偏差，它们的基本尺寸均为平均值。

对于制件图上标注的不符合上述规定的尺寸和偏差，应按此规定进行换算。

（二）影响制件尺寸精度的因素

制件成型时影响其尺寸精度的因素有很多，不同因素间的影响关系也十分复杂。由此导致制件成型后的实际尺寸偏离了名义尺寸。成型零件工作尺寸设计时就是要保证制件成型时，不同因素综合作用引起的制件总的尺寸误差 δ，不能超过制件设计图上标定的允许尺寸公差 Δ，即满足

$$\delta \leqslant \Delta \tag{6-28}$$

其中制件总的尺寸误差 δ，主要是由以下几个方面因素引起的，即

$$\delta = \delta_s + \delta_z + \delta_c + \delta_j \tag{6-29}$$

式中　δ_s——制件成型材料收缩引起的尺寸误差；

δ_z——成型零件制造误差；

δ_c——成型零件磨损引起的尺寸误差；

δ_j——拼合零件配合间隙引起的尺寸误差。

以上各种因素引起的尺寸偏差，并不是对所有制件都同时存在，其影响程度也各不相同。

1. 制件的成型收缩

成型时，受模具结构形状、成型工艺条件及注射机性能和塑料的材料特性等多种因素的影响，制件冷却脱模后其尺寸均小于模具成型零件的尺寸，这种现象称为制件的成型收缩。成型收缩的大小，通常用收缩率来表征。而成型收缩率又有实际收缩率和计算收缩率之分。计算实际收缩率时，需用成型零件在模具工作温度下的尺寸，但模具工作温度下的成型零件尺寸是无法测量的。而计算计算收缩率时采用的是成型零件在室温下的尺寸。因此，实际生产中，模具成型零件工作尺寸的计算都按计算收缩率进行。计算收缩率可表示为

$$S_j = \frac{L_M - L_S}{L_S} \times 100\% \tag{6-30}$$

式中　S_j——计算收缩率，用百分数表示，不同塑料的收缩率数值可从相关材料手册中查得；

L_M——模具成型零件在室温下的实际尺寸（mm）；

L_S——制件成型收缩后的尺寸（mm）。

由式（6-30）可得模具成型零件工作尺寸的计算式为

$$L_M = L_S(1+S_j) \tag{6-31}$$

应用式（6-31）便可进行模具成型零件工作尺寸的设计计算。由于从相关设计手册上查得的塑料收缩率数值都是一个范围，而并不是确定的数值，因此，成型零件工作尺寸计算时所采用的收缩率数值与制件成型后实际产生的收缩率之间会存在一定的误差。另外，制件的成型收缩率受成型工艺条件的影响，也会在其最大值和最小值之间波动；同时，塑料的品种和生产批次不同或同种材料生产厂家不同，其收缩率数值都会有明显的差异。这些都会引起制件产生尺寸偏差。

2. 成型零件制造误差

成型零件的制造误差包括零件自身的加工误差和由零件的装配关系引起的误差两个方面。加工误差与成型零件的尺寸大小和加工方法及所用设备精度有关。装配误差主要由成型零件的安装位置误差和配合间隙引起的。因此，成型零件设计时，应严格控制这些误差。生产实践中，一般要求成型零件的制造公差不应超过制件相应尺寸公差值 Δ 的 1/3。表 6-5 是制件公差等级与成型零件制造公差等级的对应关系，可供设计参考。

表 6-5　制件公差等级与成型零件制造公差等级的对应关系

塑料模塑件尺寸公差（GB/T 14486—2008）	MT1	MT2	MT3	MT4	MT5	MT6	MT7
制造公差等级（GB/T 1800.1—2009）	IT8	IT9	IT10	IT11	IT12	IT13	IT14

3. 成型零件磨损

成型零件的磨损主要来自于注射充模时，高速流动熔体对成型零件的冲蚀和制件脱模时对成型零件产生的刮磨。尤其是型芯表面受磨损最为严重，而型芯端面几乎不产生磨损。磨损引起的制件尺寸偏差 δ_c 与制件尺寸大小无关，而与制件的材料及成型零件的耐磨性紧密相关。当制件材料中带有玻璃纤维等硬质填料或成型零件表面硬度较低、表面粗糙度值较大时，其磨损

量就较大。工程实际中，为保证制件的尺寸精度，对中小型制件一般要求成型零件的最大磨损量不应大于制件尺寸公差值 Δ 的 1/6。

4. 配合间隙引起的误差

模具成型零件中的镶拼结构或组合结构以及活动式成型零件和侧抽芯或侧滑块等结构，都可能由于其装配时的配合间隙不当而引起制件的尺寸误差。模具中的定位或导向零件的配合间隙，也会引起制件壁厚尺寸误差。模具分型面的间隙将会引起制件高度尺寸误差。因此，模具设计、制造及装配时，必须严格控制零件的配合间隙。

（三）成型零件工作尺寸计算

1. 成型零件工作尺寸计算方法

成型零件工作尺寸计算方法主要有两种：一种是平均值方法，另一种是公差带方法。平均值方法使用简单方便，广泛应用于一般尺寸精度制件的模具设计。但由于它是采用统计平均的方法推导得出计算成型零件工作尺寸计算公式，因此其计算结果易出现较大误差，尤其当制件尺寸精度要求较高或尺寸较大时。因此，当制件尺寸精度要求较高时，应采用公差带方法计算成型零件工作尺寸。公差带方法的基本思想是要保证成型后的制件尺寸均落在规定的公差范围之内，其具体做法是先以制件材料出现最大收缩率时能满足制件最小尺寸要求，计算出成型零件工作尺寸；再校核制件可能出现的最大尺寸是否在其规定的公差带之内。或者按制件材料出现最小收缩率时满足制件最大尺寸要求，计算成型零件工作尺寸；然后校核制件可能出现的最小尺寸是否在其公差带范围内。使用公差带方法计算时，先要画出成型零件工作尺寸和相应的制件尺寸公差带结构图，然后根据公差带结构图的关系写出计算成型零件工作尺寸公式。用这种方法计算的零件尺寸误差较小，但不如平均值方法简便。下面主要介绍用平均值方法计算成型零件工作尺寸。

2. 用平均值方法计算成型零件工作尺寸

平均值法是将塑料的材料收缩率、零件制造偏差和磨损量均取平均值，制件的尺寸偏差也取平均值来计算。

（1）型腔、型芯径向尺寸

1）型腔径向尺寸。根据图 6-68 所示的制件与成型零件尺寸标注形式及规定原则，对于制件，设计图上规定的径向尺寸应为 $D_{-\Delta}^{\ 0}$。按照统计规律，成型出的制件合格尺寸的平均值是 $D-\Delta/2$；对于模具型腔，设计图上规定的径向尺寸应该是 $D_{M}{}_{\ 0}^{+\delta_z}$，同样按统计规律，型腔加工后合格的径向尺寸平均值为 $D_M+\delta_z/2$。考虑到型腔径向尺寸在工作过程中因磨损会变大，设型腔允许的磨损量为 δ_c，则当磨损量达到其允许值之半即 $\delta_c/2$ 时，则型腔径向尺寸平均值变为

$$D_M+\frac{\delta_z}{2}+\frac{\delta_c}{2}$$

再将制件平均尺寸 $D-\Delta/2$ 和模具型腔平均尺寸 $D_M+\delta_z/2+\delta_c/2$ 代入式（6-31），并将式中的 L_M 和 L_S 改换为相应的模具成型零件和制件尺寸，计算收缩率 S_j 取为平均收缩率 S_{pj}，则可以得到

$$D_M+\frac{\delta_z}{2}+\frac{\delta_c}{2}=\left(D-\frac{\Delta}{2}\right)(1+S_{pj})$$

将等式右端括号展开并略去极小项 $\frac{\Delta}{2}\cdot S_{pj}$，整理后得到

$$D_M=D(1+S_{pj})-\frac{1}{2}(\Delta+\delta_z+\delta_c)$$

上式标注上制造公差即为

$$D_{M}{}_{0}^{+\delta_z}=\left[D(1+S_{pj})-\frac{1}{2}(\Delta+\delta_z+\delta_c)\right]_0^{+\delta_z} \tag{6-32}$$

式（6-32）中，$S_{pj}=1/2(S_{max}+S_{min})$，其中 S_{max} 和 S_{min} 分别为塑料的最大收缩率和最小收缩率。式（6-32）不仅适用于圆形型腔径向尺寸，也适用于方形、矩形和其他异形型腔横截面长、宽尺寸。

2）型芯径向尺寸。型芯作为轴用于成型制件内表面，而制件内形是孔。制件设计图上标注的尺寸为 $d_{0}^{+\Delta}$，成型后的制件平均尺寸应为 $d+\Delta/2$；对于型芯，设计图上标注的尺寸范围是 $d_{M}{}_{-\delta_z}^{0}$，加工后的型芯平均径向尺寸是 $d_M-\delta_z/2$；工作磨损后型芯径向尺寸减小，当磨损量达到允许值之半时，型芯平均径向尺寸变为

$$d_M-\frac{\delta_z}{2}-\frac{\delta_c}{2}$$

将制件平均尺寸 $d+\Delta/2$ 和成型零件平均尺寸 $d_M-\dfrac{\delta_z}{2}-\dfrac{\delta_c}{2}$ 代入式（6-31），经整理并标注上制造公差后得到

$$d_{M}{}_{-\delta_z}^{0}=\left[d(1+S_{pj})+\frac{1}{2}(\Delta+\delta_z+\delta_c)\right]_{-\delta_z}^{0} \tag{6-33}$$

式（6-33）不仅可用于圆形型芯径向尺寸计算，也可用于方形、矩形或其他异形横截面型芯的长、宽尺寸。

（2）型腔深度尺寸、型芯高度尺寸　由于制件脱模时型腔深度和型芯高度尺寸不会产生磨损，因此其尺寸计算时不考虑磨损引起的尺寸误差。

1）型腔深度尺寸。依照上述同样的方法，可得到型腔深度尺寸计算公式为

$$H_{M}{}_{0}^{+\delta_z}=\left[H(1+S_{pj})-\frac{1}{2}(\Delta+\delta_z)\right]_0^{+\delta_z} \tag{6-34}$$

2）型芯高度尺寸。同理得到的型芯高度尺寸计算公式为

$$h_{M}{}_{-\delta_z}^{0}=\left[h(1+S_{pj})+\frac{1}{2}(\Delta+\delta_z)\right]_{-\delta_z}^{0} \tag{6-35}$$

（3）中心距尺寸　根据中心距类尺寸采用双向等值正、负偏差的规定，可得到中心距尺寸的计算公式为

$$L_M\pm\frac{\delta_z}{2}=L(1+S_{pj})\pm\frac{\delta_z}{2} \tag{6-36}$$

上述计算公式中，成型零件制造公差 δ_z 一般取制件尺寸公差 Δ 的 1/3，即 $\delta_z=\Delta/3$，磨损误差 Δ_c 一般取制件公差 Δ 的 1/6，即 $\delta_c=\Delta/6$。

对于模具成型零件的其他类尺寸可参照上述计算方法处理。

【例 6-2】　图 6-69 所示为连接套制件，材料为 PA6。试按平均收缩率法，计算成型该制件的模具型腔、型芯尺寸，计算时忽略脱模斜度。

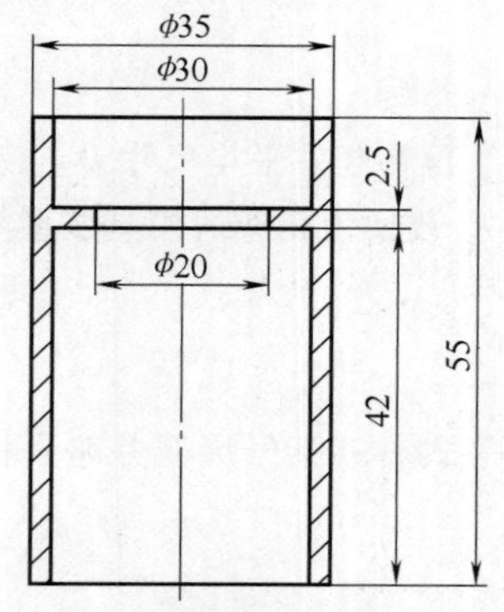

图 6-69　连接套制件

解　依据 PA6 材料的成型工艺特性，查得材料的收缩率范围为 0.5%～2.2%，取其平均值为 $S_{pj}=1.35\%$。

（1）计算型腔尺寸

1）型腔径向尺寸。应用型腔径向尺寸公式（6-32）进行计算。由于制件精度等级为一般，其尺寸公差 $\Delta=0$，因此，制造误差 $\delta_z=\Delta/3=0$，磨损误差 $\delta_c=\Delta/6=0$，将制件直径尺寸及误差代入

公式，求得型腔径向尺寸为

$$D_{M}{}_{0}^{+\delta_z}=\left[D(1+S_{pj})-\frac{1}{2}(\Delta+\delta_z+\delta_c)\right]_{0}^{+\delta_z}$$

$$=35\text{mm}\times(1+0.0135)=35.4725\text{mm}=35.47\text{mm}$$

2）型腔深度尺寸。将型腔深度尺寸及相关参数代入式（6-34），同样由于 $\Delta=0$、$\delta_z=0$，因此，型腔深度尺寸为

$$H_{M}{}_{0}^{+\delta_z}=\left[H(1+S_{pj})-\frac{1}{2}(\Delta+\delta_z)\right]_{0}^{+\delta_z}$$

$$=55\text{mm}\times(1+0.0135)=55.7425\text{mm}=55.74\text{mm}$$

（2）计算型芯尺寸

1）型芯径向尺寸。根据制件结构特点，模具型芯应设计为上下两段，并分别计算尺寸；其中制件内孔 ϕ20mm 部分与上型芯设计为一体。由于制件尺寸公差 $\Delta=0$，因此，$\delta_z=0$，$\delta_c=0$。将型芯径向尺寸及相关参数代入式（6-33），即可求得型芯径向尺寸。

① 上型芯径向尺寸。制件直径 ϕ30mm 部分的型芯径向尺寸为

$$d_{M}{}_{-\delta_z}^{0}=\left[d(1+S_{pj})+\frac{1}{2}(\Delta+\delta_z+\delta_c)\right]_{-\delta_z}^{0}$$

$$=30\text{mm}\times(1+0.0135)=30.405\text{mm}=30.41\text{mm}$$

制件直径 ϕ20mm 部分的型芯径向尺寸为

$$d_{M}{}_{-\delta_z}^{0}=\left[d(1+S_{pj})+\frac{1}{2}(\Delta+\delta_z+\delta_c)\right]_{-\delta_z}^{0}$$

$$=20\text{mm}\times(1+0.0135)=20.27\text{mm}$$

② 下型芯径向尺寸。由于制件上下两端内孔直径均为 ϕ30mm，因此下型芯径向尺寸与上型芯径向尺寸相同，均为 $d_M=30.41$mm。

2）型芯高度尺寸。型芯高度尺寸应用式（6-35）进行计算。

① 上型芯高度尺寸。上型芯高度尺寸分为两段，即制件直径 ϕ30mm 部分的高度和直径 ϕ20mm 部分的高度。由图 6-69 可知直径 ϕ30mm 部分的高度为 10.5mm，直径 ϕ20mm 部分的高度为 2.5mm。将这些数据分别代入式（6-35），即可得到：

制件直径 ϕ30mm 部分的型芯高度为

$$h_{M}{}_{-\delta_z}^{0}=\left[h(1+S_{pj})+\frac{1}{2}(\Delta+\delta_z)\right]_{-\delta_z}^{0}$$

$$=10.5\text{mm}\times(1+0.0135)=10.642\text{mm}=10.64\text{mm}$$

制件直径 ϕ20mm 部分的型芯高度为

$$h_{M}{}_{-\delta_z}^{0}=\left[h(1+S_{pj})+\frac{1}{2}(\Delta+\delta_z)\right]_{-\delta_z}^{0}$$

$$=2.5\text{mm}\times(1+0.0135)=2.53375\text{mm}=2.53\text{mm}$$

因此，上型芯总的高度为 $h=10.64\text{mm}+2.53\text{mm}=13.17\text{mm}$。

② 下型芯高度尺寸。图 6-69 中给出下型芯高度尺寸为 42mm，代入型芯高度尺寸公式，可得

$$h_{M}{}_{-\delta_z}^{0}=\left[h(1+S_{pj})+\frac{1}{2}(\Delta+\delta_z)\right]_{-\delta_z}^{0}$$

$$=42\text{mm}\times(1+0.0135)=42.567\text{mm}=42.57\text{mm}$$

四、型腔壁厚计算

制件成型时，模具型腔内的塑料熔体具有很高的压力，型腔侧壁和底板必须具有足够的厚度来承受这一压力。厚度过小会使型腔刚度减弱而产生弹性变形或强度不足而发生塑性断裂；对于镶拼式型腔或组合式型腔，过大的弹性变形将导致零件拼合间隙增大而发生溢料，甚至发生零件破坏。因此，成型零件设计时需对型腔厚度进行强度与刚度校核。

（一）型腔壁厚的强度与刚度设计依据

理论分析与生产实践都证明，因型腔尺寸大小不同，强度或刚度都可能成为模具失效的主要原因。但对于小尺寸模具，型腔强度往往是主要问题，因此需用强度计算公式进行型腔壁厚和底板厚度的设计计算，满足了强度条件必定能满足刚度条件。而对于大尺寸模具，型腔刚度成为主要问题，因此需用刚度计算公式进行型腔壁厚和底板厚度的设计计算，满足了刚度条件必能满足强度条件。如图6-70所示，对于组合式圆形型腔，当型腔压力 $p=49\text{MPa}$，型腔允许的变形量 $[\delta]=0.05\text{mm}$，型腔材料许用应力 $[\sigma]=157\text{MPa}$ 时，分别按强度和刚度条件计算得到型腔壁厚与半径的关系曲线。图6-70中 A 点即为按强度或刚度条件计算型腔壁厚尺寸的分界点。

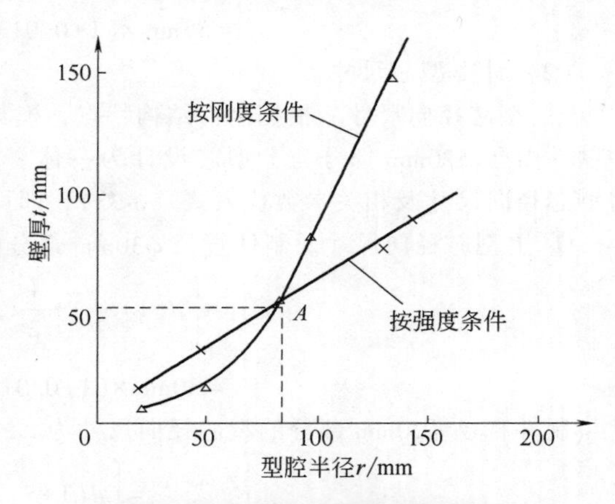

图6-70　型腔壁厚与半径的关系

型腔壁厚的计算方法主要有传统的力学分析法和现代的有限元法或边界元法等数值计算分析方法。这里仅介绍用传统的力学分析法计算型腔壁厚强度与刚度问题。

型腔壁厚强度计算时，应使型腔所受应力 σ 不超过型腔材料的许用应力 $[\sigma]$，即满足

$$\sigma \leqslant [\sigma] \tag{6-37}$$

型腔壁厚刚度计算时，应使型腔产生的弹性变形 δ 不超过许用的变形量 $[\delta]$，即满足

$$\delta \leqslant [\delta] \tag{6-38}$$

确定型腔刚度计算时的许用变形量 $[\delta]$，通常需考虑以下三个方面条件。

（1）确保型腔不发生溢料　当型腔在高压熔体作用下，发生过大的弹性变形或使零件配合间隙增大时，会产生溢料，造成制件产生飞边。因此型腔设计时，需根据不同塑料的溢料间隙来确定型腔刚度设计的允许变形量。表6-6为常用塑料的溢料间隙。

（2）保证制件尺寸精度　成型零件的弹性变形引起的制件尺寸偏差，不应超过制件尺寸公差的允许值。因此，对中小型模具，在型腔工作压力最大时，型腔的弹性变形量应小于制件尺寸公差的1/5。

（3）保证制件顺利脱模　当型腔壁厚较小时，型腔内熔体压力会使其产生弹性变形而向外扩张，导致更多的熔体被注入型腔；当型腔变形扩张量超过制件成型收缩值时，熔体冷却后型腔因弹性变形的恢复会紧紧抱住制件，使制件被卡紧在型腔内，导致脱模困难。因此，型腔允许的变形量应小于制件壁厚的收缩值，即

$$[\delta] \leqslant tS \tag{6-39}$$

式中　$[\delta]$——型腔允许变形量（mm）；

t——制件壁厚（mm）；

S——塑料收缩率。

表 6-6　常用塑料的溢料间隙

塑料黏度特性与品种	溢料间隙/mm
低黏度：PE、PP、PA、POM	≤0.025~0.04
中黏度：PS、ABS、PMMA	≤0.04~0.06
高黏度：PVC、HPVC、PSU	≤0.06~0.08

（二）型腔侧壁厚度计算

按照型腔结构形式的不同，对圆形或矩形的整体式型腔和组合式型腔，应分别计算其侧壁厚。

1. 圆形型腔

（1）整体式圆形型腔

1）按刚度条件计算。整体式圆形型腔在熔体压力作用下，因受底部板厚的约束，其变形量随型腔深度 h 的增大而变大，型腔底部变形为零，如图 6-71 所示。型腔壁厚 S 为

$$S \geqslant 1.15\left(\frac{ph^4}{E[\delta]}\right)^{\frac{1}{3}} \tag{6-40}$$

式中　S——型腔壁厚（mm）；

h——型腔深度（mm）；

p——型腔压力（MPa）；

E——型腔材料弹性模量（MPa），碳钢 $E=2.1\times10^5$MPa；

$[\delta]$——型腔允许的变形量（mm）。

2）按强度条件计算。整体式圆形型腔受内部压力作用时，上口部分将产生最大位移，相应的最大剪切应力也在该处。其壁厚计算公式为

$$S \geqslant r\left[\left(\frac{[\sigma]}{[\sigma]-2p}\right)^{\frac{1}{2}}-1\right] \tag{6-41}$$

式中　r——型腔半径（mm）；

$[\sigma]$——模具材料的许用应力（MPa）。

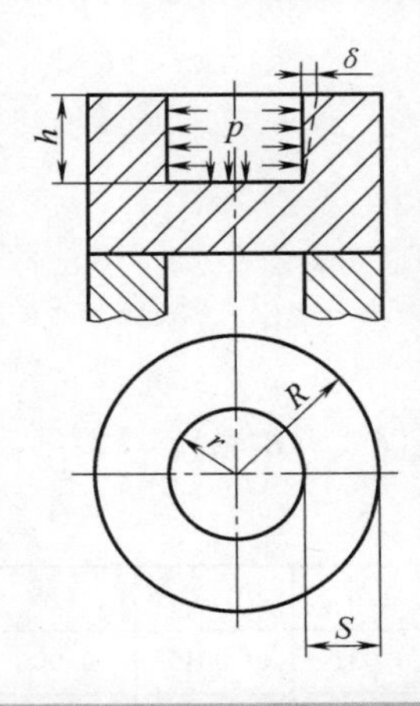

图 6-71　整体式圆形型腔壁厚计算

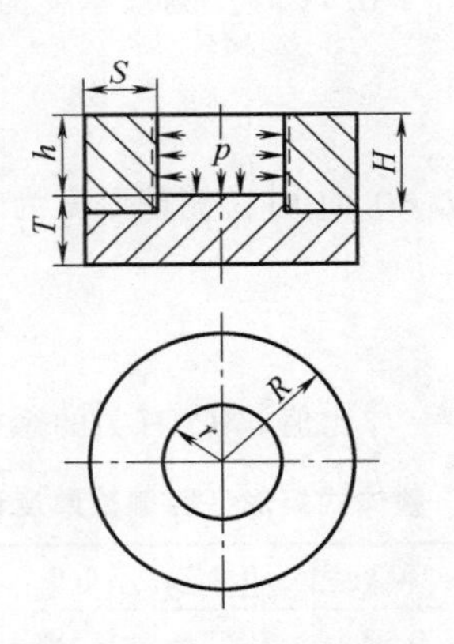

图 6-72　组合式圆形型腔壁厚计算

（2）组合式

1）按刚度条件计算。组合式圆形型腔可视为两端相通的厚壁圆筒与底板组合而成，如图6-72所示。受型腔内熔体压力作用，型腔侧壁将产生均匀向外扩张而使其直径增大（图中虚线），并使侧壁和底板配合处产生间隙，其值δ为

$$\delta=\frac{rp}{E}\left(\frac{R^2+r^2}{R^2-r^2}+\mu\right)$$

式中 R——型腔外半径（mm）；

r——型腔内半径（mm）；

μ——钢材泊松比，$\mu=0.25$，其他符号含义同式（6-40）。

按$\delta\leqslant[\delta]$，将$\mu=0.25$和侧壁厚度$S=R-r$代入上式，可得按刚度条件计算组合式圆形型腔侧壁厚度公式为

$$S\geqslant r\left[\left(\frac{0.75rp+[\delta]E}{[\delta]E-1.25rp}\right)^{\frac{1}{2}}-1\right] \tag{6-42}$$

公式中符号含义同前。

2）按强度条件计算。按第三强度理论推算可得组合式圆形型腔壁厚的强度计算公式，与式（6-41）相同。

2. 矩形型腔

（1）整体式矩形型腔

1）按刚度条件计算。整体式矩形型腔的四壁，每一边都可看作是三边固定，一边自由的矩形板，其受力情况如图6-73所示。在型腔压力作用下，矩形板的最大挠度必产生在自由边的中点，即侧壁上口边缘中点。按此可推得，整体式矩形型腔的刚度条件为

$$C\frac{Ph^4}{ES^3}+\frac{\alpha PhL_1^2}{2EF}\leqslant[\delta] \tag{6-43}$$

式中 C——与型腔深度和长边边长比h/L_1有关的系数，见表6-7；

F——与长边平行的短边侧壁和底板受拉横截面面积（mm^2），且$F=L_1(H-h)+2hS$；

α——短边与长边的边长之比，即L_2/L_1。

2）按强度条件计算。整体式矩形型腔受到熔体压力作用时，侧壁的最大弯矩出现的部位与h/L_1的比值有关，可按两种情况考虑，即：

当$h/L_1\geqslant0.41$时，侧壁厚度为

$$S\geqslant\left[\frac{pL_1^2(1+\omega\alpha)}{2[\sigma]}\right]^{\frac{1}{2}} \tag{6-44}$$

当$h/L_1<0.41$时，侧壁厚度为

$$S\geqslant\left[\frac{3ph^2(1+\omega\alpha)}{[\sigma]}\right]^{\frac{1}{2}} \tag{6-45}$$

式中 ω——与比值h/L_1有关的系数，见表6-7。其他符号含义同式（6-43）。

表6-7 整体式矩形型腔侧壁厚度计算有关系数

h/L_1	0.3	0.4	0.6	0.7	0.8	0.9	1.0	1.2	1.5	2.0
C	0.93	0.57	0.188	0.117	0.073	0.045	0.031	0.0015	0.006	0.002
ω	0.108	0.13	0.163	0.176	0.187	0.197	0.205	0.219	0.235	0.254

（2）组合式矩形型腔

1）按刚度条件计算。组合式矩形型腔受熔体压力作用时，四壁变形为两长边（L_1）变形大于两短边（L_2），当长、短边侧壁厚度相同时，长边能满足要求，短边亦能满足要求。因此，只计算长边壁厚即可。

组合式矩形型腔的结构如图 6-74 所示（侧壁与底部为分体结构），可分为两种情况计算。

当 $L_1 \gg L_2$，且 $S_2 \gg S_1$ 时，其壁厚为

$$S_1 \geqslant \left(\frac{phL_1^4}{32EH[\delta]}\right)^{\frac{1}{3}} \tag{6-46}$$

式中 L_1——型腔侧壁长边的长度（mm）；

h——型腔深度（受压部分）（mm）；

H——型腔包括底板在内的高度（mm）。

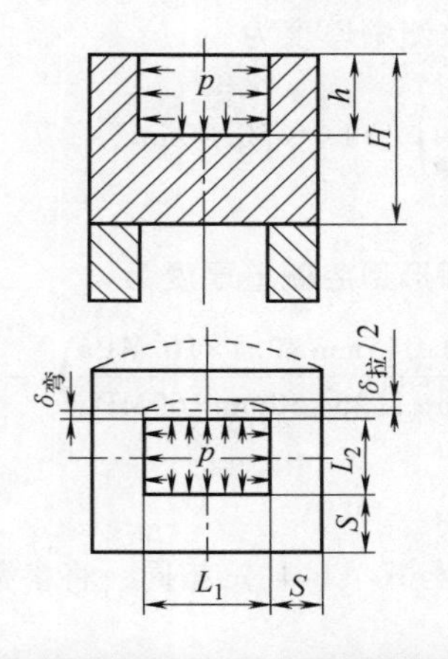

图 6-73 整体式矩形型腔壁厚计算

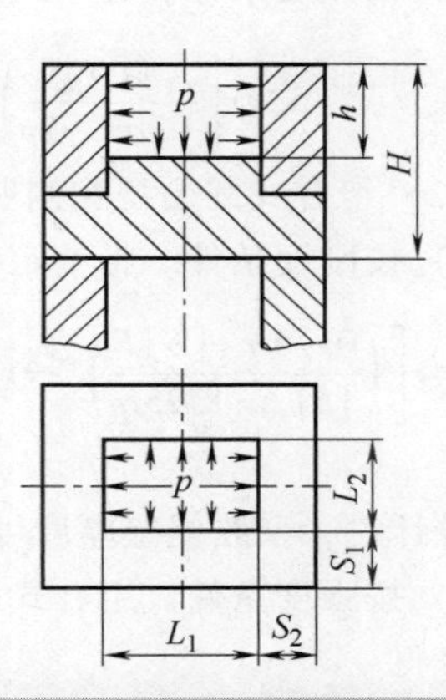

图 6-74 组合式矩形型腔壁厚计算

当长、短边壁厚相等，即 $S_1 = S_2$ 时，其壁厚为

$$\frac{pL_1^4 h}{32EHS^3}(L_1^2\beta + 8\alpha S^2) \leqslant [\delta] \tag{6-47}$$

式中 β——由短边与长边的边长比 α（L_2/L_1）决定的系数，见表 6-8。

2）按强度条件计算。当组合式矩形型腔的长、短边壁厚相等时，型腔侧壁的每一边都要受到弯曲应力与拉应力的双重作用，但侧壁所受总的应力（弯曲应力和拉应力之和）应小于材料的许用应力［σ］，即

$$\frac{phL_1^2}{2HS^2} + \frac{phL_2}{2HS} \leqslant [\sigma] \tag{6-48}$$

表 6-8 矩形型腔与边长比有关的系数 β

$\alpha = L_2/L_1$	0.1	0.2	0.3	0.4	0.5	0.6	0.7	0.8	0.9	1.0
β	1.36	1.64	1.84	1.96	2.00	1.96	1.84	1.64	1.3	1.00

【例 6-3】 已知成型某圆形壳体制件的模具型腔直径为 ϕ100mm，型腔深度为 50mm。制件材料为 ABS。试参照图 6-71 和图 6-72，对该制件的整体式圆形型腔和组合式圆形型腔结构，分别按刚度条件和强度条件计算型腔侧壁厚度。

解　根据给定制件材料，可查得ABS材料成型时的注射压力一般为80~150MPa，计算时取平均注射压力120MPa。受浇注系统阻力的影响，取注射压力损耗系数$K=0.5$，由此可得制件成型时的模具型腔压力$p=120\text{MPa}\times0.5=60\text{MPa}$。型腔材料选用普通中碳钢，许用应力$[\sigma]=160\text{MPa}$；钢材弹性模量$E=2.1\times10^5\text{ MPa}$。根据ABS材料黏度特性，由表（6-6）取型腔允许变形量$[\delta]=0.045\text{mm}$，作为刚度条件。

（1）整体式圆形型腔侧壁厚度计算

1）按刚度条件。将型腔尺寸及型腔压力等参数代入式（6-40），可得满足刚度条件的型腔侧壁厚度为

$$S\geqslant1.15\left(\frac{ph^4}{E[\delta]}\right)^{\frac{1}{3}}=1.15\times\left[\frac{60\text{MPa}\times(50\text{mm})^4}{2.1\times10^5\text{MPa}\times0.045\text{mm}}\right]^{\frac{1}{3}}\approx39.23\text{mm}$$

模具设计时，可将型腔侧壁厚度取整为40mm。

2）按强度条件。应用式（6-41），可得满足强度条件的型腔侧壁厚度为

$$S\geqslant r\left[\left(\frac{[\sigma]}{[\sigma]-2p}\right)^{\frac{1}{2}}-1\right]=50\text{mm}\times\left[\left(\frac{160\text{MPa}}{160\text{MPa}-2\times60\text{MPa}}\right)^{\frac{1}{2}}-1\right]\approx50.00\text{mm}$$

（2）组合式圆形型腔侧壁厚度计算

1）按刚度条件。将给定参数代入式（6-42），可得组合式圆形型腔侧壁厚度为

$$S\geqslant r\left[\left(\frac{0.75rp+[\delta]E}{[\delta]E-1.25rp}\right)^{\frac{1}{2}}-1\right]=50\text{mm}\times\left[\left(\frac{0.75\times50\text{mm}\times60\text{MPa}+0.045\text{mm}\times2.1\times10^5\text{MPa}}{0.045\text{mm}\times2.1\times10^5\text{MPa}-1.25\times50\text{mm}\times60\text{MPa}}\right)^{\frac{1}{2}}-1\right]$$
$$\approx21.63\text{mm}$$

模具设计时，型腔侧壁厚度可取整为25mm。

2）按强度条件。组合式圆形型腔侧壁厚度的强度计算公式与式（6-41）相同，将参数代入公式可得

$$S\geqslant r\left[\left(\frac{[\sigma]}{[\sigma]-2p}\right)^{\frac{1}{2}}-1\right]=50\text{mm}\times\left[\left(\frac{160\text{MPa}}{160\text{MPa}-2\times60\text{MPa}}\right)^{\frac{1}{2}}-1\right]\approx50.00\text{mm}$$

（三）动模垫板厚度计算

模具工作时，作用于动模型芯端面或动模型腔底面的熔体压力，会使动模垫板产生挠曲变形，如图6-75所示。而动模垫板与两个支承块之间的受力状态，类似于两端支承的简支梁，变形最大部位在动模垫板中心。模具设计时需要控制最大挠曲变形δ_{max}不能超过允许值。

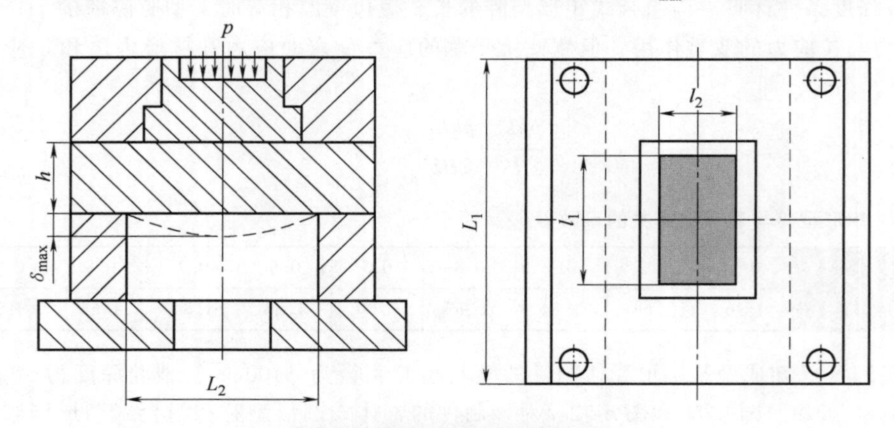

图6-75　矩形型腔动模垫板

(1) 按刚度条件计算　当垫板的允许挠曲变形为 $[\delta]$ 时，按刚度计算的动模垫板厚度为

$$h \geqslant 0.54L_2\left(\frac{pl_1l_2}{EL_1[\delta]}\right)^{\frac{1}{3}} \tag{6-49}$$

(2) 按强度条件计算　强度计算的动模垫板厚度为

$$h \geqslant 0.87L_2\left(\frac{pl_1}{L_1[\sigma]}\right)^{\frac{1}{2}} \tag{6-50}$$

上述公式中符号含义见图 6-75。按以上按刚度和强度条件计算，取其数值较大者作为设计依据。

若两支承块间的跨距较大，计算出的动模垫板厚度较大时，可采用增加支承柱的方法，而不用增加垫板厚度来提高刚性，如图 6-76 所示。

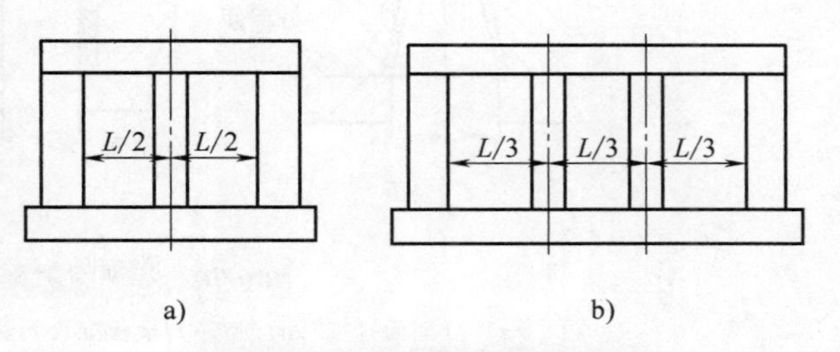

图 6-76　动模垫板的支承结构

a) 单支承柱　b) 双支承柱

五、排气结构设计

注射模具合模后，型腔及浇注系统空间内会充满空气。当高温高压熔体快速注入型腔时，型腔及浇注系统中的空气和原料中所含水分因高温蒸发而产生的气体、塑料分解产生的气体以及某些添加剂挥发或化学反应生成的气体，都必须能够顺畅地排出。否则会在制件表面产生灼伤、焦痕、缺料或是气体浸入制件内部造成气孔和组织疏松等缺陷。因此，模具设计时必须充分考虑型腔排气问题。

模具排气方式有多种，常见的有以下几种。

(一) 开设排气槽

对于成型大、中型或厚壁制件的模具以及当制件材料成型时释放的气体较多时，通常需要通过排气槽将型腔内的气体全部排出。排气槽一般开设在分型面上，并应尽量沿型腔周边或熔体最后充满的部位设置，以便于模具制造与日常的清理。图 6-77 所示为一矩形型腔分型面上的排气槽分布。排气槽的宽度为 5~10mm，深度一般在 0.01~0.03mm 之间，以气体能顺利排出而塑料熔体不能进入排气槽为宜，即应小于表 6-6 给出的材料溢料间隙值。

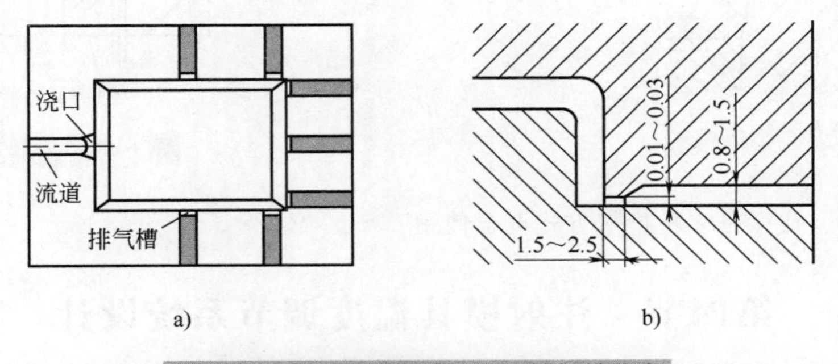

图 6-77　矩形型腔分型面上的排气槽分布

a) 型腔周边排气槽　b) 排气槽的尺寸

分型面上排气槽的排气方向不应朝向注射成型操作人员，排气槽最好呈曲线或折弯形状，以防气体高速喷出时烫伤操作人员。

（二）利用分型面或配合间隙排气

对于小型制件可不必专门开设排气槽，而是利用分型面或是零件配合间隙排气。例如推杆与推杆孔、脱模板与型芯、活动型芯或侧抽芯与孔以及镶拼零件与孔的配合间隙等，都可起到很好的排气作用，如图 6-78 所示。

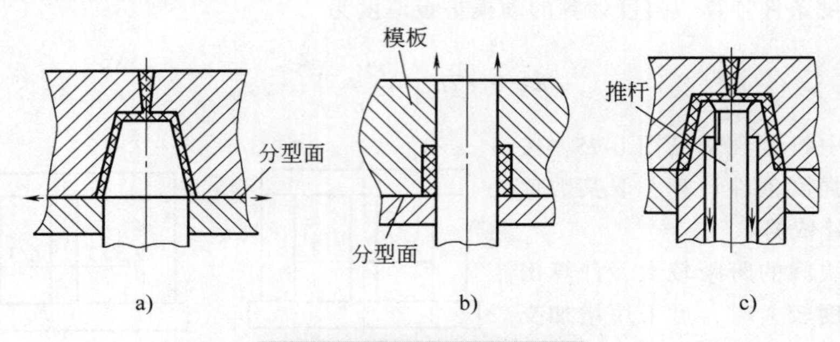

图 6-78　各种间隙排气结构

a）分型面排气　b）型芯与模板配合间隙排气　c）推杆间隙排气

（三）利用多孔金属排气

多孔金属是近年来新发展的一种内部具有均匀分布且相互联通、平均直径为 $\phi 7\mu m$ 或 $\phi 20\mu m$ 的孔隙结构金属材料，对模具型腔的排气具有很好的效果。尤其当型腔某部位排气困难时，选用多孔金属材料制作局部型腔镶块，排气效果十分明显，如图 6-79 所示。

模具使用期间应注意维护与清理，避免气孔堵塞。

（四）抽真空排气

高速注射成型或精密微型制件成型时，可采用抽真空排气方式，如图 6-80 所示。即在熔体注入型腔之前先用真空泵将型腔内的气体抽净，然后注入熔体。这种方式要求模具分型面平整，合模后贴合紧密，同时需增加密封措施并配备抽真空装置，但这会增加模具成本。

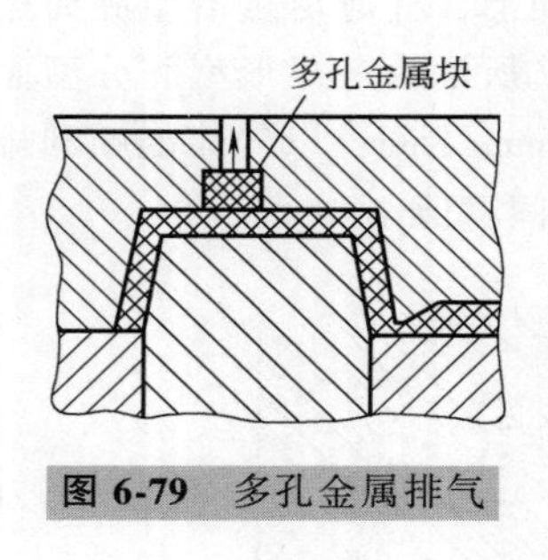

图 6-79　多孔金属排气

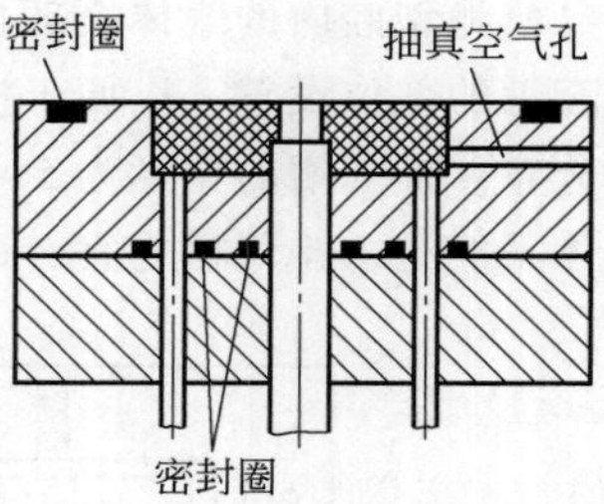

图 6-80　抽真空排气

实际生产中，往往是多种排气方式混合使用。

第四节　注射模具温度调节系统设计

一、模具温度调节系统设计的意义

注射模具温度主要是指成型零件表面的温度，它直接影响塑料熔体的流动行为、制件的成型质量及生产率。由于塑料材料性能不同，成型时对模具温度的要求也不同，有的材料成型时要求模具冷却，有的需要加热。通常对于黏度高、流动性差的塑料，成型时需要模具加热。如PC、PSF、PPO等材料，成型时要求模具温度在80~120℃的范围。而对流动性好或流动性中等的材料，如PP、PE、PA、ABS等，一般都需要模具冷却。

1. 模具温度对制件质量的影响

注射成型时，注入型腔的高温塑料熔体是在型腔内通过释放热量而凝固成为制件的，因此保持适当且恒定的模具温度，对制件的成型质量尤为重要。模具温度对制件质量性能的影响表现在以下几个方面。

（1）制件变形　模具温度均匀稳定，冷却速率恒定，可减小制件变形。若模具不同部位温差过大，会使制件冷却不均，收缩不一致，进而产生应力引起制件翘曲变形，尤其对壁厚不均和形状复杂或大型制件更为突出。因此，需采用适当的模具温度调节系统，来保证型腔内的塑料熔体在均匀稳定的温度下凝固成型。

（2）尺寸精度　成型过程中，材料的收缩率对制件尺寸精度的影响较为突出。模具温度过高，会使制件收缩率增大，从而影响制件尺寸精度。因此，采用较低的模具温度有利于减小制件的成型收缩率，提高制件尺寸精度。但对结晶型塑料，较低的模具温度会使制件的结晶度降低，这虽有利于降低制件的收缩率，但不利于制件尺寸的稳定性。因此，从尺寸稳定性出发，又需要适当提高模具温度，使制件结晶均匀。实际生产中，应根据制件的主要性能要求，确定合适的模具温度。

（3）力学性能　模具温度较低时，制件的熔接痕明显，会降低强度；对结晶型塑料，结晶度越高，制件的应力开裂倾向越大，因此为减小或避免应力开裂，模具温度不宜过高。但对PC类高黏度的非结晶型塑料，其应力开裂与制件内的应力大小有关，提高模温有利于减小制件的内应力，进而减小应力开裂倾向。

（4）表面质量　适当提高模具温度可有效改善制件表面质量，使制件表观光泽顺滑，轮廓清晰，表面粗糙度值降低。

2. 模具温度对生产率的影响

注射成型时，模具温度是呈周期性变化的，如图6-81所示。注射熔体时，模具温度升高；冷却脱模时模具温度降低。当塑料熔体以200℃左右的温度注入模具型腔，并在模具内冷却到制品脱模约为60℃左右的温度时，其所释放的热量有5%左右以辐射、对流的方式散发到大气中，另有5%左右通过注射机模板传递出去，其余90%左右的热量将由模具冷却系统的冷却介质（水或油）带走。冷却介质带走热量的时间越短，模具的冷却效率越高。据统计，一般模具冷却时间约占整个注射成型周期的70%~80%。可见，缩短冷却时间是提高生产率的关键。

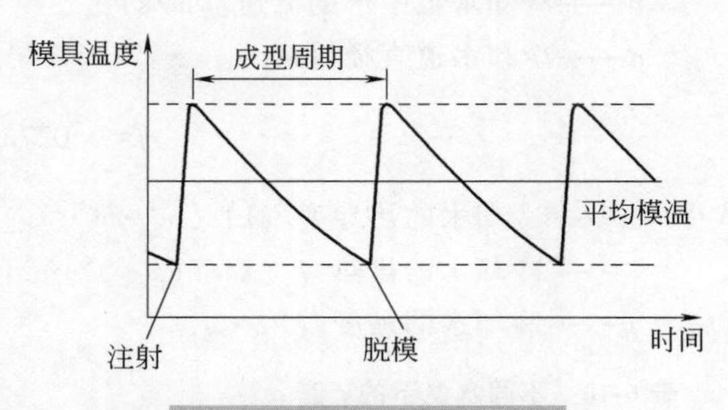

图6-81　模具温度变化周期

注射模具冷却大多是通过冷却水的循环流动将模具热量带出模外的。因此，水在冷却通道中的流动状态直接影响模具的冷却效果。由流体流动理论可知，湍流时的冷却效果要明显高于层流。有资料表明，湍流状态下的热传递效率比层流高10~20倍。这是由于湍流时通道壁面和中心部位的流体发生无规则的快速对流，因而其传热效果显著。为使模具冷却水道中的水流能够达到湍流状态，水的雷诺数 Re 应该在6000以上。表6-9给出了当温度为10℃、Re 为 10^4 时，能够产生稳定湍流状态的冷却水应达到的流速和流量。

表 6-9　冷却水的稳定湍流速度与流量

冷却水孔直径 d/mm	最低流速 v_{min}/(m/s)	冷却水流量 q_v/(m³/min)	冷却水孔直径 d/mm	最低流速 v_{min}/(m/s)	冷却水流量 q_v/(m³/min)
8	1.66	5.0×10^{-3}	20	0.66	12.4×10^{-3}
10	1.32	6.2×10^{-3}	25	0.53	15.5×10^{-3}
12	1.10	7.4×10^{-3}	30	0.44	18.7×10^{-3}
15	0.87	9.2×10^{-3}			

根据牛顿冷却定律，冷却水从模具中带走的热量可表示为

$$Q=\frac{hA\Delta_\theta t}{3600} \tag{6-51}$$

式中　Q——模具冷却系统所传递的热量（kJ）；

h——冷却水孔壁与冷却介质之间的传热膜系数［kJ/(m²·h·℃)］；

A——冷却介质总的传热面积（m²）；

Δ_θ——模具温度与冷却介质温度之间的差值（℃）；

t——冷却时间（s）。

由式（6-51）可知，当冷却介质所需传递的热量 Q 一定时，可通过以下途径来缩短冷却时间。

（1）提高传热膜系数 h　传热膜系数 h 与冷却水道中冷却水的流速有关。当冷却水呈湍流状态，且冷却水道长径比 $l/d>50$ 时，水道壁面与冷却水之间的传热膜系数 h 为

$$h=\frac{3.6f(\rho v)^{0.8}}{d^{0.2}} \tag{6-52}$$

式中　f——与冷却水温度有关的系数，其值可由式（6-53）计算或由表 6-10 查取；

ρ——冷却水在一定温度下的密度（kg/m³）；

v——冷却水道中水的流速（m/s）；

d——冷却水道直径（m）。

$$f=0.027\lambda^{0.6}\left(\frac{c_1}{\mu}\right)^{0.4} \tag{6-53}$$

式中　λ——冷却水的热导率（kJ/(m²·h·℃)）；

c_1——冷却水的比热容（kJ/(kg·℃)）；

μ——冷却水的黏度（Pa·s）。

表 6-10　不同水温下的 f 值

平均水温/℃	0	5	10	15	20	25	30	35	40	45	50	55	60	65	70	75
f	4.91	5.30	5.68	6.07	6.45	6.48	7.22	7.60	7.98	8.31	8.64	8.97	9.30	9.60	9.90	10.20

由式（6-52）可知，当冷却水温度和冷却通道直径一定时，增加冷却水的流速 v，可以提高传热膜系数。

（2）提高模具与冷却水之间的温度差 Δ_θ　模具温度一定时，若降低冷却水的温度，可提高模具与冷却水之间的温度差 Δ_θ，从而提高生产率。但冷却水温度过低时会使温差 Δ_θ 过大，引起大气中的水分在型腔表面凝聚，导致制件成型质量下降。

(3) 增大冷却水的传热面积A　增大冷却水的传热面积，需要在模具中开设尺寸尽可能大和数量尽可能多的冷却通道。但受模具中各种孔（如推杆孔、型芯孔等）和零件间隙（如镶块配合间隙）的限制，只能在满足模具结构要求的前提下，尽量增多冷却通道数量或增大冷却通道尺寸。

二、冷却系统设计的原则

制件结构形状复杂多变，模具结构亦各不相同。因此，模具冷却系统设计得合理与否，对制件的成型质量和生产率至关重要。为此，模具冷却系统设计时应遵循一定的原则。

1）模具设计时，冷却水道的布局应先于推出机构，以便有充分的结构空间，保证冷却水道的合理布局和模具温度分布的均匀一致。

2）冷却水路数量应尽量多。型腔壁面的温度与水路数量、水孔直径及冷却水的温度有关。冷却水路数量多，布置得稠密，模具冷却就均匀，同时也提高冷却效率。这有利于减小制件的应力变形，提高尺寸精度。图 6-82 所示不同水路布置时的模具温度分布。

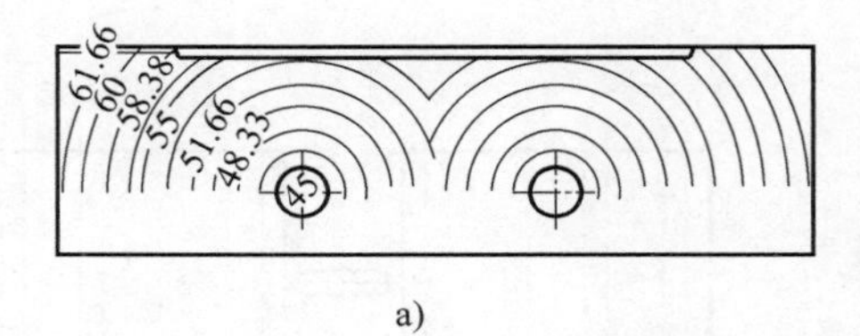

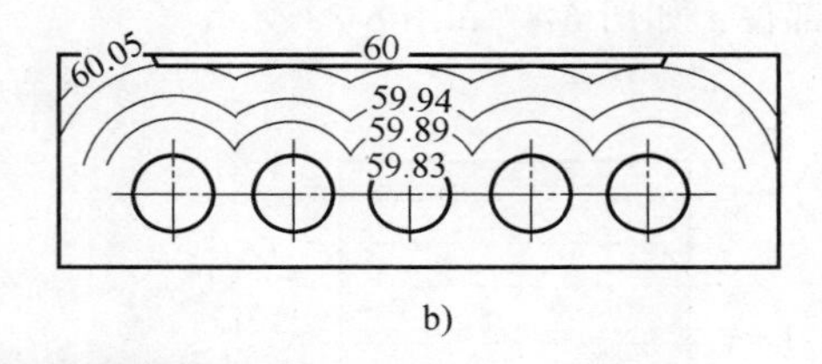

图 6-82　不同水路布置时的模具温度分布

a）水路少，模温分布不均　b）水路多，模温分布均匀

3）冷却水路与型腔壁面各处距离应尽量相等，水路的排列形式尽量与制件形状一致，以免制件冷却不均，产生应力变形。图 6-83 所示为不同制件模具的冷却水路布局。

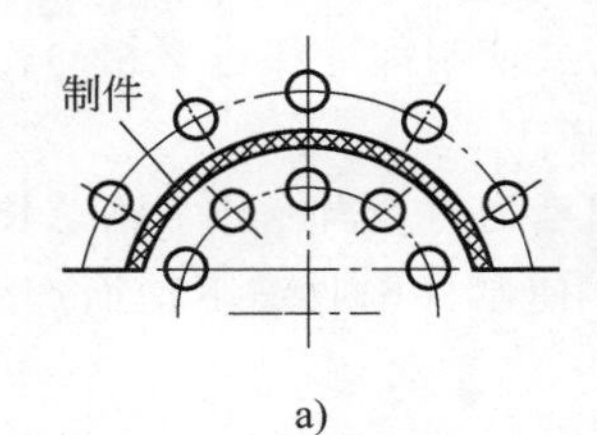

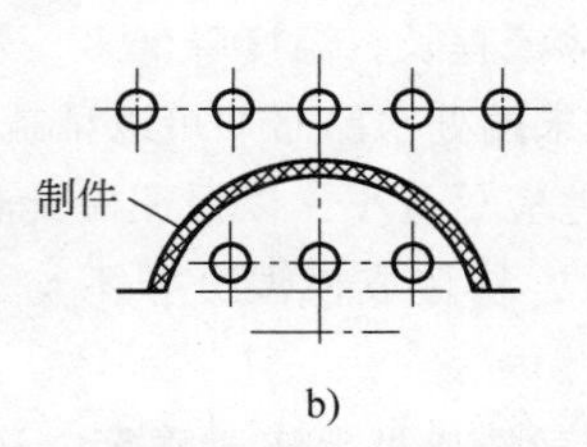

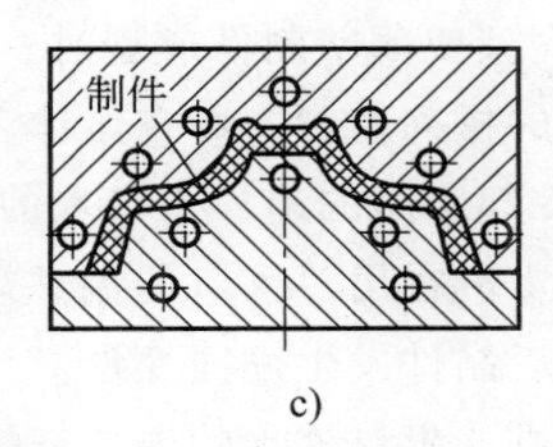

图 6-83　不同制件模具的冷却水路布局

a）冷却均匀的水路布局　b）冷却不均的水路布局　c）碗形制件水路布局

4）冷却水孔的直径、水孔距型腔壁面及各水孔之间的距离应合理。如图 6-84 所示，冷却水孔的直径d需根据制件平均壁厚大小来确定，一般取$d=8\sim15$mm；$d>15$mm 时，冷却水难以形成湍流，影响冷却效果。冷却水孔与型腔壁面间的距离D一般不应小于 10mm，通常为 12~15mm，或按$D=(1\sim2)d$来确定。这一距离越小，水流对型腔壁面的冷却能力就越强，型腔壁面温度就越低；但型腔壁面温度过低时会影响熔体流动。各冷却水孔之间的距离可按$P=(3\sim5)d$确定。

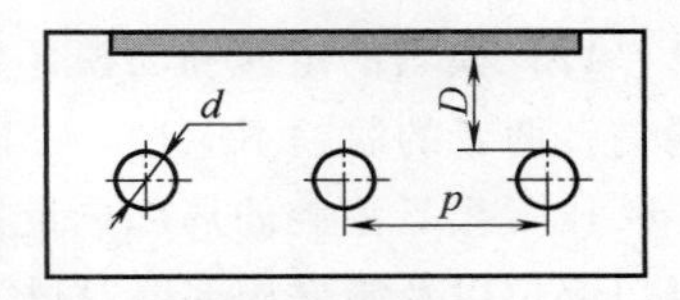

图 6-84　冷却水孔直径及间距

5）制件壁厚不均匀时，可在厚壁处加强冷却，在薄壁处减少冷却。即在厚壁部位水路距离

型腔壁面距离近些，水路数量多一些，而在薄壁部位水路之间距离可稍大些或距离远一些，如图6-85所示。

6）冷却水路应避免布置在熔接痕部位（图6-86），以免熔体流动前锋面相互熔合不良，降低制件强度。

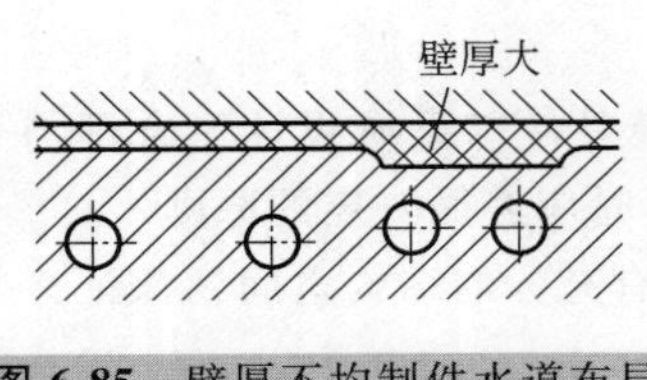

图6-85　壁厚不均制件水道布局

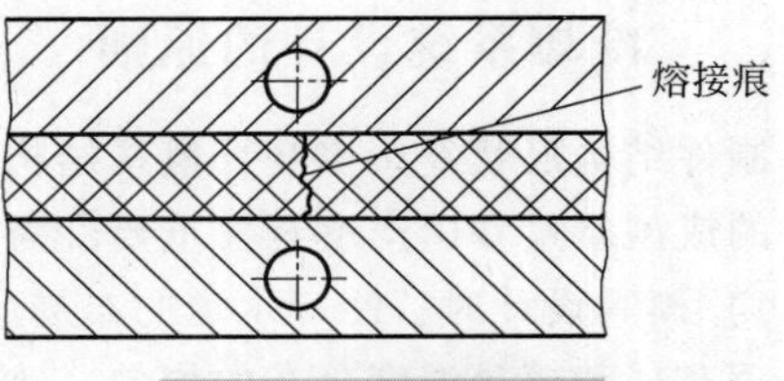

图6-86　熔接痕部位

7）浇口处应加强冷却。注射充模时，高温熔体是经浇口进入型腔的，因此浇口附近温度会高于型腔其他部位。通常可将冷却水路的入口设在浇口处，使冷却水先冷却浇口部位，后冷却其他部位，如图6-87和图6-88所示。

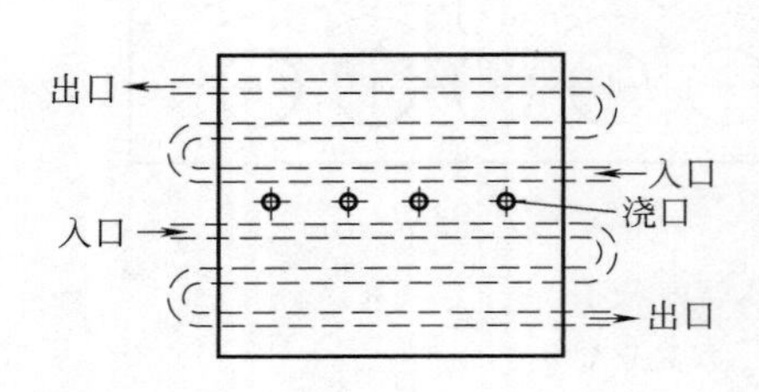

图6-87　单型腔多点浇口的冷却回路

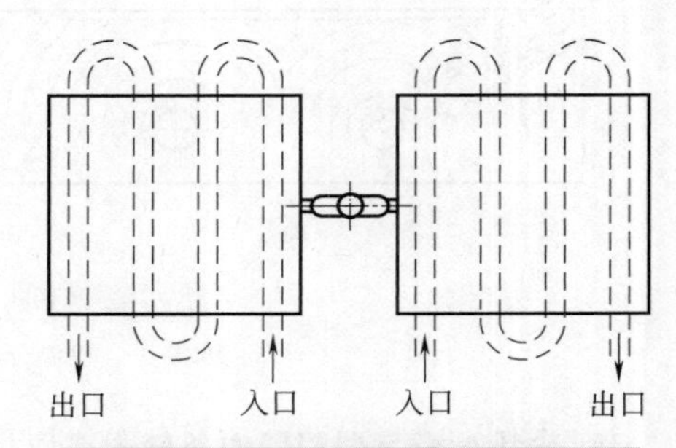

图6-88　两腔模具侧浇口处冷却回路

8）大型或薄壁制件成型时，熔体流程长，温度降低多。若要使制件冷却速率相同，可改变冷却水路的排列密度，即在熔体流动末端处水路布局可以稀疏些。

9）冷却水路的出、入口水的温差应尽量小，以保证模具温度均匀。当冷却水路总长度较长时，会使水流在出、入口的温差较大，易造成模温分布不均，使制件因收缩不均而产生应力，导致脱模后制件发生翘曲变形。

模具进、出口处水的温差需根据制件成型要求来确定。通常，对于一般精度的模具其冷却水路出、入口水的温差应控制在5℃以内，而精密模具的冷却水路出、入口水的温差不应超过2~3℃。

10）冷却水路应尽量开设在与塑料熔体接触的模具成型零件上，不应设在相邻的模板内。若成型零件为镶拼结构，应注意镶块与模板间水路连接部位的密封，不允许有渗漏。

11）模具的定模和动模部分冷却水路，应分别自成循环回路，且应使动、定模的温度分布均匀，两者的温差不应过大，以免影响模具导向、定位等零件精度。

12）模具型腔的局部热量集中部位，可采用单独加强冷却方式，如直浇口（主流道）或多浇口部位以及制件局部壁厚过大部位等。

13）冷却水路的长度不宜过长，转弯不宜过多。总长度一般不宜超过1200~1500mm；否则会使冷却水压力损失增大，流速减缓；转弯过多，会使水流阻力增大，降低流速，影响冷却效果。

14）连接冷却水进、出模具的水嘴，应设在模具的同一侧面，且最好设在操作工位的对面，以免影响成型操作。

三、冷却水路的结构形式

1. 型腔冷却水路

根据模具型腔的结构形状和尺寸大小不同，其冷却水路的布局形式也有多种多样。

（1）浅型腔冷却水路布局　型腔深度较浅时，可以采用单层直通式水路布局，如图 6-89 所示。各条水路之间可在模板外侧通过软管连接，形成循环回路，如图 6-90 所示。也可采用在模板内部使各条水路相交，并在非进出水的孔道端部，使用螺塞进行封堵形成循环水路，如图 6-91 所示。这种水路布局形式简单，适用于深度较浅的模具型腔冷却。

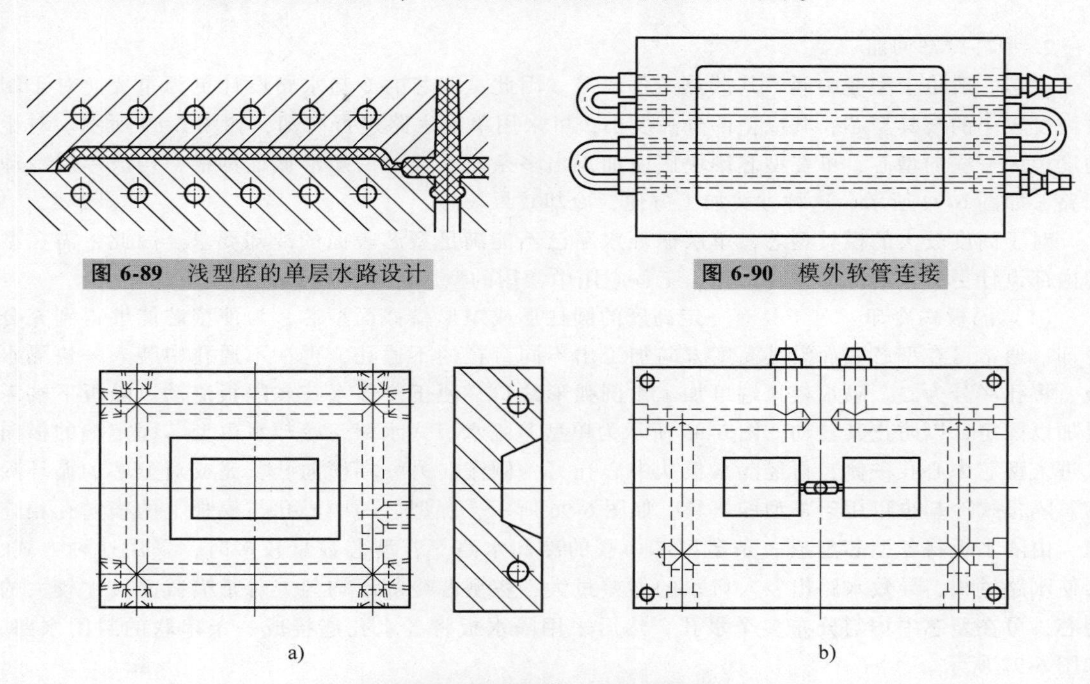

图 6-89　浅型腔的单层水路设计

图 6-90　模外软管连接

图 6-91　模板内相交的单层冷却水路

a）单型腔冷却水路　b）多型腔冷却水路

（2）深型腔冷却水路布局　对于深度尺寸较大的模具型腔，其冷却水路可以采用在型腔四周通过加工多层水路方式进行冷却，如图 6-92 所示。每层水路均可单独形成循环回路；也可将各层水路连接在一起，形成一条封闭循环回路。但这样会使水路过长，水流动阻力增加，出、入口水的温差过大，导致冷却不均匀。若模具型腔采用圆柱形整体镶拼结构，则可在型腔镶块外圆柱面上加工出螺旋式沟槽，作为冷却水路，如图 6-93 所示。这种结构方式可使型腔冷却均匀；但要注意冷却水的密封，以防渗漏。

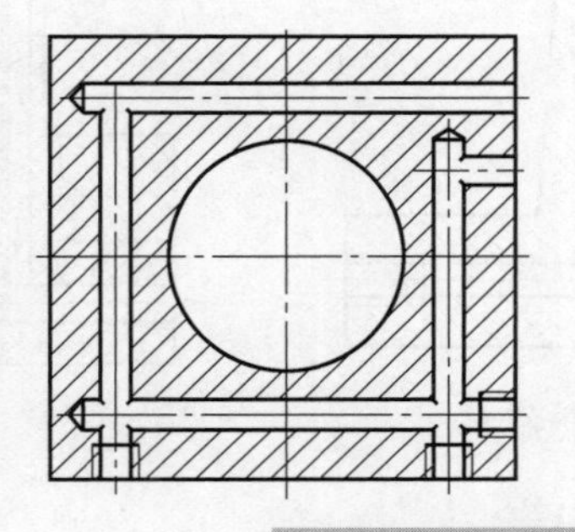
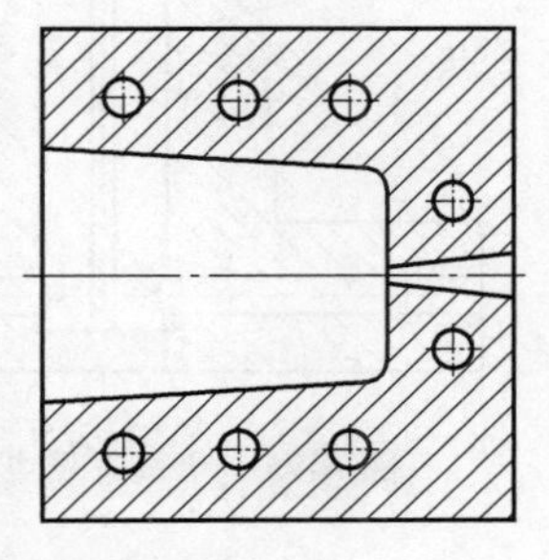

图 6-92　深型腔多层冷却水路

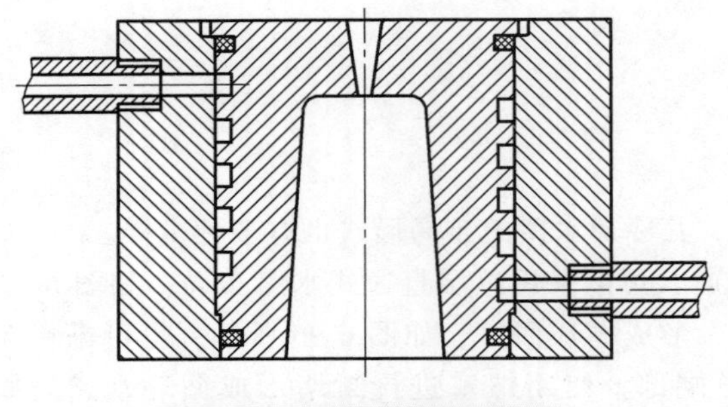
图 6-93　深型腔螺旋式水路

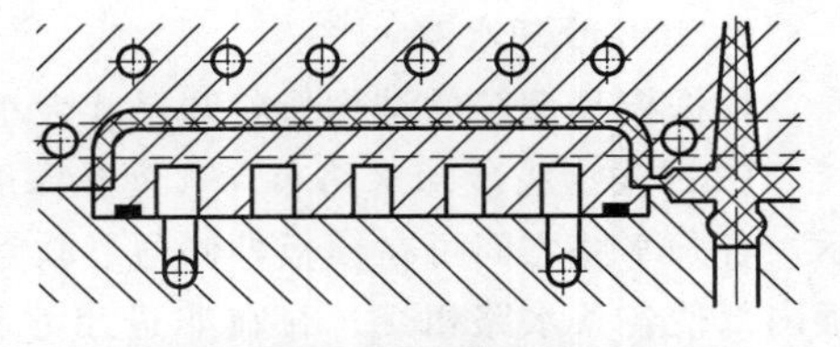
图 6-94　中等高度型芯冷却回路

2. 型芯冷却回路

型芯一般位于型腔中间，其散热条件较差。因此，型芯的冷却水路设计更为重要。对于制件高度较小的模具型芯，其成型部分高度小，可采用单层水路进行冷却，如图 6-89 所示。对于高度稍大一些的型芯，可在型芯镶块底面加工出多条相互连通的矩形截面沟槽，构成单层冷却回路，如图 6-94 所示。这种方式加工方便，冷却效果较好。

对于高度较大的模具型芯，单层循环水路已不能满足型芯表面的冷却要求。因此，需在型芯内部设计更有效的冷却循环水路。工程应用中常用的型芯冷却结构形式有以下几种。

（1）隔板式冷却　对于具有一定高度的圆柱形或矩形横截面型芯，为使型芯能够得到充分冷却，通常可在型芯底面沿其高度方向加工出不同直径的不通孔，再在不通孔中装入一块隔水板，将孔一分为二。隔水板顶端可加工出圆弧形缺口，便于冷却水跨越隔板流动。隔板下端需要加以固定，以防止其转动。图 6-95 所示为单型芯隔水板式水路，冷却水由型芯固定端的横向孔进入型芯中心孔一侧，再经隔水板从中心孔另一侧流向另一端横向孔，完成对型芯的循环冷却。隔板式冷却也可用于多型腔模具，如图 6-96 所示，各型芯的中心孔与模板上的横向孔相连通，由隔水板将各型芯连成一条多型芯串联的冷却水路。若型芯数量较多时，采用这种方式，会使水路过长，导致水路出、入口水的温差过大，各型芯冷却不均匀。对于横截面尺寸较大的型芯，可在型芯中均匀分布多个水孔，然后采用隔水板将各水孔连接成一条串联的封闭水路。如图 6-97 所示。

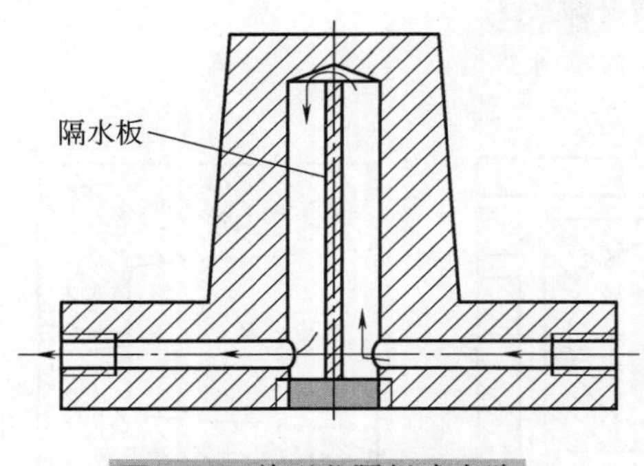

图 6-95　单型芯隔板式水路

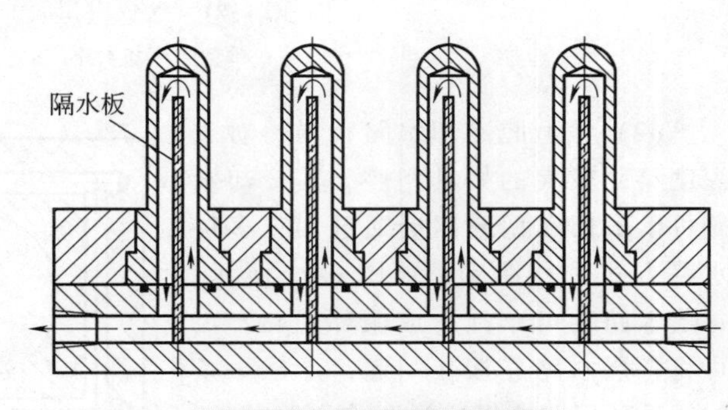

图 6-96　多型芯隔板式水路

（2）喷流式冷却　在型芯中心部位加工一个直径稍大一些的孔，孔中间安装一根圆管，冷却水从圆管上端喷出，并进入型芯孔内，然后经孔下端出口流出，从而形成循环冷却，如图 6-98 所示。这种方式的冷却水可以进入型芯的最上端位置，冷却效果较好。喷流式冷却既可以用于单个型芯，也可以用于多型芯并联冷却回路，如图 6-99 所示。

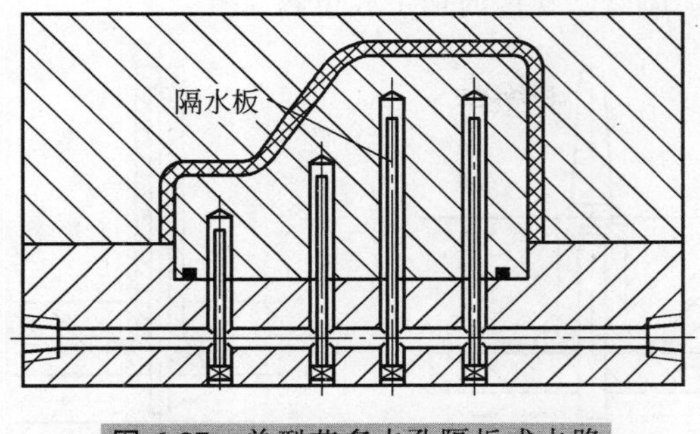

图 6-97 单型芯多水孔隔板式水路

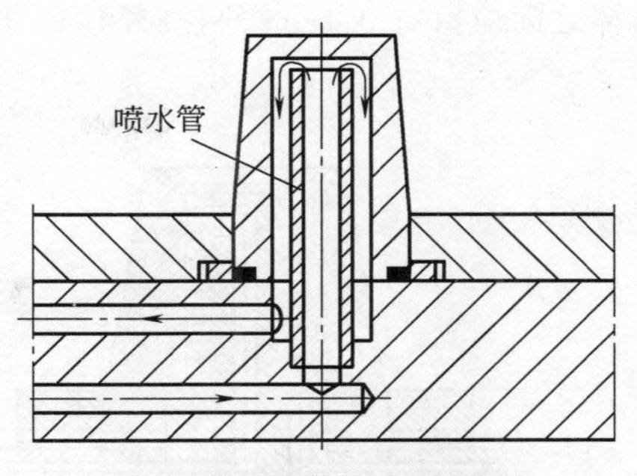

图 6-98 喷流式冷却水路

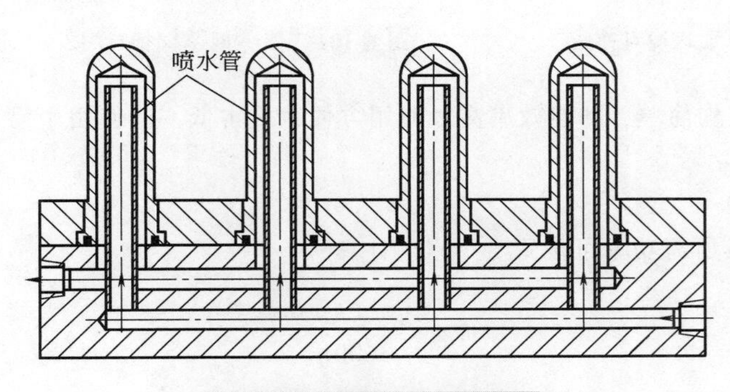

图 6-99 多型芯喷流式冷却

(3) 螺旋式冷却 如图 6-100 所示，型芯直径和高度尺寸较大时，可在型芯中心部位先加工出不通孔，然后在孔中嵌入一个与中心孔直径一样大小的带有矩形截面螺旋沟槽的圆柱镶嵌件，镶件中心加工有水孔。冷却水从镶件侧面孔进入中心孔后，由顶端喷出并进入螺旋沟槽，再经镶件下部出水口流出。这种水路冷却效果较好，但结构稍微复杂。

(4) 铜棒和热管冷却 对于细小型芯，通常无法直接在型芯内部设置冷却水路，为此可采用间接冷却方式进行热量传递。如图 6-101 所示，对于细小型芯，在型芯直径稍大部分中心位置加工一不通孔，然后将一软铜棒或铍铜棒一端压入中心孔中，铜棒另一端伸入冷却水道，通过冷却水的流动，由铜棒将型芯上端热量传递出去。这种方式冷却效率较低。

为了提高冷却效率，近年来热管在模具中得到广泛应用。热管是优良的导热元件，它是利用毛细管的抽吸作用原理，进行热量传递的。其几何尺寸小，传热效率高，约为同等尺寸铜棒的 1000 倍。热管用于注射模具冷却，至少可缩短成型周期 30%以上，很适合用于细小型芯的冷却。图 6-102 所示为热管冷却。安装时，热管的蒸发端装入型芯，冷凝端伸入冷却水道。

四、模具加热设计

注射成型加工时，若要求模具温度高于 80℃，就需对模具进行加热。模具设计时应考虑采用适当的加热方式。模具常用的加热方法有热水、热油、蒸汽及电热装置。电加热方式具有结构简单、温度调节范围宽和加热清洁无污染等特点，应用较为普遍。

1. 电热棒加热

选择电热棒加热时，应先在模板或镶块上需要加热的部位加工出安装电热棒的孔，然后将选定的电热棒装入，再接上热电偶，便可与温度调接器相连，实现模具温度的自动控制。安装电热棒的孔，加工时应保证一定的尺寸及几何公差要求。为便于安装及保证传热效果，孔与电热棒之间应留有0.1mm的径向间隙。电热棒安装前应清除孔内的加工残留物。

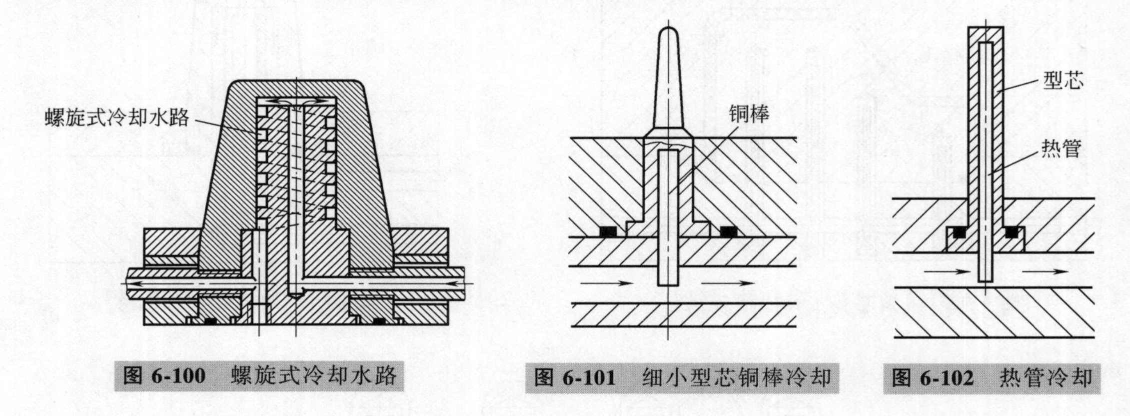

图6-100　螺旋式冷却水路　　图6-101　细小型芯铜棒冷却　　图6-102　热管冷却

这类加热方式结构简单，加热效率高，使用方便，成本低，但使用中易产生局部过热问题，设计时应注意。

2. 加热功率计算

（1）电加热模具所需功率可按式（6-54）计算

$$W=\frac{m_{m}C_{p}(t_{m}-t_{0})}{3600\eta\tau} \tag{6-54}$$

式中　W——电加热模具所需总功率（kW）；

m_m——模具质量（kg）；

C_p——模具材料比热容，碳钢为0.46kJ/(kg·℃)；

t_m——要求加热的模具温度（℃）；

t_0——模具初始温度（℃）；

η——加热器效率，$\eta=0.3\sim0.5$；

τ——加热升温时间（h）。

上述计算需事先对模具进行比较准确的热分析和热计算，过程较为复杂。计算结果也是一种粗略的值。因此，实际生产中常用经验方式来确定所需加热功率。

（2）电加热模具所需功率按经验公式

$$W=m_{m}q\times10^{-3} \tag{6-55}$$

式中　q——加热单位质量模具至设定的温度所需的电功率（W/kg），其他符号含义同式（6-54）。

采用电热棒加热时，通常小型模具取$q=25$W/kg，中型模具取$q=30$W/kg，大型模具取$q=35$W/kg。电热棒的额定功率和名义尺寸，可根据相关产品规格数据选定。

五、模具冷却新技术

为提高模具冷却均匀性和冷却效率，研究者们不断开发新的模具冷却技术，以提高制件的成型质量。近年来较有代表性的模具冷却新技术主要有以下几种。

1. 随形冷却技术

传统冷却水路受水孔加工方法等因素影响，无法做到水路空间布局处处与型腔表面保持均匀相等的距离，如图6-103a所示。因此，存在模具冷却不均匀和冷却效率较低的问题。随形冷却是近年来发展的一种新型模具冷却技术，其冷却水路的空间结构，可以随模具型腔/型芯的结构形状变化而改变，并始终与型腔/型芯表面保持均匀一致的距离，如图 6-103b 所示。

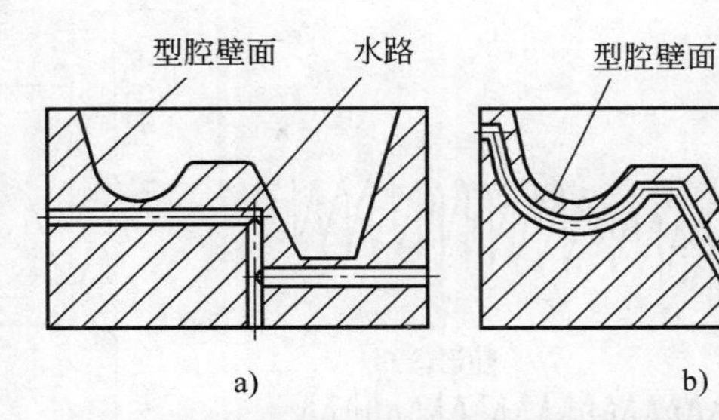

图 6-103　模具传统冷却水路与随形冷却水路

a）传统冷却水路　b）随形冷却水路

传统的模具冷却水路通常都是采用钻孔加工方法完成的，因此模具冷却水路都是直线形；水路布局还要受到模具顶出机构、抽芯机构、镶拼结构等因素的制约，无法保证冷却水路与型腔/型芯表面始终保持均匀相等的距离，尤其对几何形状复杂的制件，严重影响了制件的成型质量和冷却效率。

随形冷却的模具水路采用 3D 打印技术成型，冷却水路可以根据模具冷却的要求，设计成任意复杂的空间结构形状，水路直径可以连续变化，横截面形状可以是椭圆形或者方形，不受加工方法的任何限制，能够保证成型制件任何部位都得到均匀一致的冷却。

在随形冷却的模具中，冷却水路是以设定的距离、均匀地顺应型腔表面的空间形状而分布的，并形成了一个完整的热包络区，型腔内的热量被完全封锁在包络区内。因此，随形冷却系统对型腔表面温度具有较强的控制能力。根据不同制件成型的冷却要求，合理调整冷却水的温度，即可快速准确地实现对型腔表面温度的有效控制。

采用随形冷却水路，注射模具在一个成型周期内即可达到稳定的工作状态；而采用传统冷却方法的模具，则需要经过大约 20 个成型周期才能够达到稳定工作状态。传统冷却与随形冷却的模具温度变化曲线如图 6-104 所示。

与传统冷却技术相比，随形冷却的主要技术特点表现为：一是冷却均匀，二是冷却效率高。研究表明，随形冷却因其水路与型腔表面距离处处相等，使模具冷却均匀，因而大大减小了制件内应力和翘曲变形，提升了制件的成型质量。同时，由于模具冷却时，制件中不存在积热区，温度分布均匀，因而提高了模具冷却效率。研究表明，与传统冷却相比，随形冷却可有效地缩短模具冷却时间，生产率提高 30%以上。随形冷却技术现已在越来越多的模具企业得到应用。

2. 脉冲冷却技术

脉冲冷却技术是根据注射模具生产过程中的能量输入具有脉冲式变化的特点，控制冷却液的流量也以脉冲方式输入，来实现对模具温度的控制。脉冲式冷却水路中冷却液的流量不是连续稳定的，而是脉冲式的。与传统冷却方式通过控制冷却液的温度来控制模具温度不同，脉冲冷却是通过控制冷却液的流量来控制模具温度的。即冷却液流量的大小是与成型时输入模具的热量相对应的，其原理如图 6-105 所示。

在脉冲冷却系统中，输入的冷却液流量大小，是通过安装在型腔表面附近的多个热电偶采集到的温度数据与设定的模具温度值来控制的。冷却液的流量可随模具温度的变化而实时改变，模具温度升高则流量增大，模具温度降低则流量减小。当模具温度达到设定值时，即停止冷却液的输入，进而实现对模具温度的精确控制。

由于脉冲冷却系统中，冷却液的温度是恒定的，而且是采用较低温度的冷却液来提高模具与冷却液之间的温度差，因此其传热效率高。同时冷却液流量的脉冲状输入，也增强了液体流动的湍流程度，使冷却液与孔道界面间的对流换热能力增强，大大加快了模具冷却系统对模具温度变化的响应速度，从而提高了冷却效率。

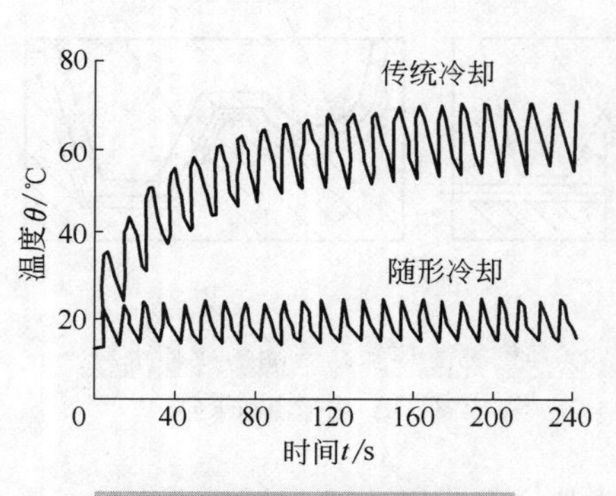

图 6-104 传统冷却与随形冷却的模具温度变化曲线

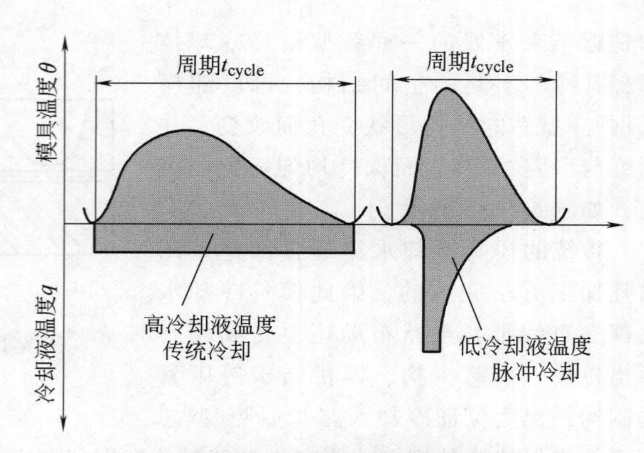

图 6-105 脉冲冷却原理示意图

但受注射制件形状、壁厚不均及浇口位置等因素的影响，模具型腔表面不同区域间存在温度差。为使制件冷却均匀，脉冲冷却系统可根据预测的型腔表面温度分布，将模具型腔划分为不同温度的冷却区域进行分区冷却，各区域分别单独设计冷却水路和安装热电偶。根据热电偶检测到的不同区域模具温度数据，流量控制器准确控制输入各区域冷却水路的冷却液流量，从而实现模具不同区域的均匀冷却。

由于脉冲冷却能够较好地调节型腔表面温度，使模具温度分布均匀，因而可提高制件成型质量。同时其成型生产率可比普通注射模具提高10%~30%，其模具温度变化曲线如图6-106所示。但应用脉冲冷却技术，需增加相关的脉冲冷却设备，而且由于需要进行分区冷却和安装多个热电偶，使模具结构复杂，这在一定程度上部分抵消了其生产率提高所带来的成本优势。但综合考虑，脉冲冷却仍是一种可以使模具快速散热的有效工艺方法，其技术优势明显，具有广阔的应用前景。

3. CO_2 气体冷却技术

CO_2 气体冷却技术是利用低温（-78℃）的 CO_2 气体作为冷却介质，通过在多孔金属材料制作的模具零件指定部位开设进气孔道，通入低温的 CO_2 气体，并在另外部位开设排气孔道，引导气体流向，进行注射模具的循环冷却。其冷却原理如图6-107所示。

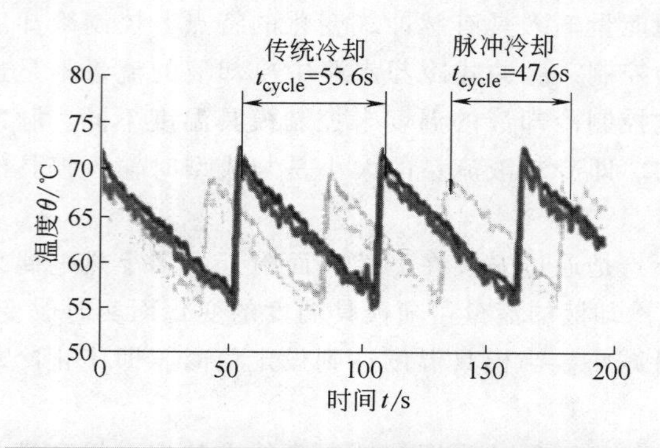

图 6-106 脉冲冷却与传统冷却模具温度变化曲线

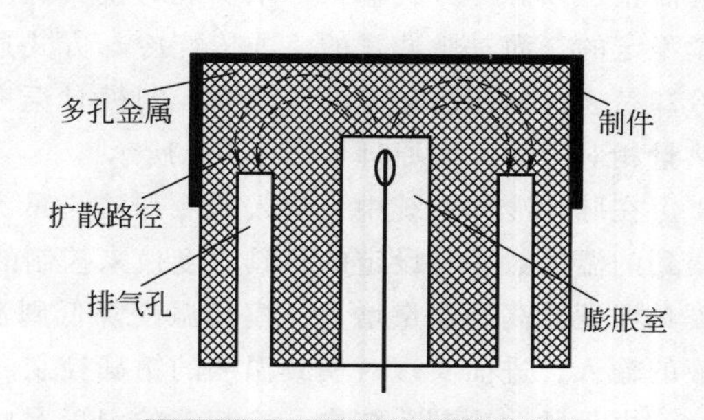

图 6-107 CO_2 气体冷却原理

多孔金属由金属骨架及其内部大量相互连通的孔隙组成，CO_2 气体通过在多孔金属材料的孔隙中相互渗透和流动，实现对模具的有效冷却。CO_2 气体可以方便地进入模具结构的任何复杂和细小部位实施冷却，避免了冷却死角，有效地消除了型腔表面的热点。

CO_2 气体冷却也可采用分区冷却方式，通过在不同温度区域的型腔表面附近安装热电偶，进行温度检测。根据温度检测反馈结果，通过 PID 控制系统调节输入模具不同区域的 CO_2 气体流量，实现对型腔表面温度的控制。

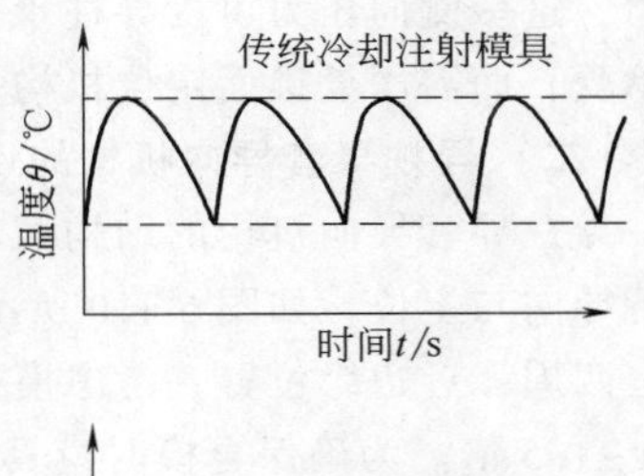

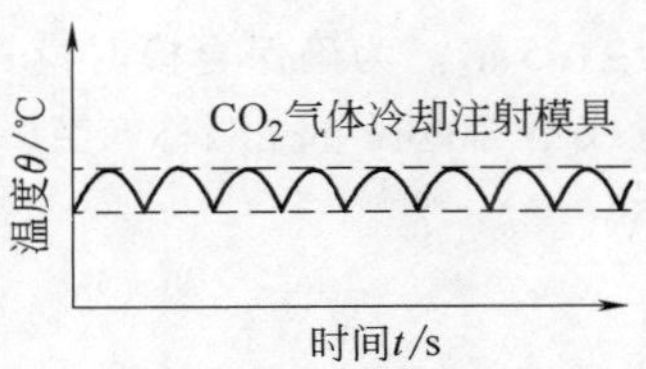

图 6-108　CO_2 气体冷却与传统冷却的模具温度变化曲线

由于 CO_2 气体具有极低的温度，致使冷却介质与型腔表面间产生很大的温度差（100℃ 以上），因而大大提高了冷却效率。与传统冷却方式相比，CO_2 气体冷却的效率可提高 50%以上，且 CO_2 气体冷却具有模具温度波动小、成型周期短、制件成型质量高等优点。CO_2 气体冷却与传统冷却的模具温度变化曲线如图 6-108 所示。

CO_2 气体冷却技术的另一优势，是无须设计脱模机构，使模具结构简化，减少模具零件间干涉的可能。制件脱模时只需关闭排气孔，CO_2 气体即可将制件脱出，实现快速、无接触脱模。

但 CO_2 气体冷却技术难度较高，多孔性金属材料价格较贵，低温 CO_2 气体的制备成本也较高，其应用大大受到限制。目前只有少数模具企业或在微注射模具中应用 CO_2 气体冷却技术。

第五节　注射模具导向机构与定位机构设计

注射模具的导向机构主要是为动、定模的开启与闭合，脱模机构的推出与复位，以及侧向抽芯与分型机构的滑块进退运动进行导向。定位机构则是要保证模具在注射机上的安装和模具动、定模对合时的最终位置准确。

一、导向机构设计

模具工作时，导向机构承担着保证模具移动零部件运动过程平稳和最终位置准确的作用。因此，导向机构设计的要求是：零件运动轻便、灵活，移动路径准确，导向精度高；同时导向零件应有足够的强度、刚度和耐磨性。

（一）导向机构的主要功用

1. 导向

在模具的动模与定模合模时，导向机构应首先接触，引导动模按顺序平稳准确地与定模部分对合，避免型芯先进入型腔而发生碰撞，造成模具损伤。因此，使用导柱导向机构时，要求导柱工作部分长度应比型芯端面高出 6~8mm，如图 6-109 所示。

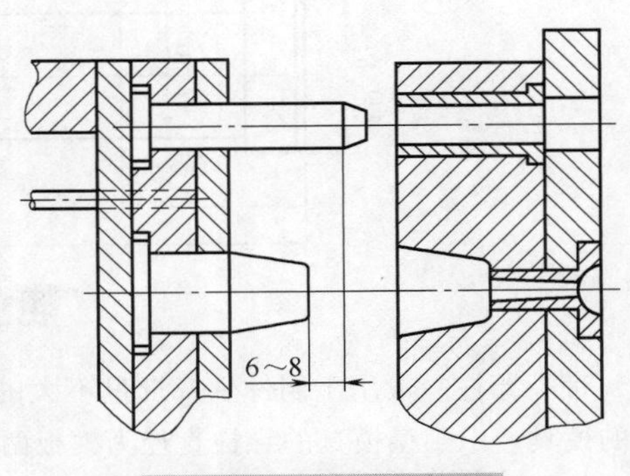

图 6-109　导柱工作长度

2. 定位

模具闭合后，导向机构应保证型腔与型芯的位置正确，使成型后的制件尺寸和形状精确，壁厚均匀；导向机构在模具装配过程中也起到定位作用，便于装配和调整。

3. 承受一定的侧向压力

高温高压塑料熔体填充模具型腔时，受成型设备精度低等因素的影响，可能会产生单向侧压力，这一侧向压力可由导柱承受，以保证模具的正常工作。若侧向压力过大，不能只靠导柱来承受，而需增设锥面定位机构来承受。

（二）导柱导套导向机构的设计

导柱导套导向机构的结构简单，应用最为普遍。因此在注射模具上，常用导柱与导套配合进行导向与定位，如图 6-110 所示。一般模具上设计有四组导柱导套导向机构，分布在模具分型面上四周靠近边缘位置。考虑模板强度要求，导柱中心至模板边缘的距离通常不小于导柱直径的 1~1.5 倍。为确保合模时模具只能按照一个方向合模，导柱的布置可采用等直径导柱不对称布置或不等直径导柱对称布置。标准模架上的导柱，一般都采用等直径不对称布置。如图 6-111 所示。

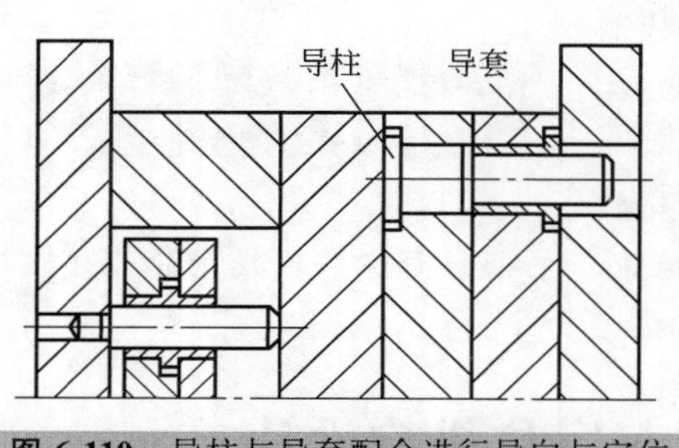

图 6-110　导柱与导套配合进行导向与定位

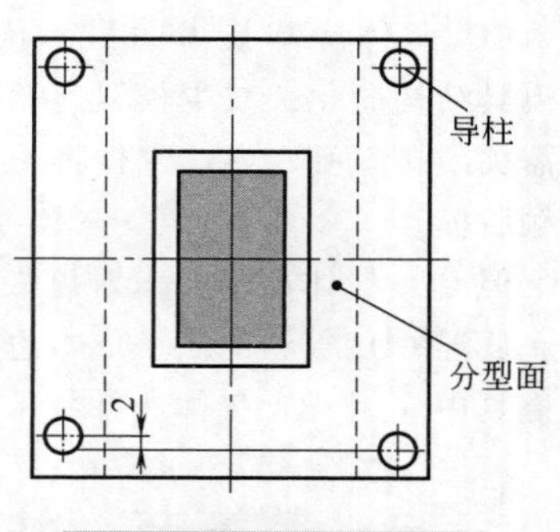

图 6-111　导柱位置分布

1. 导柱设计

导柱的基本结构形式有两种。一种是一端带有轴向定位台阶，固定段与导向段公称尺寸相同，但公差不同，称为带头导柱（GB/T 4169.4—2006），如图 6-112 所示。另一种是带有轴向定位台阶，固定段公称尺寸大于导向段尺寸，称为带肩导柱（GB/T 4169.5—2006），如图 6-113 所示。带肩导柱又分为Ⅰ型和Ⅱ型。Ⅱ型带肩导柱（图 6-114）的尾部 ϕD_4 与另一模板配合起定位作用。导柱的导向段上可加工储油槽，内存润滑油，以减小导柱滑动时的摩擦，如图 6-115 所示。

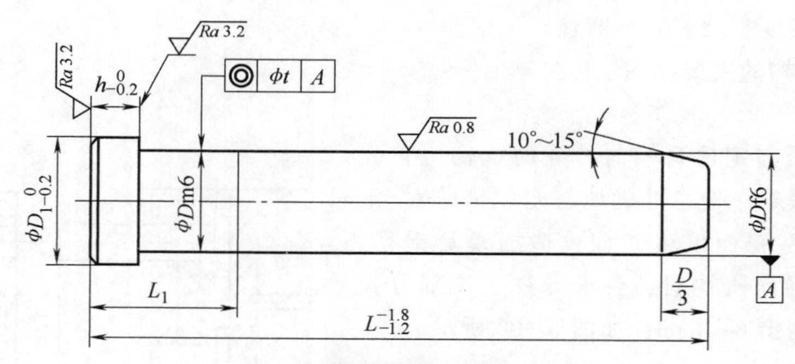

图 6-112　带头导柱

带头导柱一般用于制件生产批量不大的模具；带肩导柱用于制件生产批量较大和精度要求较高的模具。中小型模具的导柱直径为模板两直角边之和的 1/20~1/35，大型模具导柱直径为模板两直角边之和的 1/30~1/40。模具设计选用标准模架时，其导柱导套尺寸及位置分布已经确定。

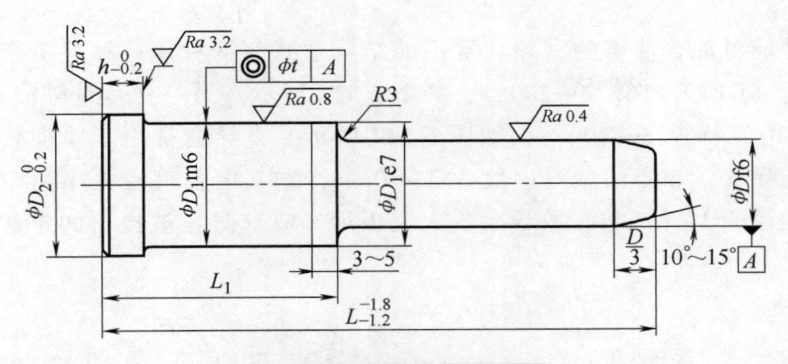

图 6-113 Ⅰ型带肩导柱

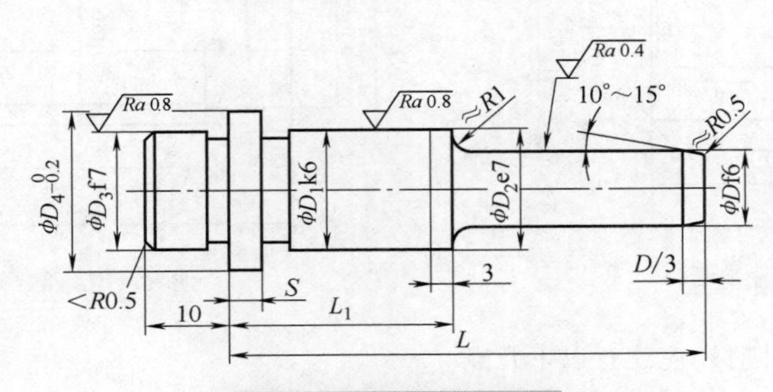

图 6-114 Ⅱ型带肩导柱

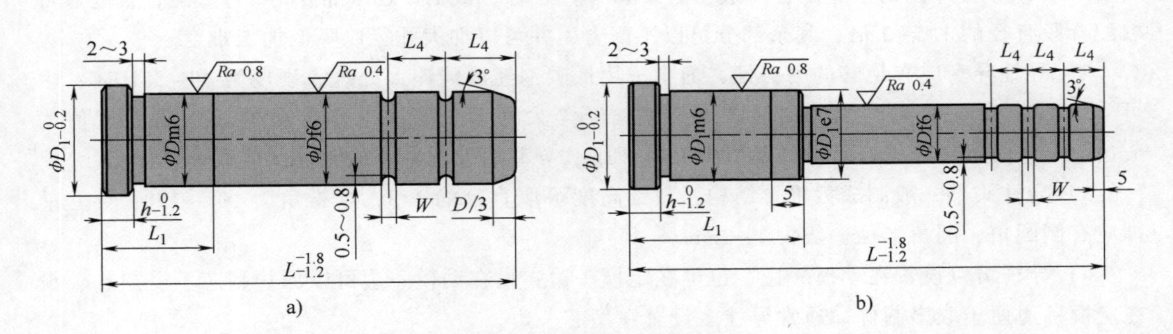

图 6-115 带油槽的导柱

a）带油槽的直导柱 b）带油槽的台肩导柱

对于大中型模具，若导柱需要支承型腔板的重量，导柱直径可用式（6-56）进行校核

$$d = 1.6\left(\frac{WL^3}{En\delta_p}\right)^{1/4} \tag{6-56}$$

式中 d——导柱导向段直径（mm）；

W——型腔板重力（N）；

L——导柱导向段长度（mm）；

n——导柱数量；

E——钢材弹性模量（MPa），$E=2.1\times10^5$MPa；

δ_p——导柱允许的变形量（mm），其值可取 f7 的公差值。

2. 导套设计

导套与导柱是成对配合使用的。导套常用的结构形式有两种。一种是不带轴向定位台阶的导套，称为直导套（GB/T 4169. 2—2006），如图 6-116 所示。另一种是带轴向定位台阶的导套，称为带头导套（GB/T 4169. 3—2006），如图 6-117 所示。直导套常用于厚度较小的模板，较厚的模板应采用带头导套。导套的壁厚一般为 3～10mm，据其内孔直径大小而定。导套孔的工作部分长度一般是孔径的 1～1. 5 倍。直导套装入模板后，应有防止被拉出的定位结构，如可采用止动螺钉紧固。

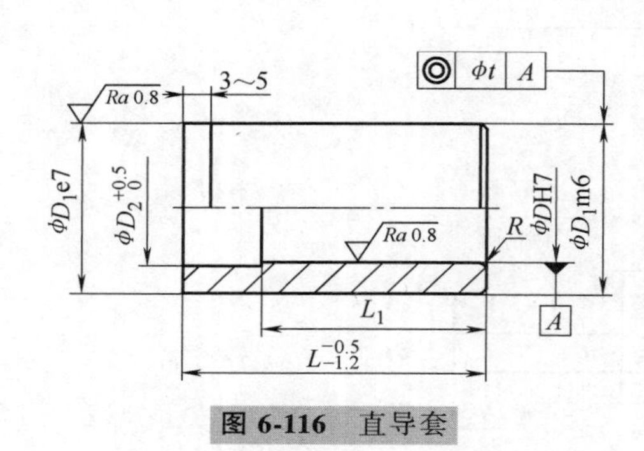

图 6-116　直导套

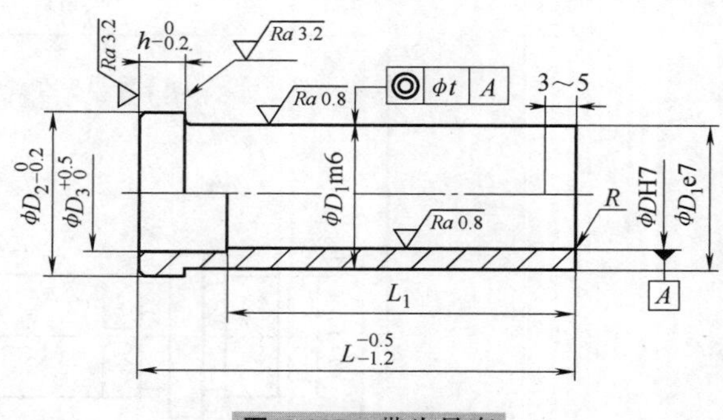

图 6-117　带头导套

导柱导套机构设计时还应注意以下几点。

1）导柱导套工作部分的公差配合一般采用 H7/f7；导柱固定部分的公差配合可采用 H7/k6 或 H7/m6；导套外径的公差配合一般为 H7/n6（直导套）或 H7/k6（带头导套）。配合长度通常取配合段直径的 1. 5～2 倍，其余部分可以不配合，并可以加大孔径以降低加工难度。

2）导柱导套应有足够的耐磨性，通常采用低碳钢经渗碳淬火处理，硬度为 48～55HRC；也可采用 T8、T8A 或 T10、T10A 碳素工具钢，经淬火处理。导柱工作部分的表面粗糙度值为 *Ra*0. 4μm，固定部分的表面粗糙度值为 *Ra*0. 8μm；导套内外圆柱表面粗糙度值取 *Ra*0. 8μm。

3）导柱头部一般制成截锥形结构，截锥高度可取直径的 1/3，半锥角为 10°～15°；导套前端应有倒圆角，圆角半径一般为 1～2mm。

4）导柱可以设置在动模一边，也可在定模一边；设在动模一边可以保护型芯不受损伤，设在定模一边便于取出制件。通常导柱多设置在型芯一边。

二、定位机构设计

注射模具中有多种定位形式。如模具在注射机上的安装定位，动模与定模合模时的定位，侧向分型与抽芯时侧滑块的定位，模具零件装配时的定位等。不同的定位内容与要求，应采用不同的定位方式。模具设计时，需根据不同的定位要求，合理选择定位结构的形式。

（一）定位圈定位

注射模具安装到注射机上时，要保证模具中心与注射机料筒中心在一条线上，就是靠定位圈来定位的。定位圈安装在模具定模固定板的中心位置并高出模板平面 8～15mm，如图 6-118 所示。模具安装时将定位圈准确插入注射机固定模板的中心孔中，即可保证模具中心与注射机料筒中心准确一致。其公差配合可取 H9/f9。定位圈的结构和安装形式有多种，模具设计时可根据实际需要确定。定位圈常用材料为 50、55 中碳钢或 T8 碳素工具钢，经正火处理，硬度为 183～235HBW。

（二）锥面定位

锥面配合时间隙为零，定位精度高。由于导柱与导套之间为滑动配合，存在间隙，定位精度不很高。因此在精密模具中，导柱导套在动、定模合模过程中只起导向作用，而模具型腔型芯的最终准确位置则是靠安装在模具分型面上的锥面定位元件来实现的，如图 6-119 所示的圆锥销与圆锥套配合进行精确定位。圆锥销定位结构的特点是定位精度高、结构简单，一般安装在模具分型面上，安装调整方便。相互配合的圆锥面锥角一般为 5°~10°。

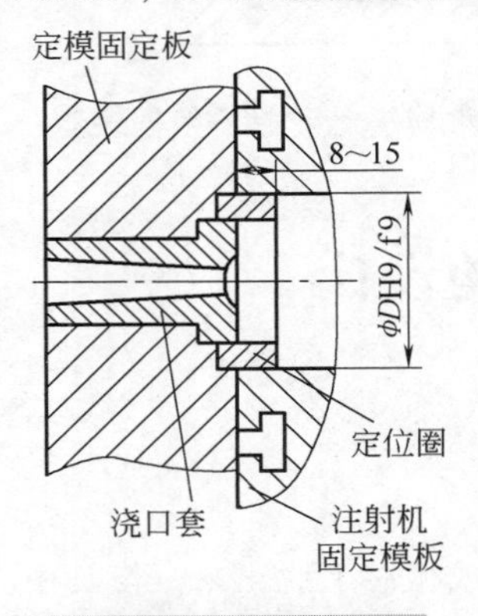

图 6-118 定位圈定位

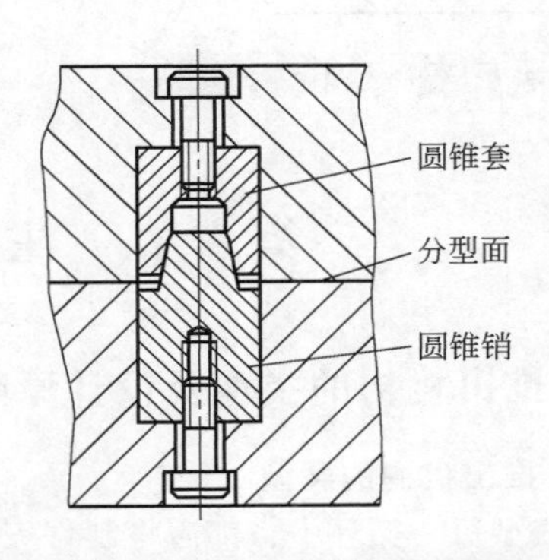

图 6-119 圆锥销与圆锥套配合进行精确定位

在成型大型、薄壁、深腔以及形状不对称的制件时，由于注射压力较大，可能导致型腔或型芯变形而产生不均匀的侧向压力；如果这种侧向压力由导柱来承受，会使导柱发生弯曲变形或卡死。为此，模具中常用锥面定位机构来承受侧向压力。如图 6-120 所示，成型高度较大的桶形制件模具，其动、定模合模采用圆锥面定位，型腔侧向压力由锥面定位机构承受。这种结构的特点是定位精度高，承受侧向压力大。锥面角度一般取 10°~15°，角度小有利于对合定位，但会增大开模阻力；锥面高度大于 15mm，并应进行淬火处理。

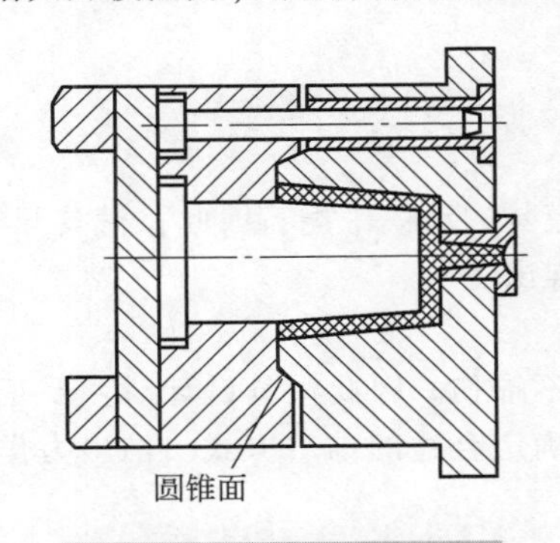

图 6-120 圆锥面定位机构

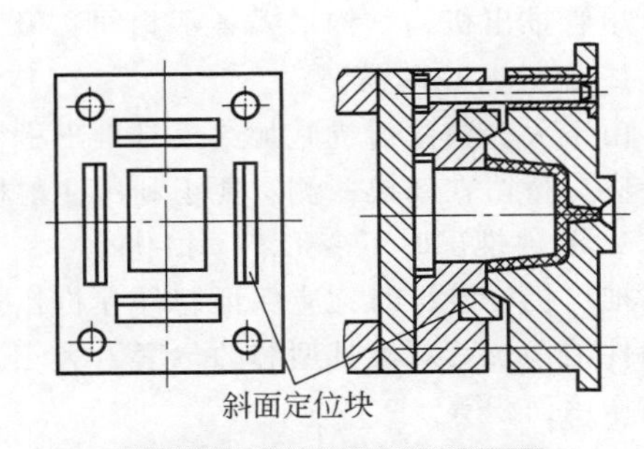

图 6-121 斜面定位块定位

（三）斜面定位

图 6-121 所示为成型矩形壳体制件的模具，采用斜面定位结构。在动模板分型面上型芯的四个侧面，设置有四个长条形单向斜面定位块，合模时动模上的斜面定位块与定模板上的斜面紧密配合，完成精确定位。斜面定位块单独安装，便于装配时的研合与调整。有的模具为了提高定位精度，采用双斜面定位块进行精确定位，如图 6-122 所示。这种结构定位精度高，但装配时的研合与调整较为困难。为提高模具的使用寿命和方便调整，有的模具在定位斜面上镶嵌耐磨淬火镶块，来提高斜面耐磨性，如图 6-123 所示。

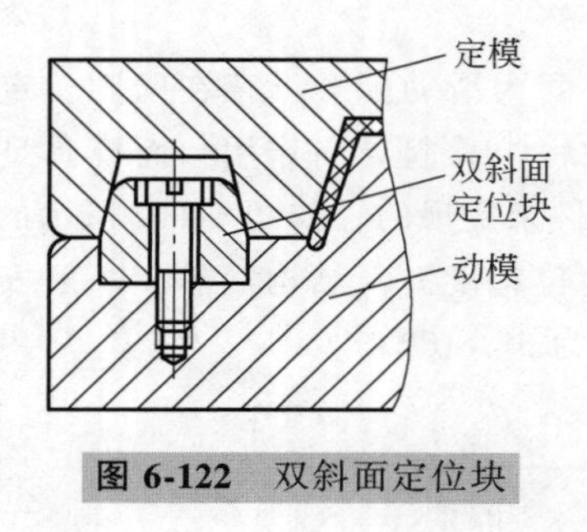

图 6-122　双斜面定位块

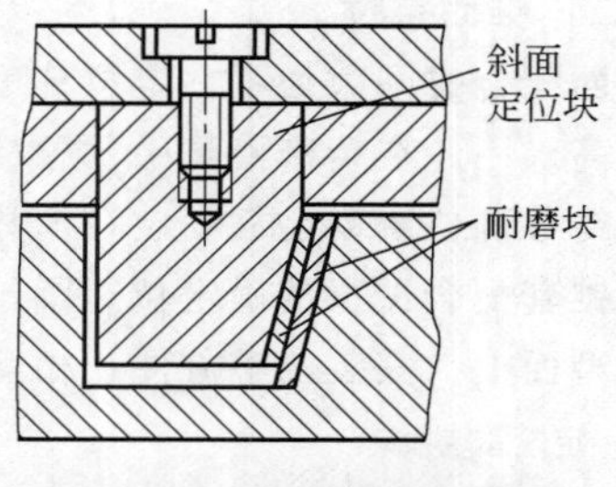

图 6-123　镶嵌耐磨斜面镶块

第六节　注射模具推出机构设计

一、推出机构的类型及设计原则

（一）推出机构的类型

注射成型每一循环中，都需将制件完整无损地从模具型腔或型芯上脱出来。模具中完成制件脱模功能的零件组合称为脱模机构，也称推出机构。

由于制件结构形状复杂多变，推出机构也有多种类型。按照推出制件时施加给推出机构动力的方式，可分为机动脱模、气动脱模和液压脱模及手动脱模等；按照推出机构的结构和动作特点分，推出机构可分为一次推出机构（简单脱模机构）、二次推出机构、顺序脱出机构、点浇口自动脱出机构以及带螺纹制件的旋转脱模机构等不同类型。按推出元件的结构形式不同，可分为推杆推出机构、推管推出机构、推板推出机构、推块推出机构和多元件组合推出机构等。模具设计时，需根据制件的结构形状和脱模要求，选择不同的推出机构。本节只介绍简单的推杆推出机构设计。

（二）推出机构设计原则

尽管推出机构结构形式各不相同，但设计时都应遵循以下原则。

1. 制件留在动模

由于大多数注射机施加给模具推出机构的动力都设在模具的动模一侧，因此，模具开模后，制件应尽量留在动模一侧，便于利用注射机的推出动力来推出制件。

2. 制件推出时不变形、不损伤

推出机构设计时，应保证制件在推出过程中不变形、不损伤。因此模具设计时，要正确分析制件结构及其对模具型芯的包紧力大小和分布，依此来确定合适的推出方式、推出力作用位置和作用面积等。

3. 保持制件外观质量

对于外观质量要求较高的制件，其外表面不允许留有推出痕迹。推出元件的作用位置应尽量设计在制件内部，并选在制件的加强肋或凸台等强度、刚度较大的部位，以免发生制件被顶破、变形或泛白等缺陷，影响外观质量。

4. 推出机构应能正确复位

推出机构设计应考虑合模时推出机构的正确复位。在有斜导柱侧向抽芯及其他特殊情况时，还应考虑推出机构的先复位问题。

5. 结构合理，动作可靠

推出机构在推出与复位过程中，要求其运动轻便灵活、准确可靠，制造容易，配换方便。

推出机构本身要有足够的强度和刚度。

二、推出机构的结构设计

（一）推杆推出机构

1. 推杆推出机构的组成

推杆推出机构是一种常用的简单脱模机构，如图6-124所示，一般由推出部件、导向部件和复位部件等组成。

（1）推出部件　推出部件主要由推杆3、推杆固定板5、推杆垫板6和拉料杆8组成。开模后，注射机推出杆9推动推出部件，推杆3便可将制件从型芯上推出。同时，拉料杆8也将浇注系统凝料一同推出。

（2）导向部件　为使推出部件运动平稳可靠，推出机构中通常设有导向部件。如图6-124中安装在推杆固定板和推杆垫板之间的推板导柱1和推板导套2，即为推出导向部件。一般模具推出机构中安装有4组导柱导套，小型模具中可采用2组导柱导套导向。

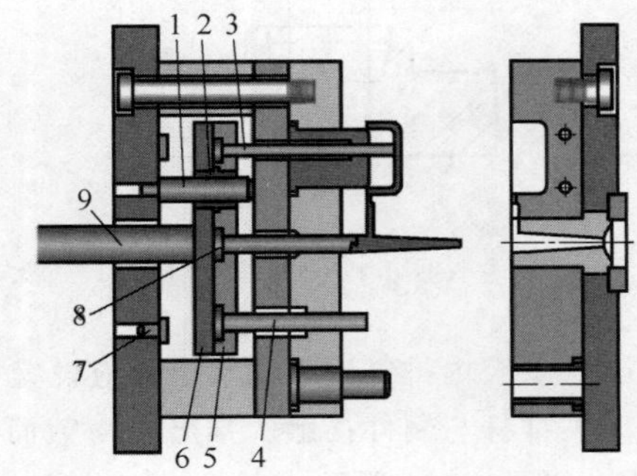

图6-124　推杆推出机构

1—推板导柱　2—推板导套　3—推杆　4—复位杆　5—推杆固定板　6—推杆垫板　7—支承钉　8—拉料杆　9—注射机推出杆

（3）复位部件　复位部件由复位杆4和推板及推杆固定板5组成，如图6-124所示。开始合模时，复位杆先接触定模分型面；继续合模时，复位杆在定模板的推压作用下不断后移；当模具完全闭合时，推出机构便被完全推回到原位。支承钉7限定推出部件的最终位置，并保证每次复位的准确一致。

2. 推杆推出机构的设计要点

推杆作为模具标准件，设计时可参考GB/T 4169.1—2006标准选用。同时，推杆推出机构设计时还应考虑以下几点。

1）推杆应设置在制件上脱模阻力大的部位。对箱形及壳体类制件，成型时制件侧壁对型芯产生的包紧力大，使脱模阻力增大，应尽量在制件端面均匀布置推杆，推杆边缘距型芯成型表面至少0.1mm以上，如图6-125所示。推杆设置在制件内部时，应靠近侧壁均匀分布，并使推杆距制件内侧壁3mm以上，如图6-126所示。

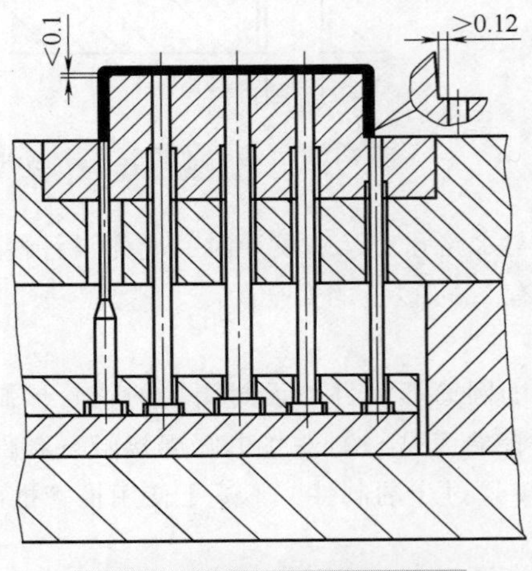

图6-125　推杆推顶制件侧壁

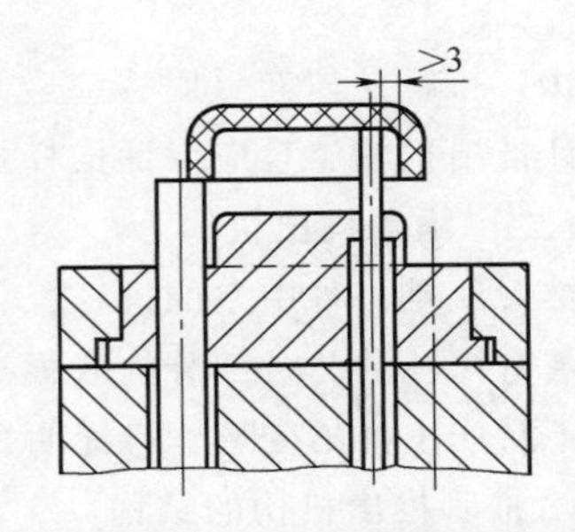

图6-126　推杆设置在制件内部

2）制件上脱模阻力特别大的部位，应增加推杆数量。

3）推杆不宜设置在制件薄壁部位。若必须在薄壁处设计推杆时，应采用盘形推杆，以增大推出面积，如图6-127所示。

4）制件上带有肋板、凸台或支承等结构时，可在这些部位多布置推杆，如图6-128所示。

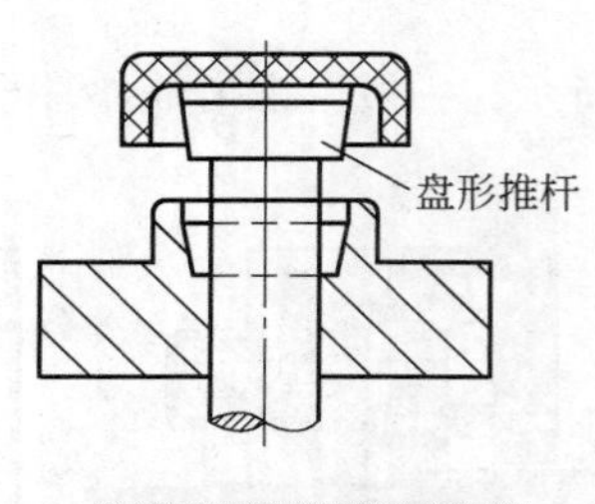

图6-127 盘形推杆

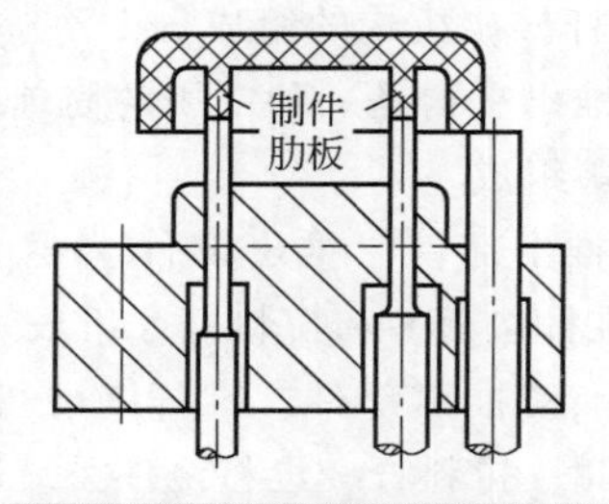

图6-128 制件肋板设置推杆

5）型腔内排气困难的部位，应设置推杆，以便利用推杆与孔的配合间隙排气。

6）推杆与制件接触的推出端横截面面积应尽量大。直径小于3mm的推杆，应采用阶梯形结构，如图6-128所示。

7）为防止熔体渗漏，推杆与孔的配合间隙要小。通常可采用H7/f7或H7/f6配合等级。推杆与孔的配合段长度一般不小于直径的1.5倍，直径较小的推杆其配合段长度应不小于10mm。对非圆横截面推杆，其配合段长度应大于20mm。推杆非配合部分与孔的间隙可增大至0.5~1mm，以减小推出时的摩擦阻力，也便于安装调整。

8）推杆装配时，其推出端的端面应与型腔底面或型芯顶面平齐，不允许低于型腔底面或型芯顶面，但可以高出0.05~0.1mm，如图6-129和图6-125所示。

9）若制件上不允许有推出痕迹时，可在制件之外设置推出耳结构，推杆通过推顶推出耳来推出制件，如图6-130所示。

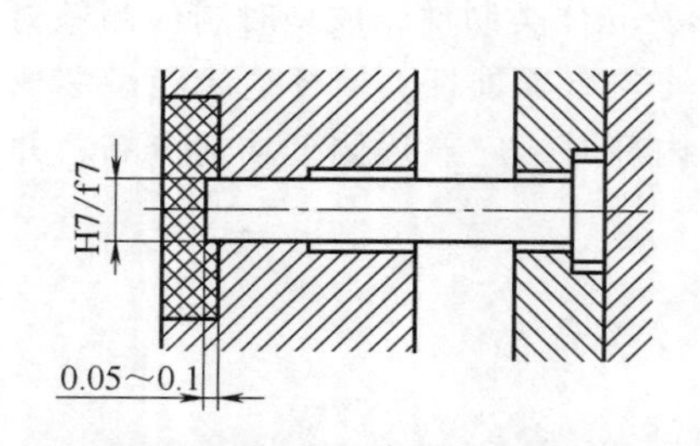

图6-129 推杆端面与型腔底面关系

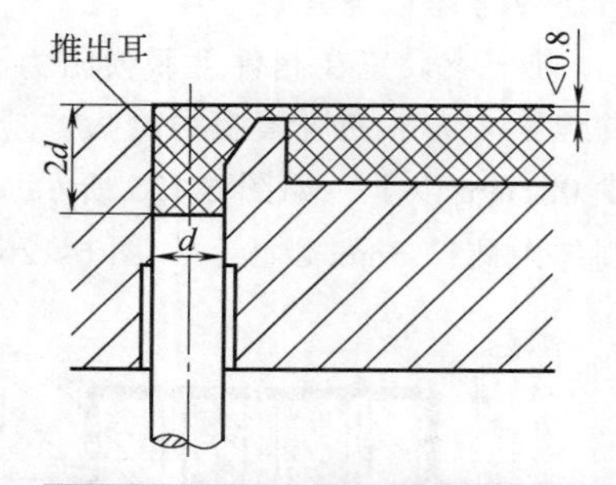

图6-130 设置推出耳推出制件

10）推杆位置布置时，应避开冷却水路，不能与水路孔交叉。设计时，应先设计冷却水路，再设计推出机构，且应保证推杆孔与水路孔之间留有2mm以上的安全距离。

（二）推管推出机构

推管就是一种中空的推杆，它适用于一端封闭的圆筒形制件与无封闭端的圆管形制件或制件上带有深孔的凸台部分的脱模。推管推出时，推管端面是与制件整个圆周接触，制件受力均匀，不易产生推出变形，且无明显的推出痕迹。但壁厚过小的制件，不适于使用推管推出。

1. 推管推出机构的结构

（1）型芯固定在动模固定板上　这种结构型芯要穿过推板固定在动模固定板上，型芯细长，刚性较弱，适用于推出距离不大的制件脱模，如图 6-131 所示。推管内径与型芯外径、推管外径与模板孔之间均采用间隙配合，常用 H7/f7 或 H7/f6。推管与型芯配合长度为推出行程加 3~5mm。为减小摩擦阻力，可将推管非配合段内孔直径加大。

(2) 型芯固定在动模垫板上　这种结构需在动模板上加工出推管推出行程所需的空间，如图 6-132 所示。推管在型芯上滑动，型芯和推管长度大大缩短，刚性增强。但由于推出行程包含在动模板内，使动模板厚度增大，推出距离受到限制，仅适用于推出距离不大的场合。

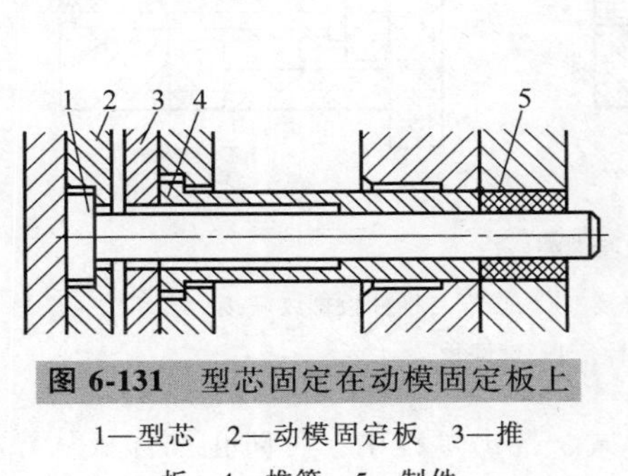

图 6-131　型芯固定在动模固定板上

1—型芯　2—动模固定板　3—推板　4—推管　5—制件

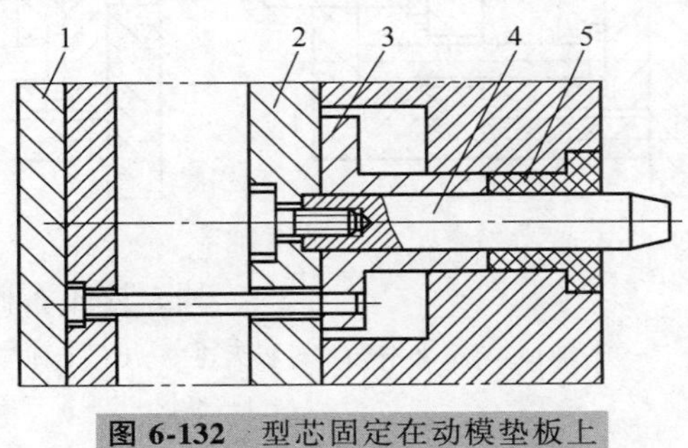

图 6-132　型芯固定在动模垫板上

1—推板　2—动模垫板　3—推管　4—型芯　5—制件

使用这种结构时，在动模板内的推管和推板上需要设置复位杆，否则推管推出后，合模时无法复位。

(3) 推管开槽结构　这种结构是将型芯通过方键固定在动模垫板上，推管推出时必须让开方键，因此在推管中部开有长槽，如图 6-133 所示。长槽结构会对推管强度产生影响，一般适用于型芯较大的场合。

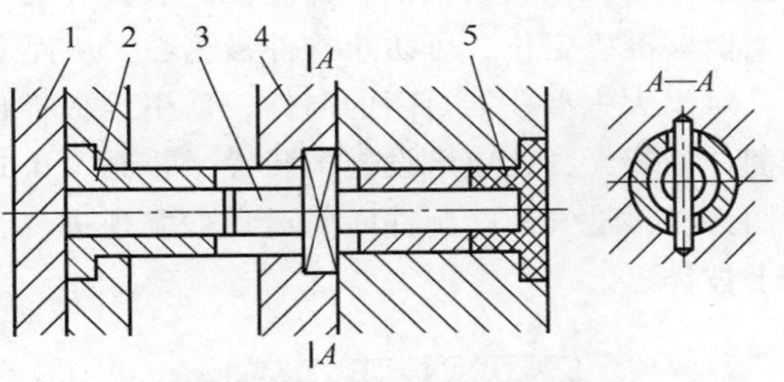

图 6-133　推管开槽结构

1—推板　2—推管　3—型芯　4—动模垫板　5—制件

2. 推管设计要点

1) 考虑推管的强度和制造要求，推管壁厚应大于 1.0mm。细小的推管可以做成阶梯形，细小推管与型芯的配合长度应为推出行程再加上 5~6mm 余量。

2) 推管内径应大于制件内径 0.5~1.0mm，推管外径应小于制件外径 0.5mm 左右。推管与模板的配合长度不应小于推管外径的 1.5~2 倍。推管配合段的表面粗糙度值一般为 $Ra1.6 \sim Ra0.8\mu m$，保证推出平滑顺利。

(三) 推板推出机构

推板推出机构是由一块与型芯有滑动配合关系的推板和推杆组成的，适用于深腔、薄壁筒形或壳体类制件以及外观不允许有推杆痕迹的制件脱模。脱模时推杆推动推板，推板作用于制件，并将其从型芯上推出。其主要特点是：推出力及推出作用面积大，制件受力均匀，且不易变形；制件上没有推出痕迹，且推出运动平稳。使用推板推出机构时，不需要设计复位机构。

1. 推板推出机构的结构形式

图 6-134 所示为几种常用的推板推出机构的结构形式。其中图 6-134a 所示为整块模板作为推件板，推杆与推件板之间无固定连接，推件板上装有导套并与动模板上的导柱配合，导柱为推件板运动导向并起支承作用。为了防止推出时推件板从导柱上滑落，要求导柱具有足够的长

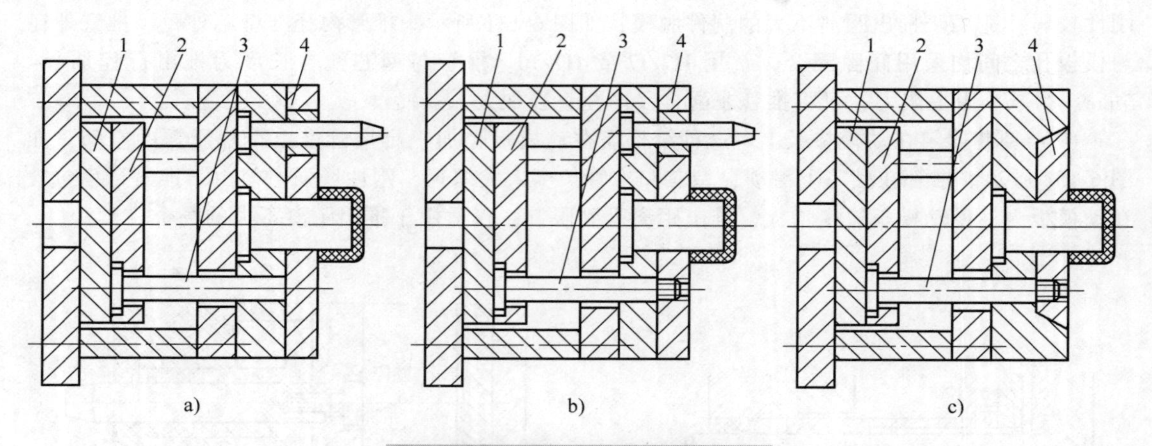

图 6-134　推板推出机构的结构形式

a）推杆与推件板无连接　b）推杆与推件板螺纹联接　c）推杆与推件板螺纹联接

1—推板　2—推杆固定板　3—推杆　4—推件板

度。图 6-134b 所示为推杆与推件板之间用螺纹联接的形式，推出过程中，可防止推件板从导柱上滑落。图 6-134c 所示为将推件板镶入动模板内的结构形式，推杆端部有螺纹与推件板联接，以防止推件板脱落，推件板除与型芯配合外，还通过推杆与动模板配合，起到导向与支承作用。这种推出机构结构紧凑，适用于动模板较厚的场合。

推件板工作时会与型芯表面间产生摩擦，为避免摩擦对型芯成型表面造成损伤，可将推板与型芯配合表面做成锥面，并使推件板锥孔大于型芯成型表面 0.2~0.25mm，如图 6-135 所示。锥面能够准确定位，可防止推件板偏心，从而避免发生溢料。

对于大中型一端封闭的制件，采用推板推出时制件与型芯间容易形成真空，造成脱模困难或制件撕裂，为此应增设进气装置，并通入 0.1~0.4MPa 压力的压缩空气，如图 6-136 所示。推出制件时，进气阀随制件向前运动，实现进气，使制件内外大气压力相等，制件便可顺利从型芯上被推出。

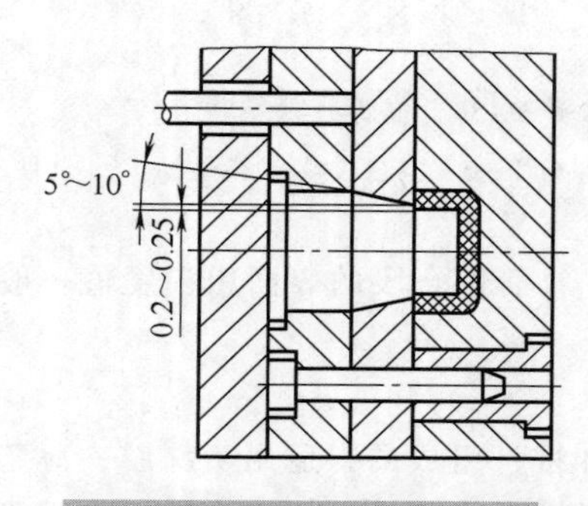

图 6-135　锥面配合推板结构

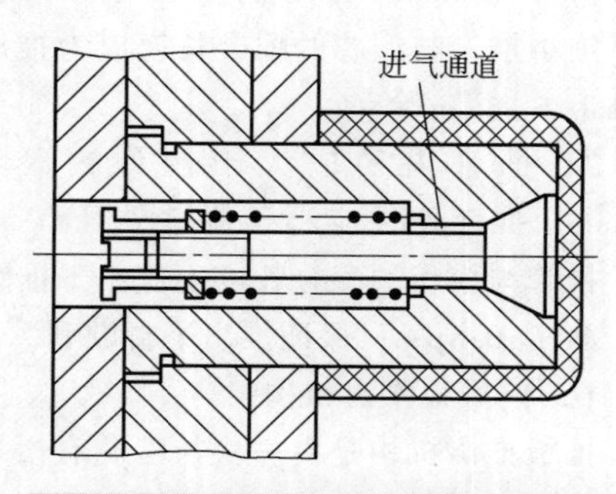

图 6-136　推板推出机构的进气装置

2. 推板推出机构的设计要点

1）推件板与型芯表面为滑动配合，其间隙值以不发生溢料为准。根据材料成型流动性能不同，可采用 H7/f6 或 H7/f7 配合。

2）推件板与型芯采用锥面配合时，锥角一般为 5°~10°。推件板锥孔小端直径应比型芯成型部分直径大 0.2~0.25mm，以防两者摩擦损伤时卡死。

3）当多型腔模具采用推板推出制件时，推板与型芯配合的孔可加锥面衬套，便于磨损后更换。

4）中小型模具一般用4根推杆推出推件板，大型模具或制件推出阻力较大时，可增加推杆数量，并尽量使推杆靠近推出阻力大的部位，以防推板发生弯曲变形。

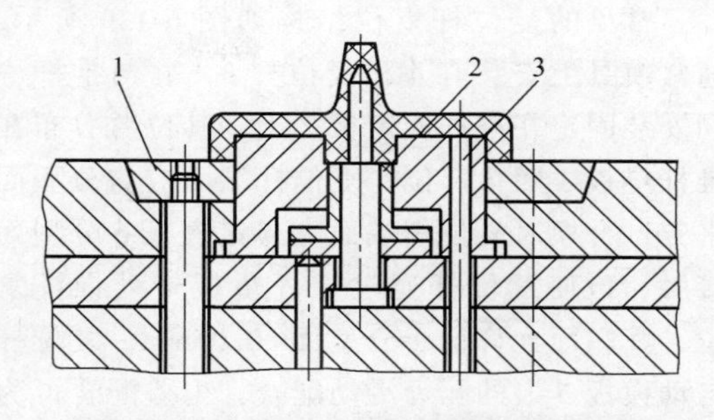

图 6-137　三种元件联合推出应用实例

1—推件板　2—推管　3—推杆

（四）多元件联合推出

对于某些型腔深度较大、壁厚较薄的制件以及带有局部环状凸起、深肋或带有镶件的复杂制件，如果采用单一的推出方式，往往难以保证制件顺利脱模，而需根据制件结构特点采用多种元件联合推出方式。图 6-137 所示即为推杆、推管和推件板三种元件联合推出的应用实例。

三、推出机构的导向与复位设计

（一）推出机构导向设计

模具工作一个工作循环，推出机构就需往复运动一次。由于推出机构位于动模部分的两个支承块之间，推出和复位运动时无法利用动、定模开合运动的导向机构为其导向，而推板的重量只能由处于悬臂状态的推杆和复位杆承担。当推板重量较大或推杆较细长时，推板重量会使推杆发生弯曲变形，导致推出运动不畅或被卡死，尤其是大型模具。另外由于制件几何形状的差异，推杆位置布局时难以做到均匀对称，致使推出时推杆反作用力的合力与注射机推杆轴线不一致，导致推出机构发生运动偏斜，造成推杆弯曲或折断。因此，需为推出机构设计单独的导向装置，尤其对精密注射模具更为需要。常用的推出机构导向结构如图 6-138 所示。图 6-138a 中的推板导柱与推板之间没有导套，导向精度不高，导柱固定在动模固定板上，既能起到支承推板和导向作用，又可作为支承柱，减小动模垫板变形。图 6-138b 中的导柱固定在动模垫板上，适用于大型模具，导柱既有导向与支承推板的作用，也可作为支承柱使用。图 6-138c 中的导柱只起导向作用，不能作为支承柱使用。模具中推出机构的导向装置一般为 2~4 组，均布在推板四周。

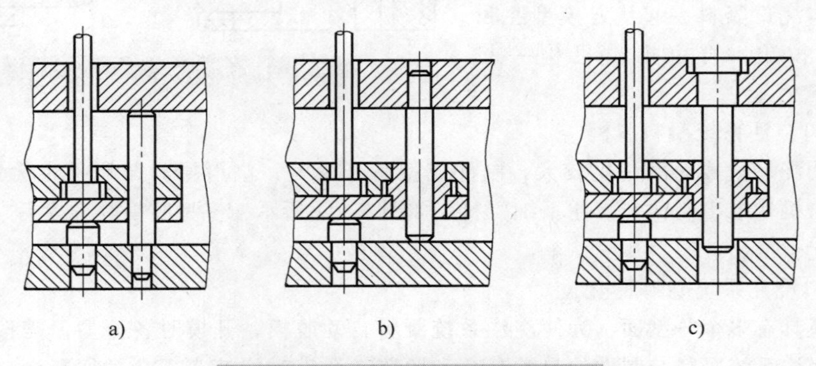

图 6-138　常用的推出机构导向结构

a）无导套导柱　b）导柱兼支承柱　c）导柱只起导向作用

（二）推出机构复位设计

推出机构每次完成推出动作后，必须回复到初始位置，以备下一工作循环。能使推出机构及时回复到初始位置的零件，称为复位杆。除了复位杆外，也有用弹簧复位或是用弹簧与复位杆组合使用进行复位的。

常见的复位杆复位结构如图 6-139 所示。通常模具上安装有4根复位杆3，并与推杆一同安装固定在推杆固定板2上，其位置分布在推杆垫板1四角部位。复位杆端面应与分型面平齐，合模时复位杆端面先与定模板6分型面接触，迫使复位杆通过推杆垫板带动推杆复位，其端面允许低于分型面<0.05mm。复位杆与动模板5上的孔为滑动配合，公差配合可为H7/f7，配合段长度不小于复位杆直径的1.5倍。要求复位动作灵活可靠。

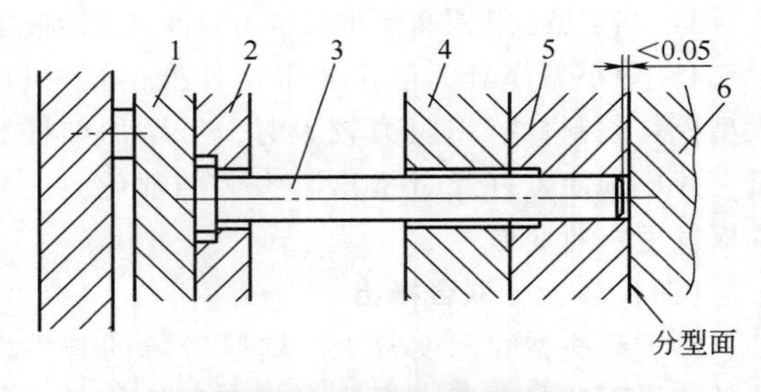

图 6-139 常见的复位杆复位结构

1—推杆垫板 2—推杆固定板 3—复位杆
4—动模垫板 5—动模板 6—定模板

有些模具要求在模具完全闭合之前即先完成复位动作，这时需要采用先行复位机构。

四、浇注系统凝料脱模机构设计

点浇口和潜伏式浇口的浇注系统凝料，开模时能与制件自动分离并脱落，可实现自动化生产。其他形式如直浇口或侧浇口等的浇注系统凝料，开模时与制件连接在一起从浇注系统通道中脱出，再用推出机构将其脱出，然后手工将其与制件分离，自动化程度低，操作者劳动强度高。

1. 直浇口凝料脱模

采用直浇口成型的制件，开模后浇口凝料与制件是连在一起的，直浇口横截面面积很大，不能自动拉断，需用推出机构将其与制件一起推出，然后手工分离。如图 6-140 所示，采用直浇口的单型腔模具，开模后制件与浇口凝料一起从定模型腔和主流道中被拉出，再由推出机构一起推出。

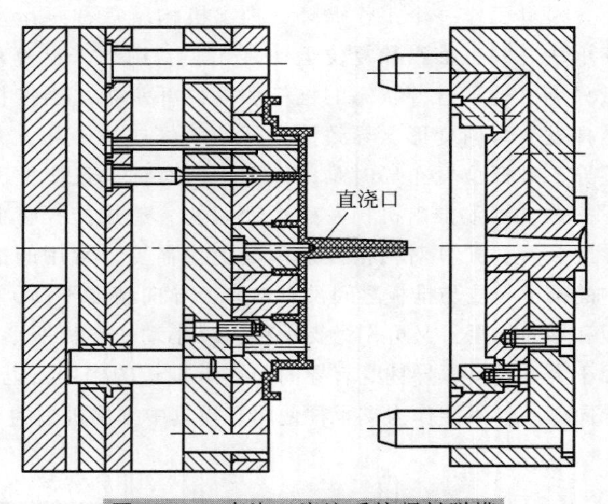

图 6-140 直浇口浇注系统凝料脱模

2. 侧浇口浇注系统凝料脱模

侧浇口的浇口横截面面积也较大，制件成型后开模时，浇口凝料与制件也无法自动分离，需要采用推出机构推出制件与浇注系统凝料。如图 6-141 所示，多型腔模具开模后，制件与浇注系统凝料一起被推出。

3. 点浇口浇注系统凝料脱模

点浇口模具有多个分型面，为使浇注系统凝料自动脱模，开模时各分型面需按顺序依次打开，以保证浇注系统凝料与制件的自动分离和脱落。开模时能够实现自动切断浇口并使浇注系统凝料脱模的模具结构有多种，其典型应用如下：

（1）单型腔模具 图 6-142 所示为单型腔模具点浇口浇注系统凝料自动脱模的结构。开模时借助浇口套4内孔的侧向凹槽产生的阻力和弹簧3的弹力作用，使定模板2与定模固定板7之间的分型面首先打开，确保浇注系统凝料从定模固定板的主流道锥孔中拉出，继续开模时拉板5在定距螺钉6的作用下拉断浇口，使浇口凝料与制件分离并脱出浇口套的锥孔，同时靠自重自

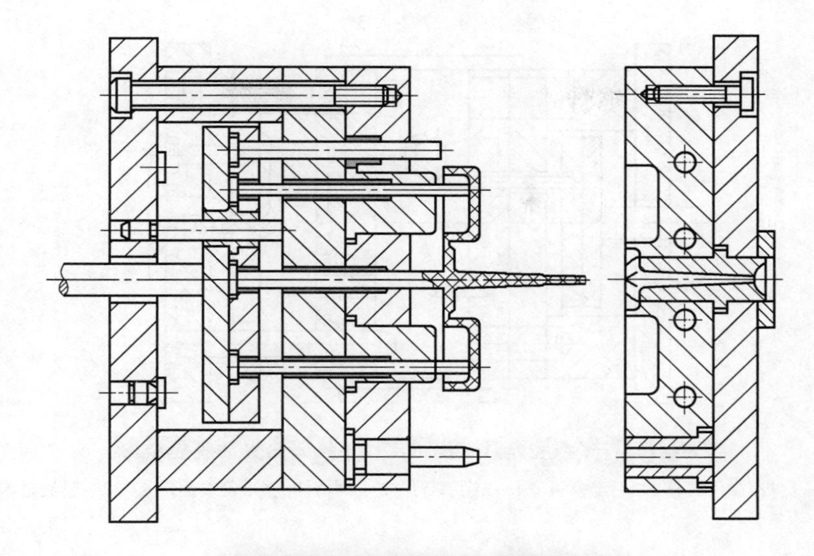

图 6-141 侧浇口浇注系统凝料脱模

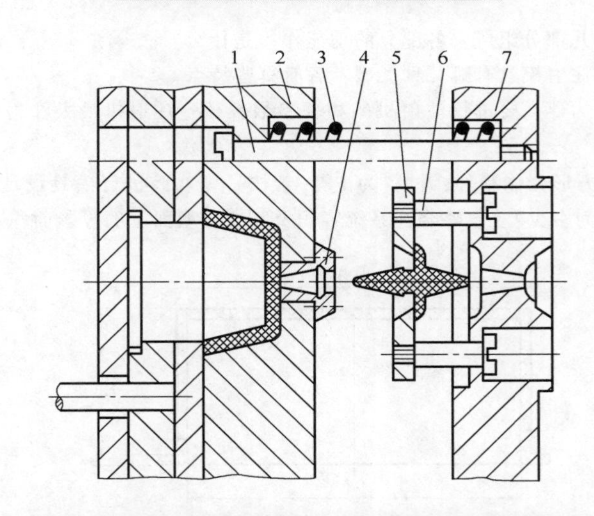

图 6-142 单型腔模具点浇口浇注系统凝料自动脱模结构

1—定距拉杆 2—定模板 3—弹簧 4—浇口套 5—拉板 6—定距螺钉 7—定模固定板

动脱落。定距螺钉通过螺纹与拉板联接，并限制拉板的移动距离。

（2）多型腔模具 多型腔模具的浇口数量较多，浇注系统凝料的尺寸或体积较大，设计浇注系统凝料自动脱模结构时，应保证各浇口能同时拉断，并自动脱落。图 6-143 所示为多型腔模具点浇口浇注系统凝料自动脱模结构。开模时在拉料杆 5 的作用下，定模板 3 与脱流道板 7 之间的分型面先打开，同时拉断浇口，使制件与浇口凝料分离，而浇注系统凝料被拉料杆拉住粘在脱流道板的分型面上。因定距拉杆 2 限制了定模板的移动距离，继续开模时，脱流道板与定模固定板 6 之间的分型面被拉开，浇注系统凝料从拉料杆和主流道锥孔中被拉出，并在自重作用下脱落。定距螺钉 4 限制脱流道板的移动距离。再继续开模时，拉杆拉动定模板，使主分型面打开，制件从定模型腔中脱出，主分型面达到开模距离后，便可由推出机构推出制件。主分型面的开模距离由拉板 1 限定。

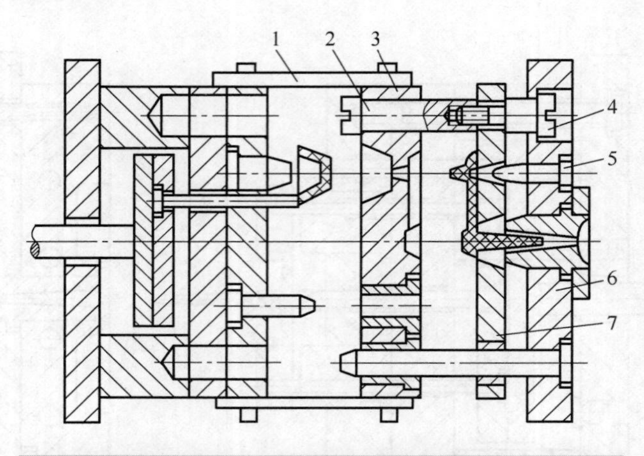

图 6-143　多型腔模具点浇口浇注系统凝料自动脱模结构

1—拉板　2—拉杆　3—定模板　4—定距螺钉　5—拉料杆　6—定模固定板　7—脱流道板

习题与思考题

1. 注射模具结构由哪几部分组成？各部分的功能作用是什么？

2. 按总体结构分类，注射模具有哪几种类型？各有哪些特点？

3. 注射模具设计时，为什么要进行注射机的相关参数校核？注射机最大注射量和锁模力校核的意义是什么？

4. 图 6-144 所示为长方形壳体制件，材料为 PP，若按一模八腔进行模具设计，该模具工作时所需的注射机注射量和锁模力应为多少？(忽略浇注系统容积及其在分型面上的投影面积。)

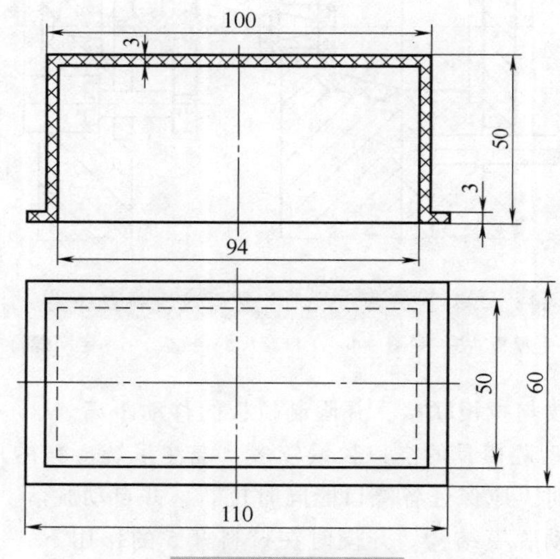

图 6-144　习题 4 图

5. 注射模具设计时，为什么优先选用标准模架？使用标准模架有哪些优点和局限？

6. 注射模具成型零件材料选择有什么要求？注射模具钢材的类型有哪些？各有什么特点？

7. 普通浇注系统由哪几部分组成？各部分的功能和设计要求是什么？

8. 浇注系统设计应遵循哪些原则？如何确定浇口的位置、数量和尺寸？

9. 何谓流程比？如何计算？设计时流程比不满足要求有何对策？

10. 常用的浇口形式有哪几种？各自的适用场合是什么？

11. 点浇口尺寸小，为什么能被广泛应用？点浇口横截面尺寸设计的下限条件是什么？点浇口模具有什么特点？

12. 侧浇口的尺寸参数包括哪些？其中哪个尺寸对注射熔体流动的影响最大？

13. 常用的分流道横截面形状有几种？哪种横截面分流道的效率最高且最常用？分流道设计有哪些要求？

14. 无流道凝料模具浇注系统有什么特点？哪些塑料不适用于无流道凝料浇注系统？

15. 多型腔模具浇注系统的平衡设计和非平衡设计各有什么特点？如何判断浇注系统是否平衡？

16. 多型腔模具型腔布置时，应考虑哪些问题？从减小模板尺寸角度考虑，应采用什么布置方式？

17. 分型面的结构形式有哪几种？分型面设计时应考虑哪些原则？

18. 成型零件包括哪些？其结构形式有哪几种？各有什么特点？

19. 成型零件设计的要求是什么？成型零件工作尺寸确定时，为什么要考虑塑料的收缩率？影响成型零件尺寸精度的因素有哪些？

20. 成型零件设计时为什么要对型腔壁厚进行强度与刚度校核？型腔壁厚的强度与刚度设计依据是什么？

21. 图 6-145 所示为一圆形壳体制件，材料为 ABS，收缩率为 0.3%～0.8%。请完成以下工作：①按一模成型 16 个制件进行模具设计，并分别画出该模具的平衡式与非平衡式浇注系统示意图；②根据图示制件尺寸，采用平均收缩法计算型腔、型芯径向尺寸，以及型腔深度和型芯高度尺寸。计算结果保留两位小数。

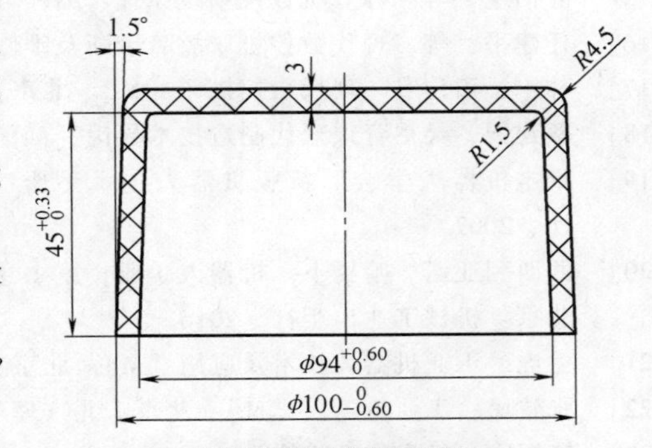

图 6-145　习题 21 图

22. 模具排气的方式有哪些？模内的气体来自于哪里？若排气不良会产生什么后果？

23. 模具冷却系统设计的意义是什么？冷却系统设计的原则有哪些？

24. 注射成型周期中，模具冷却时间占比例多少？如何缩短冷却时间？

25. 与传统模具冷却技术相比，随形冷却和脉冲冷却的特点各是什么？

26. 模具导柱导套机构的作用是什么？定位机构的结构形式有哪些？

27. 设计推出机构时应遵循哪些原则？常用推出机构类型有哪些？

28. 推杆推出机构由哪些零部件组成？设计要点是什么？

29. 推板推出机构有什么特点？适用于哪些场合？

参考文献

[1] 关慧贞. 机械制造装备设计 [M]. 4版. 北京：机械工业出版社，2015.
[2] 关慧贞，冯辛安. 机械制造装备设计 [M]. 3版. 北京：机械工业出版社，2010.
[3] 关慧贞，徐文骥. 机械制造装备设计课程设计指导书 [M]. 北京：机械工业出版社，2013.
[4] 冯辛安. 机械制造装备设计 [M]. 2版. 北京：机械工业出版社，2005.
[5] 冯辛安. 机械制造装备设计 [M]. 北京：机械工业出版社，1999.
[6] 范祖尧. 现代机械设备设计手册（3）[M]. 北京：机械工业出版社，1996.
[7] 黄玉美. 机械制造装备设计 [M]. 北京：高等教育出版社，2008.
[8] 王超. 机械可靠性工程 [M]. 北京：冶金工业出版社，1992.
[9] 谢庆森. 工业造型设计 [M]. 天津：天津大学出版社，1994.
[10] 顾熙堂. 金属切削机床（上、下册）[M]. 上海：上海科学技术出版社，1995.
[11] 戴曙. 金属切削机床 [M]. 北京：机械工业出版社，1994.
[12] 戴曙. 机床滚动轴承应用手册 [M]. 北京：机械工业出版社，1993.
[13] 赵松年. 机电一体化机械系统设计 [M]. 北京：机械工业出版社，1997.
[14] 机床设计手册编写组. 机床设计手册 [M]. 北京：机械工业出版社，1979—1986.
[15] 叶伯生，等. 计算机数控系统原理、编程与操作 [M]. 武汉：华中理工大学版社，1999.
[16] 任建平，等. 现代数控机床故障诊断及维修 [M]. 北京：国防工业出版社，2002.
[17] 林宋，田建君. 现代数控机床 [M]. 北京：化学工业出版社，2003.
[18] 蔡建国，吴祖育. 现代制造技术导论 [M]. 上海：上海交通大学出版社，2000.
[19] 日本机器人学会. 新版机器人技术手册 [M]. 宗光华，程君实，等译. 北京：科学技术出版社，2007.
[20] 西西利亚诺，哈提卜. 机器人手册，第1卷，机器人基础 [M].《机器人手册》翻译委员会，译. 北京：机械工业出版社，2016.
[21] 兰虎. 工业机器人技术及应用 [M]. 北京：机械工业出版社，2014.
[22] 张建民. 工业机器人 [M]. 北京：北京理工大学出版社，1987.
[23] 饶振刚. 行星传动机构设计 [M]. 北京：国防工业出版社，1994.
[24] 蒋刚. 工业机器人 [M]. 成都：西南交通大学出版社，2011.
[25] SAEED B N. 机器人学导论 [M]. 孙富春，等译. 北京：电子工业出版社，2013.
[26] 殷际英，何广平. 关节型机器人 [M]. 北京：化学工业出版社，2003.
[27] 龚振邦，汪勤，陈振华，等. 机器人机械设计 [M]. 北京：电子工业出版社，1995.
[28] 周伯英. 工业机器人设计 [M]. 北京：机械工业出版社，1995.
[29] 刘任需. 机械工业中的机电一体化技术 [M]. 北京：机械工业出版社，1991.
[30] 宋文骥. 机械制造工艺过程自动化 [M]. 昆明：云南人民出版社，1985.
[31] 李家宝，葛鸿翰，李旦. 机械加工自动化机构 [M]. 哈尔滨：哈尔滨工业大学出版社，1989.
[32] 蔡建国，吴祖育. 现代制造技术导论 [M]. 上海：上海交通大学出版社，2000.
[33] 吴天林，段正澄. 机械加工系统自动化 [M]. 北京：机械工业出版社，1991.
[34] 吴盛济，等. 柔性制造系统设计指南 [M]. 北京：兵器工业出版社，1995.
[35] 罗振璧，朱耀祥. 现代制造系统 [M]. 北京：机械工业出版社，1995.
[36] 李言，李淑娟. 先进制造技术与系统 [M]. 西安：陕西科学技术出版社，2000.
[37] 王家善，吴清一，周家平. 设施规划与设计 [M]. 北京：机械工业出版社，1995.
[38] 方明伦，端木时夏. 机械制造系统自动化 [M]. 北京：机械工程师进修大学出版，1990.
[39] 张培忠. 柔性制造系统 [M]. 北京：机械工业出版社，1998.
[40] 刘延林. 柔性制造自动化概论 [M]. 武汉：华中科技大学出版社，2001.

[41] 柔性制造系统编委会. 柔性制造系统 [M]. 北京：兵器工业出版社，1995.
[42] 谭益智. 柔性制造系统 [M]. 北京：兵器工业出版社，1995.
[43] 大连组合机床研究所. 组合机床设计 [M]. 北京：机械工业出版社，1975.
[44] 中国模具设计大典编委会. 中国模具设计大典：第2卷 [M]. 南昌：江西科学技术出版社，2003.
[45] 申开智. 塑料成型模具设计 [M]. 2版. 北京：中国轻工业出版社，2002.
[46] 黄虹. 塑料成型加工与模具 [M]. 2版. 北京：化学工业出版社，2008.
[47] 王文广，等. 塑料注射模具设计技巧与实例 [M]. 北京：化学工业出版社，2003.
[48] 张维合. 注塑模具设计实用教程 [M]. 北京：化学工业出版社，2007.
[49] 林师沛，等. 塑料加工流变学及其应用 [M]. 北京：国防工业出版社，2008.
[50] 贾润礼，程志远. 使用注塑模具设计手册 [M]. 北京：轻工业出版社，2000.
[51] 贾润礼，等. 新型注塑模具设计 [M]. 北京：国防工业出版社，2006.
[52] 许发樾. 模具标准化与原型结构设计 [M]. 北京：机械工业出版社，2009.
[53] 覃鹏翱. 塑料模具设计技巧 [M]. 北京：电子工业出版社，2010.